LA PLANÈTE MARS

ET SES

CONDITIONS D'HABITABILITÉ.

SYNTHÈSE GÉNÉRALE DE TOUTES LES OBSERVATIONS.

CLIMATOLOGIE, MÉTÉOROLOGIE,
ARÉOGRAPHIE, CONTINENTS, MERS ET RIVAGES, EAUX ET NEIGES,
SAISONS, VARIATIONS OBSERVÉES.

ILLUSTRÉ DE 580 DESSINS TÉLESCOPIQUES ET 23 CARTES,

PAR

CAMILLE FLAMMARION.

Et major Martis jam apparet imago!
(VIRGILE. — *En.* VIII, 557).

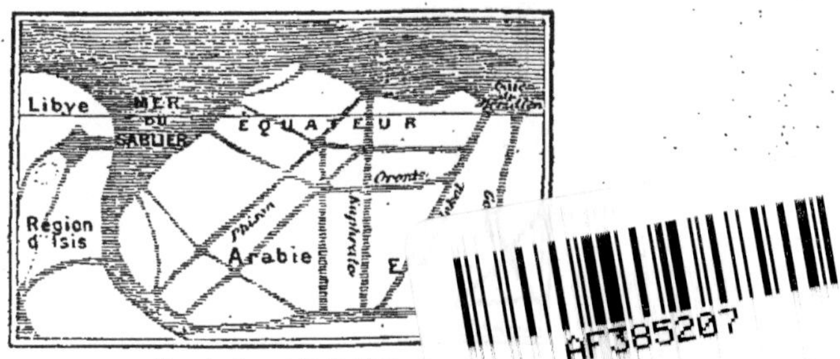

Un coin du monde de Mars.

PARIS,

GAUTHIER-VILLARS ET FILS, IMPRIMEURS-LIBRAIRES

DE L'OBSERVATOIRE DE PARIS,

Quai des Grands-Augustins, 55

1892

LA
PLANÈTE MARS.

ŒUVRES DE CAMILLE FLAMMARION.

LA
PLANÈTE MARS

ET SES

CONDITIONS D'HABITABILITÉ.

SYNTHÈSE GÉNÉRALE DE TOUTES LES OBSERVATIONS.

CLIMATOLOGIE, MÉTÉOROLOGIE,
ARÉOGRAPHIE, CONTINENTS, MERS ET RIVAGES, EAUX ET NEIGES,
SAISONS, VARIATIONS OBSERVÉES.

ILLUSTRÉ DE 580 DESSINS TÉLESCOPIQUES ET 23 CARTES,

PAR

CAMILLE FLAMMARION.

Et major Martis jam apparet imago !
(VIRGILE. — *En.* VIII, 557).

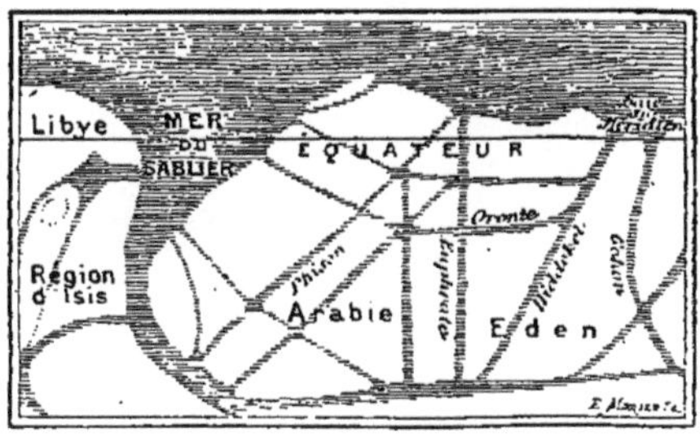

Un coin du monde de Mars.

PARIS,

GAUTHIER-VILLARS ET FILS, IMPRIMEURS-LIBRAIRES
DE L'OBSERVATOIRE DE PARIS,
Quai des Grands-Augustins, 55

—

1892

PRÉFACE.

L'Astronomie ne doit pas s'arrêter
à la mesure des *positions* des astres :
elle doit s'élever jusqu'à l'étude de
leur nature.

En cédant au désir qui nous a été exprimé de voir publier un Ouvrage spécial sur la planète Mars, établissant et fixant l'état actuel de nos connaissances positives sur la constitution physique de ce monde voisin, dont l'étude est déjà, en effet, assez avancée pour mériter une synthèse et une discussion générale, nous avons longtemps hésité sur la méthode à employer pour arriver au meilleur résultat scientifique.

Deux méthodes se présentaient tout naturellement à l'esprit.

Ou bien classer nos diverses observations et études de Mars en chapitres spéciaux, tels que : distance à la Terre, révolution autour du Soleil, années, jours, saisons, climats, calendrier, lumière, chaleur, masse, densité, pesanteur, volume, géographie, continents, mers, neiges polaires, atmosphère, eaux et nuages, mouvements et changements observés, satellites, etc., et traiter chacun de ces sujets séparément; ou bien prendre la planète dans son ensemble et exposer simplement dans leur ordre historique, chronologique, tous les progrès réalisés par les observations et par les déductions qui en résultent.

Nous avons choisi la seconde méthode, d'abord parce qu'elle nous a paru plus intéressante, en ce qu'elle placera devant nos yeux la marche des faits et des idées, qu'elle écrira d'elle-même l'histoire astronomique de la planète, et que, par là, nous nous rendrons mieux compte du développement graduel de nos connaissances, ensuite parce qu'un sujet domine tous les autres dans l'étude de ce monde voisin et eût fourni un chapitre plus considérable à lui seul que tout le reste ensemble, c'est celui de sa *géographie physique*, mers, continents et glaces polaires. C'est là, sans contredit, l'objet principal et essentiel des observations télescopiques. Il nous a donc paru plus logique d'exposer dans leur ordre chronologique les études faites jusqu'à ce jour sur ce monde qui, par sa proximité de la Terre et par sa situation favorable pour nos observations, paraît appelé à répondre le premier aux grandes et profondes questions que l'humanité pensante s'est posées dans tous les siècles, en face des silencieuses énigmes du Ciel étoilé.

Un traité technique expose ce *que* nous savons ; la méthode historique nous apprend *comment* les choses ont été apprises. Il y a ici un avantage, les progrès de la Science parlent d'eux-mêmes et rendraient superflu tout embellissement littéraire.

On peut convenir, d'ailleurs, que le moment est bien choisi pour une recherche du genre de celle-ci. L'étude astronomique de la planète Mars est très avancée. Nous possédons un très grand nombre d'observations et d'excellentes, commencées depuis deux siècles et demi et qui sont allées sans cesse en se perfectionnant. Mais ces observations auraient beau s'entasser par centaines et par milliers, elles ne serviraient jamais à rien si l'on n'entreprenait de les comparer toutes ensemble et d'en faire la synthèse complète afin d'en dégager tout ce que nous en pourrons tirer pour la connaissance de cette planète.

L'Astronomie mathématique devait évidemment conduire à l'Astronomie physique, sans laquelle, d'ailleurs, elle perdrait la majeure partie de son intérêt. Chercheurs du grand problème, ne voyons pas seulement des pierres en mouvement dans l'espace. Les masses sidérales ne sont pas tout; la valeur du Soleil ne consiste pas seulement dans son poids, non plus que celle de la Terre. Le philosophe voit plus haut et plus loin : il cherche le but. Il admire les bases mécaniques du système de l'Univers, mais ne s'y arrête point. Lorsqu'il contemple au télescope un monde perdu au fond de l'immensité, il peut s'intéresser à sa distance, à ses mouvements et à sa masse, mais il veut savoir davantage et se demande quelle est la nature de ce monde, quelle est sa constitution physique au point de vue de son habitabilité. Voilà ce qui l'intéresse ; le reste n'est que la voie qui doit conduire au but.

Dès le temps de Galilée, l'Astronomie physique était fondée ([1]). Ses progrès ne pouvaient être que directement liés à ceux de l'Optique, et, en effet, ils ont suivi graduellement les perfectionnements apportés à la construction des lunettes et des télescopes, surtout en ce qui concerne l'agrandissement et, plus encore, la netteté des images. Mais l'ardeur des observateurs, leur patience, leur persévérance, le perfectionnement pratique de leurs méthodes, l'adaptation même de leur rétine à la difficulté des recherches, n'ont pas moins contribué au succès que les progrès de l'Optique proprement dits.

([1]) Mais rarement comprise, même par les astronomes qui se servent du mot. Ainsi pour n'en citer qu'un exemple, les bibliothèques astronomiques possèdent toutes, sur un bon rayon, le *Traité d'Astronomie physique*, en cinq volumes in-8, de J.-B. Biot, membre de l'Académie des Sciences, de l'Académie française, de l'Académie des Inscriptions, du Bureau des Longitudes, professeur à la Faculté des Sciences, au Collège de France, etc., etc., etc. Ces cinq volumes « d'Astronomie *physique* » ne comprennent pas moins de 2916 pages — sur lesquelles il n'y en a pas un cent qui aient vraiment pour objet la constitution physique des corps célestes ! La constitution physique de Mars y a reçu, en tout, une page (tome V, 1857, p. 401). Le titre de cet Ouvrage devrait être beaucoup plus justement : Traité d'Astronomie *mathématique*. On pourrait en dire autant de la plupart des auteurs. Delambre, parlant des observations faites sur la rotation de Vénus, sur la constitution physique de Mars, sur les taches du Soleil, fait entendre que c'est là du temps perdu ! Etc., etc.

L'Ouvrage que nous entreprenons ici se partage donc naturellement de lui-même en deux Parties. La première donnera l'*exposé* et la *discussion de toutes les observations* faites sur Mars, depuis les plus anciennes, qui datent de la première moitié du XVIIe siècle, jusqu'aux dernières. La seconde Partie résumera les *résultats conclus de cette étude générale de la planète.*

Notre première Partie, d'autre part, se partagera en trois périodes. La première période commence avec la plus ancienne observation, de l'an 1636, et s'étend jusqu'à l'année 1830. Elle comprend ainsi presque deux siècles. Les dessins faits pendant toute cette période sont rudimentaires et étaient absolument insuffisants pour donner une idée quelque peu exacte de la constitution physique de la planète. La seconde période commence en 1830 et s'étend jusqu'à l'année 1877. Elle a inauguré la géographie martienne, ou, pour parler plus exactement, l'aréographie. Durant cette période, les grandes oppositions de Mars, les époques où cette planète s'est le plus rapprochée de la Terre, ont apporté des notions de plus en plus étendues et de plus en plus précises sur l'état de ce monde voisin. La troisième commence en 1877, par le premier plan géodésique (aréodésique) de triangulation qui ait été fait de la surface continentale et maritime de la planète, et se continue jusqu'à l'heure actuelle par les surprenantes découvertes de détails faites coup sur coup pour ainsi dire dans la géographie bizarre et partiellement changeante de ce singulier pays.

Dans la première période, on connaît de Mars son volume, sa masse, sa densité, la pesanteur à sa surface, l'inclinaison de son axe, la durée de son année et de ses saisons, la durée de sa rotation diurne ainsi que de ses jours et de ses nuits, l'existence de ses taches polaires et leurs variations d'été et d'hiver ; on devine que ce sont des neiges analogues à celles de nos pôles ; on commence à penser que les taches foncées peuvent représenter des mers et que les continents sont jaunes. L'atmosphère est plutôt soupçonnée qu'étudiée.

Dans la seconde période, on trace les premières cartes géographiques de la planète, on confirme l'assimilation des taches polaires à des neiges en constatant qu'elles fondent régulièrement sous l'action des rayons solaires. On reconnaît que la seule explication à admettre des taches foncées est de les considérer comme représentant des étendues d'eaux et l'on s'aperçoit que leurs contours sont soumis à des variations, on trace en détail des golfes et des embouchures de grands fleuves, on analyse chimiquement l'atmosphère au spectroscope et l'on y constate la présence certaine de la vapeur d'eau ; on démontre que cette atmosphère ne peut pas être la cause de la coloration rougeâtre de la planète, puisque cette coloration est plus marquée au centre du disque, où l'épaisseur atmosphérique traversée est moindre que sur les contours où cette coloration est presque effacée ; on trouve que la température dépend principalement, non de la distance au Soleil, mais de l'état de l'atmosphère (exemples : le sommet et le pied du Mont-Blanc), et que certaines vapeurs, notamment la vapeur d'eau, exercent une influence absorbante sur les rayons calorifiques bien supérieure à celle de certains gaz, tels que l'oxygène et l'azote, et l'on reconnaît que les conditions de la vie à la surface de Mars ne diffèrent pas essentiellement de celles de notre planète.

Dans la troisième période, les détails de l'aréographie sont de mieux en mieux distingués et étudiés, les mers, les lacs, les golfes, les détroits, les rivages sont dessinés, épiés, suivis avec soin, et l'on constate que les variations soupçonnées sont incontestables; on découvre un réseau énigmatique de lignes foncées traversant tous les continents comme un canevas trigonométrique, on propose d'expliquer ces aspects par des variations dans le régime des eaux, on reconnaît en même temps que l'atmosphère est généralement plus pure que sur la Terre et que les nuages sont rares, surtout en été et vers les régions équatoriales. Les analogies avec la Terre s'accroissent à certains points de vue, tandis que des dissemblances inattendues se révèlent et se confirment.

Ces trois périodes forment donc les divisions naturelles de la première Partie du présent Ouvrage. La seconde Partie donnera les résultats à conclure de toute cette discussion.

Nous autres habitants de la Terre, accoutumés à juger des effets par les causes que nous avons sous les yeux et ne pouvant, d'ailleurs, imaginer l'inconnu, nous avons une difficulté extrême à expliquer les phénomènes étrangers à notre planète, et leur constatation seule nous plonge souvent dans le plus désespérant embarras. Nous observons, par exemple, sur Mars, des variations certaines et non médiocres dans l'étendue comme dans le ton de ses taches sombres, considérées comme mers. Il n'y a rien d'analogue sur la Terre, au moins comme proportions. Nous observons aussi sur cette planète toute une série de réseaux géométriques dont les lignes réticulées et croisées sous tous les angles ont reçu, non sans quelque analogie, le nom de canaux. Nous n'avons aucune comparaison non plus sur la Terre pour nous guider dans l'explication de ces aspects. Il s'agit ici véritablement d'un nouveau monde, incomparablement plus différent du nôtre que l'Amérique de Christophe Colomb n'était différente de l'Europe. Saurons-nous interpréter exactement les découvertes télescopiques? Tous nos efforts doivent tendre à cette interprétation, sans aucune idée préconçue et avec la plus complète indépendance d'esprit.

Nous confronterons ici toutes les observations, et pour cela nous traduirons et résumerons les Mémoires en quelque langue qu'ils aient été écrits.

Il est bien évident que le seul moyen d'arriver à une connaissance un peu précise de l'état de cette planète est de comparer entre elles ces observations. La méthode historique s'imposait donc pour ainsi dire d'elle-même. Les lecteurs qui désireront acquérir une connaissance précise de la planète que nous allons étudier auront sous les yeux toutes les pièces du procès, tous les documents.

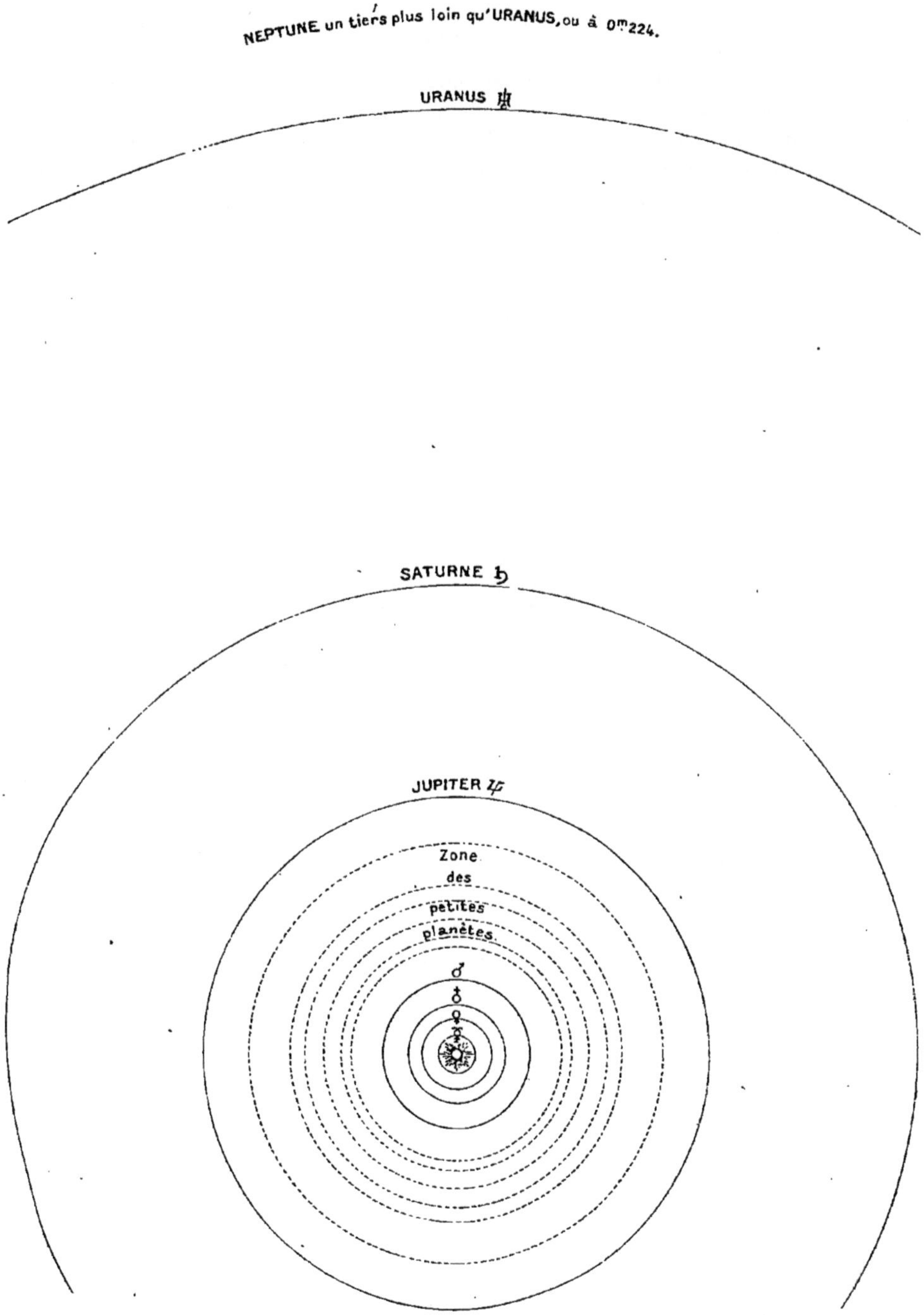

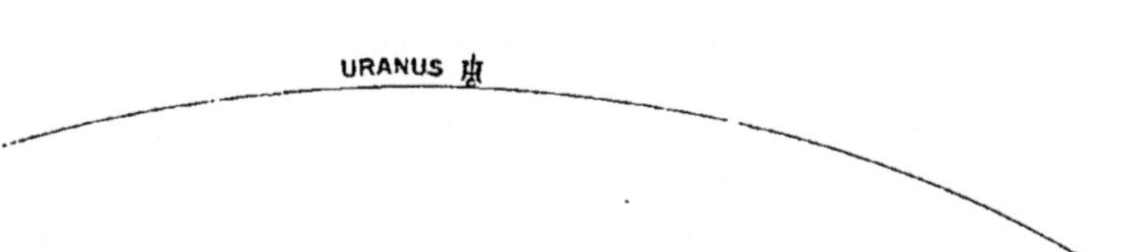

PLAN DU SYSTÈME SOLAIRE, A L'ÉCHELLE PRÉCISE DE 1ᵐᵐ POUR 20 MILLIONS DE KILOMÈTRES.

Nous ne voulons pas terminer cette Préface sans remercier MM. Gauthier-Villars du dévoué concours qu'ils nous ont apporté en éditant cet Ouvrage de science pure avec un soin délicat. Ils savent aussi que la recherche sciènti-fique est l'âme du monde moderne, et qu'il est utile de répandre le plus possible dans le public intellectuel les grandes et lumineuses notions de l'Astronomie contemporaine.

Avant d'entrer en matières, prenons d'abord une connaissance exacte de la position de la planète Mars dans le système solaire. Nous étudierons plus loin son orbite au point de vue de sa forme elliptique précise et de ses relations avec celle que nous décrivons nous-mêmes autour du Soleil. Ici, il nous suffit de re-mettre sous nos yeux l'ensemble du système au point de vue des distances au Soleil et de la position de Mars dans la région de ce système.

Planètes.	Distances au Soleil,			
	celle de la Terre étant 1.	en mille kilomètres.		Millions de kilomètres.
MERCURE............	0,387	57 678		
VÉNUS..............	0,723	107 772		
LA TERRE..........	1,000	149 000		
MARS..............	1,524	227 031		
Petites planètes....	2,175 à 4,262.	Zones maxima...	2,38	324
			2,74	355
			3,12	408
			3,42	464
JUPITER............	5,203	775 217		510
SATURNE...........	9,538	1 421 281		635
URANUS............	19,183	2 858 312		
NEPTUNE...........	30,055	4 478 195		

La figure ci-dessus a été construite sur ces données numériques, à l'échelle de 1 millimètre pour 20 millions de kilomètres. C'était là le seul moyen de tracer un plan du système solaire dans le format de ce livre, encore avons-nous été obligé de supposer Neptune au-delà de la figure. Ce plan montre que Mars vogue comme la Terre dans une région relativement fort voisine du Soleil. C'est là un fait important que nous devons avoir constamment en vue, et il était intéressant de nous rendre exactement compte de cette position avant d'écrire les annales terrestres de cette île, sœur de la nôtre.

Nous adoptons pour la parallaxe solaire le nombre 8″,82, qui paraît actuellement le plus probable. La distance correspondante est 149 millions de kilomètres.

Et maintenant, commençons l'histoire astronomique de Mars, et étudions ce monde voisin sans aucune idée préconçue.

Observatoire de Juvisy, 4 août 1892.

PREMIÈRE PÉRIODE.

1636-1830.

PREMIÈRE PÉRIODE.

1636-1830

La première période de ce que nous pourrions appeler les Annales historiques terrestres de la planète Mars commence à la première vue télescopique qui ait été obtenue de cette planète par les astronomes de la Terre. Le premier dessin a été fait à Naples, par Fontana, en 1636. Il s'agit ici d'Astronomie physique et non d'Astronomie mathématique, autrement, nous devrions commencer cette monographie de Mars à l'ouvrage de Kepler *De Motibus stellae Martis*, publié en 1609 ([1]).

Jusqu'à l'invention des instruments d'optique, l'observation des planètes s'est bornée, comme celle des étoiles, à la détermination de leurs positions apparentes sur la sphère céleste. Nous ne voyons, en effet, à l'œil nu, que des points brillants circulant dans le ciel. Les penseurs avaient deviné que les planètes sont des corps célestes sans lumière individuelle, analogues à la Terre, et ne brillant que parce qu'ils sont éclairés par le Soleil. Copernic avait annoncé, lors de son immortelle réforme astronomique (1543), que l'homme inventerait probablement dans l'avenir des instruments à l'aide desquels on constaterait les phases des planètes, et par là leur absence de lumière propre et leur analogie avec la Terre, de même qu'aujourd'hui nous osons espérer que le jour viendra où des moyens inconnus de notre science actuelle nous apporteront des témoignages directs de l'existence des habitants des autres mondes, et même, sans doute, nous mettront en communication avec ces frères de l'espace. On souriait assez dédaigneusement de l'idée assurément téméraire de Copernic, comme les sceptiques sourient aujourd'hui

([1]) Cet ouvrage de Kepler commence ainsi : « Durissima est hodie conditio scribendi libros mathematicos, præcipue astronomicos ». On pourrait faire la même réflexion aujourd'hui pour les ouvrages d'Astronomie pure. Combien ce livre-ci aura-t-il de lecteurs? Assurément fort peu. Les habitants de la Terre s'occupent peu des choses du ciel, ils ne savent même pas que le monde qu'ils habitent fait partie du ciel, ignorent où ils sont, et vivent dans une remarquable ignorance de la réalité. Cette ignorance suffit à leur indifférence native.

de la nôtre : il est si simple de suivre tranquillement l'ornière du passé. Cependant, dans le siècle même de Copernic, en 1590, 47 ans seulement après la mort du chanoine de Thorn, un opticien de Middelbourg, Zacharie Jansen, inventait, selon le témoignage de la plus ancienne autorité [1], la première lunette d'approche qui, perfectionnée seize ans plus tard par Hans Lippershey, autre opticien de la même ville, ne tardait pas à être dirigée vers le ciel. En effet, en 1609, sur les rapports qu'il avait reçus de Hollande relativement à cette invention, Galilée construisait la première lunette qui ait été dirigée sur le ciel et découvrait immédiatement (janvier 1610) les satellites de Jupiter, puis bientôt après les phases de Vénus, réalisant la prédiction de Copernic et apportant ainsi un témoignage direct à la vérité du nouveau système. Les premières observations publiées par Galilée sont celles des satellites de Jupiter, faites les 7, 8, 10, 12 et 13 janvier 1610.

Dès les années 1610, 1611, 1612, nous voyons les découvertes astronomiques se succéder rapidement, taches du Soleil, géographie et montagnes de la Lune, satellites de Jupiter, nature sidérale de la Voie lactée. Galilée, Kepler, Fontana, Scheiner, Rheita, inventent des lunettes, les perfectionnent et découvrent dans les mystères des cieux les réalités restées cachées jusqu'alors pour les yeux de l'habitant de la Terre.

La grandeur du disque lunaire, l'étendue des plus grosses taches solaires, le diamètre de Vénus, l'éclat des satellites de Jupiter, la richesse de la Voie lactée permettaient ces premières études, ces premières découvertes, à l'aide des primitives lunettes rudimentaires dont les grossissements étaient faibles.

[1] L'invention de la première lunette d'approche se perd un peu déjà dans l'inconnu. Il est certain qu'en 1609, Galilée s'était construit une lunette, puisque le 7 janvier 1610 il découvrait les satellites de Jupiter (nous avons publié le fac-similé de ses premiers dessins dans *les Terres du Ciel,* au chapitre des Satellites de Jupiter); il est certain également que, de 1606 à 1608, le nom de Lippershey était connu en Hollande comme fabricant de lunettes d'approche. Mais un ouvrage de Pierre Borel, médecin du roi, membre de l'Académie des Sciences, auteur du *Discours prouvant la pluralité des Mondes* dont nous avons parlé dans *les Mondes imaginaires,* établit en 1655, c'est-à-dire environ un demi-siècle seulement après l'invention, l'historique de cette découverte, affirme que le « premier inventeur » est ZACHARIAS JANSEN, dont il donne le portrait, et que le « second inventeur » est HANS LIPPERHEY (*sic*) dont il donne également le portrait. Cet ouvrage a pour titre *De vero telescopii inventore* (1655). Le chapitre XII de ce Traité, intitulé : « De inventoris vero nomine », discute spécialement les titres. L'auteur écrit le premier nom tantôt Zacharias Jansen, tantôt Zac. Joannides, et le second tantôt Lipperhey, tantôt Lipperseim. On latinisait tous les noms à cette époque, et souvent on les retraduisait du latin en français, en leur faisant subir de nouvelles métamorphoses. Ainsi, par exemple, Jean Müller prit le nom de sa ville natale, Kœnigsberg, qui veut dire montagne royale et s'appela Regiomontanus. Ce nom, traduit en français, a fait Dumontroyal.

Quoi qu'il en soit, quels qu'aient été les premiers essais de l'optique, l'année 1609 est celle de la construction de la première lunette astronomique par Galilée, et l'observation du 7 janvier 1610 est la première de toutes, pratiquement parlant.

La première lunette de Galilée ne grossissait que 4 fois. L'immortel astronome porta successivement ses grossissements à 7, à 10 et même à 30 fois en diamètre : mais il ne put dépasser ce chiffre. Son habileté, sa patience, sa persévérance obtinrent de ce modeste instrument les découvertes les plus merveilleuses. Cette célèbre lunette de Galilée a été religieusement conservée et elle se trouve aujourd'hui à l'Académie de Florence. L'astronome Donati la remit un jour entre mes mains, ainsi qu'un doigt de Galilée qui a été conservé par la même Académie. Ce n'est pas sans émotion que je touchai ces reliques vénérables. Il me semblait que cette première lunette d'approche de l'Astronomie moderne avait gardé quelque chose de la gloire des siècles passés, et je revoyais en esprit l'astronome florentin debout, après le coucher du Soleil, sur une de ces belles terrasses italiennes, à l'heure où s'allument les étoiles, dirigeant avec une fiévreuse impatience ce tube merveilleux vers les mondes nouveaux découverts par lui dans les cieux ; je revoyais ce doigt montrant le ciel aux incrédules de son époque, et nous le montrant encore à nous-mêmes du fond de son victorieux tombeau.

Le disque de Mars étant toujours très petit, même lorsque la planète s'approche le plus de la Terre, ces instruments primitifs, grossissant à peine ce disque, et n'ayant pas encore un pouvoir de définition bien net, ne pouvaient rien montrer à sa surface.

Galilée a observé Mars dès sa première année d'observation, dès 1610. La planète n'offrait dans son instrument qu'un disque à peine sensible ([1]). Le

---

([1]) Lorsque Mars passe à sa plus grande proximité de la Terre, il se présente à nous sous la forme d'un disque de 30″. A l'œil nu, ce n'est qu'un point très lumineux, une étoile de première grandeur, très éclatante pendant la nuit, quoiqu'il n'y ait là que la lumière reçue du Soleil et reflétée.

La lunette de Galilée, grossissant 4 fois, montrait Mars de la grosseur d'un petit pois de 7ᵐᵐ de diamètre vu à 12ᵐ de distance.

Une lunette grossissant 60 fois la montre comme un petit pois vu à 0ᵐ,80 ou à peu près de la dimension de la Lune vue à l'œil nu.

Un grossissement de   100 fois, comme un petit pois vu à 0ᵐ,47.

Un grossissement de   200 fois, comme une pêche de 0ᵐ,06 de diamètre vue à 2ᵐ,28.

Un grossissement de   300 fois, comme une pêche de 0ᵐ,06 de diamètre vue à 1ᵐ,42.

Un grossissement de   500 fois, comme une orange de 0ᵐ,08 de diamètre vue à 1ᵐ,12.

Un grossissement de 1000 fois, comme une orange de 0ᵐ,08 de diamètre vue à 0ᵐ,60.

Un grossissement de 1500 fois, comme une orange de 0ᵐ,08 de diamètre vue à 0ᵐ,36.

Tout objet éloigné de l'œil à 57 fois son diamètre paraît sous un angle de 1°.

La Lune, dont le diamètre est de 3482 kilomètres, est éloignée à 110 fois son diamètre, et mesure par conséquent un peu plus d'un demi-degré, soit 31′.

Une orange de 0ᵐ,08 de diamètre, éloignée à 4ᵐ,56, sous-tend un angle de 1°, paraît deux fois plus grosse que la Lune, vue à l'œil nu, et égale Mars vu avec un grossissement de 120 fois. Un grossissement de 1200 correspond à une distance de 0ᵐ,456 pour le même objet. Si l'on y réfléchit un instant, on appréciera que des grossissements de 500 à 1200 pour Mars représentent déjà de belles dimensions apparentes.

30 décembre 1610, il écrivait au P. Castelli : « Je n'ose pas assurer que je puisse observer les phases de Mars; cependant, si je ne me trompe, je crois déjà voir qu'il n'est pas parfaitement rond. » Kepler signale les phases de Mars dans son *Epitomes Astronomiæ*, Liv. V, Part. V (1621), où il nomme la plus grande phase de Mars « perfectio phases dichotomæ ». Mais il ne dit point l'avoir observée et ne traite le problème qu'au point de vue géométrique.

Cependant, ces instruments allaient en se perfectionnant assez rapidement. Un grand enthousiasme animait les cœurs. On aurait voulu pouvoir découvrir sans retard les habitants de la Lune ou tout au moins leurs œuvres; on frémissait d'impatience; on fondait d'immenses lentilles qui restaient troubles et remplies d'imperfections; on inventait de nouvelles combinaisons d'oculaires pour accroître la netteté des images, mais l'art et l'industrie ne marchaient pas aussi vite que les désirs. Dès l'année 1636, néanmoins, c'est-à-dire vingt-sept ans seulement après la première lunette de Galilée, un savant napolitain, Fontana, parvenait à construire lui-même, comme Galilée et Kepler, une lunette encore plus perfectionnée et obtenait, sous le beau ciel de Naples, des observations assez bonnes des taches de la Lune, des Pléiades, des phases de Vénus et de la planète dont nous nous proposons d'écrire l'histoire.

Voici les observations de Fontana. Nous exposerons successivement toutes les observations, dans l'ordre chronologique, nous les discuterons et comparerons, et nous en déduirons progressivement les conclusions qui en dérivent pour la connaissance de la constitution physique de la planète.

I. 1636-1638. — Fontana.

L'astronome napolitain publia ses observations dans un ouvrage intitulé : *Novæ cœlestium terrestriumque rerum observationes*. Naples, 1655. Nous avons cet ouvrage sous les yeux, et nous sommes heureux d'en offrir les curiosités principales à nos lecteurs (¹).

(¹) Nous reproduirons ici par la photogravure, et sans retouches de dessinateurs ou de graveurs, toutes les fois que cela sera possible, tous les dessins de Mars que nous nous proposons de réunir. Ce procédé nous permettra de conserver dans cette monographie, les dessins authentiques, exacts, tels qu'ils ont été faits par leurs auteurs; cette fidélité absolue nous parait indispensable pour identifier aussi sûrement que possible les dessins modernes aux anciens et pour juger ensuite de la permanence des configurations géographiques de la planète ou de leur variabilité. Ce sera là, nous semble-t-il, la principale valeur scientifique du travail que nous entreprenons ici.

Nous possédons la plupart des ouvrages et documents qui vont être analysés, dans la Bibliothèque que nous avons longuement formée pour notre Observatoire de Juvisy. Mais, pour certaines pièces anciennes et rares, nous avons dû recourir à la Bibliothèque

Voici les deux plus anciens dessins de Mars, faits par cet astronome-opticien, le premier en 1636 (il n'indique pas le jour), le second le 24 août 1638. On lit en légende :

1636 : Martis figura perfecte spherica distincte atque clare conspiciebatur. Item in medio atrum habebat conum instar nigerrimæ pilulæ.

Fig. 1.　　　　　　　　　　　　　　　　　Fig. 2.

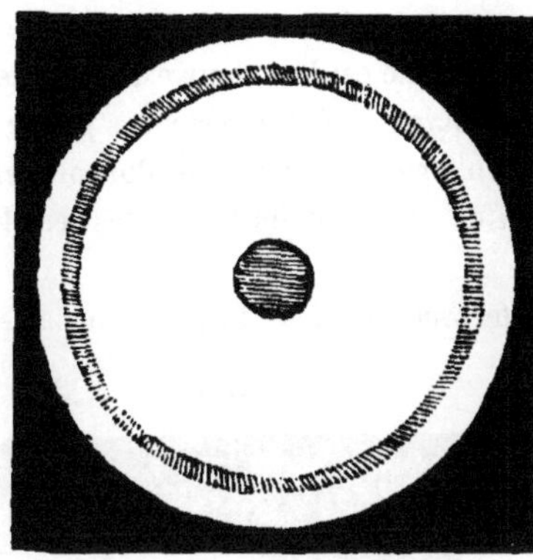

Premier dessin du disque de Mars. Fontana, 1636.

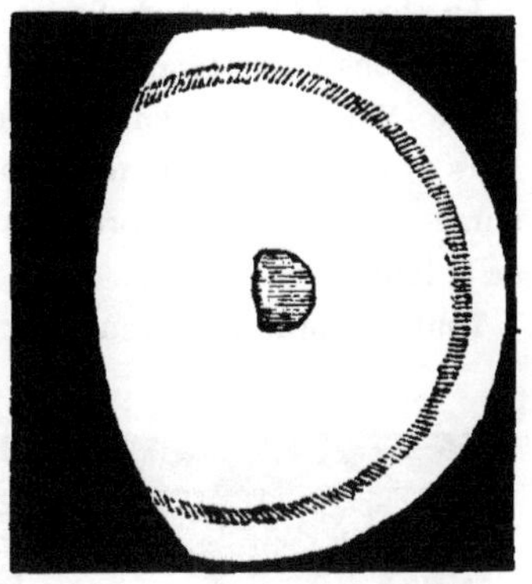

Deuxième dessin de Mars, fait par Fontana, en 1638.

Martis circulus discolor, sed in concava parte ignitus deprehendebatur.
Sole excepto, reliquis aliis planetis, semper Mars candentior demonstratur.

Ce que nous pouvons traduire ainsi :

1636 : La figure de Mars a été observée parfaitement sphérique. Elle avait en son milieu un cône sombre en forme de pilule très noire.
Le disque était de diverses couleurs, mais paraissait enflammé dans la partie concave.
A l'exception du Soleil, Mars est plus le ardent de tous les astres.

Voici la seconde observation :

Die 24 augusti, anno 1638. — Martis pilula, vel niger conus, intuebatur distincte ad circuli, ipsum ambientis, deliquium, proportionaliter deficere : quod fortarse Martis gyrationem circa proprium centrum significat.
« La pilule de Mars, ou le cône noir, se montrait distinctement, avec une phase

de l'Observatoire de Paris. Nous adressons à ce sujet nos plus vifs remerciements à M. l'amiral Mouchez, directeur de l'Observatoire, et à M. Fraissinet, bibliothécaire, dont l'obligeance a déjà rendu tant d'appréciés services aux savants et aux bibliophiles.

proportionnelle à celle du disque, ce qui peut-être signifie un mouvement de
rotation de Mars autour de son centre. » (Nous avouons ne pas bien comprendre
cette phrase : veut-elle dire que la tache était proportionnellement déplacée?)

Cette *pilula* ou « petite boule », vue au centre du disque de Mars, est la
première tache qu'on ait jamais vue et dessinée. Ce sont là les deux premiers
dessins de la planète, et nous les offrons à nos lecteurs, dans leur aspect
naïf, comme curiosité historique.

La phase de la seconde figure est très exagérée. Jamais Mars n'en arrive là.
Nous avons vu au Chapitre préliminaire quelle est la valeur exacte de cette
phase. Mais on n'en doit pas moins à Fontana la découverte des *phases* de
Mars. Quant à la tache, pour nous, elle n'a rien de réel : elle doit provenir
d'une réflexion, d'une sorte d'extinction de rayons dans le jeu des lentilles
de la lunette de Fontana.

Tout concorde en faveur de cette interprétation : 1° la position de cette

Fig. 3.

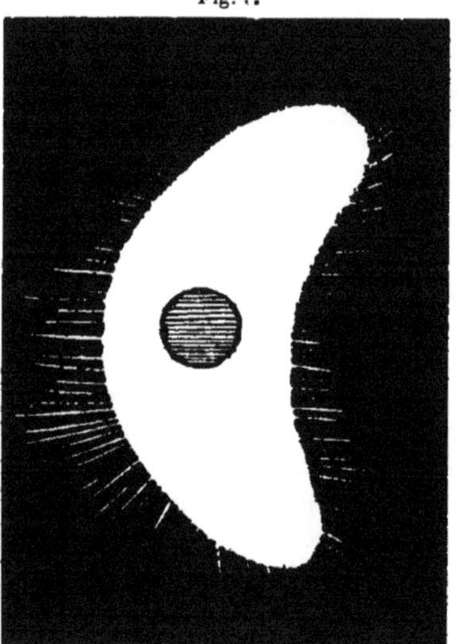

Fig. 4.

Dessin de Vénus par Fontana, en 1645.

Dessin de Vénus par Fontana, en 1646.

tache ronde au milieu du disque dans la première observation ; 2° la phase
correspondante à celle de la planète dans la seconde observation ; 3° des effets
analogues dans ses dessins de Vénus, dont nous reproduisons deux ici
comme curiosité, du 11 novembre 1645 et du 22 janvier 1646, et dans la
description desquels il signale en mêmes termes la « pilule » de Vénus. Ces
figures de Vénus n'ont d'intéressant que la phase.

Mais, tels qu'ils sont, il n'était pas sans intérêt de publier, pour être conservés, les deux *premiers* dessins qui aient été faits de notre planète.

Fontana commence son livre par une étude historique sur l'inventeur de la lunette d'approche. Il pense que les anciens la connaissaient (mais on sait aujourd'hui que c'étaient là des tubes sans verres). Il rappelle ce que dit Porta du miroir de Ptolémée, qui permettait de voir les navires à sept cents milles de distance. Il ajoute qu'il n'a pu trouver l'origine de la redécouverte des instruments d'optique, et pense que Porta est pour beaucoup dans cette invention. Voici, en effet, un passage qu'il cite de la *Magie naturelle* de cet auteur, imprimée en 1589, Livre XVII, Chap. X :

Les lentilles concaves font voir très clairement les objets lointains, et les convexes les proches. On peut s'en servir commodément pour l'usage des yeux. (Il s'agit évidemment ici de ce que nous appelons aujourd'hui des lorgnons de presbytes et de myopes : ces lentilles sont en usage depuis le XIIIe siècle, et elles étaient connues depuis longtemps, quoique fort rares, puisque pour suivre les jeux du cirque, Néron, qui était myope, se servait d'une émeraude taillée en verre concave). Mais Porta ajoute ensuite :

« Concavo, longe parva vides, sed perspicua : convexo propinqua majora, sed turbida : si utramque lentem recte componere noveris, et longinqua, et proxima majora, et clara videbis. Non parum multis amicis auxilii præstitimus, qui et longinqua obsoleta et proxima turbida conspiciebant, ut omnia perfectissime cernerent ».

Il y a là, sans contredit, l'invention, au moins théorique, de la lunette d'approche.

On peut lire dans Roger Bacon (mort en 1292) des expressions montrant que les besicles étaient en usage de son temps. Il est probable que l'on a combiné la disposition des verres entre le XIIIe siècle et l'an 1570, car, dans un ouvrage publié en 1570 (*Euclid's Elements*), un auteur anglais, DEE, recommande aux commandants d'armée l'usage des « verres perspectives », et un ouvrage de DIGGES, *Pantometria*, publié en 1571, dit que « par la combinaison de miroirs concaves et convexes et de lentilles transparentes on peut rapprocher de beaucoup les objets ». Ces appareils devaient être rares. Ce n'est qu'en 1590 ou même en 1606 que les deux opticiens de Middelbourg construisirent les premières lunettes réellement pratiques.

Fontana ajoute : « On attribue aussi l'invention à Galilée, mais, à mon jugement, ou Galilée a simplement mis en pratique la théorie de Porta ou il a perfectionné une invention allemande. »

Pour lui, Fontana, il a construit lui-même ses instruments, et assure que c'est dès l'année 1608. Il les a considérablement perfectionnés d'année en année, surtout à dater de l'année 1611, marquée par l'ouvrage de Kepler sur la dioptrique. Le premier dessin qu'il publia fut celui de la Lune, le 31 octobre 1629. Nous le reproduisons ici comme curiosité historique, c'est, croyons-nous, le premier dessin de la Lune qui ait été fait (ceux de Galilée ne sont que des croquis). Nos lecteurs y reconnaîtront les bandes qui irra-

Fig. 5.

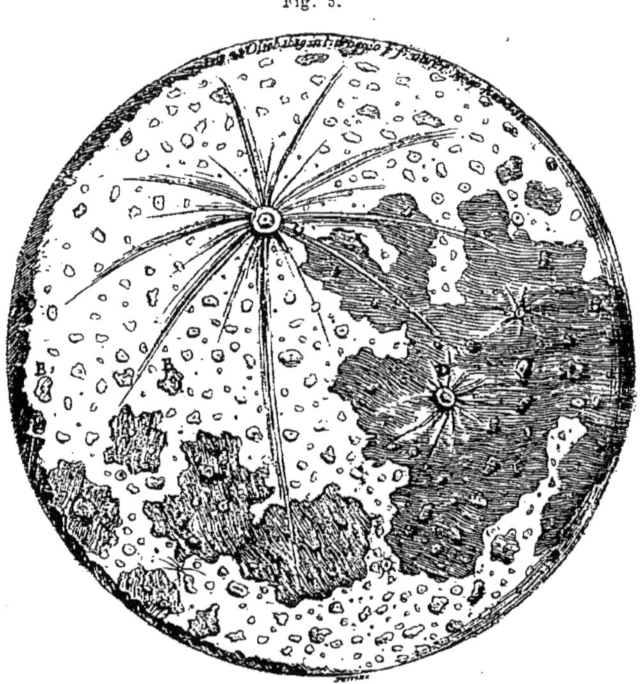

Le plus ancien dessin télescopique de la Lune.

dient de Tycho, ce cirque (C) et celui de Copernic en D. Cette figure fait apprécier l'état rudimentaire de ces premières lunettes.

L'ouvrage de Fontana est orné d'un élégant frontispice que nous offrons à nos lecteurs comme curiosité bibliographique et astronomique. Autour de la fontaine de Vérité sont groupées la Géométrie, les Mathématiques, la Cosmographie, la Poésie, la Philosophie, l'Architecture et l'Astrologie. Sur la droite, l'Astronomie porte la Lune de la main droite et l'ouvrage de Ptolémée sous son bras gauche.

Ce livre porte la date de 1646. L'année précédente, en 1645, le capucin Schyrle de Rheita avait publié, à Anvers, son livre bizarre intitulé *Oculus Enoch et Eliæ*, dont nous parlons plus loin, dans lequel il expose la même invention dans les termes suivants :

En l'an 1609, un opticien batave nommé Joanne Lippensum de Zélande, ayant réuni par hasard un verre convexe et un verre concave, vit avec admiration que

Fig. 6.

Frontispice de l'ouvrage de Fontana (Naples, 1646).

cette combinaison faisait paraître les objets plus gros et plus voisins. Ayant donc placé ces deux lentilles dans un tube à la distance la plus convenable, il faisait voir aux passants le coq du clocher. Le bruit de cette invention s'étant répandu, les curieux vinrent en foule pour admirer ce prodige; le marquis de Spinola acheta la lunette et en fit présent à l'archiduc Albert. Les magistrats ayant mandé l'opticien, lui payèrent assez chèrement une lunette pareille, mais à la condition singulière, qu'il n'en vendrait, ni même n'en ferait aucune autre; ce qui explique, nous dit Rheita, comment une invention si fortuite et si admirable est restée assez longtemps inconnue. Elle se répandit enfin; elle fut perfectionnée, et Galilée, par ses découvertes, lui donna la plus grande célébrité.

Cette lunette, cependant, était assez incommode, parce qu'elle avait trop peu de champ. Rheita sentit l'utilité de mettre en pratique les idées de Kepler; il assembla deux lentilles convexes; mais, comme tout a ses inconvénients, les objets se montraient renversés, ce qui, au reste, ne lui parut pas un grand mal. Il y remédia depuis, en ajoutant un second oculaire. Il est incroyable, nous dit-il encore, combien le champ fut augmenté : on pouvait apercevoir à la fois et compter de 40 à 50 étoiles, parce que le champ était devenu cent fois plus grand que celui de Galilée. Animé par ce succès, il chercha si, en réunissant deux lunettes pour les deux yeux, il ne verrait pas encore mieux; et il y réussit. Le Gentil, qui a renouvelé l'épreuve au siècle dernier, en parle dans le même sens; cependant les lunettes binoculaires sont restées inusitées; elles ne peuvent convenir d'ailleurs qu'aux observateurs qui ont les deux yeux parfaitement égaux, ce qui est assez rare.

Rheita explique ensuite la manière de tailler et de polir les verres, et de leur donner la forme hyperbolique, suivant les idées de Descartes. Il est aussi l'auteur des mots *objectif* et *oculaire,* qui sont restés.

Le livre de Rheita est de 1645. Cependant, les recherches de M. Govi ont montré qu'en fait, les premières lunettes binoculaires ou jumelles ont été présentées au roi Louis XIII par un opticien de Paris, nommé Chorez, dès l'année 1620.

Mais continuons notre exposé chronologique des observations de Mars.

II. 1640-1644. — Riccioli.

Ce fécond auteur a publié en 1651 son grand ouvrage *Almagestum novum,* que nous avons également sous les yeux. L'auteur reproduit (p. 486) les deux dessins de Fontana réduits d'un tiers. Il ajoute que le P. Zucchi, son confrère en la Compagnie de Jésus, a observé Mars le 23 mai 1640 et n'y a pu distinguer aucune tache, ni noire ni rouge : « sine macula seu nigra seu rubra. » Le P. Bartoli, son érudit et éloquent confrère de Naples, a observé Mars le 24 décembre 1644 et a vu deux taches dans la partie inférieure du disque. Il ajoute que la postérité en verra bien davantage, si Dieu le permet : « Multa itaque observando supersunt, nobis aut vobis, o posteri! » Il ne croit pas aux satellites de Mars observés par Rheita: c'étaient, en effet, des étoiles fixes.

III. 1643. — Hirzgarter.

Dans son ouvrage *Detectio dioptrica corporum planetarum verarum* (Francfort, 1643), écrit en allemand, cet auteur parle longuement des planètes; mais il ne donne que de mauvaises observations. Il présente un dessin de Mars, qui paraît être une caricature du second dessin de Fontana. Nous ne le signalons que pour n'omettre personne.

IV. 1645. — Schyrle de Rheita.

Ce savant était un religieux, livré avec ferveur à l'étude des sciences, auxquelles il mariait la théologie de son époque. On trouve dans son livre bizarre, *Oculus Enoch et Eliæ, sive radius sydereomysticus* (Anvers, 1645), dédié à Jésus-Christ, un chapitre non moins bizarre sur la planète Mars et un dessin plus bizarre encore, dans le genre du précédent et dénué d'ailleurs de toute valeur intrinsèque. Ce capucin pourtant était un homme relativement instruit, et avait construit lui-même de bonnes lunettes d'approche, comme nous l'avons vu tout à l'heure. Nous ne reproduirons pas le dessin de Rheita, qui est absolument fantaisiste.

V. 1645. — Hévélius.

Astronome laborieux, observateur habile, Hévélius a consacré dans son grand ouvrage *Selenographia, sive Lunæ descriptio,* etc. (Gedani, 1647) un petit chapitre à la planète Mars et surtout à ses phases (p. 66-68). Il rapporte une observation qu'il a faite lui-même le 26 mars 1645, à 7^h du soir, ainsi que le 28 du même mois. La phase qu'il reproduit par une figure (*Pl. G, fig.* D) est considérablement exagérée. C'est presque la Lune en quadrature, le huitième jour de la lunaison. Le diamètre du cercle est de 46^{mm} et la largeur de ce quartier est de 26^{mm} seulement. Jamais Mars n'atteint cette phase. L'auteur parle du calcul de Kepler sur les phases de Mars, des observations de Fontana et du traité d'Hirzgarter.

VI. 1656. — Huygens.

L'astronome hollandais rapporte, dans son *Systema Saturnium* ([1]), que dans ses observations de l'année 1656 ([2]) il vit une fois le globe de Mars en-

---

([1]) Christiani Hugenii a *Zulichem Opera Varia,* tome II, Hagæ Comitum, 1724, p. 540.

([2]) Ce ne doit pas être en 1656, mais plutôt en 1655 ou 1657. En 1656, Mars était dans la région de son orbite la plus éloignée de la Terre. Nous respectons toutefois la date de l'auteur. Pourrait être en janvier ou décembre.

veloppé d'une large ceinture, bande sombre offusquant la moitié du disque,
et il en donne le dessin que nous reproduisons ici en fac-similé. Cet astro-

Fig. 7.

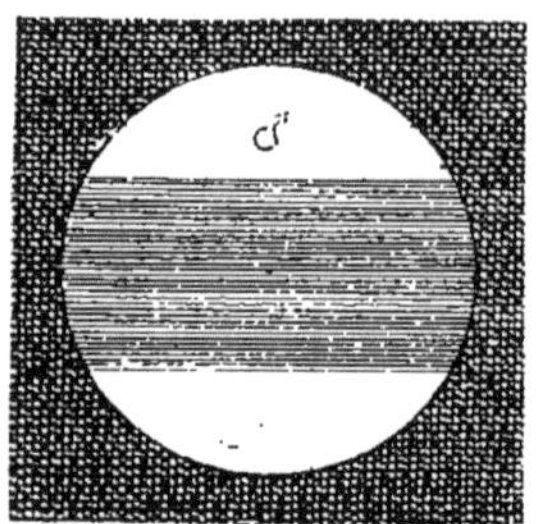

Dessin de Mars fait par Huygens en 1656.

nome est un observateur éminent. Toutefois ce dessin n'a, lui aussi, qu'un
intérêt purement historique. Cet aspect de Mars peut avoir été dû à un effet
des taches polaires. — Huygens s'était construit lui-même, comme Galilée et
Fontana, les lunettes dont il se servait et à l'aide desquelles il découvrit
le principal satellite de Saturne en 1655 et l'anneau en 1656.

(Nous remarquons, en passant, dans ces œuvres de Huygens, le charmant

Fig. 8.

Médaillon des œuvres de Huygens.

médaillon de la feuille de titre, que nous offrons par circonstance à ceux
d'entre nos lecteurs qui aiment les curiosités bibliographiques.)

Huygens a fait d'autres observations et de plus importants dessins de la planète en 1659, 1672, 1683 et 1694. Ces croquis, faits à la plume, ont été conservés à la bibliothèque de l'Université de Leyde où M. Terby, astronome belge, les a examinés et collationnés avec les dessins modernes et sur lesquels on peut reconnaître, pour la première fois les principales taches dessinées aujourd'hui sur nos Cartes. Si le croquis de l'année 1656 montre le disque sillonné par une large bande sombre, qui n'a rien de caractéristique, il n'en est pas de même des suivants, que nous allons examiner tout à l'heure.

VII. 1651-1657. — RICCIOLI.

Le P. Riccioli expose à la page 372 de son ouvrage *Astronomia reformata*, etc. (Bononiæ, 1665) qu'il a observé des taches sur la planète Mars, en compagnie du P. Grimaldi, les 4, 5, 6, 18 avril, 29 mai 1651, juillet 1653, juillet et août 1655, septembre, octobre et novembre 1657. Il rappelle les observations de Fontana et de Bartoli, dont nous avons parlé plus haut. Pas de figures.

Ces origines de l'étude physique de la planète Mars sont, comme on le voit, on ne peut plus rudimentaires. Mais nous allons entrer, avec Huygens et Cassini, dans une période plus importante.

VIII. 1659. — HUYGENS.

En 1659, notamment le 28 novembre et le 1ᵉʳ décembre, Huygens a fait des observations de Mars et esquissé quatre dessins.

Nous reproduisons ici, d'après M. Terby [1], le croquis du 28 novembre 1659 (7ʰ du soir). La tache qu'il représente est devenue, comme on le verra plus loin, pour les observations modernes, une tache tout à fait caractéristique de la géographie de Mars. En voyant cette tache se déplacer, il écrivait sur son journal, à la date du 1ᵉʳ décembre 1659 : « Debet Martis conversio fieri spatio circiter diurno, sive 24 horarum nostrarum quemadmodum item Telluris. » « La rotation de Mars paraît s'effectuer comme celle de la Terre en 24 de nos heures. »

Quelque temps après, comme nous allons le voir, en 1666, Cassini découvrait, indépendamment, ce mouvement de rotation, duquel, fait assez bizarre, Huygens douta ensuite, comme s'il avait attribué trop d'importance à ces variations d'aspects, doute qu'il consignait sur son registre à la date du 9 avril 1683 : « Mars maculis aliter distinctus quam biduo ante, unde de con-

---

[1] TERBY, *Aréographie* (Académie de Belgique, 1875), p. 8.

versione 24 horarum quam Cassinus prodidit dubito (¹) ». L'illustre philosophe
ne conserva certainement pas, ces doutes, car on lit dans son *Cosmotheoros*,
description des terres célestes et de leur habitabilité, ouvrage posthume,
publié en 1698, que la rotation de Jupiter et de Mars est prouvée avec certi-

Fig. 9.

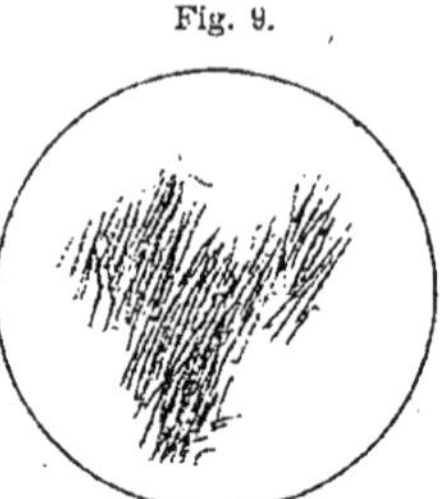

Croquis de Mars par Huygens, le 28 novembre 1659.

tude (²), et que les habitants de cette dernière planète ont des jours et des
nuits peu différents des nôtres (³).

Huygens a fait un certain nombre d'observations de Mars, notamment
en 1672, 1683 et 1694 et a tracé d'autres croquis rudimentaires. Nous y
reviendrons à leurs dates.

IX. 1666. — CASSINI.

Le brillant astronome italien (il était du comté de Nice, mais d'un tem-
pérament plus italien que français) a consigné ses observations de Mars dans
deux Mémoires ayant pour titre : *Martis circa proprium axem revolubilis observationes Bononiæ habitæ* (Bononiæ, 1666), et *Dissertatio apologetica de maculis
Jovis et Martis* (Bononiæ, 1666), ainsi que dans le *Journal des Savants* du
31 mai 1666 et dans les *Philosophical Transactions* du 2 juillet de la même
année (⁴).

Nous avons ces quatre publications sous les yeux. La première est la plus
intéressante pour nous au point de vue de l'originalité des dessins, dont les
figures publiées par le *Journal des Savants* et les *Philosophical Transactions*

(¹) TERBY, *Aréographie* (Académie de Belgique, 1875), p. 9.
(²) HUYGENS, *Cosmotheoros*, 1698, p. 10.
(³) *Ibid.*, 1698, p. 96.
(⁴) *Journal des Savants*, 2ᵉ année, 1666, p. 316. Cette publication s'est perpétuée jusqu'à
nos jours, comme on le sait. Mais, remarque assez singulière, elle est scientifiquement
beaucoup moins intéressante actuellement qu'il y a deux cents ans. Du moins les auteurs
scientifiques y sont-ils beaucoup plus rares, et, quant aux observations astronomiques, il n'en est presque plus jamais question.

ne sont que des copies sensiblement différentes, accusant beaucoup trop fortement les esquisses de Cassini. Nous reproduirons ici en fac-similés ces dessins originaux.

Jean Dominique Cassini, qui allait être appelé en France par Louis XIV pour être le premier directeur de l'Observatoire de Paris, alors en construction, était à Bologne, astronome du pape, et déjà célèbre par son tracé de la méridienne de Bologne et par un grand nombre d'observations brillantes. Le mémoire de Cassini est exactement résumé comme il suit par le *Journal des Savants* du 31 mai 1666.

Ces observations comprennent une nouvelle découverte dans la planète de Mars, qui n'est pas moins curieuse que celle qu'on fit l'année dernière dans Jupiter, de laquelle nous avons parlé dans le journal du 22 février, et dont les savants ont tant fait d'estime.

M. Cassini, astronome de Bologne (le rédacteur écrit Boulogne), ayant observé au commencement de cette année 1666 avec des lunettes de 25 palmes ou de 16 pieds et demi, faites de la façon du Sr Campani, a reconnu que Mars tourne sur son axe, et a remarqué qu'il y a plusieurs taches différentes dans les deux faces ou hémisphères de cette planète qui paraissent successivement dans cette révolution.

Dès le 6 février au matin, il commença à voir deux taches obscures dans la première face, et le 24 février au soir il aperçut dans la seconde face deux autres taches semblables à celles de la première, mais plus grandes. Depuis, ayant continué ses observations, il a vu les taches de ces deux faces tourner peu à peu d'Orient en Occident et revenir enfin à la même situation dans laquelle il avait commencé de les voir. Le Sr Campani, ayant aussi observé à Rome avec des lunettes de 50 palmes ou de 35 pieds, a remarqué dans cette planète les mêmes phénomènes. M. Cassini a fait graver plusieurs figures qui représentent les diverses positions.

La *fig.* A (voy. *fig.* 10) représente une des faces de Mars comme M. Cassini l'a observée à Bologne le troisième jour du mois de mars au soir, avec une lunette de 25 palmes ou de 16 pieds et demi.

La *fig.* B représente l'autre face comme il l'a vue le 24 février au soir.

La *fig.* C représente la première face de cette planète, comme le Sr Campani l'a vue à Rome le troisième jour du mois de mars au soir, avec une lunette de 50 palmes ou de 25 pieds.

La *fig.* D représente la seconde face comme le Sr Campani l'a observée le 28 mars au soir.

A ces figures M. Cassini ajoute plusieurs remarques. Premièrement, il dit que quelquefois il a vu pendant la même nuit les deux faces de Mars, l'une le soir et l'autre le matin.

Il remarque que le mouvement de ces taches dans la partie inférieure de l'hémisphère apparent de Mars va d'Orient en Occident comme celui de tous les autres corps célestes et se fait par des parallèles qui déclinent beaucoup de l'équateur et peu de l'écliptique.

Il assure que ces taches reviennent le lendemain dans la même situation 40 minutes plus tard que le jour précédent, de manière que tous les 36 ou 37 jours environ et à la même heure elles reviennent à la même place.

Il promet de donner dans peu de temps des Tables particulières de ce mouvement et de ses inégalités avec des éphémérides, comme il a déjà fait du mouvement de Jupiter.

Quelques autres astronomes ont aussi publié à Rome les observations qu'ils ont faites depuis le 24 mars jusqu'au 30 avec des lunettes de 25 et de 45 palmes travaillées par le sieur Divini. De la manière qu'ils représentent ces taches, elles sont peu différentes de celles de la première face de Mars dont nous avons ci-devant rapporté la figure. Ils ajoutent seulement que Mars fait son tour environ en 13 heures.

Mais M. Cassini prétend qu'ils se sont trompés dans leurs observations, car ils assurent que les taches qu'ils ont vues dans cette planète le 30 mars étaient petites, fort distantes l'une de l'autre, éloignées du milieu du disque, et que la tache orientale était plus petite que l'occidentale, comme elles sont représentées dans la figure marquée E qui semble être celle de la première face de Mars. Cependant M. Cassini trouve, par les observations qu'il a faites en même temps à Bologne, que ce même jour et à la même heure ces taches étaient fort larges, proches l'une de l'autre, dans le milieu du disque, et que la tache orientale était plus grande que l'occidentale, comme on voit dans la figure marquée F, qui est celle de la seconde face de cette planète. De plus, il estime que c'est aller bien vite que de déterminer sur cinq ou six observations en combien de temps Mars achève son tour, et il ne demeure pas d'accord qu'il le fasse environ en 13 heures. Quoiqu'il ait observé bien longtemps, il n'ose assurer si Mars ne fait qu'un tour en 24 heures 40 minutes ou s'il en fait deux, et il dit que tout ce qu'il sait de certain, c'est qu'après 24 heures 40 minutes Mars paraît de la même façon que le jour précédent.

Mais, depuis ces premières observations, M. Cassini a publié un autre écrit, dans lequel il conclut par plusieurs raisons que Mars ne fait son tour sur son axe qu'en 24 heures 40 minutes et qu'il faut que ceux qui ont assuré que cette planète fait son tour en 13 heures n'en ayant pas bien distingué les deux faces, mais qu'ayant vu la seconde face, ils l'aient prise pour la première. Il avertit aussi que, lorsqu'il définit le temps de la révolution de Mars, il n'entend pas parler de la révolution moyenne, mais seulement de celle qu'il a observée pendant que Mars était opposé au Soleil, laquelle est la plus petite de toutes. Il en donnera la réduction dans des Tables particulières qu'il fait espérer.

Cet exposé est un résumé complet des deux mémoires de Cassini dont nous

avons donné le titre plus haut (¹). Nous offrons à nos lecteurs (*fig.* 10) un fac-similé (même grandeur) de la page du *Journal des Savants* contenant les

Fig. 10.

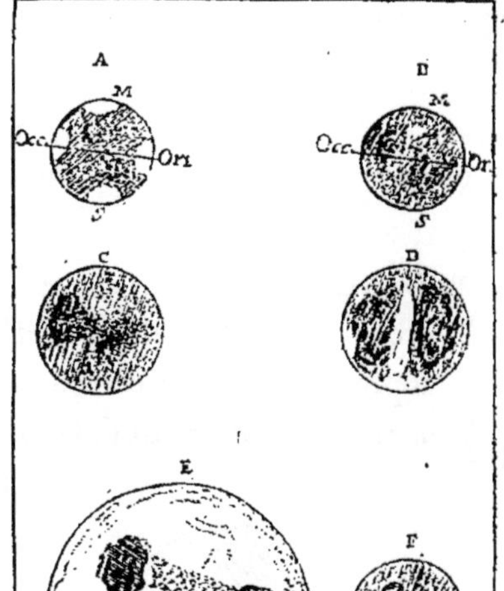

Dessins de la planète Mars, faits en février et mars 1666. Cassini et observateurs de Rome,
(*Journal des Savants* du 31 mai 1666).

six figures auxquelles renvoie le texte précédent.

Voici maintenant (*fig.* 11) les dessins originaux de Cassini, reproduits également en fac-similé, d'après son Mémoire *Martis circa proprium axem revolubilis observationes* (Bologne, 1666).

On trouve aussi dans le recueil des écrits de Cassini renfermant la « Dissertation » dont nous venons de parler (Bibliothèque de l'Observatoire de Paris, C. 7, 15) deux éditions, sous deux titres différents, d'un même opuscule, la première ayant pour titre : *De planetarum facie, maculis et revolutione;*

(¹) Ces observations sont toutes de l'année 1666. Il est donc surprenant de lire dans le *Cosmos* de Humboldt, généralement si bien informé, l'assertion suivante :
« La première observation faite par Cassini sur la rotation d'une tache de Mars paraît avoir eu lieu peu de temps après l'année 1670. » (*Cosmos*, t. III, p. 719).
Humboldt renvoie à Delambre, *Histoire de l'Astronomie*, t. II, p. 694, pour cette assertion. Mais Delambre est muet sur ce point.

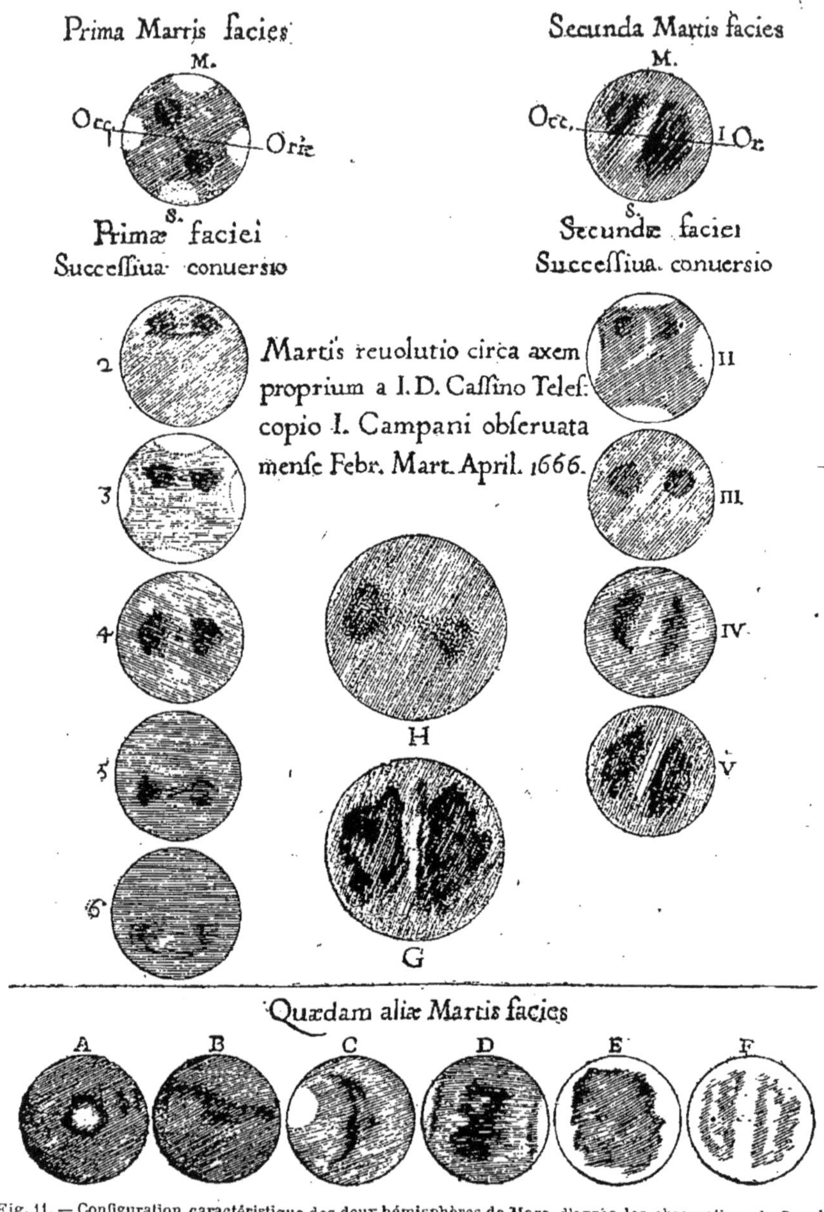

Fig. 11. — Configuration caractéristique des deux hémisphères de Mars, d'après les observations de Cassini en février, mars et avril 1666 (la rangée de gauche et la *fig.* H représentent un hémisphère, la rangée de droite et la *fig.* G l'hémisphère opposé). Le changement dû à la rotation est bien visible sur la série de gauche.

la seconde : *Nuncii syderei interpres*. C'est une réponse au *Nuncius sidereus* de Galilée. Il y a quinze chapitres : les trois premiers sont différents dans les deux mémoires, et les douze suivants sont les mêmes. Dans les trois premiers chapitres de l'édition qui a pour titre : *De planetarum maculis*, Cassini compare les planètes à la Terre, montre que *notre globe, vu de loin dans l'espace, ressemble aux autres planètes*, que *les mers doivent paraître foncées* à cause de l'absorption de la lumière solaire, tandis que les continents doivent paraître clairs (¹); que les *variétés du sol* doivent donner naissance à des *variétés d'aspect* correspondantes, que la figure de la Terre change suivant que le rayon visuel arrive aux régions polaires ou aux régions équatoriales, que l'obliquité de l'éclairement solaire, *les nuages et leurs ombres,* les chaînes de montagnes et leurs ombres, sont autant de causes de variations dans l'aspect de notre planète vue de loin, et qu'il doit en être de même pour l'aspect de la Lune et des planètes vues de la Terre. Ensuite il passe aux analogies que les autres planètes présentent avec celle que nous habitons et considère l'observation astronomique au point de vue philosophique.

Il expose que les irrégularités du sol de la planète Vénus ont été soupçonnées par Fontana dès le 22 janvier 1643 et observées par lui, Cassini, à Rome, avec les frères Campana, dans leur excellent télescope — sans doute en 1666.

Pour Mars, il expose que le 7 février (1666), pendant l'aurore, ainsi que les 17 et 18 du même mois, également pendant l'aurore, il a distingué sur le disque de Mars, près du cercle terminateur de la phase, une tache blanche s'avançant dans la partie obscure et représentant sans doute, comme celles de la Lune, une aspérité, une irrégularité de la surface.

Il parle ensuite des bandes de Jupiter, observées dès 1630 par Fontana, et de l'aplatissement de cette planète. Il compare les zones foncées de Jupiter à des chaînes de montagnes.

Le reste de l'opuscule est consacré aux mouvements des satellites de Jupiter. Cet ouvrage ne paraît pas avoir été terminé, car les deux éditions finissent par une moitié de mot coupé à la dernière ligne de la dernière page (LXIII).

X. Même année 1666. — Salvatore Serra.

Pendant que Cassini faisait à Bologne les observations qui viennent d'être exposées, Salvatore Serra en faisait d'analogues à Rome, et les publiait au mois de mai 1666 sous le titre de : *Martis revolubilis observationes romanæ*

(¹) C'est ce que Galilée avait dit, dès 1632, dans son *Dialogo interno ai due massimi sistemi del mondo*. Œuvres complètes, édition de 1842, p. 72.

ab afflictis erroribus vindicatæ. Roma. Ex castro Sancti Gregorii. Calendes de juin 1666 : « Observations romaines de la rotation de Mars vengées des erreurs

Fig. 12.

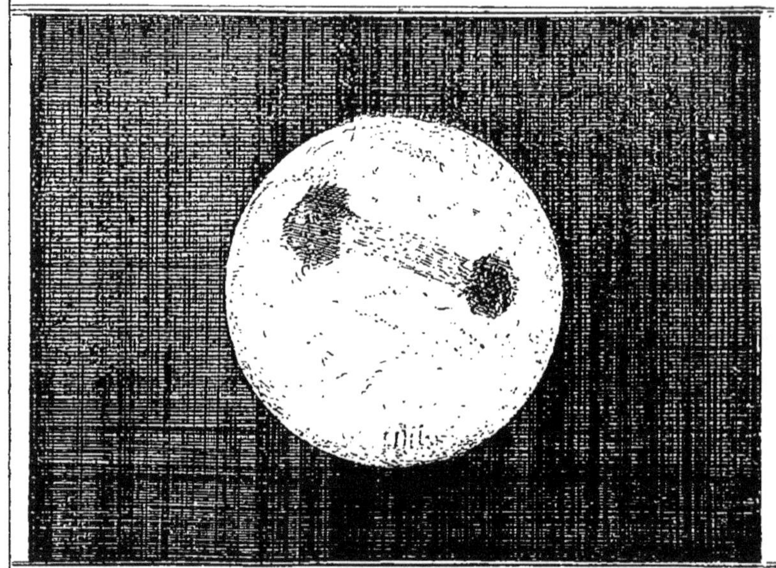

Typus Martis cum infignibus maculis Romæ primùm uifis D.D. Fratribus Saluatori, ac Francisco de Serris tubo Euftachii Diuini palmorum 25, ac fubinde 60. à die 24 Martii ad 30, qua die in ædibus Ill.mi D. Cefarii Giorii horá prædicta, et ipfomet Ill.mo Dño defcribente tub. p. 45. apparuit ur huc exprimitur inuerfo modo, nigriore inter alias exiftente macula Orientali, pro fitus obferuata uariatione eiusdem planetę circa proprium axem reuolutionis periodum indicatura, horis nempe circiter 13.

Dessin de Mars, par Salvatore Serra, 30 mars 1666.

imaginées ». C'est une réponse à la déclaration de Cassini, qui assurait que la rotation est de $24^h\,40^m$ et non pas de 13 heures comme l'avaient conclu « des observateurs romains ».

Cette réponse est accompagnée du dessin que nous venons de reproduire (*fig.* 12).

L'original de ce dessin existe à la Bibliothèque de l'Observatoire de Paris
(C. 7, 3). Comme on le lit par la légende, ce dessin représente la vue télescopique de la planète prise à Rome, à l'aide d'une lunette de 25 palmes de
Divini, par les frères Serra, le 30 mars 1666, à 2 heures (de la nuit), le même
aspect ayant été observé du 24 mars au 30, et conduisant à une période de
rotation de 13 heures.

La querelle a été très vive entre Cassini et Serra, comme on le voit dans
l'ouvrage de Cassini signalé plus haut et intitulé : *Dissertationes astronomicæ
apologeticæ*, recueil comprenant un mémoire de 1665 (sur l'ombre des satellites de Jupiter dont on lui contestait la découverte) et un de 1666 sur les
taches et la rotation de Mars et de Jupiter. Dans celui-ci, il combat les pré-
tentions de Salvatore Serra et met en doute l'authenticité de ses observations.
Il expose que Fontana, Hévélius, Gassendi, Riccioli et Sirsalis ont vu avant
lui les taches de Mars, mais que c'est lui, Cassini, qui le premier a reconnu
la rotation, et, par une longue discussion sur les positions des taches observées en février et mars 1666, prouve que la rotation ne peut pas être voisine
de 12 ou 13 heures, comme le disait Serra, mais doit être fixée à 24ʰ40ᵐ.

On trouve dans ce mémoire une petite esquisse de Mars, assez rudimen-

Fig. 13.

Croquis de Mars, par Cassini, 24 mars 1666, vers 7 heures.

taire d'ailleurs, du 24 mars au soir, ayant pour but de montrer que, contrairement aux assertions de Serra, la planète ne présentait à l'observation
terrestre ni la première face ni la seconde des dessins de Cassini publiés
plus haut, mais un autre côté... « aliam quemdam maculam semilunarem...
qualem nos eodum die hora 1 noctis observavimus ». Cassini ajoute qu'il
l'avait déjà remarquée le 22 février, à 6 heures de la nuit, « ce qui correspond à un retard de 40 minutes ».

Cassini parle ensuite des observations de Mars faites le 3 mars à Rome par
Campani et concordant avec les siennes faites à Bologne.

On voit par la *fig.* 11, surtout par la rangée de gauche, le déplacement des
taches dû à la rotation de la planète. Les *fig.* 12 et 14 s'expliquent également
par le texte qui les accompagne. Le dessin supérieur de cette dernière
planche est une reproduction, faite par Cassini, du dessin des frères Salvatore et François de Serra. Le premier des petits dessins a été fait par
Cassini le même jour (30 mars) et à la même heure.

Les observations de Serra se rattachent de très près à celles de Cassini (¹).

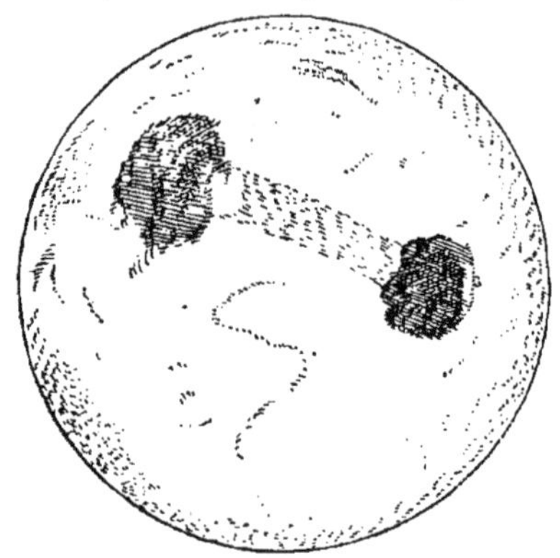

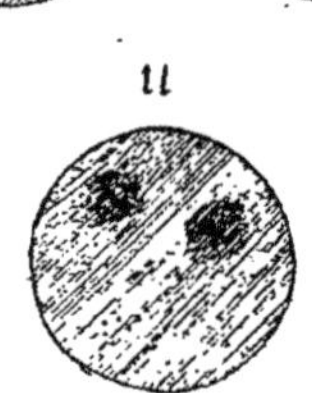

Fig. 14. — Comparaison faite par Cassini de ses dessins (tous les petits)
avec le dessin des observateurs de Rome.

(¹) On trouve dans les manuscrits de Cassini, conservés à l'Observatoire de Paris,
plusieurs lettres de Salvatore Serra sur ce même sujet, écrites en latin et en italien. Dans

Des observations de Cassini on peut conclure qu'il a découvert la durée de la rotation de Mars (elle est de $24^h 37^m 22^s,6$), et nous concluerons aussi que l'on peut découvrir la rotation d'une planète sans reconnaître la forme exacte des taches.

En effet, à mesure que nous avancerons dans la connaissance de ce monde, nous nous verrons obligés de constater que les dessins de Cassini (publiés ici en originaux) ne ressemblent pas du tout à la configuration géographique de la planète. Devrions-nous penser que, depuis plus de deux siècles que ces observations sont faites, Mars a changé d'aspect à ce point? Non, car en cette même année 1666, l'astronome Hooke a fait, comme nous allons le constater, des dessins qui se rapprochent davantage de la réalité, et dès 1659 nous avons vu que Huygens en avait obtenu qui peuvent encore être utilisés aujourd'hui. Les yeux distinguent et apprécient différemment les choses plus ou moins vagues qui sont à la limite de la visibilité.

On a vu plus haut que les premières observations de Mars faites par Cassini sont des 6 et 24 février 1666. En même temps que cet astronome et d'autres observaient en Italie, l'astronome anglais Hooke observait à Londres et découvrait aussi le mouvement des taches et la rotation.

Mars brillait alors en une opposition *peu favorable*, presque en aphélie ; l'attention générale dont il devint l'objet avait pour cause le perfectionnement des lunettes. De plus, on venait précisément de découvrir les taches de Jupiter et sa rotation et l'on espérait obtenir le même résultat pour Mars. La première notification des observations de l'astronome anglais est une note publiée dans le numéro du 2 avril (p. 198), des *Philosophical Transactions*, annonçant l'existence des taches de Mars et la rotation. Le numéro suivant du 7 mai renferme le mémoire et les dessins. Voici ces observations :

XI. Même année 1666. — Hooke.

L'astronome anglais Hooke, contemporain et rival de Newton, a publié ses observations de la planète Mars dans les *Philosophical Transactions* de 1666 sous le titre *The particulars of those observations of the planet Mars*, formerly intimated to have been made at London in the months of february and mars

la première, du 27 février 1666 (Rome), il est dit que Serra a observé les taches de Mars avec une lunette de 25 palmes et que le tube de 50 palmes est incommode.

Dans une autre, du 24 mars, on lit la phrase à laquelle Cassini vient de répondre : « Maculas aliquot quarum una cœteris nigrior aliquantulum jam superarat diei medium »; dans une autre du 27 mars, on trouve des observations analogues; dans la dernière, du 10 avril, il discute si la rotation est de 12 ou 24 heures. Le même recueil (C., 7, 3) renferme une lettre de Campani du 3 mars : « A observé les taches de Mars et a reconnu le mouvement de rotation. »

anni 1666 $\frac{5}{6}$ ([1]). Nous constatons que ce mémoire a été traduit textuellement dans le *Journal des Savants* du 23 août suivant, et nous donnons ici cette traduction du temps, qui ne manque pas de parfum pour les bibliographes. Les observations ont été faites à l'aide d'un télescope de 36 pieds; nous reproduisons les dessins, non d'après la copie réduite qu'en donna le *Journal des Savants*, mais *d'après les originaux eux-mêmes*, publiés dans les *Philosophical Transactions*. Voici cet exposé :

M. Hooke, ayant observé les taches de Mars et leur mouvement avec une lunette de 36 pieds, en a écrit le 29 mars à la Société Royale d'Angleterre en ces termes :

« Ayant une grande passion d'observer le corps de Mars durant qu'il serait achronique et rétrograde, parce que j'avais ci-devant remarqué avec une lunette d'environ 14 pieds quelques espèces de taches dans sa face, quoique à présent il ne soit point dans le périhélie de son orbe, mais proche de son aphélie, néanmoins j'ai trouvé avec un oculaire qu'une lunette de 36 pieds dont je me servais porte fort bien, que sa face, quand il était proche de son opposition au Soleil, paraissait quasi aussi grande que celle de la Lune paraît quand on la regarde sans lunette, ce que je remarquai en le comparant avec la Pleine Lune qui était tout auprès de lui le 10 du mois de mars.

« Mais la disposition de l'air a été telle pendant quelques nuits que de plus de vingt observations que j'en ai faites depuis qu'il est rétrograde, je n'ai pu être satisfait d'aucune, quoique je crusse souvent voir des taches, car les veines *inflectives* de l'air, s'il est permis d'appeler ainsi ces parties qui étant espacées çà et là en haut et en bas, peuvent causer une plus grande ou une plus petite réfraction que ne fait l'air contigu avec lequel elles sont mêlées, rendaient la chose si confuse que je n'en pouvais rien conclure de certain.

« Le 3 du mois de mars, quoique l'air ne fût pas fort commode, je ne laissai pas de remarquer que le corps de Mars paraissait comme la *fig.* A (voy. *fig.* 15), laquelle je dessinai suffisamment et, environ 10 minutes après, je dessinai avec toute l'exactitude imaginable ce que je voyais avec la lunette, comme il est représenté dans la *fig.* B, et je fus alors entièrement persuadé, après avoir mis mon œil en diverses positions, que ce que je voyais ne pouvait être autre chose que des taches et des parties plus obscures que les autres dans la face de cette planète.

« Le 10 mars, trouvant l'air fort mal disposé, je me servis d'un oculaire plus faible, ne voyant rien avec un oculaire plus fort, et le corps de Mars me parut tel qu'il est représenté dans la *fig.* C (voy. *fig.* 16), mais je crus que ce pouvait être la même représentation des taches précédentes, regardées avec un oculaire plus faible. Le même matin, sur les 3 heures, l'air étant fort incommode (quoiqu'il fit très clair en apparence, qu'on vît toutes les étoiles briller, et que les plus petites

([1]) *Philosophical Transactions*, giving some accompt of the present undertaking studies... of the world. Vol. I, 1665-1666, p. 239.

parussent assez grosses), son corps parut comme il est représenté par la *fig.* D et je supposai que c'était la représentation des mêmes taches regardées au travers d'un air plus confus et plus brouillé.

« Observant le 21 mars, je fus surpris de trouver l'air extraordinairement transparent (quoiqu'il ne le fût pas assez pour voir les petites étoiles) et la face de Mars si bien arrondie et si bien distincte que je remarquai fort nettement qu'il était, sur les 9 heures et demie du soir, justement comme il est représenté dans la *fig.* E. La tache triangulaire du côté droit renversée (comme elle l'était par la lunette, à cause que toutes les figures précédentes ont été tracées comme

Fig. 15.

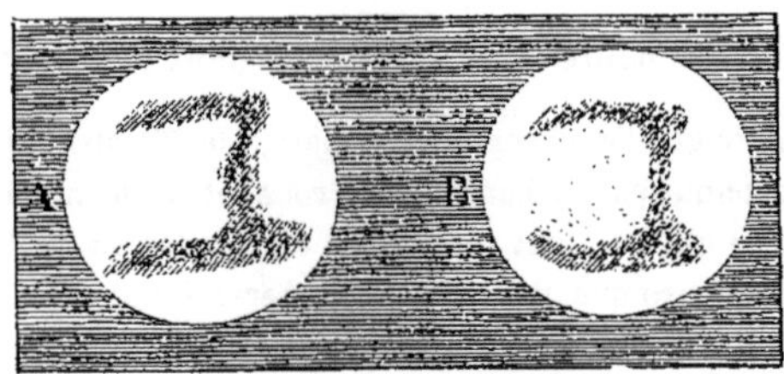

Dessins de la planète Mars faits par Hooke à Londres, dans la nuit du 12 au 13 mars 1666, à minuit 20 et à minuit 40.

on les voyait) paraissait fort noire et distincte, et l'autre qui était vers le côté gauche, semblait plus obscure, mais toutes deux pourtant assez nettes et assez bien terminées. Je l'observai, la même nuit, avec le même verre, environ un quart d'heure avant minuit, et le trouvai justement comme il est représenté dans la *fig.* F, et je crus que la première tache triangulaire se mouvait; mais ayant des-

Fig. 16.

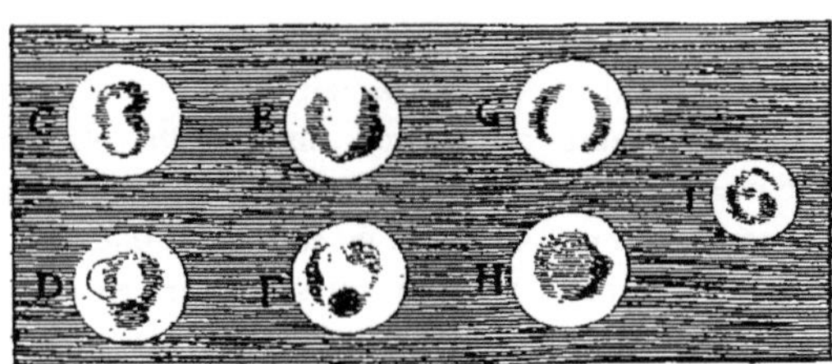

Dessins de la planète Mars faits par Hooke à Londres, du 20 mars au 7 avril.

sein de l'observer encore le même matin, sur les trois heures, j'en fus empêché parce que le temps fut couvert de nuées.

« Toutefois, le 22 mars, sur les 8 heures et demie du soir, trouvant les mêmes taches dans la même situation, je conclus que la précédente observation n'était rien autre chose que l'apparence des mêmes taches dans une autre hauteur et épaisseur de l'air, et je me confirmai dans cette opinion quand je les trouvai presque dans la même situation le 23 mars, sur les 9 heures et demie, quoique l'air ne fût pas si favorable qu'auparavant.

« Et quoique j'eusse dessein de faire des observations tous les matins, de ce jour-là il survint toujours quelque chose qui m'en empêcha jusqu'au 28 mars, vers les 3 heures, que l'air se trouvant léger en poids, quoiqu'il fût humide et un peu brouillé, je vis qu'il était justement de la forme représentée dans la *fig.* I, ce qui ne se peut accorder avec les autres apparences, si ce n'est que nous admettions un mouvement de Mars sur son centre. Si cela était, nous pourrions, par les remarques des 21, 22 et 28 mars, conjecturer que ce mouvement se fait une ou deux fois en 24 heures, si ce n'est qu'il ait quelque espèce de mouvement de libration, ce qui ne semble pas si vraisemblable. J'observerai à l'avenir, autant qu'il me sera possible, si cela est véritablement ainsi, oui ou non. »

Explication des figures dont il est parlé dans le précédent discours.

« A. — La figure que j'ai observée le 3 mars, à 0ʰ 20ᵐ au matin, l'air étant pesant comme on le reconnut par le baromètre à roue et ayant plusieurs parties inflectives (c'est-à-dire qui faisaient réfraction) dispersées en haut et en bas,

« B. — L'autre figure que j'ai tirée de l'observation que je fis le même matin, environ dix minutes après. Ces deux remarques ont été faites avec des oculaires fort convexes.

« C. — Le 10 mars, 0ʰ 20ᵐ au matin, l'air étant pesant et plein de parties inflectives, je me servis d'un oculaire assez faible.

« D. — Le 10 mars, 3ʰ 0ᵐ au matin, l'air étant pesant et plein de parties inflectives, ce qui le rendait plus rayonnant et plus confus qu'il n'était à 3 heures ou environ auparavant, je me servis d'un oculaire faible.

« E. — Le 21 mars, 9 heures et demie du soir, l'air étant léger et clair, sans parties inflectives, sa face paraissait distinctement de cette forme : je me servis d'un oculaire faible.

« F. — Le 22 mars, 11 heures trois quarts du soir, l'air continua d'être léger et clair, sans vapeurs inflectives ; l'oculaire était faible.

« G. — Le 21 mars, 8 heures et demie du soir, l'air était clair avec quelque peu de veines inflectives et indifféremment léger. L'oculaire était faible.

« H. — Le 23 mars, 9 heures et demie du soir, l'air était assez léger, mais humide et en quelque façon épais, mais il paraissait avoir peu de parties inflectives.

« I. — Le 28 mars, 3 heures du matin, l'air était à peu près comme le 23, humide, brumeux avec des veines. »

Cet exposé des observations de l'astronome anglais est une traduction à peu près textuelle de sa communication à la Société Royale de Londres, le 28 mars 1666. Nous avons reproduit ici, par la photogravure, en fac-similés authentiques, sans retouche aucune et de même dimensions que les originaux, les neuf dessins de Hooke. Les dates des observations doivent être augmentées de 10 jours, parce que la réforme du calendrier adoptée en Italie dès l'an 1582 n'a été adoptée en Angleterre qu'en 1752. Le 3 mars correspond donc au 13.

La même planche des *Philosophical Transactions*, d'où nous reproduisons ces dessins, renferme aussi les dessins de Cassini et des observateurs italiens, mais quelque peu exagérés, notamment le grand dessin de tête de la *fig.* 14 sur lequel les deux taches sont si massives que l'on pourrait prendre cet aspect pour celui d'une haltère de fonte!

Ici nous pouvons faire une pause d'un instant et nous demander si nous avons déjà une première conclusion à tirer de cet ensemble de croquis primitifs.

Bien primitifs, en effet. Il faut croire que les lunettes ne possédaient pas à cette époque une grande puissance de définition, car il est à peu près impossible de reconnaître sur aucun de ces dessins les configurations géographiques qui existent réellement sur le globe de Mars. Trois dessins seuls permettent une identification certaine, il est vrai, mais assez vague : ce sont les dessins de Huygens, 28 novembre 1659 (*fig.* 9, p. 16), et Hooke, 13 mars 1666, à 0^h20^m et 0^h40^m (*fig.* 15). Pour commencer dès maintenant notre connaissance de la géographie martienne, je reproduirai ici (*fig.* 17) une photographie du globe de Mars que j'ai construit, il y a quelques années, sur l'ensemble des observations. Un hémisphère, le plus caractéristique, suffit ici. La nomenclature adoptée sur ce globe est celle de la Carte générale de la planète construite par M. Green en 1877 et publiée par la Société Royale Astronomique de Londres, à l'exception des noms de « mer du Sablier », appelée aussi « mer de Kaiser » et de la baie du Méridien appelée aussi « baie de Dawes ». (Nous avons conservé le nom de mer du Sablier à cette mer triangulaire si caractéristique parce que 1° elle est depuis très longtemps désignée sous ce nom « the hour-glass sea », que 2° ce nom est bien approprié à sa forme, et que 3° cette tache a véritablement servi de sablier pour déterminer la durée de la rotation de Mars, car c'est par son passage au méridien central et son retour, et par la comparaison des dates de ses anciens dessins à celles des modernes que l'on a exactement mesuré le temps martien.)

Cette projection nous montre le globe de Mars vu perpendiculairement à son axe, le pôle sud en haut, le pôle nord en bas. Ce globe ne se présente pas souvent juste perpendiculaire, comme on le voit ici, mais légèrement incliné, nous offrant tantôt son pôle sud, tantôt son pôle nord. Mais cette projection perpendiculaire suffit actuellement pour nous orienter. Nous nous occuperons des autres aspects un peu plus loin.

Les trois dessins dont nous venons de parler représentent cette mer du Sablier. Que le lecteur veuille bien les comparer à notre *fig.* 17, et il constatera comme nous que le premier montre cette mer très élargie et plus vague, que le second la montre plus étroite, rattachée en haut à la mer Flammarion et en bas à la mer Delambre. Il en est de même du troisième dessin. Ce n'est pas précis, ce n'est pas net, c'est vu de très loin, à l'aide d'instruments imparfaits, mais c'est bien cette configuration, et le calcul le prouve, attendu que la rotation martienne de $24^h 37^m 22^s,6$ a bien réellement fait passer cette mer en ces méridiens aux dates précises des observations.

A cette carte-figure, nous ajouterons une petite vue de la planète prise à

Fig. 17.

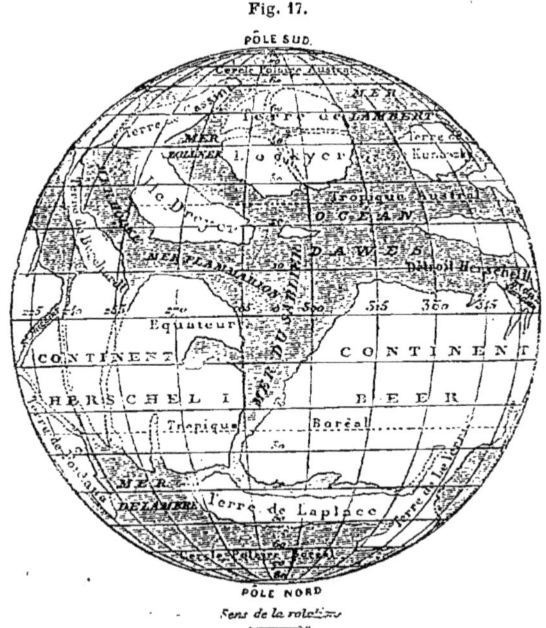

Le globe de Mars avec la mer du Sablier au centre.

l'aide d'une petite lunette (lunette de 75^{mm}) pour montrer que les configurations les plus étendues sont perceptibles dans ces modestes instruments, pourvu qu'ils soient bons, qu'on ait un œil excellent et qu'on sache observer. Les lunettes actuelles de cette dimension sont tout à fait comparables, pour les images qu'elles donnent, aux grands instruments primitifs dont se servaient Hooke et Cassini. Quels progrès! Un instrument de cet ordre ne coûte pas 200^{fr} aujourd'hui. Ne devrait-on pas en posséder au moins un par département, un par école primaire? Les citoyens de la Terre auraient au moins une notion des réalités de l'Univers. Mais, en France même, il n'y a certainement pas un humain sur mille qui ait jamais vu une seule des merveilles célestes, ou plutôt pas un sur dix mille, peut-être à peine un sur cent mille!

Cette vue de Mars a été prise le 18 février 1884. Elle est satisfaisante. Le ciel était nuageux, mais, en affaiblissant l'éclat de la planète, ces nuages ne nuisaient pas à l'observation, au contraire.

On remarque sur le disque (heure de l'observation : 9^h35^m) une tache grise rappelant la forme d'une coupe à champagne, s'évasant considérablement par le haut, de sorte qu'on croirait voir les ailes étendues d'un oiseau de mer. Cette tache allongée est la mer du Sablier dont nous venons de parler à propos des deux dessins de Hooke du 12 mars 1666. A elle seule, cette observation suffirait pour prouver la permanence des taches de la planète

Fig. 18.

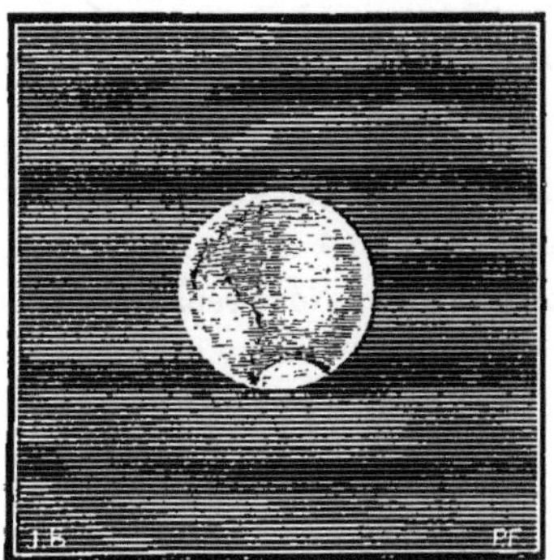

Petit dessin de Mars, obtenu en 1884, à l'aide d'une petite lunette de 75^{mm}.

Mars. Le pôle nord est très marqué sur le bord inférieur du disque par la neige polaire qui y forme une tache blanche circulaire.

Quant aux autres dessins de Hooke, ainsi qu'à tous ceux de Cassini, Serra, etc., nous avouons n'y rien reconnaître, n'y rien pouvoir identifier. La surface de Mars était-elle alors très masquée par des nuages? Les instruments manquaient-ils de définition? Pourtant ces taches ont servi à déterminer la rotation. Elles existaient donc réellement : elles ont été plus ou moins précisées, plus ou moins bien exactement dessinées; mais ce ne sont pas de fausses images, puisque la rotation déterminée par elles est exacte.

De ces premières observations, comme on vient de le voir, Cassini avait déjà pu conclure, dès 1666, la rotation de la planète à $24^h 40^m$ environ (sans tenir compte du déplacement de la Terre). Pourtant, cette opposition de 1666 est loin d'être l'une des plus favorables; elle a eu lieu le 18 mars, c'est-à-dire à une époque où la planète est fort éloignée de la Terre et vers son aphélie. Cette opposition est analogue à celle de 1886.

Continuons notre étude.

XII. 1672. — Huygens.

Nous avons déjà signalé une observation de cet astronome faite vers 1656 et quatre de l'année 1659; plusieurs autres dessins, dont deux de 1662, sont

Fig. 19.

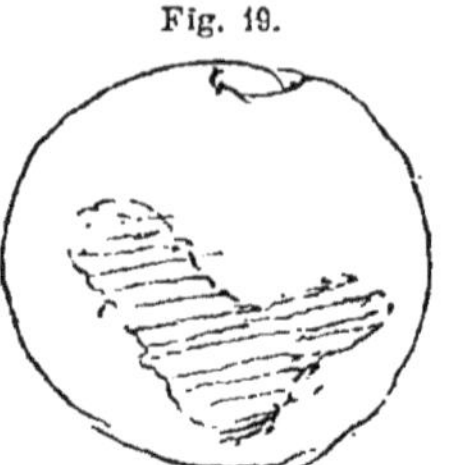

Dessin de Mars fait par Huygens, le 13 août 1672, à 10ʰ 30ᵐ.

conservés aussi à l'Université de Leyde, l'un du 6, l'autre du 13 août. Le premier ne montre aucune tache sombre, mais seulement la tache blanche polaire méridionale; le second montre ce pôle et, dans la partie inférieure du disque, la mer du Sablier. Nous reproduisons ici ce second dessin, d'après le fac-similé qu'en a publié M. Terby.

En 1672, Mars passait en une opposition périhélie, c'est-à-dire dans la

Fig. 20.

Le globe de Mars nous présentant son pôle supérieur (Oppositions périhéliques).
1672-1689-1704-1719-1734-1751-1766-1783-1798-1813-1830-1845-1860-1877-1892.

plus favorable de toutes. Il y revient tous les 15 ans environ. Les années

1689, 1704, 1719 ont été dans le même cas. Alors la planète se présente à nous inclinée, avec le pôle supérieur visible et la mer du Sablier très basse. Le dessin de Huygens peut être parfaitement identifié avec la réalité, comme on peut s'en rendre compte par la projection ci-dessus.

XIII. Même année 1672. — Flamsteed.

Le premier Directeur de l'Observatoire royal d'Angleterre, fondé en 1676, avait observé, notamment le 11 octobre 1672, la planète dont nous écrivons l'histoire. Cet astronome, voulant prendre la position de la planète Mars, fit la remarque suivante :

« Planetæ semper circa medium obscuritas aliqua apparuit, quam ut potui in figura adumbravi. » C'est tout ce qu'il dit sur notre planète. L'esquisse qu'il en a tracée montre simplement dans l'intérieur du disque, vers la région centrale, « l'obscurité » dont il parle, c'est-à-dire une tache irrégulière environnée d'une large pénombre. Cette figure nous paraît peu intéressante à reproduire (¹).

Cette même opposition a été observée par Laurentius (²), sans résultat utile pour le progrès de la connaissance physique de Mars.

XIV. 1683. — Huygens.

Aux observations de Huygens signalées plus haut, nous devons adjoindre

Fig. 21.

Esquisse de Mars par Huygens, le 17 mai 1683, à 10ʰ 3 ᵐ.

ici celles qu'il a faites en 1683, les 7 et 9 avril, 7, 13, 17 et 23 mai. Ces six observations, accompagnées d'autant de dessins, ne donnent encore que de vagues esquisses, analogues à celles du même astronome, de 1659 et de 1672; mais ces esquisses permettent de reconnaître notamment la mer caractéris-

(¹) On la trouvera *Historia Cœlestis*, 1725, tome I, p. 17, fig. 35.
(²) Joannis Francisci de Laurentius *Observationes Saturni et Martis Pisaurienses*. In-fol. — Pisauri, 1672.

tique du Sablier avec laquelle nous avons déjà fait connaissance. Nous signalerons entre autres le croquis du 17 mai, à 10ʰ30ᵐ, fait à la plume comme tous les autres, et qui dessine bien cette forme. Mars était alors fort éloigné de la Terre, tandis qu'en 1672 il était passé en opposition vers son périhélie. Huygens a encore fait, le 4 février 1694, une esquisse du même ordre.

On en était là de l'étude de Mars lorsque Fontenelle publia ses *Entretiens sur la pluralité des Mondes*. Remarque assez curieuse, Mars était passé très près de la Terre en 1672, et on ne l'avait observé qu'au point de vue de l'astronomie de position : la connaissance de sa constitution physique n'a pas fait un seul pas, si ce n'est la constatation de la tache polaire australe par Huygens.

XV. 1686. — FONTENELLE.

Le spirituel auteur des *Entretiens sur la pluralité des Mondes* (') s'occupe de toutes les planètes, du Soleil et des étoiles fixes, et nous expose dans le plus élégant des langages ce que l'on en savait à son époque. Quoiqu'il parle assez longuement de Vénus, de sa rotation, de ses années, de ses climats et même de ses montagnes, il semble dédaigner quelque peu la planète qui nous occupe ici. « Mars, dit-il, n'a rien de curieux que je sache; ses jours sont de plus d'une demi-heure plus longs que les nôtres, et ses années valent deux de nos années, à un mois près. Il est cinq fois plus petit que la Terre, il voit le Soleil un peu moins grand et moins vif que nous ne le voyons; enfin Mars ne vaut pas trop la peine qu'on s'y arrête. Mais la jolie chose que Jupiter avec ses quatre lunes ou satellites! »

C'est tout ce qu'il dit de Mars. Il y revient un peu plus loin à propos de « l'absence de satellites », qu'il regrette infiniment au point de vue de la logique. « On ne peut pas nous le dissimuler, répond-il à la marquise, il n'en a point, et il faut qu'il ait pour ses nuits des ressources que nous ne savons point. Vous avez vu des phosphores, de ces matières liquides ou sèches, qui, en recevant la lumière du Soleil, s'en imbibent et s'en pénètrent, et ensuite jettent un assez grand éclat dans l'obscurité. Peut-être Mars a-t-il de grands rochers fort élevés, qui sont des phosphores naturels, et qui prennent pendant le jour une provision de lumière qu'ils rendent pendant la nuit. Vous ne sauriez nier que ce ne fût un spectacle assez agréable de voir tous ces rochers s'allumer de toutes parts dès que le Soleil serait couché, et faire sans aucun art des illuminations magnifiques, qui ne pourraient incommoder par leur chaleur. Vous savez encore qu'il y a en Amérique des oiseaux qui sont si lumineux dans les ténèbres qu'on s'en peut servir pour lire. Que

---

(') Première édition; Paris, 1686.

savons-nous si Mars n'a pas un grand nombre de ces oiseaux, qui, dès que la nuit est venue, se dispersent de tous côtés et vont répandre un nouveau jour? »

C'est charmant. Si Fontenelle n'avance pas l'étude technique que nous faisons en ce moment, du moins nous y intéresse-t-il et nous convie-t-il à aller plus loin.

Les deux satellites de Mars ont été découverts 191 ans plus tard.

Le dix-septième siècle se couche quelques années après la divulgation du livre de Fontenelle, qui marque une ère nouvelle dans l'histoire de la littérature scientifique ou, pour mieux dire, qui ouvre cette ère. Le dix-huitième siècle s'ouvre au point de vue du sujet qui nous occupe ici par les recherches de Maraldi (neveu de Cassini) à l'Observatoire de Paris.

XVI. 1704. — Maraldi ([1]).

La planète était passée en 1672 en une opposition périhélique très favorable, que l'on avait appliquée avec succès à la détermination de la parallaxe de Mars. En septembre et octobre 1704, elle revint à une situation presque aussi rapprochée de la Terre. On l'observa spécialement à l'Observatoire de Paris pour une nouvelle détermination de sa parallaxe, et Maraldi utilisa cette circonstance pour observer les taches et vérifier le mouvement de rotation. Sa conclusion est que ces taches sont *variables*. Voici du reste son mémoire, auquel nous adjoignons les trois dessins qui l'accompagnent.

Dans les mêmes circonstances de la plus petite distance de Mars à la Terre, nous avons observé avec une lunette de 34 pieds de Campani les taches de Mars, qui nous ont servi à vérifier la révolution autour de son axe, qui, suivant la découverte de M. Cassini, est d'environ $24^h 40^m$.

Les taches que l'on voit avec de grandes lunettes sur le disque de cette planète ne sont pas pour l'ordinaire trop bien terminées, et elles changent souvent de figure, non seulement d'une opposition à l'autre, qui est le temps le plus propre pour ces observations, mais aussi d'un mois à l'autre. Nonobstant ces changements, il ne laisse pas d'y avoir des taches d'une assez longue durée pour pouvoir être observées pendant un espace de temps suffisant à déterminer leurs révolutions.

Parmi ces différentes taches, nous en avons remarqué une en forme de bande vers le milieu du disque, à peu près comme une des bandes de Jupiter. Elle n'environnait pas tout le globe de Mars, mais elle était interrompue, comme il arrive quelquefois aux bandes de Jupiter (*fig.* 1), et occupait seulement un peu plus d'un

[1] Observations des taches de Mars pour vérifier sa révolution autour de son axe. *Histoire et Mémoires de l'Académie des Sciences.* Année 1706, p. 74.]

hémisphère de Mars ; ce que l'on a reconnu en observant cette planète à différentes heures de la même nuit et aux mêmes heures de différents jours. Cette bande n'était pas partout uniforme, mais environ à 90° de son extrémité précédente dans la révolution de Mars, elle faisait un coude avec une pointe tournée vers son hémisphère septentrional. C'est cette pointe, assez bien terminée, contre l'ordinaire des taches de cette planète, qui nous a servi à vérifier sa révolution.

Nous vîmes la bande dès les premières observations que nous fîmes avec la grande lunette au mois d'août, lorsque le disque de Mars qui s'approchait de la Terre commençait à paraître assez grand ; cependant nous n'aperçûmes la pointe dont nous venons de parler qu'au mois d'octobre suivant. Elle arriva au milieu

Fig. 22.

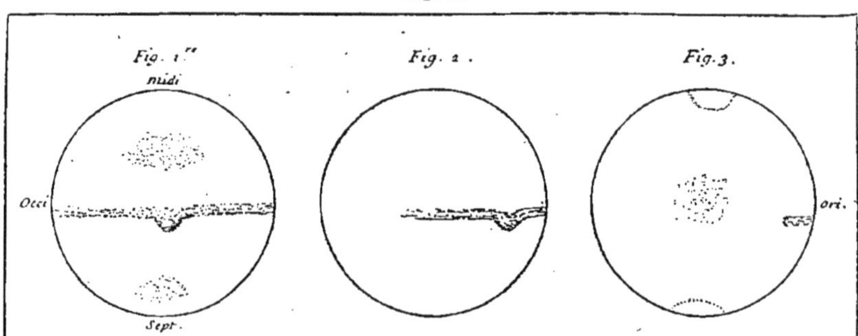

Aspect de Mars les 14 octobre 1704, à 10ʰ24ᵐ, 16 octobre 1704, à 9ʰ5ᵐ, et même jour à 7ʰ0ᵐ. Fac-similé d'un dessin de Maraldi.

du disque de Mars le 14 octobre, à 10ʰ24ᵐ. Le 15, elle arriva à 11ʰ9ᵐ.

Le 16, à 7ʰ du soir, *proche des deux pôles* de la révolution de Mars, on voyait *deux taches claires* qui ont été observées plusieurs fois depuis cinquante ans (*fig. 3*). Outre ces deux taches claires, on en voyait une obscure vers le bord oriental, qui était l'extrémité de la bande qui commençait à entrer dans l'hémisphère de Mars exposé à la Terre. Le même jour, à 9ʰ5ᵐ, l'extrémité de cette bande avait déjà passé le milieu de Mars, et la bande se voyait continuée jusqu'au bord oriental (*fig. 2*) où l'on voyait une marque de la tache adhérente à la bande qui arriva ensuite au milieu de Mars, à 11ʰ38ᵐ. On continua les jours suivants les mêmes observations de la bande interrompue, qui n'était pas si avancée dans l'hémisphère apparent aux mêmes heures que les jours précédents, et nous observâmes aussi que la tache principale arriva le 17 octobre au milieu de Mars, à 11ʰ18ᵐ. Dans la comparaison de ces observations, les retours de la même tache au milieu de Mars ne paraissent pas précisément égaux, et il y a quelques minutes de différence, ce que nous attribuons à la difficulté de déterminer exactement le temps de son arrivée au milieu. Mais, en comparant l'observation du 14 octobre avec celle du 17, entre lesquelles il y a trois révolutions, on trouve le retour de la tache au milieu de l'hémisphère apparent de 24ʰ38ᵐ.

On connaîtra mieux cette période par la comparaison des observations de la tache plus éloignées entre elles, comme sont celles que nous fîmes le 22 novembre, auquel jour, après avoir reconnu qu'à 7ʰ0ᵐ l'extrémité de la bande était avancée dans le disque de Mars, nous observâmes que la tache arriva au milieu à 11ʰ5ᵐ.

Si l'on compare cette dernière observation avec celle qui fut faite le 14 octobre, à 10ʰ24ᵐ, on trouve entre ces deux observations 39 jours et 41ᵐ, qui étant partagés par 38, nombre des révolutions dues à cet intervalle, donnent un jour et 39 minutes pour chacune, à une minute près de celle qui a été déterminée par M. Cassini. Ces périodes sont telles qu'elles résultent des observations immédiates et sont presque les plus courtes qu'on puisse trouver, à cause que le mouvement que Mars a fait durant cet intervalle n'a pas été considérable. Si de ces périodes apparentes on en voulait conclure les périodes moyennes, ces dernières se trouveraient un peu plus longues que les apparentes; mais nous négligeons ces équations, aussi bien que la différence qu'il peut y avoir entre l'arrivée de la tache au milieu de Mars, lorsque son disque paraissait rond comme dans l'observation du mois d'octobre, et l'arrivée de la même tache au milieu de Mars lorsqu'il n'était plus rond, mais sensiblement ovale, comme dans la dernière observation du 22 novembre.

Nous avons cru qu'il était inutile de tenir compte de ces équations, parce que nous n'espérons pas d'arriver à la précision qu'on peut attendre dans cette détermination, à cause des changements qui sont arrivés aux taches que nous avons observées. Car la pointe adhérente à la bande que nous observâmes pendant plusieurs jours, vers le milieu d'octobre, était fort diminuée le 22 novembre, en sorte qu'on ne l'aurait pas jugée la même, si la distance à l'extrémité de la bande qui la précédait et qui était la même que dans les observations précédentes, ne l'avait pas fait reconnaître. Après le 22 novembre, nous ne pûmes pas continuer les observations de la tache pour voir le changement qui lui est arrivé dans la suite, à cause du temps couvert qui dura près d'un mois, après lequel temps Mars était trop éloigné de la Terre pour pouvoir bien distinguer les taches; mais les observations faites au mois de septembre précédent nous donnent lieu de croire qu'il y a eu des changements considérables; car, en prenant pour époque des retours de la tache l'observation du 14 octobre, et supposant qu'avant cette époque ses retours au milieu de Mars soient à peu près égaux à ceux qui l'ont suivie, on trouve que la tache aurait dû paraître au milieu du disque de Mars depuis le 4 jusqu'au 10 de septembre, à peu près aux mêmes heures que vers le milieu d'octobre. Cependant, parmi les observations que nous fîmes avec soin en ce temps-là, à diverses heures de la nuit, on ne vit aucune marque de cette tache, quoiqu'on distinguât fort bien la bande à laquelle on a remarqué depuis la pointe. Dans le commencement de septembre, au lieu de cette pointe, nous observâmes au milieu de Mars une autre tache séparée de la bande vers le septentrion, et cette tache avait disparu lorsqu'on remarqua la pointe; ce qui nous donne lieu de croire que la tache, qui au commencement de septembre était séparée de la bande, peut avoir eu un mouvement particulier du Nord au Sud, par lequel elle s'est approchée de la bande et y a formé la pointe que nous observâmes vers le milieu d'octobre et le 22 novembre qu'elle parut diminuée. Ces changements ont quelque ressemblance avec ceux qui ont été observés par M. Cassini dans les taches de Jupiter, et avec ceux-mêmes qui s'observent quelquefois dans les taches du Soleil.

Ces observations de Maraldi en 1704 confirmaient, comme on le voit, la durée de rotation trouvée par Cassini et l'existence des taches de diverses natures à la surface de la planète, les unes foncées, les autres blanches. Ces taches lui paraissent *variables*, en étendue et en position, comme celles de Jupiter.

En 1704, Mars se présentait à la Terre comme en 1672, en opposition péri-hélique, et les dessins de Maraldi devraient pouvoir s'accorder plus ou moins avec les aspects suivants, qui représentent l'ensemble du tour de la planète

Fig. 23.

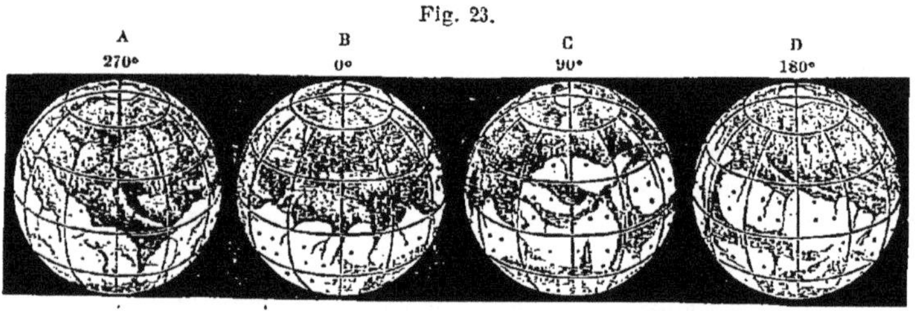

Aspects de Mars pendant les oppositions périhéliques.

en cette position. La *fig.* A, dont le méridien central est 270°, et qui montre la mer du Sablier, correspond presque à la face représentée *fig.* 20.

Nous avouons ne pouvoir identifier avec certitude, et même avec probabilité, les trois dessins de Maraldi. Cette bande existait réellement, plus ou moins pareille au dessin, puisqu'elle a servi à déterminer la rotation, mais elle ne ressemble pas à ce qui a été vu par Cassini et Hooke, et Maraldi constata lui-même des changements d'aspect pendant ses observations. Il n'est pas douteux, non plus, que cette sorte de gonflement de la bande que l'on voit sur les deux premiers dessins n'ait varié sous les yeux mêmes de l'observateur.

Nous avons donc dès maintenant, en 1704, quatre faits établis par les observations, dont la première utile date de 1656 (Huygens), c'est-à-dire de 48 ans :

Le globe de Mars a des taches, comme le globe lunaire;

Il est animé d'un mouvement de rotation analogue à celui de la Terre : 24^h39^m;

Au contraire de celles de la Lune, les taches de Mars sont variables;

Les pôles sont marqués par des taches claires.

À l'opposition périhélique suivante, 1719, Maraldi renouvela les mêmes observations à l'Observatoire de Paris. Nous allons également les publier, avec les quatre dessins qui les accompagnent. Les voici.

XVII. 1719. — Maraldi [1].

Pendant l'automne de l'année 1719, la situation de la planète se présenta de nouveau d'une manière particulièrement favorable pour les observations.

Lorsque la planète arriva en opposition, le 27 août de cette année, elle n'était qu'à 2°30′ de distance du périhélie et, en raison de son rapprochement de la Terre, elle brillait d'un éclat si extraordinaire qu'un grand nombre de personnes virent en elle une nouvelle étoile ou une comète inattendue. Le 19 août, Maraldi, ayant observé la planète, avec une lunette de 34 pieds de longueur, remarqua sur le disque deux bandes foncées formant l'une avec l'autre un angle obtus, ce qui présentait une particularité très digne de remarque. Le 25 septembre, il observa de nouveau la planète et remarqua que le tracé angulaire dont nous venons de parler occupait la même position sur le disque. Pendant l'intervalle de 37 jours qui s'étaient écoulés entre les deux observations, la planète avait par conséquent effectué 36 rotations sur son axe, ce qui donna 24^{h}40^m pour la période, résultat en parfait accord avec celui de Cassini.

L'observateur conclut, comme en 1704, la variabilité des taches.

Voici du reste le mémoire de Maraldi, daté du 29 mai 1720 :

Sur la fin d'août de l'année 1719, la planète de Mars s'est trouvée plus proche de la Terre qu'elle n'en avait été depuis longtemps.

Comme cette situation était des plus avantageuses pour la recherche de la parallaxe de cette planète, et pour l'observation de ses taches qui ne peuvent se bien distinguer que dans les oppositions les plus proches de la Terre, nous en avons profité autant que le ciel nous l'a permis.

En observant Mars avec la lunette de 34 pieds, nous avons remarqué des taches différentes, qui, par la révolution autour de son axe, ont paru en divers temps dans la partie de son disque exposée à la Terre. Parmi ces taches, il y avait une bande obscure un peu large qui n'occupait qu'environ la moitié de l'hémisphère de Mars. Elle n'était pas perpendiculaire à l'axe de sa révolution, comme le sont pour l'ordinaire la plupart des bandes de Jupiter; mais elle en était fort inclinée, en sorte que quand elle se trouvait tout entière dans l'hémisphère exposé à la Terre, l'extrémité terminée par le bord oriental était entre le pôle septentrional et son équinoxial et l'autre extrémité terminée par le bord occidental tombait assez proche du pôle méridional. Vers l'extrémité orientale de la bande, il s'y en joignait une autre inclinée à la première, qui faisait à cette jonction un angle, avec une pointe assez sensible, l'autre extrémité de la bande étant dirigée vers le pôle méridional (*fig.* B).

[1] Nouvelles observations de Mars. *Histoire et Mémoires de l'Académie des Sciences*, année 1720, p. 144.

Cet angle, avec la pointe assez bien marquée, nous a servi à vérifier de nouveau le temps de la révolution de Mars autour de son axe.

Le 13 juillet, j'observai à 3ʰ 40ᵐ du matin la grande bande oblique étendue en ligne droite d'un bord à l'autre (*fig.* A), mais on ne remarqua aucun angle, quoique la pointe dût paraître alors dans le disque apparent proche de son bord occidental; ce qui donne lieu de croire qu'elle n'était pas encore visible, et qu'elle s'est formée depuis ce temps-là par quelque changement assez ordinaire qui arrive en peu de temps aux parties qui forment les taches de cette planète.

La bande oblique et brisée n'est pas la seule tache que l'on ait remarquée sur Mars : il y en avait une autre de figure triangulaire et assez grande dans une partie de sa circonférence éloignée de plus de 130° de l'endroit où était la bande coudée. Nous l'observâmes le 5 et le 6 août, vers le milieu du disque apparent dont elle occupait la plus grande partie, ayant une des pointes du côté du pôle septentrional, et sa base proche du pôle méridional (*fig.* D).

Elle disparut les jours suivants, en passant dans l'hémisphère opposé et on l'a vue retourner une autre fois le 16 et le 17 octobre, après avoir fait 72 révolutions, chacune de 24ʰ40ᵐ10ˢ, comme par les observations de l'autre tache.

Outre ces taches obscures qui étaient situées en différents endroits de la surface de Mars, il y en avait une autre fort claire et fort éclatante proche du pôle méridional, qui offrait l'aspect d'une zone polaire (*fig.* C et D).

Durant nos six mois d'observations, elle a été sujette à différents changements : ayant paru très claire en certain temps, et en d'autres très faible, et après avoir disparu entièrement, elle reparut avec le même éclat qu'auparavant.

Toutes les fois qu'elle était claire, le disque de Mars ne paraissait pas rond, mais la partie méridionale du bord qui la terminait paraissait excéder et former en cet endroit une espèce de tubérosité ou de calotte d'une portion de cercle plus grand que le reste du bord; de sorte que, dans cette rencontre, cette planète, vue avec la lunette, offrait à peu près la même apparence que fait à la vue simple la Lune, lorsque, dans son croissant et dans son décours, une petite partie seulement du disque éclairé par les rayons directs du Soleil est exposée vers nous et que l'autre partie est éclairée par les rayons réfléchis de la Terre qui nous la rendent visible, car pour lors la partie du disque de la Lune éclairée par les rayons directs paraît être une portion d'un plus grand cercle que le reste qui est éclairé par les rayons réfléchis. Or, comme cette apparence de la plus grande portion de la Lune n'est formée dans l'œil que par la plus forte impression des rayons plus lumineux, de même il y a lieu de croire que l'apparence de Mars était causée dans l'œil par l'éclat de sa partie plus claire et plus vive que le reste de son disque.

En comparant ensemble les observations de la tache claire, nous avons reconnu que la diversité d'apparences qu'elle a présentée avait quelque rapport à la révolution de Mars autour de son axe, car en prenant pour époque l'observation que je fis le 17 mai 1719, dans laquelle la tache parut fort claire, si l'on ajoute 37 jours qui font 36 révolutions entières, on aura le 23 juin pour premier retour de la tache au même endroit du disque. En ajoutant de nouveau 37 jours au 23 juin, on aura pour second retour le 30 juillet, le troisième retour sera le 5 septembre, le quatrième au 12 octobre, et au 18 novembre le cinquième retour.

La tache a paru fort claire aux temps marqués par ces différents retours toutes les fois que le ciel a été favorable, et elle faisait l'apparence dont on a parlé, et si ce jour-là le ciel n'était pas serein, elle a paru quelques jours avant et après; car elle occupait proche du pôle méridional une grande portion du globe de Mars, elle était visible pendant plusieurs jours. Ces apparences peuvent donc s'ex-

Fig. 24.

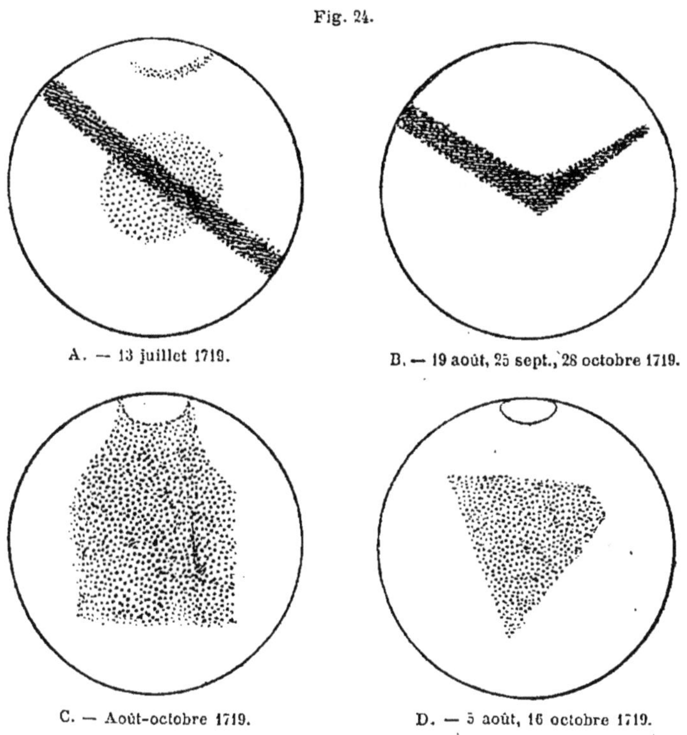

A. — 13 juillet 1719.

B. — 19 août, 25 sept., 28 octobre 1719.

C. — Août-octobre 1719.

D. — 5 août, 16 octobre 1719.

Dessins de Mars faits par Maraldi en 1719.

pliquer par la révolution de Mars autour de son axe, qui ramène la même partie claire dans l'endroit du disque exposé plus directement à notre vue.

Présentement, si l'on prend la même époque du 17 mai où la tache parut fort claire, et qu'on y ajoute 18 jours, on aura le temps où la partie du disque de Mars opposée à la partie claire doit être exposée à notre vue. Ce temps tombe au 4 juin. Nous vîmes le premier du même mois dans cette partie du disque une clarté assez sensible étendue d'un bord à l'autre, mais elle ne paraissait pas aussi claire que celle de la partie opposée, ce qui fait voir que la matière qui formait la clarté était pour lors répandue tout autour du pôle austral de Mars, mais que dans un endroit elle avait beaucoup plus d'éclat que dans l'autre.

Pour avoir les temps des autres retours de la partie moins claire dans l'hémisphère exposé à la Terre, on ajoutera au 4 juin continuellement 37 jours, et on aura le temps du second au 11 juillet, le troisième retour sera au 17 août, le quatrième au 23 septembre et le cinquième au 30 octobre. Le 12 juillet, elle parut à peu près comme au commencement de juin; mais depuis le 12 août, qui est le temps du troisième retour, jusqu'au 22 du même mois, elle a été moins claire et moins étendue, de sorte que cette troisième fois elle paraissait diminuée par rapport à ce qu'elle avait été le 4 juin et le 12 juillet. Cependant, sur la fin d'août, elle aurait dû paraître plus grande et plus belle par raison d'optique, à cause que Mars était pour lors plus proche de nous que dans les apparitions précédentes, ce qui fait voir qu'elle était diminuée réellement.

Dans le quatrième retour, qui tombe au 23 septembre, non seulement elle avait encore diminué comme dans les jours précédents, mais elle avait disparu, ayant été entièrement invisible depuis le 16 septembre jusqu'au 26 du même mois; cependant 37 jours après, c'est-à-dire le 30 octobre, lorsque les mêmes parties du disque qui, le 23 septembre, avaient été exposées à la Terre, devaient retourner au même endroit, ainsi que nous l'avons vérifié par le retour des taches obscures et que par conséquent la tache claire devait être invisible, elle parut de nouveau, l'ayant observée le 28 octobre, le 3 novembre, le 5 et le 9, c'est-à-dire deux jours avant le temps marqué par la période, et trois jours après. Ainsi, il n'y a pas lieu de douter qu'on l'aurait vue aussi le 30 octobre aussi bien que les jours précédents et suivants, à cause de la grande étendue qu'elle occupait, si ce jour-là le ciel eut été serein.

On voit donc par ces observations que de toute la clarté répandue autour du pôle méridional il y en avait une grande partie qui, pendant plus de six mois que nous l'avons observée, a paru toujours avec beaucoup d'éclat, au lieu que l'éclat de l'autre partie qui était dans l'hémisphère opposé a été sujette à des variations, ayant paru assez claires en juin et juillet, et ayant ensuite diminué d'éclat et d'étendue jusqu'à disparaître entièrement au mois d'août et de septembre, dans le temps même que Mars était plus proche de nous.

Cette diversité d'apparences dans une partie de la tache située proche du pôle méridional marque qu'il y a eu quelque changement physique dans la matière qui forme la clarté, ou bien que l'inclinaison de l'axe de la révolution de Mars a été sujette à quelque variation.

Mais il faut remarquer que, si la diversité d'apparences et la disparition de cette partie de la tache claire de Mars avaient été causées par la différente inclinaison de l'axe, les autres taches obscures situées vers le milieu du disque auraient dû paraître en même temps plus proches qu'auparavant du bord méridional, ce qui n'est point arrivé, ayant paru au même endroit, sans aucune diversité sensible, autant que nous l'avons pu remarquer. Il y a donc lieu de croire qu'elle est arrivée *par quelques changements physiques*.

Il est vrai que ces changements doivent être supposés bien grands et subits pour qu'ils fassent de si loin les apparences que nous avons remarquées, mais ils ne sont pas sans exemple dans quelques autres planètes, comme dans le Soleil, dans Jupiter et dans les taches de Mars.

Bien qu'une grande partie de la tache claire ait été sujette aux changements qu'on vient de remarquer, elle subsiste néanmoins depuis près de 60 ans qu'on observe cet astre avec de grandes lunettes, et l'on peut dire que *c'est la seule tache qui s'est conservée,* quoiqu'avec quelque diversité de grandeur et de clarté, *pendant que les autres ont changé de figure,* de situation, et même ont disparu entièrement.

C'est ce qui est arrivé aussi à une autre tache claire située proche du pôle septentrional, et qui faisait à l'égard de ce pôle la même apparence que fait la tache située proche du pôle méridional. On l'a vue pendant plusieurs années avec différents degrés de clarté. Elle parut encore assez souvent vers l'opposition de Mars qui arriva en 1704. Ses apparitions furent plus rares pendant l'année 1717, ne l'ayant pu voir qu'une fois ou deux. Et enfin elle n'a point été visible durant l'année 1719, quoiqu'on y ait fait attention pour la voir, ce qui fait connaitre qu'elle s'était dissipée entièrement au lieu que celle qui est du côté du pôle méridional a paru pendant la même année 1719 beaucoup plus claire que les années précédentes.

Les taches obscures qui ont paru en divers temps sur Mars ont été aussi sujettes à de grands changements, ayant varié considérablement de figure, de situation et de grandeur. Nous nous contenterons de rapporter seulement ici ceux qui leur sont arrivés dans les deux dernières oppositions, lorsque Mars était plus proche de la Terre.

En 1704, nous observâmes une bande étendue d'Orient en Occident qui occupait un hémisphère de Mars. Elle était située vers le milieu de son disque, et était assez uniforme, hormis une pointe tournée vers le pôle septentrional qu'elle avait au milieu de sa longueur. Durant quelques mois que nous l'observâmes, elle fut sujette aux changements rapportés (*voir* plus haut, p. 36 et *fig.* 22). Dans les autres parties de la surface de Mars, il y avait des taches confuses et mal terminées.

Vers l'opposition de l'année 1717, parmi les différentes taches que nous remarquâmes dans Mars, il y avait encore une bande assez bien marquée, mais beaucoup plus étendue d'Orient en Occident que celle de 1704, occupant plus d'un hémisphère, ce que nous avons reconnu par les apparences qu'elle faisait à différentes heures de la même nuit. Elles étaient partout uniformes, au lieu que celle de 1704 avait au milieu une pointe. Outre ces différences dans la figure, il y en avait encore une considérable dans la situation, car celle de 1717 était située entre le centre apparent de Mars et le pôle méridional, plus proche du pôle que du milieu : au lieu que celle de 1704 s'était trouvée fort proche du milieu.

Depuis le mois de juin jusqu'au commencement de septembre, nous la vîmes disparaître trois fois sur le bord oriental, ayant passé dans l'hémisphère supérieur qui nous était caché ; elle est retournée autant de fois dans l'hémisphère inférieur aux mêmes heures du jour, et dans la même situation, Mars ayant fait dans cet intervalle plus de 70 révolutions. Dans l'autre hémisphère de Mars, il y avait une tache en forme de croissant, dont les pointes étaient situées vers les deux pôles et la courbure tournée du côté de l'Occident. Toutes ces taches ne furent sujettes à aucun changement sensible durant plusieurs mois que nous les observâmes en 1717; mais en 1719 elles n'étaient plus les mêmes.

On voit donc qu'il y a de grands changements sur la surface de cette planète, non seulement dans les parties qui sont proches de son équinoxial, où le mouvement doit être plus grand, mais même dans celles qui sont autour des pôles, où le mouvement est beaucoup moins sensible.

Telles sont les observations de Maraldi. Nos lecteurs auront excusé la longueur de cette narration et son style un peu diffus en faveur de la sincérité et de l'intérêt de ces observations. Les quatre dessins de Maraldi ont été reproduits ici (*fig*. 24) en fac-similés. Le premier (A) représente la bande oblique dont il parle au commencement de son mémoire, et qu'il observa notamment le 13 juillet. Le second (B) représente l'angle qui lui a servi à déterminer la rotation, du 19 août au 28 octobre. Le troisième (C) paraît avoir eu surtout pour but de montrer la tache polaire méridionale, et le quatrième la tache triangulaire située à 130° de la bande coudée, et observée notamment les 5 et 6 août ainsi que les 16 et 17 octobre. Cette tache rappelle les croquis de Huygens des 28 novembre 1659 (p. 16) et 13 août 1672 (p. 32) et représente certainement la mer du Sablier. La large bande oblique de la *fig*. B doit être la mer Schiaparelli, située à 130° de la mer du Sablier. Il faut avouer que les instruments n'avaient pas alors un grand pouvoir de définition ([1]).

En 1704 nous avions déjà quatre points d'acquis : 1° Mars a des taches sombres; 2° Mars tourne sur lui-même en 24^h39^m environ; 3° ses taches sont variables; 4° les pôles sont marqués par des taches claires. Les observations de 1719 confirment ces quatre points et lui en ajoutent un cinquième : la tache polaire australe est *excentrique* au pôle; tantôt elle se présente à nous et tan-

---

([1]) A propos des anciens dessins de Mars et de la valeur optique des instruments qui servaient à ces observations, il n'est pas sans intérêt de rapporter la remarque suivante de Cassini II, écrite le 24 avril 1720, sur les lunettes de l'Observatoire :

« Les deux étoiles qui composent l'étoile double γ de la Vierge occultée par la Lune le 21 avril 1720, sont si proches l'une de l'autre que par une lunette de 11 pieds elles ne paraissent que dans la forme d'une seule étoile allongée et que, par une autre lunette de 16 pieds, la distance entre ces deux étoiles ne paraissait tout au plus que de la longueur du diamètre de chacune de ces étoiles prises séparément. »

Or, en 1720, les deux composantes de cette étoile double, qui sont de 3ᵉ grandeur, étaient écartées à 6″ l'une de l'autre. Nos plus petites lunettes actuelles, de 57ᵐᵐ d'ouverture, suffiraient pour opérer ce dédoublement.

La lunette dont se servait Maraldi pour ses observations de Mars en 1719, était une lunette de 34 pieds. Elle ne valait pas nos lunettes actuelles de 108ᵐᵐ de diamètre et de 1ᵐ,60 de longueur.

tôt elle est cachée. Maraldi n'ose pas chercher la cause de ces taches polaires et ne prononce ni le mot glaces, ni le mot neiges, ni même le mot nuages. Il sera réservé à William Herschel de définir ce cinquième fait par des mesures précises et de prouver que ce sont là des *glaces polaires* analogues à celles des pôles terrestres, fondant en été et se reconstituant en hiver.

Nous avançons donc graduellement dans la connaissance de ce monde voisin. Mais un point reste bien mystérieux : c'est la variation d'aspect, d'étendue et même de situation des taches sombres, qui existent bien réellement puisqu'elles servent à déterminer exactement la rotation. Ces quatre nouveaux dessins ne ressemblent encore ni à ceux de 1704 ni à ceux de 1666. Seraient-ce, comme dans Jupiter, des bandes nuageuses de nature purement atmosphérique? Maraldi le croit. Cependant, nous avons vu plus haut qu'il y a des taches de nature géographique, puisque la mer du Sablier dessinée par Huygens (*fig.* 9 et 19), Hooke (*fig.* 15) èt Maraldi lui-même (*fig.* 24 D), existe encore de nos jours. Les mers de Mars donneraient-elles naissance à des brumes sombres? Les bandes observées en 1704 et en 1719 étaient-elles des bandes nuageuses? Mais des nuages vus d'en haut, éclairés par le Soleil, peuvent-ils paraître sombres? En ballon, passant au-dessus d'eux, je les ai *toujours* vus blancs comme de la neige. Pourtant, il y a certainement sur Jupiter et sur Saturne des bandes nuageuses sombres. Que sont donc ces taches variables de Mars? La continuation de ces recherches nous éclairera peut-être.

Un mot encore, à propos de ces dessins, plus ou moins vagues. Nous avons

Fig. 25.

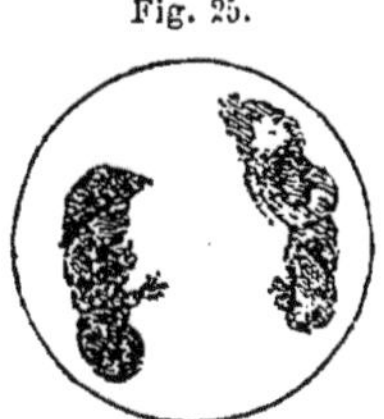

Ce que deviennent les dessins astronomiques.

pris soin de les reproduire tous par la photogravure et de n'admettre aucune retouche. C'était le point le plus important pour notre étude. Il est urgent de ne consulter que les dessins *originaux*, car bien souvent, de proche en proche, graduellement, insensiblement, de copie en copie, ils subissent les plus étranges métamorphoses. C'est ainsi, par exemple, que des dessins de Cassini et de Maraldi on a été jusqu'à tirer la *fig.* 25, que nous reproduisons d'après un ouvrage de Pierquin, *Œuvres physiques et géographiques*, imprimé fort luxueusement à Paris en 1744.

Et on lit dans cet ouvrage, à l'appui de ce dessin : « M. Cassini a découvert dans le disque de cette planète quatre taches obscures semblables à celles de la Lune; trois représentent d'un côté *un magot et une figure d'homme;* et dans la face opposée, on voit comme une forme de pilon, qu'on pourrait nommer le pilon d'Esculape. »

Cette fantaisie montre qu'il faut se défier des interprétations, lors même qu'elles n'atteignent pas ce degré, et que nous devons nous-mêmes ne voir et ne dessiner que ce qui existe. Mais continuons notre étude. Les instruments ne s'améliorent pas vite, car le pilon d'Esculape, que nos lecteurs ont pu remarquer, en effet, dans les dessins de Cassini (p. 19), semble encore se retrouver ici.

XVIII. Même année 1719. — Bianchini [1].

Blanchinus (ou Bianchini, en italien), astronome de Vérone, ami des papes

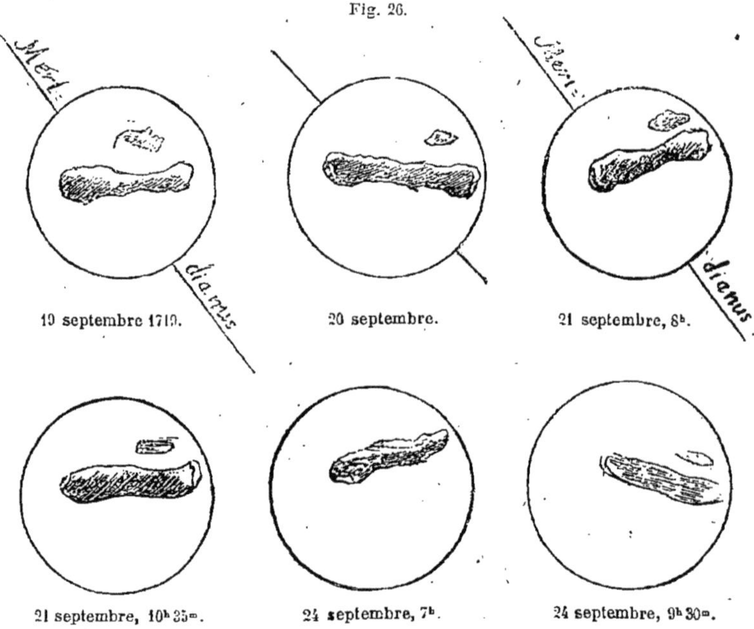

19 septembre 1719.   20 septembre.   21 septembre, 8ʰ.

21 septembre, 10ʰ 25ᵐ.   24 septembre, 7ʰ.   24 septembre, 9ʰ 30ᵐ.

Dessins de Mars faits par Bianchini en 1719.

Alexandre VIII, Clément XI et Innocent XIII, auquel on doit de si curieuses observations sur Vénus, a observé Mars pendant l'opposition de 1719 et ne

[1] Observations de Mars faites en 1719, publiées en 1737. *Francisci Bianchini veronensis astronomicæ ac geographicæ observationes, selectæ ex ejus autographiis.* — Vérone, 1737.

paraît pas avoir été aussi bien servi par cette planète que par la première.
Nos lecteurs en jugeront par les six dessins ci-dessus (*fig.* 26), que nous mettons sous leurs yeux. Le premier est du 19 septembre, à 10^h28^m (lunette
de 23 palmes, de Campani). Le second est du lendemain 20 septembre,
à 10^h30^m, Mars étant au méridien comme dans le cas précédent. Le 21 septembre, dans les mêmes conditions, il obtint la figure suivante. Les trois
autres sont du 21 septembre, deux heures et demie après l'observation précédente, du 24 septembre, à 7^h0^m, et du même jour, à 9^h30^m. Ces figures ne
prouvent pas grand chose, et sont plutôt faites pour accroître notre perplexité. Ne croirait-on pas voir des os de mort sur un disque blanc?

Ses observations et ses dessins « géographiques » de Vénus, qui ont été en
partie confirmés en notre siècle, ont été obtenus à l'aide d'instruments plus
nets et plus puissants sans doute. On trouve dans le même ouvrage un dessin
de Vénus, fait le 7 janvier 1728, à l'aide d'une lunette de Campani de
94 palmes, par une très belle nuit, de 6^h à 7^h du soir. Quatre observateurs cer-
tifient avoir reconnu absolument les quatre mers représentées; l'un d'entre
eux ajoute même : « maxima voluptate. » Les quatre taches sombres vues
sur le disque de Vénus en quadrature ont été baptisées par Blanchinus des
titres de « mer de Vespuce, de Galilée, Royale, et de l'infant Henry. » Cette
observation est curieuse, et l'on ne se serait pas douté alors que la géographie de Mars serait plus rapidement connue que celle de Vénus.

Cette figure est analogue à celles du même observateur que nous avons
reproduites dans notre ouvrage *les Terres du Ciel*, au chapitre de Vénus.

Signalons encore ici, pour mémoire, deux publications sur Mars faites, la
première en 1731, par B. H. EHRENBERGER : *De Marte* (Coburgi); la seconde,
en 1738, par G. M. BOSE : *De Marte Conglaciante* (Lipsiæ).

XIX. 1740. — CASSINI II (¹).

Cet astronome, fils de Dominique Cassini et son successeur à l'Observatoire
de Paris, a réuni dans cet ouvrage les observations de son père et celles de
Maraldi. Il n'y ajoute rien. L'auteur ne reproduit aucun dessin, quoiqu'il en
donne de Vénus. Il semblait alors que la géographie de Vénus serait plus
rapidement connue que celle de Mars.

XX. 1764, 1766. — MESSIER.

Le grand découvreur de comètes a fait à Paris (il y avait son observatoire
au-dessus de l'hôtel de Cluny) une observation de Mars le 3 mai 1764, vers

(¹) *Éléments d'Astronomie*, p. 457-461.

deux heures du matin. On voyait sur le disque trois bandes analogues à celles de Jupiter, d'une nuance très faible, la bande du milieu plus large que les deux autres, et sa moitié plus ombrée. Cette figure a été publiée quarante et un ans plus tard, dans la *Connaissance des Temps* pour 1807. Nous ne la reproduisons pas ici parce qu'elle ne nous apprend rien.

Le même astronome a observé Mars les 7 et 27 novembre de cette année et en a fait deux dessins, publiés également dans la *Connaissance des Temps* pour 1807. On remarque deux taches faibles. Observation insignifiante pour le but de notre travail.

En cette même année 1766, au mois d'août, le cardinal de Luynes, à Nolon, et le duc de Chaulnes, à Chaulnes, observèrent la même planète et en envoyèrent à Messier chacun un dessin (publiés dans le même recueil). Dessins vagues, indécis, qui n'apportent aucun document à notre discussion.

XXI. 1771. — LALANDE.

Voici tout ce que cet astronome dit de Mars dans son grand ouvrage ([1]) :

Le globe de Mars ne paraît jamais en croissant, comme Vénus et Mercure, parce qu'il est au delà du Soleil; mais on lui voit prendre une figure elliptique, et sa rondeur est diminuée à peu près comme celle de la Lune trois jours avant son plein.

Fontana observa en 1636 une tache obscure sur le disque de Mars. Le P. Bartoli, jésuite de Naples, écrivait le 24 décembre 1644 qu'avec une bonne lunette de Sirfali il avait vu Mars presque rond, avec deux taches au-dessous du milieu; cependant il y eut des temps où Zucchius ne les vit point, et cela fit soupçonner le mouvement de Mars autour de son axe. M. Cassini observa mieux que personne les taches de Mars en 1666, et elles lui firent connaître que Mars tourne sur son axe en 24^h40^m; il publia un mémoire à ce sujet, qui a pour titre : *Martis circa proprium axem revolubilis observationes*, Bononiæ, 1666, in-fol.; dans lequel on voit que l'axe de Mars est à peu près perpendiculaire à son orbite, autant qu'on en peut juger par des taches qui sont peu propres à cette détermination. Il observa encore ces taches à Paris en 1670. M. Maraldi les observa en 1704 et 1706 et trouva aussi la durée de sa rotation de 24^h39^m. Ces taches sont fort grandes, mais elles ne sont pas toujours bien terminées et changent souvent de figure d'un mois à l'autre; cependant elles sont assez apparentes pour qu'on soit assuré de la rotation de Mars. »

C'est là un résumé, assez incomplet, des observations qui précèdent. L'existence des taches sombres et la rotation : voilà tout ce que le célèbre astro-

---

([1]) *Astronomie,* tome III, p. 439.

nome signale sur Mars au point de vue de sa constitution physique. On ne parle pas encore des taches polaires blanches déjà visibles sur les dessins de Huygens et surtout sur ceux de Maraldi; on ne les assimile pas encore à des glaces soumises à l'influence des saisons; on remarque l'inclinaison de l'axe sans pouvoir encore la mesurer. Le progrès subit un temps d'arrêt qui va être rapidement réparé.

XXII. 1777, 1779, 1781, 1783. — William Herschel ([1]).

L'illustre astronome s'est spécialement occupé de la planète Mars pendant les oppositions de 1777, 1779, 1781 et 1783 et a publié ses observations en deux mémoires ayant pour titre, le premier, *Astronomical observations on the rotation of the planets*, etc.; le second, *On the remarkable appearances at the polar regions of the planet Mars, the inclination of its axis*, etc. Ces observations sont accompagnées de dessins que nous publions plus loin. Dans ces deux mémoires, le but de William Herschel a été spécialement l'étude de la durée de rotation et des variations polaires : la géographie de Mars y est à peine étudiée, la plupart de ces dessins étant de simples esquisses. On croit pourtant y reconnaître quelques-unes des principales mers visibles; ces croquis, comme les précédents, plaident également en faveur de variations, dans les taches sombres aussi bien que dans les claires.

Les instruments dont il se servit pour cette étude étaient très supérieurs en puissance à ceux qui avaient été employés jusque-là. L'aspect, la blancheur et la variation des taches polaires le conduisent à conclure que ces taches représentent des masses de *glaces* et de *neiges* accumulées vers les pôles et il attribue leurs variations à l'influence dissolvante des rayons solaires auxquels elles sont exposées pendant la révolution de la planète le long de son orbite. Observés avec soin par lui, les changements qui arrivèrent dans ces taches apportèrent une confirmation immédiate et ponctuelle à ces vues. Ainsi, pendant l'année 1781, la tache polaire australe se montra très étendue, ce à quoi l'observateur s'attendait, puisque ce pôle venait de demeurer pendant douze mois dans une nuit perpétuelle. En 1783, cette tache était devenue considérablement plus petite et on la vit continuer de décroître pendant toute la série des observations, depuis le 20 mai jusqu'au milieu de septembre. Pendant cet intervalle, le pôle austral avait déjà reçu pendant huit mois le bénéfice de l'été et continuait encore de recevoir les rayons

---

([1]) *Philosophical Transactions* for 1781, vol. LXXI, Part. I, page 115. — *Id.*, for 1784, vol. LXXIV, Part. II, page 233.

solaires, quoique, vers la fin de cette période, dans une direction si oblique qu'ils ne devaient plus guère avoir d'efficacité sur la fonte des neiges. D'un autre côté, pendant l'année 1781, la tache polaire boréale qui avait été exposée à la chaleur solaire pendant douze mois et allait s'en retournant vers la nuit, paraissait petite et s'accroissait graduellement. Cette explication de William Herschel sur les taches polaires de Mars a été adoptée depuis cette époque comme la plus naturelle, la plus simple et d'ailleurs la plus logique puisqu'elle est identique à celle de nos propres taches polaires terrestres. Nous pouvons penser, il est vrai, que les conditions physiques, climatologiques et météorologiques ne sont pas les mêmes sur les autres mondes que sur le nôtre. Mais l'explication par analogie est évidemment la première que la nature nous offre elle-même. Lorsqu'elle suffit *complètement* pour expliquer un phénomène observé, il n'y a pas de raison pour en chercher une autre.

Pendant cette même période d'observations en 1777 et 1779, William Herschel conclut du mouvement des taches une période de rotation de $24^h39^m21^s,67$. Nous verrons plus loin que cette période a été corrigée en 1840 par Mädler, d'après les observations d'Herschel même.

Il trouva en même temps que l'inclinaison de l'équateur de la planète sur l'écliptique est de $28°42'$ et que son nœud ascendant est situé à $19°28'$ du Sagittaire.

Nous donnerons ici une analyse détaillée de ces deux importants mémoires de William Herschel [1].

PREMIER MÉMOIRE [2]

Lu le 11 janvier 1781, envoyé de Bath le 18 octobre 1780.

Comme son titre l'indique, ce travail a pour but de déterminer la durée de la rotation des planètes, afin de vérifier par cette durée si la rotation diurne de la Terre reste toujours égale. L'auteur commence par traiter des mouvements de la Terre et principalement de son mouvement diurne, et il suggère l'idée de vérifier la constance du mouvement diurne d'une planète par le mouvement diurne d'une autre. Il s'occupe principalement ici de Jupiter et de Mars.

Les observations de la planète ont commencé le 8 avril 1777 et n'embrassent que quatre jours de cette année, les 8, 17, 26 et 27 avril. L'illustre

---

[1] *Philosophical Transactions*, 1781, page 134, et 1784, page 273.

[2] *Astronomical observations on the rotation of the planets round their axes, made with a view to determine whether the Earth's diurnal motion is perfectly equable.*

astronome les a reprises le 9 mai 1779 et les a continuées jusqu'au 19 juin
de cette même année.

Voici les principales :

8 avril, 7ʰ30ᵐ. — J'observe deux taches sur Mars séparées par une bande brillante (*Voyez* ci-dessous, *fig.* 14).

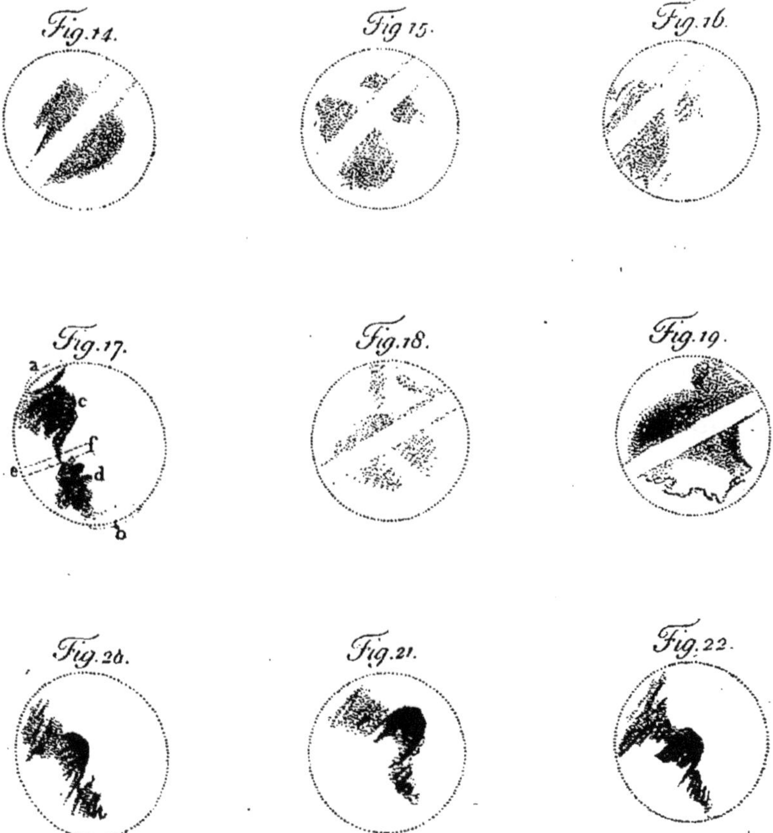

Fig. 27. — Dessins de Mars par William Herschel, en 1777 et 1779 (*Fac-similé*).

Même soir, 9ʰ30ᵐ. — Les taches sont avancées sur le disque et l'on en voit
davantage (*fig.* 15).

La rotation de Mars sur son axe est maintenant très évidente (*fig.* 16).

(Observations faites avec un télescope newtonien de 20 pieds; grossissement = 300).

17 avril. — Télescope newtonien de 10 pieds, grossissement = 211. 7ʰ50ᵐ. Mars
paraît comme dans la *fig.* 17. En a et *b*, on voit deux taches brillantes si lumi-

neuses qu'elles semblent se projeter hors du disque. En c et d, on voit deux taches très foncées réunies par une ligne noire, croisées dans la direction *ef* par une séparation blanchâtre.

26 avril. — Même instrument, même oculaire. $9^h 5^m$. Les taches sont très faibles et apparaissent comme dans la *fig*. 18.

27 avril. — Même instrument, grossissement = 324. $8^h 40^m$. Très belle soirée, télescope en bon ordre; les taches se présentent comme dans la *fig*. 19.

William Herschel a repris, avons-nous dit, ces mêmes observations du 9 mai au 19 juin 1779. Voici les principales :

9 mai, $11^h 1^m$. — Je trouve la situation des taches telle qu'elle est représentée *fig*. 20; il y a une tache très remarquable non loin du centre.

Même jour, $11^h 30^m$. — Les taches se sont éloignées du centre.

11 mai, $10^h 18^m$. — La tache du 9 mai est visible sur le disque, sa région la plus foncée se trouvant au sud-est du centre (*fig*. 21).

Même jour, $11^h 43^m$. — La région la plus sombre est arrivée au centre (*fig*. 22).

13 mai, $11^h 26^m$. — Mars paraît tel qu'il était le 11, à $10^h 18^m$.

22 mai, à $10^h 10^m$. — On voit sur le disque de Mars les mêmes configurations que le 8 avril 1777, à $7^h 30^m$ (*fig*. 14).

15 juin, à $9^h 45^m$. — La planète présente la figure qu'elle présentait le 9 mai, à $11^h 1^m$ (*fig*. 20), mais plus avancée.

17 juin, de 9^h à 10^h, même aspect.

19 juin, $8^h 40^m$, même aspect que le 26 avril 1777, à $9^h 5^m$, représenté *fig*. 18.

Telles sont les observations d'Herschel; en combinant entre elles les figures de 1777 avec celles de 1779 ainsi qu'en vérifiant celles de cette dernière période les unes par les autres, il conclut pour la rotation sidérale de Mars la valeur suivante :

$$24^h 39^m 21^s,67.$$

Nous avons reproduit ici un fac-similé des dessins d'Herchel lui-même, tels qu'ils ont été publiés dans la *Pl. VI* des *Philosophical Transactions*, à laquelle renvoient les descriptions précédentes. Notre fac-similé est de la même dimension.

La *fig*. 17 représente certainement la mer du Sablier, de c à la zone ponctuée *ef*. Nous pouvons aussi reconnaître cette même mer sur les *fig*. 20, 21 et 22, et l'on a en même temps l'impression évidente que chaque observateur voit et dessine à sa façon. En 1777, Mars se trouvait en une opposition presque aphélique, nous présentant non plus son pôle austral supérieur, comme en 1672 (*fig*. 20, p. 32), mais son pôle boréal inférieur. L'hémisphère ayant la mer du Sablier à son centre offrait la configuration représentée ci-dessous (*fig*. 28), par la projection du globe dont nous avons parlé plus haut.

L'identification n'est pas difficile pour les figures 17, 20, 21 et 22 d'Herschel. Il n'en est pas de même pour les cinq autres. La bande blanche est digne d'attention.

Évidemment, dans tous les dessins que nous avons eus jusqu'ici sous les yeux, les observateurs n'ont vu qu'à peu près et assez vaguement ce qui existe à la surface de Mars.

A propos de la comparaison des figures de 1777 avec celles de 1779, Hers-

Fig. 28.

Le globe de Mars nous présentant son pôle inférieur (oppositions aphéliques).
1777-1792-1807-1822-1837-1852-1869-1884-86.

chel examine comment on doit réduire les rotations observées, qui sont des rotations synodiques vues de la Terre mobile, en rotations absolues ou sidérales :

Supposons, dit-il, que l'orbite de Mars MABC (*fig.* 29) soit sur le même plan que l'orbite de la Terre EDFG et que l'axe de Mars soit perpendiculaire à son orbite; soient ME *me* les positions respectives de Mars et de la Terre le 13 mai et le 17 juin (1779), la ligne EM qui joint les centres de Mars et de la Terre indique la position géocentrique de Mars le 13 mai, et la ligne *em* la position géocentrique de la même planète le 17 juin. Menons maintenant les lignes *er* et *ms*, parallèles à ER, alors la ligne *er* indiquera la position géocentrique de Mars le 13 mai; l'angle *sme* est égal à l'angle *mer*. Nous savons par les éphémérides que la position géocentrique de Mars à 11ʰ26ᵐ était à 7 signes 20°59'21" et le

17 juin, à $9^h 9^m$, à 7 signes $12°27'22''$; par quoi nous obtenons la différence ou l'angle $rem = ems = 8°34'59''$.

Maintenant, une tache sur Mars située dans la direction ME aura fait une rotation sidérale lorsqu'elle reviendra dans cette même direction ou sur une parallèle à la direction ms. De là nous concluons que la tache du 17 juin, après être arrivée à la ligne me où finit sa rotation synodique, devra encore parcourir un arc

Fig. 29.

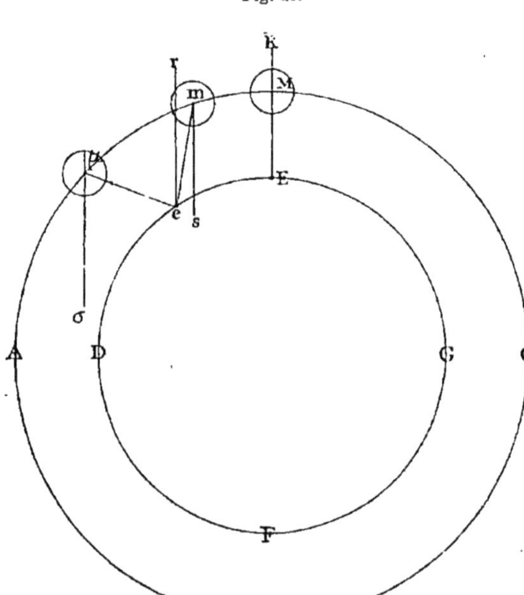

Variation apparente de la durée du mouvement de rotation de Mars, selon la position de la Terre.

de $8°34'59''$ afin d'arriver dans la direction de la ligne ms où elle finit sa rotation sidérale.

Le temps qu'elle emploiera pour parcourir cet arc, au taux sidéral de $24^h 39^m 20^s$ pour $360°$ ou $4^s,109$ par minute de degré sera de $35^m 3^s,8$, chiffre qui, divisé par le nombre de 34 rotations, donne $1^m 1^s,8$, lequel, ajouté à $24^h 38^m 20^s,3$, nous donne $24^h 39^m 22^s,1$ pour la rotation sidérale de Mars résultant du tiers des périodes mensuelles.

Remarquons que le mouvement de Mars est rétrograde dans l'exemple précédent; c'est pourquoi la mesure de l'angle ems a été ajoutée à la rotation synodique pour compléter la rotation sidérale. Mais si ce mouvement avait été direct, ou si la planète avait été plus avancée dans l'écliptique que la position que nous avons considérée, si elle avait été par exemple en μ, alors la ligne $\mu\sigma$ parallèle à EM indiquerait la direction à laquelle la tache devrait retourner afin d'accomplir une

rotation sidérale et par conséquent la quantité de l'angle $\sigma\mu e = \mu er$ ou la différence des positions géocentriques devrait être soustraite de la rotation synodique pour obtenir la rotation sidérale.

DEUXIÈME MÉMOIRE D'HERSCHEL,

Lu le 11 mars 1784 (¹).

Comme le titre de ce second mémoire l'indique, l'auteur a eu principalement pour objet l'étude des pôles de Mars et de l'inclinaison de son axe. Il
rappelle d'abord l'observation et le dessin du 17 avril 1777 (*voir* plus haut,
page 51, *fig.* 17), et remarque que pendant les observations de 1779, aucune
tache polaire n'a frappé son attention. Ses nouvelles observations s'étendent
du 13 mars au 7 septembre 1781 et du 20 mai au 17 novembre 1783. Nous
donnerons ici les principales.

La *fig.* 1 a pour but unique de montrer les deux taches polaires observées le
17 avril 1777 (à 7ʰ50ᵐ). Quant aux taches sombres, l'auteur ne s'en inquiète pas
du tout ici, comme on peut s'en convaincre en comparant la *fig.* 17 du mémoire
précédent, à la *fig.* 1 de celui-ci, qui représente la même observation.

La *fig.* 2 signale la tache polaire australe, d'une étendue considérable, observée le 13 mars 1781, à 17ʰ40ᵐ, à l'aide du télescope de 20 pieds. La figure suivante (*fig.* 3) reproduit l'observation du 25 juin, à 11ʰ36ᵐ, faite à l'aide du
télescope de 7 pieds. « Deux taches brillantes, écrit l'auteur, se montraient en *a*
et *b*, *a* étant plus grande que *b*. »

Le 28 juin, à 11ʰ15ᵐ, la différence entre les deux taches était plus considérable
encore, comme on le voit *fig.* 4.

Le 30 juin, à 10ʰ48ᵐ, la tache supérieure est seule visible (*fig.* 5), mais, à 11ʰ35ᵐ,
on les voit toutes deux.

Le 3 juillet, à 10ʰ54ᵐ, la tache polaire supérieure se montre très considérable (*fig.* 6); à 11ʰ24ᵐ, on ne voit pas encore l'inférieure (*fig.* 7); à 12ʰ36ᵐ, on
l'aperçoit (*fig.* 8). Le 4 juillet, l'astronome remarque que les deux taches ne sont
pas diamétralement opposées l'une à l'autre.

Le 15 juillet, à 9ʰ54ᵐ, la tache supérieure est visible (*fig.* 9).

Le 22 juillet, à 11ʰ14ᵐ (*fig.* 10), on distingue bien les deux taches polaires ; la
supérieure est plus vaste. « Très probablement, écrit l'auteur, le pôle sud est
tourné vers nous, tandis que le pôle nord nous est caché. Si ce sont là des taches
polaires, la tache supérieure australe doit nous paraître, en effet, plus grande
que l'inférieure, et si celle-ci s'étend un peu plus d'un côté que de l'autre du

---

(¹) *On the remarkable appearances at the polar regions of the planet Mars, the
inclination of its axis, the position of its poles, and its spheroidical figure; with a
few hints relating to its real diameter and atmosphere*, by WILLIAM HERSCHEL, Esq.
F. R. S.

pôle nord, elle doit nous offrir des variations apparentes provenant de la rotation de la planète autour de son axe. »

8 août, à 10ʰ4ᵐ, on ne voit que la tache supérieure (*fig.* 11).

23 août, à 8ʰ44, on voit la tache supérieure bien évidente comme d'habitude, et l'on aperçoit un peu de la tache inférieure (*fig.* 12).

Telles sont les observations faites par l'illustre astronome pendant l'opposition de 1781 : on voit qu'elles ont eu pour but unique les *taches polaires*. Nous résumerons également aussi complètement que possible celles de 1783.

20 mai. La planète Mars offre un singulier aspect; on remarque en a (*fig.* 13) la tache polaire brillante, et son éclat est tel qu'elle semble se projeter au-dessus du disque et s'en séparer au point c.

26 août. La tache brillante de Mars marque son pôle sud, car elle reste fixe à la même place, tandis que les taches équatoriales foncées effectuent leur rotation constante. Cette tache polaire australe est sensiblement circulaire.

22 septembre. Vue magnifique de la planète lorsqu'elle est vers le méridien. Une légère brume empêche le rayonnement désagréable et donne une grande netteté aux objets. Mesure de la tache polaire australe : son petit diamètre, dans la direction de l'équateur = 1″41‴.

23 septembre, à 9ʰ55ᵐ, tache polaire a visible comme d'habitude (*fig.* 14).

25 septembre, à 12ʰ30ᵐ (*fig.* 15), tache polaire parfaitement ronde, détachée du bord du disque. A 12ʰ55ᵐ, on reconnaît que le cours des taches équatoriales est curviligne et convexe vers le Nord, comme on le voit par la ligne eq (*fig.* 23), ce qui prouve que la tache blanche marque bien le pôle sud, et, à l'aide d'une longue attention, j'arrive à reconnaître le bord du disque au delà de la tache polaire : la distance entre la tache et le bord est d'environ le quart du diamètre de la tache.

26 septembre, 12ʰ10ᵐ, la tache polaire est en ligne avec le centre du disque et l'extrémité du crochet « hook » (*fig.* 16).

30 septembre, la planète se présente comme on la voit *fig.* 17.

1ᵉʳ octobre. Je suis conduit à penser que la tache blanche a un petit mouvement de rotation et que, par conséquent, son centre ne marque pas exactement le pôle de Mars. Le pôle réel doit être dans l'intérieur de la tache, mais près de la circonférence, vers un tiers de son diamètre. J'espère le savoir dans quelques jours.

Ici William Herschel suspend la description de ses observations pour déclarer qu'aucune des deux taches polaires ne marque exactement le pôle et que ce fait est prouvé par leur rotation. Il ajoute qu'elles n'en sont pas très éloignées; puis il continue dans le journal :

9 octobre, à 10ʰ35; la planète Mars se présente telle qu'elle est dessinée *fig.* 18. La tache polaire tourne et arrive ensuite vers nous, comme on le voit *fig.* 24.

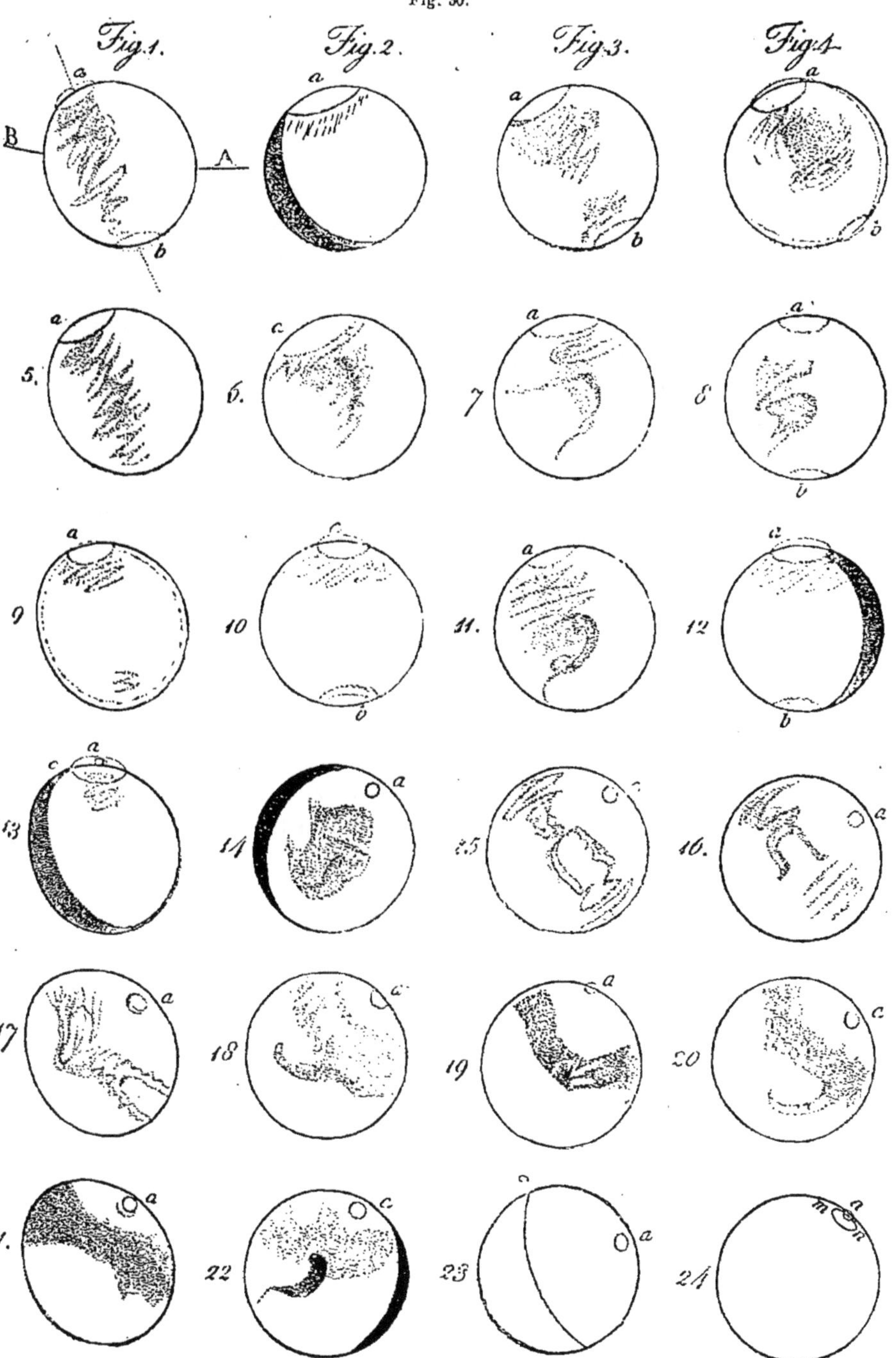

Fig. 30.

Observations de la planète Mars faites par William Herschel en 1781 et 1783.

10 octobre, à 6ʰ 55 (*fig.* 19).

Même jour, à 9ʰ 55 (*fig.* 20).

17 octobre, à 7ʰ 47 (*fig.* 21).

23 octobre, à 7ʰ 11 (*fig.* 22) : la tache polaire doit être à l'extrémité de son parallèle de déclinaison.

L'auteur passe ensuite à l'examen du mouvement de rotation des taches polaires et de leur excentricité. Il arrive à la conclusion que la latitude de la tache polaire boréale, étudiée pendant les observations de 1781, doit être 76° ou 77° Nord : « car, dit-il, je trouve que pour les habitants de Mars, la déclinaison du Soleil le 25 juin 1781, à 12ʰ15ᵐ de notre temps, était environ 9° 56 Sud et que la tache polaire doit avoir été assez éloignée du pôle nord pour se trouver à quelques degrés dans la partie éclairée du globe et être invisilee à nos yeux. » Il ajoute :

Le pôle sud de Mars ne pouvait être éloigné du centre de la tache brillante australe de l'année 1781 ; cette tache était d'une étendue assez grande pour couvrir toutes les régions polaires jusqu'au 70ᵉ ou même jusqu'au 60ᵉ degré de latitude.

En 1781, la tache polaire australe s'étendait sur un arc de grand cercle égal à 45°, 50° ou peut-être 60° du globe de Mars : elle ne pouvait avoir une grande distance polaire ; cependant son centre n'était pas juste au pôle.

Il résulte de cette étude que le pôle nord de Mars doit être dirigé vers 17°47′ de la constellation des Poissons, et que l'inclinaison de l'axe sur l'écliptique est de 59° 42′. Puis l'observateur ajoute :

« Ayant ainsi déterminé ce que les habitants de Mars doivent appeler l'obliquité de leur écliptique, ainsi que la situation des points équinoxial et solsticial, nous pouvons nous rendre compte des saisons de Mars et nous expliquer ainsi les variations si remarquables des taches polaires. » Écoutons Herschel lui-même :

L'analogie entre Mars et la Terre est certainement la plus évidente parmi toutes les planètes du système solaire. Leur mouvement diurne est presque le même ; l'obliquité de l'écliptique, cause des saisons, est analogue ; de toutes les planètes supérieures, la distance de Mars au Soleil est la plus rapprochée de celle de la Terre, et il en résulte que la durée de l'année martienne n'offre pas avec la nôtre ces énormes différences que présentent les années de Jupiter, de Saturne et de Georgium Sidus (Uranus). Si donc nous savons que notre planète a ses régions polaires glacées et couvertes de montagnes de glaces et de neiges, lesquelles glaces et neiges fondent en partie lorsqu'elles sont alternativement exposées aux rayons solaires, il est permis de penser que les mêmes causes produisent probablement les mêmes effets sur le globe de Mars, que ses taches polaires, si brillantes, sont dues à la vive réflexion de la lumière sur ces régions de neiges et de glaces et que la diminution de ces taches doit être également attribuée à l'action des rayons solaires.

Herschel passe ensuite à l'examen de la figure sphéroïdale de Mars et de son aplatissement polaire. Il considère d'abord cet aplatissement comme certain au point de vue théorique de la gravitation et remarque qu'il ne peut être que rarement mesuré, puisque nous ne voyons entièrement l'hémisphère éclairé de Mars qu'au moment des oppositions, c'est-à-dire seulement trois ou quatre semaines sur deux années.

Ses observations sur ce point s'étendent du 25 septembre au 9 octobre 1783. Dans les suivantes, le disque de Mars offre déjà une phase sensible. Par ces mesures, il trouve que l'aplatissement de la planète est évident et même aussi sensible à première vue que celui de Jupiter, ce qui est vraiment assez singulier : jamais nous n'avons eu cette impression. « Le 29 septembre, dit-il, la planète ne se trouvait qu'à 37 heures de l'opposition et la veille, 28 septembre, jour où elle se trouvait à 2 jours et demi de l'opposition, l'aplatissement a été reconnu, non seulement par moi, mais encore par trois autres observateurs, MM. Wilson, Blagden et Aubert, les mesures micrométriques ont donné $29''35'''$ ou $1355'''$ pour le diamètre équatorial et $21''29'''$ ou $1289'''$ pour le diamètre polaire, de sorte que le diamètre équatorial est au diamètre polaire dans le rapport de 1355 à 1289 ».

En réduisant le diamètre polaire à cause de l'inclinaison de l'axe, il conclut que les deux diamètres sont entre eux dans le rapport de 1355 à 1272 ou à peu près comme 16 à 15.

D'après ces mesures, l'aplatissement serait donc de $\frac{1}{16}$.

Voici le résumé de tout le précédent mémoire par Herschel lui-même :

L'axe de Mars est incliné de 59° 42′ sur l'écliptique.

Le nœud de l'axe est à 17° 47′ des Poissons.

L'obliquité de l'écliptique est sur le globe de Mars de 28° 42′.

Le point équinoxial sur l'écliptique martien répond à 19° 28′ du Sagittaire.

La figure de Mars est celle d'un sphéroïde aplati dont le diamètre équatorial est au diamètre polaire dans la proportion de 1355 à 1272, ou à peu près comme 16 à 15.

Le diamètre équatorial de Mars, réduit à la distance moyenne de la Terre au Soleil, est de $9''8'''$.

La planète a une atmosphère considérable mais modérée, de sorte que ses habitants jouissent probablement d'une condition à plusieurs égards analogue à la nôtre.

William Herschel s'occupa aussi, comme on le voit, de l'atmosphère de Mars. Il pense qu'elle doit être assez considérable, parce qu'il y a souvent observé des variations dans certaines régions plus brillantes, variations qui lui paraissent attribuables à des nuages et à des vapeurs flottant dans l'atmosphère. Il admet même qu'une bande sombre dessinée *fig.* 18 à une très haute latitude pourrait aussi représenter des nuages. Il rappelle une observation de Cassini, dans laquelle cet astronome vit une étoile du Verseau disparaître à la distance de 6 minutes du disque de Mars, mais ne croit pas que cette disparition puisse être attribuée à autre chose qu'à l'éblouissement causé par l'état de la planète. Les 26 et 27 octobre 1783, il observa deux étoiles de 12ᵉ et 13ᵉ grandeur à 3′9″ et à 2′56″ du bord de la planète, et leur éclat ne parut pas diminuer autrement que par l'effet du voisinage de la lumière de Mars.

Il conclut donc que l'atmosphère de Mars n'est pas aussi démesurément étendue que l'interprétation de Cassini aurait pu le faire supposer [1].

De cette nouvelle série d'observations et de dessins de William Herschel, résulte la même conclusion que nous avons tirée des séries précédentes : *l'aspect de la planète Mars varie considérablement.* On peut attribuer tout ce qu'on voudra à la négligence de certains dessins, et notamment de ceux-ci, puisqu'ils avaient pour objet non la configuration de la planète, mais les taches polaires; cependant, lorsqu'il y a, comme en 1777 et 1779, des configurations dessinées avec certains détails, nous sommes bien forcés de penser que la planète ressemblait plus ou moins à ces aspects. Or, ces aspects ne sont ni ceux de Cassini, ni ceux de Hooke, ni ceux de Huygens, ni ceux de Maraldi, ni ceux de Bianchini.

Chaque observateur voit à sa façon, lorsqu'il s'agit d'aspects légers, vagues, peu définis, comme ceux d'un monde lointain entouré d'une atmosphère plus ou moins vaporeuse. Voilà pourquoi l'identification des dessins est souvent difficile, lors même que le fond des croquis est sûr.

Les observations de l'illustre auteur de la découverte d'Uranus viennent de faire avancer grandement notre connaissance cosmographique de la planète; nous savions déjà avant Herschel (p. 38) : 1° qu'elle a des taches sombres; 2° qu'elle tourne sur elle-même en 24ʰ40ᵐ environ; 3° que ces taches sombres sont variables; 4° que les pôles sont marqués par des taches blanches; 5° (p. 45) qu'elles n'occupent pas le pôle géographique, mais lui sont excen-

---

[1] Cette conclusion a été confirmée depuis. Le 28 novembre 1832, James South observa l'occultation, par Mars, d'une étoile de 8ᵉ grandeur, spécialement en vue de cet objet. Là ne se montra pas le moindre changement dans l'étoile; elle garda au contraire toute sa lumière et sa couleur bleu clair jusqu'au moment de sa véritable entrée; à sa sortie, nul changement ne se montra non plus; c'est une preuve que l'atmosphère de Mars n'est pas sensible au bord de la planète, vue d'ici. La lunette de South, longue de 5ᵐ,70 et d'une ouverture de 30ᶜᵐ, avait une remarquable puissance de définition. On trouvera plus loin ces observations.

triques. Nous savons de plus maintenant 6° que ces taches sont *analogues aux glaces polaires terrestres*, fondent en été et se reconstituent en hiver; 7° que le centre des neiges polaires boréales se trouvait en octobre 1781 vers 76° ou 77° de latitude; 8° que l'atmosphère paraît analogue à celle de la Terre; 9° que l'obliquité de l'écliptique est sur Mars de 28°42'. Nous ne parlons pas de l'aplatissement polaire trouvé par Herschel. Cet élément sera discuté plus tard.

Voici donc un grand progrès d'accompli. Années, jours, saisons, climats sont maintenant déterminés : les saisons sont analogues à celles de la Terre comme intensité, quoique près de deux fois plus longues; de même que sur notre planète, le pôle du froid ne coïncide pas avec le pôle géographique.

Ce sont là assurément des faits intéressants; ils sont découverts depuis plus de cent ans.

Quant à la connaissance géographique de la planète Mars, on voit que les travaux d'Herschel ne l'ont pas fait avancer d'un seul pas. Ce n'était du reste pas là leur but.

XXIII. 1783. — Messier.

Messier, à Paris, réobserva Mars les 15 et 16 septembre de cette année et remarqua la tache polaire australe en forme de cercle bien défini égale en diamètre à celui du premier satellite de Jupiter, lorsqu'on l'observe sur son disque. Le grand découvreur de comètes fit une observation analogue les 3 août, 19 et 23 septembre 1798. Le dessin publié par la *Connaissance des Temps* pour 1807 ne contient absolument que l'indication de cette tache polaire, sous forme d'un petit cercle, au pôle austral.

XXIV. 1785. — Bailly ([1]).

L'illustre historien dont la tête devait tomber huit ans plus tard, avec celle de Lavoisier, sous l'idiotisme des partis politiques, résume ce que l'on savait en France de Mars à son époque. Il ne connaît pas les travaux d'Herschel. Les astronomes français en sont restés à ceux de Maraldi, de 1719.

On voit, dit-il, sur ce globe une tache vers le pôle méridional en forme de zone polaire; elle était susceptible de changer d'éclat et, quand elle était très claire, Mars ne paraissait pas rond. On jugea que c'était par la même apparence que la partie claire de la Lune paraît excéder les bornes du disque obscur, et

([1]) *Histoire de l'Astronomie moderne*, tome II, p. 603.

appartenir à un plus grand cercle. C'est l'effet de l'irradiation des parties éclairées sur les parties obscures. On crut s'apercevoir que le retour de l'éclat de
cette tache avait quelque rapport avec la révolution diurne de Mars, et qu'il
arrivait après 36 de ces révolutions. Cette apparence claire est la seule tache
qui se soit conservée, quoiqu'avec quelque diversité de grandeur et de clarté,
pendant que les autres ont changé de figure, de situation, et même ont disparu
entièrement. Ce qui est singulier, c'est qu'on a vu au pôle septentrional de cette
planète une clarté semblable à celle qu'on observe au pôle méridional, mais
qui subsiste seule, l'autre a disparu. Ces deux lumières étaient placées aux deux
pôles, comme si elles avaient quelque analogie avec le fluide magnétique, ou
avec les aurores boréales.

Il est bien singulier que Bailly, auteur philosophe dont les idées n'étaient
pas restreintes à un cercle étroit, ne songe pas à des neiges polaires. Au
surplus, comme nous venons de le voir, les travaux d'Herschel font que
l'historien est en retard de soixante ans sur ce que la Science connaît à son
époque, relativement à Mars.

Nous arrivons maintenant à l'un des plus éminents et des plus passionnés
observateurs de notre chère planète, à Schrœter. Elles embrassent dix-huit
années, de 1785 à 1803.

XXV. 1785 à 1803. — SCHRŒTER (¹).

Les observations de ce laborieux astronome sur la planète dont nous traçons ici la monographie sont les plus importantes et les plus considérables
de toute cette époque. Elles forment un grand ouvrage comprenant 447 pages
accompagnées de 230 dessins, publié seulement en 1881, par les soins de
M. Van de Sande Bakhuyzen, directeur de l'Observatoire de Leyde (²). Les
observations commencent en 1785 et s'étendent jusqu'à l'année 1803; elles
continuent donc sans interruption les recherches de William Herschel,
terminées en 1783.

Cet ouvrage, intitulé *Areographische Fragmente*, était resté à l'état manuscrit entre les mains de la famille de l'astronome de Lilienthal. On en a dû la
première connaissance aux recherches dévouées de M. le docteur Terby de
Louvain, qui, en 1873, a pu l'examiner en détail et en apprécier la haute

(¹) Observations aréographiques faites à son observatoire de Lilienthal.
(²) *Areographische Beitrage zur genauern Kenntniss und Beurtheilung des Planeten Mars, in mathematisch Hinsicht,* von Dʳ J. H. Schroëter; mit 16 Kupfertafeln.
Nach dem manuscripte auf der Leidener Sternwarte, herausgegeben von H.-G Van
de Sande Bakhuyzen, Director der Sternwarte. 1 vol. in-8° avec 230 dessins. Leyde, 1881.

valeur. Nous donnerons nous-mêmes ici, comme excellent résumé de l'œuvre de Schrœter sur la planète Mars, un extrait du rapport présenté sur ce point par l'astronome de Louvain à l'Académie des Sciences de Belgique.

NATURE DES TACHES SOMBRES DE MARS D'APRÈS SCHRŒTER.

L'astronome de Lilienthal rappelle une opinion émise par W. Herschel dans un mémoire sur la planète Vénus, publié en 1793. Voici la traduction du passage auquel Schrœter fait allusion : « Je suppose que les bandes brillantes de Jupiter, comprises entre les bandes obscures, sont les zones où l'atmosphère de cette planète est le plus remplie de nuages. Les bandes obscures correspondent aux régions dans lesquelles l'atmosphère, complètement sereine, permet aux rayons solaires d'arriver jusqu'aux portions solides de la planète, où, suivant moi, la réflexion est moins forte que sur les nuages. » L'explication que Schrœter donne des taches sombres de Mars est diamétralement opposée : pour lui, les taches sont des nuages réfléchissant moins de lumière que le corps solide planétaire. Aussi s'élève-t-il énergiquement contre l'opinion d'Herschel, qu'il déclare tout à fait inacceptable. Il cite à l'appui de sa théorie l'observation suivante qu'il fit dans une ascension sur le mont Brocken. « Un épais brouillard précéda le lever du Soleil; lorsque cet astre commença à monter au-dessus de l'horizon, les vapeurs descendirent peu à peu dans les vallées, sous les pieds de l'observateur. Au-dessus de celui-ci, le ciel devint d'une sérénité parfaite. Au-dessous, les rayons solaires venaient se réfléchir sur les sommets des montagnes qui se dégageaient peu à peu à mesure que le brouillard s'affaissait. Or, dit Schrœter, l'aspect grisâtre du nuage réfléchissant la lumière solaire était à la splendeur des sommets de montagnes ce que sont les taches sombres des planètes à l'égard de la surface vivement illuminée. »

Schrœter traite longuement de tous les points de ressemblance que présentent la Terre et la planète qui fait l'objet de son étude : « Nous trouvons, dit-il, une analogie si grande entre ces deux corps célestes, leurs atmosphères présentent une telle similitude, que l'on est porté à en déduire une disposition naturelle complètement semblable des deux sphères elles-mêmes. Mais il faut se garder de conclure ici d'une manière trop absolue, car les preuves directes nous font défaut. *Je n'ai jamais observé* avec certitude *des taches obscures complètement fixes*, comme le seraient nos mers et nos lacs, réfléchissant, moins de lumière. » Schrœter expose ensuite les motifs qui expliqueraient pourquoi, suivant lui, on n'aperçoit pas distinctement la configuration de la surface planétaire elle-même.

Cependant les grandes taches se terminant en pointe du côté du Nord attirent au plus haut degré l'attention du célèbre astronome; il leur consacre un paragraphe spécial : « En étudiant sérieusement ces observations, dit-il, on sera convaincu que ces masses de *nuages obscurs* en forme de pyramides se produisent sur différentes parties de la surface planétaire. Quelle force naturelle les déterminait à prendre cette forme, pourquoi leur base s'appuyait-elle toujours à la bande principale? Pourquoi leur pointe se dirigeait-elle toujours vers le Nord? Il serait impossible de répondre à ces questions. Mais à la surface de la Terre se produisent aussi des phénomènes qui sont en liaison avec les pôles et se rattachent à une force naturelle appelée magnétique. Peut-être jetterait-on bientôt du jour sur ces phénomènes, si l'on pouvait observer notre Terre d'une distance convenable.

ROTATION DE MARS ET MOUVEMENTS DES NUAGES DE SON ATMOSPHÈRE,
D'APRÈS SCHRŒTER.

Les comparaisons faites en 1787 et en 1792 ont donné des valeurs principales assez différentes, d'où l'auteur conclut comme moyenne une durée de

$$24^h 39^m 50^s$$

qui, dit-il, se place entre la période d'Herschel ($24^h 39^m 21^s$), celle de Cassini ($24^h 40^m$) et celle de Maraldi ($24^h 39^m$). Désespérant de pouvoir obtenir un résultat parfaitement précis, *à cause des changements* observés dans les taches, il se rallie à la période cassinienne et l'emploie dans tous ses calculs.

Attribuant les taches sombres à des nuages flottant dans l'atmosphère de Mars, l'auteur explique les irrégularités apparentes qu'il trouve dans la durée de rotation par des mouvements réels. Une tache le conduit-elle à une durée de rotation beaucoup trop courte, il conclut qu'elle était douée d'un mouvement propre, direct, c'est-à-dire dans le sens de la rotation, et réciproquement. Schrœter est amené ainsi à parler des *vents de l'atmosphère de Mars*, de leur vitesse et de leur direction. Il calcule soigneusement le déplacement de la tache qui lui semble en désaccord avec la rotation connue, et dresse un Tableau anémométrique dans lequel se trouvent consignées la vitesse et la direction de quarante-cinq mouvements atmosphériques qu'il a constatés pendant ses longues et laborieuses recherches.

Si Schrœter s'est cru fondé, dans certaines circonstances, à étudier sur une aussi grande échelle les phénomènes atmosphériques de Mars, il faut l'attribuer à trois causes : l'absence de points de repère suffisamment précis dans les taches observées, la confusion de taches qui se ressemblent plus ou moins et l'exclusion de toute défiance à l'égard des changements apparents de cette surface planétaire.

Si les taches sont sujettes à de tels mouvements, comment Cassini est-il parvenu, au point de vue où se place Schrœter, à déterminer si exactement la durée de la rotation? C'est la question que s'adresse l'auteur vers la fin de son ouvrage. « Il est naturel, dit-il, que les taches soustraites à l'action de vents notables seules conviennent à cette détermination; de même les bandes se dirigeant vers le Sud ou vers le Nord et qui ne se meuvent pas vers l'Est ou vers l'Ouest; il en est de même des taches isolées, caractéristiques d'une région de la planète, et c'est dans de telles conditions que Cassini et Maraldi ont trouvé une valeur si approchée de la rotation. »

Ainsi, Schrœter a été amené par ses observations à croire que *les taches foncées de Mars sont des nuages.* C'est assurément fort étrange. Et ne l'oublions pas, cet astronome est un excellent observateur.

OBSERVATIONS DE SCHROETER SUR LES TACHES POLAIRES.

Dans la nuit du 18 au 19 juillet 1798, l'astronome Olbers, qui se trouvait à l'Observatoire de Lilienthal et observait Mars avec le réflecteur de 13 pieds, aperçut la tache polaire méridionale. C'est la première fois que l'on voit figurer ce phénomène dans les dessins de Schrœter. Les deux astronomes constatèrent ensemble que le bord de la planète était plus brillant que le centre; ce dernier était rougeâtre et tacheté; mais la région polaire méridionale était très claire, très blanche et très tranchée. Schrœter ne cessa point d'observer cette tache brillante, jusqu'à la fin de l'année.

D'après l'auteur, le solstice méridional de Mars a eu lieu le 27 septembre. Quoi qu'il en soit, les observations se rapportent en grande partie à l'été de l'hémisphère méridional. L'extrémité sud de l'axe s'inclinait vers la Terre, et la région brillante australe a été figurée dans tous les dessins à partir du 18 juillet, tandis que la tache septentrionale resta longtemps invisible.

A l'époque de sa découverte par Olbers, la tache méridionale se faisait remarquer par sa grandeur; les jours suivants, elle présenta des variations d'éclat et d'étendue; mais, à partir du 2 septembre, elle parut entrer franchement dans une phase décroissante et devint ensuite extrêmement petite. A partir du 8 octobre, elle se réduisit à un petit disque lumineux nettement séparé du bord de la planète. Dès ce moment, sa fixité, en dépit du mouvement de rotation, permit de déterminer la position du pôle. Le 25 octobre, elle sembla se rapprocher du bord; le 26, Schrœter la trouva aussi petite que l'un des moindres satellites de Jupiter. Les jours suivants, il la vit se rapprocher de plus en plus du bord, et enfin se confondre à peu près avec lui le 15 novembre.

Le 20 novembre, l'habile astronome retrouve encore la petite tache dans la même position; mais une grande lueur qui s'étend à l'occident du petit disque se confond en partie avec lui. Cette nouvelle lueur se déplace par la rotation, comme il fallait s'y attendre, car l'auteur a établi que le pôle est contenu dans la petite tache.

Après ce jour, on ne voit plus figurer que très exceptionnellement dans les dessins la petite zone polaire; mais l'auteur observe constamment une tache brillante considérable et présentant des différences d'aspect et d'étendue. Enfin, le 20 décembre, la tache polaire boréale paraît à son tour et, pour la première fois, depuis cette date jusqu'au 1er janvier 1799, c'est-à-dire jusqu'à la fin de cette série d'observations, l'auteur voit à la fois les neiges des deux pôles.

Ces phénomènes confirment absolument les observations d'Herschel que nous venons de résumer; on voit la tache polaire australe réduite à ses moindres dimensions pendant l'été de son hémisphère. Nettement séparée du bord, elle apparaît comme un point lumineux. Elle reprend ensuite du développement tandis que le Soleil s'abaisse vers l'équateur de Mars. Les climats et saisons de ce monde voisin sont donc bien indiqués dès cette époque.

RÉSUMÉ DES OBSERVATIONS.

Ainsi Schrœter a observé presque toutes les particularités que l'on remarque aujourd'hui en étudiant les taches polaires : la variabilité de l'éclat et de l'extension, l'inégalité de cette extension dans diverses directions, et, sous ce rapport, il dit expressément que ces taches n'ont pas un contour circulaire régulier, tache polaire éclatante entourée de lueurs moins vives, zone brillante bordée d'un trait obscur, saillie apparente de la tache par irradiation.

De plus, l'auteur attache une certaine importance à une différence d'aspect qu'il signale entre les deux taches polaires : la méridionale lui paraît blanche et jaunâtre, la septentrionale un peu bleuâtre.

Rappelant les observations de Cassini, de Maraldi et de W. Herschel, Schrœter remarque d'abord que la constance de ces apparitions aux pôles doit être en relation avec un climat particulier de cette région de la planète ; les modifications de ces taches dénotent, selon lui, l'influence des phénomènes atmosphériques. Cependant l'auteur ne peut admettre que les apparitions et les disparitions de ces taches soient en rapport régulier avec les saisons. En comparant les observations de Maraldi, de W. Herschel et les siennes propres, il constate, en effet, qu'à une saison donnée de Mars ne correspondent pas toujours des observations identiques des taches polaires, ou, en d'autres termes, que la présence d'une tache neigeuse déterminée ne caractérise pas toujours la même saison : il trouve, par exemple, que la tache méridionale a été observée tantôt pendant l'été méridional, tantôt pendant l'été septentrional. Mais une telle régularité n'est pas nécessaire pour que l'on puisse attribuer les grands phénomènes des taches polaires à l'action du Soleil. A l'époque des solstices martiens, en effet, deux circonstances favorisent l'observation de la tache brillante d'un pôle donné : ou bien l'inclinaison de ce pôle du côté de la Terre coïncidant généralement avec une faible extension de la tache neigeuse, ou bien le plus grand développement de la zone brillante coïncidant avec la situation du pôle dans la région invisible. La première condition est réalisée pendant l'été d'un hémisphère, la seconde pendant son hiver. La tache polaire méridionale, prise comme exemple, peut être observée pendant l'été méridional à la faveur de la première condition et pendant l'été de l'hémisphère opposé à la faveur de la seconde.

« Les zones polaires, dit-il, doivent sans doute leur éclat à un *précipité atmosphérique éblouissant*. Que l'on s'imagine un ciel couvert, qui donne lieu, sur des surfaces polaires, à un précipité blanc, éblouissant, semblable à notre neige ; que l'on s'imagine aussi les liquides de la surface transformés par le froid en une surface solide miroitante, et cette explication établira une analogie de plus entre Mars et notre Terre. »

FORME SPHÉROÏDALE DE MARS, DÉFORMATIONS APPARENTES ET ACCIDENTELLES.

En janvier 1788, Schrœter portait déjà son attention sur la forme du disque de Mars. Son journal mentionne expressément qu'il n'a pas constaté de différence entre le diamètre polaire et le diamètre équatorial. Mais, le 19 mars 1792, il remarque un aplatissement et le trouve plus petit que celui de Jupiter. Le 20 mars 1792, il mesure le diamètre de la planète et trouve un aplatissement de $\frac{1}{15}$. Cependant la position du petit diamètre ne s'accorderait pas avec le déplacement des taches, et Schrœter attache peu d'importance à ce résultat.

Les observations les plus importantes ont eu lieu pendant l'année 1798, époque où la planète Mars se trouvait à une grande proximité relative de la Terre. C'est alors que le savant observateur, après des recherches multipliées et exécutées dans les conditions les plus favorables, trouve l'image de Mars plus conforme à un disque parfaitement circulaire qu'à un disque dont les diamètres étaient dans le rapport de 80 à 81; que, par conséquent, si cette planète est aplatie aux pôles, l'aplatissement est inférieur à $\frac{1}{81}$.

W. Herschel a déduit de ses observations un aplatissement de $\frac{1}{16}$, et Schrœter entre dans une longue dissertation à ce sujet. Il rend hommage à l'habileté de l'astronome de Slough, il considère le résultat de celui-ci comme exact pour l'époque où les observations ont été faites et se demande ensuite à quoi il faut attribuer ces divergences; il pense qu'on doit en chercher la cause dans l'atmosphère de Mars et établit un rapprochement entre l'aplatissement constaté à certaines époques et des déformations locales d'un disque dont nous devons dire quelques mots.

L'auteur a relaté dans ses autres ouvrages des observations relatives à des déformations singulières du contour de Jupiter et de Vénus. Le 21 septembre 1798, il observa pour la première fois dans Mars un fait analogue. Le contour de la planète semblait aplati depuis la tache polaire méridionale jusqu'à une distance d'environ 70° à l'Ouest. Une apparence de ce genre se présenta encore le 12 novembre 1800, à 7ʰ 29ᵐ du soir. De légères vapeurs couvraient le ciel et obscurcissaient un peu la planète, mais l'image n'en était que plus nette. Dans la région comprise entre le Sud et l'Ouest, elle se terminait par une ligne droite, au lieu d'être limitée par la continuation de sa circonférence. Ce fait a été l'objet de la plus grande attention; l'auteur a donné successivement à l'astre des positions très différentes dans le champ de son télescope de 13 pieds, armé d'un grossissement de 136 fois, et l'illusion n'avait pas encore disparu à 7ʰ 35ᵐ. Quelques minutes plus tard, le phénomène devint moins évident, mais les vapeurs qui couvraient le ciel s'épaissirent bientôt au point d'interrompre toutes les recherches.

Schrœter expose ensuite quelques réflexions sur ce genre de phénomènes : il croit devoir l'attribuer à des déviations subies par les rayons lumineux dans certaines régions de l'atmosphère planétaire.

Schrœter mentionne souvent l'avantage que peut tirer l'observateur de la présence de légères vapeurs qui, en affaiblissant un peu l'image, lui donnent un grand calme et une grande netteté. C'est dans ces circonstances qu'il procède de préférence à ses observations et à ses mesures les plus délicates. Il en est de même des observations faites dans le voisinage de la Lune et, en général, par un ciel éclairé. Tous les observateurs ont pu apprécier les effets salutaires de pareilles conditions.

DIRECTION DE L'AXE; OBLIQUITÉ DE L'ÉCLIPTIQUE;

SITUATION DES POINTS ÉQUINOXIAUX ET SOLSTICIAUX; DIAMÈTRE APPARENT DE MARS.

L'astronome de Lilienthal ne laissa point échapper l'occasion de prendre toutes les mesures nécessaires à la détermination des éléments que nous venons d'énumérer, et il profita spécialement de la tache polaire méridionale, parfaitement fixe, très petite, observée du 8 octobre au 16 novembre 1798 pour rechercher la position exacte du pôle et en conclure la direction de l'axe.

Les résultats déduits de ces nombreuses mesures, prises avec l'aide de Harding, ont été soumis au calcul par Olbers. Les voici :

Latitude céleste où aboutit le pôle sud de Mars............. 60°33'12"
Longitude   »   »   »   » 172.54.44
Obliquité de l'écliptique de Mars.......................... 27.56.51
Longitude du point équinoxial du printemps pour l'hémi-
    sphère boréal (¹)...................................... 264.53.35

Dans la matinée du 1ᵉʳ septembre 1798, en des conditions très favorables, et au moment du plus grand rapprochement de Mars, Schrœter a mesuré le diamètre apparent de la planète et, par des observations répétées, a trouvé pour ce diamètre

26",17.

Il croit ce résultat digne de toute confiance et il déduit de toutes ses mesures prises vers cette époque une moyenne de

26",04,

qui ne diffère que de 0",13 du résultat obtenu le 1ᵉʳ septembre dans les circonstances les plus favorables possible.

Schrœter évalue ensuite le diamètre apparent de Mars, vu de la distance moyenne qui sépare la Terre du Soleil, à

9",84.

(¹) W. Herschel avait trouvé pour les mêmes éléments :
Latitude céleste du pôle sud .... 59°42'
Longitude   » 167.47
Obliquité de l'écliptique de Mars....................... 28.42
Longitude du point équinoxial du printemps pour l'hémi-
    sphère boréal 259.28

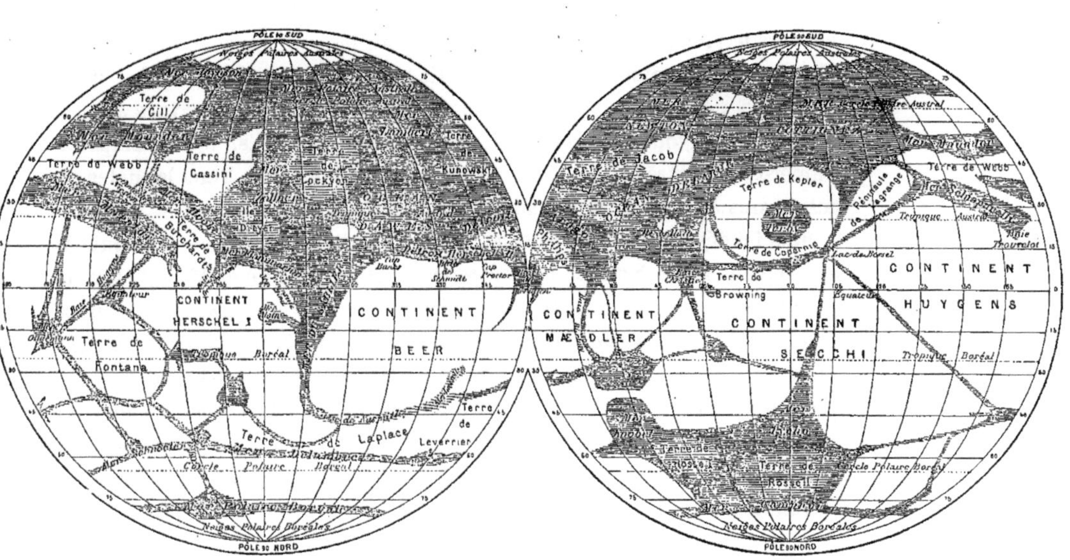

Fig. 31. — Carte générale de la planète Mars.

W. Herschel avait trouvé pour le même élément

$$9'',8.$$

Toutes ces observations de Schrœter sont extraites, comme nous l'avons dit, du mémoire académique du Dr Terby sur ce sujet (¹).

Voici maintenant une série de 65 dessins choisis parmi les plus curieuses des 230 figures de Schrœter. Sans doute, malgré tout notre désir d'être aussi complet que possible, ce serait dépasser le cadre de cet ouvrage que de reproduire ici ces 230 dessins. Cependant, ce sont là des documents si importants pour l'histoire de la planète qu'il est de notre devoir d'en présenter à nos lecteurs le plus grand nombre possible. Nous les reproduisons directement d'après le livre même de Schrœter, publié en 1881, comme on l'a vu plus haut.

Comme nous les reproduisons en fac-similé par la photogravure afin de leur conserver toute leur authenticité, nous leur laissons en même temps les numéros des figures qui leur appartiennent dans l'original. Voici les dates de ces dessins et une description sommaire de chacun d'eux (²).

Mais ici déjà, nous commençons, malgré Schrœter lui-même — ce qui est assurément assez bizarre, — à entrer dans la géographie de Mars. Les trois cartes reproduites plus haut (*fig.* 17, 20 et 28), qui ne représentent qu'un même côté de la planète, vu sous trois inclinaisons différentes, ne suffiraient plus pour nous reconnaître. Il est indispensable que nous ayons dès à présent sous les yeux une carte de la planète entière. Nous plaçons donc ici comme type de comparaison perpétuelle la *Carte générale de Mars* que nous avons construite sur l'ensemble des observations modernes. Comme nous l'avons fait remarquer plus haut (p. 29) à propos des projections précédentes, les dénominations de cette carte sont celles qui sont adoptées en général, depuis la publication de la carte de M. Green par la Société royale astronomique de Londres.

Fig. 1, 12 novembre 1785, à 7^h 44^m.

Fig. 2, 18 » » à 6^h 49^m.

Fig. 3, 21 » » à 7^h 0^m. Ces trois vues de Mars ont été prises à l'époque de l'opposition qui a eu lieu le 26 novembre. On croit reconnaître, sur ces dessins, la mer du Sablier. C'est bien elle, en effet, sur les *fig.* 1 et 2, mais sur la *fig.* 3, c'est la mer Flammarion et la mer Hooke, et la pointe qui descend est la baie de Gruithuisen, très élargie, rarement aussi large.

(¹) Terby, *Areographische fragmente. Manuscrit et dessins originaux et inédits de l'astronome J. H. Schrœter, de Lilienthal.* — Bruxelles, 1873.

(²) Le Mémoire de M. Van de Sande Bakhuyzen, *Untersuchungen über die Rotationszeit des Planeten Mars*, nous a été fort utile pour l'identification des taches.

Fig. 4, 10 décembre 1787, à 7ʰ0ᵐ. Seule observation de 1787, faite 28 jours avant
l'opposition. Figure assez singulière.

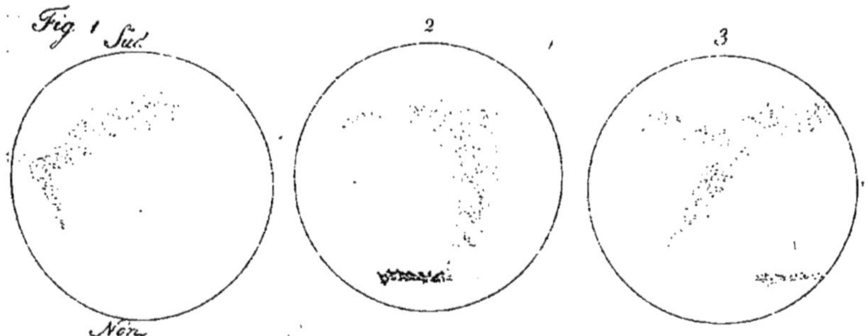

Fig. 32. — Dessins de Schrœter, novembre 1785

Fig. 5, 15 janvier 1788, à 5ʰ30ᵐ. Huit jours après l'opposition, qui avait eu lieu
le 7 janvier.

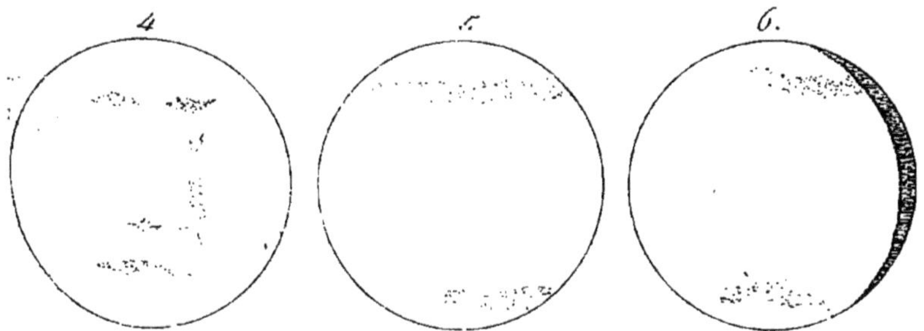

Fig. 33. — Dessins de Schrœter, décembre 1787-janvier 1788.

Fig. 6, 28 janvier 1788, à 6ʰ53ᵐ.

Fig. 9, 19 mars 1792, à 11ʰ3ᵐ. Deux taches a et b se voyaient sur le méridien cen-

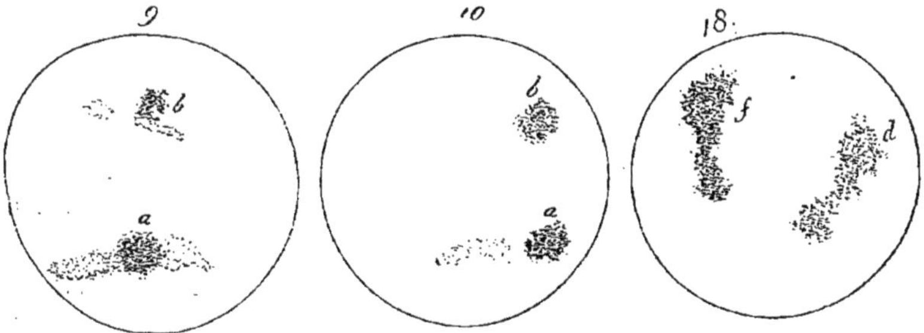

Fig. 34. — Dessins de Schrœter, mars-avril 1792.

tral, s'y dirigeant depuis le commencement de l'observation, à 7ʰ48ᵐ. Elles sont
difficiles à identifier : la longitude du méridien central est 51°.

Fig. 10, 20 mars, à 6ʰ50ᵐ. Les deux taches *a* et *b* ne sont pas les mêmes que les précédentes : la longitude du méridien central est 348°. *b* est peut-être la baie du Méridien. Ces taches se mouvaient vers le centre par la rotation de la planète. L'opposition a eu lieu le 16 mars. L'auteur observe la planète au point de vue de l'aplatissement et ne la trouve pas aplatie comme Herschel l'indique.

Fig. 18, 2 avril, à 7ʰ32. ·

Fig. 19, même jour, à 10ʰ2ᵐ. Ces nouvelles observations le confirment dans son

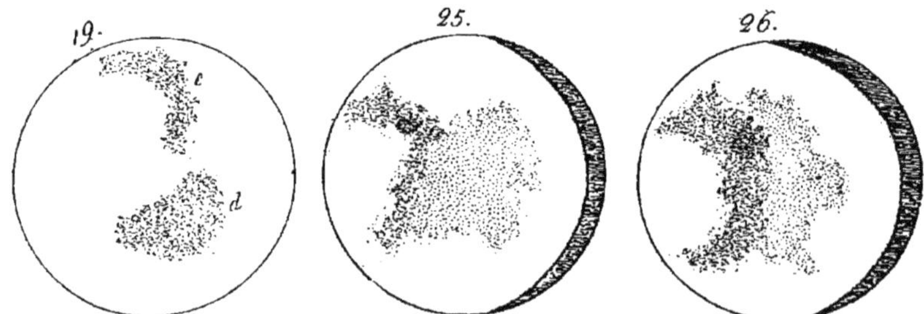

Fig. 35. — Dessins de Schrœter, avril 1792 — mars 1794.

opinion que les taches de Mars sont variables et d'une nature atmosphérique comme celles de Jupiter. En effet, ces taches ne sont pas faciles à identifier avec la géographie de Mars.

Fig. 25, 24 mars 1794, à 8ʰ44ᵐ. 30 jours avant l'opposition.

Fig. 26, 25 » » à 8ʰ25ᵐ.

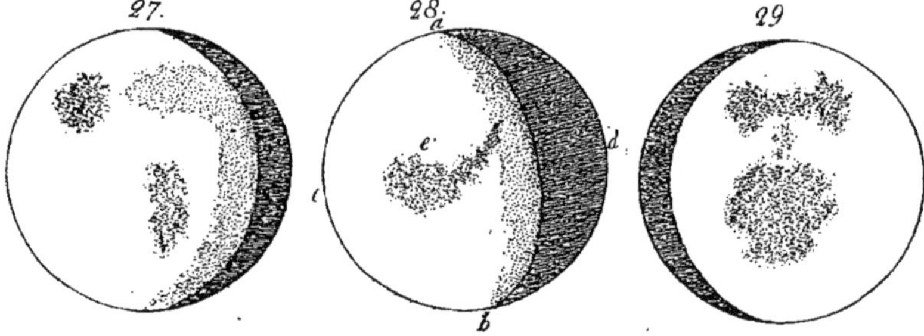

Fig. 36. — Dessins de Schrœter, juin 1794, août 1796, juillet 1798.

Fig. 27, 1ᵉʳ juin 1794, à 10ʰ.

Fig. 28, 17 août 1796. Pendant la soirée, deux mois après l'opposition, qui avait eu lieu le 15 juin. Phase très marquée.

Fig. 29, 1798. *Opposition périhélique excellente.* 15 juillet, à 11ʰ du soir.

Fig. 30, 18 juillet, à minuit. Observation faite, comme la précédente, en compagnie d'Olbers, tache polaire australe très marquée.

Fig. 32, 19 juillet, à 11ʰ40ᵐ. Avec Olbers également, tache polaire très marquée en *a*, petite tache sombre en *b*. Méridien central 65°.

Fig. 33,   23 juillet, à 11ʰ22ᵐ. On remarque la tache polaire australe très brillante en *a*, une tache sombre en *c*, et en *d* une petite tache rappelant celle de la figure précédente. Méridien central 23°. Nous ne pouvons iden-

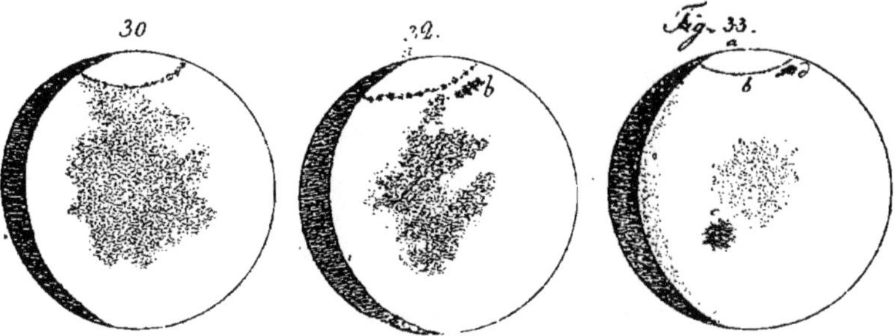

Fig. 37. — Dessins de Schrœter, juillet 1798.

tifier aucune de ces taches, aucun de ces dessins, avec ce que nous savons actuellement de la géographie de Mars.

Fig. 34,   24 juillet, à 11ʰ20ᵐ.

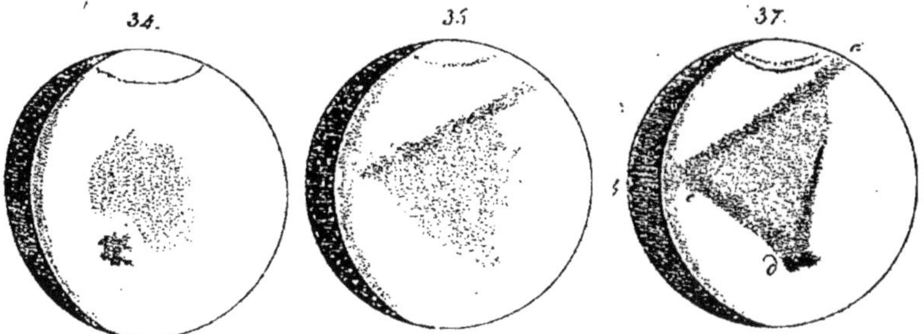

Fig. 38. — Dessins de Schrœter, juillet 1798.

Fig. 36,   28 juillet, à 10ʰ27ᵐ. Longitude du centre : 326°.

Fig. 37,   31 juillet. Dans la matinée, occultation de Mars par la Lune. L'auteur a observé la planète en compagnie de Harding. Long. du centre : 332°

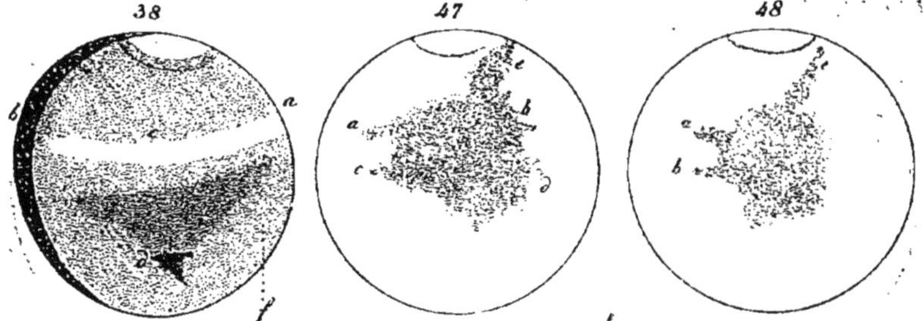

Fig. 39. — Dessins de Schrœter, août 1798.

Fig. 38,   2 août, à 10ʰ41ᵐ. Tache polaire australe très brillante. Beaucoup de détails. La tache triangulaire est la mer du Sablier.

Fig. 47, 26 août, à 10ʰ 3ᵐ. Grande tache avec les ramifications *a, c, d, b, e*.

Fig. 48, 27 août, à 10ʰ 16ᵐ. Détails non moins marqués. Longitude du centre : 51ᵘ.

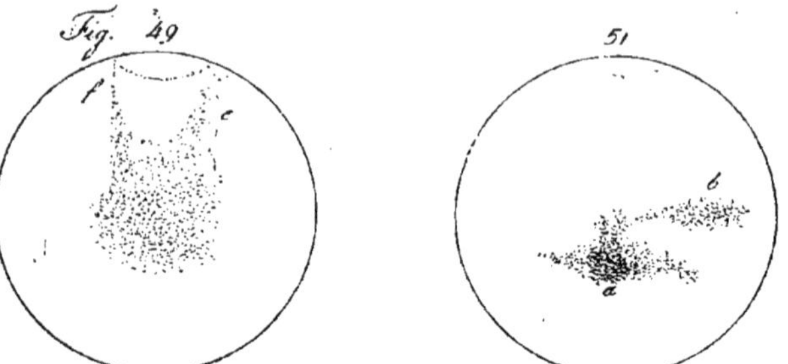

Fig. 40. — Dessins de Schrœter, 30 août, 2 septembre 1798.

Fig. 49, 30 août, à 10ʰ 24ᵐ. La tache foncée s'étend en *e* et *f*, vers les deux extrémités de la tache polaire. Longitude du centre : 27°. Comparez avec notre carte, vous ne trouverez rien de sûr.

Fig. 51, 2 septembre, à 10ʰ 47ᵐ. Lendemain de l'opposition, qui a eu lieu en 1798, le 1ᵉʳ septembre. Longitude du centre : 6°; même réflexion.

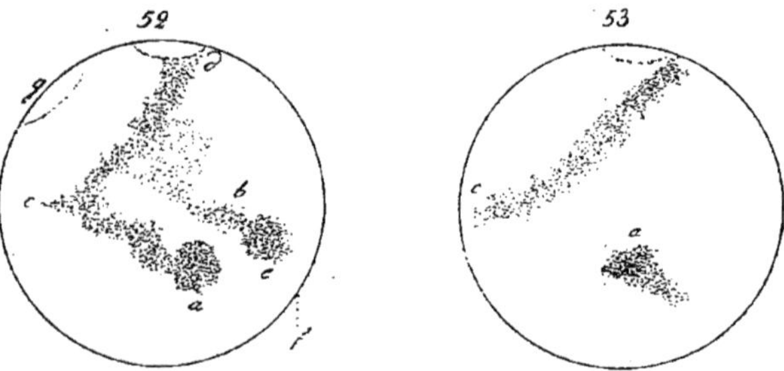

Fig. 41. — Dessins de Schrœter, 3 et 4 septembre 1798.

Fig. 52, 3 septembre, à 10ʰ 5ᵐ. Dans ces deux dessins du 2 et du 3 septembre, la tache *a* marque la baie du Méridien, et la tache *b* le détroit Arago.

Fig. 53, 4 septembre, à 10ʰ 46ᵐ. La tache *a* est encore la baie du Méridien.

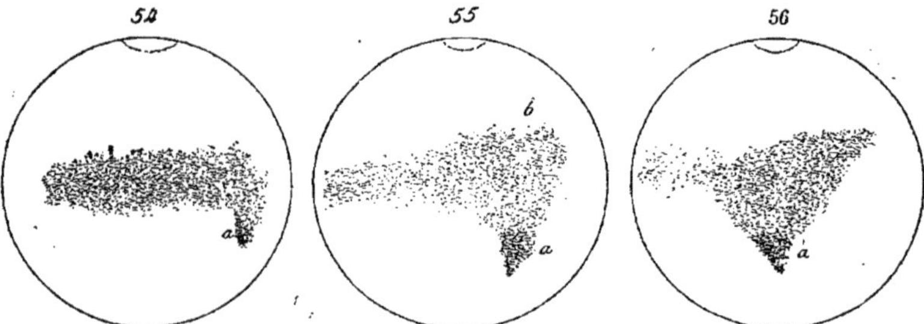

Fig. 42. — Dessins de Schrœter, 9 septembre 1798, la mer du Sablier.

Fig. 54, 9 septembre, à 7ʰ 55ᵐ.

Fig. 55,   même jour, 2 heures plus tard : 9ʰ55ᵐ.

Fig. 56,   même jour, à 11ʰ8ᵐ. Ces trois dernières observations sont précieuses
par leur continuité et permettent d'identifier sûrement la tache triangulaire avec la mer du Sablier. Elle était plus foncée à la pointe, ce
qui est rare.

Fig. 57,   10 septembre, à 10ʰ15ᵐ, à peu près même face que la veille, à 9ʰ55ᵐ;
mais on remarque en plus une tache supérieure (bc).

Fig. 43. — Dessin de Schrœter, 10 septembre 17?8.

Fig. 65,   19 septembre, à 7ʰ31ᵐ.

Fig. 66,   20   »   à 7ʰ27ᵐ.

Fig. 67,   même jour, à 9ʰ48ᵐ. Ces trois figures montrent également à peu près
une même face de la planète (mer Maraldi), 19 septembre, à 7ʰ31ᵐ,

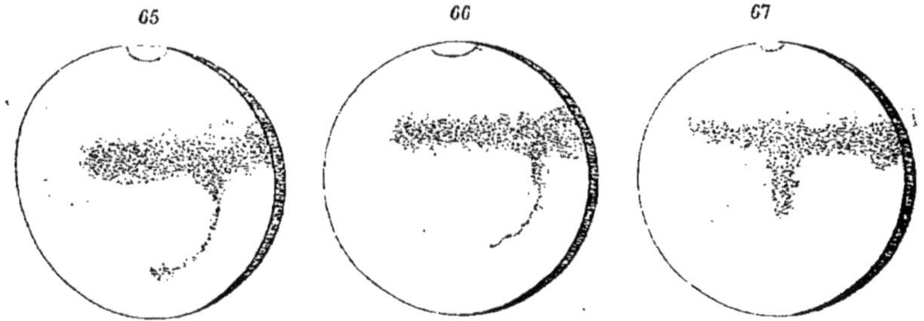

Fig. 44. — Dessins de Schrœter, 19 et 20 septembre 1798.

correspondant au 20 septembre, à 8ʰ11ᵐ environ, et la différence entre
la deuxième et la troisième observation étant seulement de 2ʰ21ᵐ.
C'est la même tache qui est avancée au milieu du disque à la troisième observation : la différence de forme est sensible. La pointe qui
descend et qui se trouve vers 193° de longitude est le détroit que
l'on voit vers la mer Oudemans.

Fig. 83,   8 octobre, à 6ʰ40ᵐ.

Fig. 84,   9   »   à 7ʰ35ᵐ.

Fig. 85, 10 octobre, à 7ʰ55ᵐ. Voilà encore trois figures représentant à peu près la même face de la planète (méridien central = 341°). Les deux pre-

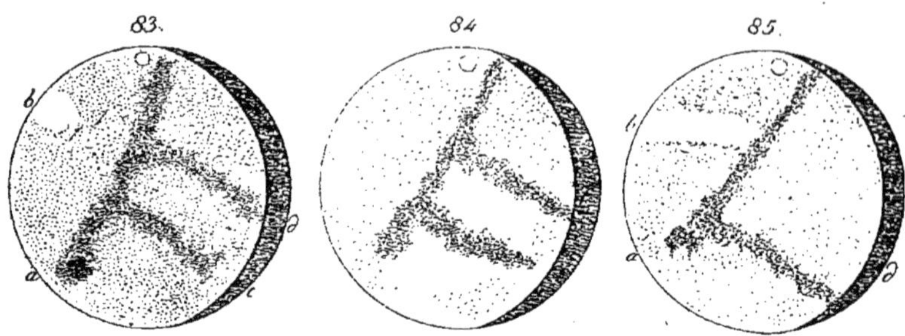

Fig. 45. — Dessins de Schrœter, 8, 9 et 10 octobre 1798.

mières se ressemblent; la troisième diffère. Impossibles à identifier avec la carte. On comprend les conclusions de l'auteur.

Fig. 102, 15 novembre, à 6ʰ50ᵐ

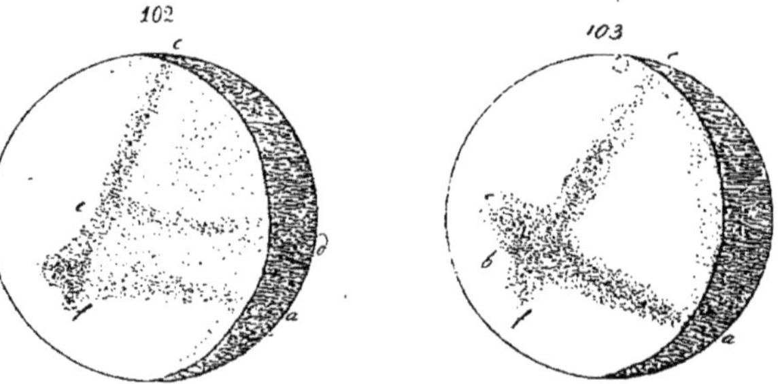

Fig. 46. — Dessins de Schrœter, 15 et 16 novembre 1798.

Fig. 103, 16 novembre, à 6ʰ13ᵐ. Même face également, la seconde figure étant en avance de 1ʰ15ᵐ environ sur la première. Différence sensible. La planète est très éloignée de la Terre et la phase très marquée.

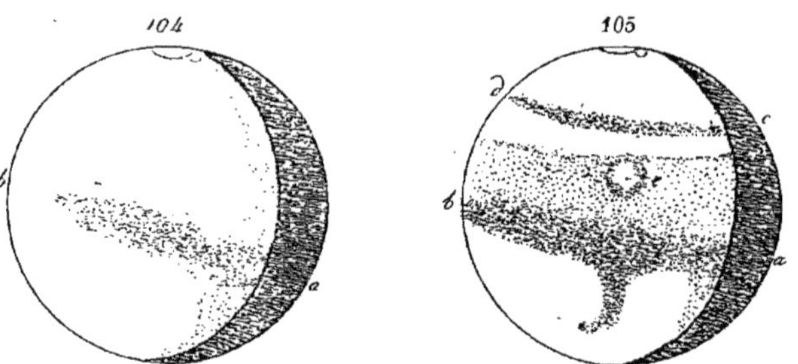

Fig. 47. — Dessins de Schrœter, 20 novembre 1798.

Fig. 104, 20 novembre, à 6ʰ16ᵐ.

Fig. 105, même jour, à 8ʰ2ᵐ Très grand changement en moins de deux heures.

dans tout l'aspect. (M. Schiaparelli reconnaît dans l'extrémité inférieure de la tache, dans ce coude dirigé vers la gauche, l'extrémité
de la Mer du Sablier, à laquelle il a donné le nom de Nilosyrtis; mais
cette sorte de canal se dirige vers la droite, tandis que dans cette
fig. 105, il se dirige vers la gauche.) La tache blanche *c* est la Terre
de Lockyer ou une île parfois couverte de neige.

Fig. 119, 10 décembre, à 4ʰ43ᵐ. Deux bandes équatoriales parallèles *a* et *b*,

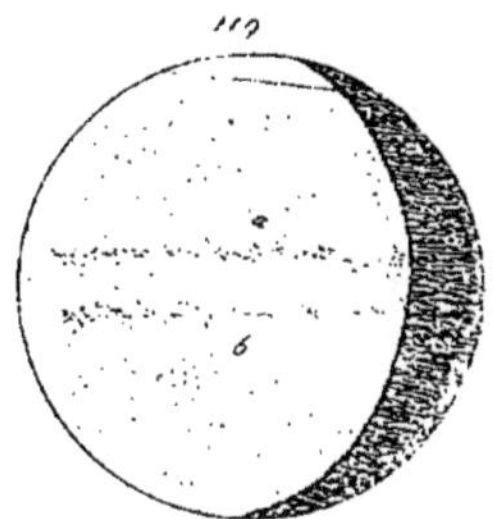

Fig. 48. — Dessin de Schrœter, 10 décembre 1798.

comme dans Jupiter. Sans la phase, on prendrait plutôt cette figure
pour celle de Jupiter que pour celle de Mars, assurément. Nous
comptons dans les *Areographische Beitrage* 16 figures analogues,
de deux bandes parallèles, appartenant à cette époque.

Fig. 155, 8 octobre 1800, à 10ʰ20ᵐ.
Fig. 156, 9   »   à 10ʰ40ᵐ.

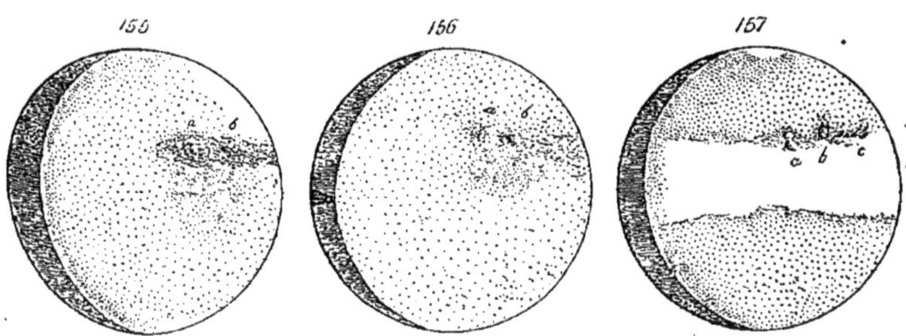

Fig. 49. — Dessins de Schrœter, octobre 1800.

Fig. 157, 11 octobre, à 10ʰ32ᵐ. Figures intéressantes pour les taches *a*, *b*, *c*, qui
confirment Schrœter dans sa conviction de changements perpétuels
à la surface de la planète.

Fig. 160, 20 octobre, à 10ʰ22ᵐ.
Fig. 161, 24   »   à 8ʰ17ᵐ.

Fig. 162, 25 octobre, à 9ʰ32ᵐ. Observation faite en compagnie d'Olbers à son observatoire de Brême. Le point noir est la baie du Méridien, vue

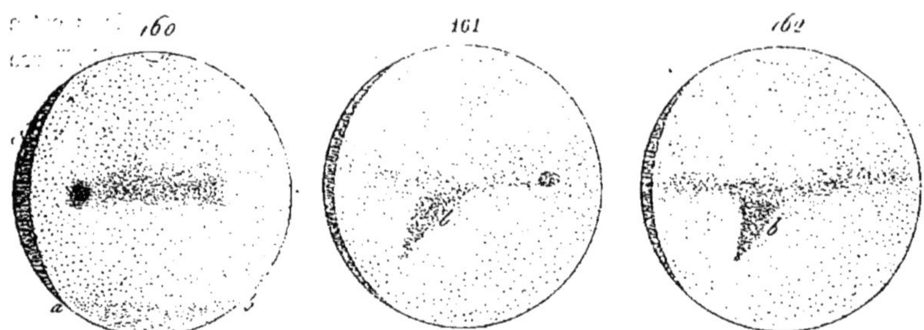

Fig. 50. — Dessins de Schrœter, mer du Sablier et baie du Méridien, octobre 1800.

sous forme d'un disque très noir par Beer et Mädler en 1830. La tache *b* est la mer du Sablier.

Fig. 172, 1ᵉʳ novembre, à 8ʰ10ᵐ.

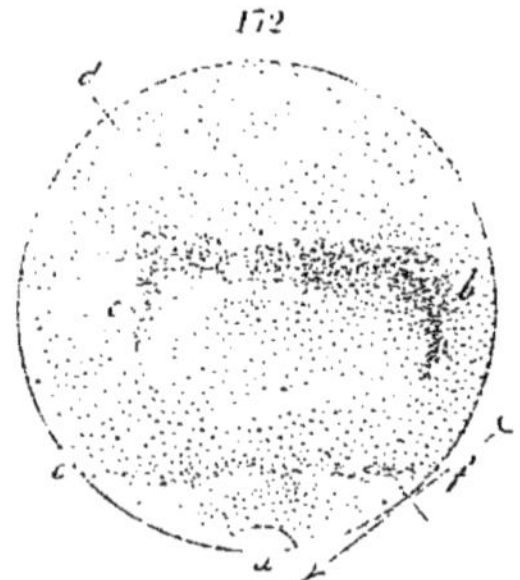

Fig. 51. — Dessin de Schrœter, 1ᵉʳ novembre 1800.

Fig. 174, 2 novembre, à 7ʰ42ᵐ.

Fig. 175, même jour, à 11ʰ20ᵐ. Comme M. Terby l'a déjà remarqué, ces trois dessins sont particulièrement intéressants. Le second montre une tache triangulaire qui vient de traverser le méridien central, et le troisième, fait 3ʰ38ᵐ plus tard, montre une tache de même forme et beaucoup plus étendue, qui occupe à peu près la même situation (un peu plus avancée), et qui, par conséquent, se trouve à environ un sixième de la circonférence plus à droite, ou environ 60° de longitude. La *fig.* 172, faite le 1ᵉʳ novembre, confirme cette interprétation en ce qu'elle montre les deux taches indiquées en *b* et *c*. Les régions marquées *f*, *g*, *d*, sur les *fig.* 174 et 175, sont des régions très claires. Schrœter voit là des témoignages de variations nouvelles. La grande tache triangulaire de la *fig.* 175 est la mer du Sablier. Celle de la *fig.* 174 est une pointe vers 228°, c'est-à-dire à l'extrémité droite de la mer Maraldi; la *fig.* 172 montre ces deux taches. Les dessins qui vont suivre confirment cette interprétation.

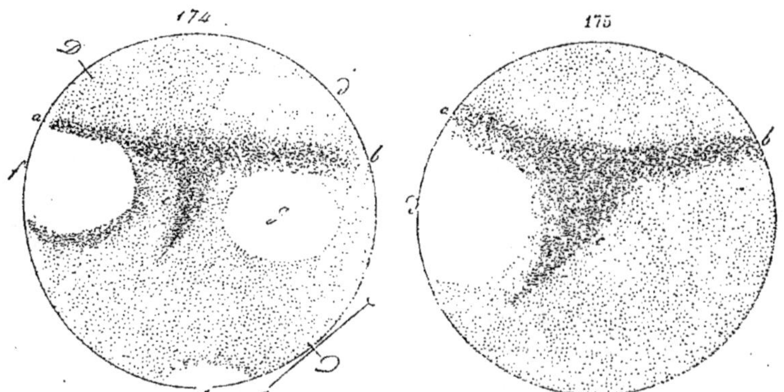

Fig. 52. — Dessins de Schrœter, mer du Sablier (*fig.* 175) et autre mer pointue (*fig.* 174) vers 228° de longitude, 1er et 2 novembre 1800.

Fig. 176, 4 novembre, à 8h 20m.

Fig. 177, même jour, à 10h 41m. Le premier de ces deux dessins montre la même face de la planète que la *fig.* 174, et le second la même que la *fig.* 172, avec les deux taches si singulièrement ressemblantes.

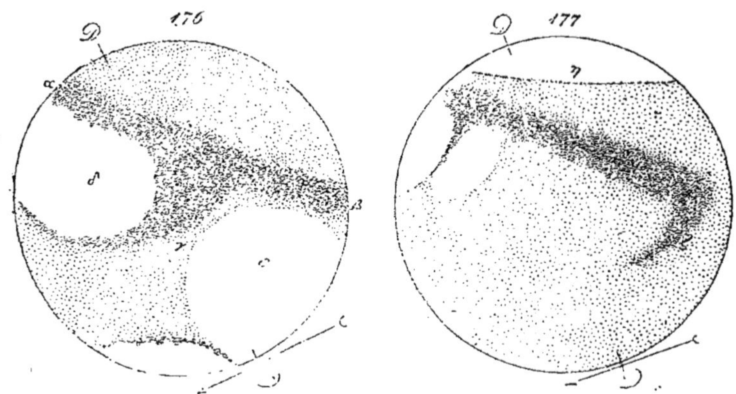

Fig. 53. — Dessins de Schrœter, 4 novembre 1800.

Excellentes conditions d'observation. L'opposition de la planète en 1800 a eu lieu le 9 novembre.

Fig. 195, 8 décembre, à 5h 19m.

Fig. 196, même jour, à 6h 45m.

Fig. 197, même jour, à 9ʰ43ᵐ. Ces trois dessins conduisent à la même conclusion.
La *fig.* 197 représente la mer du Sablier.

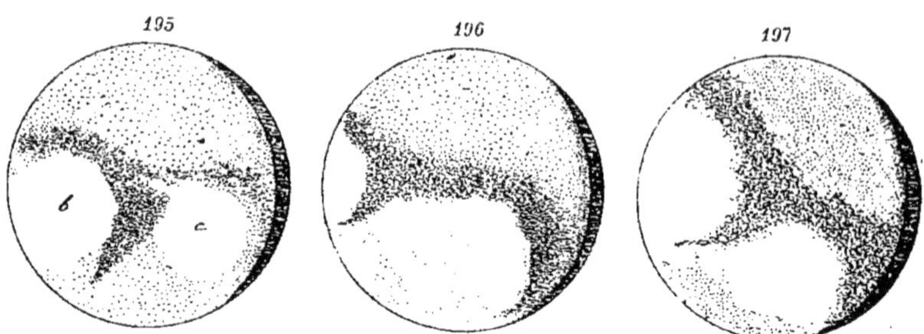

Fig. 54. — Dessins de Schrœter, 8 décembre 1800.

Fig. 191,   3 décembre, à 6ʰ27ᵐ.

Fig. 192, même jour, à 7ʰ16ᵐ. Nous plaçons ces deux dessins après les trois précédents à cause de la concordance des *fig.* 195, 196 et 197 avec les
fig. 172 à 177. Ceux-ci offrent un intérêt d'un autre genre. Trente
dessins faits du 24 octobre 1800 au 8 janvier 1801 sont à peu près

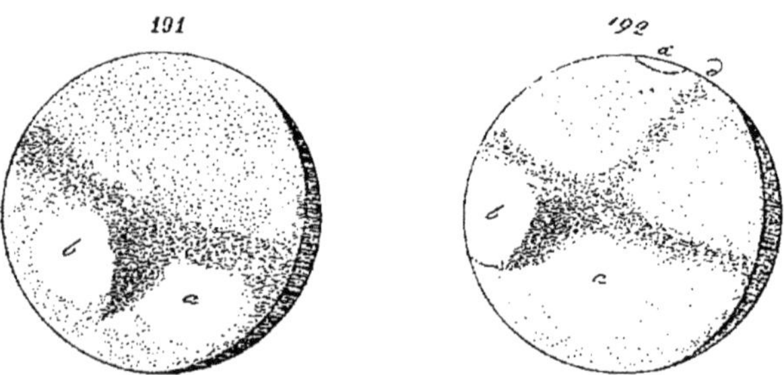

Fig. 55. — Dessins de Schrœter, 3 décembre 1800.

identiques à la *fig.* 191, et sept à la *fig.* 192, c'est-à-dire possèdent
la traînée grise qui monte jusqu'à la droite du pôle. On comprend
que l'observateur soit de plus en plus convaincu de changements.

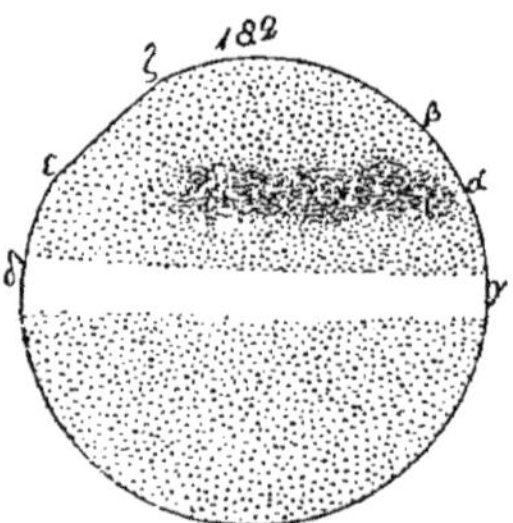

Fig. 56. — Dessin de Schrœter. Déformation apparente du disque de Mars, 12 novembre 1800.

Fig. 182,   12 novembre, à 7ʰ29ᵐ, et 224, 18 décembre 1802, à 8ʰ. Curieux exemple
de déformation du disque dont il a été parlé plus haut (p. 67).

Fig. 217, 11 octobre 1802, à 11ʰ5ᵐ. Longitude du centre : 275°.

Fig. 218, 14 » à 10ʰ45ᵐ. Il y a, pour le 10 octobre, une figure absolument pareille à celle du 11, c'est-à-dire montrant la traînée grise à droite de la tache α. Le 14, on ne voit plus cette traînée grise. Le 16, la tache ronde α est seule visible. Il n'y a rien de pareil à ces aspects dans les observations modernes, car ce n'est pas la baie du Méridien. Longitude du centre : 242°.

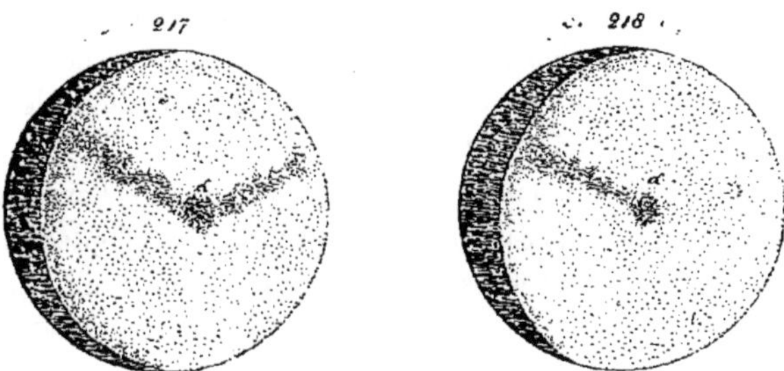

Fig. 57. — Dessins de Schrœter, octobre 1802.

Fig. 224, 18 décembre, à 8ʰ0ᵐ. Longitude du centre : 333°. La planète paraît coupée en bas.

Fig. 225, 23 décembre, à 5ʰ58ᵐ. Longitude du centre : 260°.

Fig. 227, 24 » à 8ʰ12ᵐ. Nouveaux aspects encore. Dessins fait au moment de l'opposition, qui a eu lieu le 25. Longitude du centre : 284°.

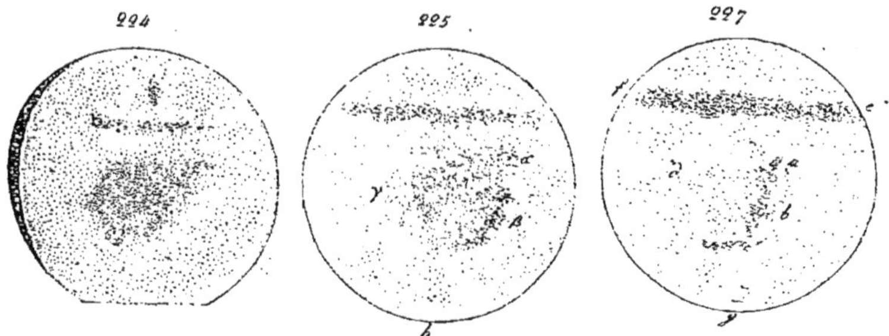

Fig. 58. — Dessins de Schrœter, décembre 1802.

Toutes ces observations confirment Schrœter dans sa conviction de *variations perpétuelles* à la surface de Mars ; cet éminent observateur a toujours pensé que les taches de cette étrange planète ne pouvaient être que de nature atmosphérique.

Telles sont les observations de Schrœter (¹). Ce sont les plus importantes

(¹) Les observations de Schrœter ont été faites à l'aide de télescopes de 4, 7, 13 et 27 pieds de longueur, armés de grossissements de 74, 95, 134, 160, 180, 270, 288 et même 515.

de toutes celles que nous avons eu à examiner depuis les premières pages de cet ouvrage.

Tout ce qui a été déterminé par les travaux des observateurs antérieurs est confirmé : rotation diurne, inclinaison de l'axe, saisons, glaces polaires, atmosphère. Nous entrons graduellement dans la connaissance de ce monde. L'aplatissement polaire reste douteux.

La détermination de la topographie martienne n'a pas encore fait de grands progrès. Nous venons de voir que Schrœter est même convaincu, par sa longue série d'observations, que les taches sombres de la planète ne sont pas des mers, mais sont formées par des nuages. C'était également la conclusion à laquelle Maraldi avait été conduit.

Malgré toute l'habileté de ces observateurs et malgré l'excellence de leur jugement, cette conclusion ne peut pourtant pas être adoptée. En effet, plusieurs des taches observées et dessinées par l'astronome de Lilienthal sont fixes, permanentes. Notre fameuse mer du Sablier, la plus caractéristique de toutes, se montre, comme nous venons de le voir, sur un grand nombre, entre autres sur les *fig.* 1, 2, 54, 55, 56, 161, 162, 175, 197. La baie du Méridien se voit sur les *fig.* 52, 53 et 161. Ce sont même là les premières observations certaines de ce point si important choisi en 1830 par Beer et Mädler pour origine des méridiens de Mars. La mer Maraldi est reconnaissable sur la *fig.* 67 et ailleurs sous forme de bande analogue à celles de Jupiter. D'autre part, les observations modernes prouvent la permanence des taches principales. Ainsi *Schrœter se trompe sûrement dans sa conclusion*, et il en a été de même de Maraldi.

Pourtant toutes ces observations nous prouvent qu'il s'opère sur Mars des changements réels et considérables. Il n'y a plus à hésiter dès maintenant. Il nous faut admettre que les taches sombres de Mars sont formées d'une part par des régions fixes, qui, sans doute, sont des mers, puisqu'il est connu que l'eau, les liquides, absorbent une partie de la lumière incidente, tandis que les surfaces continentales la réfléchissent mieux. D'ailleurs, qu'il y ait de l'eau sur la planète Mars, c'était plus que probable dès le jour où l'on eut observé ses neiges polaires et ses nuages, et c'est aujourd'hui rendu certain par l'analyse spectrale.

Il nous faut admettre, dis-je, que *les taches sombres de Mars sont formées d'une part par des mers fixes, et d'autre part par un élément instable.* Cet élément instable est peut-être de même nature que les mers : c'est peut-être également de l'eau, sous un autre état.

Ce fait est absolument démontré par les observations que nous venons de discuter jusqu'ici, de Maraldi à Schrœter. Les croquis de Huygens, Cassini, Hooke concordent avec cette déduction.

Parfois peut-être, lorsque les changements sont faibles, on peut admettre que des mers débordent sur des plages, sur de vastes plaines et changent leurs contours.

Mais la diversité des dessins de Schrœter, Herschel, Maraldi, Cassini, Bianchini, etc., est telle qu'il est impossible d'admettre que ces dessins aient jamais rigoureusement représenté la géographie de la planète. Tous les observateurs qui ont dessiné Mars savent qu'il est extrêmement difficile de reproduire juste ce que l'on voit, parce que les formes sont presque toujours indécises, diffuses, vagues, sans contours arrêtés, et parfois tout à fait incertaines. Les aspects sont vagues, faibles, douteux, difficiles à dessiner, les instruments diffèrent; les yeux et la manière de voir diffèrent plus encore peut-être. Néanmoins, il est manifestement impossible de tout attribuer à des erreurs d'observation, d'autant plus que toutes ces taches ont servi à déterminer la rotation de la planète et la position de l'axe. Il faut donc que ces observations aient une base réelle.

Les mers martiennes donnent-elles naissance, par l'évaporation, à des brumes sombres, sombres vues d'en haut, lorsqu'elles sont éclairées en plein par le Soleil? Ces brumes, ces nuées, se disposent-elles selon les formes observées? — Il nous paraît difficile d'éviter cette double interprétation.

Sur la Terre, on ne voit pas de nuages noirs — d'en haut, du côté de l'illumination solaire. (L'observation de Schrœter, citée plus haut, a dû être faite obliquement.) La surface supérieure des nuages est blanche comme de la neige. Mais il peut exister des brumes dont la constitution moléculaire soit telle qu'elle réfléchisse mal la lumière incidente. Nos observations exclusivement terrestres ne sont pas suffisantes pour tout nous apprendre. Les autres mondes doivent plus ou moins différer de celui que nous habitons. D'ailleurs, nous voyons sur Jupiter et sur Saturne des bandes sombres et des taches foncées dont un certain nombre sont certainement de formation atmosphérique.

Ces variations sont désormais incontestables.

Mais n'ayons pas la prétention de résoudre dès ce moment tous les problèmes offerts par l'analyse des aspects de Mars. Signalons sincèrement tous les faits à mesure qu'ils se produisent. Et poursuivons notre étude.

XXVI. 1794. — Von Hahn.

On trouve dans l'*Astronomisches Jahrbuch für* 1797 un dessin de cet observateur, qui n'ajoute rien aux travaux qui précèdent, et que nous ne signalons que pour mémoire.

XXVII. 1796, 1798, 1800, 1802, 1805, 1807, 1809, 1813. — Flaugergues ([1]).

Honoré Flaugergues avait son observatoire à Viviers (Ardèche), qu'il a illustré par un grand nombre d'observations intéressantes. Il observa Mars notamment de 1796 à 1809, puis, de nouveau, en 1813. Les premières observations ont paru dans le *Journal de Physique*, tome LXIX, année 1809, p. 126, et les secondes dans la *Correspondance astronomique* du baron de Zach, tome I, 1818, p. 180. Voici d'abord un extrait du premier mémoire, avec les sept dessins (*fig.* 59) qui l'accompagnent. L'auteur constate que ces taches sont variables, et se propose surtout de décider si elles appartiennent au sol ou à l'atmosphère.

J'ai observé Mars quelques jours avant et après l'opposition et toujours dans le méridien ou fort proche, et j'ai dessiné, avec le plus grand soin, les taches qui paraissaient et dont je vais donner la description et la figure réduite à la phase qu'elles présentaient au passage de Mars par le méridien, le jour de l'opposition, environ à minuit, temps moyen. Dans toutes ces figures, l'axe de Mars est disposé suivant le diamètre vertical, le pôle boréal en haut.

OPPOSITION DE 1796.

Lunette astronomique de dix-huit pieds de foyer; grossissement = 105.

J'ai vu constamment dans la partie australe du disque une tache d'un rouge obscur en forme de croissant ou de fer à cheval, dont les branches étaient tournées vers le Nord (*fig.* A).

OPPOSITION DE 1798.

Lunette achromatique de quarante-quatre pouces de foyer; grossissement = 90.

J'ai vu constamment dans la partie australe du disque de cette planète deux bandes parallèles assez larges, d'un rouge obscur, dirigées de l'Est à l'Ouest et séparées par une bande plus étroite et plus claire. J'ai vu encore, dans la même partie australe, une tache blanche, ovale, immobile, placée près du bord, environ seize degrés à droite du vertical dans la lunette qui renversait les objets (*fig.* B).

OPPOSITION DE 1800.

Même lunette.

J'ai vu constamment une grosse tache ronde, d'un rouge plus foncé que le reste du disque, dont le centre était un peu plus boréal que celui de la planète. Cette tache, dans sa partie australe, était terminée par un appendice en forme de crochet, dont la courbure était semblable à celle de la grosse tache (*fig.* C).

([1]) *Les taches de la planète Mars.* — Aux observations de Flaugergues, en 1796, nous pouvons en ajouter une, faite le 18 avril, sur le contact de la planète avec l'étoile de 6ᵉ grandeur *b* du Sagittaire : Mars venait de passer devant cette étoile, qui ne reprit complètement son éclat que lorsqu'elle fut éloignée à la moitié du diamètre de la planète. L'observateur attribue avec raison cette diminution à l'éclat de Mars.

OPPOSITION DE 1802.

Même lunette.

J'ai vu constamment sur le disque de cette planète une grosse tache ronde, d'un rouge plus obscur, à peu près concentrique au disque et coupée transversalement sous un angle de 45° avec la verticale de l'Ouest à l'Est, suivant un de ces diamètres par une bande plus claire qui avançait jusqu'aux deux tiers de la tache (*fig.* D).

OPPOSITION DE 1805.

Même lunette.

J'ai vu constamment sur son disque une grosse tache d'un rouge plus foncé que

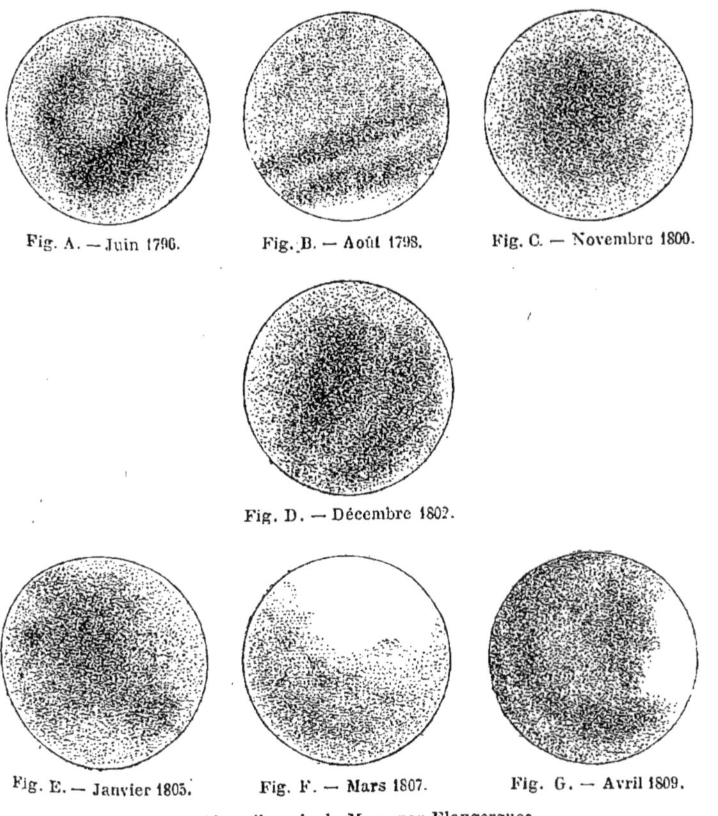

Fig. 59. — Croquis de Mars, par Flaugergues.

le reste du disque, d'une figure irrégulière et indécise, plus étendue et d'une teinte foncée dans la partie boréale de Mars (*fig.* E).

OPPOSITION DE 1807.
Même lunette.

J'ai vu constamment sur le disque de cette planète, et dans la partie australe, une tache en forme de bande, d'une teinte tant soit peu plus foncée que le reste du disque, longue, étroite, mal terminée et dirigée de l'Est à l'Ouest; cette bande était très peu sensible (*fig.* F). J'ai remarqué de plus que toute la partie boréale du disque était parfaitement blanche et avait beaucoup d'éclat, particulièrement autour du point correspondant au pôle boréal.

OPPOSITION DE 1809.
Avec la même lunette achromatique.

Le bord occidental de cette planète paraissait blanc et brillant, le bord oriental rouge foncé; on voyait deux taches, une longue en forme de bande, dirigée de l'Est à l'Ouest dans la partie australe du disque, et l'autre, plus petite, irrégulièrement arrondie, placée dans la partie boréale, proche du bord occidental; ces deux taches étaient d'un rouge plus foncé que le reste du disque (*fig.* G).

Ces taches m'ont paru en général confuses et mal terminées, au point qu'il était difficile de distinguer exactement leurs contours et leur juste étendue : on peut remarquer que c'est principalement dans la partie australe du disque de Mars que paraissent ordinairement les taches.

A l'égard de la tache ovale, très remarquable par son éclat et par sa blancheur, que j'ai observée en 1798 et qui correspondait sur le disque au pôle austral de Mars, elle fut aussi observée par MM. Messier, Duc la Chapelle et Vidal.

Ces taches blanches, ovales, constamment correspondantes aux pôles de Mars, nous offrent exactement les mêmes apparences que doivent présenter, vues de Mars, les calottes de glace et de neige qui entourent les pôles du globe terrestre; aussi M. Herschel n'a pas balancé d'attribuer ces taches blanches aux neiges et aux glaces dont les pôles de Mars doivent être entourés, et on ne peut qu'applaudir à cette explication qui paraît parfaitement bien fondée.

Pour ce qui est des taches rouges et obscures de Mars, dont l'apparence a toujours été différente dans les diverses observations que j'ai faites, on pourrait peut-être penser que ces changements étaient purement optiques et qu'ils provenaient de ce que, à raison du mouvement de rotation de Mars autour de son axe, l'hémisphère visible de cette planète n'étant pas le même que dans les observations précédentes, ne pouvait présenter les mêmes apparences. Pour apprécier cette objection, et évaluer l'effet du changement produit par le mouvement de rotation, j'ai pris pour terme de comparaison le méridien de Mars dont le plan passait par le centre de la Terre au moment de la première observation, ou le 14 juin 1796 à minuit, temps moyen. Ce méridien, que je nommerai premier méridien de Mars, doit être censé fixé au globe de cette planète, et tourner avec ce globe tout comme le premier méridien du globe terrestre est supposé fixé à l'île de Fer.

Ici l'auteur fait un calcul du méridien central de Mars qu'il appelle méridien gédiabénique (de γη, Terre, et διαβαινω, je passe), et compare les positions de la planète pour les sept figures ci-dessus et trouve que les première, quatrième et sixième observations se rapportent à peu près à la même position, et que la seconde et la septième sont très rapprochées. Puis il ajoute :

L'apparence des taches de Mars aurait dû être à peu près la même dans les première, quatrième et sixième observations et pareillement cette apparence aurait dû être à peu près semblable dans la seconde et dans la septième, en supposant que la figure des taches de la planète soit constante, et que leur apparence ne varie qu'à raison du mouvement de rotation de cette planète autour de son axe. Donc, puisque la figure, le nombre et la disposition des taches ont toujours paru très différents dans chaque observation, on doit en conclure que les changements qu'on observe dans les taches de Mars sont réels, et que ces taches peuvent physiquement changer de figure, augmenter et diminuer, disparaître et reparaître de nouveau, ainsi qu'on l'observe dans les taches du Soleil. Mais nous remarquerons en même temps que les variations que nous avons observées sont si grandes, que pour produire des apparences semblables dans le globe terrestre, vu à la même distance que Mars, il ne faudrait pas moins que la submersion d'un continent, tel que l'Amérique, ou le desséchement d'une mer, comme l'océan Atlantique. Ces changements sont trop considérables pour qu'on puisse en supposer de pareils dans le globe solide de Mars, et y placer la cause des variations que nous avons observées dans ses taches. Cette supposition ne s'accorderait pas avec l'état d'équilibre et de consistance auquel les planètes, à en juger par la Terre, sont parvenues depuis longtemps ; et il est beaucoup plus probable que ces taches, et les grands changements qu'elles éprouvent, n'ont lieu que dans l'atmosphère de Mars dont plusieurs observations indiquent l'existence.

Il paraît même que le fluide dont elle est composée a beaucoup de rapport avec notre air ; il lui ressemble au moins dans une propriété remarquable, celle d'absorber les rayons bleus et violets, et de ne transmettre sensiblement que les rayons jaunes et rouges. Cette propriété nous est indiquée par la couleur rouge de Mars. Dans cette supposition, qui paraît prouvée, les grandes taches rouges que nous avons observées pourraient bien être de grands amas de nuages flottants dans l'atmosphère de Mars, ou plutôt d'immenses brouillards pareils à celui qui couvrit, pendant plusieurs mois, une grande partie de notre globe en 1783, dont l'étendue, la figure, le nombre et la situation peuvent facilement et considérablement varier par l'effet de la chaleur, par celui des vents, ou par d'autres causes inconnues, et qui peuvent même, par l'effet de ces mêmes causes, se dissiper et renaître ensuite, comme nous le voyons sur la Terre.

Telles sont les observations de Flaugergues de 1796 à 1809. Elles ajoutent peu aux précédentes. Les variations polaires sont confirmées ainsi que celles des taches sombres. Quant à admettre que ces taches soient de nature atmosphérique, nous ne le pouvons pas, comme nous l'avons conclu plus haut à propos de Schrœter. Son hypothèse sur l'atmosphère de Mars n'est pas soutenable non plus : le disque se montre plus rouge dans sa région centrale que vers les bords; donc ce n'est pas l'épaisseur de l'atmosphère qui cause cette coloration, puisque la lumière réfléchie par la planète a d'autant moins d'épaisseur atmosphérique à traverser que l'on observe plus près du centre.

En 1813, Flaugergues fit de nouvelles observations. Voici un extrait de son second mémoire.

J'ai observé Mars plusieurs fois aux environs de sa dernière opposition, ainsi que je le fais depuis plusieurs années, pour dessiner les taches de cette planète et noter les variations considérables et singulières qu'elles présentent. J'ai remarqué de plus cette année une tache blanche ovale, placée sur le pôle austral de Mars et si brillante qu'elle paraissait dépasser le disque. Cette tache fut surtout très brillante la nuit du 31 juillet, jour de l'opposition, elle a diminué de grandeur, beaucoup plus rapidement que si cette diminution eût été purement optique et seulement relative à l'augmentation progressive de la distance. Le 22 août, cette tache était à peine sensible et, quelques jours après, on ne la voyait plus. J'ai vu en 1798 une pareille tache blanche au pôle austral de Mars, mais elle avait beaucoup moins d'éclat.

Le printemps, pour la partie australe de Mars, avait commencé le 12 mars, et la déclinaison australe du Soleil, vue de la planète, était le 31 juillet de 21°0'; par conséquent la tache ou la calotte blanche que j'ai observée était alors depuis plusieurs jours totalement et continuellement éclairée et échauffée par les rayons du Soleil, et elle l'a toujours été depuis, cet astre ne se couchant plus pour cette partie du globe de Mars, de sorte que si cette calotte était de glace ou de neige, semblable à la glace et à la neige de notre globe, comme tout porte à le penser, il n'est pas douteux qu'elle n'ait dû se fondre très rapidement.

On voit dans Mars de grandes taches irrégulières, variables et présentant les mêmes apparences que doivent offrir nos nuages et nos brouillards à un spectateur placé sur Mars. Les deux planètes ont leurs pôles entourés de calottes blanches qui diminuent lorsque le Soleil s'approche du pôle où elles sont placées, et qui, par cette circonstance, paraissent devoir être de la même nature, c'est-à-dire de neige ou de glace sur ce globe, comme sur la Terre.

Si cette conjecture était réelle, la fonte des glaces polaires de Mars est bien plus prompte et bien plus complète que celle des glaces terrestres, dont la majeure partie résiste aux chaleurs de l'été; il paraît donc que la chaleur sur Mars est plus forte que sur la Terre, quoiqu'elle dût être plus faible dans le rapport de 43 à 100, si l'on avait égard seulement à la différente distance de ces deux planètes au Soleil; c'est une raison de plus à ajouter à celles qui ont déterminé les plus habiles physiciens à penser que les rayons du Soleil ne sont pas chauds par eux-mêmes, mais qu'ils sont seulement la cause occasionnelle de la chaleur. »

Flaugergues, comme on vient de le voir, remarque pour la première fois que les neiges polaires de Mars *varient en plus forte proportion que celles de la Terre* et que la température moyenne de cette planète *peut* être plus élevée que celle de notre monde. C'est parfaitement exact, et nous verrons les mesures modernes confirmer ce fait fort intéressant pour la climatologie martienne.

XXVIII. 1802-1807. — Fritsch (¹).

Le pasteur Fritsch a publié, dans les volumes annuels auxquels nous renvoyons (p. 188 et 218), un sommaire de ses observations de la planète, faites pendant son opposition de 1802, observations accompagnées de cinq dessins, que nous reproduisons ici (*fig.* 60) [pris les 21 novembre, 24 no-

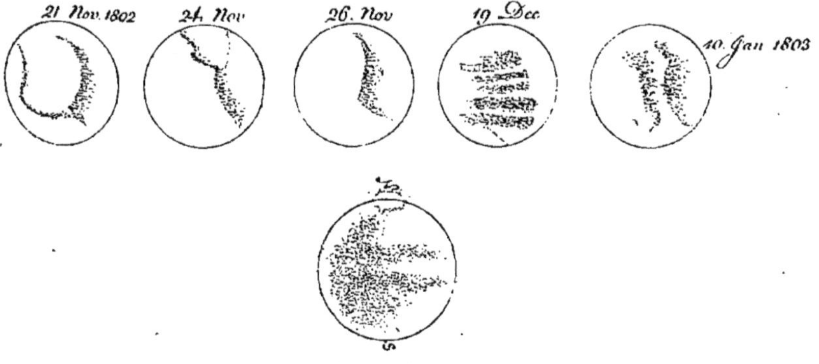

Fig. 60. — Dessins de Mars, par Fritsch, en 1802, 1803 et 1807.

vembre, 26 novembre, 19 décembre 1802 et 10 janvier 1803] et une observation du 17 mars 1807, à 9ʰ. Ce dernier dessin montre la tache polaire débordant le disque, par un effet d'irradiation certainement, et deux bandes équatoriales parallèles rappelant celles de Jupiter. Il dit quelques mots de l'atmosphère de Mars et de la rotation de la planète, mais ne donne aucun détail.

Ces croquis, comme ceux de Flaugergues, ont le sud en bas.

XXIX. 1805. — Huth (²).

Ces observations n'ont pas grand intérêt. Elles sont accompagnées d'un dessin du 22 février 1805, montrant au pôle nord une forte tache blanche ovale qui dépasse le disque par l'irradiation. On voit également au pôle sud une indication de la tache polaire. Hormis ces deux taches polaires, le disque est

(¹) Observations de Mars faites à Quedlinburg en 1802, publiées dans l'*Astronomisches Jahrbuch für* 1806 et 1810.

(²) Observations faites à Mannheim et Francfort, en 1805. *Astronomisches Jahrbuch für* 1808, p. 238 (Berlin 1805).

vide. Il nous semble inutile de reproduire cette figure. Les observations de l'auteur lui ont donné 24ʰ43ᵐ pour la durée de la rotation. Il parle de l'analogie de Mars avec la Terre, au point de vue de son atmosphère et des météores.

XXX. 1813, 1814, 1822, 1839, 1847. — Gruithuisen [1].

L'auteur a exposé d'abord, ses observations de la planète Mars faites en 1813, et notamment de la tache neigeuse (Schneeflecken) du pôle sud. Il

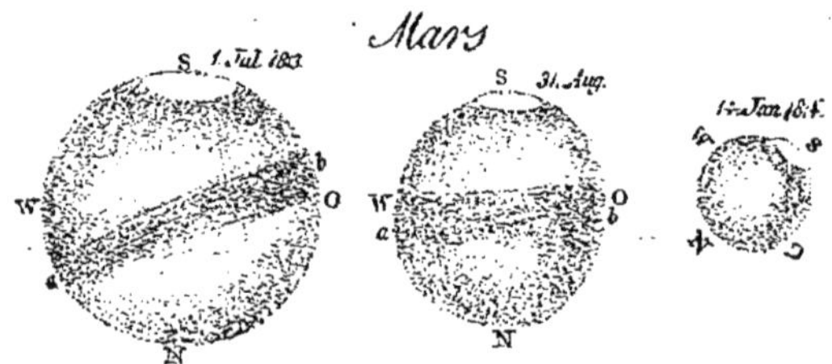

Fig. 61. — Dessins de Mars faits par Gruithuisen, en 1813 et 1814.

donne trois dessins, reproduits ici (*fig.* 61), des 1ᵉʳ juillet et 31 août 1813 et 14 janvier 1814. On remarque dans la zone équatoriale des traînées sombres qu'il identifie avec celles observées par Maraldi.

Les études des autres années traitent de la rotation, de la position de l'axe et des taches, mais ne sont accompagnées d'aucun dessin.

XXXI. 1811, 1813, 1815, 1817, 1845, 1847. — Arago.

Arago a fait un certain nombre d'observations de Mars, qu'il a réunies dans un mémoire lu à l'Académie des Sciences le 31 janvier 1853, l'année même de sa mort. Ce mémoire est publié dans ses œuvres complètes, tome XI, p. 245-304.

L'illustre directeur de l'Observatoire de Paris commence par célébrer la valeur de l'Astronomie physique, que les triomphes de l'Astronomie mathématique éclipsaient un peu trop. Après une rapide esquisse historique, il consacre un chapitre à l'aplatissement de Mars et donne en détail ses observations commencées dès 1811. Les résultats varient considérablement suivant les années, depuis $\frac{1}{29}$ jusqu'à $\frac{1}{100}$. Arago conclut après discussion que l'aplatissement de Mars surpasse $\frac{1}{30}$.

On se souvient que William Herschel avait trouvé $\frac{1}{16}$ et Schrœter $< \frac{1}{81}$.

En appliquant à la détermination de l'aplatissement de Mars la théorie qui

[1] *Einige physisch astronomische Beobachtungen des Saturns, Mars, des Mondes, des Venus*, etc. (*Astronomisches Jahrbuch* (de Berlin) *für* 1817, p. 185; — *Id.*, de Munich, édité par Gruithuisen, 1839, p. 72; 1840, p. 98; 1841, p. 109; 1842, p. 155; 1847, p. 149; 1848, p. 124.)

a donné pour Jupiter un résultat si bien d'accord avec l'observation, on trouve pour cet aplatissement $\frac{1}{230}$. Il y a là un grand désaccord avec la théorie. Arago fait remarquer que, pour expliquer le fait, il faudrait supposer la masse de Mars huit fois plus faible que celle qui est adoptée, ce qui est inadmissible. Il en parla à Laplace et celui-ci lui répondit que « des bouleversements locaux, analogues à ceux dont on voit les effets en diverses parties de la Terre, surtout dans les régions équatoriales, avaient pu avoir une plus grande influence sur la figure d'une petite planète que sur celle de Jupiter ou de notre globe. »

La diversité des résultats obtenus pour cet aplatissement est aussi très digne d'attention. A plusieurs points de vue, Mars paraît vraiment un monde à part. Son premier satellite tourne autour de lui beaucoup plus vite que la planète ne tourne elle-même, sa révolution s'effectuant en 7^h39^m, tandis que la rotation du globe de Mars demande 24^h37^m. La surface présente des variations énigmatiques. C'est un monde fort différent de celui que nous habitons. Nous arriverons sans doute, à la fin de cet ouvrage, à des conclusions tout à fait particulières.

Arago trouve pour le diamètre de Mars à la distance 1 (distance de la Terre au Soleil) : $9'',57$.

Ses observations des taches ont commencé en 1813. La lunette dont il se servait était une lunette de Lerebours de 4 pouces (108^{mm}) donnée par Napoléon à l'Observatoire : on l'appelait « la lunette de l'Empereur » [1]. C'était peut-être alors le meilleur instrument de l'Observatoire. Le progrès a marché : aujourd'hui, la plupart des étudiants du ciel sont à cette hauteur. Cette lunette était armée de grossissements de 150 et 200 fois.

L'observateur remarque qu'il a commencé par distinguer sur le disque de Mars d'abord une tache blanche indiquant le pôle supérieur ou austral, ensuite une tache sombre en forme de crochet (*fig.* 62, A). L'intervalle b paraissait plus petit que le tiers du disque de la planète : 16 juillet 1813.

Le 22 juillet, vers la même heure (minuit à 1^h du matin), il observa de nouveau la planète. La *fig.* B a été prise à 1^h15^m : « Je crois, écrit l'observateur, que l'intervalle c est un septième du disque ; je n'apercevais pas, il y a une heure, la portion verticale de la bande noire ». — Cette portion verticale n'est-elle pas la mer du Sablier ?

---

[1] En 1804, Napoléon, projetant de se rendre au camp de Boulogne, fit venir Delambre et lui demanda la meilleure lunette du Bureau des Longitudes, pour être pointée vers les côtes anglaises. — « Sire, répondit le fonctionnaire, nous pouvons vous donner la lunette de Dollond ; Votre Majesté ferait une chose agréable aux astronomes si elle voulait nous accorder en échange une excellente lunette de 4 pouces, que vient de construire M. Lerebours. — Elle est donc meilleure ? repartit l'Empereur. — Oui, Sire. — Eh bien alors, je la prends pour moi ». Au retour du camp de Boulogne, Napoléon en fit don à l'Observatoire de Paris.

Le 27 juillet, vers 10ʰ45ᵐ, on n'aperçoit pas la bande crochue dessinée ces jours derniers, et qui semble si propre à déterminer la rotation de la planète.

Les 18, 19, 20, 23 et 24 août, on voit une tache sombre en forme de

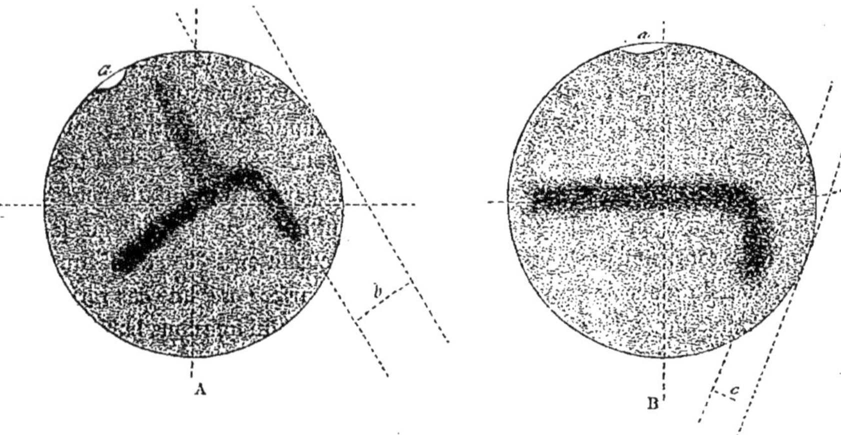

Fig. 62. — Observations de Mars faites par Arago, en juillet 1813.

croissant. La tache blanche polaire est toujours très lumineuse. Les cinq dessins se ressemblent fort. Nous en reproduisons deux (*fig.* 63), des 20 et 23 août.

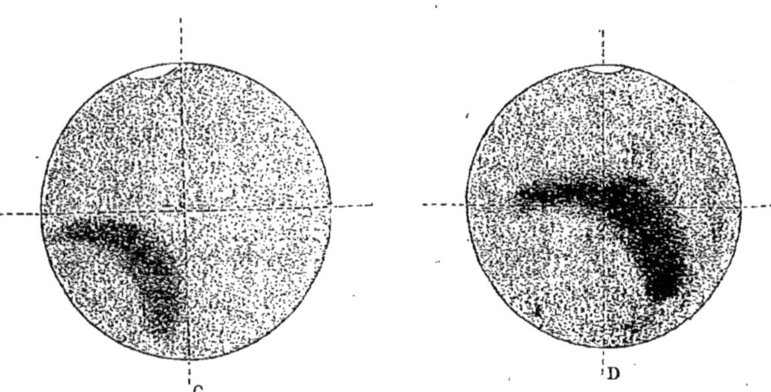

Fig. 63. — Observations de Mars faites par Arago, en août 1813.

Le 11 octobre, on apercevait encore très distinctement la tache brillante du pôle, quoique Flaugergues ait cru observer le contraire. 19 octobre et 5 novembre à 30 décembre : cette tache est devenue très petite et presque imperceptible.

1815. 2 octobre au 6 novembre. La tache polaire est très petite. Le 20 octobre, la planète offre l'aspect représenté *fig.* E et le 26 octobre celui de la *fig.* D. Dans le premier dessin, le croissant est tourné en sens contraire des figures prises en 1813. Dans le second, on aperçoit une bande droite qui ne touche d'aucun côté le bord de la planète.

En 1817, 1845 et 1847, Arago a encore fait quelques observations. Elles ne nous en apprennent pas davantage.

D'après ces observations, la tache polaire aurait mesuré 3″,66 de diamètre le

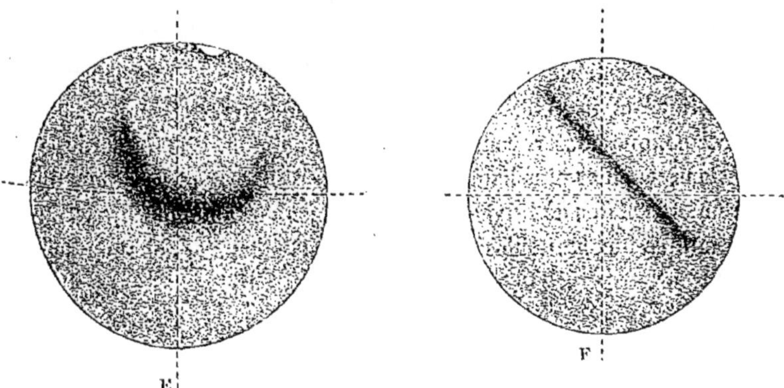

Fig. 64. — Observations de Mars faites par Arago, en octobre 1815.

7 juillet, 3″,60 le 12 (la planète mesurant 22″,86), 2″,25 le 22 (planète : 24″,16). 2″,63 le 2 août (planète : 24″,96). C'est souvent, comme on le voit, plus de la dixème partie du diamètre. Quant aux taches, elles ne peuvent être identifiées et plaideraient comme les autres en faveur de variations. Mais n'oublions pas que la lunette n'avait que 4 pouces ou 108^{mm} de diamètre.

XXXII. 1821-1822. — KUNOWSKY [1].

L'observateur a fait ses observations de l'automne de 1821 au printemps

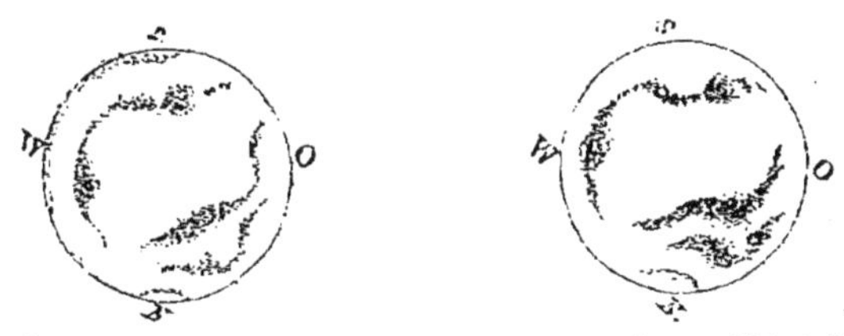

Fig. 65. — Deux dessins de Mars, faits par Kunowsky, en 1821 et 1822.

de 1822, à l'aide d'une lunette de Fraunhofer de 4 pouces ½ d'ouverture. Il parle (p. 225) des taches de Mars et de sa rotation, décrit les zones neigeuses « Schneezonen » et les taches sombres, et publie deux dessins (*fig.* 65), dont

[1] *Einige physische Beobachtungen des Mondes, des Saturns und Mars*, etc. (*Astronomisches Jahrbuch für* 1825. Berlin, 1822.)

le premier paraît être du mois de novembre 1821, et dont le second est du 15 mars 1822. Il conclut à la fixité des taches. En effet, ces deux dessins, faits à quatre mois d'intervalle, se ressemblent fort. L'auteur remarque que la ligne grise qui longe le bord occidental est un commencement de phase. On reconnaît, surtout sur la première, non loin du pôle sud, la tache ronde que Beer et Mädler ont choisie en 1830 comme origine des longitudes de Mars (*voir* plus loin, p. 103 et 106, la remarque de ces auteurs eux-mêmes sur cette confrontation). Kunowsky combat les inductions de Schrœter sur le prétendu caractère atmosphérique et variable des taches, et conclut à leur caractère géographique et fixe. C'est la première fois, depuis les premières pages de cet ouvrage, que nous voyons affirmer cette opinion. Elle s'accorde avec les déductions conclues plus haut de la comparaison des observations, depuis les premiers dessins de Huygens et Hooke, jusqu'à ceux de Schrœter, malgré les variations incontestables qui se sont révélées dans le cours de toutes ces observations.

XXXIII. 1824. — HARDING ([1]).

L'astronome auquel on doit la découverte de Junon passe d'abord en revue dans ce mémoire (p. 173) les observations d'Herschel et de Schrœter et discute les mesures de l'aplatissement. Pour lui, la planète semble varier de

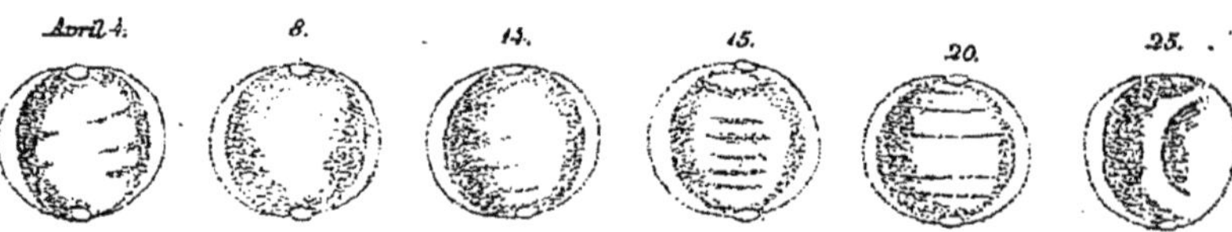

Fig. 66. — Croquis sur la forme de Mars, pris par Harding, en 1824.

forme dans le sens équatorial comme dans le sens polaire, sans doute par suite d'un effet de son atmosphère. Il publie les six figures, des 4, 8, 14, 15, 20 et 25 avril 1824, reproduites ici (*fig.* 66), qui sont assez singulières.

Voici encore du nouveau. Est-il possible d'admettre une pareille conclusion ? Elle s'accorderait assurément avec la variété des valeurs trouvées pour l'aplatissement. Mais une telle variation ne paraît guère admissible. Ces effets ne sont pas supérieurs aux erreurs possibles des observations, surtout aux grands éloignements de la planète, comme celui de 1824.

Cette observation n'ajoute rien non plus aux documents précédents. Elle clôt la première période de cette histoire de Mars, qui nous a déjà appris

([1]) *Béobachtungen und Bemerkungen über den Mars vom Jahr* 1824, *vom Prof.* HARDING *in Göttingen* (*Astr. Jahrbuch für* 1828. Berlin, 1825). — En 1824, PICTET, à l'Observatoire de Genève, a également observé Mars, mais c'est seulement au point de vue de sa position et de la parallaxe. Il en avait été de même de LALANDE en 1798. Nous n'avons pas à parler ici de ces observations de positions.

beaucoup sur cette planète, mais qui n'a pas encore inauguré la géographie de ce monde voisin.

Par ce qui précède, nous savons que cette planète a des années, des saisons, des jours et des nuits, comme le monde que nous habitons, que des précipités météoriques analogues à nos neiges se montrent chaque hiver à ses pôles; que le centre de ces glaces ne coïncide pas avec le pôle géographique, mais en est assez éloigné; qu'une atmosphère dans laquelle se forment des nuages et des neiges environne ce globe; que les glaces polaires y fondent plus complètement qu'ici, soit que cette fusion y soit rendue plus facile par la constitution même de ces neiges, ou par la nature de l'atmosphère, ou bien peut-être même que la température de l'été y soit plus élevée que sur notre planète. Nous savons de plus qu'il y a sur ce globe des taches sombres; plusieurs de ces taches sont fixes et permanentes et doivent représenter des mers; elles semblent toutefois soumises à des variations d'étendue visibles d'ici. Et en cela l'aspect de Mars diffère essentiellement de celui de la Terre.

Mais la diversité des dessins est telle, que nous devons attribuer la plus grande cause de cette diversité à la difficulté des observations précises sur un disque si petit, au manque de netteté des configurations, en un mot à des incertitudes d'observations. Néanmoins, un certain nombre des taches observées par Huygens, Cassini, Hooke, Maraldi, Herschel, Schrœter, etc., ont donné des résultats précis pour le mouvement de rotation et pour la position de l'axe : ces dessins avaient donc un fond de réel (¹). On ne peut pas admettre que le sol de la planète subisse de pareilles perturbations, parce que, s'il en était ainsi, il n'y aurait rien de stable à sa surface, tandis que les observations elles-mêmes nous prouvent que l'esquisse générale est stable. Quelques-unes des taches sombres de Mars doivent donc être de nature atmosphérique.

Nous allons maintenant entrer dans une période de découvertes nouvelles.

(¹) Plusieurs ont été identifiés plus haut. Pour compléter les documents relatifs à cette première période, nous ajouterons ici, d'après M. Van de Sande Bakhuyzen, les longitudes du centre des meilleurs croquis d'Herschel, reproduits p. 51 et 57.

1777, *fig.* 14 : 37ᵇ	1779, *fig.* 20 : 310°	1781, *fig.* 8 : 317°	1781, *fig.* 18 : 230°
» » 15 : 66	» » 21 : 282	» » 11 : 319	» » 19 : 167
» » 16 : 74	» » 22 : 303	» » 14 : 1	» » 20 : 211
» » 17 : 324		» » 15 : 21	» » 21 : 118
» » 18 : 262	1781, *fig.* 6 : 292	» » 16 : 8	» » 22 : 55
» » 19 : 247	» » 7 : 300	» » 17 : 308	

Ce que l'on reconnaît de plus sûr, c'est la mer du Sablier, aux *fig.* 17 de 1777, 20, 21, 22 de 1779, 6, 7, 8, 11 et 17 de 1781. Les détroits Herschel II et Arago sont reconnaissables sur ce dernier croquis.

CONCLUSIONS DE LA PREMIÈRE PÉRIODE.

De la discussion des documents nombreux, variés et souvent contradictoires qui précèdent, nous pouvons déjà commencer à nous former une opinion sur la nature du monde martien, à fixer les premiers éléments de la connaissance que le présent travail a pour but de nous faire acquérir.

Nous pouvons considérer comme acquis les faits suivants :

1° La révolution de Mars est approximativement fixée depuis l'antiquité. Depuis Copernic, nous savons que cette révolution s'effectue autour du Soleil. Nous savons aujourd'hui qu'elle s'accomplit en 687 jours, soit en un an terrestre plus 322 jours. Les années sont donc près de deux fois plus longues que les nôtres.

2° La distance de Mars au Soleil est à celle de la Terre dans le rapport de 1,5237 à 1,0000. La lumière, la chaleur, les radiations qu'il reçoit de l'astre central sont donc plus faibles que celles que nous recevons dans le rapport du carré de ces deux nombres, c'est-à-dire de 2,32 à 1,00 : elles sont plus de deux fois moins intenses. — Mais il est utile de remarquer que c'est la constitution de l'atmosphère qui règle les températures. La température de la surface de Mars pourrait être égale et même supérieure à celle de notre monde.

3° Le diamètre de Mars, à la distance 1, c'est-à-dire à la distance de la Terre au Soleil, est de 9″,35, ce qui correspond à 0,528, c'est-à-dire à un peu plus de la moitié de celui de notre globe. Ce diamètre donne pour volume 0,147.

4° La masse de la planète Mars, en fonction de celle du Soleil, est évaluée, dans l'*Annuaire du Bureau des Longitudes pour* 1830, à $\frac{1}{2546320}$. C'était la masse obtenue par Delambre par les perturbations de la Terre et adoptée par Laplace dans la *Mécanique céleste* (1802). Aujourd'hui elle est connue avec plus de précision par les mouvements des satellites et nous savons qu'elle est de $\frac{1}{3093500}$. Ce chiffre donne, relativement à la Terre, 0,105, soit environ $\frac{1}{10}$.

5° La densité, obtenue en divisant la masse par le volume, est de 0,711.

6° La pesanteur à la surface, conclue de la masse et du rayon de la planète, est de 0,376.

7° La durée de la rotation est déjà, en 1830, connue avec une assez grande précision, et évaluée à 24ʰ39ᵐ.

8° Il y a sur Mars des taches plus ou moins foncées. Ces taches sont difficiles à bien discerner. En les dessinant, les observateurs leur donnent forcément plus de précision qu'elles n'en présentent en général, de sorte qu'il ne faut pas prendre les dessins à la lettre. Cependant les variétés observées sont si grandes que nous sommes conduits à considérer ces taches comme certainement variables. Nous venons de voir passer sous nos yeux 191 vues de la planète Mars, dessinées par les observateurs les plus différents : ces vues doivent constituer la première base de notre connaissance du monde de Mars.

9° Il y a également sur Mars des taches blanches, marquant ses pôles. Ces taches varient avec les saisons, augmentent en hiver, diminuent en été. Elles subissent les influences du Soleil comme nos glaces polaires. Nous pouvons les considérer comme des glaces ou des neiges.

10° Ces neiges polaires ne sont pas situées juste aux extrémités d'un même diamètre, et ne marquent pas absolument les pôles géographiques. Ces pôles en sont généralement couverts. Mais, à l'époque du minimum, elles se réduisent à un point blanc sensiblement circulaire qui est éloigné à une certaine distance du pôle. Herschel a trouvé, en 1781, 13° à 14° de distance pour le centre de la tache polaire boréale, alors très petite après son été (alors la glace australe était très étendue et son centre était voisin du pôle) et, en 1783, 8°8' pour la distance de la tache polaire australe, alors aussi très petite après son été (¹). Un degré du méridien de Mars équivaut à 60 kilomètres. On sait que sur la Terre aussi le pôle du froid ne coïncide pas avec le pôle géographique.

11° L'inclinaison de l'axe de Mars ne diffère pas beaucoup de celle de l'axe de la Terre, de sorte que les saisons y sont analogues, quoique près de deux fois plus longues.

12° Il y a sur cette planète un second ordre de saisons, causé par la grande excentricité de l'orbite, Mars étant beaucoup plus près du Soleil au périhélie qu'à l'aphélie, dans la proportion de 1,3826 à 1,6658 ou de 10 à 12.

(¹) Voici toutes les observations de William Herschel sur ce point important : En 1781, la neige polaire *boréale* tournait très loin du pôle et était à la latitude de 76° ou 77° (*Phil. Trans.*, 1784, p. 245). En 1783, la latitude de la tache polaire *australe* était 81°52' (*Phil. Trans.*, p. 251). Cette tache était alors (octobre) très petite et bien ronde. — En 1781, le centre de la tache polaire australe n'était pas très éloigné du pôle « not many degrees » et cette tache s'étendait jusqu'au 70° ou au 65° degré (*Phil. Trans.*, p. 246) étant extrêmement étendue après douze mois d'hiver (p. 260). En 1783, on ne voyait pas la tache polaire boréale à cause de l'inclinaison de la planète.

1781 : Tache polaire australe très large (après son hiver)
   »   » boréale très petite (après son été).
1783 : Tache polaire australe très petite (après son été).
   »   » boréale invisible à cux de l'inclinaison.

Distances au pôle :
Tache australe : 1781, voisine du pôle.
   »   1783, à 8°8'.
Tache boréale : 1781, à 13° ou 14°
   »   » 1783, invisible.

13° La planète est environnée d'une atmosphère, dans laquelle se forment les neiges dont il a été question plus haut, et dans laquelle flottent des nuages blancs et probablement aussi des nuages sombres.

Telle est la conclusion naturelle, logiquement fondée, que nous pouvons tirer de l'examen critique de toutes les observations faites pendant cette première période de 193 années. Cette planète possède-t-elle une surface géographique fixe, comme la surface du globe que nous habitons? Il serait impossible de le conclure des observations comparées qui précèdent. Peut-être les progrès de l'Optique et de l'Astronomie nous permettront-ils, dans la période d'observation dans laquelle nous allons entrer, de résoudre cette importante question. Nous allons en effet entrer dans ce que nous pourrions appeler la phase *géographique* des études de Mars.

DEUXIEME PÉRIODE.

1830-1877.

DEUXIÈME PÉRIODE.

1830-1877

La deuxième période de notre étude commence aux grands travaux aréographiques de Beer et Mädler, aux premières observations continues qui aient permis à leurs auteurs de construire une carte *géographique* de la planète Mars. Avec ces observations, nous entrons dans la connaissance physique de ce monde voisin. Les difficultés, les incertitudes ne disparaissent pas; mais la science prend corps, une base solide est offerte à l'examen, et la découverte définitive d'un nouveau monde se prépare.

Heureux fut Christophe Colomb d'être arrêté par le continent américain dans son voyage de circumnavigation vers l'Asie. Mars n'aura pas son Christophe Colomb. Ce que celui-ci a fait en une minute, en une seconde, par le seul acte de toucher l'Amérique, une phalange d'astronomes emploiera plus d'un siècle peut-être à le renouveler pour ce continent du ciel. Mais Beer et Mädler mériteront d'être inscrits les premiers sur la bannière des pionniers qui auront marché à la nouvelle conquête — précédés d'ailleurs par les éminents précurseurs que nous venons de voir passer devant nous. Précurseurs parmi lesquels William Herschel et Schrœter méritent la première place. Beer et Mädler ont publié leurs observations de Mars dans les *Astronomische Nachrichten* de 1831, 1834, 1835, 1838 et 1839, et ont réuni ces études dans un ouvrage intitulé *Fragments sur les corps célestes du système solaire*, pour l'édition française (Paris, 1840) et *Beitrage zur physischen Kenntniss der himmlischen Körper im Sonnensysteme*, pour l'édition allemande (Weimar, 1841). Ces deux éditions sont identiques. Nous extrairons de l'édition française tous les documents et dessins importants.

L'instrument dont se sont servis ces observateurs, pour leur étude de Mars comme pour leur carte de la Lune, est encore une lunette de 4 pouces (108^{mm}) analogue à celle que nous avons remarquée plus haut, lors des observations d'Arago. C'est un instrument relativement modeste, mais, construit par Fraunhöfer, il était excellent et les observateurs étaient des plus habiles, des plus minutieux et des plus patients. On peut souvent dire que tant vaut l'homme, tant vaut l'instrument.

XXXV. 1830-1841. — Beer et Mädler [1].

La planète passait en 1830 à l'une de ses moindres distances de la Terre. L'opposition de cette année-là était une opposition périhélique, comme nous l'avons vu au chapitre préliminaire. C'est la raison principale qui engagea les observateurs à entreprendre les études que nous allons examiner. Voici un exposé succinct de leur grand travail :

Notre but principal, écrivent les auteurs, a été de déterminer exactement la période de rotation sur laquelle on a des opinions sensiblement diverses. Herschel père avait déduit de ses observations de 1778 et 1780 une période de 24ʰ39ᵐ21ˢ, Huth à Mannheim (*voy.* plus haut, p. 89), en avait trouvé une de 24ʰ43ᵐ, et les observations de Kunowsky dans l'hiver de 1821 à 1822, qui manquent cependant d'une détermination exacte du temps, donnent 24ʰ36ᵐ40ˢ. Dans les observations d'Herschel, le nombre des rotations entières était douteux et, en outre, il n'avait pas eu égard à l'aberration et à la phase; les deux autres données ne sont que le résultat d'une seule opposition. Il importait avant tout de déduire d'une opposition la période avec un degré d'exactitude qui permît de déterminer avec assez de certitude le nombre des rotations entières qui devaient avoir lieu jusqu'à l'opposition suivante. L'erreur moyenne du premier résultat ne devait donc pas dépasser 30 à 40 secondes, et on ne pouvait espérer d'atteindre ce but que lors d'un rapprochement de la Terre aussi grand qu'il a eu lieu cette fois.

Puis, en même temps, des observations prolongées devaient démontrer si les taches que présente la surface de Mars sont *variables* ou non dans leur forme, leur grandeur et leur couleur, si elles ont un mouvement *propre* et si l'on doit les regarder comme des condensations ou des obscurcissements semblables, à nos nuages ou comme des parties fixes appartenant à la surface. Des observateurs précédents avaient déjà laissé là-dessus des données importantes. Déjà Maraldi, à Paris, avait en 1716 distingué la tache blanche au bord boréal de Mars, et presque tous les observateurs subséquents en font mention. Cette tache s'était aussi montrée au bord austral de la planète, et même quelquefois les deux taches avaient été visibles en même temps. Même avant Herschel, on avait déjà conçu l'idée qu'il y avait là des neiges comme aux pôles de la Terre. Quelques-uns avaient cru remarquer que ces taches formaient comme de petites élévations qui ressortaient en dehors du bord moyen de la planète, ce que d'autres attribuèrent avec beaucoup de vraisemblance à l'éclat considérable de ces taches. La plupart

[1] *Fragments sur les corps célestes du système solaire* (Paris, 1840). *Beitrage,* etc. Weimar, 1811) et *Astronomische Nachrichten,* 1831 à 1842.

des observateurs regardaient aussi les autres taches comme variables ; cependant M. Kunowsky, à Berlin, assura qu'elles sont permanentes. Plusieurs observateurs font mention d'un éclat particulier du bord oriental et du bord occidental de la planète, ce qui donne l'idée de ménisques étroits entourant le globe, particulièrement à ces endroits. Les contradictions qui se présentaient dans ces observations faites avec des instruments différents, ou, si l'on veut, les changements physiques qui s'opèrent avec le temps, étaient par conséquent très considérables.

Depuis le 10 septembre jusqu'au 20 octobre 1830, nous fîmes des observations pendant 17 nuits plus ou moins favorables, dans lesquelles tous les côtés de Mars visibles dans cette opposition se présentèrent plusieurs fois à notre vue. Nous obtînmes 35 dessins de son disque. Nous n'avons pas trouvé à propos d'employer le micromètre, car la faiblesse des taches aperçues ne nous aurait permis de prendre aucune mesure proprement dite, et une appréciation d'après les parties du diamètre du disque nous parut promettre une certitude d'autant plus grande que la tache blanche du pôle austral, qui se montra dès le commencement avec beaucoup de précision, était bien propre à déterminer un méridien divisant le disque. Il s'écoula ordinairement un certain temps jusqu'à ce que la masse de taches, que l'on apercevait d'abord vague et indéterminée, présentât des formes parfaitement distinctes. Le dessin a été exécuté immédiatement devant le télescope : les coordonnées des points les plus distincts ont été déterminées par l'appréciation et représentées graphiquement, le reste du détail a été dessiné plus tard.

La tache la plus caractéristique qui ait frappé les observateurs est la petite tache ronde paraissant suspendue à un ruban ondulé que l'on voit sur les dessins n°ˢ 1, 2, 3, 14, 15 et 16 de 1830 et 4 de 1832 (voyez la *fig.* 67). Cette tache est la baie du Méridien de notre carte, à proximité du détroit Herschel II. Mais écoutons les observateurs eux-mêmes.

Une petite tache *a*, d'un noir très prononcé, se distingua si fortement des autres dès la première observation, par ses limites bien marquées, et fut si rapprochée de l'équateur supposé, que nous crûmes devoir la choisir pour notre tache normale dans la détermination de la rotation ([1]). Elle parut à 9ʰ30ᵐ (*fig.* 1) à la faible distance de 7° d'arc de Mars du méridien central. Le 14, nous la vîmes depuis 10ʰ (*fig.* 2) jusqu'à 15ʰ15ᵐ (*fig.* 4) s'avancer depuis l'hémisphère oriental jusque dans la proximité du bord occidental ; nous en avons pris cinq dessins. Le 15, à 8ʰ50ᵐ (*fig.* 5), elle n'était pas encore visible ; elle ne le fut qu'à 13ʰ 15ᵐ.

([1]) Cette petite tache si caractéristique a été observée pour la première fois le 3 septembre 1798, par Schrœter. (*Voy.* plus haut, p. 74, la *fig.* 52 de cet astronome.) Elle a été observée aussi le lendemain 4 septembre (*fig.* 53) et le 24 octobre. Elle est aussi sur les deux dessins de Kunowsky, en 1821-22 (voy. *fig.* 65, p. 93). Mais quelles différences d'aspects !

Le 16, à 9ʰ, elle ne l'était également pas; en revanche, à minuit, elle était très distincte. Alors nous pûmes déduire la période de rotation : il était évident que le 19 et les soirs suivants, jusqu'au milieu d'octobre, la tache ne pourrait plus être observée dans les heures commodes de la nuit. Le 19 (*fig.* 6 et 7), l'image étant parfaitement distincte, il se montra deux places rouges (limitées sur le dessin général par des points), semblables à la belle couleur rouge des crépuscules de notre Terre. Au bout d'une heure, elles étaient déjà plus faibles, et plus tard elles furent encore assez claires, mais jamais elles ne reparurent avec une couleur rouge distincte. En outre, il se montra (à 10ʰ6ᵐ) une petite tache *g*, peu foncée, à côté de la pointe *f* (*voir*, pour les lettres, la carte p. 107), mais que plus tard on cessa d'apercevoir. Probablement elle n'avait été visible qu'à cause de la grande sérénité de l'air, ou lorsqu'elle reparut, ce fut toujours réunie à *f*, car l'espace qui les sépare fut toujours extrêmement difficile à distinguer.

Dans les observations du 26 septembre au 5 octobre (*fig.* 10 à 12), il se montra plusieurs taches d'une couleur passablement sombre, s'étendant sur le disque en forme de zone, qui étaient très fortement limitées, surtout du côté du Nord et y formaient un contraste très prononcé, avec cet espace tout à fait libre de taches et présentant une lumière entièrement claire. Une saillie de ces taches, au point *m*, était distincte et large, surtout au côté boréal; au côté austral, au contraire, elle était si étroite qu'on ne pouvait l'apercevoir qu'avec beaucoup de peine. La tache *pm* était très noire, surtout à son extrémité occidentale *p* qui était arrondie. Entre cette tache et la tache blanche du pôle austral, se montra constamment une bande *q*, assez large, mais d'une teinte blafarde. Du 5 au 12 octobre, des nuages suspendirent nos observations. Le 13 seulement, nous aperçûmes de nouveau une petite tache foncée près du bord occidental (*fig.* 13), et le 14, à 7ʰ37ᵐ (*fig.* 14), nous nous assurâmes que c'était la tache *a* de la première observation. Maintenant, il importait de distinguer dans les soirées suivantes, avec la plus grande précision possible, son passage par le centre, et c'est ce que nous pûmes faire les 19 et 20, par une atmosphère remarquablement pure (*fig.* 15 et 16).

Ces observations constituent vraiment le premier essai méthodique sur la géographie martienne. Nous offrons à nos lecteurs (*fig.* 68) la carte que Mädler et Beer ont construite d'après ces précieuses observations. Cette figure reproduit les deux hémisphères dessinés par ces astronomes, et représente l'ensemble de la planète d'après leurs propres observations de 1830 à 1839. (Nous publions ici la figure même qui accompagne le mémoire de ces observateurs.) C'est là, en fait, la première carte géographique qui ait été tracée du monde de Mars. Elle est restée seule pendant trente ans, et est devenue pour ainsi dire classique pour tous les observateurs subséquents.

L'hémisphère boréal contient évidemment une erreur : l'extrémité de la tache *ehf* (tache qui n'est autre que la mer du Sablier) qui ressort, en ponctué,

Mars
1830

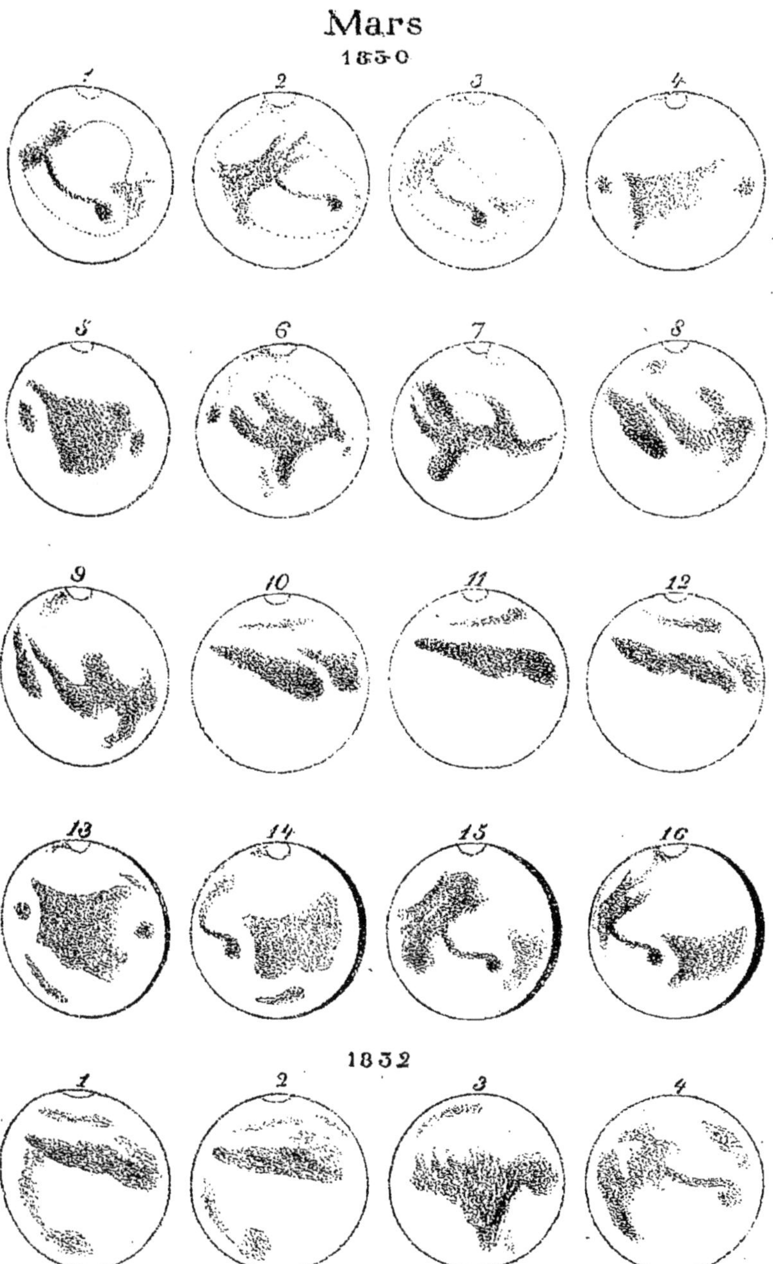

1832

Fig. 67 — Dessins de Mars par Beer et Mädler en 1830 et 1832.

en dehors de l'hémisphère austral, entre 62° et 73° de longitude, est tracée, dans cet hémisphère boréal, entre 92° et 110°. Il y a eu là quelque méprise. Il eût fallu la tracer entre 62° et 73° et la continuer suivant le ponctué indiqué en dehors de l'hémisphère austral [1].

Les astronomes hanovriens ont choisi la petite tache ronde foncée *a* comme origine des méridiens. Nous avons agi de même dans la construction de notre carte, et c'est à cause de cette origine que nous avons proposé le nom de « Baie du Méridien » pour cette tache caractéristique.

Les longitudes de Beer et Mädler sont comptées de la droite vers la gauche, lorsqu'on regarde l'équateur en ayant le pôle sud en haut. Nous les comptons en sens contraire, c'est-à-dire de la gauche vers la droite, *dans le sens du mouvement de rotation*, le méridien 0 passant avant le méridien 10.

Les auteurs arrivent ensuite au calcul de la rotation qu'ils ont obtenue. Ils la trouvent, par les observations de 1830, de $24^h37^m9^s,9$; par 1830 à 1832, $24^h37^m23^s,7$; par 1830 avec 1835, $24^h37^m20^s,4$; la seconde leur paraît la plus sûre, et c'est celle qu'ils adoptent.

On ne peut pas avec certitude établir de comparaison avec les observations faites neuf ans auparavant par Kunowsky, dans lesquelles la même tache fut bien distincte, car les limites de l'incertitude devraient être quatre fois moindres qu'elles ne le furent pour qu'on pût penser qu'il n'y a pas d'erreur. En revanche, ces observations confirment évidemment la constance des taches que nous avons aperçues, du moins pour *a* et pour l'arc fortement recourbé qui s'étend en serpentant de *a* à *c*. Les taches qui se trouvent plus au Sud ne furent aperçues alors que dans des positions tout à fait défavorables, ou même quelques-unes ne le furent pas du tout, et il en apparut d'autres vers le Nord qui, en 1830, ne furent plus visibles; tandis que cette tache normale s'était montrée entièrement identique depuis le mois de novembre 1821 jusqu'en mars 1822 et, cette fois-ci, du 10 septembre au 20 octobre 1830 : elle n'était donc pas analogue à nos nuages.

Au reste, surtout lorsqu'on observe la planète pour la première fois et qu'on ne répète pas souvent les observations, on peut facilement remarquer dans ces taches une variation que l'on regardera comme variation physique. L'état atmosphérique de la Terre, et peut-être aussi de Mars, est plus ou moins favorable, c'est pourquoi quelques erreurs d'appréciation et de dessin, petites en elles-mêmes, mais considérables relativement à leur objet, sont inévitables : une tache qui s'approche du bord disparaît avant de l'avoir atteint (ce qui provient sans doute, comme pour Jupiter, de l'atmosphère de la planète); enfin, on n'a pas souvent l'occasion d'apercevoir une seconde fois dans la même opposition exactement le même côté de la planète, qui était auparavant tourné vers la Terre.

[1] Tous les traités d'Astronomie, et même l'excellente *Astronomie populaire* d'Arago, ont reproduit, depuis 1840, cette carte avec cette erreur sans s'en apercevoir.

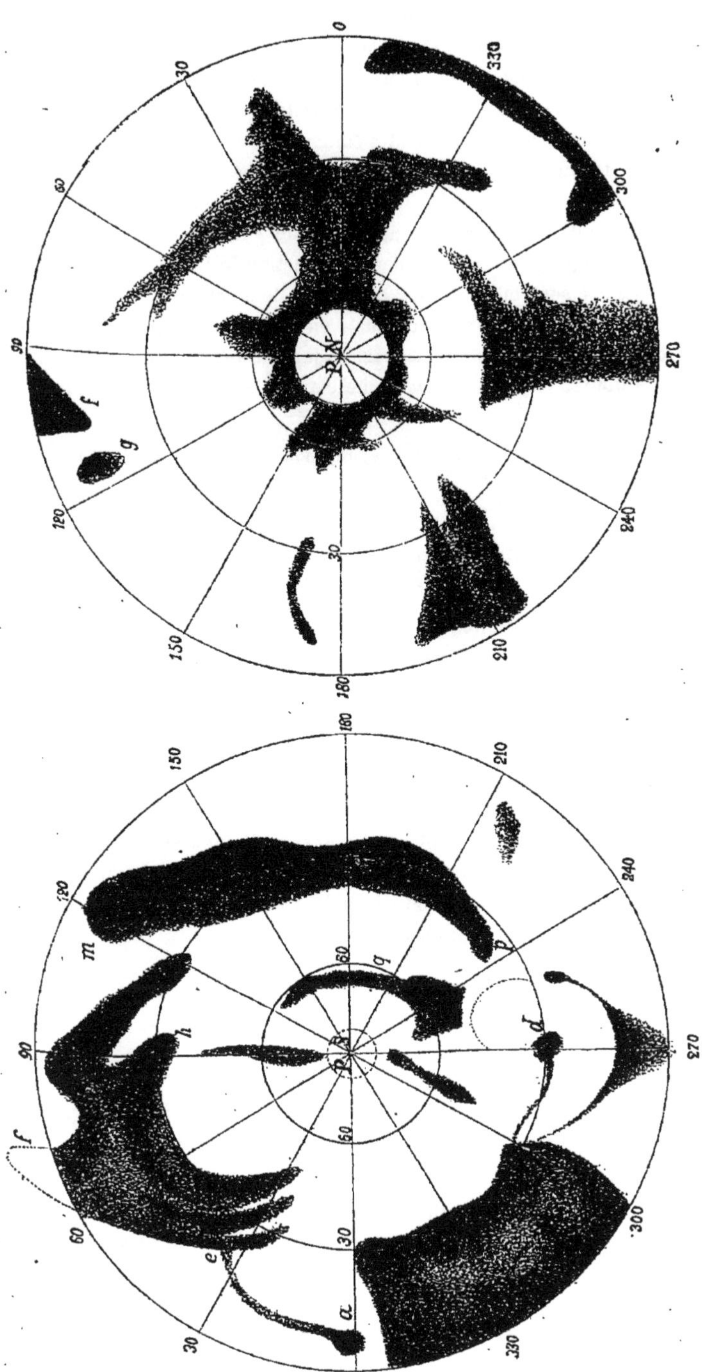

Fig. 68. — Carte générale de la planète Mars, construite par Beer et Mädler en 1840.

En outre, les distances des oppositions varient, la planète n'arrive que très rarement aussi près de la Terre qu'en 1830, et à des distances plus considérables il est nécessaire d'avoir des grossissements plus forts et une puissance optique plus grande que la plupart des observateurs précédents n'en avaient à leur portée.

La tache blanche du pôle austral s'était montrée distinctement dans chaque observation, même lors des circonstances atmosphériques les moins favorables, mais sa grandeur a été très variable. Déjà le 31 août, lors d'une observation tout à fait superficielle, elle avait été appréciée de $\frac{1}{8}$ à $\frac{1}{10}$ du diamètre de Mars. Le 10 septembre, l'appréciation (faite dans la direction de l'Est à l'Ouest) donna pour résultat $\frac{1}{10}$, le 15 septembre $\frac{1}{16}$, le 2 octobre $\frac{1}{18}$, le 5 octobre $\frac{1}{20}$ et le 20 octobre $\frac{1}{15}$. Admettons pour le 31 août la valeur $\frac{1}{9}$, on aura pour les jours indiqués, qui correspondent pour la *saison* aux mois de juin et de juillet de notre hémisphère boréal, les limites suivantes de la tache blanche, supposé que le pôle soit à son centre :

31 août	83° 37' de latitude ; répondant au	16 juin de la Terre.
10 septembre	84° 15' »	»	23 »	»
15 »	86° 25' »	»	26 »	.
2 octobre	86° 50' »	»	7 juillet	»
5 »	87° 7' »	»	9 »	»
20 »	85° 59' »	»	19 »	»

C'est-à-dire que les limites se rétrécirent toujours jusqu'à une saison de Mars qui répond au milieu de notre mois de juillet, et de ce point-là elles commencèrent de nouveau à s'élargir successivement; fait qui vient fortement à l'appui de l'hypothèse que le pôle de Mars est réellement couvert de neige. En outre, presque tous les observateurs donnent la grandeur de cette tache comme variable, et, lorsqu'elle est plus éloignée du maximum de chaleur, elle est considérablement plus grande qu'on ne l'a vue en 1830.

L'hémisphère boréal de la planète, autant qu'il fut visible cette année-là, ne présenta en revanche aucune trace de tache blanche, quoiqu'il se trouvât au milieu de son hiver. La forte inclinaison de l'axe de Mars explique ce fait et en reçoit en même temps une confirmation indirecte.

Les observateurs donnent ici un tableau de leurs dessins et des longitudes aréographiques des taches.

L'opposition de 1832 se présenta dans des circonstances atmosphériques constamment si défavorables et l'éloignement beaucoup plus grand de la planète eut une influence si fâcheuse qu'on ne put obtenir que des observations peu nombreuses et très imparfaites. De seize essais de dessiner les détails du disque, quatre seulement méritent d'être comparés à ceux de 1830, (on les trouvera au bas de la *fig.* 67). La tache *a*, si remarquée et si caractéristique deux ans auparavant, n'a pu être reconnue qu'une seule fois et encore à un assez grand éloignement du centre (16 décembre).

Cependant, écrivent les auteurs, ces observations, quoique peu nombreuses, nous ont paru suffisantes pour nous convaincre qu'aucune des taches bien visibles n'avait changé de position depuis 1830. Cela fut parfaitement évident pour les trois taches principales, en particulier pour la région *pm*, et pour la faible bande *q*. Cette dernière était du reste si rapprochée de la partie qui formait alors le bord austral, qu'on ne put l'apercevoir qu'avec beaucoup de difficulté, et celles qui étaient encore plus rapprochées des pôles, qui sont comprises dans les dessins de 1830, ne purent cette fois être aperçues, par des raisons faciles à concevoir. Le pôle austral n'était, en suivant les éléments d'Herschel, le 20 novembre, qu'à 10° en deçà du bord apparent, et ainsi la plus grande partie de la lumière, si éclatante en 1840, ne fut que très faible; elle ne fut même aperçue que deux fois avec certitude (nov. 20, 9^h, et nov. 23, 8^{h}14^m); pendant toutes les autres soirées, elle resta incertaine ou n'apparut pas du tout. Sur l'hémisphère boréal, environ depuis 180° jusqu'à 230° de longitude et de 0° à 35° de latitude nord, se montra deux fois une bande faible, large et concave du côté de *pm*, mais son extrémité boréale seule fut distincte. Entre cette bande et *pm* apparaissaient souvent des lueurs rouges. En général, la lumière de l'hémisphère boréal, dans la partie qui ne contient pas de taches, ne paraissait pas être aussi pure et aussi uniforme que deux années auparavant. On ne voyait pas de trace de lumière blanche dans les environs du pôle boréal (ce pôle était encore caché à la vue).

Les oppositions de 1834-35 et 1837 furent également, comme les deux précédentes, très peu favorisées par les circonstances atmosphériques, et comme en outre l'éloignement de Mars atteignait alors son maximum (pour les oppositions), « les résultats de nos observations, écrivaient les auteurs, auraient été très insignifiants, si nous n'eussions pu avoir recours au grand télescope établi en 1835 à l'Observatoire royal. »

Cet instrument, dans toutes ses dimensions parfaitement égal à celui de Dorpat, permettait un grossissement au moins du double plus fort et fournit six fois plus de lumière que le nôtre; un mécanisme très commode lui communique un mouvement par lequel, sans le concours de l'observateur, il suit le cours des planètes. Depuis le 12 janvier jusqu'au 22 mars, nous avons obtenu, pendant 15 nuits en partie sereines, 32 dessins qui toutefois ne nous ont fait particulièrement connaître que l'hémisphère boréal, et encore avec beaucoup moins de détails que nous en avions en 1830 pour l'hémisphère austral. Dans toutes les observations sans exception, la tache blanche du pôle boréal fut visible avec un degré de clarté que nous ne nous rappelons pas avoir jamais vu dans celle du pôle austral; en même temps, elle était considérablement plus grande que celle de 1830 et apparut, surtout pendant les mois de janvier et février, tellement distincte des autres parties du globe, qu'au premier coup d'œil on n'aurait pu croire que la planète fût en cet endroit couverte par une autre planète.

La vraie grandeur de la tache du pôle austral, aux mois de février et de mars 1837, a surpassé de plusieurs fois celle des mois de septembre et d'octobre 1830.

La tache du pôle boréal, dans la première observation du 12 janvier, fut si bien limitée qu'on put apprécier son étendue avec assez de certitude; elle comprenait, le long du bord de Mars, 0,27 du diamètre de la planète, et sa largeur fut de 0,13. La première donnée nous fait conclure à un demi-diamètre de 15°,7 du globe de Mars ou à une latitude nord de son bord de 74°,3; la seconde, en admettant les éléments de rotation donnés par Herschel et en admettant que le pôle a occupé le centre de la tache circulaire, nous conduit à une latitude nord de 78°,7, car le pôle boréal s'était avancé de 18°13' en dedans. La première de ces données a au moins le double du poids de l'autre. En tout cas, on voit évidemment par là que la tache du pôle boréal, dans l'opposition de 1837, fut considérablement *plus grande* que la tache du pôle austral en 1830, et beaucoup *plus petite* que la tache du pôle austral en 1837. Dans les observations suivantes, son étendue ne parut cependant pas se disposer à diminuer; ce qu'on remarqua avec plus de certitude, c'est que la netteté de sa délimitation devint plus faible après l'opposition.

Nous avions le projet de mesurer, avec le micromètre, l'angle de position de la tache blanche, pour obtenir les données nécessaires à un examen direct de la position de l'axe de Mars. Le temps défavorable a, en grande partie, stérilisé notre intention. Le peu de mesures qui aient réussi nous apprennent seulement que l'excentricité de la tache polaire est, dans tous les cas, *très faible*. Cette distance au pôle a été estimée à 4° en 1837 pour la tache boréale, et à 8° pour l'australe, mais d'une manière très incertaine.

Nous ne pouvons pas cependant passer sous silence la circonstance que, dans le peu d'observations où nous avons distingué une trace de la tache du pôle austral, cette tache ne s'est pas montrée directement opposée à celle du pôle boréal: le 7 février, à 16ʰ14ᵐ, elle s'écartait d'environ 12° du point opposé à cette tache boréale, et à 18ʰ16ᵐ seulement de 8° à l'Est; le 7 mars, à 10ʰ34ᵐ, elle s'en écartait d'environ 5° à l'Est; enfin, le 18 mars, à 7ʰ56ᵐ, de 3° à 5° à l'Ouest.

De toutes les taches de l'hémisphère austral observées avec quelque précision en 1830, une seule, marquée *pm*, put être reconnue avec certitude. Nous la vîmes d'abord le 7 février, à 16ʰ4ᵐ (*fig.* 6), avec précision; ensuite le 28 février, à 6ʰ49ᵐ (*fig.* 7), et dans trois observations pendant la nuit du 7 mars (*fig.* 14, 15, 16); enfin, un peu moins déterminée le 10 mars, de 7ʰ7ᵐ à 9ʰ22ᵐ, et le 11 mars, à 8ʰ22ᵐ (*fig.* 17). La latitude aréographique de l'extrémité occidentale *p* fut déterminée, d'après onze observations, à + 43°29'; en 1830, nous l'avions trouvée entre 39° et 42° par trois observations; et ce fait, aussi bien que l'accord de la figure, parle en faveur de l'identité des deux taches. Un essai de réunir la longitude observée cette fois-ci avec celle de 1830 donna 24ʰ37ᵐ29ˢ,0; ce résultat, quoique suffisant pour en confirmer l'identité aussi sous ce rapport, n'est pas propre à corriger la rotation calculée précédemment, à cause de la position fortement excentrique de la tache. Cependant on peut être assuré qu'il ne s'est pas glissé d'erreur dans le nombre des rotations entières.

Une seconde tache, marquée *efh* sur notre carte, a été reconnue le 12 janvier

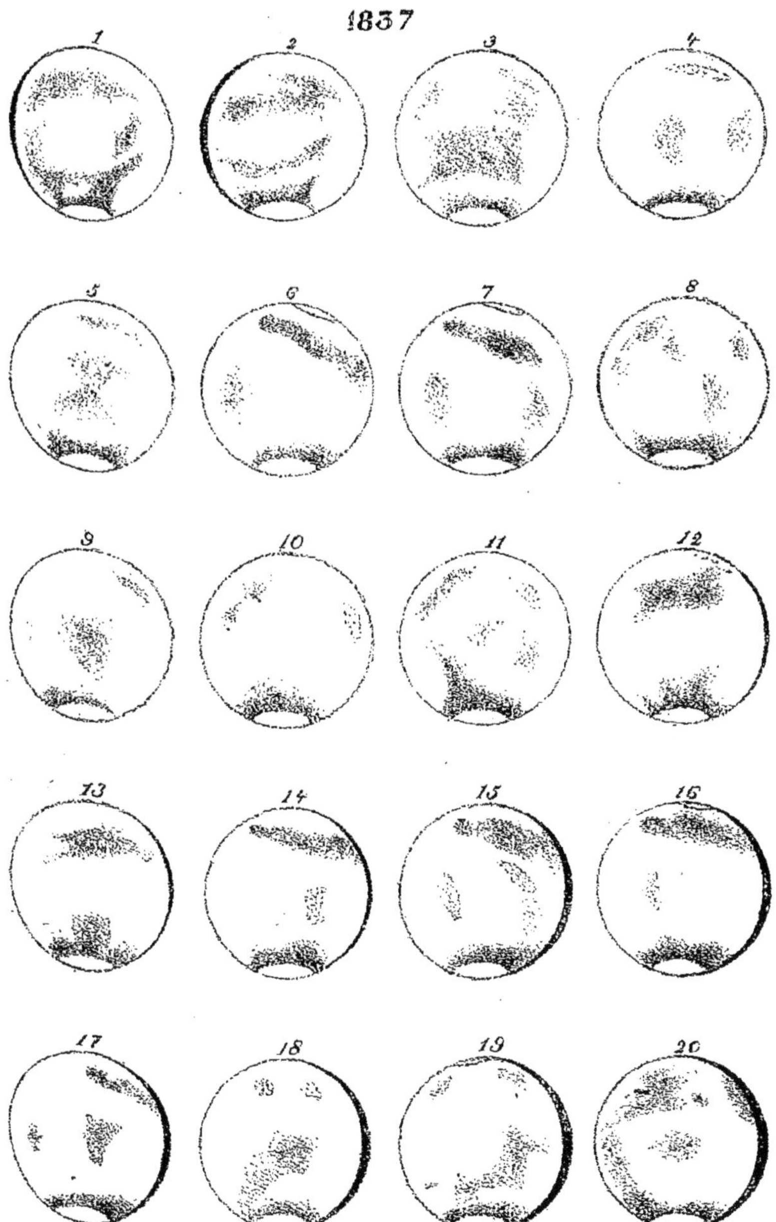

Fig. 69. — Dessins de Mars, faits par Beer et Mädler en 1837.

et le 22 février, ainsi que le 12 mars ; mais aucun point n'en a été assez fortement marqué pour qu'on pût en tirer une détermination précise.

Cette remarque est curieuse et digne d'une attention toute particulière, car cette tache *efh* est la mer du Sablier, qui, généralement est, au contraire, si nette et si bien caractérisée. Pendant l'opposition dernière (1890), par exemple, elle frappait la vue chaque fois que l'hémisphère qui la renferme était tourné vers nous.

Quant à l'opposition de 1839, toutes les observations ont été faites avec le grand télescope de l'Observatoire royal. Mars exigeait un fort grossissement et, par conséquent, une grande tranquillité dans l'atmosphère. Cette dernière condition se réalisa rarement dans l'hiver de 1838 à 1839, ce qui fait que les observations n'ont pu être nombreuses. L'hémisphère austral cachait 62° de sa surface à la vue, de sorte qu'il était en grande partie non observable, et aucune des taches de cet hémisphère ne put être distinguée avec précision.

Les dix dessins publiés pour cette année 1839 par les auteurs sont tellement pâles et indécis qu'il serait absolument inutile de les reproduire ici.

Voici les conclusions générales qu'ils tirent de l'ensemble de leurs observations sur les pôles et les saisons :

La couleur des taches polaires, toutes les fois qu'on put les apercevoir distinctement, fut toujours un blanc pur et brillant, en aucune façon semblable à la couleur des autres parties de la planète. En 1837, il arriva une fois que Mars fut, pendant l'observation, complètement obscurci par un nuage, à l'exception de la tache polaire qui se montrait distinctement à la vue. Cette grande différence est aussi cause que son étendue et sa figure peuvent être appréciées avec beaucoup plus de certitude que pour aucune autre tache de la planète, et même il ne serait pas impossible qu'on n'appliquât avec succès sur elle des mesures au micromètre en l'observant avec de puissants instruments.

Il faut aussi remarquer la *diminution* et l'accroissement de ces taches qui conservèrent malgré cela toujours la même figure, ainsi que la circonstance que les pôles de rotation formèrent ordinairement les centres de ces taches ou du moins ne s'en éloignèrent jamais que de quelques degrés. Nous avons déjà indiqué plus haut les variations de la tache du pôle austral, ainsi que les saisons de Mars qui répondent aux données de l'observation et que nous avons exprimées dans leur rapport avec les saisons de la Terre. La tache du pôle boréal de son côté présenta les variations suivantes :

1837	Janv. 12.	Limites à....... 74°18' ; saison correspondante au			4 mai.
	Mars 7.	» à....... 76	»	»	4 juin.
1839	Févr. 26.	» à....... 78 33	»	»	17 juin.
	Avril 1.	» à....... 80 48	»	»	4 juillet.
	Avril 16.	» à....... 82 20	»	»	12 juillet.
	Mai 1.	» à....... 81	»	»	20 juillet.

D'après cela, le minimum pour les deux taches tombe environ $\frac{1}{18}$ d'année après le solstice d'été, ce qui correspond au 12 juillet (et 12 janvier) de notre Terre. Mais, tandis que la tache du pôle austral a diminué jusqu'à 6° de diamètre, celle du pôle boréal avait encore à son minimum 12° à 14° de diamètre, c'est-à-dire une surface environ cinq fois plus considérable que la première.

Réciproquement, la tache du pôle austral, en 1837, pendant son hiver (les jours d'observation correspondent, pour la saison, aux 4 et 10 décembre), a pris une telle extension sur la planète, qu'on put encore la distinguer, lors même que le pôle était déjà à 18° au delà du bord extrême, ce qui conduit à environ 55° de latitude et ainsi à un diamètre de la tache de 70°.

Nous n'avons jamais aperçu un cas semblable au bord boréal, pendant que le bord austral avait son été. Les variations de la tache du pôle austral sont, d'après cela, vers ses deux limites, *considérablement plus grandes que celles de la tache du pôle boréal.*

Par suite de la position de l'axe de Mars, le pôle austral est le plus exposé au Soleil, lorsque la quantité de la lumière (et de la chaleur) qu'il en reçoit, peut être exprimée par 0,52 de la lumière que reçoit la Terre, et le pôle boréal, lorsque cette quantité est de 0,37. Mais cette différence est, en ce qui concerne l'année dans son ensemble, complètement détruite par le rapport contraire qui a lieu en hiver; et même pour les différentes saisons, on trouve une compensation partielle, en ce que la longueur du semestre d'été, dans l'hémisphère boréal, est à celle de l'hémisphère austral dans le rapport de 19 à 15; cependant, dans les points culminants de chaleur et de froid, il reste évidemment une différence très considérable. D'après cela, *le pôle austral a des étés plus chauds et des hivers plus froids que le pôle boréal,* et cette différence est beaucoup plus considérable que celle qui se présente sur notre Terre : chez nous elle est très peu sensible, mais l'excentricité de Mars est cinq fois plus grande que celle de la Terre.

Les différences que nous avons remarquées s'accordent ainsi parfaitement avec l'idée que ces taches blanches représentent un précipité analogue à notre neige; et il est en effet presque impossible de rejeter une explication qui se confirme d'une manière aussi surprenante. Notre Terre, vue de la distance d'une planète, doit présenter des phénomènes tout à fait semblables; seulement, chez nous, le rapport réciproque de l'hémisphère boréal et de l'hémisphère austral est moins inégal.

Les autres taches de la planète paraissent pour l'essentiel appartenir à la surface. Vu la position et l'éloignement de Mars, nous n'aurions pu, en aucune circonstance imaginable, distinguer des ombres produites par des montagnes, quelque gigantesque que fût leur élévation (la forme sphérique toujours bien prononcée du disque leur prescrit du moins un maximum); ces ombres sont donc des différences dans la réflexion de la lumière, qui peuvent très bien provenir des mêmes causes que celles qui ont lieu sur notre Terre. C'est dans l'opposition de 1830 que s'est montrée la plus grande précision relative à la délimitation dans les taches de l'hémisphère austral, qui étaient situées entre l'équateur et 45° de latitude nord; cependant aussi alors la noirceur et la netteté relatives des taches ne sont pas restées constamment les mêmes, et ce fut encore moins le cas en 1837 et 1839. Ainsi, quoique ces taches elles-mêmes ne paraissent pas être analogues à nos nuages, toutefois elles présentent certaines analogies optiques avec des condensations semblables à des nuages, car elles se montrent plus déterminées, plus précises et plus intenses dans leur été, et au contraire plus vagues, plus pâles et plus confondues pendant leur hiver.

Quelquefois nous avons aperçu une coloration rougeâtre en certaines régions particulières du disque. Mars apparaît à l'œil nu comme l'étoile la plus rouge du ciel. Avec le télescope, cela ne se montre pas au même degré et la couleur générale est tout au plus un rouge jaunâtre; la coloration de ces régions rappélle celle d'un beau crépuscule de notre Terre.

Si tout cela nous conduit déjà avec beaucoup de certitude à admettre pour Mars une atmosphère très sensible et semblable à celle de notre Terre, cela explique aussi en même temps la remarque que nous avons faite qu'en s'approchant des bords les taches apparaissent toujours fondues ou s'effacent entièrement; l'éclat du bord, que nous avons souvent aperçu, paraît aussi provenir de procédés atmosphériques particuliers.

Au reste, il ne faut pas s'attendre à ce que l'atmosphère de Mars, lors de l'immersion d'une étoile fixe ou d'autres corps célestes, puisse être rendue sensible par la réfraction. Même aux époques où Mars est le plus rapproché de nous, une étendue de 20 lieues sur lui ne nous paraît que sous un angle de $0'',30$; à une telle distance, la réfraction est entièrement insensible, lors même qu'elle serait à la surface considérablement plus forte que sur la Terre.

Les observations nous font admettre la plus grande variation, aussi bien pour la grandeur et la forme que pour l'intensité, dans la tache sombre voisine de la zone polaire boréale, et cela s'explique probablement d'une façon particulière. Si les taches polaires sont véritablement de la neige, leur diminution à l'approche de l'été ne peut avoir lieu que par la fonte et l'évaporation continuelles; l'épaisseur de cette neige est, selon toute vraisemblance, très considérable; ces parties de la surface, se disposant à s'évaporer, doivent par conséquent être extrêmement humides; or un sol vaporeux et marécageux est certainement de toutes les parties d'une surface celle qui est la moins susceptible de réflexion et qui doit par conséquent nous paraître la plus foncée. Le maximum de cette noirceur doit arriver à l'époque où la fonte s'opère avec le plus de rapidité, c'est-à-dire, pour les hautes latitudes, entre l'équinoxe et le solstice d'été. Ainsi s'explique pourquoi la tache sombre qui environne le pôle boréal, qui n'avait pas du tout été aperçue auparavant, se présenta en 1837 avec une intensité et une étendue si considérables et en 1839, au contraire, fut très pâle et au commencement très petite.

Ce n'est pas aller trop loin que de regarder Mars comme présentant une très grande ressemblance avec notre Terre, même sous le rapport physique, comme une image de la Terre telle qu'elle nous apparaîtrait au firmament, vue à une grande distance (environ une distance double de celle où se présente la Lune à l'œil nu). Les différences les plus essentielles entre Mars et la Terre consistent dans la petitesse de son volume et la forte excentricité de son orbite. En revanche, la durée des jours est sensiblement la même.

L'inégalité que l'excentricité amène dans la durée des saisons peut se déterminer de la manière suivante, si l'on admet la position de l'axe d'après Herschel et notre période de rotation :

Une année de Mars contient......	$669\frac{2}{3}$ rotations,	
Par conséquent...................	$668\frac{2}{3}$ jours solaires de Mars.	
Le printemps de l'hémisphère boréal contient..... ..	$191\frac{1}{3}$ jours de Mars.	
L'été................	181	» »
	$372\frac{1}{3}$.	
L'automne........................	$149\frac{1}{3}$	» »
L'hiver..	147	» »
	$296\frac{1}{3}$	

de telle sorte que le printemps et l'été réunis ont 76 jours de plus dans l'hémisphère boréal que dans l'hémisphère austral. Les deux moitiés de l'année séparées par les équinoxes sont donc dans le rapport de 19 à 15.

Beer et Mädler terminent leur mémoire par l'examen de la durée de la rotation de la planète, comparée aux résultats obtenus par William Herschel. Nous avons vu plus haut (p. 106) qu'ils ont trouvé $24^h37^m23^s,7$ pour la période la plus sûre.

La période de rotation que nous avons trouvée, remarquent-ils, diffère de 2 minutes de celle d'Herschel qu'on avait admise jusqu'à présent, et comme cette période est aussi basée sur la combinaison de deux oppositions, une aussi grande différence peut étonner. Cependant cette différence disparaîtrait presque entièrement si l'on voulait admettre dans l'une des deux années une erreur d'une seule révolution entière, si l'on voulait diviser l'intervalle des oppositions d'Herschel avec un diviseur augmenté d'une unité, ou le nôtre avec un diviseur diminué d'une unité. Toutefois, comme une période de $24^h39^m22^s$ est inconciliable avec nos observations comparées entre elles, et supposerait des erreurs que nous ne pouvons pas regarder comme possibles, il ne sera peut-être pas sans intérêt de se reporter aux observations d'Herschel et d'examiner quel résultat elles présentent lorsqu'on les réduit avec une plus grande exactitude.

En 1777, du 8 au 26 avril, il avait observé différentes taches, qui n'offraient cependant seules aucune combinaison certaine, c'est pourquoi il résolut d'attendre l'opposition suivante. Elle arriva le 12 mai 1779 et Mars atteignit alors un diamètre de $13",5$, grandeur qui diminua jusqu'au 19 juin où il fut de $11"$.

Le 11 mai, à 11^h43^m, il aperçut au centre une tache qu'il avait déjà vue le 9 mai, à $11^h0^m45^s$, mais un peu en dehors du centre. La même tache se montra le 19 juin où Mars avait déjà une position très basse. Voici son observation :

Juin 19, 11ʰ30ᵐ. The figure of mai 11 is not come to the position; it was then at 11ʰ43ᵐ, but cannot be far from it. I fear as Mars approaches to horizon, I shall not be able to follow him till the figure comes to the centre.

11ʰ47ᵐ. The state of the air near the horizon is very unfavorable. With much difficulty I can but just see that the la figure is not quite so far advanced as it was mai 11 at 11ʰ44ᵐ, but can certainly not be above two or three minutes from it.

En trois minutes une tache de Mars s'écarte du centre d'un espace égal à $\frac{1}{145}$ du diamètre de Mars; elle ne se meut ainsi, avec la grandeur apparente qu'elle avait alors, que de $\frac{1}{14}$ de seconde d'arc, et Mars n'était qu'à 9° au-dessus de l'horizon! Cependant, admettons l'appréciation d'Herschel, ainsi que le passage de la tache à 11ʰ49ᵐ30ˢ. Le calcul se présente de la manière suivante :

```
Juin.....     19     11ʰ49ᵐ30ˢ
Mai.....      11     11 43   0
                     ——————
Intervalle........   39ʲ    0ʰ 6ᵐ30ˢ
Correction I.....           +37ᵐ36ˢ à cause du changement de la longitude géocentrique.
Correction II...            —16ᵐ14ˢ à cause de la phase de Mars.
Correction III...           — 0ᵐ49ˢ à cause de l'aberration.
                     ——————
                     39ʲ    0ʰ27ᵐ 3ˢ
                     ——————
38 rotations de      24ʰ38ᵐ36ˢ,4
```

Herschel observa une autre tache le 11 mai, à 10ʰ17ᵐ41ˢ, et le 13, à 11ʰ25ᵐ51ˢ, après quoi elle reparut le 17 juin à 9ʰ12ᵐ20ˢ. Toutefois il dit :

Juin 17, 9ʰ12ᵐ (clock 20ˢ slow). The dark spot is rather more advanced than it was mai 11, 10ʰ18ᵐ.

Et Herschel admet encore une correction de 3ᵐ, d'après quoi le moment véritable est 9ʰ9ᵐ20ˢ. Cela donne les résultats suivants :

```
Juin.....     17     9ʰ 9ᵐ20ˢ
Mai.....      11     10 17 48
                     ——————
              36ʲ    22ʰ51ᵐ32ˢ
Correction I...............  + 37ᵐ28ˢ
     »       II............  — 15  0
     »       III...........  — 0  44
                     ——————
              36ʲ    23ʰ13ᵐ16ˢ
                     ——————
              36ʲ    24ʰ38ᵐ42ˢ,9

Juin.....     17     9ʰ 9ᵐ20ˢ
Mai.....      13     11 25 51
                     ——————
              34ʲ    21ʰ43ᵐ29ˢ
Correction I...............  + 34ᵐ31ˢ
     »       II............  — 15  0
     »       III...........  — 0  43
                     ——————
              34ʲ    22ʰ 2ᵐ17ˢ
                     ——————
              34ʲ    24ʰ38ᵐ53ˢ,4
```

La moyenne de ces trois déterminations *extrêmement incertaines* est donc

24ʰ38ᵐ44ˢ,2.

et, au lieu de cela, Herschel, n'ayant égard qu'en passant à la correction qui provient du changement de la longitude et ne faisant pas du tout attention aux autres, admet comme résultat final pour 1779

$$24^h 39^m 22^s,1.$$

Il faut cependant encore avoir égard à une circonstance qui ne peut guère être soumise au calcul. Nous calculons la grandeur de la phase au moyen de l'angle que forment la Terre et le Soleil avec le centre de Mars, mais l'expérience nous apprend, dans Vénus et Mercure, que la largeur de la partie obscurcie se trouve être toujours un peu plus grande que le calcul ne le demande. En outre, avec un instrument d'une irradiation aussi forte qu'a dû l'être le télescope d'Herschel, le bord entièrement éclairé s'avancera beaucoup plus dans la partie obscurcie que le bord opposé; or, comme les 11 et 13 mai le disque complet a été aperçu, mais que les 17 et 19 juin il manquait déjà au bord oriental 28°16′ et 29°22′, il faut donc d'après toute vraisemblance augmenter la correction II et *diminuer* par conséquent la période de rotation.

Herschel, prenant pour base la période de $24^h 39^m 22^s,1$, qu'il avait trouvée, admit qu'entre les jours suivants, où les mêmes taches furent aperçues,

        1777   avril   8   et   1779 juin   6, il s'étai   écoulé 768 rotations :
        1777   »   17   et   1779   »   15   »   » . 768   »
        1777   »   26   et   1779   »   19   »   »   763   »

d'où résulta alors la période :

$$
\begin{aligned}
&24^h 39^m 23^s,03\\
&24\ \ 39\ \ 18\ ,94\\
&24\ \ 39\ \ 23\ .04
\end{aligned}
$$

Moyenne...... $24^h 39^m 21^s,67.$

En augmentant les diviseurs d'une unité et en ayant égard aux corrections exigées, on obtient :

$$
\begin{aligned}
&24^h 37^m 28^s,5\\
&24\ \ 38\ \ 22\ ,3\\
&24\ \ 37\ \ 28\ ,0
\end{aligned}
$$

Moyenne...... $24^h 37^m 26^s,27;$

de sorte que la différence de 2 minutes qui se trouve entre le résultat d'Herschel et le nôtre se trouve réduite à $2\frac{1}{2}$ secondes.

Il est évident que, pour le résultat exact des observations, les deux diviseurs sont également à peu près possibles et vraisemblables, tandis qu'une diminution du diviseur que nous avons appliqué dans la combinaison de 1830 et 1832 ferait supposer une erreur moyenne de $1^h 15^m$ dans les intervalles observés en 1830, ce qui est inadmissible.

Il est bien loin de notre pensée de vouloir mettre en doute l'exactitude et le talent d'observation d'Herschel; seulement les circonstances de beaucoup plus favorables qui ont accompagné nos observations en 1830, ainsi que la stricte exactitude que nous avons mise dans le calcul, paraissent décider en faveur de notre résultat qui, comme on le voit, peut être mis d'accord avec les observations d'Herschel.

Nous adopterons cette correction, d'autant plus que les déterminations récentes les plus précises confirment la période de Beer et Mädler, la durée de rotation de Mars étant, sans aucun doute possible, de $24^h37^m22^s,6$. La période de Beer et Mädler est, avons-nous dit, de $24^h37^m23^s,7$. Elle approchait donc de $1^s,1$ de la précision absolue.

Les observations qui précèdent ont été continuées par Mädler, à l'observatoire de Dorpat, pendant l'opposition de 1841, et le résumé en a été publié dans le numéro 434 des *Astronomische Nachrichten*, année 1842, accompagné d'une planche de 40 dessins. Il est assez difficile d'identifier ces dessins aux précédents. Nous avons choisi dans cette planche, pour être reproduits en fac-similés, une série de neuf croquis parmi les meilleurs et les plus voisins de l'opposition ; ce sont les *fig.* 6, 7, 8, 14, 15, 16, 22, 23 et 24 de la planche que nous venons de citer ; ils se rapportent aux dates suivantes (l'opposition a eu lieu le 1er avril : distance à la Terre = 0,591 ; diamètre = 15″,1) :

Fig. 6 ou 1 : 1er avril, à minuit 8^m, temps moyen de Paris.
Fig. 7 ou 2 à gauche : 5 avril, 9^h13^m, temps moyen de Paris.
Fig. 8 ou 3 : Même jour, à 10^h13^m, temps moyen de Paris
Fig. 14 ou 1re du 2e rang : 26 avril, à 9^h12^m.
Fig. 15 : Même jour, à 9^h52^m
Fig. 16 : 29 avril, à 8^h50^m.
Fig. 22 ou 1re du 3e rang : 8 mai, à 8^h41^m.
Fig. 23 : 9 mai, à 8^h11^m.
Fig. 24 ou dernière : 11 mai, à 7^h54^m.

Ces observations complètent les précédentes sans y ajouter de nouveaux documents.

Telles furent les recherches de l'astronome Mädler, auquel s'était associé son ami Guillaume Beer (frère de Meyerbeer), passionné comme lui pour l'étude du ciel. Ces recherches sont les plus fécondes de toutes celles qui aient été faites jusqu'à leur époque, car elles inaugurent réellement la connaissance de la géographie martienne, ou l'*aréographie*.

La durée de la rotation, déterminée avec une précision supérieure à toutes les évaluations précédentes et adoptée, est $24^h37^m23^s,7$.

Les glaces polaires sont spécialement étudiées, ainsi que les saisons de chaque hémisphère. On sait désormais que l'hémisphère austral a des étés

plus chauds et des hivers plus froids que l'hémisphère boréal, à cause de la
plus grande excentricité de la planète et de l'inclinaison de l'axe : les variations des glaces polaires australes sont plus grandes que celles des glaces
polaires boréales, et elles correspondent aux saisons. L'hémisphère sud a
des étés courts et brûlants et des hivers longs et rigoureux; l'hémisphère
nord, au contraire, a des étés longs et tempérés et des hivers courts et doux.

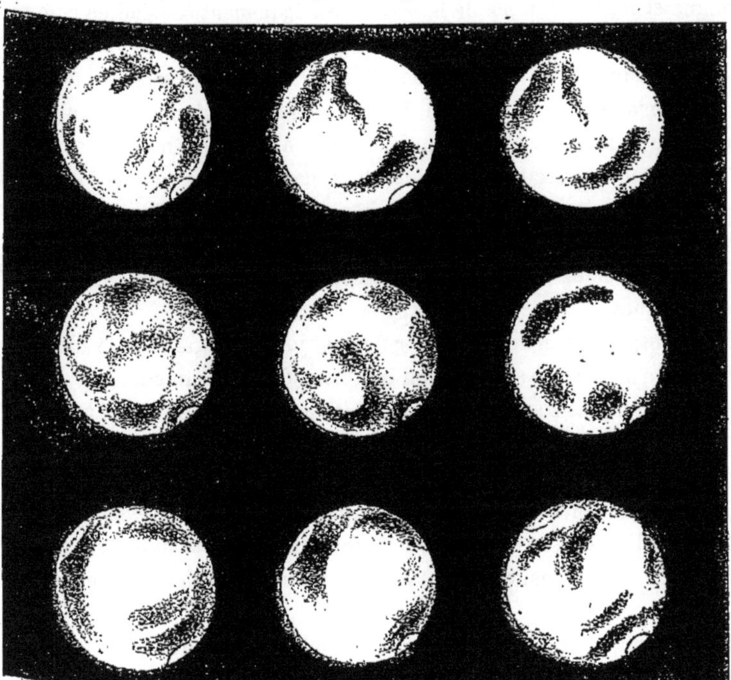

Fig. 70. — Dessins de Mars faits par Mädler en 1841.

Les mesures de distance des pôles de froid aux pôles géographiques ne
concordent pas avec celles d'Herschel (voy. p. 97), quoiqu'il reste constant
que les deux calottes polaires ne sont pas diamétralement opposées. Peut-être
les pôles du froid ne sont-ils pas fixes.

Les taches foncées de la planète ont une certaine fixité, une certaine permanence. Cependant il y a des changements incontestables. Ce que nous
avons pressenti depuis le commencement de cet ouvrage est confirmé.

Comme stabilité, la tache a, prise pour origine des méridiens, paraît aux
observateurs la plus sûre. Elle est la mieux marquée de la planète, la plus
foncée. (C'est la baie du Méridien de notre carte.) Si nos lecteurs veulent bien
remonter aux pages 30 et 69 de cet ouvrage, ils trouveront cette région à
droite de l'hémisphère renfermant la mer du Sablier et remarqueront que

l'aspect n'est plus le même que celui de la carte de Beer et Mädler : le ruban ne se détache plus sur un fond clair et est moins étroit; *il s'opère incontesta-blement là des variations d'aspects*, peut-être périodiques.

Ce détroit d'Herschel II a paru stable aux auteurs, comme ayant été observé aussi par Kunowsky en 1821 (voy. *fig.* 65). Ainsi l'arc serpentant *ac* et la tache *a* leur paraissent appartenir sûrement à la surface de la planète. La longue et large tache *pm* de leur carte est également considérée comme fixe (c'est la mer Maraldi). Du reste, malgré les incertitudes et la confusion de certaines images, ils écrivent en 1832 qu'aucune des taches bien visibles en 1830 n'a changé de position. En 1837, ils reconnaissent de nouveau avec certitude la mer Maraldi. Toutefois il n'y a pas moyen de se soustraire à l'impression de variations considérables, dans la teinte comme dans la forme et l'étendue de ces taches sombres. Les auteurs seraient disposés à attribuer ces variations, du moins dans les latitudes élevées, aux effets de la fonte des neiges, le sol devenant marécageux et sombre aux endroits où les neiges sont fondues.

L'atmosphère martienne doit également jouer un grand rôle dans ces variations d'aspects. Il semble bien que nous devions admettre sur Mars deux espèces de taches sombres, les unes dues à des mers, les autres à des brumes ou brouillards. Peut-être même arriverons-nous à la déduction que l'eau n'est pas dans le même état qu'ici, n'y forme pas, à proprement parler, des mers liquides, mais plutôt des nappes de brouillards très denses, visqueux, voisins de l'état liquide sans l'être tout à fait. Ces nappes aqueuses varieraient d'étendue et d'intensité suivant les conditions atmosphériques et suivant les saisons.

On le voit, la connaissance de la planète avance graduellement, d'année en année, avec le progrès des observations. Nous pouvons affirmer dès maintenant ce qui n'était que probable précédemment : *Stabilité*, mais variations. L'étude *géographique* de la planète Mars devient une étude de précision; Mars est un globe géographique comme la Terre, non pas nuageux comme Jupiter et Saturne; il a sûrement des continents et des mers; mais ces mers ne ressemblent pas aux nôtres : elles subissent des variations énigmatiques qui feront l'objet des études futures de la Science.

XXXVI. 1830. — Sir John Herschel.

Après avoir donné sur Mercure et Vénus l'opinion suivante (*Outlines of Astronomy*) : « La conséquence la plus naturelle à tirer de l'extrême ténuité des taches, qui ne sont même que passagères, c'est que nous ne voyons pas, comme dans la Lune, la surface réelle de ces planètes, mais seulement leurs atmosphères très chargées en nuages et qui peuvent servir à adoucir l'éclat d'ailleurs très intense de leur clarté », l'illustre astronome ajoute :

« Le cas est très différent pour Mars. Dans cette planète, nous distinguons avec une parfaite netteté les contours de ce que nous pouvons regarder comme des continents et des mers (voyez *fig.* 71 où Mars est représenté tel qu'il a été vu, le 16 août 1830, dans le réflecteur de 20 pieds de Slough). Les continents se distinguent par cette couleur rougeâtre qui caractérise la lumière de cette planète et qui annonce, à n'en pas douter, *une teinte d'ocre dans le sol* en général (comme les carrières de pierre à sablon rouge dans quelques lieux de la Terre peuvent en offrir l'image aux habitants de Mars); seulement le ton est plus prononcé; par un contraste qu'expliquent les lois générales de l'optique, les mers, comme nous pouvons les appeler, paraissent verdâtres.

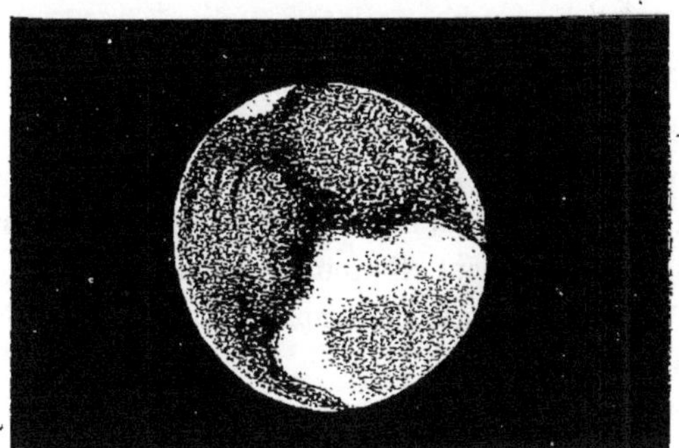

Fig. 71. — Vue de Mars, par sir John Herschel, le 16 août 1830

Ces taches cependant ne se voient pas toujours d'une manière également distincte, quoique, quand on les voit, elles offrent toujours la même apparence. Cela peut venir de ce que la planète n'est pas entièrement dépourvue d'atmosphère et de nuages; et ce qui donne beaucoup d'autorité à cette hypothèse, c'est la présence de taches blanches et d'un vif éclat à ses pôles (dont une est représentée dans notre dessin). On a soupçonné, avec beaucoup de probabilité, que ce sont là des neiges : elles disparaissent lorsqu'elles ont été longtemps exposées au Soleil, et sont au plus haut degré de leur grandeur lorsqu'elles ne font que sortir de la longue nuit de leur hiver polaire. »

En 1828, le 22 juin, le Dr Pearson avait observé sur le disque de Mars une tache sombre allongée verticalement, non loin du bord gauche ou occidental, et, quatre jours après, il revoyait cette tache, non plus verticale, mais horizontale et allongée le long du bord supérieur. Il en écrivit à sir John Herschel qui lui-même communiqua le fait à Smyth. Celui-ci en parle dans son ouvrage *Cycle of Celestial objects* et en donne même la figure. Il s'agissait certainement là de deux taches différentes, car la planète ne tourne pas dans ce sens : nous ne sommes pas dans la direction du pôle.

Nous retiendrons de sir John Herschel deux faits. Le premier, c'est que dès cette époque, 1830, l'opinion que les régions jaunes représentent des continents et les grises des mers devient à peu près générale; le second, c'est que le ton jaune des continents est celui de la surface du sol. Mais l'explication du fils de William Herschel est soumise à caution. Pour l'admettre, il faudrait supposer qu'il n'y ait aucun genre de végétation à la surface du sol de Mars. Une telle supposition n'est guère acceptable, puisqu'il y a comme ici de l'air, de l'eau et du soleil. Si la surface du sol est rougeâtre, cela ne proviendrait-il pas de ce qu'elle serait recouverte d'une végétation de cette nuance? Cette coloration n'est pas rouge d'ailleurs, c'est un jaune chaud que nous ne saurions plus exactement comparer qu'à celui des blés mûrs.

XXXVII. 1830 à 1837. — Bessel [1].

Le grand astronome-mathématicien Bessel a fait de 1830 à 1837 à l'observatoire de Kœnigsberg une série d'observations de Mars qui n'avaient point pour objet sa constitution physique, mais seulement la mesure de son diamètre et de son aplatissement. Il trouva pour le diamètre, à la distance I (celle de la Terre au Soleil), 9″,33. L'aplatissement polaire lui parut tout à fait insensible.

Les mêmes mesures ont donné pour l'excentricité de la tache polaire australe 6°36′. On se souvient que William Herschel avait trouvé en 1783, pour cette même tache australe 8°,8, Beer et Mädler 8°.

Oudemans, de Leyde, a publié en 1852 une nouvelle réduction de ces mesures [2]. Il conclut pour le demi-diamètre 4″,664, ce qui, combiné avec la parallaxe solaire alors adoptée de 8″,571, donne 0,544 pour le diamètre de Mars relativement à la Terre, et 0,161 pour le volume. Il trouva par les mêmes observations de Bessel :

Longitude céleste où pointe le pôle nord de Mars.	349° 1′ [3]
ou ascension droite	317°34
Latitude	61° 9
ou déclinaison	50° 5

[1] *Kœnigsberg Beobachtungen*, t. XXIII, 1847, p. 94, 95.

[2] *Astronomische Nachrichten*, nᵘ 838, 1852, p. 351.

[3] Nous avons vu que Herschel avait trouvé :

Longitude	347°47′
Longitude	59°42

et Schrœter :

Longitude	352°55′
Latitude	60°33

XXXVIII. 1831-1832. — SIR JAMES SOUTH ([1]).

L'astronome anglais sir James South, auquel nous devons d'intéressantes mesures d'étoiles doubles, a présenté à la Société royale de Londres, le 16 juin 1831, puis le 13 décembre 1832, une série d'observations *sur l'atmosphère de Mars*, montrant que cette atmosphère n'a pas l'extension que lui avait fait supposer l'interprétation des observations de l'occultation de l'étoile ψ du Verseau par Mars, le 1er octobre 1672.

Cassini avait observé à Briare : « Le 1er octobre 1672, dit-il, à 2h45m du matin, Mars, vu par une lunette de 3 pieds, semblait toucher par son bord septentrional la ligne droite tirée par la première et par la seconde étoile de l'eau d'Aquarius marquée ψ, d'où il n'était éloigné que de 6 minutes. Cette étoile paraissait si diminuée et affaiblie de lumière qu'on ne la pouvait distinguer ni à la vue simple ni par une lunette un peu faible. »

L'étoile ψ du Verseau est de 5e grandeur. Nous avons déjà parlé de cette observation p. 60 (en note).

Cette même occultation fut observée à l'Observatoire de Paris par Rœmer : « Les nuages ne permirent pas d'en voir la sortie, et l'on ne sait même pas si l'on aurait pu la voir immédiatement, car, trois quarts d'heure après, le ciel s'étant découvert, M. Rœmer la chercha attentivement autour de Mars et il ne la trouva qu'après l'attention de deux minutes, quand elle était déjà éloignée du bord oriental de Mars de deux tiers de son diamètre. Il commença de la voir sans difficulté quand elle était éloignée de Mars des trois quarts de son diamètre ». (*Mém. de l'Acad.*, t. VII, p. 359).

Voilà donc une étoile de 5e grandeur qui aurait subi à la distance de six minutes l'influence de la planète. « Cette difficulté de voir cette étoile de la 5e grandeur très proche de Mars est considérable, d'autant qu'il n'y a point de difficultés à voir des étoiles de la même grandeur au bord de la Lune. Ce qui pourrait faire juger que Mars est environné de quelque atmosphère. »

Sir James South remarque d'abord que William Herschel a fait une observation contraire le 27 octobre 1783, puisqu'il a pu suivre une étoile de 13e à 14e grandeur à la distance de 2′56″ de la planète : « Not otherwise affected by the approach of Mars than what the brightness of its superior light might account for. » Nous avons signalé cette observation.

« Le 19 février 1822, dit sir James South, j'ai observé à Londres, à Blackman-street, une étoile de 9e à 10e grandeur qui n'a pas subi de diminution d'éclat à 1′43″ du bord de la planète.

([1]) *On the extensive atmosphere of Mars. Philosophical Transactions*, 1831, p. 417. — *Id.* 1833, p. 15.

« La nuit suivante, continue-t-il, l'étoile 42 du Lion, de 6ᵉ grandeur, s'est approchée de Mars ; à 4ʰ du matin, elle était tout proche et présentait une belle couleur bleue. Elle a été occultée. Je n'ai pas pu saisir le moment précis de l'occultation, mais à l'émersion j'ai revu l'étoile à environ une minute et demie du bord ; elle était nette, indigo bleu, ce qui faisait un contraste exquis avec la couleur de Mars. La planète n'était qu'à 47 heures de son opposition, et son diamètre était de 16″,6. »

Le 17 mars 1831, le même astronome fit encore une observation analogue à propos de l'occultation de l'étoile 37 du Taureau par Mars. L'étoile ne subit aucune diminution d'éclat ni de couleur. Il n'y avait pas de contraste de couleur comme dans le cas de 42 du Lion. L'étoile 37 du Taureau a à peu près la couleur de Mars.

Le 28 novembre 1832, sir James South fit encore une observation analogue. Une étoile de 6ᵉ à 7ᵉ grandeur précédait Mars au Sud. Elle offrait une belle couleur bleue, en contraste frappant avec celle de la planète. L'objectif de l'équatorial mesurait 11,85 pouces anglais et supportait bien un grossissement de 520 fois. On suivit l'étoile ($\mathcal{R} = 3^h29^m19^s$, $\odot + 20°22'$) jusqu'au bord de la planète : il n'y a pas eu l'ombre d'un changement optique dans l'éclat de l'étoile, pas plus que dans sa couleur, ni à l'immersion ni à l'émersion.

La planète avait passé son opposition depuis 9 jours.

L'auteur conclut que l'ancienne hypothèse d'une atmosphère considérable est insoutenable. C'est aussi ce que Flaugergues avait conclu en 1796 d'une observation analogue (*voy.* p. 84, en note).

XXXIX. 1837-1839. — J.-G. GALLE.

Cet astronome a fait en 1837 et 1839, à l'aide du réfracteur de 9 pouces de l'observatoire de Berlin, une série d'observations et de dessins fort remarquables. Dix-huit de ces dessins ont été reproduits par M. Löhse dans le tome I des publications de l'*Astrophysikal. Observatorium zu Postdam* (1878).

Parmi ces croquis nous reproduisons, entre autres, les suivants :

Fig. 72 A : 12 mars 1837, à 10ʰ37ᵐ.

Fig. 72 B : 12 mars 1839, à 10ʰ0ᵐ. — Dans ces deux vues, on remarque, en bas, la tache polaire boréale, très petite dans le deuxième dessin. Ce dessin de 1839 offre une ressemblance remarquable avec celui de Kunowsky, du 15 mars 1822 : la tache supérieure représente le détroit d'Herschel II et la baie du Méridien.

Fig. 73 C : 12 mars, à 11ʰ30ᵐ.

Fig. D : 13 mars, à 9ʰ41ᵐ.

Fig. E : 14 mars 1839, à 10ʰ0ᵐ. — Cette sorte de tête de canard représente

A. — 12 mars 1837, à 10ʰ37ᵐ.   B. — 12 mars 1839, à 10ʰ0ᵐ.

Fig. 72. — Dessins de Mars par Galle, 1837-1839.

également la baie du Méridien. Remarquer cet aspect fourchu, sur lequel nous reviendrons plus tard.

C. — 12 mars, à 11ʰ30ᵐ.   D. — 13 mars.   E. — 14 mars.   F. — 30 mars, à 9ᵐ40ᵐ.

Fig. 73. — Dessins de Mars par Galle, en 1839.

Fig. F : 30 mars. — La tache noire a est passée à 10ʰ40ᵐ au méridien central. Cette figure a été prise à 9ʰ40ᵐ, et la suivante (G) à 11ʰ10ᵐ.

Fig. H : 31 mai, à 14ʰ30ᵐ. — On distingue les deux taches polaires, qui ne sont

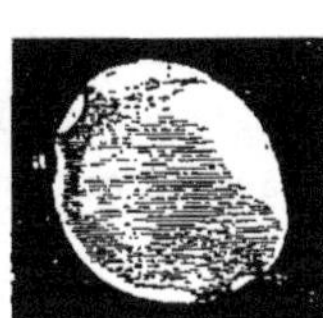

G. — 30 mars, 11ʰ10ᵐ.   H. — 31 mai.   I. — 1ᵉʳ juin.   J. — 7 juin.

Fig. 74. — Dessins de Mars par Galle, en 1839.

pas à l'extrémité d'un même diamètre. On remarque en a une échancrure assez singulière. (Nous avons déjà vu une observation analogue dans Schrœter.)

Fig. I : 1ᵉʳ juin, à 14ʰ15ᵐ. — La traînée sombre, qui descend d'un pôle à l'autre, paraît correspondre à la mer du Sablier, qui est encore mieux reconnaissable sur les croquis B, D, E et H.

Fig. J : 7 juin, à 14ʰ22ᵐ.

Ces dessins de Galle signifient également : *stabilité, mais variations de tons.*

XL. 1839. — Napoléon III.

Nous avons découvert cette observation dans un ouvrage où nous ne l'aurions certainement pas cherchée (¹), et nous la signalons plutôt pour sa curiosité que pour son importance.

Au mois de juin 1839, le prince Louis-Napoléon et M. d'Abbadie, aujourd'hui membre de l'Institut et du Bureau des Longitudes, qui l'accompagnait, étant en visite à l'observatoire de sir James South, à Londres, observèrent Mars et remarquèrent surtout la calotte polaire supérieure, alors très accentuée. M. d'Abbadie en fit un petit croquis qu'il serait superflu de reproduire, et Louis-Napoléon Bonaparte en écrivit une courte description *qu'il signa Napoléon III* (en 1839). La planète offrait une phase marquée. Là tache polaire était si brillante qu'elle allongeait le disque de Mars en forme de pointe et lui donnait l'aspect d'une poire.

C'était sans doute une semaine ou deux après le dernier dessin qui précède.

XLI. 1843 à 1873. — Julius Schmidt.

Le savant Directeur de l'observatoire d'Athènes a fourni une des collections les plus nombreuses d'observations de Mars, faites en 1843, 1845, 1846, 1847, 1854, 1856, 1860, 1862, 1864, 1866, 1867, 1869, 1871 et 1873. Mais cette belle série n'a pas été publiée, et nous ne la connaissons que par les relations qu'en a données M. Terby. Les dessins de Schmidt s'élèvent à 107. Les observations ont été faites successivement à Hambourg, en 1843, avec un grossissement de 90 fois; à Bilk, près Dusseldorf, en 1845; à Bonn, en 1846 et en 1847, avec un réfracteur de 5 pieds et un héliomètre; à Olmütz en 1854 et en 1856, avec un réfracteur de 5 pieds, et enfin à Athènes, de 1860 à 1873, avec le réfracteur de 6 pieds et un grossissement de 550 fois. On y reconnaît avec une grande évidence, dans la plupart des cas, les principales configurations géographiques de la planète.

Les quatre dessins ci-dessous, reproduits d'après M. Terby, donnent une idée des observations de Julius Schmidt. En voici les dates; nous les publions dès ici quoiqu'ils anticipent un peu sur notre ordre chronologique.

Fig. A.   26 septembre 1862, à 8ʰ36ᵐ (heure d'Athènes).
Fig. B.   1ᵉʳ octobre 1862, à 7ʰ28ᵐ.   id.
Fig. C.   16 mai 1873, à 8ʰ15ᵐ.   id.
Fig. D.   23 mai 1873, à 7ʰ41ᵐ.   id.

La *fig.* A permet de reconnaître la mer du Sablier. Au-dessus, comme une île très vaste, la terre de Lockyer, et, plus haut, la tache polaire australe, bien détachée

(¹) *Révolutions de la Mer*, par Adhémar. 2ᵉ édition, p. 242. Paris, 1860.

du bord. Le reste est moins sûr. La *fig.* B, qui contient la mer Maraldi, montre au-dessous d'elle une bande sombre que nous ne reconnaissons pas. La *fig.* C rappelle la *fig.* 7 de Mädler en 1841, mais n'est d'identification sûre pour aucune de

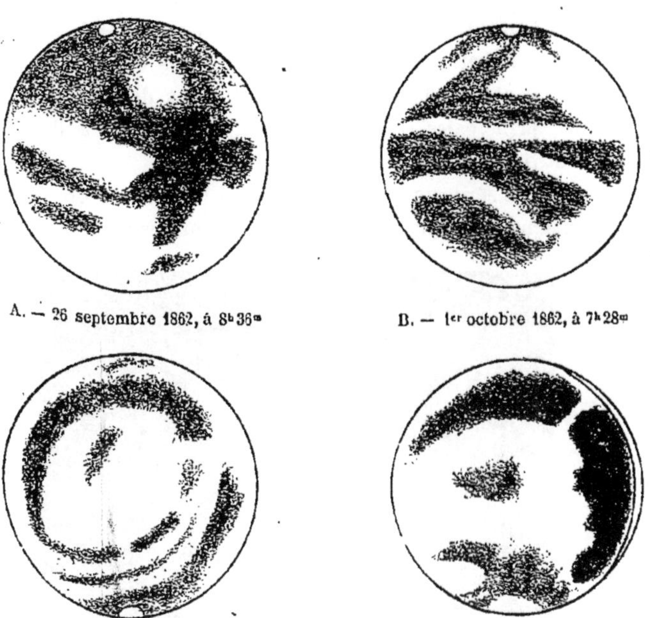

Fig. 75. — Dessins de Mars, par Julius Schmidt, 1862 et 1873.

ses taches. La *fig.* D paraît représenter la mer Flammarion et la mer Hooke séparées par un isthme.

Ces observations militent également en faveur de variations notables dans les aspects de Mars.

XLII. 1845 à 1856. — Mitchel, Grant, Warren de la Rue, Jacob, Brodie, Webb.

Les observations de Mars se multiplient à mesure que s'étendent dans le monde les connaissances astronomiques et que se développe le goût des observations. Il serait inutile, pour notre étude de la planète, d'exposer ici tous les travaux, qui souvent se répètent ou n'apportent aucun élément nouveau à la question. Nous n'en omettrons pourtant aucun d'intéressant et nous donnerons toujours en détail les plus importants.

En 1845, Mitchel a fait plusieurs observations de cette planète, au grand équatorial de Cincinnatti, s'appliquant surtout aux neiges polaires : il crut remarquer un point noir dans la tache polaire, le 12 juillet 1845, et des mouvements aux bords de ces neiges. Grant a présenté à la Société royale astronomique de Londres deux croquis pris en octobre 1847 et en mars 1854 (*Monthly Notices*, 1854, p. 165). Le premier montre la tache polaire australe et le second la boréale. L'auteur est James William Grant (qu'il ne faut pas confondre avec Robert Grant, auteur de l'*History of physical Astronomy*, London, 1852). Jacob a fait, en mars 1854, deux dessins sur lesquels on reconnaît les principales taches. En 1856, Warren de la Rue, Brodie et Webb en ont obtenu de plus importants.

Dans toute cette série, ce sont certainement les dessins de Warren de la Rue qui méritent la plus haute attention, et parmi ces dessins, il en est deux,

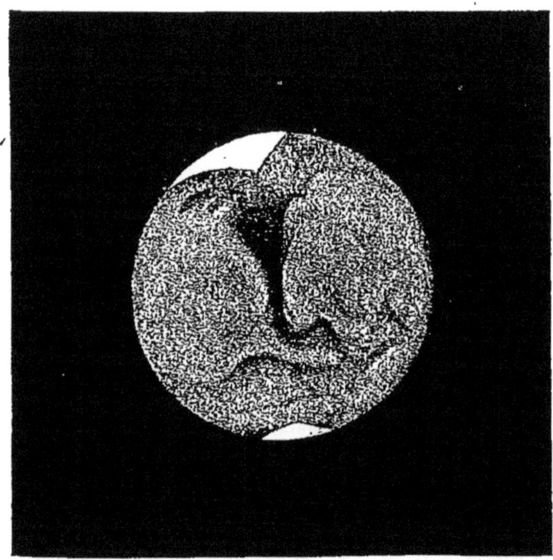

Fig. 76. — Dessin de Mars, par Warren de la Rue, le 20 avril 1856 à 9ʰ 40ᵐ.

du 20 avril 1856, à 9ʰ40ᵐ et à 11ʰ45ᵐ, qui sont particulièrement remarquables. Nous les reproduisons ici. Le premier (*fig.* 76) montre bien clairement la mer du Sablier, assez étroite. Dans le second (*fig.* 77), fait deux heures plus tard, cette mer arrive au bord occidental ou gauche du disque et le détroit d'Herschel II occupe la partie supérieure de la figure.

La baie du Méridien se présente vers la droite, comme une langue pointue.

Les taches polaires sont bien évidentes aux deux pôles. Elles n'appartiennent pas à un même diamètre. Ces deux dessins sont peut-être les meilleurs que nous ayons eu sous les yeux depuis les premières pages de cet ouvrage. Ils ont été obtenus à l'aide d'un excellent télescope newtonien de 13 pouces anglais, ou 0ᵐ,33 de diamètre, monté en équatorial.

Nous pouvons adjoindre à ces vues deux croquis de la planète pris à peu
près à la même date, au milieu d'avril 1856 : le premier, assez détaillé, dans la

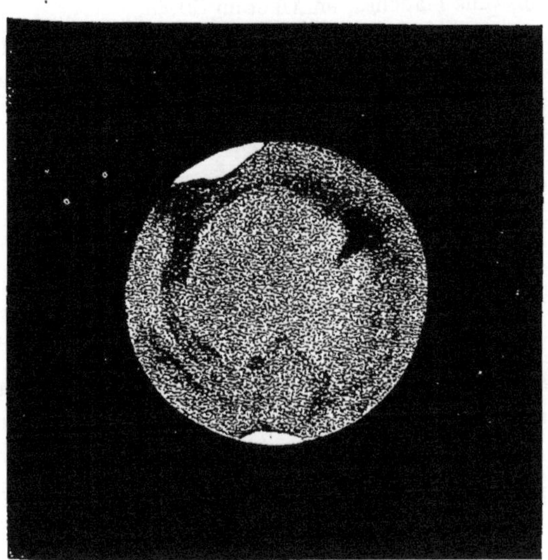

Fig. 77. — Dessin fait deux heures après (à 11ʰ 45ᵐ).

soirée du 18, par Fr. Brodie ; le second, simple esquisse, pris « vers le 15 » par
le pasteur Webb. Voici ces deux observations (*Monthly Notices*, XVI, 204 et 188) :

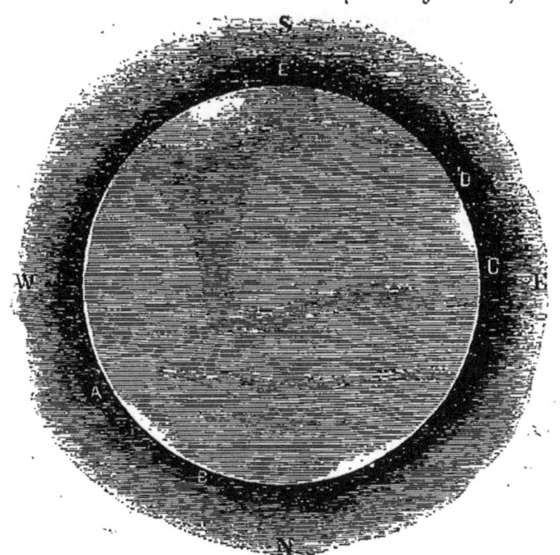

Fig. 78. — Dessin de la planète Mars, 18 avril 1856, par Fr. Brodie.

1° « 18 avril, 10ʰ 10ᵐ de temps sidéral, Mars près de la Lune, très bonne image, objectif de 6 pouces $\frac{1}{3}$, grossissements de 396 et 578. Les pôles sont resplendissants de blancheur, surtout le pôle sud. On remarque aussi deux autres régions plus blanches, en AB et en CD ».

2° Le croquis de Webb, quoique moins détaillé, indique cependant mieux que le précédent ces quatre régions blanches (les deux pôles et les deux

Fig. 79. — Croquis de la planète Mars, par T. W. Webb, vers le 15 avril 1856.

points AB et CD, de sorte que Mars paraît presque de forme équilatérale. — Cette esquisse ressemble d'une manière remarquable à celle qui, dans les ob-servations de Cassini publiées par le *Journal des Savants*, porte la lettre A (*voy.* p. 19) et qui est aussi la première en tête du mémoire de Cassini (p. 20). — Le laborieux Webb a fait un grand nombre d'autres dessins. Nous y reviendrons à propos de son ouvrage d'Astronomie pratique.

Une étude physique de la planète a été publiée par Taylor dans le *Madras Spectator* du 26 août 1845, observations faites avec un télescope d'Herschel. Gruithuisen en parle dans son *Astronomische Jahrbuch für* 1848. La planète avait une large bande équatoriale et était, à l'exception de cette bande, très lumineuse. Son aspect rappelait celui de Jupiter.

XLIII. 1845-1875. — MAIN.

M. Main a fait, tant à l'observatoire de Greenwich qu'à celui d'Oxford, un certain nombre d'observations de la planète Mars, principalement au point de vue de la mesure du diamètre. En 1845, il a fait quelques observations de la surface ([1]). Le 22 août, à 11ʰ30ᵐ, à l'époque de l'opposition, il examina la surface, en compagnie de l'astronome royal (M. Airy).

Vers 10° à l'ouest du Nord apparent, sur le bord de la planète, on voyait un cap blanc qui formait un contraste frappant avec la zone sombre qui était immédiate-ment au-dessous. Un peu au-dessous de cette bande foncée, on en remarquait une plus claire. La tache sombre la plus apparente du disque se voyait à gauche de la grande masse foncée qui occupait une partie considérable de la surface supé-rieure, et il y avait aussi une autre tache sombre à droite.

([1]) *Examination of the surface of the planet Mars with the telescope of the South-East equatorial.* Royal Observatory, Greenwich, 1845, p. 172.

Les meilleures descriptions ne valent pas le plus simple dessin.

29 août, 11^h. L'aspect de la planète est entièrement changé, à l'exception du cap polaire. La coloration était d'un beau rouge de terre « rich red earth ». Les taches sombres avaient une très légère teinte bleue.

Le même astronome a fait d'autres observations à l'observatoire d'Oxford ([1]). Il a surtout pris des mesures de l'aplatissement polaire et du diamètre. Les voici :

		Aplatissement :			Aplatissement :
1855........	9″,84	$\frac{1}{62}$	1871........	9″,25	$\frac{1}{71}$
1862........	9″,377	$\frac{1}{36}$	1875........	9″,185	$\frac{1}{36}$
1864........	9″,38	$\frac{1}{46}$			

XLIV. 1856. — WINNECKE.

Le but de ce travail étant l'étude de la constitution physique de la planète, nous n'avons pas donné ici les observations et calculs relatifs aux éléments de l'orbite, à la parallaxe, à la masse et au diamètre. Cependant, pour ce dernier point, nous avons signalé les mesures les plus importantes, telles que celles d'Herschel, Schrœter, Arago, Bessel. Nous signalerons aussi les mesures faites par Winnecke, en 1856, à l'observatoire de Bonn ([2]). Il trouve pour le diamètre, à la distance I, 9″,213. Aucune trace d'aplatissement, au contraire, car il obtient pour le diamètre polaire 9″,227 et pour le diamètre équatorial, 9″,186.

XLV. 1853. — ARAGO ([3]).

Nous avons déjà signalé et résumé le mémoire d'Arago sur Mars ainsi que ses observations (p. 90-93). Dans le Livre XXIV de son *Astronomie populaire*, dictée la dernière année de sa vie, lorsque sa vue, fatiguée par tant de travaux, était déjà en partie perdue, il s'est occupé en outre des saisons de Mars, de sa couleur et de son atmosphère.

Les saisons sont adoptées telles que nous les avons vues exposées par Beer et Mädler.

Il est un point intéressant, relatif à l'excentricité de l'orbite, que nous aurons lieu d'examiner plus loin, et sur lequel Arago s'exprime dans les termes suivants :

([1]) *Memoirs of the Royal Astr. Society*, t. XXV, p. 48; *Id.*, t. XXXII, p. 112; *Radcliffe Observatory Results*, t. XXII, XXXI et XXXIII.
([2]) *Astronomische Nachrichten*, n° 1135, 1858, p. 97.
([3]) *Astronomie populaire*, œuvre posthume, publiée en 1854-1857. Arago est mort le 3 octobre 1853.

MM. Mädler et Beer ont suivi, jusque dans les dernières conséquences susceptibles d'être vérifiées par nos instruments, l'explication qu'on a donnée des taches polaires brillantes de Mars en les assimilant à de la neige.

Sur les 668 jours $\frac{2}{3}$ dont se compose une année solaire de Mars, ces astronomes trouvent que les saisons estivales de l'hémisphère boréal de la planète renferment en nombres ronds 372 jours et que les saisons hivernales contiennent 296 jours (*voyez* p. 115).

Ces mêmes résultats s'appliquent aux saisons de l'hémisphère sud, en remplaçant seulement le mot estivales par le mot hivernales et réciproquement.

Cette inégale durée entre les saisons froides et les saisons chaudes n'empêche pas les deux hémisphères de pouvoir jouir de la même température moyenne.

Quant aux extrêmes de ces températures, ils peuvent être très dissemblables si l'on compare un hémisphère à l'hémisphère opposé.

Ainsi, au solstice d'été de l'hémisphère sud de Mars, cette planète est actuellement à sa moindre distance au Soleil et par conséquent reçoit alors de cet astre le maximum de chaleur qu'il puisse jamais lui communiquer. Cette chaleur sera à son minimum au solstice d'hiver.

Il résulte de là que si la matière qui produit la tache blanche du pôle austral de Mars jouit des propriétés analogues à celles de nos neiges, cette tache doit varier considérablement plus que la tache blanche du pôle boréal.

Nous parlerons plus loin du théorème en vertu duquel la quantité totale de la chaleur solaire reçue de l'équinoxe de printemps à l'équinoxe d'automne est identiquement la même que celle qui est reçue de l'équinoxe d'automne à l'équinoxe de printemps, la durée de l'exposition au Soleil compensant exactement la différence des distances. Mais si la quantité totale de chaleur reçue est la même, il n'en est pas moins vrai que l'hémisphère qui est exposé au Soleil au solstice périhélique reçoit à ce moment-là plus de chaleur que, l'autre n'en reçoit au solstice aphélique, et que, par conséquent, son été est plus chaud. La neige polaire doit donc y être plus réduite.

On pourrait imaginer une orbite assez allongée et une inclinaison de l'axe telle que la neige ne fondrait jamais aux environs d'un pôle qui aurait son hiver au périhélie et son été à l'aphélie.

A propos de la coloration de la planète et de l'atmosphère, Arago s'exprime comme il suit :

Quelques astronomes, physiciens et géologues ont parlé à cette occasion de terrains ocreux, de grès rouges, sur lesquels la lumière solaire serait réfléchie. Lambert, pour expliquer le même phénomène, supposait que dans cette planète tous les produits de la végétation sont rouges; d'autres, se rappelant qu'au soleil levant ou au soleil couchant les objets terrestres sont quelquefois rougeâtres, ont voulu voir dans la coloration de Mars le résultat des modifications imprimées aux rayons de lumière par l'atmosphère dont la planète serait entourée.

Mais cette explication ne saurait être admise. En la supposant exacte, c'est sur les bords et dans les régions polaires que la coloration devrait atteindre son maximum, et c'est précisément le contraire qu'on observe.

On a remarqué que la couleur rouge de Mars paraît beaucoup plus intense à l'œil nu que dans une lunette; en interrogeant mes souvenirs, il me semble qu'avec des lunettes la teinte s'affaiblit notablement quand le grossissement s'accroît.

Les taches permanentes de Mars ne sont jamais visibles jusqu'au bord de la planète. Ce bord paraît lumineux. Ces deux faits ont conduit à la conséquence que Mars est entouré d'une atmosphère. La prédominance d'éclat du bord oriental et du bord occidental a paru telle à quelques observateurs, qu'ils ont comparé ces deux bords à deux ménisques étroits et resplendissants entre lesquels serait enfermé le reste du disque comparativement obscur.

Quelques observateurs ont remarqué que les taches sombres présentent une légère teinte verdâtre, mais cette couleur n'a rien de réel. Elle est un phénomène de contraste, ainsi que cela se voit toutes les fois qu'un objet blanc et faible est placé à côté d'un autre objet fortement éclairé en rouge.

La disposition de taches permanentes de Mars près des bords de son disque, considérée comme un effet et comme une preuve de l'existence d'une atmosphère dont la planète serait entourée, mérite d'être développée ici.

Sans entrer dans le détail des principes de Photométrie qui pourraient trouver une application dans l'examen actuel, nous pouvons regarder comme un résultat d'observation que, lorsque la lumière solaire éclaire librement la partie matérielle d'un corps sphérique et raboteux, le bord et le centre de son disque apparent, vus de loin, ont à peu près la même intensité. Ce fait, nous le tirons de l'observation de la Lune dans son plein.

L'égalité en question n'aurait plus lieu si les rayons qui vont éclairer les bords et le centre de l'astre n'avaient pas le même éclat.

Les rayons solaires qui illuminent les bords de l'astre sont-ils plus faibles que les rayons qui frappent le centre, les bords paraîtront moins éclairés que le centre.

Or, si Mars est entouré d'une atmosphère imparfaitement diaphane, les rayons qui vont atteindre le bord de la planète doivent être plus faibles que les rayons aboutissant au centre, puisqu'ils ont eu à traverser une plus grande étendue de couches atmosphériques; donc, par cette raison et même sans tenir compte de l'affaiblissement que la lumière éprouve en traversant une seconde fois les deux régions atmosphériques dont il vient d'être question, la partie solide ou liquide des régions voisines du bord doit être plus sombre que la partie solide ou liquide des régions centrales.

Il est une seconde cause qui, sans changer le résultat, peut en modifier nota-blement les conséquences optiques. En effet, dans la direction de chaque point matériel de la planète, on doit voir à la fois la lumière renvoyée par ce point et celle qui nous est réfléchie dans la même direction par les parties correspondantes et interposées de l'atmosphère planétaire. Cette seconde lumière est évidemment d'autant plus intense que l'atmosphère a plus de profondeur : on conçoit que, près du bord, la lumière atmosphérique, en s'ajoutant par portions égales à la lumière d'une tache et à celle des portions voisines plus éclatantes, les rend à peu près égales, d'après ce principe que deux lumières paraissent avoir le même éclat lorsque leur différence n'est que de $\frac{1}{60}$.

Supposons, par exemple, qu'une tache et la portion avoisinante aient entre elles des intensités représentées par 30 et 31 ; supposons qu'on ajoute à chacune des deux parties des lumières représentées par 30, les intensités définitives deviendront 60 et 61. Avant l'addition, la tache était très différente des parties qui l'entourent; après, la différence est insensible.

Des considérations de ce même genre, combinées avec quelques mesures photométriques des parties obscures et des parties lumineuses faites près du centre et à différentes distances du bord, conduiront à des conséquences qui semblent devoir nous rester à jamais cachées. sur les propriétés optiques de l'atmosphère de Mars.

Nous n'ajouterons qu'une réflexion aux considérations d'Arago, c'est que les bords du disque de Mars étant réellement plus blancs que la région intérieure et les taches étant effacées sous cette clarté, nous devons en conclure que *l'atmosphère de Mars est assez profonde, absorbe et réfléchit une partie notable de la lumière* solaire qui lui arrive. Toutefois, elle est incontestablement plus transparente que celle de la Terre, et, de plus, moins souvent chargée de nuages.

Arago a mesuré l'intensité de la lumière réfléchie par les caps polaires et l'a trouvée double de celle que renvoient les bords du disque.

XLVI. 1858. — Le P. A. Secchi (¹).

La planète devant arriver dans le cours de l'année 1860 en l'une de ses positions les plus favorables, le savant Directeur de l'observatoire du Collège romain voulut se préparer dès l'opposition précédente de 1858 à toutes les observations qu'il serait intéressant de faire, tant pour l'étude de la constitution physique de Mars que pour la détermination de la parallaxe solaire. Il prit pour collaborateur dans cette étude son collègue le P. Cappelletti, et les deux astronomes réussirent à faire un grand nombre de dessins excellents.

L'instrument employé a été l'excellent équatorial de l'observatoire, de

(¹) *Osservazioni di Marte, fatte durante l'opposizione del* 1858. *Memorie dell' Osservatorio del Collegio romano.* Roma, 1859.

9 pouces ou 0^m,244 d'ouverture libre et de 4^m,328 de distance focale, muni de grossissements de 300 et 400 fois.

Les heures les meilleures pour l'observation de Mars à Rome ont été celles du coucher du soleil jusqu'à deux ou trois heures après, et seulement dans les journées de beau temps fixe.

On observa sur la planète des taches de colorations très variées, rousses, bleues, jaunes et même, peut-être par contraste, verdâtres. Les dessins, avoue Secchi, ne peuvent pas donner une idée de ces teintes. La gravure sur cuivre ne peut les reproduire, et même les essais tentés en chromolithographie ne sont pas satisfaisants. Le pastel seul a réussi, et quarante dessins de ce genre sont conservés à l'observatoire du Collège romain ([1]). On a remarqué que Mars paraissait moins rouge à l'œil nu lorsque, dans la lunette, on ne lui voyait aucune tache azurée notable. Cette remarque peut apporter quelque lumière sur l'origine de la variabilité des astres.

Le meilleur moyen de juger de la forme des taches observées n'est peut-être pas de les décrire, mais plutôt de les examiner directement sur les dessins. Les plus caractéristiques sont ceux des 13, 14, 15 et 16 juin, qui montrent une grande tache azurée, de la forme d'un triangle et que les observateurs désignent dans leur journal sous le nom de *Scorpion*. Elle rappelle en effet, la forme de cet animal et de cette constellation. Le P. Secchi l'appelle aussi *canal Atlantique*. Cette tache caractéristique n'est autre que notre fameuse mer du Sablier avec laquelle nous avons fait depuis longtemps connaissance. Mais traduisons ici littéralement les descriptions de l'auteur.

Ce canal Atlantique est vaste. Un autre canal ([2]), petit, et qui réunit entre elles deux taches plus larges, se voit sur les dessins des 3, 4, 5 et 7 juin : nous l'avons surnommé l'*isthme*. (Cet isthme, situé vers 140° à droite de la mer précédente, nous paraît être la mer étroite à laquelle nous avons donné le nom de Manche sur notre carte, au-dessous de la baie Christie, et que M. Schiaparelli appelle le Gange. Les trois baies doivent être : 1° la baie du Méridien; 2° la baie Burton ou bouche de l'Indus; 3° l'embouchure de la Manche.

Ces deux canaux, dit le P. Secchi, entourent une espèce de continent rougeâtre; les deux canaux et le continent occupent environ 150° de longitude aréographique le reste est couvert de taches indécises, très difficiles à reconnaître et à dessiner.

Les taches polaires sont environnées de contours cendrés et mal définis; mais, entre le continent rougeâtre et la tache polaire supérieure, on voit une autre tache très blanche que l'on pourrait facilement confondre avec la calotte polaire. L'éclat

---

([1]) Je les ai eus sous les yeux lors de mon séjour à Rome, en 1872.

([2]) Cette désignation de canal qui revient dans toutes les descriptions de l'auteur nous paraît on ne peut plus mal choisie. La mer du Sablier, par exemple, ne correspond pas du tout à une désignation de ce genre.

de ces régions est si vif que par irradiation elles paraissent sortir du bord de la planète et cette illusion tend à exagérer le diamètre polaire.

Les dessins des hémisphères polaires faits par le P. Secchi ne s'accordent ni avec ceux de Beer et Mädler, ni avec ceux que nous aurons à étudier plus loin.

Parmi les nombreuses questions que suggère l'étude de la constitution physique de la planète, ajoute l'astronome romain, il ne semble pas que l'heure d'en donner la solution soit arrivée. On ne saurait, par exemple, décider si les taches bleues sont telles seulement par contraste ou en réalité. J'incline à croire que la coloration est réelle parce que j'ai pu observer de petites portions séparément au moyen d'un minuscule diaphragme; cependant une observation faite de jour me les a montrées presque noires. L'autre question serait de décider si les régions obscures représentent de l'eau, les rougeâtres des continents, et les blanches des nuages, et il est également difficile d'y répondre : il faudrait d'abord reconnaître si ces taches sont permanentes ou variables. Si les taches blanches changent de formes, on pourrait les considérer comme des nuages; sinon, on pourrait voir en elles des glaces ou des continents.

En faveur de l'opinion que les régions blanches sont des nuages, semble militer le fait que nous voyons quelquefois la grande tache du canal Atlantique comme couverte de cirri, tandis qu'en d'autres circonstances ce fait ne s'est pas présenté. Il faudra voir si ces aspects se reproduiront.

Les régions rougeâtres comme les bleuâtres semblent trop permanentes pour que l'on puisse douter de leur nature : il est probable que les premières sont solides et les secondes liquides. Le ton des premières n'est pas uniforme, mais marqueté « screziato » et comme rempli d'un pointillage sur la nature duquel nous n'avons aucune idée.

La comparaison de nos dessins avec ceux obtenus par Mädler, de 1830 à 1837, semble prouver l'existence de changements très notables. Toutefois, si nous réfléchissons à l'influence que peuvent exercer dans cet ordre d'observation la force des instruments et la qualité de l'atmosphère, nous devons suspendre notre jugement. Nous avons notamment été très surpris de ne pas retrouver la curieuse tache en forme de boule suspendue à un fil qui était alors si caractéristique, et il y a là une grande probabilité de changement; mais peut-être était-ce la tache inférieure de notre *isthme*. Le grand canal, aujourd'hui si marqué et si fort, était-il invisible à cette époque? Mais n'était-ce pas la grande tache marquée *pn* dans les dessins de cette époque? Des recherches ultérieures résoudront ces énigmes (¹).

Mars paraît certainement avoir une *atmosphère*. La clarté de son disque est beaucoup plus faible vers les bords qu'au centre; de plus, la netteté des contours des configurations s'efface dans le voisinage des bords, ce qui semble démontrer qu'il y a là une atmosphère, mais très faible, et certainement beaucoup moins

____

(¹) Nous pouvons affirmer aujourd'hui que ces changements sont certains.

dense que celle de Jupiter et probablement même que celle de la Terre; mérite de frapper l'attention la tache ovale claire que l'on voit dans le dessin du 9 juin, ainsi que dans ceux du 10, du 11, du 13, du 14 et du 15, bien séparée de sa voisine de gauche. Mais dans le dessin du 8 juin elle lui est réunie. Cette réunion n'a pu être qu'apparente et produite par la nuance apportée sur sa division par l'atmosphère de la planète (1).

Il résulte aussi des observations que l'axe de rotation n'est certainement pas concentrique avec les taches polaires. Cette conclusion avait déjà été entrevue par Beer et Mädler qui pourtant ne la considéraient pas comme certaine. (L'auteur aurait pu dire par Herschel, et démontrée par lui. *Voir* plus haut, p. 56-58 et 97).

Le P. Secchi s'est également occupé de la rotation de la planète. En combinant une observation faite par lui le 25 avril 1856, à 11ʰ20ᵐ du soir, avec une observation identique du 24 juillet 1858, à 8ʰ20ᵐ, il trouve 24ʰ37ᵐ35ˢ.

Voici quelques extraits du registre d'observations :

1858, 7 mai. 11ʰ, temps moyen de Rome. Mars présente, au milieu de son disque, une grande tache triangulaire de couleur bleue et, au-dessous, une tache rougeâtre. L'atmosphère est mauvaise, et il n'est pas possible de faire de bonnes observations. Cette tache doit être le canal *Atlantique*, dénomination donnée par brièveté à cette grande tache bleue qui paraît jouer le rôle de l'Atlantique qui, sur la Terre, sépare le nouveau continent de l'ancien.

16 mai. Le disque se montre parsemé d'un pointillage roux.

3 juin, 9ʰ45ᵐ. Bonne atmosphère. On voit bien l'*isthme*. La calotte polaire supérieure est bien définie, mais l'inférieure est indécise. On voit bien un canal mince que nous appellerons l'*isthme* (*fig.* 80, A).

4 juin, 9ʰ30ᵐ. Vue analogue à celle d'hier (*fig.* 80, B).

5 juin, 9ʰ40. *Id.* L'*isthme* est plus avancé, et il en est de même de la tache claire de gauche (*fig.* 80, C).

7 juin, 10ʰ. Entre l'isthme et le canal Atlantique, est un grand continent rougeâtre (*fig.* 80, D).

8 juin, 9ʰ10ᵐ, et 9 juin, 9ʰ45ᵐ. Observation de ce continent rougeâtre. On voit dans sa partie inférieure une espèce de promontoire se dirigeant vers la tache polaire inférieure (*fig.* 81, A, B).

10 juin, 9ʰ0ᵐ. L'aspect inférieur de la figure doit particulièrement attirer l'attention parce qu'entre la tache polaire et le continent rouge, s'étend une région de couleur claire (*fig.* 81, C).

11 juin, 9ʰ45ᵐ. La planète présente une variété de teintes prodigieuse et indescriptible. Le grand canal bleu est suivi d'une bordure verte à gauche qui s'étend jusqu'à une tache jaune. Au contour inférieur du canal, on aperçoit

(1) Cette tache ovale claire est l'île Phillips de notre carte (p. 69), et sa voisine de gauche serait la terre de Lockyer rejoignant l'île Dreyer et la terre de Kunowski. Il y a là l'indice de variations importantes.

plusieurs stries blanches très petites. Elles sont très remarquables. Sont-ce des nuages? Si on ne les revoit pas par une bonne atmosphère, on sera bien forcé d'en conclure qu'elles auront changé (*fig.* 81, D).

13 juin, 9ʰ30ᵐ (*fig.* 82, A). Le grand canal bleu se trouve presque au milieu

Fig. 80.

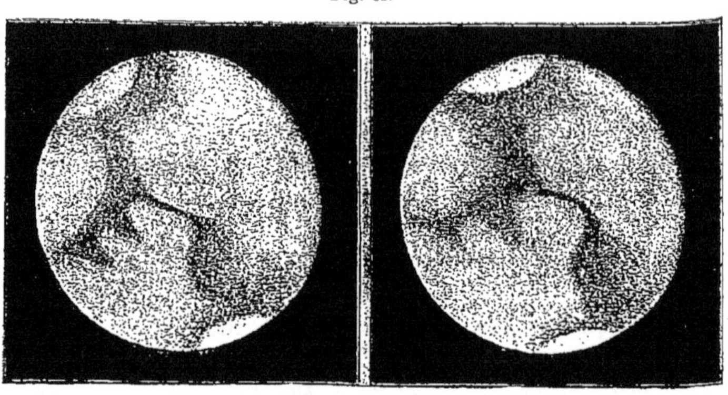

3 juin, 9ʰ45ᵐ.   4 juin, 9ʰ30ᵐ.

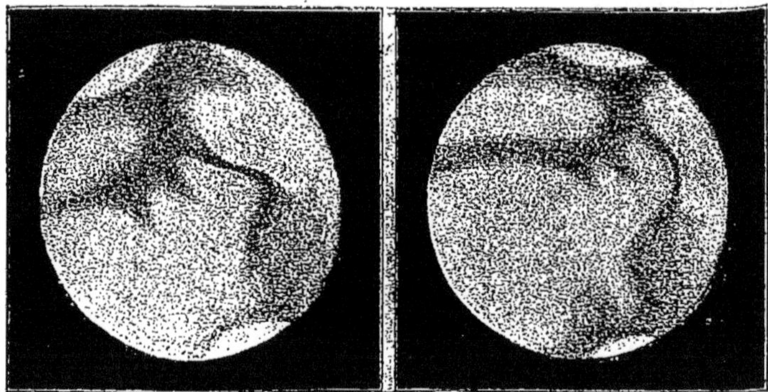

5 juin, 9ʰ40ᵐ.   7 juin, 10ʰ.

Dessins de Mars faits par le P. Secchi. Rome, 1858.

du disque; cette tache est si vaste que Mars paraît à l'œil nu moins rouge que d'habitude. On prend la direction des trois bras principaux de cette tache en forme de ♍ ou plutôt de Scorpion :

> Directions des taches polaires excentriques, 200°5 ;
> Direction de l'axe de la tache triangulaire, 218° ;
> Bras droit, 283° ;
> Bras gauche, 160°5 ;
> Largeur de la tache noire, 3″,175
> Diamètre polaire de la planète, 18″,371 ;
> Distance de la tache au pôle supérieur, 7″,304.

Ces mesures ont été prises à 9ʰ. Le dessin a été fait à 9ʰ30ᵐ.

14 juin, 9ʰ15ᵐ. Même aspect que la veille. Très remarquable (*fig.* 82, B).

15 juin. Même aspect que les deux soirs précédents (*fig.* 82, C).

16 juin. Atmosphère trouble (*fig.* 82, D).

17 juin, 9ʰ36 (*fig.* 83, A). Aspect qui rappelle absolument celui du 25 avril 1856,

Fig. 81.

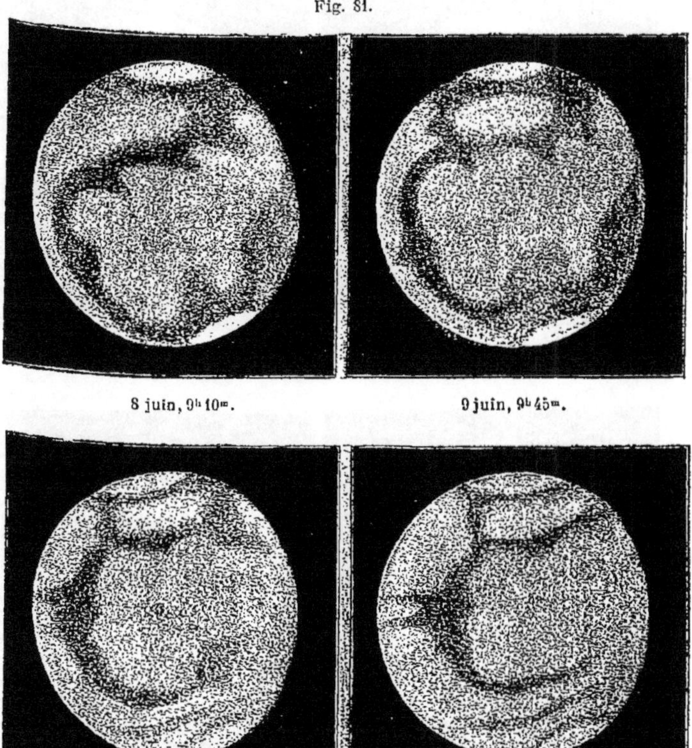

Dessins de Mars faits par le P. Secchi. Rome, 1858.

à 13ʰ37ᵐ de temps sidéral, ce qui nous permet d'affirmer 1° la rotation de la planète et 2° la permanence du canal Atlantique que l'on voit à droite. Le corps de la tache sombre est traversé de plusieurs voiles blancs. Que sont-ils? Le 15, on ne les voyait pas.

18 juin, 9ʰ20ᵐ. Mars est particulièrement intéressant. On commence à apercevoir, à gauche, une traînée obscure. La planète est jaune en cet endroit, et sur tout le reste rougeâtre et bariolée. Dans cette phase (*fig.* 83, B), le grand canal tend à disparaître et semble se prolonger jusqu'au bord en bas; mais, lorsqu'on le voit au milieu du disque comme du 13 au 15 juin, on constate qu'il est interrompu longtemps avant d'arriver vers le pôle.

20 juin, $9^h 40^m$. Le dessin a été fait quand le canal était déjà au bord du disque et l'on ne voit que de légères traînées cendrées sur un fond roux (*fig.* 83, C).

Fig. 82.

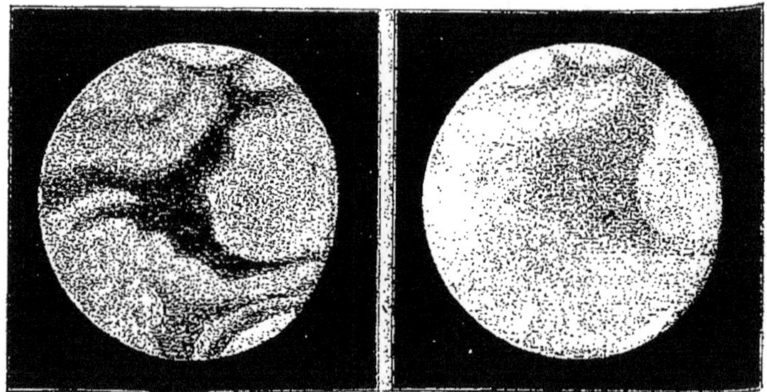

Dessins de Mars faits par le P. Secchi. Rome, 1858.

24 juin, $9^h 50^m$. Atmosphère épaisse, le disque semble de couleur marron (*fig.* 83, D).

1er et 2 juillet. Peu de taches. Mars paraît du reste à l'œil nu plus rouge que d'habitude.

23 juillet. La grande tache bleue ressemble tout à fait à un scorpion.

24 et 31 juillet, 5 et 13 août. Étude de la tache polaire inférieure : *elle est certainement double* et se compose de deux taches contiguës.

Telles sont les observations relatives à l'opposition de 1858. Le P. Secchi n'a pu les continuer pendant celle de 1860, comme il se l'était proposé, mais il les a reprises en 1862. Nous arriverons bientôt à ces observations. Quant à celles que nous venons de rapporter, elles sont excellentes et peuvent compter

Fig. 83.

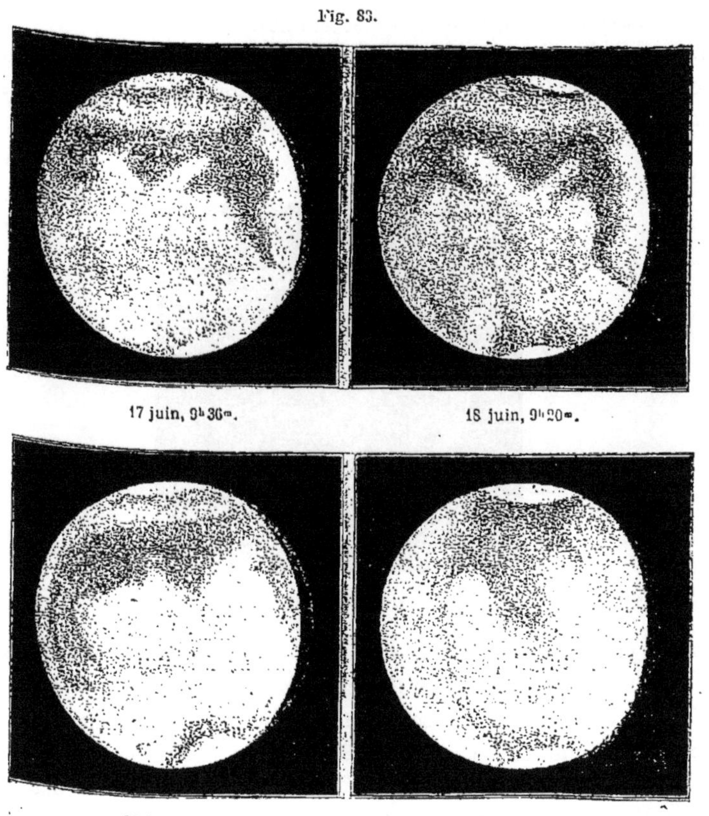

Dessins de Mars faits par le P. Secchi. Rome, 1858.

parmi les meilleures que nous ayons eu jusqu'ici. Les autres seront encore supérieures.

XLVII. 1860. — EMMANUEL LIAIS (¹)

M. Emmanuel Liais, astronome de l'Observatoire de Paris, nommé quelques années plus tard par l'Empereur du Brésil, directeur de l'Observatoire de Rio de Janeiro, a observé la planète Mars pendant l'opposition de 1860, au point de vue de son aspect physique et de la parallaxe du Soleil. Il obtint pour moyenne des mesures 25″,35, ce qui donne 9″,91 pour la distance 1. Le

(¹) *L'Espace céleste.* Aspect de Mars et diamètre.

23 juillet, il dessina le croquis de Mars que nous reproduisons ici d'après l'ouvrage du savant astronome, *l'Espace céleste*, publié en 1865. On reconnaît sur cette figure le pôle sud alors tourné vers nous, un peu du pôle nord en bas, et, selon toute apparence, la mer Maraldi.

L'auteur rappelle que la coloration rougeâtre de la planète ne peut pas être due à l'atmosphère, comme Arago l'a montré, et doit représenter soit la couleur du sol, soit celle de la *végétation*. Cette dernière explication nous

Fig. 84.

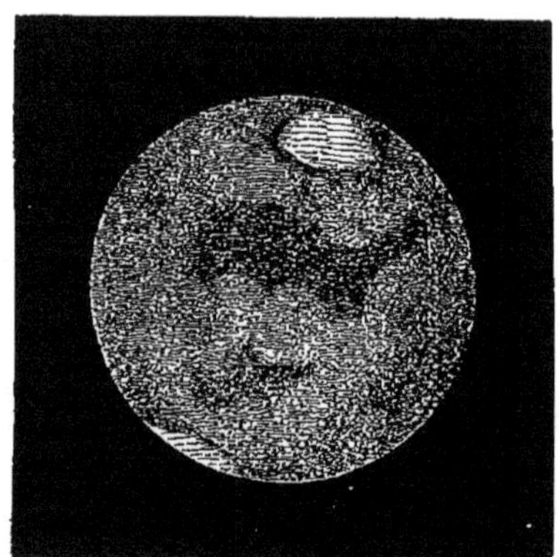

Croquis de Mars, par M. Liais, le 23 juillet 1860.

paraît la plus naturelle, comme déjà nous l'avons fait remarquer à propos des terrains ocreux de sir John Herschel.

Nous allons arriver aux observations de l'année 1862 qui ont été très précieuses, ainsi que celles de l'année 1864, pour le progrès de la connaissance de Mars, à cause du grand rapprochement de la planète en ces deux oppositions. Mais déjà nous avons une base d'opinion suffisamment fondée sur la constitution physique de ce monde voisin. L'extrait suivant montre ce que nous pouvions dès cette époque en penser.

XLVIII. 1862. — C. FLAMMARION ([1]).

Dans la première édition de *la Pluralité des Mondes habités*, publiée en 1862, nous résumions dans les termes suivants (p. 21), l'opinion, fondée sur l'ensemble des observations, que l'on pouvait avoir à cette époque, relativement aux conditions d'habitabilité de la planète Mars.

« Environ vingt millions de lieues au delà de la Terre, circule la planète Mars, qui présente aussi de frappants caractères de ressemblance avec les

([1]) *La Pluralité des Mondes habités.*

précédentes. Elle est éloignée de l'astre central de 58178600 lieues, achève son année en 687 jours et sa rotation diurne en 24ʰ39ᵐ. Les enveloppes atmosphériques qui entourent cette planète et la précédente (la Terre), les neiges qui apparaissent périodiquement à leurs pôles et les nuages qui s'étendent de temps en temps dans leurs atmosphères, la distribution géographique de leurs surfaces en continents et en mers, les variations de saisons

Fig. 85.

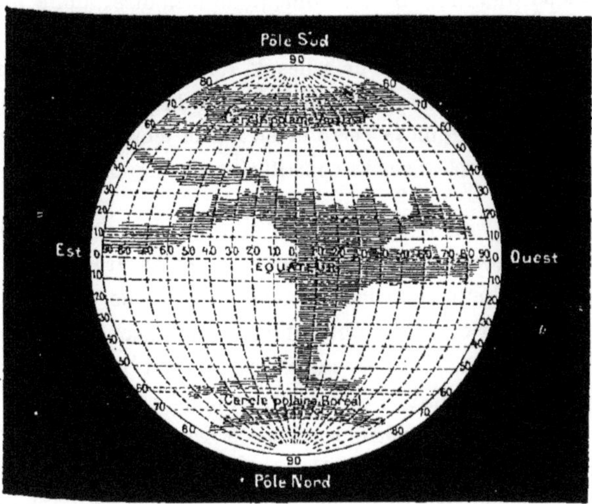

L'hémisphère le mieux connu de Mars (1862-1864).
(Figure extraite de la 2ᵉ édition de la *Pluralité des Mondes habités*).

et de climats communes à ces deux mondes, nous fondent à croire que ces planètes sont toutes deux habitées par des êtres dont l'organisation doit offrir plus d'un caractère d'analogie, ou que si l'une d'elles était vouée au néant et à la solitude, l'autre, qui se trouve dans les mêmes conditions, devrait avoir le même partage. »

De la seconde édition de cet ouvrage (1864) à la seizième (1871) nous avons publié l'esquisse ci-dessus (*fig.* 85), que nous avions conclue dès cette époque de la comparaison des diverses observations, comme représentant l'hémisphère le plus sûrement connu de la planète. Cette petite carte contient la mer du Sablier et les mers environnantes, et avait surtout pour but de montrer les différences caractéristiques de la géographie martienne avec la nôtre. A partir de la dix-septième édition (1872), nous avons donné (planche coloriée) le même hémisphère, d'après les observations plus récentes. Continents, atmosphère, nuages, neiges, mers et glaces polaires sont admis comme définitivement prouvés.

Dans cette figure comparative, nous avons placé l'Est et l'Ouest, comme sur la Terre, c'est-à-dire comme ils se trouvent pour les habitants de Mars.

Nous arrivons maintenant aux observations faites par le P. Secchi en 1862 et publiées en 1863.

XLIX. 1862. — Le P. A. Secchi ([1]).

Nous allons traduire, en le résumant, le mémoire publié par le savant astronome italien ([1]). Ces observations ont été faites à l'observatoire du Collège romain, en continuation de celles de 1858, et avec le même instrument.

L'auteur a voulu profiter de la circonstance du passage de la planète à sa plus grande proximité de la Terre et en même temps à son périhélie, pour continuer ses recherches sur sa constitution physique.

« Mars, écrit-il, est le corps céleste que nous pouvons le mieux étudier après la Lune. Herschel et d'autres astronomes assurent avoir observé sur cette planète non seulement des mers et des continents, mais encore les effets des saisons d'hiver et d'été; pourtant les discordances qui existent entre les observations modernes et les anciennes laissent un certain doute dans l'esprit. Les instruments modernes devraient permettre de résoudre la question, car ils sont supérieurs même à ceux de William Herschel. Nos dessins de l'année 1858 ne s'accordent pas avec ceux de Mädler, notamment en ce qui concerne la tache blanche polaire, qui, dans les observations de cet astronome, s'est montrée réduite à un petit cercle brillant, tandis que nous l'avons trouvée vaste et compliquée. A la dernière opposition, elle a repris la forme dessinée par Mädler.

» Les différences observées ont deux causes. La première est la perspective sous laquelle Mars s'est présenté en 1858, car alors les deux pôles étaient également visibles, tandis que maintenant le pôle boréal s'est caché et que l'austral est tourné vers nous. Le 26 septembre 1862, à 9^h45^m, la planète se présentait à nous, dans une position correspondante à celle que l'on a vue sur la *fig.* 2 (4 juin), des dessins de 1858, mais obliquement, en raccourci, avec le pôle supérieur incliné vers nous comme dans le troisième dessin de Mädler de 1832.

» La seconde cause de variation est qu'en réalité les taches polaires changent constamment. Les vastes champs blancs se sont évanouis et restreints à la petite calotte polaire de Mädler. Il est clair que ces variations ne peuvent s'expliquer que par une *fonte de neiges* ou par une disparition de nuages

([1]) *Osservazioni del pianeta Marte. Memorie dell' Osservatorio del Collegio Romano.* Nuova Serie, vol. II. Roma, 1863.

couvrant les régions polaires. Et, en fait, c'est ce qui doit arriver, puisque le pôle visible dans l'opposition de 1862 est précisément le pôle tourné vers le Soleil, qui passait alors par son été, et qui n'est éloigné que de 15° du périhélie : il se trouve donc à l'époque de sa plus haute température, c'est-à-dire à celle qui correspond au milieu de notre mois de juillet. Remarquons en même temps la forte inclinaison de l'axe de Mars sur son orbite qui donne à la planète des saisons très notables.

» Ces aspects prouvent également qu'il existe sur Mars *de l'eau liquide et des mers*, conséquence naturelle de la fusion des neiges. Cette conclusion est confirmée par le fait que les marques bleues que l'on découvre dans les régions équatoriales de la planète n'ont pas sensiblement changé de formes, tandis que les champs blancs voisins des pôles sont contigus à des champs rougeâtres, qui ne peuvent être que des continents. Ainsi, *l'existence des mers et des continents, de même que les alternatives des saisons et des variations de l'atmosphère, sont aujourd'hui entièrement démontrées.*

» Il résulte de ces observations de 1862, que les traits caractéristiques de la planète dessinés par Beer et Mädler ont été retrouvés d'une manière non équivoque. Ainsi, la tache qu'ils ont notée par les lettres *efh* correspond à celle que nous appelons mer de Cook; celle qu'ils ont marquée *np* est pour nous celle de Marco Polo; leur tache *a* doit être le canal de Franklin. Nous n'avons donné aucun nom aux régions rougeâtres et nous nous sommes borné à indiquer par quelques dénominations les taches foncées les plus sûres et les plus constantes.

» Nous avons rapporté de ces recherches la conviction qu'en outre des taches permanentes, il y en a là de variables qui mériteraient d'être étudiées plus à fond et avec persévérance. L'existence de l'atmosphère est rendue indubitable par l'absorption de la lumière vers les bords du disque et indépendamment des observations spectrométriques. »

EXTRAIT DES OBSERVATIONS.

21 septembre 1862, à 20ʰ50ᵐ de temps sidéral, Mars nous présente sa calotte polaire supérieure, très réduite et tout entière tournée vers nous. Sa direction est vers 145° du centre. On voit clairement la tache bleue qui offre la forme d'un Y et rappelle l'aspect d'un scorpion; mais sa partie étroite est cachée. Par brièveté, nous appellerons ce canal bleu *canal de Cook,* appliquant à Mars les noms de quelques navigateurs célèbres, et nous donnerons le nom de *continent Cabot* au continent rougeâtre qui s'étend sur la droite (*fig.* 86, A).

26 septembre, à 9ʰ45ᵐ de l'après midi. Le canal de Cook se trouve presque exactement au milieu du disque. Mais, tandis que dans les dessins de 1858 sa partie la plus large, que nous appelions le corps du Scorpion, se trouvait fort au-

dessus du centre, elle est maintenant juste au centre. (*Voir* notamment les figures des 14 et 15 juin 1858, p. 140.) C'est là une affaire de perspective. Cette région offre cette année précisément l'aspect que Beer et Mädler ont représenté sur leur *fig.* 3 de 1832 (*voy.* p. 105). On ne distingue pas les détails près du bord, ce qui prouve que *l'atmosphère de Mars est très absorbante.* Entre la tache

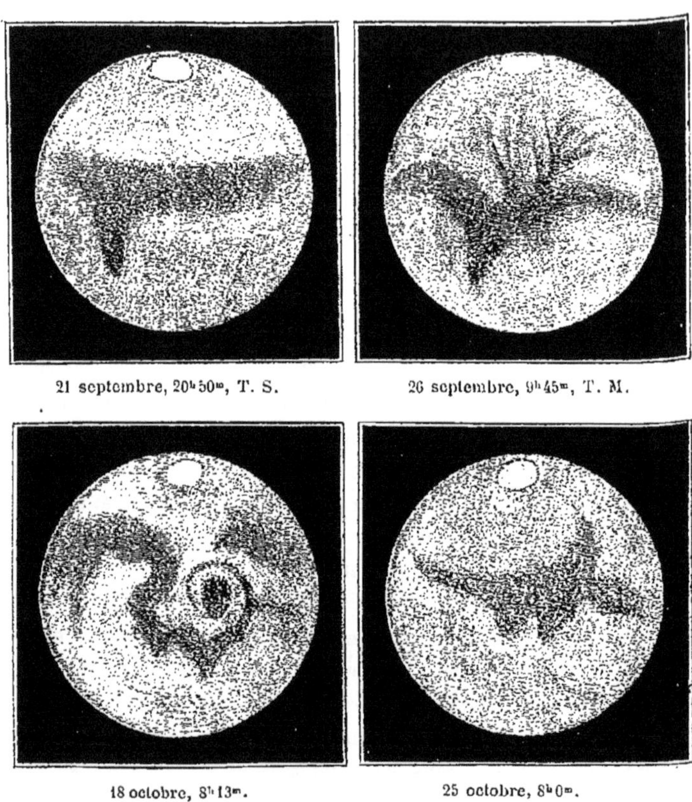

21 septembre, 20ʰ50ᵐ, T. S.   26 septembre, 9ʰ45ᵐ, T. M.

18 octobre, 8ʰ13ᵐ.   25 octobre, 8ʰ0ᵐ.

Fig. 86. — Dessins de Mars faits par le P. Secchi. Rome, 1862.

polaire et la mer de Cook, on remarque plusieurs ramifications de couleur bleue, mais parsemées de taches jaunes et rousses, difficiles à dessiner. On croirait voir un archipel (*fig.* 86, B).

18 octobre, 8ʰ13ᵐ (*fig.* 86, C). La calotte polaire est bien détachée du bord. On remarque une tache obscure d'un ton différent des tons accoutumés et que je n'ai jamais vue. Elle semble entourée d'un anneau ou d'un cyclone en spirale. Les régions voisines du pôle sont rougeâtres : elles étaient certainement blanches l'autre année. On croirait voir une grande bourrasque sur Mars (1).

(1) Cette tache, comparée ici à une bourrasque, n'est autre que la « mer Terby » de notre Carte. « *La crederei*, écrit Secchi, *una gran burrasca in Marte* ».

25 octobre, 8ʰ0ᵐ (*fig.* 86, D). Tache polaire bien marquée et bien détachée. Entre elle et le canal, est une grande région rougeâtre que nous appelons *Colombie*.

26 octobre, 9ʰ15ᵐ (*fig.* 87, A). On reconnaît mieux le canal de Franklin à droite. Entre le pôle et la mer qui réunit le canal de Cook avec celui de Franklin, on voit un espace rougeâtre parsemé de lignes courbes (la Colombie).

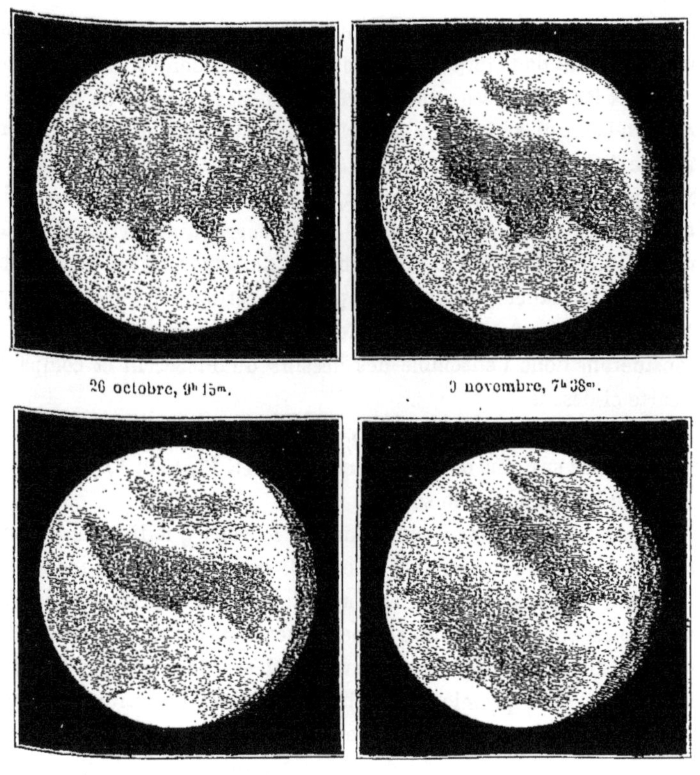

26 octobre, 9ʰ15ᵐ.   9 novembre, 7ʰ38ᵐ.

11 novembre, 7ʰ45ᵐ.   16 novembre, 7ʰ30ᵐ.

Fig. 87. — Dessins de Mars faits par le P. Secchi. Rome, 1862.

9 novembre, à 7ʰ38ᵐ (*fig.* 87, B). La figure de ce soir est remarquable par une grande tache bleue que je n'ai jamais vue dans cette proportion. C'est manifestement un prolongement de la mer de Cook. Si on ne l'a pas vue en 1858, c'est sans doute par suite d'une variation réelle plutôt que par la différence de perspective ou à cause de l'atmosphère de Mars. Très nébuleuse en cette région, notamment les 18 et 20 juin 1858, cette tache offre bien la forme de celle que Beer et Mädler ont désignée sous les lettres *pm*.

11 novembre, 7ʰ45ᵐ (*fig.* 87, C). La grande tache *pm* que nous appelons *mer de Marco Polo* paraît de plus en plus nette. Entre cette tache et le pôle blanc, on remarque une nuée obscure très curieuse.

16 novembre, 7ʰ30ᵐ (*fig.* 87, D). On voit toujours très bien la grande mer bleue. La tache polaire inférieure ou boréale est double.

18 et 26 décembre. La continuation des observations prouve que les neiges polaires supérieures ou australes ont considérablement diminué et sont réduites à un tout petit cercle blanc.

Ces observations du P. Secchi sont aussi curieuses qu'importantes. Elles nous confirment dans toutes nos déductions précédentes sur les continents, les mers et les influences atmosphériques de Mars, ainsi que sur les *variations certaines* qui arrivent à la surface de cette planète dans la forme et l'étendue des mers.

Nous pouvons pénétrer maintenant, plus complètement que nous ne l'avons fait jusqu'ici, dans la détermination de la géographie martienne. Afin de no y mieux reconnaître, il est indispensable de remonter ici jusqu'à la carte générale de la planète, publiée à la p. 69 de cet ouvrage, et de comparer à cette carte tous les dessins du laborieux astronome romain.

Considérons donc l'ensemble des dessins du P. Secchi et comparons-les à la carte ci-dessus.

Dans ceux de 1858, d'abord, nous reconnaissons avec certitude notre célèbre mer du Sablier sur cinq dessins, ceux des 10, 11, 13, 14 et 15 juin (*voy.* p. 139 et 140). On la devine sur le suivant.

Cette mer a été, comme nous venons de le voir, qualifiée de « Scorpion » par les astronomes romains, et, en effet, la ressemblance ne manque pas de pittoresque. La queue du Scorpion s'appelle sur notre carte passe de Nasmyth et se termine en une petite mer appelée mer Lassell; la tentacule de droite, au-dessus du corps, est l'océan Dawes qui se prolonge vers le pôle par la mer Lambert, et la première branche à droite est le détroit Herschel II; la grande tentacule de gauche est la mer Flammarion qui se prolonge par la mer Hooke; la petite tentacule au-dessous est probablement la mer Main, exagérée. Cette région est très variable sur tous les dessins. Au bas de la figure on remarque, sur les cinq dessins, une zone blanche, qui est la terre de Laplace, puis une zone grise, qui est la mer Delambre, enfin encore une zone claire, suivie d'une zone foncée entourant le pôle inférieur.

Nous retrouvons cette même mer du Sablier dans les dessins des 21 et 26 septembre 1862 (p. 146). Le P. Secchi donne trois noms à cette mer : Scorpion, Atlantique et mer de Cook.

Dans les dessins des 3, 4, 5 et 7 juin 1858, nous avons sous les yeux un autre côté de la planète. Cette mer étroite et allongée (*voy.* p. 138) est le second aspect caractéristique de Mars dans ces observations. Les astronomes romains appellent cette mer allongée l'isthme, et aussi le canal de Franklin.

Elle se trouve à près de 180° à droite de la mer du Sablier, car on ne voit jamais ces deux taches en même temps. Dans nos cartes de Mars, nous avons donné le nom de Manche à cette mer. M. Schiaparelli l'appelle le Gange. Ce détroit n'existe pas sur la carte de M. Green, dont nous avons déjà parlé à propos des dénominations et sur laquelle nous reviendrons plus loin.

Si l'on étudie avec attention ces quatre vues de Mars, on arrive à conclure que la première langue pointue, en allant de la gauche vers la droite, est la baie du Méridien; que la seconde, située à 20° vers la droite, est la baie Burton, appelée par M. Schiaparelli Margaritifer Sinus et embouchure de l'Indus, et que la troisième, située à la même distance au delà, doit être la baie Christie et la Manche. L'identification n'est pas absolument satisfaisante, car même en donnant 25° pour longitude à l'embouchure de l'Indus, celle de la Manche ne se trouve pas à 50°, mais à 56°; toutefois il nous est impossible de faire aucune autre identification. Cette « Manche » est absente d'un grand nombre de dessins; cependant nous la retrouverons plus loin, parfaitement marquée sur deux dessins de Dawes des 12 et 14 novembre 1864, et sur un dessin de M. Schiaparelli du 28 novembre 1879. Les observations de Secchi et Dawes nous ont conduit à donner plus d'importance à cet isthme sur notre carte qu'il n'en a sur celle de M. Schiaparelli.

Les dessins de 1862 ne la montrent pas. Sur les huit croquis faits à Rome cette année-là, les deux premiers montrent, comme nous venons de le voir, la mer du Sablier. Le troisième montre la mer Terby, prise par le P. Secchi pour une bourrasque. Le quatrième laisse deviner les trois baies des dessins de 1858 (Méridien, Burton et Manche) et il en est de même dans le cinquième. Le sixième, le septième et le huitième montrent la mer Maraldi, que l'astro-

Fig. 88.

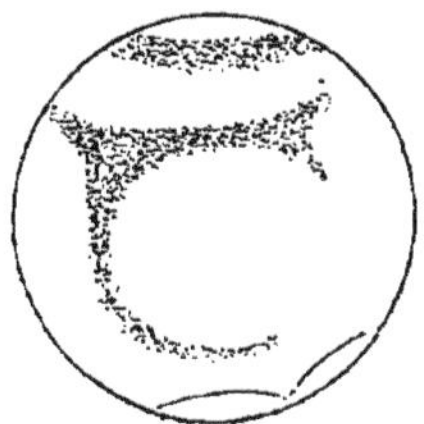

Croquis fait par le P. Secchi, le 1er décembre 1864.

nome romain appelle mer de Marco Polo et que Beer et Mädler ont désignée sous les lettres *pm*.

Ces dessins nous confirment donc dans l'opinion que le globe de Mars possède des configurations géographiques permanentes, mais que ces configurations manifestent des différences notables, dont un certain nombre sont imputables aux observateurs et aux instruments, mais dont plusieurs, comme par exemple la largeur de la Manche, doivent tenir à la constitution physique de la planète elle-même. Ce dernier point est de la plus haute importance.

Le P. Secchi a continué ses observations en 1864. Parmi les dessins de cette année, nous signalerons, d'après M. Terby (*fig.* 88), celui du 1ᵉʳ décembre 1864, à 7ʰ, qui paraît au premier aspect représenter la mer du Sablier, très étroite, mais qui, au contraire, renferme la mer Maraldi et montre un détroit descendant sous forme d'un triangle allongé. C'est un nouveau témoignage des changements qui se produisent sur cette planète, dans une région que nous avons déjà remarquée, car cet allongement correspond probablement à celui de la *fig.* 174 (p. 79), observé par Schrœter, le 2 novembre 1800, et aux pointes de gauche des *fig.* 172 et 177.

XLVI. 1862. — Lockyer. [1].

Nous venons d'entrer ici dans une période féconde pour l'élucidation du grand problème de la géographie de Mars. Pendant la très favorable opposition de 1862, plusieurs astronomes se sont consacrés à un travail analogue à celui que nous venons d'examiner, et parmi eux, en première ligne avec le P. Secchi, Lockyer en Angleterre et Kaiser en Hollande. Continuons notre étude par le travail de l'astronome anglais. Nous donnerons de cet important mémoire le résumé le plus complet possible.

Les doutes et les difficultés relatives à la permanence des configurations géographiques de la planète ont surtout pour origine le désespérant manque de ressemblance des dessins pris aux diverses époques. Les opinions sont remarquablement contradictoires ; ainsi, pour n'en citer que deux exemples, tandis que Cassini reconnaissait en 1670 les taches qu'il avait découvertes en 1666 avec sa lunette Campani de 16 pouces ½ de distance focale, Maraldi déclare en 1720 qu'il lui a été impossible de concilier entre eux les dessins faits en 1704, 1717 et 1719 ; et de nos jours le P. Secchi a trouvé en 1858 ses dessins inconciliables avec ceux de Beer et Mädler en 1830 et 1837.

L'inclinaison de la planète entre pour beaucoup dans ces différences d'aspect, par suite des effets de raccourci qu'elle donne aux configurations, vues parfois tout à fait de face tant en latitude qu'en longitude. Il serait donc convenable de ne comparer les dessins entre eux que lorsqu'ils appartiennent à des positions identiques de la planète. Ainsi l'opposition du 5 octobre 1862

[1] *Measures of the planet Mars, made at the opposition of* 1862. *Memoirs of the royal astronomical Society,* t. XXXII, p. 179-190.

ayant eu lieu dans la longitude héliocentrique 12°, est comparable à celle du

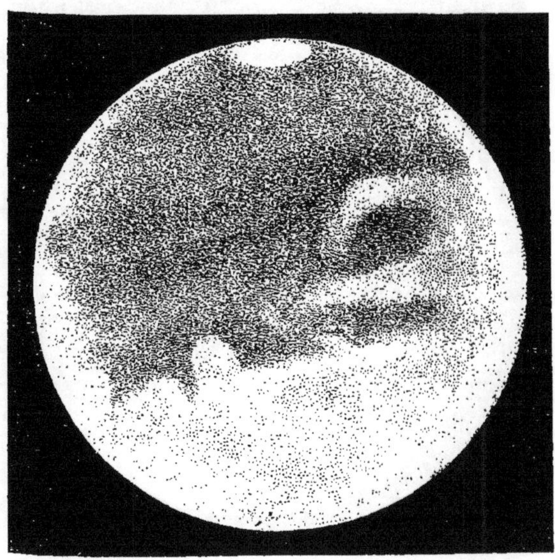

Fig. 89. — Dessin de Lockyer. 17 septembre 1862, à 10ʰ50ᵐ.

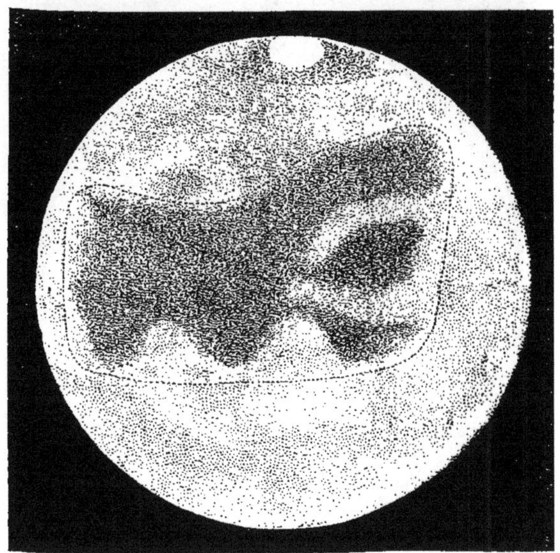

Fig. 90. — Dessin de Lockyer. 17 septembre 1862, après 10ʰ50ᵐ.

19 septembre 1830, qui a eu lieu à la longitude héliocentrique de 356°. En admettant que l'instrument de Beer et de Mädler ait été le même que

celui dont ces observateurs se sont servis pour leur carte de la Lune, c'est-

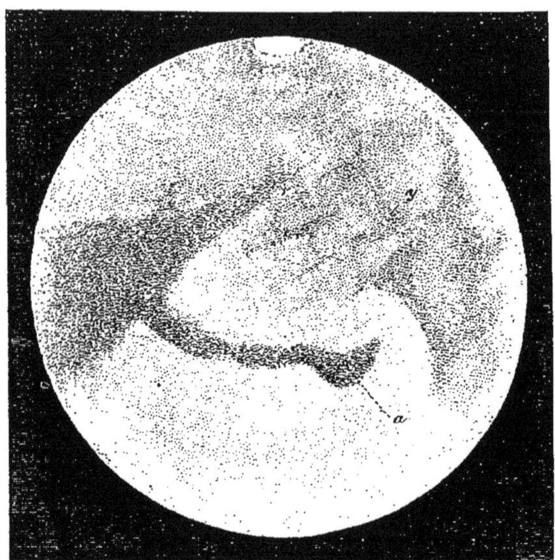

Fig. 91. — Dessin de Lockyer. 23 septembre 1862, à 9ʰ40ᵐ.

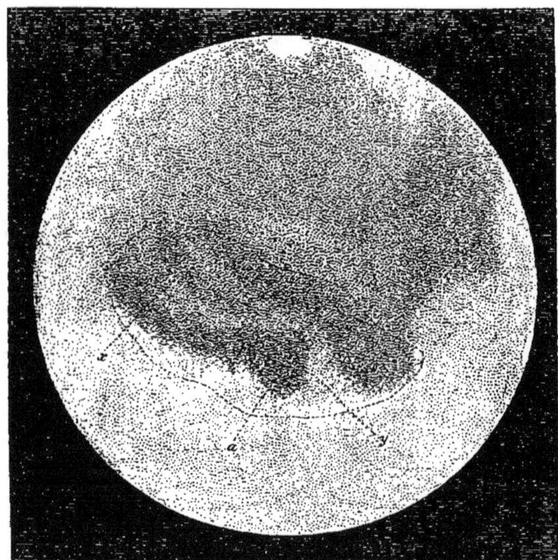

Fig. 92. — Dessin de Lockyer. 23 septembre 1862, à 10ʰ25ᵐ.

à-dire un objectif de 42 lignes d'ouverture et de 4 pieds ½ de longueur focale,
M. Lockyer constate que ses dessins concordent parfaitement avec ceux de

1830, étant donné que l'instrument dont il s'est servi montrait plus de détails,

Fig. 93. — Dessin de Lockyer. 23 septembre 1862, à 11ʰ55ᵐ.

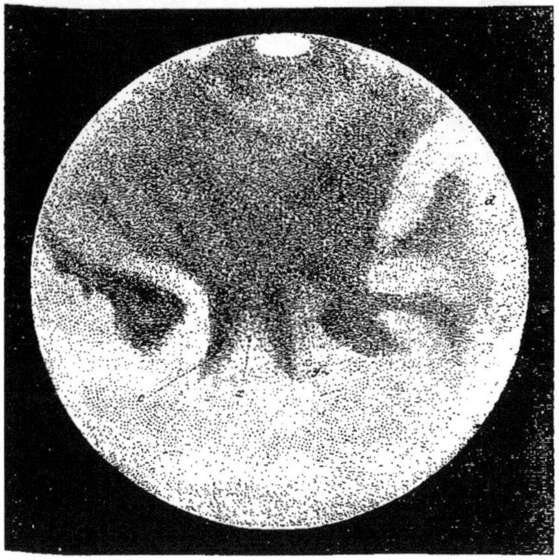

Fig. 94. — Dessin de Lockyer. 23 septembre 1862, à 12ʰ55ᵐ.

attendu que son objectif mesurait 6 pouces ¼ d'ouverture avec 8 pieds ¾ de longueur focale.

Ces observations de 1862 confirment donc de la manière la plus satisfaisante la théorie de la permanence absolue des configurations de la planète. Il y a néanmoins des discordances inexplicables entre les observations faites à l'aide d'instruments différents, même entre les mains des observateurs les plus habiles.

Quoique la fixité complète des configurations générales de la planète soit maintenant hors de doute, cependant journellement, et nous pourrions dire heure par heure, des variations dans les détails et dans les tons des différentes

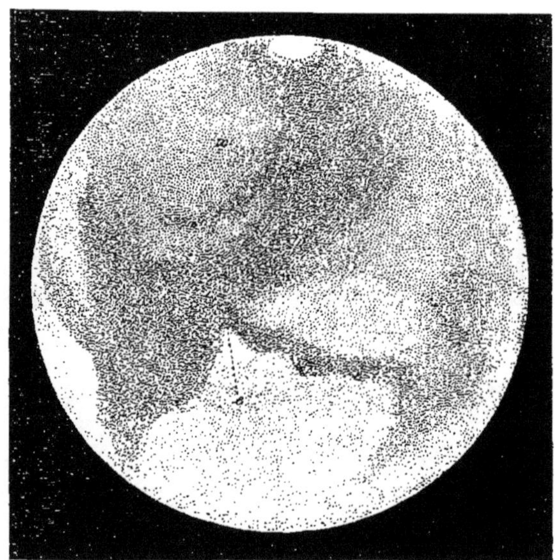

Fig. 95. — Dessin de Lockyer. 25 septembre 1862, à 10ʰ44ᵐ.

parties de la planète claires ou sombres peuvent être observées. L'auteur ne doute pas que ces changements ne soient causés par le passage de nuages sur les différentes configurations : « These changes are, I doubt not, caused by the transit of clouds over the different features. »

Une atmosphère pure et sans nuages, tant ici que sur Mars, écrit l'auteur, a pour effet de rendre les régions foncées de la planète plus foncées et plus distinctes; les lignes de rivages, si l'on peut s'exprimer ainsi, étaient si fines et si légères qu'il est complètement impossible de les représenter exactement. Beer et Mädler ont déjà remarqué que généralement un certain temps s'écoule avant que les taches, d'abord vagues lorsqu'on commence l'observation, deviennent nettes et bien distinctes.

Des nuages, au contraire, auront pour effet de rendre les régions sombres moins foncées, en proportion de la densité de ces nuages, et les régions claires plus claires dans la même proportion. *Ils ne peuvent jamais d'une région claire faire une région sombre* (¹). S'il en est ainsi, lorsque nous observons une tache foncée bien définie, nous pouvons être certains qu'il n'y a pas de nuages au-dessus d'elle et que nous voyons bien la surface même de la planète. Nous ne pouvons pas être assurés cependant, à moins que nous connaissions bien la localité par des observations antérieures, que des régions sombres ne sont pas au-dessous de régions claires.

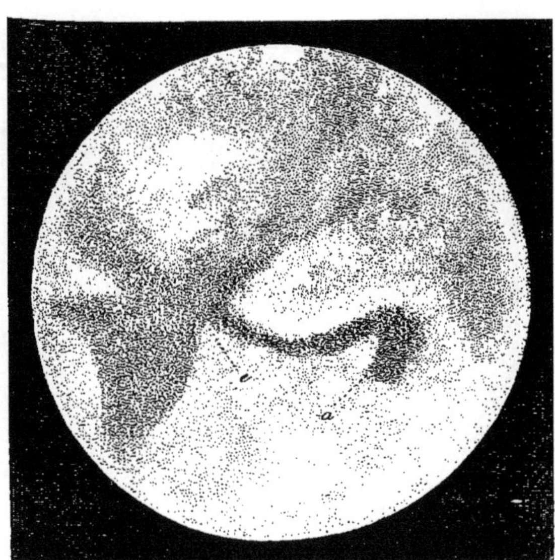

Fig. 96. — Dessin de Lockyer. 25 septembre 1862, à 10ʰ50ᵐ.

Quelques exemples de passages de nuages ont été soupçonnés par le P. Secchi, en 1858. M. Lockyer en présente ici qu'il qualifie d'incontestables (unmistakeable) : les voici. Dans le dessin pris le 3 octobre, à 10ʰ30ᵐ (*fig.* 97) l'espace qui s'étend de x à y se montrait dépourvu de toute tache sombre; dans le croquis pris le même soir à 11ʰ23ᵐ (*fig.* 98), une tache se montra vers y, laquelle s'accentua progressivement et s'étendit jusqu'à x à 11ʰ51ᵐ, heure à laquelle fut faite la *fig.* 99.

Maintenant, ajoute l'auteur, cette localité est une de celles que nous connaissons le mieux, car elle a été admirablement observée par Warren de la Rue, le P. Secchi et d'autres, et il n'y a aucun doute que le dessin n° 8 de ce dernier observateur ne représente l'aspect normal de cette région située sur l'équateur,

(¹) Est-ce bien sûr?

à la longitude de 28°. Les changements observés s'expliqueront facilement en admettant qu'au commencement de mes observations la configuration dont il s'agit, qui est persistante dans les *fig.* 10, 11, 13, 14, 15, 17 et 18 du P. Secchi, a été voilée par des nuages qui se dissipèrent graduellement jusqu'à la fin; quoique la configuration n'ait pas été entièrement découverte, elle était devenue beaucoup mieux visible à la fin de mes observations.

Il s'agit d'une région que nos lecteurs connaissent fort bien, de notre fameuse mer du Sablier. Eh bien, tout en admettant avec l'auteur l'influence

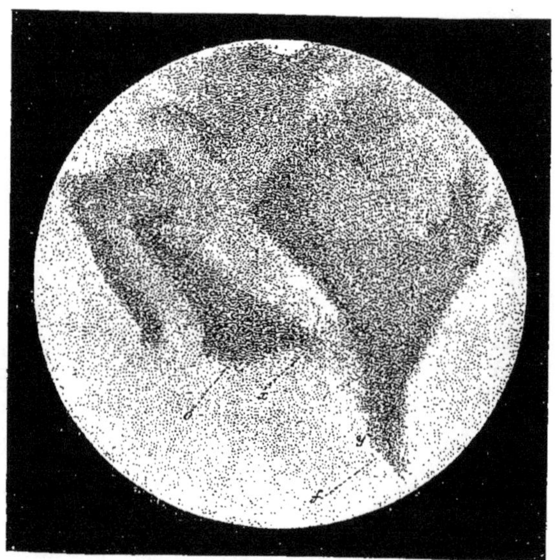

Fig. 97. — Dessin de Lockyer. 3 octobre 1862, à 10ʰ 30ᵐ.

de nuages blancs, nous verrons plus loin que le bord gauche de cette mer, précisément sur la zone marquée *f* et *y*, est très variable.

Pour prendre un autre exemple, ajoute l'auteur, dans le n° 14 de mes dessins (*fig.* 95), la tache a de Beer et Mädler est entièrement invisible, tandis que dans le n° 15 (*fig.* 96) pris quelques minutes après, elle est absolument évidente et très remarquable.

Mais, outre les nuages qui, comme nous venons de le voir, oblitèrent de temps en temps, en totalité ou en partie, les régions sombres de la planète et donnent naissance à des variations de contours et de tons déformant en apparence l'aspect des configurations, l'atmosphère assez dense de Mars avec ses brouillards et ses brumes doit jouer aussi un certain rôle. Je mentionne ce fait spécialement dans le but d'établir que quoiqu'on l'observe avec certitude dans l'hémisphère austral au milieu de l'été sur les taches, lorsqu'elles apparaissent au bord du disque et lorsqu'elles le quittent, on peut le constater avec plus d'évidence encore dans l'hémisphère boréal au milieu de l'hiver, effaçant même sur le méridien central toutes les configurations géographiques situées au nord du 30ᵉ degré de latitude. Il y a là un nouveau témoignage de la grande *intensité des saisons* de Mars, intensité déjà manifestée par le fait de l'étendue considérable des neiges polaires en hiver et de leur fusion si rapide en été. Comme l'ont remarqué Beer et Mädler, l'hémisphère austral de la planète sera toujours le plus facile à étudier pour nous, puisqu'il se présente à nous aux époques de la plus grande proximité de la planète.

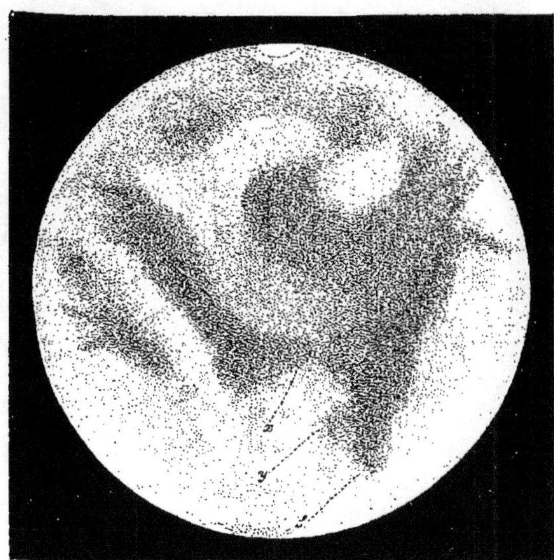

Fig. 98. — Dessin de Lockyer. 3 octobre 1862, à 11ʰ 23ᵐ.

A l'égard des colorations rouges et vertes si souvent décrites pour les configurations géographiques de Mars, mes observations, ajoute l'astronome anglais, m'ont conduit à la même opinion sur leur nature que celle à laquelle le P. Secchi est arrivé lui-même dans ses études de 1858. Pour moi aussi, *les régions rouges représentent les continents et les régions vertes des mers*. Je ne crois pas non plus que ces colorations vertes soient dues à des effets de contraste; elles me paraissent réelles.

Les régions foncées se sont montrées à moi certainement vertes, ainsi qu'à tous ceux qui ont observé Mars dans mon instrument; cette couleur s'est montrée particulièrement évidente dans la tache marquée *pm* sur la carte de Beer et Mädler (dessin du 15 octobre, à 9ʰ8ᵐ et à 9ʰ20ᵐ). Cette coloration n'était certainement pas due à l'objectif de mon instrument.

Les taches qui se sont montrées les plus foncées en 1862 sont les mêmes que celles qui ont offert le même aspect en 1830 : ces mers sont généralement presque entièrement entourées de terres.

La variation des neiges polaires est un sujet bien intéressant d'observation. En 1830, le solstice d'été de l'hémisphère sud de Mars est arrivé le 8 septembre et le minimum des neiges polaires ($\frac{1}{20}$ du diamètre apparent de la planète) a été observé le 5 octobre, c'est-à-dire 27 de nos jours après la plus haute élévation du Soleil sur cet hémisphère. En 1862, le solstice est arrivé le 30 août ; or, le 23 de ce mois, la zone neigeuse offrait un diamètre

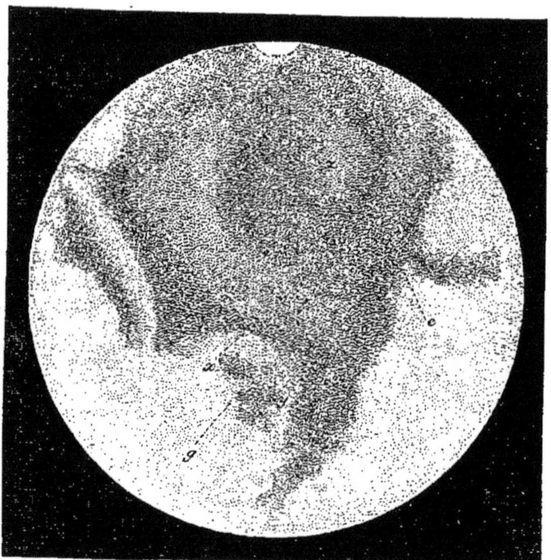

Fig. 99. — Dessin de Lockyer. 3 octobre 1862, à 11ʰ 51ᵐ.

égal au $\frac{1}{8}$ de celui de la planète, mais le 25 du mois suivant elle a été réduite au $\frac{1}{10}$, et le 11 octobre au $\frac{1}{13}$ de ce même diamètre, et c'est à peine si l'on pouvait la distinguer. Puis, ces neiges recommencèrent de nouveau à s'accroître.

Cette fusion très rapide des glaces polaires australes doit être attribuée à la grande excentricité de l'orbite de Mars et au fait que l'été de l'hémisphère sud arrive lorsque la planète est voisine de son périhélie. Le centre de la calotte polaire neigeuse ne coïncide pas avec le pôle, mais se trouve à quelques degrés du pôle géographique et vers le 20e degré de longitude ; au contraire, au pôle nord ou inférieur, visible en 1857, le P. Secchi a constaté que la calotte de glace est centrée sur le pôle.

Parfois la neige polaire a paru si brillante que, comme le croissant de la

Nouvelle Lune, elle semblait se projeter en dehors de la planète. Un soir, comme des nuages passaient devant la planète, cette neige polaire resta seule visible comme une étoile nébuleuse. (Remarque déjà faite au xviiie siècle).

L'auteur rappelle en terminant que son objectif de 6 pouces ¼ (0^m,16) de diamètre est monté équatorialement et mu par un mouvement d'horlogerie, généralement appliqué pendant les dessins des vues télescopiques ; le grossissement a été habituellement celui de 191. Le dédoublement des étoiles χ de l'Aigle, γ² d'Andromède et λ Cassiopée est une garantie du pouvoir de défi-nition de cet instrument.

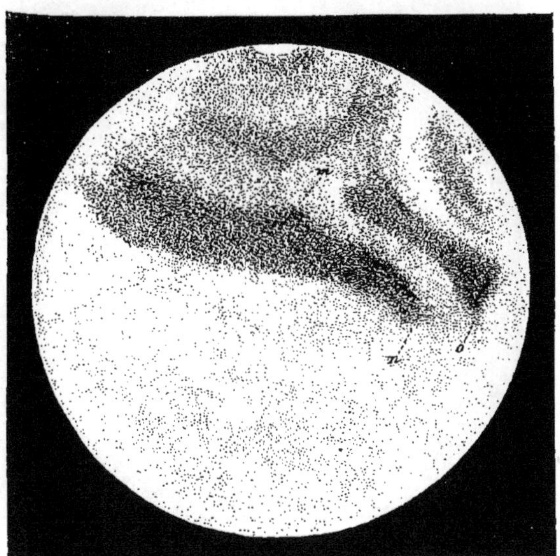

Fig. 100. — Dessin de Lockyer. 9 octobre 1862, à 10^h 47^m.

Nous avons reproduit en fac-similés les 16 dessins de M. Lockyer. Ce sont les plus importants pour la connaissance de Mars de tous ceux que nous ayons étudiés depuis les premières pages de cet ouvrage. Ils ont été placés ici par ordre de date.

Dans la première et la seconde de ces vues télescopiques, on reconnaît la tache circulaire en forme d'œil qui a reçu le nom de mer Terby ; au-dessus d'elle et à gauche, l'océan de la Rue ; au-dessous, une région grise sujette à des variations fréquentes ; à gauche, une première baie arrondie, la baie Christie, et un peu plus loin une seconde baie, la baie Burton. Les glaces polaires australes sont éclatantes et nettement marquées sur toutes les figures.

M. Lockyer appelle cette tache en forme d'œil la mer Baltique.

Dans la troisième, on remarque surtout le détroit d'Herschel II et la tache a, qui n'est autre que la baie du Méridien. Un peu plus tard, dans la soirée, ce détroit et cette tache sont un peu plus avancés vers la gauche (*fig*. 92) et, une heure et demie après, plus avancés encore (*fig*. 93). Il y a une grande ressemblance entre ces dessins et ceux de Beer et Mädler. Au-dessus de cette mer allongée, on en distingue une seconde, le détroit Arago, et entre les deux il y a une langue de terre blanche ou plutôt grise. C'est une contrée variable, qui paraît tantôt continentale et tantôt maritime. La *fig*. 94, plus avancée encore, montre au centre du disque ce détroit Arago terminé par deux langues

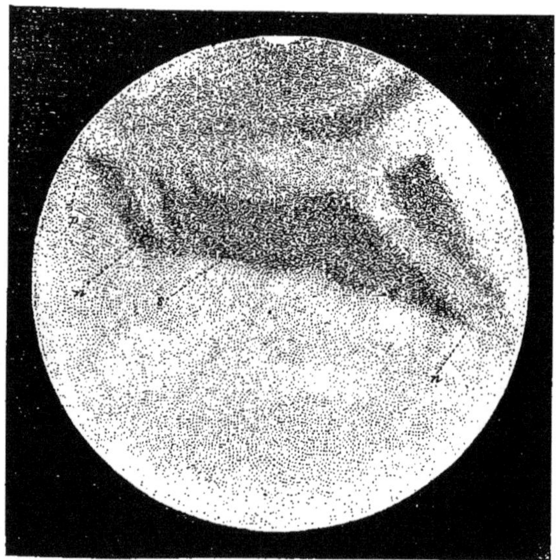

Fig. 101. — Dessin de Lockyer. 11 octobre 1862, à 11ʰ 4ᵐ.

pointues, puis, à droite, la baie Christie, et ensuite, un peu déformé, l'Œil.

On voit qu'insensiblement, la configuration géographique de la planète se dessine avec une certaine précision.

Les *fig*. 95 et 96 du 25 septembre nous montrent de nouveau le détroit d'Herschel II (la baie du Méridien est voilée dans le premier, et ces voiles sombres doivent être de nature atmosphérique, quoi qu'en ait dit l'auteur). Le détroit se rattache en *c* à la mer du Sablier. Les trois dessins du 3 octobre (*fig*. 97, 98, 99) représentent avec une complète évidence la mer du Sablier, la mer Flammarion, la mer Hooke, et au-dessous la mer Maraldi. La mer Zollner et la terre de Lockyer y sont également faciles à reconnaître. A gauche de la mer du Sablier, la région *xy* est brumeuse.

Le dessin du 9 octobre montre la mer Hooke et la mer Maraldi. Au-dessus, la mer Maunder, entre les mers Hooke et Maraldi, l'isthme de Niesten, au dessus de la mer Hooke, à droite, la terre de Cassini et l'île Dreyer, puis, vers

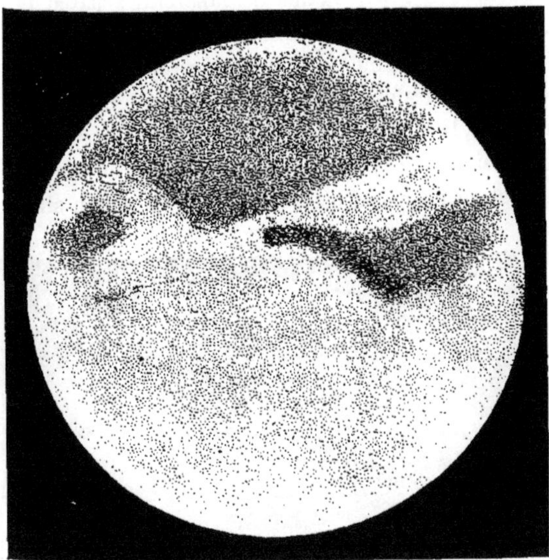

Fig. 102 — Dessin de Lockyer. 15 octobre 1862, à 9ʰ 8ᵐ.

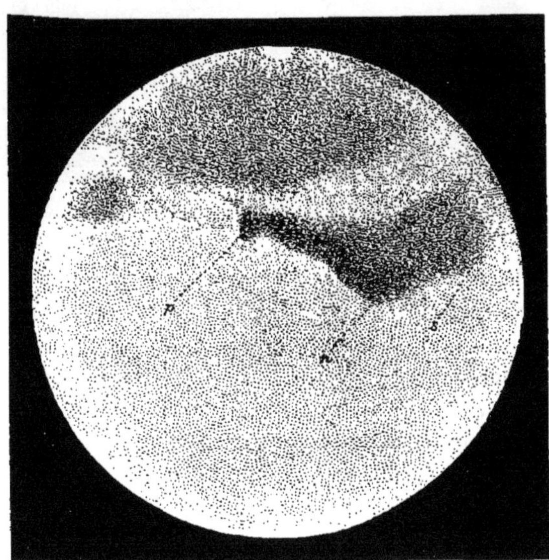

Fig. 103. — Dessin de Lockyer. 15 octobre 1862, à 9ʰ 20ᵐ.

le bord, la mer Zöllner. Au-dessous de la mer Maraldi s'étend le continent Herschel I.

Celui du 11 octobre offre les mêmes aspects ; mais, à gauche de la mer Maraldi, on voit une autre mer, la mer Schiaparelli, séparée de la mer Maraldi par la terre de Webb (la carte de Green est inexacte sur ce point).

Enfin, les deux dessins du 15 octobre montrent cette mer Schiaparelli plus foncée que la mer Maraldi et qui lui paraît réunie (mais elle ne l'est pas toujours); au-dessus, la mer Maunder ; à gauche, l'OEil ou mer Terby ; et celui du 18 octobre présente cet OEil au milieu du disque, entouré par l'océan de la Rue, dont il est séparé par la terre de Kepler. La région située au-dessous de

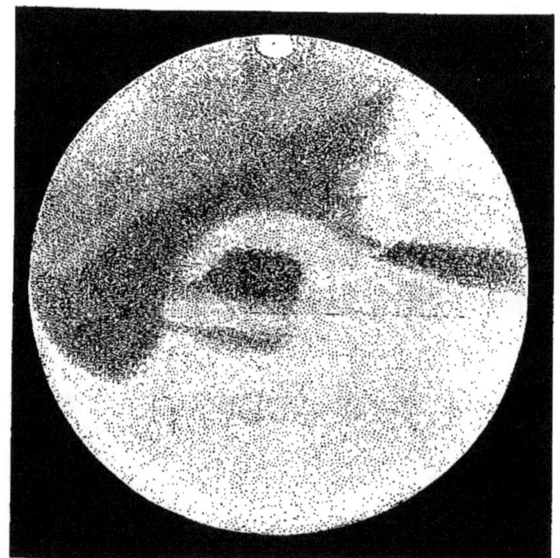

Fig. 104. — Dessin de Lockyer. 18 octobre 1862, à 8ʰ 0ᵐ.

cet OEil est moins foncée et moins étendue que le 17 septembre : c'est aussi une région très variable.

Sur tous les dessins, la moitié inférieure ou boréale du disque est presque toujours dépourvue de détails, excepté vers la pointe de la mer du Sablier.

Il résulte clairement de toute cette série d'observations :

1° Permanence des configurations comme positions;

2° Variations dans l'étendue et dans le ton plus ou moins foncé de ces configurations;

3° Degrés divers d'obscurité dans les mers : la mer du Sablier, le détroit d'Herschel II, la mer Maraldi, la mer Schiaparelli paraissent généralement les plus foncées.

Au mémoire que nous venons de résumer, M. Lockyer a ajouté la note suivante à propos des observations faites à la même époque sur la même planète par le professeur Phillips et par le Rév. Dawes.

« M. Phillips conclut de ses observations que, sur un fond permanent de configurations claires et foncées, il y a sur Mars une enveloppe atmosphérique variable qui se condense et flotte « a variable envelope gathers and fluctuates », modifiant partiellement l'aspect des configurations fondamentales, et les déguisant même jusqu'à un certain point en leur adjoignant des clartés et des ombres [1] nouvelles qui ne présentent aucune constance, atmosphère légère, vaporeuse, reposant sans doute sur une surface de terres, d'eaux, de neiges. »

Cette induction est aussi remarquable qu'intéressante, et elle va être confirmée par le progrès des recherches.

Nous parlerons tout à l'heure des observations de Dawes. M. Lockyer fait remarquer qu'elles s'accordent parfaitement avec les siennes et que notamment un dessin, fait quelques minutes après celui du 3 octobre, à 11^h51^m, confirme le passage des nuages dont il a été question plus haut et prouve qu'à l'heure du dessin de M. Dawes les nuages avaient entièrement disparu et laissaient voir nettement la configuration géographique de cette région.

Ces excellents dessins télescopiques de notre savant ami M. Lockyer, qui depuis cette époque a attaché son nom sous une forme impérissable aux progrès de l'Astronomie contemporaine, représentent un pas en avant très important dans l'étude physique du monde de Mars.

XLVII. Même année, 1862. — PHILLIPS.

Pendant cette même opposition de 1862, le professeur Phillips, d'Oxford, a fait, comme on vient de le voir, de très minutieuses observations de la planète, qu'il a communiquées le 12 février 1863 à la Société royale de Londres. En voici le résumé.

L'auteur remarque d'abord que les diverses vues de Mars sont bien discordantes entre elles et que leur comparaison doit nous rendre très perplexes. Ces taches sont-elles permanentes? Sont-ce des mers? sont-ce des terres? Les assurances que nous avons vues formulées plus haut par Secchi et Lockyer forment un contraste absolu avec les incertitudes de l'observateur.

Les télescopes sont préférables aux lunettes pour l'appréciation des couleurs; les lunettes aux télescopes pour la netteté des détails. Phillips a fait

[1] « New lights and *shades* wich present no constancy, a thin, vaporous atmosphere, probably resting on a surface of land, snow and water. » Cela nous paraît plus probable que l'assertion de M. Lockyer remarquée plus haut, quoique nous ne nous expliquions pas facilement des nuages noirs vus d'en haut, éclairés par le Soleil.

ses observations à l'aide d'une lunette de 6 pouces (0^m,152) montée en équatorial et mue par un mouvement d'horlogerie.

De ses divers dessins, l'auteur en a choisi trois, que nous reproduisons ici. Le premier montre la mer du Sablier, le détroit d'Herschel II, l'océan Dawes, la mer Lambert qui monte vers le pôle, et une mer polaire supérieure. Le second montre, à gauche de la mer du Sablier, la mer Maraldi, la mer Hooke et la mer Zöllner. Le troisième permet de reconnaître la mer Maraldi à droite, la mer Schiaparelli au milieu et la mer Terby à gauche. — Le premier de

Fig. 105. — Dessin de Mars par Phillips. 27 septembre 1862.

ces trois dessins offre une grande analogie avec celui de sir John Herschel, du 16 août 1830 (*voy.* p. 121).

L'auteur exprime ses regrets qu'on ne puisse encore être sûr que ces taches grises représentent vraiment des mers et ne soient pas, comme celles de la Lune, de simples plaines grises. On aurait, dit-il, une preuve positive en faveur de la première interprétation si l'on pouvait y voir une réflexion de l'image du Soleil. Cette image du Soleil, réfléchie par les mers martiennes, n'aurait que $\frac{1}{20}$ de seconde, sans tenir compte de l'irradiation, mais elle paraîtrait plus grande par cet effet. Une boule de thermomètre d'un pouce de diamètre (25^{mm}) réfléchissant le Soleil est visible à 25 yards (22 mètres) de distance, comme une étoile; la surface réfléchissante n'a guère dans ce cas que $\frac{1}{210}$ de pouce de diamètre et par conséquent sous-tend, abstraction faite de l'irradiation, environ 1″. En employant pour l'observation de Mars un grossissement de 300, $\frac{1}{20}$ de seconde devient 15″. Ce serait perceptible.

L'auteur pense donc qu'en certaines conditions nous pourrions voir *l'image du Soleil réfléchie dans les eaux de Mars,* soit calmes, soit peut-être encore mieux diffusée par l'agitation des vagues.

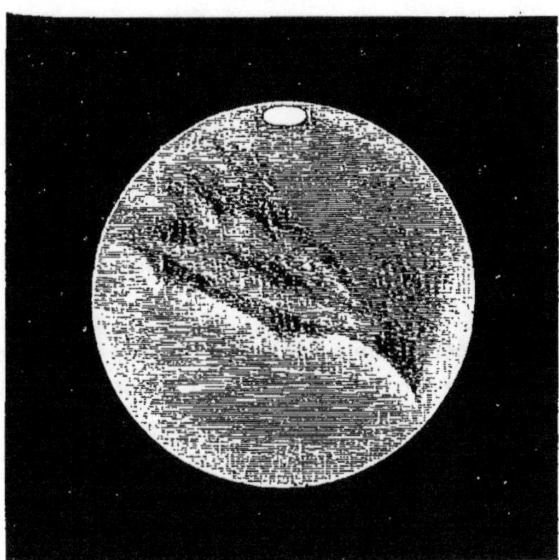

Fig. 106. — Dessin de Mars par Phillips. 11 novembre 1862.

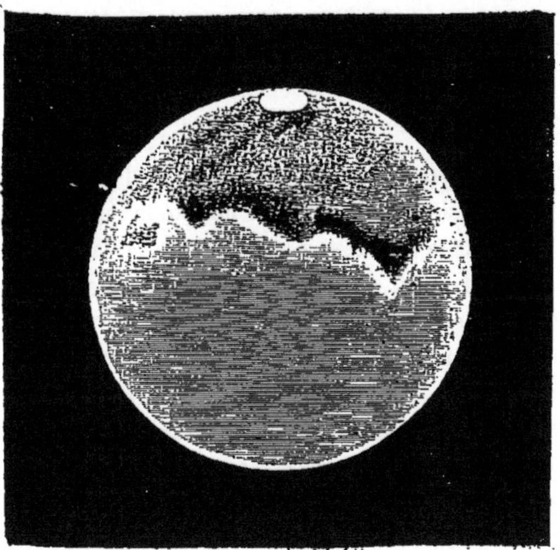

Fig. 107. — Dessin de Mars par Phillips. 15 octobre 1862.

L'atmosphère martienne doit jouer un grand rôle en modifiant les aspects géographiques vus d'ici.

La tache polaire neigeuse est *à côté* du pôle sud, et même assez loin.

Au télescope, les continents sont rouges et les mers vertes.

L'auteur ajoute, en terminant, que les différences d'aspects doivent provenir d'un certain état nuageux. Il y a, dit-il, une énorme transposition d'humidité d'un hémisphère à l'autre, pendant l'hiver de l'un et l'été de l'autre, qui doit donner naissance à des tempêtes et à de vastes nuées flottantes, lesquelles nuées ne se disposent pas comme sur Jupiter, à la rotation si rapide, le long de parallèles à l'équateur, mais subissent dans leur arrangement l'influence des terres et des eaux.

XLVIII. Même année, 1862. — Observatoire de Lord Rosse ([1]).

Lord Rosse a communiqué à la Société royale astronomique de Londres six dessins faits par son assistant pendant la période si favorable de cette année 1862. Ces vues ont été prises aux dates suivantes, à l'aide du grand télescope de six pieds de diamètre :

1re, 22 juillet, à 22^{h}30^m de temps sidéral. Définition imparfaite.

2e, 14 septembre, à 6^{h}26^m de temps sidéral. Définition assez bonne.

3e, 16 septembre, à 23^{h}55^m de temps sidéral. Très bonne définition. Grossissement de 1200. Il y avait un léger brouillard, et pourtant la netteté a été la meilleure de la saison.

4e, 6 octobre,   à 2^{h}10^m de temps sidéral. Définition bonne.

5e, 29 octobre, à 1^h id.   Définition mauvaise.

6e, 6 novembre, à 1^{h}40^m id.   Définition très mauvaise.

On peut reconnaître dans la première et la dernière de ces vues la mer du Sablier. La troisième montre avec netteté la mer circulaire de Terby. On reconnaît aussi sur la seconde, à la droite de ce lac, la mer Schiaparelli. Il semble bien qu'il y ait quelques nuages épars sur chacune de ces vues faites au grand télescope de lord Rosse.

Si nous comparons ces dessins à ceux qui précèdent, nous constatons qu'ils les confirment. Ainsi, par exemple, celui du 16 septembre ressemble beaucoup à celui du 18 octobre du P. Secchi (*voy.* p. 146) et à ceux de Lockyer des 18 octobre aussi (p. 162) et 17 septembre; celui du 6 octobre offre les mêmes aspects que celui de Lockyer du 3 octobre (p. 151); toutes les configurations reconnues plus haut sont représentées sur ces dessins, selon le côté tourné vers nous.

Ces dessins nous montrent en même temps que chaque observateur voit un

([1]) Observations faites à l'Observatoire de Parsonstown (Irlande).

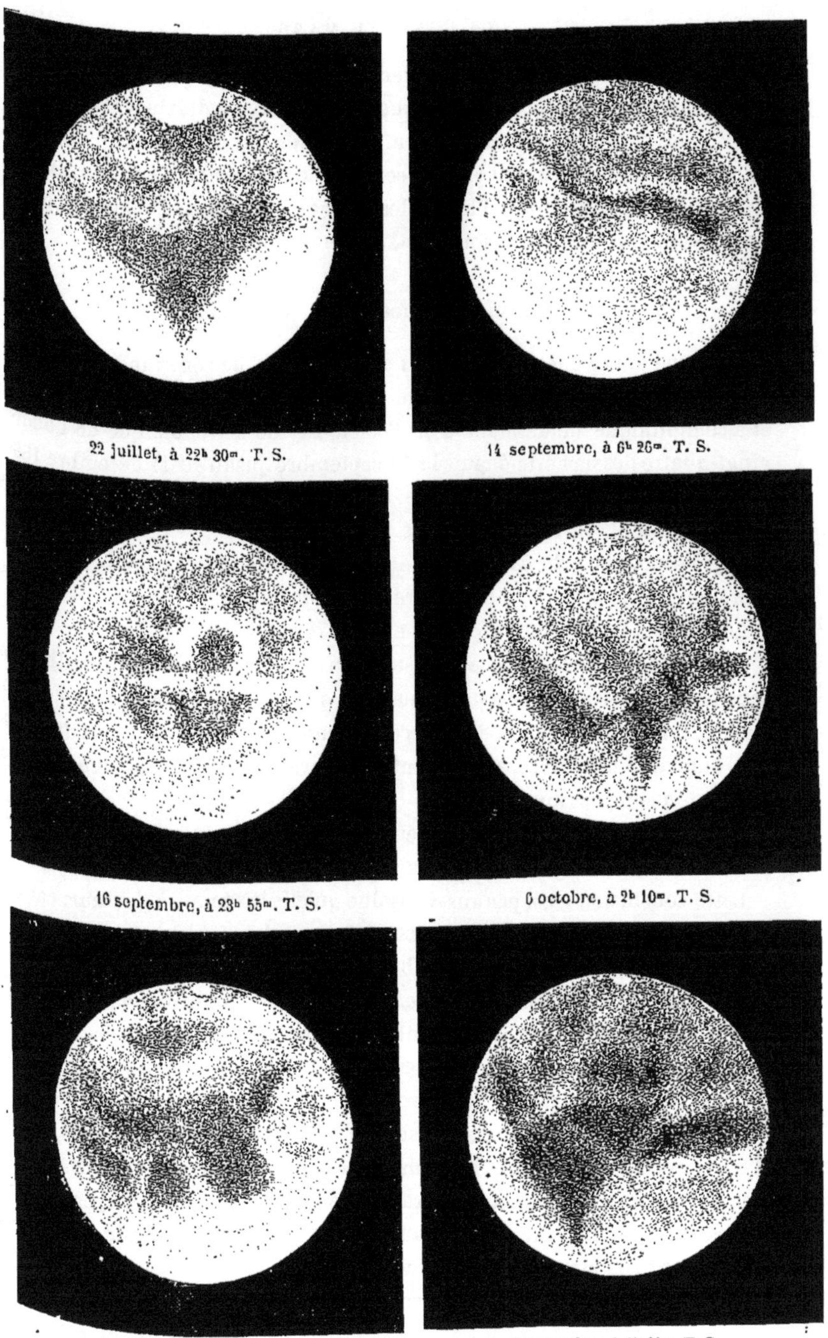

Fig. 108. — Vues télescopiques de Mars prises en 1862 à l'Observatoire de lord Rosse.

peu à sa façon, selon son œil et son exercice, et dessine également à sa manière.
M. Faye nous racontait l'autre jour que s'étant essayé à dessiner Mars un beau
soir à l'Observatoire de Paris, du temps d'Arago, en compagnie d'un de ses
collègues (Goujon), et ayant ensuite comparé leurs dessins, faits au même instrument et au même quart d'heure, les deux croquis se ressemblaient à peine.
Nous avons fait plus d'une fois la même remarque.

XLIX. Même année, 1862. — LASSELL.

La même année encore, M. Lassell a fait, à l'aide de son grand télescope de
4 pieds anglais (1^{m}20) de diamètre, une série d'observations remarquables
et a communiqué notamment à la Société royale astronomique de Londres
vingt-quatre dessins pris depuis le 13 septembre jusqu'au 11 décembre 1862.
Nous choisissons, parmi ces croquis, les huit plus curieux pour les offrir à nos
lecteurs. Voici l'ordre de leurs dates :

1er, 25 septembre; 2e, 27 septembre; 3e, 11 octobre; 4e, 13 octobre; 5e, 23 octobre; 6e, 25 octobre; 7e, 4 novembre; 8e, 5 novembre.

Les grossissements employés ont été de 474 et de 760.

La calotte neigeuse du pôle supérieur ou austral est nettement visible sur
tous les dessins. L'observateur remarque que les taches ont varié pendant
les observations. Ainsi, dit-il, la face présentée le 27 septembre est la même
que celle du 5 novembre, et pourtant les figures ne se ressemblent guère, et il
en est de même des autres.

L'auteur en conclut à des changements sans doute produits par des nuages
assez denses, d'une grande étendue et d'une grande variété de formes.

Cette conclusion n'est pas aussi absolue qu'elle le semble à l'auteur, car une
différence d'une heure ou deux amène parfois un changement sensible. La différence entre les dessins du 27 septembre et du 5 novembre est dans ce cas : la mer
du Sablier est plus avancée vers la gauche dans le premier que dans le second.

Nos lecteurs reconnaîtront très distinctement, sur les figures des 4 et 5 novembre, la mer du Sablier avec les mers Flammarion et Hooke à gauche,
la mer Zöllner au-dessus, le détroit d'Herschel II à droite, et au-dessus le
détroit Arago et la mer Lambert; sur les croquis des 23 et 25 octobre, la mer
Terby, l'océan de la Rue et les trois baies (Christie, Burton et du Méridien).
Ces deux derniers dessins s'accordent bien avec ceux de Lockyer, de lord
Rosse et de Secchi pour montrer au-dessous de l'Œil une région très foncée,
dont nous constaterons bientôt la variabilité.

Il est digne d'attention que les vues de la planète prises à l'aide des gigantesques télescopes de lord Rosse et Lassell, ne contiennent pas plus de détail
que celles obtenues à l'aide d'instruments de moyenne puissance.

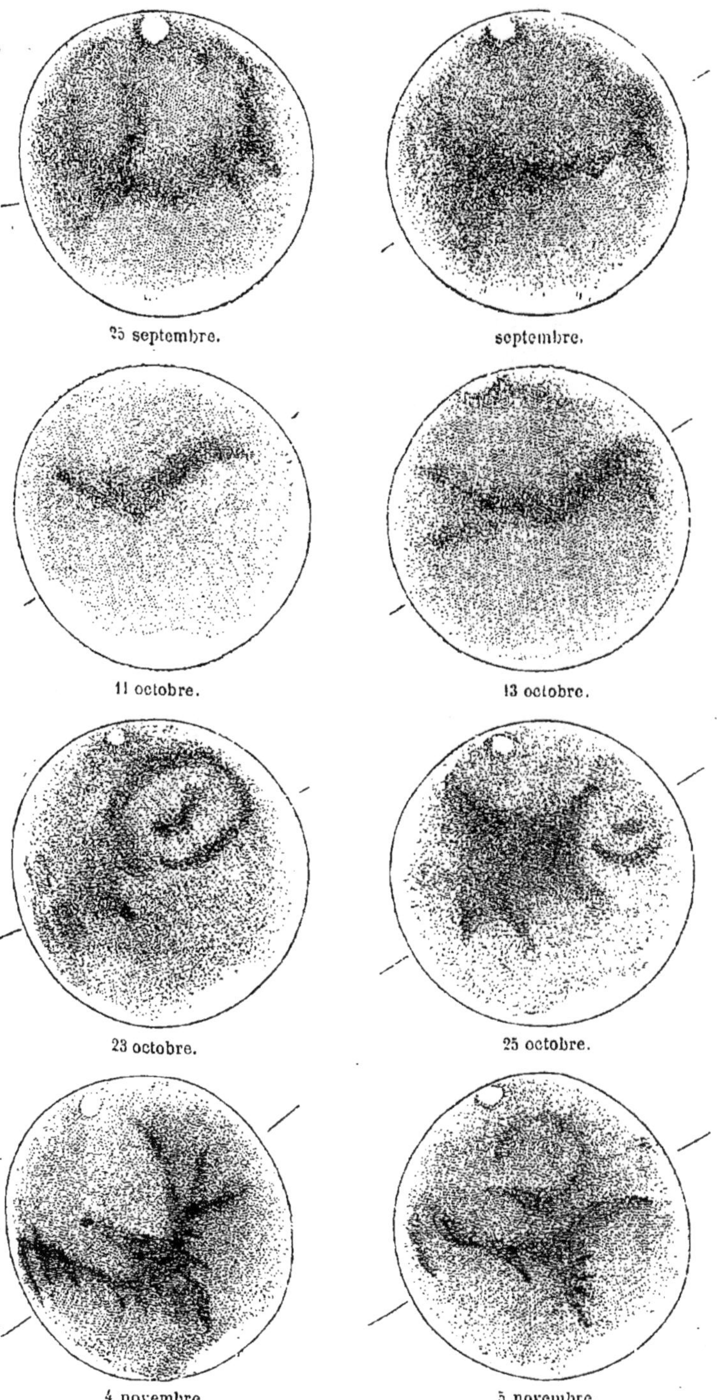

Fig. 109. — Vues télescopiques de Mars prises en 1862 par Lassell.

L. Même année, 1862. — Main, Linsser, Nasmyth, Harkness, Grove, Knott, Ellery, Bulard, etc.

Presque tous les astronomes qui avaient de bons instruments à leur disposition, en cette remarquable année martienne 1862, ont fait des observations de cette planète. Nous ne pouvons les rapporter toutes, ni reproduire tous les dessins. Nous n'en extrayons pour ainsi dire que la moelle. Aux observations de Secchi, Lockyer, Phillips, lord Rosse, Lassell, que nous venons d'examiner, nous allons ajouter celles de Kaiser, non moins importantes, que nous étudierons tout à l'heure en même temps que celles de l'année 1864, parce qu'elles leur sont associées par l'auteur même. Mais nous devons ajouter tout de suite celles de Main, Linsser, Nasmyth, Grove, Knott, Harkness, Ellery, Bulard, et prendre une idée des principales.

Nous avons parlé plus haut des observations et des mesures de l'astronome Main, à Oxford (*voyez* p. 130).

Parmi les observations de cette période, remarquons celles de Linsser à l'Observatoire de Poulkowa (Russie). Cet astronome a publié en 1864, dans le *Wochenschrift für Astronomie* de Heis, une intéressante notice dans laquelle il déclare que les dessins qu'il a pris s'accordent parfaitement avec ceux de Beer et Mädler. Il se demande si les taches sombres ne représenteraient pas des continents plutôt que des mers, à cause des divers degrés de tons sombres qu'elles offrent à l'observation. Il fait un nouveau calcul de la durée de rotation et trouve

$$24^h 37^m 22^s,9.$$

Ses dessins confirment ceux de Beer et Mädler; on y retrouve notamment le détroit d'Herschel II, qu'il appelle « Schlangen förmige Fleck », la mer Maraldi (*pn*) et la mer du Sablier.

Nous devons également adjoindre aux précédentes les observations faites par Nasmyth en Angleterre. Cet astronome a pris notamment un dessin, le 25 septembre, sur lequel on reconnaît le détroit d'Herschel II, et au-dessus l'île Phillips. (*Memoirs of the litterary and phil. Society of Manchester*, 1862-63, p. 303).

M. Harkness, de l'Observatoire de Washington, a publié dans les Annales de cet Observatoire (1862 p. 152) deux dessins faits par lui les 6 et 30 septembre 1862; le premier de ces dessins représente les mers Maraldi et Hooke, le second, le détroit d'Herschel II.

Signalons encore, pour cette même période de 1862, les observations de Knott en Angleterre, et Ellery à Melbourne. Elles confirment les conclusions tirées des études précédentes. Nous reproduisons ici, d'après M. Terby, quatre dessins de Knott, pris les 23 septembre, à 8ʰ30, 22 octobre, à la même heure, 3 novembre, à 9ʰ, et 27 novembre, à 7ʰ15. Ces dessins conduiraient à une conclusion contraire à celle de M. Lockyer et plaideraient en faveur de

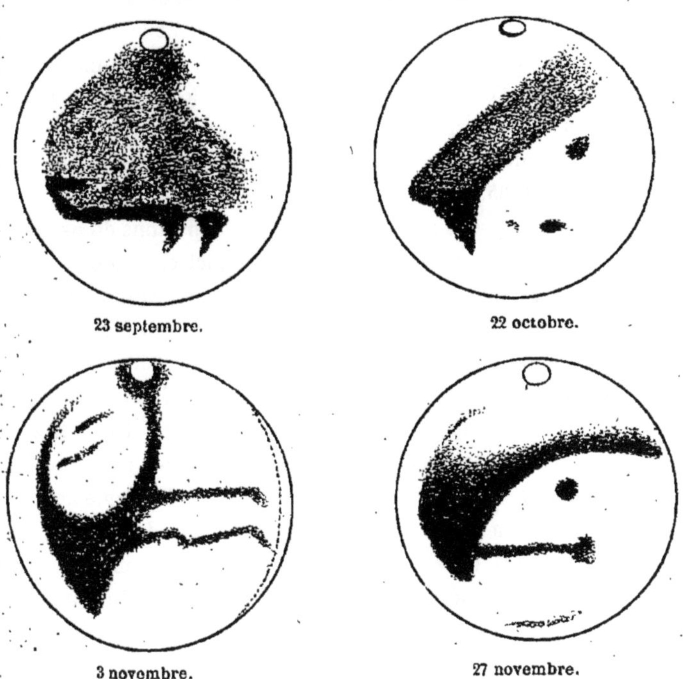

Fig. 110 — Dessins de Mars faits par Knott en 1862.

changements rapides et considérables dans les aspects de Mars. Ils ont été obtenus à l'aide d'une lunette de 7 pouces ½.

M. Grove a décrit (*Monthly Notices*, tome XXIII, p. 75) une série de dessins qu'il a pris en octobre et novembre 1862, à l'aide d'une lunette de 4 pouces ½, prouvant des variations certaines à la surface de la planète. Pour expliquer ces variations, l'auteur propose d'admettre que des nuages se condensent sur de vastes districts aqueux.

D'autres observateurs encore, comme nous allons le voir, ont fait une série d'études pendant les oppositions de 1862 et 1864.

En France, M. Bulard a présenté à l'Académie des Sciences, dans la séance du 15 décembre 1862, plusieurs dessins de la planète, qui n'ont pas été reproduits, et sur lesquels nous n'avons aucun détail.

LI. 1862-1864. — GREEN et W.-L. BANKS.

MM. Green et W.-L. Banks, artistes peintres et amateurs d'Astronomie, habitant en Angleterre, près de Londres, le premier à Saint-John's Wood, le second à Ealing, ont observé chacun séparément la planète pendant ses oppositions de 1862 et 1864; le premier à l'aide d'une lunette française de 4 pouces ¼ munie d'oculaires grossissant de 160 à 240 fois, le second à l'aide d'une lunette anglaise de 3 pouces ¾. Ils en ont pris une centaine de dessins dont 24 ont été publiés dans l'ancien journal astronomique *The Astronomical Register*, février 1865.

Ces petits dessins sont charmants, et nous regrettons de ne pouvoir vraiment tout reproduire ici. Leur comparaison met en évidence deux faits incontestables: le premier, c'est que, malgré l'habileté pratique des dessinateurs, ils ne s'accordent pas toujours dans leur appréciation des aspects de la planète, et le second, c'est que la permanence des configurations géographiques martiennes n'exclut pas des variations assez considérables dues, au moins en partie, à des causes atmosphériques martiennes, lesquelles produisent parfois des traînées claires ou foncées en forme de bandes équatoriales.

Dans plusieurs de ces figures, on reconnaît admirablement la mer du Sablier et sur l'un d'eux notamment, sur celui du 24 novembre 1864, à 10ʰ30ᵐ, fait par M. Green, on remarque la région brumeuse indécise qui, dans ces dernières années surtout, a été signalée par plusieurs observateurs comme soumise à des variations d'aspects pouvant être dues à des inondations.

LII. 1862-1864. — J. JOYNSON, NOBLE, WILLIAMS.

Pendant les oppositions de 1862 et 1864, M. Joynson, dont l'observatoire était situé à Waterloo, près Liverpool, en Angleterre, a présenté à la Société royale astronomique de Londres (¹) une série de 92 dessins de la planète, pris durant l'opposition de 1862, et de 104 autres pris pendant celle de 1864. Les *Monthly Notices* (10 mars 1865) n'ont reproduit que deux croquis que l'auteur signale pour la bande grise qui contourne la planète. Ces deux dessins sont des 8 et 12 décembre 1864. On y reconnaît la mer Terby, très noire; la bande est formée par la succession des mers Schiaparelli, Maraldi, Flammarion, Herschel II et de la Rue.

L'observateur a employé pour ces études, en 1862, un objectif de trois

____

(¹) *On the appearance of Mars, Monthly Notices of the royal astronomical Society,* 1865, p. 66 et 166.

pouces et demi et, en 1864, un objectif de six pouces. Dans les deux cas, le grossissement employé a été de 350. L'auteur croit que la bande tracée sur ces deux dessins fait le tour de la planète sans interruption. A la même séance de la Société, M. Lockyer a fait remarquer que cette mer n'est pas continue, mais traversée en plusieurs points par des terres. Il ajoute que les différentes taches de la planète offrent divers degrés d'intensité et que certaines d'entre elles sont beaucoup plus foncées que d'autres. Ces différences de tons ont été constatées en 1862 par cet observateur, ainsi que par MM. Phillips et Frankland, exactement telles qu'elles avaient été marquées par Beer et Mädler en 1830. En combinant ses croquis de 1862, l'auteur trouve, pour la période de rotation, $24^h 37^m 37^s$.

En Angleterre, M. Noble a fait un certain nombre de dessins à l'aide d'une lunette de 4 pouces. Il en avait pris dès l'opposition de 1858, et les a continués jusqu'en 1877. M. Williams a obtenu six dessins pour l'opposition de 1862, douze pour celle de 1864 et douze pour celle de 1867 (voy. *Monthly Notices*, XXV, p. 170 et TERBY, *Aréographie*, p. 27) à l'aide d'un télescope de 4 pouces ¼ les principales taches de la planète y sont représentées avec leurs caractères les plus saillants. Cette période de 1862 à 1864 a été très féconde. Le travail le plus important est celui auquel nous arrivons ici, celui de Kaiser, directeur de l'Observatoire de Leyde.

LIII. 1862-1864. — KAISER (¹).

Ce laborieux astronome a fait, pendant les oppositions de 1862 et 1864, de très importantes recherches sur la planète dont nous écrivons ici la monographie. Le Mémoire qu'il a publié dans les Annales de l'Observatoire de Leyde est partagé en plusieurs sections qui ont pour objet, d'abord l'étude des anciens dessins de la planète Mars de 1636 à 1864 et ensuite les observations faites à Leyde sur les configurations géographiques de ce globe, sur la durée de sa rotation, sur les taches polaires et sur l'aplatissement. Ce Mémoire est accompagné de dessins et de cartes dont nous allons offrir les principaux à l'attention de nos lecteurs.

Ces dessins, que nous reproduisons ici, portent leurs dates respectives. Étudions-en les aspects :

Voici d'abord quatre dessins de 1862.

Le premier nous montre les mers du Sablier, Flammarion, Hooke et Ma-

(¹) *Untersuchungen über den planeten Mars bei dessen oppositionen in der Jahren 1862 und 1864. — Annalen der Sternwarte in Leiden. Dritter band, Haag, 1872,* p. 1-87.

raldi, l'océan Dawes, la mer Zöllner, le continent Beer, le continent Herschel Ier, l'isthme de Niesten, les terres de Cassini et Dreyer; on devine même

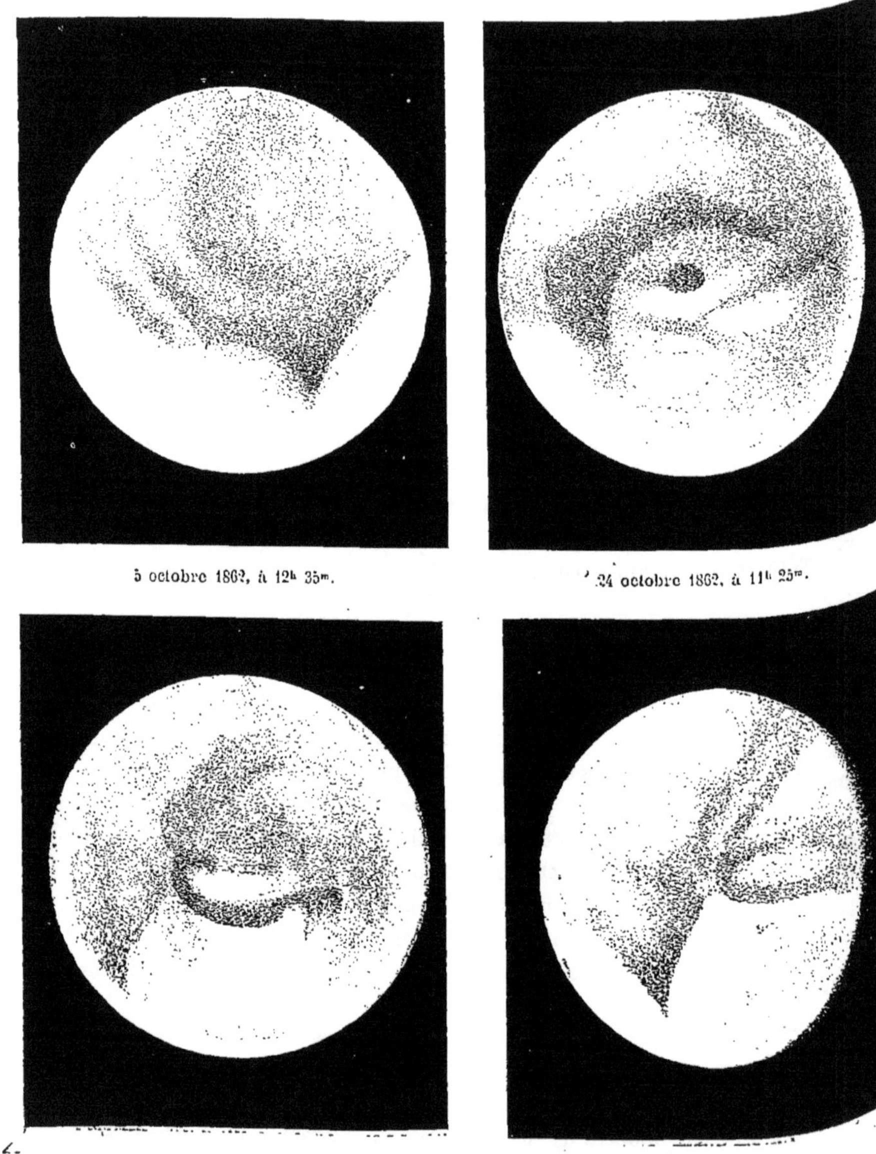

Fig. 111. — Dessins de Mars par Kaiser, en 1862.

la terre de Lockyer Le pôle supérieur ou austral est marqué par un petit cercle de neige. A gauche de la mer du Sablier, la région est brumeuse. Ce dessin est complet, en conformité parfaite avec notre carte construite sur l'ensemble des observations (p. 69). Il semble donc que ce jour-là (5 octobre 1862, à minuit 35ᵐ) l'aspect de la planète n'était modifié par aucun nuage. Les tons eux-mêmes sont notés.

Le deuxième dessin nous montre la mer Terby, l'océan de la Rue qui la surmonte, la mer Schiaparelli à droite. Au lieu de la Manche, on voit une traînée brumeuse. La neige polaire est détachée du bord.

Sur le troisième dessin, nous trouvons le détroit d'Herschel II et la baie du Méridien : ce ruban sombre se montre tout à fait détaché du fond clair, comme au temps de Mädler, seulement, au lieu d'être circulaire, la baie est rectangulaire et terminée par deux pointes. Cette baie a été vue fourchue pour la première fois par Dawes, le 22 septembre 1862, à l'aide d'un objectif d'Alvan Clark de 8 pouces ¾. Au-dessus, la mer Lambert; à gauche, la mer du Sablier. L'île Phillips est très claire.

Le quatrième figure semble réunir la première et la troisième.

On peut comparer avec intérêt la *fig.* 1, du 5 octobre, à la *fig.* 98 (p. 157) de Lockyer du 3 octobre, à 11ʰ23ᵐ, et à la *fig.* 4 de lord Rosse du 6 octobre (p. 167) : elles s'accordent toutes les trois, en laissant la marge qu'il convient aux facultés d'observations de chaque astronome et aux divergences inévitables du dessin. On éprouvera la même impression en comparant la *fig.* 2 à celles de Lockyer du 17 septembre. Toutes ces configurations existent, sans l'ombre d'un doute. Mais on les distingue plus ou moins bien.

Ainsi se précise graduellement dans notre esprit la forme géographique réelle de la surface martienne. Son analogie avec la Terre comme distribution de cette surface en continents et en mers s'affirme de plus en plus avec le progrès des observations.

Cette précision va s'accroître encore et très rapidement, par les six excellents dessins de 1864, que nous mettons maintenant sous les yeux de nos lecteurs (*fig.* 112 à 117).

Dans le premier (*fig.* 112), nous retrouvons la baie du Méridien, élargie et confondue avec la mer voisine, la baie Burton, élargie et doublée, la baie Christie. Tout cela paraît trop large.

Dans le deuxième (*fig.* 113), nous reconnaissons la mer du Sablier, très foncée, et au-dessus l'océan Dawes, la terre de Lockyer. Au-dessous de la mer du Sablier, la passe de Nasmyth. Sur la droite du disque, une traînée inconnue (qui pourrait être l'Euphrate de M. Schiaparelli, avec lequel nous ferons plus loin connaissance).

Dans le troisième dessin de Kaiser : l'Œil ou mer Terby, la terre Copernic, au-dessous, une traînée sombre; à droite, la mer Schiaparelli (*fig.* 114).

Dans le quatrième, à droite, la mer Terby, et au-dessous la traînée sombre,

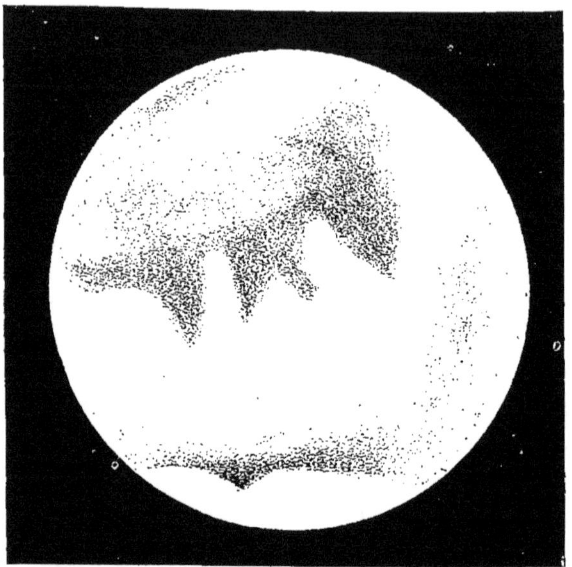

Fig. 112. — Vue télescopique de Mars par Kaiser, le 11 novembre 1864, à 10ʰ 30ᵐ.

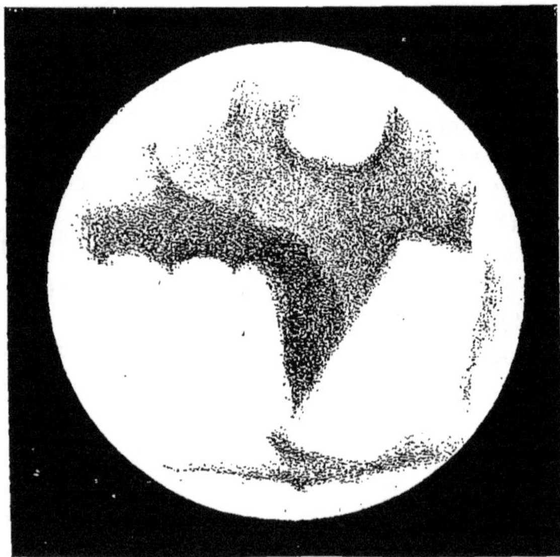

Fig. 113 — Vue télescopique de Mars par Kaiser, le 22 novembre 1864, à 10ʰ 45ᵐ.

dont nous venons de parler, la terre de Kepler, l'océan de la Rue avec la baie

Christie, le détroit Arago avec la baie Burton double, la baie du Méridien

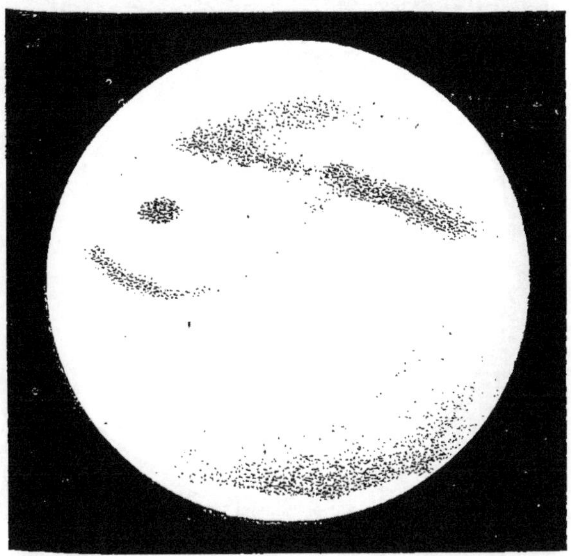

Fig. 114 — Vue télescopique de Mars, par Kaiser, le 10 décembre 1864, à 10ʰ 10ᵐ.

Fig. 115. — Vue télescopique de Mars, par Kaiser, le 18 décembre 1864, à 10ʰ 0ᵐ.

tout à fait à gauche.

Dans le cinquième (*fig.* 116), le détroit Herschel II, très foncé et bien détaché, l'île Phillips (presqu'île), le détroit Arago; en bas, la mer Delambre.

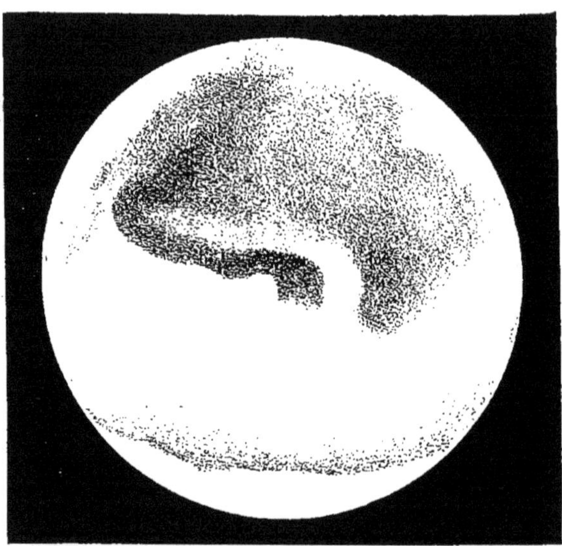

Fig. 116. — Vue télescopique de Mars, par Kaiser, le 23 décembre 1864, à 9ʰ 25ᵐ.

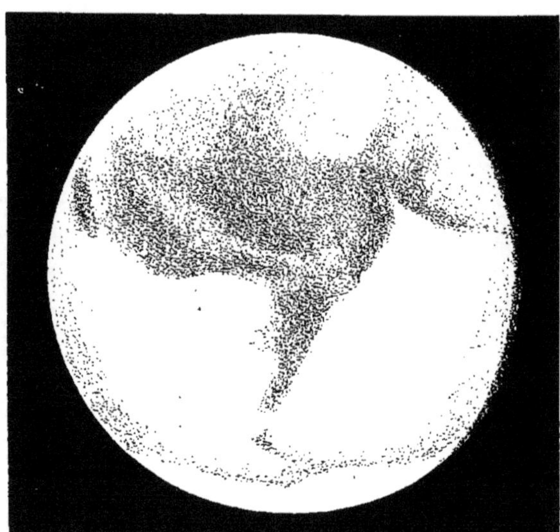

Fig. 117. — Vue télescopique de Mars, par Kaiser, le 28 décembre 1864, à 8ʰ 0ᵐ.

Dans le sixième (*fig.* 117), la mer du Sablier avec son appendice, la mer Main, diffuse, et toutes les configurations précédemment décrites.

Nous sommes donc désormais inébranlablement affermis dans la certitude que les configurations de Mars sont fixes, c'est-à-dire de nature géographique, mais variables d'aspects, notamment sans doute par suite de variations atmosphériques qui s'y superposent.

L'astronome de Léyde a tiré de tous ses dessins une carte géographique de la planète. Nous la reproduisons également ici (*fig.* 118) en fac-similé. On la comparera avec intérêt à celle que nous avons publiée plus haut (p. 69). Plusieurs différences sont manifestes. Ainsi, nous n'avons pas détaché le détroit Herschel II comme Kaiser, parce que pour nous ce croquis de l'astronome de Leyde ne représente pas une configuration permanente : généralement ce détroit se confond avec la mer (océan Dawes); généralement aussi le détroit Arago est moins large à son extrémité. Il y a là deux régions spéciales de variabilité, soit que l'eau qui forme ces mers se retire ou s'évapore, soit qu'elle change de ton et soit tantôt foncée et bleu sombre, tantôt jaunâtre et claire. Plus nous avançons dans notre étude, plus l'idée de variations d'eaux, évaporations ,inondations, précipitations aqueuses plus ou moins durables s'impose à notre esprit.

Dans les observations de Kaiser, la tache caractéristique la plus remarquable pour lui a été la tache ovale par laquelle il fait passer son premier méridien, et qui se trouve à la longitude 0 et à 26° de latitude australe. L'auteur l'identifie avec la tache *d* de Beer et Mädler. (*Voir* leur carte, p. 107). C'est le lac circulaire qui porte le nom de mer Terby sur notre carte. Remarquons sa forme *ovale* sur la carte de Kaiser. *Cette forme change* selon les années. Elle est quelquefois tout à fait ovale, comme ici, quelquefois parfaitement circulaire. Or, ce lac a l'étendue de la France.

La mer du Sablier descend en pointe au-dessous de l'équateur, obliquement, vers 150°. La tache ronde circulaire prise par Beer et Mädler pour origine de leurs longitudes est carrée dans le dessin de Kaiser et à 90° à gauche de la tache ovale prise par lui pour méridien initial. On voit que les longitudes de Kaiser diffèrent de 90° de celles que nous adoptons.

Le même astronome a entrepris pendant les années 1862, 1863, 1864 et 1865, àl'aide du réfracteur de 7 pouces de l'Observatoire de Leyde, muni du micromètre à double image d'Airy, une série de mesures des diamètres polaires et équatoriaux de la planète Mars ([1]). L'ensemble de ces mesures donne :

Diamètre équatorial...................... 9″,468
Diamètre polaire........................ 9″,387
Aplatissement............................ $\frac{1}{117}$

([1]) *Durchmesser des Planeten Mars, gemessen im Jahre 1862-1863-1864, mil Airy'à Doppelbild Micrometer am 7 zölligen Refractor. — Annalen der Sternwarte in Leiden. Dritter Band. — Haag,* 1872, p. 227, 241, 65.

La mesure de l'aplatissement de Mars reste, comme on le voit, tout à fait problématique :

$$
\begin{aligned}
&\text{W. Herschel a trouvé} \dots\dots\dots\dots\dots \quad \tfrac{1}{18} \\
&\text{Schrœter} \dots\dots\dots\dots\dots\dots\dots\dots \quad \tfrac{1}{81} \\
&\text{Arago} \dots\dots\dots\dots\dots\dots\dots\dots\dots \quad \tfrac{1}{30} \\
&\text{Bessel} \dots\dots\dots\dots\dots\dots\dots\dots \quad 0 \\
&\text{Main} \dots\dots\dots\dots\dots\dots \quad \tfrac{1}{62},\ \tfrac{1}{38},\ \tfrac{1}{46},\ \tfrac{1}{71}\ \text{et}\ \tfrac{1}{36}
\end{aligned}
$$

Winnecke, Dawes et Johnson, un allongement polaire.

Kaiser s'est également occupé de la rotation de la planète, en comparant ses observations aux meilleures choisies parmi celles de ses prédécesseurs et en identifiant avec raison la tache verticale dessinée par Hooke dans ses deux observations du 3 mars 1666 à la tache marquée f dans les observations de Beer et Mädler en 1830 et désignée sous le nom de « mer du Sablier », the Hour-glass sea.

L'observation de Hooke du 3 mars 1666 (ancien style) correspond au 13 mars du calendrier grégorien, qui n'a été adopté en Angleterre qu'en 1752. Elle a été faite, la première à minuit 20ᵐ, la seconde à minuit 30ᵐ. La tache n'était pas encore au milieu du disque : elle y est arrivée à 2ʰ46ᵐ. Dans ses observations de 1862, Kaiser a constaté le passage de la même tache au méridien central de Mars le 1ᵉʳ novembre, à 6ʰ10ᵐ. Il en conclut le calcul suivant :

Passage de la mer du Sablier par le méridien central du disque de Mars.

Hooke, 1666, mars 14, à 2ʰ56ᵐ.
Kaiser, 1862, nov.   1, à 6ʰ10ᵐ.
Différence : 71 821 jours 3ʰ14ᵐ.

Pendant cet intervalle, la planète a fait 70 004 rotations, ce qui donne pour la durée de la rotation :

24ʰ37ᵐ22ˢ, 735.

Par l'observation de Hooke et celle de Beer et Mädler du 30 septembre 1830, à 17ʰ22ᵐ, le même astronome a obtenu :

Différence 60 101 jours 14ʰ26ᵐ. 58 581 rotations.
Rotation = 24ʰ37ᵐ22ˢ, 706.

Par l'observation de Hooke et celle de Huygens du 13 août 1672, à minuit 11ᵐ :

Différence : 2 344 jours 9ʰ14ᵐ. 2 285 rotations.
Rotation = 24ʰ37ᵐ22ˢ, 62.

La concordance est remarquable, malgré les doutes de Kaiser sur l'identité

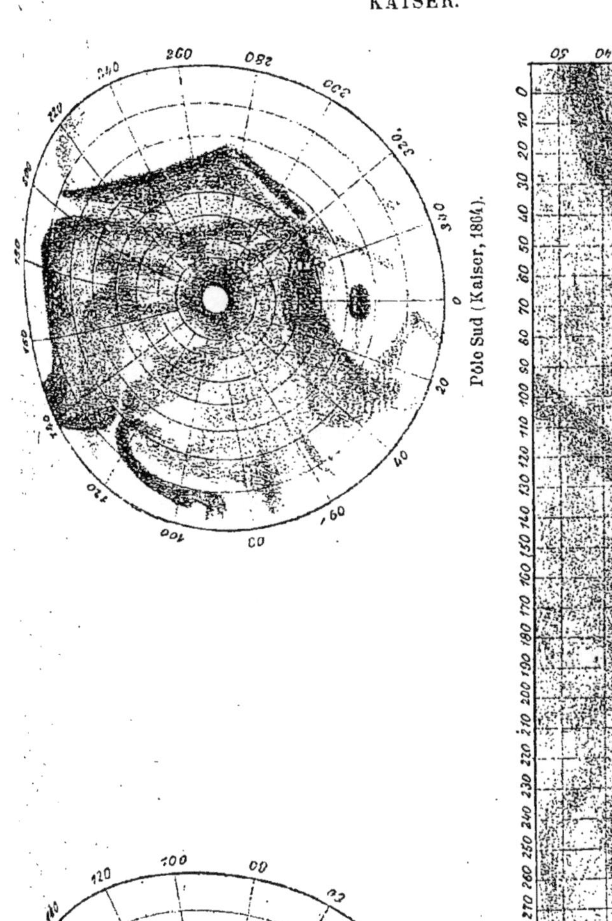

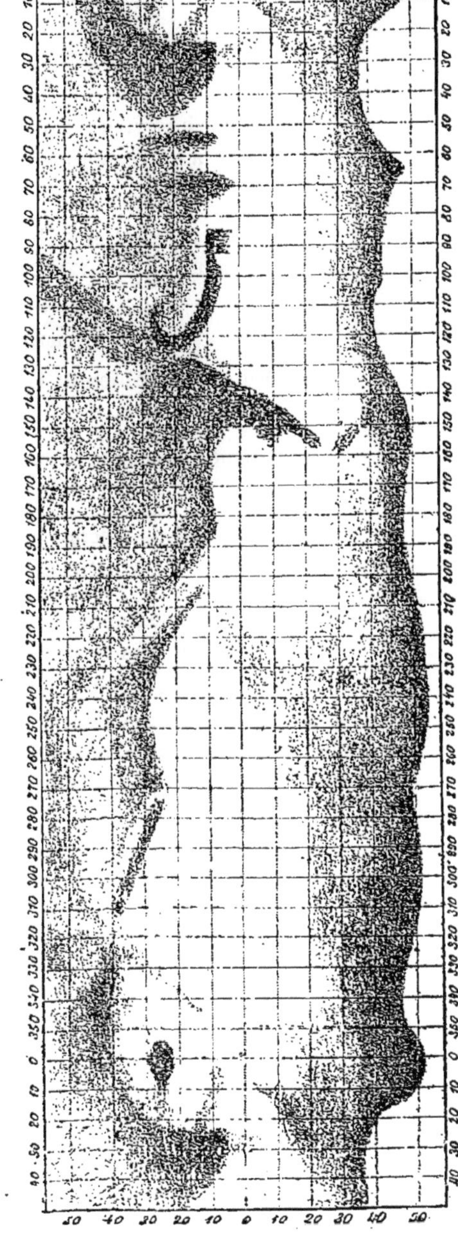

Fig. 118. — CARTE GÉOGRAPHIQUE DE LA PLANÈTE MARS, CONSTRUITE PAR KAISER EN 1864.

de la tache verticale de Hooke avec la mer du Sablier. Il ne doute pas de l'identité de cette mer avec la tache triangulaire du dessin d'Huygens du 13 août 1672, par laquelle il trouve d'autre part :

$$\text{Huygens, 1672, août 13, à } 12^h 10^m.$$
$$\text{Kaiser, } \quad 1862, \text{ nov. } 1, \text{ à } 6^h 10^m.$$

$$\text{Différence : } 69476 \text{ jours } 18^h.$$

Pendant cet intervalle, la planète a effectué 67719 rotations ; d'où l'auteur conclut pour la durée de rotation :

$$24^h 37^m 22^s, 643.$$

Cette même observation de Huygens, combinée avec celle de Beer et Mädler du 30 septembre 1830, à $17^h 22^m$, lui donne comme résultat :

$$\text{Différence : } 57757 \text{ jours } 5^h 12^m. \ 56296 \text{ rotations.}$$
$$\text{Rotation} = 24^h 37^m 22^s, 595.$$

En résumé, la rotation de la planète Mars est fixée, depuis 1864, à

$$24^h 37^m 22^s, 6.$$

à un dixième de seconde près.

LIV. 1862-1864. — *Analyse spectrale de l'atmosphère de Mars*, par HUGGINS, MILLER, RUTHERFURD et VOGEL.

Dans le cours de l'année 1862, M. William Huggins, membre de la Société royale astronomique de Londres, et M. A. Miller, professeur de Chimie à King's-College de Londres, essayèrent pour la première fois d'appliquer l'analyse spectrale à l'étude des planètes Vénus, Jupiter, Mars et Saturne. Les résultats obtenus ont été publiés dans les *Philosophical Transactions* de l'année 1864. Aux États-Unis, Rutherfurd entreprit en même temps la même recherche [1].

Nous n'avons pas à nous occuper ici des autres planètes. En ce qui concerne Mars, son spectre fut observé notamment le 6 novembre 1862 et le 17 avril 1863. Les principales raies du spectre solaire s'y montrèrent nettement marquées et l'on n'y découvrit aucune autre ligne un peu forte.

Les 10 et 29 août 1864, les mêmes savants examinèrent de nouveau la planète à l'aide d'un spectroscope perfectionné. Ils ne découvrirent dans le rouge aucune des raies d'absorption qu'ils avaient constatées dans les spectres de Jupiter et Saturne, mais tout à fait à l'extrémité du rouge, vers

[1] RUTHERFURD, *Astronomical observations with the spectroscope* (*Amer. Journal of Science*, janvier 1863). — MILLER et HUGGINS, *On the spectrum of Mars* (*Phil. Trans* 1864). — VOGEL, *Beobachtungen auf der Sternwarte zu Bothkamp. Heft I*, p. 66 (*Astr. Nach.*, n° 1864).

les raies *B* et *a* du spectre solaire, ils constatèrent la présence de trois lignes fortes.

Vers la raie *F* du spectre solaire, c'est-à-dire au commencement du bleu, immédiatement après le vert, le spectre de Mars montre un grand nombre de bandes d'absorption qui diminuent considérablement son éclat. Ces bandes fortes sont à peu près équidistantes, et se continuent jusqu'à l'extrémité violette du spectre. L'absorption de ces bandes est évidemment la cause de la prédominance des rayons rouges dans la lumière de cette planète. L'appareil spectral à grand pouvoir dispersif résout ces bandes en groupes de lignes.

La conclusion de cet examen est que, d'abord, Mars ne brille que par la lumière solaire réfléchie, et renvoie comme un miroir une image du spectre solaire. Ensuite, son atmosphère donne naissance aux raies d'absorption dont nous venons de parler. Qu'est-ce que ces raies spectrales indiquent? Nous le saurons bientôt.

Au mois d'août 1864, MM. Huggins et Miller ont remarqué que l'éclat du spectre de Mars avait diminué d'une manière remarquable vers la ligne *F*, par suite d'une série de groupes de lignes assez fortes et équidistantes commençant vers la raie *F* et se continuant vers la ligne la plus réfrangible du spectre. Au mois de novembre 1864, ces lignes étaient beaucoup plus faibles et pouvaient à peine être distinguées des lignes nombreuses appartenant au spectre solaire. L'impression de M. Huggins a été que la lumière de Mars, les 10 et 27 août, se montrait plus rouge et que les taches se voyaient plus distinctement qu'au mois de novembre. « Si cette opinion, dit-il, était contrôlée par les autres observations, on pourrait admettre que, vers la fin de l'année, l'atmosphère de Mars a été plus chargée de brouillards et de vapeurs. Ces brumes réfléchiraient une partie considérable de la lumière incidente, et par là ombreraient et cacheraient les couches inférieures de l'atmosphère de la planète ainsi que la surface du sol d'où provient probablement la couleur rouge; c'est cette couleur qui donne probablement naissance aux lignes d'absorption qui affaiblissent les rayons bleus et violets du spectre de Mars. Par une série d'observations télescopiques et prismatiques correspondantes, on pourrait sans doute faire des études efficaces sur la météorologie de la planète. »

Les recherches faites en Allemagne, par Vogel, s'accordent avec celles faites en Angleterre et aux États-Unis, sur les lignes d'absorption du spectre atmosphérique de Mars.

En réponse à une question de M. Pritchard : si un simple brouillard produirait dans le spectre de la planète des lignes indicatrices des substances qui le composeraient, M. Huggins répond que le brouillard n'a aucune faculté d'absorption sélective pour produire des lignes définies. Les petites particules du brouillard étant grandes relativement aux ondulations de la lumière, diminuent l'intensité des rayons bleus et verts en proportion plus grande que pour l'extrémité rouge du spectre. La lumière réfléchie d'une masse de brouillard offrirait une couleur bleuâtre.

A propos des remarques précédentes, M. Lockyer rappelle que la planète Mars a paru, en 1862, plus rouge à l'œil nu qu'en 1864. D'autre part, l'atmosphère de Mars s'est montrée, sans contredit, meilleure et plus transparente en 1862 qu'en 1864. Cette observation concorde avec ce que vient de dire M. Huggins. On pourrait en conclure que, lorsque l'atmosphère de Mars est pure de nuages et de brumes, la lumière de la planète est plus rouge, en même temps que ses taches se montrent plus distinctement.

Nous examinerons la suite de ces recherches en 1867.

Nous voici arrivés dans le cours de cette étude à l'année 1864, qui a été en quelque sorte la continuation de l'opposition de 1862 par la proximité à laquelle la planète s'est présentée, quoique pourtant elle ait été un peu moins proche qu'en 1862 et surtout qu'en 1860; mais l'attention des astronomes y était particulièrement dirigée, et l'on espérait arriver à quelque découverte capitale.

Nous venons déjà d'étudier les importantes observations de Kaiser et des spectroscopistes. Continuons cette période par l'analyse des observations de l'astronome anglais Dawes, l'observateur « à l'œil d'aigle ».

LV. 1864. — Observations du Rév. W.-R. Dawes ([1]).

Cet habile et éminent observateur a présenté à la Société royale astronomique de Londres, dans sa séance du 9 juin 1865, huit magnifiques dessins que nous reproduisons ici et qui proclament un progrès considérable dans l'étude de notre planète. Ces observations ont été faites de novembre 1864 à janvier 1865, à l'aide d'un excellent objectif de 8 pouces construit par Cooke and Sons.

« Plusieurs détails curieux et intéressants que je n'avais jamais reconnus aussi distinctement, dit l'auteur, se sont manifestés pendant cette opposition (de 1864). L'un des plus remarquables est un détroit long et mince qui court dans la direction N.-E. et S.-W., dans l'hémisphère nord, et qui se voit distinctement dans les dessins des 12 et 14 novembre, et plus faiblement dans celui du 10 novembre ainsi que dans celui du 21 janvier. J'avais déjà

([1]) *Hopefield Observatory, Haddenham. Bucks, Angleterre.*

remarqué et dessiné ce détroit dès l'année 1852, le pôle nord étant alors également tourné vers nous, mais quoique la planète ait été alors en excellentes conditions d'observation (ayant une déclinaison nord de 24°), je ne l'ai pas vu aussi distinctement avec l'instrument de 6 pouces ½ de Munich, dont je me servais alors, qu'à l'aide de mon 8 pouces actuel.

« Un autre objet intéressant a été l'ombre fourchue, dessinée notamment le 14 novembre ainsi que le 20 et le 12 (moins distinctement). Je l'avais souvent remarquée en 1852 sous la forme d'une baie ovale avec un rivage régulier et n'ai pas soupçonné une seule fois qu'elle pût être partagée ou irrégulière dans son contour. Mais, le 22 septembre 1862, j'ai constaté très nettement son aspect fourchu et il en a été de même pendant toute la durée de la dernière opposition. Cet aspect donnait l'impression de deux *embouchures de fleuves* très larges; mais je n'ai jamais pu reconnaître ces fleuves. Les excellents dessins faits par M. Lockyer en 1862 montrent plusieurs fois cette baie, mais ne la montrent pas ainsi partagée en deux pointes. Il sera fort intéressant, dans les oppositions futures, de vérifier si cette forme est permanente ou variable. *Il peut se faire que la mer se soit retirée de cette partie du rivage et ait laissé une langue de terre visible.*

« Il est très difficile de noter avec certitude des variations dans l'aspect des différentes taches qui peuvent être dues à des causes atmosphériques dans la planète elle-même. Cette difficulté pourrait sans doute être diminuée si l'on prenait soin de comparer les vues télescopiques aux configurations déjà connues des régions observées; mais il me paraît préférable de s'abstenir de toute référence et de toute idée préconçue, afin de faire des dessins absolument indépendants. L'atmosphère doit néanmoins jouer un certain rôle dans les causes de variations. Ainsi, pendant trois soirs consécutifs, les 20, 21 et 22 janvier, j'ai observé une tache très blanche se montrant exactement à la même place au point marqué *a* sur le dessin du 21 janvier. Cette tache blanche n'était certainement pas visible les 10 et 12 novembre. Cette tache donnait l'impression d'une énorme masse de neige et était aussi brillante que la tache polaire australe de 1862. Malheureusement, une série de nuits nuageuses m'empêcha de continuer ces observations.

» Rien ne me paraît mieux prouver que la teinte rouge de Mars n'est pas produite par l'atmosphère de la planète que ce fait que la coloration rougeâtre est toujours plus marquée vers le centre du disque, précisément où l'enveloppe atmosphérique est la plus mince. Vers les bords du disque, les taches grises sont presque entièrement effacées par la densité de l'atmosphère, et la couleur réfléchie de ses bords est blanche ou blanche verdâtre, cette dernière coloration étant peut-être un effet de contraste avec le rouge du centre.

» Le 1er décembre, quelques heures après l'opposition, j'ai obtenu quelques

mesures du disque à l'aide d'un excellent micromètre à double image. Il ne
m'a pas été possible de reconnaître aucune trace d'aplatissement; au contraire,
j'ai trouvé le diamètre polaire plutôt plus grand que le diamètre équatorial,

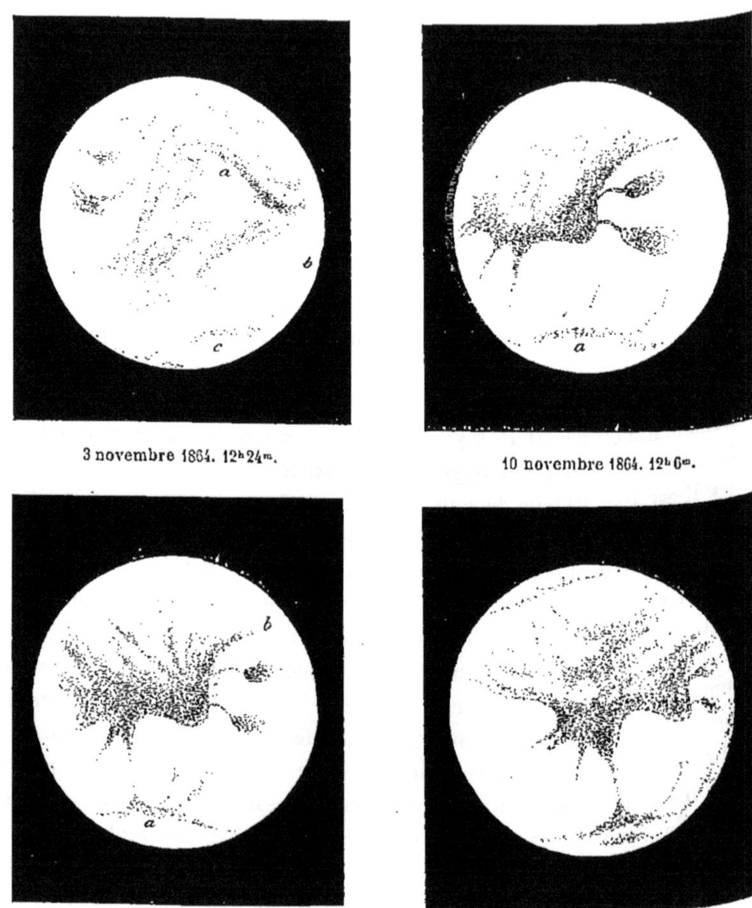

3 novembre 1864. 12ʰ24ᵐ.

10 novembre 1864. 12ʰ6ᵐ.

12 novembre 1864. 12ʰ30ᵐ.

14 novembre 1864. 12ʰ0ᵐ.

Fig. 119. — Dessins de Mars, par Dawes, en 1864-65.

d'une quantité insignifiante d'ailleurs (0″,02). Ce résultat rappelle les
mesures de Mars faites par M. Johnson avec l'héliomètre d'Oxford (¹).

(¹) Ces mesures publiées au tome XI, page 292, de l'Observatoire de Radcliffe, donnent,
pour la distance moyenne de la planète au Soleil :

$$\text{Diamètre équatorial} = 5'',901$$
$$\text{Diamètre polaire} \qquad 6'',503$$

Ici le diamètre polaire est sensiblement supérieur au diamètre équatorial.

» Mon impression est que l'atmosphère de la planète Mars n'est pas habituellement très nuageuse. Pendant la dernière opposition, les principales
configurations se sont presque constamment montrées clairement et nette-

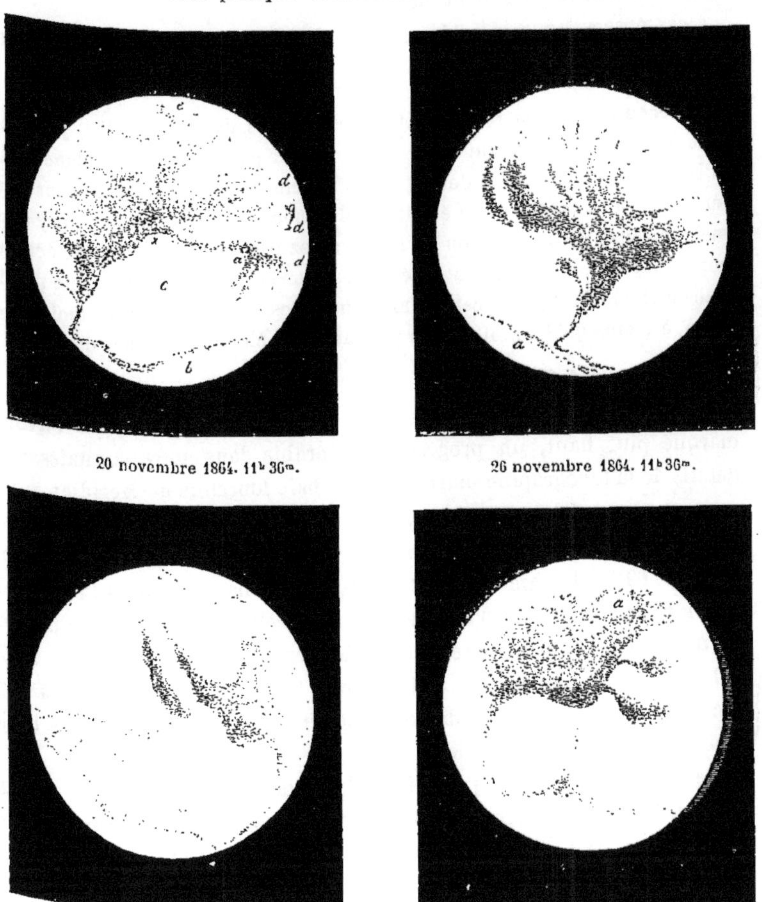

Fig. 120. — Dessins de Mars, par Dawes, en 1864-65.

ment. Je n'ai pas une seule fois pu constater qu'il y ait eu avec certitude des
régions masquées par du brouillard et des nuages. La seule exception à cette
permanence consiste dans les taches très blanches notées en quelques rares
circonstances et qui donnent l'impression soit de masses de neige, soit de
masses nuageuses dont la surface réfléchit vivement la lumière solaire. On
pourrait ajouter aussi à ces variations le fait assurément remarquable que
l'on constate en comparant le dessin du 14 novembre à ceux du 10 et du 12

pour le pôle inférieur : il y avait au point marqué *a* dans les dessins du 10 et du 12 une petite traînée grise bien évidente le 14 novembre, à minuit; elle n'existait certainement pas aux deux autres dates, où cependant les détails voisins étaient parfaitement visibles. »

A ces observations si intéressantes, Dawes ajoute en *post-scriptum* les remarques suivantes :

En recourant à mon registre et à mes dessins de l'année 1852, je vois que cette année-là, j'ai souvent observé une traînée particulièrement blanche le long du rivage marqué *a* sur le dessin du 20 novembre 1864 comme attirant particulièrement l'attention par son éclatante blancheur. Il semble donc qu'il y aurait là quelque cause permanente ou du moins assez fréquente amenant cet éclat particulier. Cependant, comme cette région est voisine de l'équateur, il ne paraît pas vraisemblable d'attribuer cette blancheur à des nuages et encore moins à de la neige, à moins qu'il n'y ait là des plateaux très élevés au-dessus du niveau de la mer (¹).

Ces magnifiques dessins de Dawes constituent, comme nous l'avons remarqué plus haut, un progrès considérable dans notre connaissance des détails de la topographie martienne : la baie fourchue du Méridien y est découverte dans sa forme normale, ainsi que le détroit Herschel II, les rivages de la mer du Sablier, et la plupart des configurations représentées sur notre carte (p. 69). A la baie du Méridien, qui donne naturellement l'idée de l'*embouchure de deux fleuves*, l'observateur a cherché ces fleuves sans parvenir à les découvrir : M. Schiaparelli les a découverts treize ans après, en 1877.

L'île blanche observée le 21 janvier se trouve sur notre carte, à l'intersection du 60ᵉ méridien et du cercle polaire austral. Elle n'est pas toujours visible, non plus que sa voisine.

Remarquons aussi ce qu'il dit de la coloration de Mars et de son atmosphère. La colloration rougeâtre de la planète est toujours plus marquée dans la région centrale du disque que vers les bords. Donc elle n'est pas produite par l'atmosphère, puisque c'est justement vers le centre du globe que la lumière réfléchie par la surface a la moindre épaisseur d'air à traverser. C'est ce qu'Arago avait déjà conclu (p. 133).

La visibilité presque constante des taches de Mars, la rareté des nuages, la faiblesse de la pesanteur à la surface du globe, conduisent à penser que *l'atmosphère de Mars est très faible*. Celle de la Terre est si dense que les détails de la surface terrestre doivent être bien moins visibles de loin que ceux de Mars. D'après les recherches de Langley, 40 pour 100 des rayons solaires qui arrivent verticalement sur notre atmosphère sont absorbés par

(¹) *Royal astronomical Society, Monthly Notices*, t. XXV, et *Memoirs*, t. XXXIV.

elle. Des 60 qui arrivent à la surface du sol, moins du quart peut être réfléchi par le sable jaune même, et ce quart doit encore perdre 40 pour 100 en traversant l'atmosphère. Il n'y aurait donc, pour la Terre, pas plus de 8 ou 9 pour 100 des rayons lumineux qui pourraient atteindre l'œil d'un observateur lunaire. De loin, la Terre doit donc paraître blanchâtre ,même par le ciel le plus pur (¹).

La comparaison de ces dessins avec notre carte conduit à une conclusion identique à celle que nous avons tirée tout à l'heure des observations de Kaiser. La mer Terby est allongée au lieu d'être ronde : elle ressemble à une feuille au-dessous, une seconde tache, offrant le même aspect, est beaucoup trop vaste; le détroit Herschel II se détache nettement, mais la baie du Méridien n'est pas ronde et isolée comme dans les observations de Beer et Madler. Tout conclut en faveur de *variations certaines dans ces aspects géographiques.*

LVI. 1864. — John Phillips.

Le professeur émérite de l'Université d'Oxford, dont nous avons déjà remarqué les observations de l'année 1862, a continué l'étude de Mars pendant l'opposition de 1864 et en a présenté les résultats à la Société royale de Londres dans sa séance du 12 janvier 1865 (²).

Il constate d'abord que les aspects géographiques se sont présentés en 1864 à peu près tels qu'on les avait dessinés en 1862. On en a fait de nouveau plusieurs dessins, du 14 novembre au 13 décembre, et l'on en a construit un planisphère que nous reproduisons ici. L'auteur donne le nom de terre (*land*) aux régions orangées, et de mer (*sea*) aux régions verdâtres, comme on l'admet généralement, mais, à l'opposé de ce que l'on voit, en général, il note les premières plus foncées que les secondes. Un certain état brumeux (*foggines*) a été noté en plusieurs circonstances, entre autres les 18 et 20 novembre. Les mers ont paru moins vertes qu'en 1862. En général, tout était moins net. Mais la planète était plus loin de nous en 1864 qu'en 1862.

« Des taches blanches, sans doute des neiges, ont été vues d'une part entre 45° et 50° de latitude sur le 30° méridien de la carte construite par l'auteur, d'autre part au 50° degré de latitude, à la longitude 225°. Il y avait moins de neiges autour du pôle sud qu'en 1862. »

Phillips se demande ensuite si les couches atmosphériques inférieures ne jouent pas un rôle dans la coloration de la planète, qui rappellent souvent

(¹) *American Journal of Science*, t. XXVIII, p. 163.
(²) *Proceedings of the Royal Society*, 1865, p. 42-46.

celle des nuages éclairés par le soleil couchant. « Il faut, du reste, qu'il y ait de grands transports de vapeur d'eau pour amener les neiges d'un pôle à l'autre, suivant l'alternance des saisons. »

L'auteur a observé des neiges jusqu'à 50° ou même 45° de latitude; M. Warren de la Rue jusqu'à 40° au mois d'avril 1856. C'est à peu près comme sur la Terre en hiver. L'étendue des neiges se ressemble parfois beaucoup en des années martiennes différentes, comme on peut le reconnaître en comparant le dessin de sir John Herschel du 16 août 1830 (voy. p. 121) avec celui de l'auteur du 27 septembre 1862 (p. 164).

« Les climats de Mars paraissent presque identiques à ceux de notre monde, car là comme ici, de 50° de latitude aux pôles, la vapeur d'eau donne naissance à des neiges périodiques, et de l'équateur à 40° environ la tempéra-

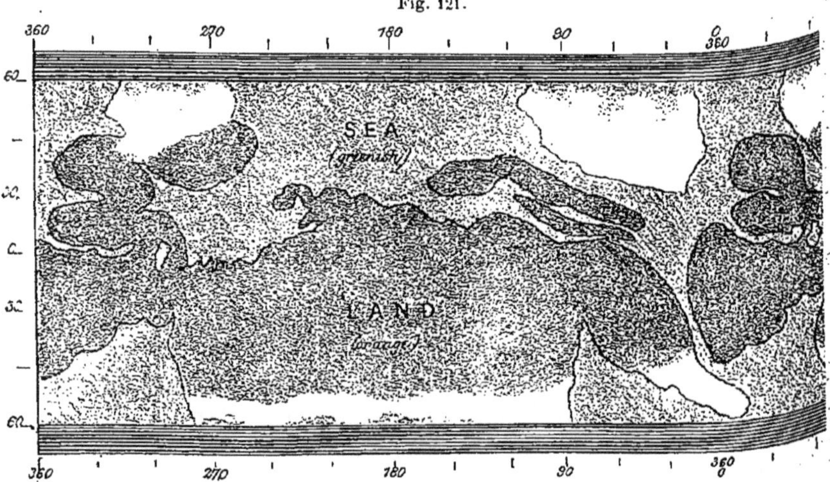

Planisphère de Mars, en projection équatoriale, par le professeur Phillips.

ture reste toujours assez élevée pour produire une évaporation normale : atmosphère généralement pure dans les régions équatoriales et tropicales, neiges variables jusqu'à une certaine distance des pôles. C'est sans doute la constitution de l'atmosphère qui permet ces climats quasi-terrestres sur une planète plus éloignée du Soleil que la nôtre dans le rapport de 152 à 100, et pour laquelle la chaleur reçue de l'astre central n'est que dans le rapport de 231 à 100. L'atmosphère, en atténuant le rayonnement, en conservant la chaleur solaire, rend les hivers et les nuits moins froids qu'ils ne le seraient sans elle. L'influence atmosphérique paraît être là même sur Mars que chez nous, et plus importante encore. Il en résulte que, selon toute probabilité, nous pouvons regarder Mars comme habitable. »

Tel est le résultat des observations du professeur Phillips. Nous reproduisons ici, en fac-similé, le planisphère qui accompagne ce Mémoire.

Ces observations paraissent avoir été faites avec le même instrument que celles de 1862.

Il n'est pas très facile de se reconnaître sur cette carte. D'abord, il faut par la pensée voir foncé ce qui est pâle, et réciproquement. On devine alors la mer du Sablier dans la configuration pâle triangulaire qui descend presque verticalement sur le 20e méridien. Au-dessus de cette mer, la grande tache blanche est la terre de Lockyer. Le continent sur lequel est écrit LAND est le continent Herschel I. Le 0° ou le premier méridien de ce planisphère correspond à peu près au méridien 315° de notre carte. Les méridiens sont comptés de la droite vers la gauche, de l'Est à l'Ouest, au lieu de l'être de l'Ouest à l'Est. Notre zéro se trouve sur le 315e méridien de cette carte, à l'extrémité du ruban clair qui prolonge comme un golfe long et étroit la mer du Sablier à droite. Il y a 45° de différence entre les deux méridiens initiaux.

LVII. Même année. — FÉLIX VON FRANZENAU.

M. de Franzenau a fait à l'Observatoire de Vienne une étude fort intéressante accompagnée de six dessins remarquables que nous reproduisons ici. Nous traduisons textuellement ce petit Mémoire (¹).

La situation assez favorable de la planète Mars, pendant sa dernière opposition, m'a engagé à faire les observations qu'on va lire, et que j'ai effectuées à l'aide du réfracteur de 6 pouces qui m'a été gracieusement prêté par l'Observatoire. Je me proposais d'obtenir des représentations aussi fidèles que possible de la surface de la planète, de la forme de ses taches, et de ses conditions atmosphériques. Malheureusement, le temps extraordinairement mauvais qui n'a cessé de sévir a entravé un grand nombre de mes observations. En somme, je n'ai pu en effectuer que sept, et encore la dernière a-t-elle dû être laissée de côté comme imparfaite.

Ces quelques dessins permettent de constater la permanence des taches de Mars, et leur ressemblance saisissante avec celles des dessins de Mädler.

Pour l'éclaircissement de ces dessins, il est entendu que N. S. P. signifient Pôle Nord, Pôle Sud et Phase; par s je désigne la neige ou du moins ce qui y ressemble, au pôle nord.

I. 8 novembre 1864, 9ʰ30ᵐ, heure de Vienne. a, b sont deux grandes taches très sombres séparées par v. La couleur noire et la netteté des contours des trois pointes de a est tout à fait remarquable; les environs c, g, h, i, k sont des om-

(¹) Mars in November 1864. Sitzungsberichte der K. K. Acad. der Wissenschaften Wien, 1865, LIII, Band; p. 509.

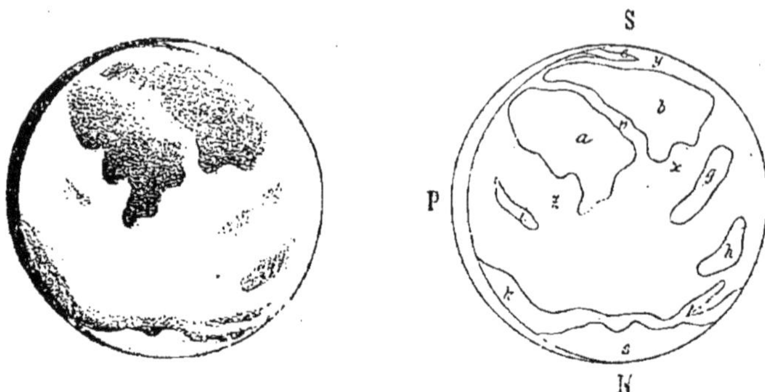

8 novembre, à 9ʰ 30ᵐ.

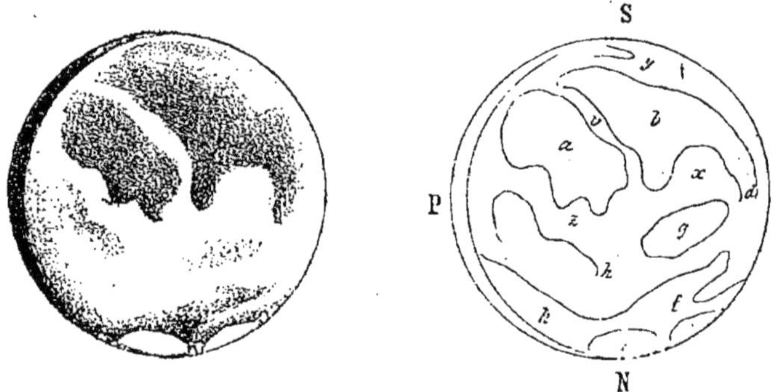

10 novembre, à 3ʰ 30ᵐ.

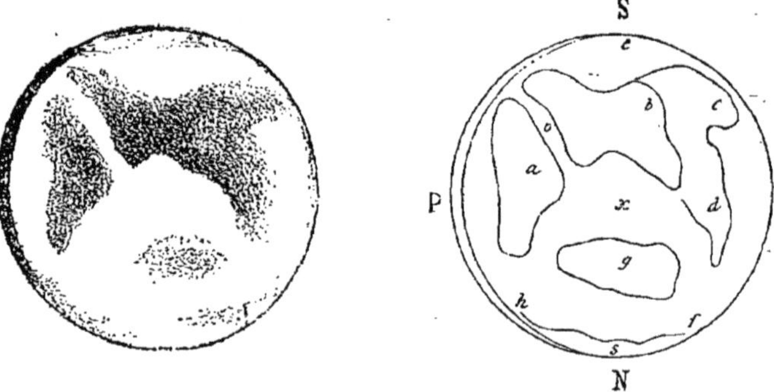

15 novembre, à 9ʰ 30ᵐ.

Fig. 122. — Observations de la planète Mars, par von Franzenau, en 1864.

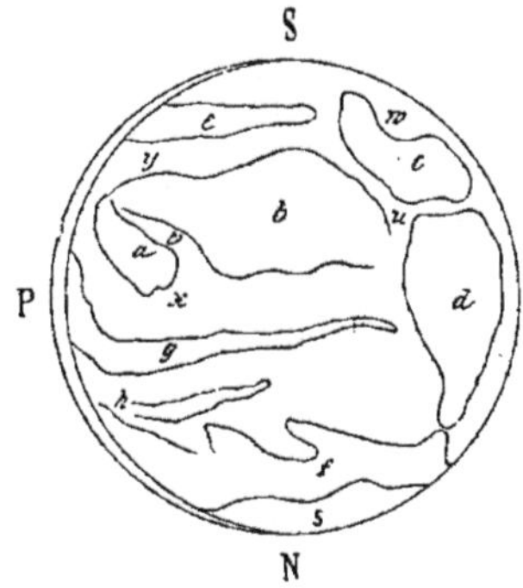

20 novembre, à 7ʰ 45ᵐ.

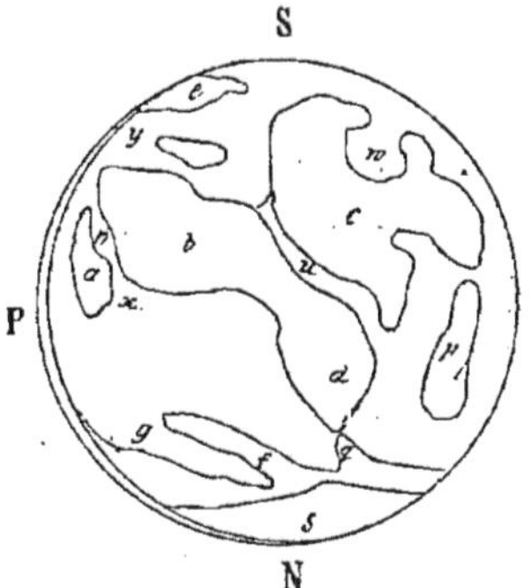

20 novembre, à 9ʰ 20ᵐ.

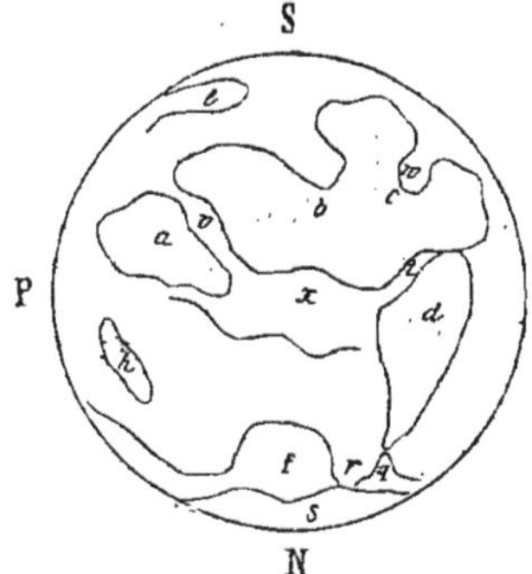

22 novembre, à 9ʰ.

Fig. 123. — Observations de la planète Mars, par von Franzenau, en 1864.

bres grises à peine visibles, sans contours nettement arrêtés; *x, y, z,* sont les parties rouge clair de la planète.

II. 10 novembre, 9ʰ30ᵐ. Les taches sont restées les mêmes, modifiées seulement par la rotation. La tache *b* s'est beaucoup augmentée en *d*; la bande *f,* que je n'avais fait que soupçonner, apparaît très distinctement. Quant à la neige polaire inférieure, elle se montre divisée en deux parties séparées par un intervalle sombre.

III. 15 novembre, 9ʰ30ᵐ. Les progrès de la rotation commencent à influer beaucoup sur la forme des taches. La tache *a* a perdu complètement son aspect primitif et descend beaucoup plus vers le Nord; *b* s'est encore agrandie vers *c*; quant à cette dernière partie, elle est, ainsi que *d,* très faiblement éclairée dans les environs de *b;* le continent rougeâtre *x* est arrivé vers le milieu de la figure et a atteint son plus grand développement; *s* semble à peu près disparue, car les environs du pôle nord sont presque aussi sombres que *h* et *f.* Tout l'hémisphère nord semble couvert d'innombrables petits nuages gris.

IV. 20 novembre, 7ʰ45ᵐ. La tache *a* est tout près de disparaître, *b* a atteint le milieu de la figure et, dans la partie ouest, *c* est ainsi que *d* plus nettement visible qu'auparavant. *u* est une partie claire entre les taches *b, c* et *d;* quant à *w,* c'est une nouvelle tache rouge clair.

A remarquer l'extraordinaire obscurité de la tache *f,* qui semble se rencontrer avec *d.*

V. 20 novembre, 9ʰ, 20ᵐ. Ce dessin a été fait le jour même, deux heures plus tard; les taches principales sont plus rapprochées du méridien central de la planète et présentent, par conséquent, plus de détails à observer; *c* est bien plus vaste et plus net; *u* se distingue plus facilement, comme une séparation; *f* se réunit à *d* au point *q;* une nouvelle tache, *p,* est apparue.

VI. 22 novembre, 9ʰ. L'intervalle entre ce dessin et le dessin nᵒ IV embrasse presque deux périodes de rotation de Mars. La seule modification est en *r*: la neige du pôle nord semble s'étendre beaucoup plus vers le Sud, mais sans limites bien définies. A remarquer la teinte sombre des parties nord de la tache *b* et de la pointe de *d.*

Telles sont les observations de von Franzenau. Ce qu'elles offrent de plus remarquable, c'est, d'une part, leur conformité avec celles de Beer et Mädler, conduisant à l'opinion de la permanence des configurations, et, d'autre part, un détail assez curieux, celui d'un isthme blanc au-dessus de la mer du Sablier, visible sur les dessins IV et VI, des 20 et 22 novembre. (Nos lecteurs ont reconnu cette mer dans la tache *d.*) Était-ce une bande de nuages? Ce n'est pas probable, car on retrouve cette même solution de continuité sur des dessins de Mädler en 1841 (*voy.* p. 119), W. de la Rue en 1856 (p. 128), lord Rosse en 1862 (p. 167). Est-ce une profondeur moindre, et variable, de la mer? Ces divergences seront discutées plus loin. Les dessins de Franzenau nous conduisent donc encore à notre double conclusion : permanence et variations.

LVIII. Même année, 1864. — TALMAGE, SECCHI, RUDOLF WOLF.

Pendant cette même opposition de 1864, M. Talmage [1], observateur anglais, a remarqué, principalement à la date des 14 et 18 novembre, que le pôle sud présentait une élévation très accentuée au-dessus du disque de la planète, élévation causée sans doute par un effet d'irradiation de cette intense lumière blanche, réfléchie par la neige, et qui, mesurée au micromètre, atteignait 2″,5. L'auteur fait remarquer que cette observation est identique à celles faites par William Herschel, les 17 avril 1777 et 20 mai 1783 (*voir* plus haut, p. 51, *fig.* 17 et p. 57, *fig.* 13).

Le 24 novembre, les taches de Mars ont paru plus distinctes que jamais, et pourtant, ce jour-là, notre atmosphère était assez trouble; l'observateur croit pouvoir en conclure que *plus notre atmosphère est claire et moins les détails de la planète Mars sont visibles.* (Il avait observé Mars sans grand succès en 1862, sous le beau climat de Nice.) Nous aurons lieu de discuter cette assertion qui n'est pas tout à fait paradoxale.

Le P. Secchi a réobservé Mars pendant cette même opposition de 1864. Nous avons signalé plus haut ces observations (p. 149).

Remarquons encore, parmi les études de 1864, celles de M. Wolf, de Zurich [2]. Dans le but d'obtenir une nouvelle détermination de la durée de rotation de la planète, le savant directeur de l'Observatoire de Zurich a comparé un dessin fait par lui le 19 novembre 1864, à $10^h 30^m$, avec un dessin de Secchi du 26 septembre 1862, à $9^h 45^m$ (*Voir* plus haut, p. 146, *fig.* 86, B) et a trouvé pour cette durée

$$24^h 37^m 22^s,9.$$

LIX. Même année, 1864. — J. C. ZÖLLNER, SEIDEL, SCHMIDT, *Photométrie.*

Zöllner et Seidel, physiciens allemands, ont fait, pendant cette même opposition de Mars, des observations photométriques [3] d'où il résulte que Mars ressemble à la Lune quant à la variation de lumière réfléchie suivant les phases et quant au grand éclat des portions marginales du disque. D'autre part, Zöllner trouve que l'*albedo* de Mars, c'est-à-dire son pouvoir réfléchissant moyen, n'est guère plus grand que celui de la Lune, à peine de moitié en plus. Jupiter et Saturne ont, au contraire, un grand pouvoir réfléchissant. La cause paraît due à ce que, sur ces deux planètes, ce sont les nuages de

[1] *On an appearance presented by the spots on the planet Mars* (*Monthly Notices* of R. A. S.,* 1865, p. 193).
[2] *Astronomische Mittheilungen,* n° 22, p. 57.
[3] *Photometrische Untersuchungen;* Leipzig, 1865.

leurs atmosphères qui réfléchissent la lumière solaire, tandis que, sur Mars, c'est surtout le globe planétaire lui-même. Ces deux planètes ont un albedo respectivement quatre et trois fois plus grand que celui du sol lunaire.

La dégradation d'éclat de la Lune, avant comme après la Pleine Lune, tout aussi bien que le grand éclat du bord, peuvent être expliqués par les inégalités de la surface. Zöllner trouve que, pour que ces inégalités produisent les variations d'éclat observées, l'angle d'élévation moyen de ces inégalités devrait être de 52° pour le sol lunaire. Dans la même hypothèse, les changements beaucoup plus rapides de l'éclat de Mars demanderaient pour ses montagnes un angle de 76° en moyenne.

Zöllner donne la Table suivante pour exprimer l'albedo ou le pouvoir réfléchissant, autrement dit l'éclat moyen, de chaque planète.

La Lune	renvoie 0,174 de la lumière reçue.	
Le Sable blanc	» 0,237	»
Mars	» 0,267	»
Saturne	» 0,498	»
Jupiter	» 0,624	»
Le papier blanc	» 0.700	»

On voit que, d'après ces évaluations, Mars garderait les 733 millièmes ou plus des 7 dixièmes de la lumière solaire qui lui arrive, et n'en renverrait dans l'espace que les 267 millièmes, tandis que Jupiter avec son atmosphère nuageuse paraît presque aussi brillant que du papier blanc et renvoie plus des 6 dixièmes de la lumière qu'il reçoit. Mars utiliserait donc pour lui bien plus de rayons solaires que Jupiter.

Seidel [1] avait trouvé pour l'éclat de Mars relativement aux étoiles :

$$\text{Mars en opposition} = 2,97 \times \text{Véga},$$

soit près de trois fois celui de Véga, observations faites à l'aide du photomètre objectif de Steinheil. Relativement au Soleil, Zöllner a trouvé avec son photomètre :

$$\text{Mars en opposition} = \frac{1}{6\,994\,000\,000} \times \text{Soleil}.$$

Cette détermination de Zöllner correspond à une grandeur d'étoiles = 2,25.

Jules Schmidt [2] a déterminé, par de nombreuses observations, les dates auxquelles Mars devient égal en éclat à diverses étoiles de première grandeur. Appelant r le rayon vecteur de la planète à un moment donné et Δ sa distance à la Terre au même instant, il trouve, par exemple, que

$$\text{Mars} = \text{Sirius, quand } \log \frac{1}{\Delta^2\,r^2} = \overline{1},944$$

$$= \text{Aldébaran} \quad — \quad — \quad 1,258.$$

[1] *Bayerische Akademie der Wissenschaften, München.* 1859.
[2] *Astr. Nach.*, t. XCIII. 1880, p. 93.

LX. 1864 à 1875. — Le Dr TERBY.

M. F. Terby, docteur ès sciences, à Louvain, auquel l'Aréographie est redevable de travaux si persévérants et si considérables, a fait une observation assidue de la planète Mars depuis l'opposition de 1864 jusqu'au moment où nous écrivons ces lignes, et a pris soin d'en publier régulièrement les résultats dans les *Bulletins de l'Académie des Sciences* de Belgique. Les premières observations de cet astronome ont été obtenues à l'aide d'une excellente lunette Secrétan de 108^{mm}, munie de grossissements de 120 et 180 fois, et parfois même 240. Nous parlerons d'abord ici de celles qui sont antérieures à l'opposition de 1877, qui a commencé un nouveau cycle dans l'étude de notre

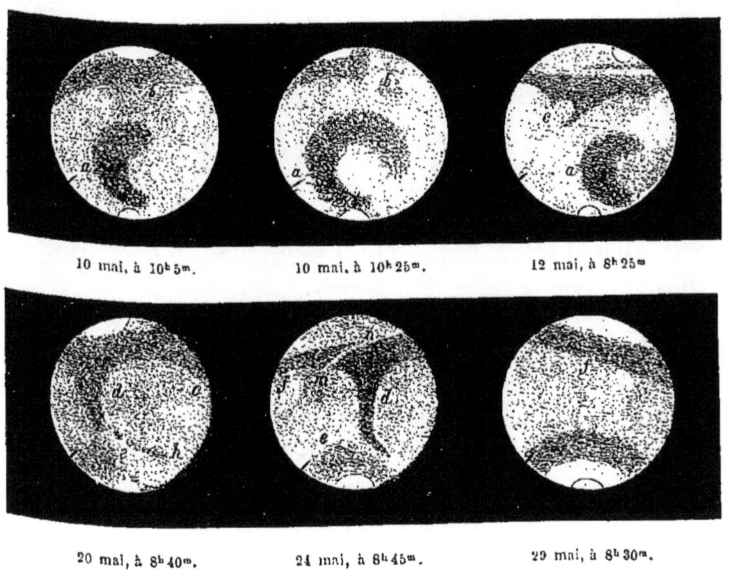

Fig. 124. — Croquis de Mars, par M. Terby, en 1873.

planète. Les Notices présentées à l'Académie de Belgique par notre éminent collègue sont accompagnées de 23 dessins pour 1864 et 1867, 36 pour 1871, 12 pour 1873 et 22 pour 1875. Les croquis de ces deux dernières années sont ceux qui offrent le plus de détails. On y reconnaît notamment la mer du Sablier, la mer Maraldi, le détroit Herschel II, la tache polaire boréale, ainsi que l'australe. Parmi ces nombreuses figures, nous en reproduirons d'abord six de l'année 1873 comme particulièrement intéressantes. Elles ont été prises aux dates indiquées au-dessous de chaque dessin.

Dans ces dessins, la lettre *a* indique la mer Knobel; la lettre *b*, l'océan de a Rue; la lettre *c*, la baie du Méridien et le détroit Herschel II; la lettre *d*, la mer du Sablier; la lettre e, la mer Delambre et ses environs; la lettre f, la mer Maraldi. Dans le dessin du 24 mai, on voit en *mn* une séparation, qui est assez curieuse, observée également le 22 mai. Cette division existe également sur deux dessins de 1875, faits le 20 juillet. Sur le dessin du 20 mai 1873, on aperçoit en *eh* la passe de Nasmyth.

En 1871 et 1873, la tache la plus foncée et la mieux visible a été (comme d'habitude d'ailleurs), la mer du Sablier. L'atmosphère de Mars a paru plusieurs fois assez trouble, notamment en 1871, pour effacer les configurations et interdire tout dessin.

Plusieurs dessins de 1875 offrent également un intérêt particulier. Le premier, du 14 juin (*fig.* 125, A), fait à 11ʰ30ᵐ, montre en *m* une dentelure et en

Fig. 125.

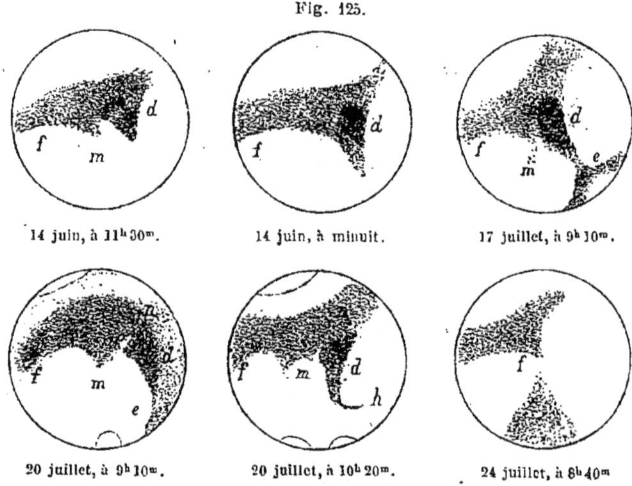

14 juin, à 11ʰ30ᵐ.   14 juin, à minuit.   17 juillet, à 9ʰ10ᵐ.

20 juillet, à 9ʰ10ᵐ.   20 juillet, à 10ʰ20ᵐ.   24 juillet, à 8ʰ40ᵐ

Croquis de Mars, par M. Terby, en 1875.

d une pointe anguleuse très foncée. Cette longue tache grise, formée par les mers Hooke, Maraldi et du Sablier, se retrouve sur un dessin presque identique fait par Schrœter le 9 septembre 1798, à 9ʰ55ᵐ (*Voir* plus haut, p. 74, *fig.* 55). Or, cette pointe anguleuse sombre est la région droite de la mer du Sablier, alors plus foncée que la région inférieure, comme on le voit sur la figure suivante, faite par M. Terby une demi-heure plus tard. On distingue alors la partie inférieure que l'on n'avait pas aperçue plus tôt, et l'on s'explique, en regardant ce dessin d'un peu loin, que parfois on ait pu arrêter la mer du Sablier à cette région plus foncée, comme dans le premier des deux dessins. C'est encore là un témoignage incontestable en faveur des variations de tons qui arrivent dans les mers martiennes, car parfois cette même région s'est montrée plus claire que l'axe vertical de cette mer.

Le troisième montre à gauche de la mer du Sablier (*d*) une dentelure *m* et une langue de terre en *n*, rappelant la séparation signalée tout à l'heure pour 1873, et que nous avons remarquée aussi dans les dessins de Franzenau (p. 193). Cette même séparation se retrouve dans les deux figures du 20 juillet.

Les pôles sont marqués par une tache neigeuse; il y en avait même deux au pôle inférieur, le 20 juillet, à 10^{h}20^m, ce qui rappelle encore un dessin de Franzenau du 10 novembre 1864, et un de Secchi du 16 novembre 1862 (p. 147).

Le dernier croquis montre la mer Maraldi et la baie de Huggins et rappelle une observation de Schrœter.

Ces observations de M. Terby conduisent aussi à notre conclusion perpétuelle : permanence des taches fondamentales, mais variations réelles dans les détails.

Si l'on se reporte à notre carte (p. 69), on reconnaît la nécessité de tracer un banc de sable, une ligne de fond parfois découverte au-dessus de la mer du Sablier, à gauche, obliquement, à travers la mer Flammarion. L'ensemble des observations donne l'impression que ces eaux ne doivent pas être très profondes.

LXI. 1865. — C. FLAMMARION. *Recherches sur la planète Mars* ([1]).

L'interprétation des observations de Mars est soumise à discussion. Dans la revue scientifique *le Cosmos* du 26 juin 1863, nous avions discuté les observations de neiges polaires et émis l'idée que ces neiges pouvaient être dues à une eau chimiquement différente de la nôtre; et nous avions en même temps exprimé l'espérance de voir bientôt une mappemonde méridienne complète de Mars succéder aux projections polaires de Beer et Mädler (*Cosmos*, 1863, t. I, p. 751). En 1865, revenant sur le même sujet, nous constatons que, d'après les observations de 1864, la ligne isotherme de 0° oscille comme sur la Terre, pour les deux hémisphères, jusqu'à 45° de latitude, ce qui paraît indiquer une température moyenne peu différente de notre globe, malgré la plus grande distance de Mars au Soleil. Mais, ajoutions-nous, « qui nous assure que le degré de congélation de l'eau terrestre et de cristallisation de notre neige soit celui auquel se produisent sur cette planète les mêmes phénomènes? On pourrait plutôt penser le contraire, puisque l'ébullition dépend du rapport spécial qui existe entre la vapeur du liquide et la pression atmosphérique et que la congélation diffère semblablement selon les substances. C'est aller trop vite et trop loin que de transporter les phénomènes terrestres sur une région étrangère à celle où ils se produisent. » (*Cosmos*, 1865, t. II, p. 315).

([1]) *Cosmos* des 6, 20 septembre et 11 octobre 1865.

LXII. 1867. — Huggins, Secchi : *Analyse spectrale de l'atmosphère de Mars.*

Nous avons vu plus haut (1862, p. 182), les premières recherches sur le spectre de Mars, faites par Rutherfurd, Huggins, Miller et Vogel. M. Huggins y constata la présence des principales lignes du spectre solaire, et Rutherfurd, notamment, les raies C, D, E, *b* et G de Fraunhofer. A la séance de la Société royale astronomique de Londres du 8 mars 1867, M. William Huggins présenta sur ce sujet un nouveau mémoire dont voici le résumé.

Mars ne brille que par la réflexion de la lumière solaire. Son atmosphère absorbe une partie de cette lumière et indique par son spectre quelles substances la composent. Dans la région bleue et indigo de ce spectre, les raies ont paru trop faibles pour pouvoir être sûrement identifiées. Dans la région rouge, la raie C du spectre de Fraunhofer est parfaitement visible et son identité a été certifiée par les mesures du micromètre. A partir de cette ligne jusqu'à l'extrémité la moins réfrangible du spectre, on aperçoit un grand nombre de raies sombres. Une ligne très forte a été mesurée micrométriquement au quart de la distance de C à B. Comme on ne voit rien d'analogue en ce point du spectre solaire, on peut la considérer comme résultant de l'absorption causée par l'atmosphère de la planète. Les autres raies dans le rouge peuvent être identifiées, au moins en partie, avec B et *a*, ainsi qu'avec les lignes voisines du spectre solaire.

Le 14 février 1867, l'observateur remarqua des raies faibles des deux côtés de la ligne D. Celles du côté le plus réfrangible étaient plus fortes que celles de l'autre côté. Elles occupent des positions qui paraissent coïncider avec les groupes que l'on voit lorsque la lumière solaire traverse les couches inférieures de l'atmosphère et qui sont produites par l'absorption de gaz ou de vapeurs, notamment de la vapeur d'eau. Ces lignes indiquent probablement l'existence de substances semblables dans l'atmosphère de la planète. Elles n'étaient pas causées par l'atmosphère terrestre, car elles étaient absentes au même moment du spectre de la Lune, quoique celle-ci fût alors à une moindre altitude que Mars.

M. Huggins a également observé le spectre des portions les plus sombres du disque de Mars, c'est-à-dire des mers. Leur spectre est beaucoup plus faible dans toute sa longueur. Les matières qui forment ces régions foncées absorbent également tous les rayons du spectre. Nous pouvons en conclure que, comme couleur, elles sont neutres ou à peu près.

La couleur rouge de Mars ne doit pas être attribuée à une absorption élective, c'est-à-dire à une absorption de certains rayons seulement qui produiraient des intervalles sombres dans son spectre. D'ailleurs, il n'est pas probable que cette coloration si caractéristique ait son origine dans l'atmosphère de la planète, car la lumière réfléchie des régions polaires reste blanche, quoiqu'elle ait traversé une plus longue épaisseur d'atmosphère que celle qui nous arrive des régions centrales du disque; c'est dans ces régions centrales que la couleur est la plus marquée. Elle tire certainement son origine de la surface de la planète.

Les observations photométriques de Seidel et Zöllner confirment cette interprétation. Elles montrent que Mars ressemble à la Lune, quant à la valeur anormale de la variation de la lumière réfléchie selon l'accroissement ou le décroissement de la phase, et également pour le plus grand éclat des régions marginales du disque. De plus, Zöllner a trouvé (p. 196) que l'albedo de Mars, c'est-à-dire le pouvoir réfléchissant des différentes parties de son disque, est seulement une fois et demie plus grand que celui de la surface lunaire. Ces caractères optiques s'accordent avec l'observation télescopique pour montrer que, dans le cas de Mars, la lumière solaire réfléchie vient presque entièrement *de la vraie surface de la planète*, et non pas d'une enveloppe de nuages comme pour Jupiter et Saturne. Dans ces deux dernières planètes, le disque est moins brillant sur les bords que dans la région centrale. Nous avons vu plus haut que ces deux planètes ont un albedo quatre et cinq fois plus grand que la Lune.

En même temps que Huggins s'occupait de cette question en Angleterre, et Zöllner en Allemagne, en Italie, le P. Secchi étudiait de son côté les planètes Jupiter, Saturne, Uranus, Mars et Neptune dans ses recherches spectroscopiques sur les corps célestes (¹).

« Mars, écrit-il, a montré des raies atmosphériques terrestres, assez faibles au centre du disque, mais fortes vers le bord; ce qui prouve l'existence d'une atmosphère analogue à la nôtre. » L'auteur donne plus loin deux observations, des 11 février et 28 avril 1869, qui se bornent à témoigner d'une zone nébuleuse voisine de la raie C et d'une autre dans le rouge extrême. Les atmosphères de Jupiter, Saturne et Uranus diffèrent beaucoup plus de la nôtre.

L'atmosphère de Mars paraît faible et raréfiée : « La sua atmosfera è assai piccola e sotile. »

La même recherche a été reprise en 1872 par Vogel en Allemagne, et les résultats ont confirmé ceux de Huggins et Secchi, quant à l'existence sur Mars d'une atmosphère analogue à la nôtre au point de vue de la vapeur d'eau qui donne naissance aux raies observées. Nous retrouverons plus loin, en 1872, les recherches de Vogel sur le même sujet.

(¹) *Sugli Spettri prismatici di Corpi celesti.* 1 br. in-8; Rome, 1868. 1 br. u-4; Rome, 1872.

LXIII. 1867-1873. — John Browning, Barnes, Johnson, Elger, Grover, Knight, Backhouse, Noble et Williams.

Le premier de ces observateurs, John Browning, excellent constructeur d'instruments d'optique à Londres, a publié dans *The Intellectual Observer* huit chromo-lithographies de Mars, d'après ses dessins faits du 8 janvier au 24 février 1867.

Il a également présenté à la Société astronomique de Londres, le 10 mai 1867, une série de treize dessins coloriés (y compris ceux dont nous venons de parler), faits par lui, du 29 décembre 1866 au 24 février 1867, à l'aide d'un télescope à verre argenté de 8 pouces ½, construit par Barnes. La coloration du disque varie depuis le rose jusqu'à l'ocre, la nuance étant d'autant plus rouge qu'il y a plus d'humidité dans notre atmosphère. Les bords du disque sont très pâles. Les taches sombres sont d'un gris bleuâtre ou verdâtre.

On a vu assez fréquemment de légères taches blanches paraître sur le disque, être emportées par la rotation et devenir presque aussi blanches que les neiges polaires en approchant du bord du disque. Ces nuages étaient, en général, mal définis dans leurs contours et de formes circulaires. On les a toujours observés dans la région de l'équateur.

Le 31 mars, à 7 heures, on a fait un dernier dessin qui correspond exactement à celui qui avait été obtenu le 23 février, à 9 heures. « Dans ces deux dessins, écrit l'auteur, la tache désignée habituellement sous le nom de mer du Sablier (*Hour-Glass Sea*), est représentée comme venant de passer au centre du disque de la planète. »

Le constructeur Barnes a fait en même temps des dessins de Mars qui s'accordent très bien avec ceux de Browning. Dans cette double série, on retrouve également deux vues identiques à celles de Warren de la Rue, reproduites plus haut ; mais elles n'offrent qu'une lointaine ressemblance avec celles de Secchi, et pas la moindre avec celles de Beer et Mädler.

Browning a construit en 1868 un globe de la planète Mars, d'après la carte de Proctor, dont nous allons parler, et en a tiré des vues stéréoscopiques assez curieuses. Depuis plusieurs années, Warren de la Rue avait obtenu d'excellentes vues stéréoscopiques directes de la Lune, en combinant entre elles des époques de libration correspondant aux mêmes phases et donnant un angle suffisant pour le relief. (L'angle est même un peu trop grand sans doute, car nous ne voyons pas d'autre cause à laquelle nous puissions attribuer la forme ovale trop allongée de ces vues stéréoscopiques de la Lune.)

Parmi les autres observations faites en 1867, signalons celles de MM. Joynson, Elger, Grover et Knighten Angleterre. On trouve dans *The Astronomical Register* des études faites pendant l'opposition de 1867 par les observateurs dont nous venons de citer les noms. La conclusion des premières est que, près du pôle sud, il y a une bande permanente. M. Elger remarque que la coloration du disque est toujours plus forte dans la région centrale que vers les contours et que les taches s'effacent vers ces bords. Rien de nouveau.

La bande australe que M. Joynson croit continue est celle que nous avons remarquée dans les dessins de M. Terby, de 1875. Elle est formée par la presque continuité des mers Maraldi, Hooke, Flammarion, du Sablier, océan Dawes, océan de la Rue, mer Cottignez et mer Schiaparelli (*voy.* p. 69).

Signalons encore pour cette époque les observations de T.-W. Backhouse, faites pendant les oppositions de 1867, 1869, 1871 et 1873. Elles n'ajoutent rien de nouveau aux précédentes.

MM. Noble et Williams. dont nous avons déjà parlé plus haut (p. 173), ont

Fig. 126.

Croquis de Mars, par Williams, le 11 janvier 1867 à 11ʰ40.

pris cette même année 1867 de nouveaux croquis, peu détaillés en général. Nous signalerons, parmi ceux de M. Williams, celui que nous reproduisons ici, du 11 janvier (*fig.* 126). Télescope de 4 pouces ¼ d'ouverture. On y remarque une solution de continuité dans le détroit d'Herschel, correspondant probablement à celle qui est indiquée sur la carte de Kaiser (p. 181), au 130ᵉ degré de longitude. La neige polaire inférieure ou boréale était fort étendue.

LXIV. 1867-1877. — R.-A. PROCTOR.

Nous devons à Richard-Anthony Proctor, né en 1837, mort en 1888, de très importants travaux sur l'Aréographie. Il commença, en 1867, par con-

struire une carte (¹) d'après les dessins de Dawes dont nous avons présenté
plus haut (p. 186-187) les principaux.

Nous avons vu (p. 107) le premier essai de cartographie de la planète
Mars dû aux travaux de Beer et de Mädler, d'après leurs observations de
1830 à 1837, en Allemagne, et plus tard (p. 181), le planisphère construit par
Kaiser d'après ses observations faites en Hollande en 1862 et 1864, ainsi que
celui de Phillips, d'Oxford, d'après ses observations faites en Angleterre a
même année (p. 190). A ces trois essais, nous pourrions ajouter celui du
P. Secchi, d'après ses observations faites à Rome en 1858, et celui que nous
avons tracé, pour l'hémisphère le mieux connu de Mars, dans la deuxième
édition de notre ouvrage sur *la Pluralité des Mondes habités* (1864).

Les dessins de l'astronome anglais Dawes ayant apporté une précision
nouvelle dans la connaissance du monde de Mars, Proctor, son compatriote,
voulut les appliquer à une cartographie aussi complète que possible, et
construisit, d'après eux exclusivement, la carte que nous reproduisons ici
(*fig.* 127), et qui est la première carte publiée avec un système de nomenclature déterminé.

Une nomenclature, des dénominations fixes, s'imposaient d'ailleurs. Tant
que, sur la représentation d'une planète par le dessin, il n'y a qu'un très
petit nombre d'objets, quelques lettres suffisent pour les désigner. On peut
dire la tache *a*, la tache *b*, la tache *c*, etc. Mais, lorsque les détails se multiplient, de telles désignations deviennent insuffisantes et impropres aux
comparaisons. Des noms se fixent incomparablement mieux dans l'esprit.

C'est d'ailleurs ce qui arrive également en Géographie. L'indication d'une
contrée par une lettre, par un chiffre, par sa position précise même, est
tellement insuffisante pour l'esprit, que, dès sa découverte, l'île la plus médiocre se voit baptisée d'un nom déterminé qui la distingue de toutes ses
sœurs. Les noms sont indispensables en tout, même, et peut-être surtout,
dans la grande famille humaine. On ne s'imagine pas facilement les hommes
existant sans noms !

Malheureusement, il y a toujours une grande part laissée à l'arbitraire
dans la conception des nomenclatures géographiques, comme pour les autres,
d'ailleurs. Il a paru tout naturel, dans le cas de la planète Mars, de suivre le
système qui a prévalu dans la nomenclature lunaire. La Lune a été le premier globe céleste dont on ait pu tracer des cartes géographiques; Mars est
le second, car ce que l'on a essayé, dès le xviii⁰ siècle, pour Vénus, est extrê-

(¹) *Chart of Mars, from 27 drawings* by M⁰ DAWES. — *Half-hours with the telescope*, London, 1869, pl. VI. — *Other Worlds than Ours*, London, 1870, p. 92. — *The orbs
around us*, London, 1872, frontispice. — *Essays on Astronomy*, London, 1872, p. 61. —
Flowers of the Sky, p. 167.

mcment incertain, et Mars est la seule planète dont on connaisse assez sûrement les configurations géographiques pour en dresser la carte. Il a semblé qu'en donnant des noms aux continents et aux mers de cette planète pour les distinguer, les reconnaître, les limiter et en étudier les formes exactes, on devait choisir de préférence ceux des astronomes célèbres et ceux des savants qui se sont le plus occupés de l'étude de la planète, sans distinction de nationalités terrestres, naturellement.

On a reproché à Proctor d'avoir fait la part un peu trop large aux astro-

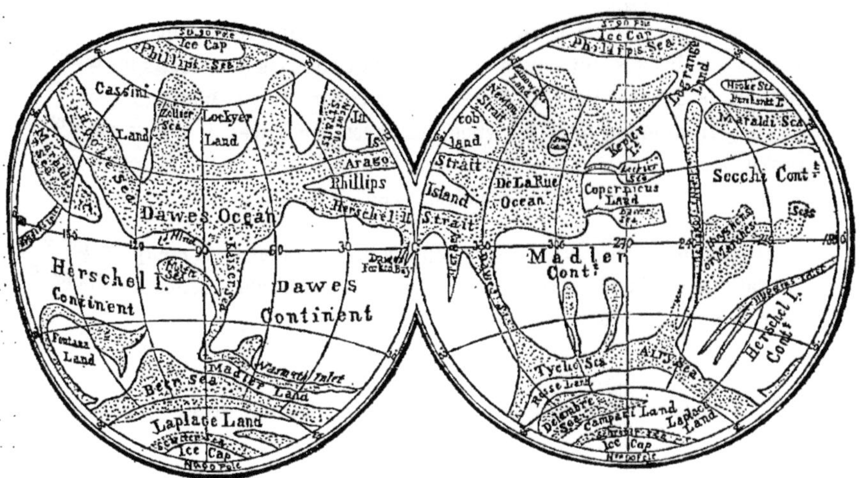

Fig. 127. — Carte de la planète Mars, par R.-A. Proctor, en 1867.

nomes de son pays, et d'avoir répété les mêmes noms. Le premier reproche serait excusable. Mais ce qui n'est pas sans inconvénient pour la clarté, c'est-à-dire pour le but même de la nomenclature, c'est que certains noms y sont répétés plusieurs fois, ce qui peut amener des confusions que l'adoption d'une nomenclature a précisément pour but d'éviter. Ainsi, le nom de Dawes n'y est pas inscrit moins de six fois (Dawes Océan, Dawes Continent, Dawes Sea, Dawes Strait, Dawes Isle, Dawes Bay); Beer deux fois (Beer Sea et Beer Bay); Lockyer deux fois (Lockyer Land et Lockyer Sea); Phillips deux fois (Phillips Sea et Phillips Island), etc; doubles emplois qui auraient pu être occupés par des noms d'une valeur non moindre, tels que ceux de Galilée, Halley, Lalande, Lambert, Leverrier, ou d'observateurs de Mars, tels que Galle, Schmidt, Lassell, Knott, Green, Franzenau, Vogel, etc. Ces défectuosités dans la nomenclature expliquent que plusieurs astronomes aient été portés à la modifier.

Mais c'est là une considération insignifiante au point de vue de la géographie intrinsèque de la planète, autrement dit de l'aréographie. Proctor a rendu un service éminent à la science en construisant la première carte aréographique bien délimitée, en jetant pour ainsi dire les bases de l'Aréographie, et, ne serait-ce que pour ce progrès — auquel se joignent un nombre considérable d'autres travaux, — le nom de Proctor restera inscrit en caractères ineffaçables dans l'histoire de la première des Sciences.

Ce laborieux astronome s'est occupé, dès l'origine de ses travaux sur Mars, d'obtenir une détermination aussi précise que possible de la durée de *rotation* de la planète. A la séance de la Société astronomique de Londres du 14 juin 1867, il présenta un premier essai sur ce sujet. Reprenant des comparaisons analogues à celles que nous avons eu plus haut sous les yeux dans les déterminations de Cassini, Maraldi, Herschel, Schrœter, Beer et Mädler, Kaiser, etc., et comparant entre elles les vues dessinées par Dawes, il trouve pour cette durée

$$88\,643 \text{ secondes,} \quad \text{ou} \quad 24^h 37^m 23^s.$$

Assuré que ce nombre est très rapproché de la réalité, il compare les observations de Dawes avec celles d'Herschel, puis avec celles de Hooke, et trouve définitivement

$$24^h 37^m 22^s,745 \pm 0^s,005.$$

79 révolutions sidérales de la Terre sont égales à 42 de Mars, à deux jours près.

Le même auteur est revenu sur le même sujet à la séance du 10 janvier 1868. Comparant les dessins pris par Browning en janvier et février 1867 avec ceux de Dawes en 1864 et 1856, il en choisit trois bien nets et bien précis (Dawes, 24 avril 1856 et 26 novembre 1864, et Browning, 23 février 1867) dans lesquels la mer du Sablier est proche du méridien central, et comparant ensuite ces trois croquis avec celui de Hooke du 12 mars 1666 (*voy.* p. 27, *fig.* 15), il trouve :

	Intervalle en secondes.	Correction pour la longitude géocentrique.	Correction pour la phase.	Intervalle corrigé.	Nombre de rotations.	Période résultante.
1	5 999 524 200	0°	— 12°	5 999 521 246^s	67 682	88 642^s,737
2	6 270 650 760	— 248	0	6 270 589 696	70 740	88 642 ,734
3	6 341 394 300	— 273	÷ 3	6 341 326 590	71 538	88 642 ,734

Le nombre qui résulte de ces comparaisons, comprenant 201 années d'intervalle, est donc la moyenne des trois périodes ainsi conclues, c'est-à-dire de

$$88\,642,735 \quad \text{ou} \quad 24^h 37^m 22^s,735.$$

L'erreur probable de ce calcul ne dépasse pas 0^s,005.

Reprenant encore la même question en 1869, le même auteur trouve, à l'aide d'un dessin fait spécialement dans ce but par Browning, le 4 février 1869,

$$24^h 37^m 22^s,736.$$

Il en conclut que le premier nombre doit être adopté.

Kaiser avait trouvé $24^h 37^m 22^s,62$; mais cette différence de $0^s,115$ produirait pour l'année 1666 un différence de $2^h 20^m$, ce qui aurait éloigné la mer du Sablier à 50° du centre, tandis que sur le croquis de Hooke elle n'en est qu'à 18° : cette mer n'aurait pas été visible du tout sur le croquis de Hooke et aurait été perdue dans la brume des bords du disque.

Proctor reprit encore la même question en 1873. Cette différence de $\frac{1}{10}$ de seconde a été l'objet d'une recherche nouvelle. Il a trouvé qu'elle est due à une légère erreur de calcul. En comptant le nombre de jours écoulés entre le 13 août 1672 et le 1er novembre 1862, le directeur de l'Observatoire de Leyde a trouvé 69476 jours : c'était deux jours de trop, parce que l'auteur avait oublié que les années 1700 et 1800 n'ont pas été bissextiles.

De plus, Kaiser aurait écrit pour l'observation de Hooke 14 mars au lieu de 13 mars. L'auteur reproduit la figure de Huygens que nos lecteurs ont vue à sa date (13 août 1672, p. 32) ainsi que celles de Hooke (12 et 13 mars 1666, à minuit 20^m et minuit 40^m, p. 27), les considère de nouveau comme pouvant tout à fait servir de base sérieuse pour la détermination de la rotation par la mer du Sablier qu'elle représentent, et conclut que la durée de la rotation diurne de la planète est certainement comprise entre

et
$$24^h 37^m 22^s,71$$

$$24^h 37^m 22^s,72.$$

Nous pouvons donc adopter, comme période très approchée de la réalité, et en nous bornant aux dixièmes de seconde :

$$24^h 37^m 22^s,7$$

Il s'agit là du jour sidéral, de la vraie durée de rotation, et non du jour solaire. Le jour sidéral terrestre étant de $23^h 56^m 4^s,09$, on voit que la période de rotation de Mars est de $41^m 18^s,6$ plus longue que la nôtre.

Proctor s'est occupé de la planète Mars dans la plus grande partie de ses ouvrages, jusqu'au dernier, dont la publication venait de commencer lorsque la mort arrêta ses travaux. Nous y reviendrons plus loin.

LXV. 1871-1873. — Lehardelay, Crosley, Gledhill, Burton, Denning, Wilson, Guyon, Lowdon, Joynson, Spear.

M. Lehardelay, observateur à Fontenay (Normandie), a fait en cette année 1871, si troublée d'ailleurs, un certain nombre d'observations à l'aide d'un objectif de Steinheil de 162^{mm} d'ouverture ([1]). Ces observations ont eu lieu les 2, 11, 13, 23, 24 mars et 23 avril. La neige polaire boréale était bien visible.

Fig. 128.

Croquis de Mars par M. Lehardelay, 23 mars 1871, 10^{h}30^m.

La soirée du 23 mars a été l'une des meilleures. On apercevait aussi la neige polaire australe. La planète paraissait couverte par deux taches en forme de lobes arrondis, très légèrement festonnés sur leurs bords contigus, de couleur jaunâtre, et séparés par une ligne grise d'une grande ténuité. Nous reproduisons ici le dessin de ce jour, publié par M. Terby ([2]); il a été obtenu à l'aide d'un grossissement de 547 fois. Ce qu'il offre de plus curieux, c'est un fleuve, ou plutôt un canal qui porte le nom de baie Burton sur notre carte (voy. p. 69) et celui d'*Isthme* sur les dessins de Secchi (voy. p. 138).

A l'Observatoire d'Halifax, MM. Crosley et Gledhill se sont consacrés à

Fig. 129.

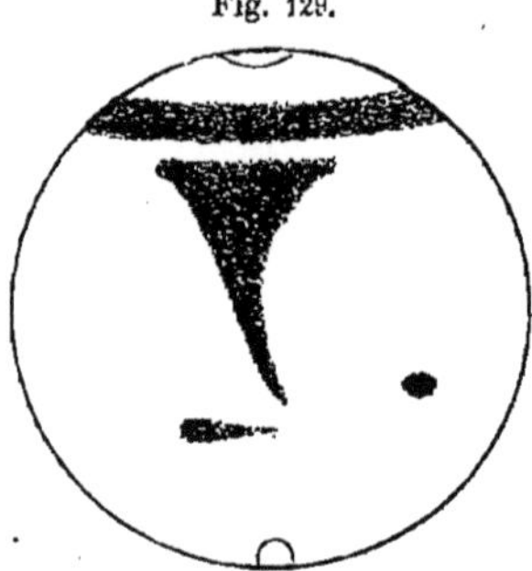

Mars le 4 avril 1871, à 11^h. Dessin de M. Gledhill.

l'observation de Mars pendant cette opposition peu favorable de 1871 et en ont publié six croquis dans *The Astronomical Register* ([3]). La tache polaire

([1]) *Bulletin de l'Association Scientifique de France*, 31 décembre 1871, p. 219.
([2]) *Aréographie*, Pl. III.
([3]) Octobre 1871, p. 233.

inférieure ou boréale est relevée vers la Terre et se montre ronde et brillante. On reconnaît la mer du Sablier, et la région circumpolaire australe se montre entourée, vers le 30e degré de latitude, d'une bande sombre, d'où trois langues descendent vers le Nord. Sur deux croquis on remarque, contiguë à la tache polaire inférieure ou boréale, une tache sombre en forme de ballon, dont la pointe toucherait la neige polaire. (Cette figure ressemble un peu à celle de Burton du 23 mars 1871, que l'on verra tout à l'heure, celle de Gledhill est du même jour et de la même heure : la configuration était donc certaine.) Nous indiquons ces six dessins sans les reproduire, on les retrouvera, en lithographie, dans la publication précitée ; nous donnons seulement (*fig.* 129) celui du 4 avril 1871 (11ʰ) : les deux caps polaires sont en vue ; la mer du Sablier est au méridien central.

Le solstice d'été de l'hémisphère nord de Mars est arrivé le 2 mars ; l'opposition, le 19 mars.

M. C.-E. Burton a fait à Loughlinstone en Irlande, à l'aide d'un télescope newtonien de 12 pouces ([1]), d'excellentes observations en 1871 et 1873, et les a continuées pendant l'opposition de 1879. Nous aurons lieu plus loin, dans notre troisième période, comprenant le cycle fécond de 1877-1892, de nous occuper des dernières et de la carte qui en est résultée. Mais nous devons signaler dès à présent les dessins de 1871 et 1873.

Le point capital des observations de M. Burton est qu'il conclut à des changements considérables à la surface de la planète. Trois dessins de 1871 et quatre de 1873, et, en général, tous ceux qui représentent ce côté de la planète, portent une immense tache sombre en forme de poire ou de ballon, correspondant à la mer Tycho. Elle est voisine du pôle nord et appartient au cercle polaire boréal.

A l'époque des observations, Mars tournait en effet vers nous son pôle inférieur ou boréal. Cette tache paraissait très sombre, d'un vert bleuâtre. « Si c'est une mer, écrivait l'auteur, l'affaissement a considérablement surpassé en étendue et en vitesse ce qui est jamais arrivé d'analogue à la surface de la Terre depuis les temps historiques. »

Cette curieuse observation confirme encore nos déductions précédentes.

Nous reproduisons ici (*fig.* 130-131) deux des dessins de M. Burton représentant cette mer, faits le 23 mars 1871 et le 7 avril 1873. Plusieurs observateurs ont vu la même forme, notamment M. Terby, à Louvain, le 12 mai 1873, et l'auteur l'a revue constamment pendant les observations de 1873. Cette tache, remarque-t-il, était aussi apparente et aussi caractéristique que la mer du Sablier.

([1]) *Transactions of the royal Irish Academy*, vol. XXVI, p. 427.

M. Burton a également dessiné la mer du Sablier en d'excellentes circonstances, par exemple dans ses vues du 7 avril et du 4 mai 1871, que nous repro-

Fig. 130, 131.

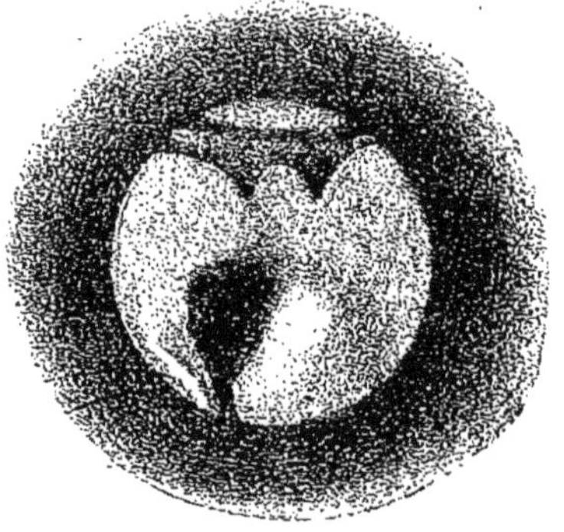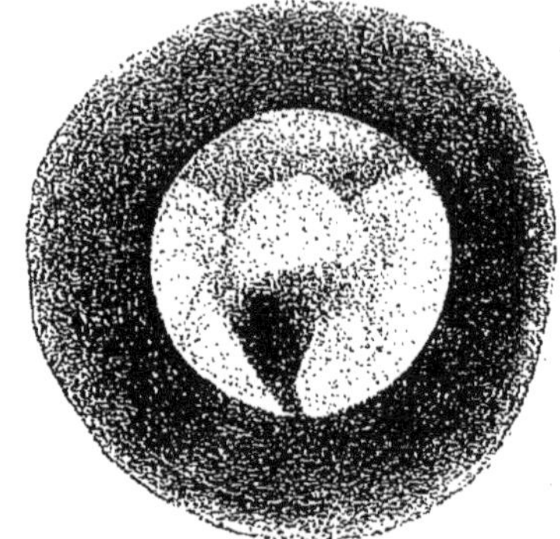

Dessins de Mars, par Burton. La mer Tycho en 1871 et 1873.

duisons aussi (*fig.* 132, 133). On remarque dans la première, à gauche de la
mer du Sablier, une région variable sur laquelle l'attention sera appelée plus

Fig. 132, 133.

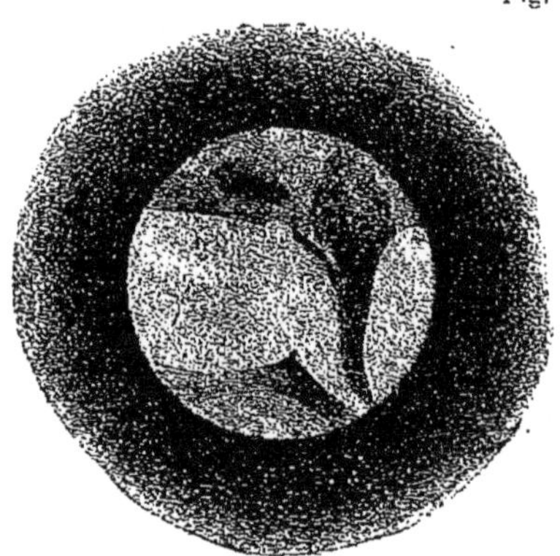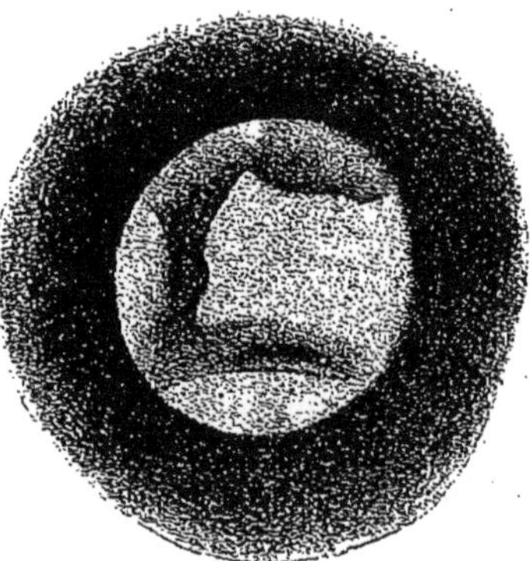

Dessins de Mars, par Burton. La mer du Sablier en 1871.

tard, et à droite, un cap très pointu (le cap Banks) qui se présente généralement sous l'aspect figuré sur notre carte (p. 69).

On a vu souvent, sur la droite du rivage de la mer du Sablier, au point indiqué par un cercle ponctué sur la *fig.* 134, une tache blanche extrêmement
brillante. L'auteur pense qu'elle indique la présence d'un plateau très élevé,
situé non loin du tropique, et couvert de neiges. « Summits of a cluster of lofty

mountains, or an high Table-land ». Ce plateau alpestre serait situé dans la zone tropicale.

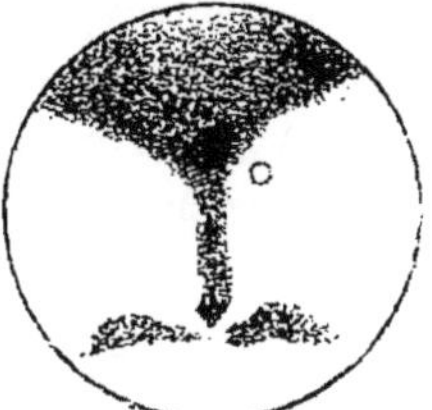

Fig. 134. — Croquis de Mars, par Burton, 24 mai 1873, indiquant la position d'un plateau neigeux sous les tropiques.

Signalons encore le dessin du 29 mai 1873 (*fig.* 135), sur lequel on constate

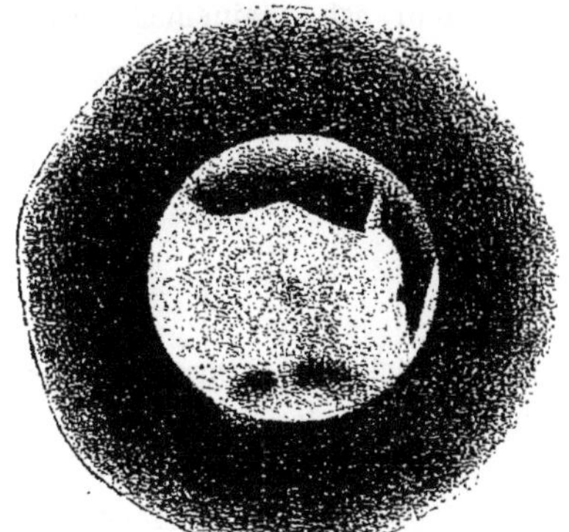

Fig. 135. — Vue de Mars, le 29 mai 1873 (Burton), montrant le banc de sable au-dessus de la mer du Sablier.

une ligne de séparation entre la mer du Sablier et la mer Hooke, à travers la mer Flammarion. Nous avons déjà parlé de cette ligne à propos des dessins de Franzenau et Terby et nous l'avons reconnue sur des dessins antérieurs (*voy.* p. 194 et 199). Il y a certainement là un banc de sable parfois découvert.

M. Wilson a fait en 1871 à l'Observatoire de Rugby un certain nombre

Fig. 136. — Mars le 4 mai 1871, à 9ʰ 30ᵐ. Dessin de M. Wilson.

de dessins fort intéressants aussi. Nous reproduisons (*fig.* 136) celui du

4 mai 1871, à 9ʰ30ᵐ, à l'aide d'un réfracteur de 8 ¼ pouces, muni d'un grossissement de 300. M. Wilson a fait pendant cette opposition, ainsi qu'en 1877, plusieurs dessins de Mars, qui rappellent surtout ceux de Beer et Mädler.

A ces études ajoutons encore pour 1871 et 1873, celles de MM. Denning, Guyon, Lowdon, également en Angleterre. M. Guyon a fait notamment six dessins en 1871 et dix en 1873. Ces croquis ne changent rien aux données précédentes.

Signalons aussi, pendant cette même opposition, les observations de M. John Joynson à Waterloo, près Liverpool, et celles de M. J. Spear, à Chur-krata, au Bengale (¹). Le premier remarque que la neige polaire boréale était beaucoup moins étendue qu'en 1867 et offrait à peu près l'aspect de celle du pôle sud en 1862. « Le canal en forme de verre de vin, « Wine-glass shaped « channel », ajoute l'auteur, est certainement permanent, ainsi que la mer qui le domine. »

Au Bengale, M. Spear remarque, à la date du 9 novembre 1870, que « la neige du pôle nord offre un éclat d'une intensité remarquable. »

LXVI. 1872-1873. — Dr VOGEL. *Analyse spectrale de l'atmosphère de Mars* (²).

L'habile astronome-physicien de l'Observatoire de Bothkamp a observé Mars dans le but de continuer les recherches spectrales dont nous avons parlé plus haut, les 19 novembre 1872, 2, 20 et 22 avril et 3 juin 1873. Il donne en détail, dans le Mémoire cité ci-dessous, la position et les longueurs d'onde de 25 lignes de ce spectre. Voici le résumé des résultats obtenus :

« Dans le spectre de Mars, on retrouve un très grand nombre de raies du spectre solaire. Dans les portions les moins réfrangibles du spectre apparaissent quelques bandes qui n'appartiennent point au spectre solaire, mais qui coïncident avec celles du spectre d'absorption de notre atmosphère. On peut conclure avec certitude que *Mars possède une atmosphère qui*, pour la composition, *ne diffère pas essentiellement de la nôtre*, et doit être riche, en particulier, *en vapeur d'eau*. La coloration rouge de Mars semble résulter d'une absorption qui s'exerce généralement sur les rayons bleus et violets dans leur ensemble; au moins il n'a pas été possible de discerner, dans cette portion du spectre, des bandes d'absorption tranchées. Dans le rouge, entre C et B, on devine des raies qui seraient spéciales au spectre de Mars; mais il n'a pas été possible de fixer leur position, à cause de la trop faible intensité lumineuse. »

(¹) *Monthly Notices*, 1871, p. 208 et 262.
(²) *Untersuchungen ueber die Spectra der Planeten, verfasst von Dr H.-C. Vogel. Sternwarte zu Bothkamp*. Leipzig, 1874.

Vogel pense avoir identifié les lignes suivantes du spectre de Mars avec celles du spectre solaire, comme lignes d'absorption dues à l'atmosphère, dites lignes telluriques.

Longueurs d'ondes.

$$\left.\begin{array}{l} 570 : \\ 580 : \end{array}\right\} \text{près } \delta \text{ de Brewster.}$$

$$\left.\begin{array}{l} 592,1 \\ 594,9 \end{array}\right\} \text{lignes telluriques près D.}$$

628,0 α.

648,8 raie assez sombre.

655,6 lignes telluriques près C.

687,8 B.

Nous continuerons l'examen de ces recherches spectroscopiques sur l'atmosphère de Mars en 1877. Elles seront plus complètes et plus précises.

LXVII. 1873. — C. FLAMMARION. *Observations de la planète Mars.*

L'opposition qui a eu lieu pendant le printemps de l'année 1873 a placé la planète en de bonnes conditions d'observation. Voici le résultat des études que nous avons faites nous-même sur sa surface, à l'aide d'une lunette de Secrétan, de 108^{mm} d'ouverture. Grossissement habituel 202, rarement porté à 288, souvent réduit à 150, en raison de la faible élévation de la planète au-dessus de l'horizon.

Nous reproduisons ce résumé tel que nous l'avons présenté à l'Académie des Sciences ([1]).

Pendant la période d'opposition qui vient de s'écouler, la planète Mars nous a découvert son hémisphère septentrional, qui est moins connu que son hémisphère sud. Le pôle nord, fortement incliné vers nous, se décèle lui-même par une tache blanche très brillante qui, dans certaines conditions de transparence atmosphérique, semble *dépasser* le contour du disque. Cette calotte polaire n'est pas actuellement très étendue; elle offre parfois à l'œil l'impression d'un *pois* blanc qui scintillerait sur le limbe inférieur du disque, et sa position indique que le pôle se trouve à environ 40 degrés de l'extrémité inférieure du diamètre vertical, dans la direction de l'est (image renversée dans la lunette astronomique). Les neiges polaires boréales ne s'étendent pas actuellement au delà du 80ᵉ degré de latitude aréographique. On sait qu'elles couvrent parfois une étendue beaucoup plus considérable, puisque, dans certaines années, elles ont dépassé le 60ᵉ degré. Les variations des neiges australes paraissent plus grandes encore.

([1]) *Comptes rendus des séances de l'Académie des Sciences*, t. LXXVII, p. 278, séance du 28 juillet 1873.

Il y a très probablement une mer polaire autour du pôle nord, car une tache sombre y est constamment visible, quelle que soit la face que la rotation de Mars amène devant nous. Cette mer polaire paraît s'étendre jusque vers le 45e degré de latitude, et même au delà, en certains points; mais elle doit être partagée en deux par une langue de terre qui s'étendrait du 65e au 75e degré. Quelle que soit cette terre intermédiaire, que l'on distingue à peine, la mer s'étend, d'une part, jusqu'à la glace, c'est-à-dire jusqu'au 80e degré au moins, et, d'autre part, jusqu'au 45e.

Une méditerranée longue et étroite court du nord au sud, et rejoint une

Fig. 137.

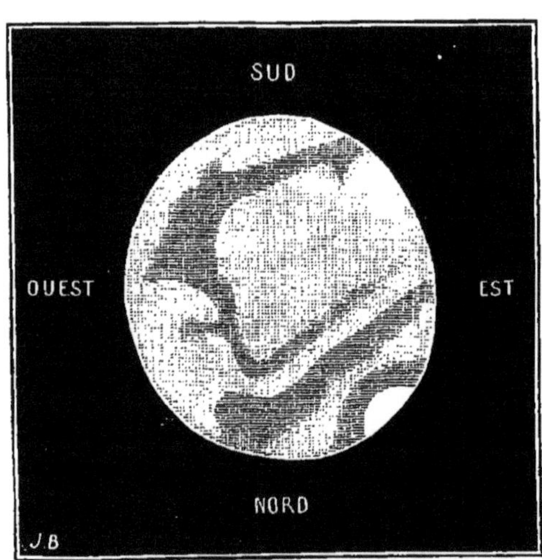

Vue de la planète Mars, le 29 juin 1873, à 10h du soir.

vaste mer qui s'étend au delà de l'équateur dans l'hémisphère sud. Entre l'extrémité septentrionale de cette méditerranée et la mer boréale dont je viens de parler, il y a une autre énigme. Ordinairement cette méditerranée, cette passe, semble réunir les deux taches. Parfois on croit distinguer à l'extrémité septentrionale une solution de continuité, et même un retour à angle droit. Ce détail n'empêche pas la physionomie générale d'être telle qu'elle vient d'être décrite : *pôle nord* marqué par une petite tache très blanche, *mer boréale* s'étendant dans le sens des latitudes, *large filet d'eau* s'étendant dans le sens des longitudes, et *mer australe* considérable.

Mars est actuellement dans la saison d'automne de son hémisphère nord. La plus grande partie des neiges polaires boréales sont fondues, tandis qu'elles s'amoncellent autour du pôle austral, invisible pour nous. La région sud est visiblement marquée d'une traînée blanche près des bords. Est-ce la neige qui descendrait jusqu'au 40° degré de latitude sud? Il est plus probable que ce sont des nuages.

L'étude détaillée de la planète montre que sa surface est bien différente de la surface terrestre, au point de vue du partage des terres et des mers. Chez nous, les trois quarts du globe sont couverts d'eau; sur Mars, au contraire, il y a plus de surface continentale que de surface maritime. Toutefois, l'évaporation y produit des effets analogues à ceux qui constituent la météorologie terrestre, et l'analyse spectrale montre que l'atmosphère de Mars est chargée de *vapeur d'eau* comme la nôtre, et que ces mers, ces neiges, ces nuages sont réellement composés de la même eau que nos mers et nos météores aqueux.

Il m'a semblé que la coloration rouge des continents est moins intense cette année qu'en général. On a souvent discuté la cause de cette coloration, et d'abord on l'a attribuée à l'atmosphère; mais cette explication a été rejetée puisqu'il est constaté que les bords du disque de la planète sont moins colorés que le centre; ils sont presque blancs. Ce serait le contraire si la coloration était due à l'atmosphère, car elle croîtrait en raison de l'épaisseur d'atmosphère traversée par les rayons réfléchis. Est-elle due à la couleur des matériaux constitutifs de la planète? On pourrait l'admettre si des raisonnements d'analogie ne nous engageaient à penser que les continents de Mars n'ont pu rester à l'état de déserts stériles, mais que, sous l'influence de l'atmosphère, des pluies, de la chaleur fécondante du Soleil et des éléments qui ont amené sur la Terre la production du monde végétal, ils ont dû se recouvrir aussi d'une *végétation quelconque*, en rapport avec l'état physique et chimique de cette planète. Or, comme ce n'est pas l'intérieur du sol que nous voyons, mais la surface, la coloration rouge doit être celle de la végétation de Mars, quelle que soit d'ailleurs l'espèce de végétation qui s'y produise. Il est vrai que, quoique les saisons de cette planète soient à peu près de même intensité que les nôtres, on ne voit pas de variations de nuances correspondant à celles que l'on observe avec les saisons sous nos latitudes terrestres; mais la végétation qui tapisse la surface de Mars peut être fort différente de la nôtre et subir moins de variations dans le cours de l'année.

Quoi qu'il en soit, les études faites sur cette planète voisine sont assez nombreuses maintenant pour nous permettre de nous former une idée générale de sa géographie et même de sa météorologie. On peut résumer comme il suit les faits qui semblent désormais acquis à l'Astronomie physique sur la connaissance de cette planète :

1° Les régions polaires se couvrent alternativement de neige suivant les saisons et suivant les variations dues à la forte excentricité de l'orbite; actuellement les glaces du pôle nord ne dépassent pas le 80° degré de latitude.

2° Des nuages et des courants atmosphériques y existent comme sur la Terre; l'atmosphère y est plus chargée en hiver qu'en été.

3° La surface géographique de Mars est plus également partagée que la nôtre en continents et en mers; il y a un peu plus de terres que de mers.

4° La météorologie de Mars est à peu près la même que celle de la Terre; l'eau y passe par les mêmes états que sur notre propre globe, mais sans doute à des degrés de température différents.

5° Les continents paraissent recouverts d'une végétation rougeâtre.

6° Enfin les raisons d'analogie nous montrent sur cette planète, *mieux que sur toute autre*, des conditions organiques peu différentes de celles qui ont présidé aux manifestations de la vie à la surface de la Terre.

LXVIII. Même année, 1873. — F. Hoefer, Stan. Meunier.

Quelque temps après la présentation de ces résultats à l'Académie des Sciences, notre savant ami le D^r Hœfer objecta à l'explication qui précède sur la couleur de Mars que cette couleur ne doit pas être due à des végétaux, parce qu'elle ne varie pas avec les saisons, et qu'il est beaucoup plus probable que c'est simplement celle du sol.

Celle du sol? Mais alors ce sol serait nu! Le soleil, la pluie, l'air le laisseraient stérile à travers les siècles! Le D^r Hœfer, qui est un partisan fervent de la doctrine de la pluralité des mondes, ne peut admettre cette stérilité, contraire à tous les effets connus des forces de la nature. Il faut bien qu'il y ait *quelque chose* sur ces terrains, serait-ce de la mousse, ou moins encore.

L'objection de l'invariabilité de la couleur pendant l'année martienne n'est pas fondée, et il suffit de voir les choses un peu largement pour en reconnaître l'insuffisance. Pourquoi astreindre la nature à avoir construit sur Mars des végétaux de même espèce que les nôtres? Les conditions de milieux, de température, de densité et de pesanteur s'y opposent; donc la différence qui existe forcément entre la végétation martienne et la végétation terrestre peut parfaitement s'étendre jusqu'aux variations de couleurs. Mais il y a plus : sur la Terre même, la nature répond à cette objection en nous montrant des espèces végétales qui ne changent pas. Dans le Midi, les bois d'oliviers, de citronniers, d'orangers sont aussi verts en hiver qu'en été. Dans le Nord, le sapin, l'if, le cyprès, le laurier, le fusain, le buis, le houx, le rhododendron, etc., conservent leur verdure au milieu de la neige. Dans nos latitudes même, l'herbe des prés et mille espèces végétales ne varient guère. Pourquoi donc rejeter une explication si simple, quand, sur la Terre même, nous avons les mêmes exemples et quand les différences de conditions de la vie sur Mars et sur la Terre ne peuvent pas avoir développé sur cette planète la même végétation qu'ici!

Une seconde objection nous a été faite en disant que sur la Terre les continents ne sont couverts de végétaux que par places très restreintes et que leur couleur dominante est celle des terrains, que par conséquent ceux de Mars peuvent être de couleur d'ocre; mais, les déserts sont des exceptions, L'eau seule suffit pour amener la verdure, et les contrées stériles sont celles où la pluie ne tombe pas sur Mars. Les mêmes agents qui ont amené la formation des premiers végétaux sur la Terre, les forces fécondes de la nature, existent sur cette planète comme sur la nôtre. Nous voyons actuellement des nuages et des pluies, comme sur notre planète. Il est donc probable que la couleur dominante de Mars provient de la végétation quelconque qui revêt son sol.

Dans l'une des séances qui suivirent celle où j'avais présenté les observations qui précèdent, M. St. Meunier adressa les remarques que voici sur la forme des mers martiennes comparée à celle des océans terrestres :

« Au moment où l'attention des observateurs est dirigée vers la planète Mars, je crois intéressant de soumettre à l'Académie une remarque relative à cet astre, remarque qui confirme la théorie déjà développée de l'évolution sidérale.

» On sait que, à ce point de vue, Mars se présente comme un globe actuellement plus âgé que le globe terrestre, et offrant, dès maintenant, des conditions que celui-ci ne présentera que dans un avenir très éloigné. Une foule de considérations appuient cette donnée, et parmi elles la minceur de l'atmosphère et le peu d'étendue des océans par rapport aux surfaces océaniques.

» Le fait que je veux signaler aujourd'hui concerne la forme des mers martiennes comparée à celle des mers terrestres. J'y vois un nouveau signe de la vétusté relative de Mars, car il paraît évident que nos mers prendront sensiblement les mêmes contours que celles de Mars, lorsqu'elles auront suffisamment diminué de volume, à la suite de leur absorption progressive par le noyau solide.

» Un des traits les plus remarquables de la planète Mars consiste dans le grand nombre des passes longues et étroites, et des mers en *goulot de bouteille*. Cette disposition diffère essentiellement de tout ce que l'on connaît sur la Terre.

» Or, si l'on prend une carte marine, telle que celle de l'océan Atlantique boréal, et que l'on trace les courbes horizontales successives pour des profondeurs de plus en plus grandes, on reconnaît que ces courbes tendent progres-

sivement à limiter des zones dont la forme est de plus en plus allongée. A
4000 mètres, par exemple, on obtient des formes comparables, de tous points,
à celles des mers de Mars.

» Il en résulte que, si l'on suppose l'eau de l'Atlantique absorbée par les
masses profondes actuellement en voie de solidification, de façon que le
niveau de cet océan s'abaisse de 4000 mètres, on aura à la fois une bien
moins grande surface recouverte par l'eau et une forme étroite et allongée
de la mer, c'est-à-dire exactement les conditions que présente Mars. »

Cette remarque de notre confrère est ingénieuse; nous avons voulu la
signaler, mais il n'est pas certain que la forme géologique de Mars soit analogue à celle de la Terre, et que la diminution de l'eau puisse amener ces
configurations. Sur la Lune, par exemple, l'orographie n'offre point cette
forme, et toutes ses plaines basses sont circulaires : l'absence d'eau y donne
l'exemple d'un tout autre type. L'orographie de deux mondes très voisins
peut être fort différente. Il est probable que Mars est plutôt plus plat, que
les siècles l'ont plus nivelé, que le fond des mers s'est exhaussé, étendu,
tandis que la hauteur des montagnes diminuait, sous l'influence des pluies,
des gelées, des vents et des divers agents atmosphériques.

LXIX. Même année, 1873. — Nathaniel Green.

Cet artiste, avec lequel nos lecteurs ont déjà fait connaissance, a publié,
dans *The Astronomical Register*, 1873, p. 179, un choix de six de ses dessins
de la planète faits pendant cette opposition, et un planisphère, esquissé d'après
ces dessins. Ceux-ci ont été exécutés à Londres, du 16 au 30 mai 1873. La
planète est restée assez basse au-dessus de l'horizon, à cause de sa déclinaison australe.

Nous reproduisons ici quatre de ces dessins (*fig.* 138), pris aux dates et
heures indiquées pour chacun d'eux. Nos lecteurs reconnaîtront la marche
de la mer du Sablier, de la droite vers la gauche, due à la rotation.

La neige polaire inférieure ou boréale a été très marquée : au mois de décembre 1872, elle était beaucoup plus étendue qu'au printemps et à l'époque
de l'opposition. Après l'opposition, au contraire, la neige australe s'accrut
considérablement. L'opposition est arrivée le 27 avril.

Dans le petit planisphère que nous reproduisons au-dessous (*fig.* 139),
M. Green a représenté tout ce qu'il est assuré d'avoir exactement observé;
chacune des six vues dont nous venons de parler a pour méridien central les
points situés au-dessous des chiffres. Si l'on compare ce planisphère à notre
carte (p. 69), on reconnaîtra, en A, la pointe de la mer Maraldi, en B, la mer

Flammarion, en C, la mer Main, en E, la mer du Sablier, en G, la mer Lassell,

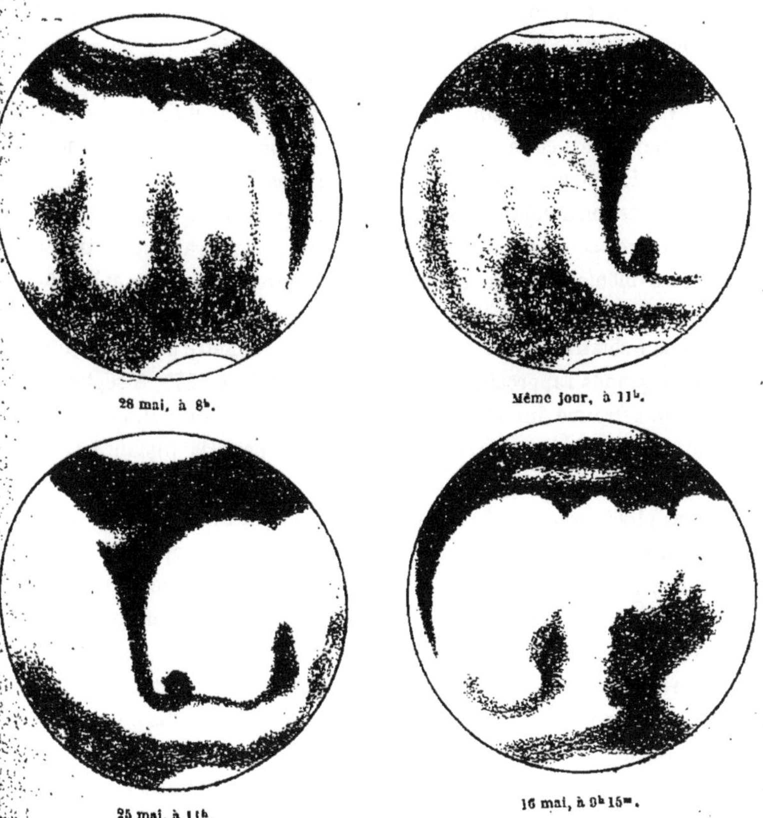

Fig. 138. — Dessins de Mars, par M. Green, en 1873.

en H, la mer Knobel supérieure, en I, la baie Christie et en J la mer Tycho.

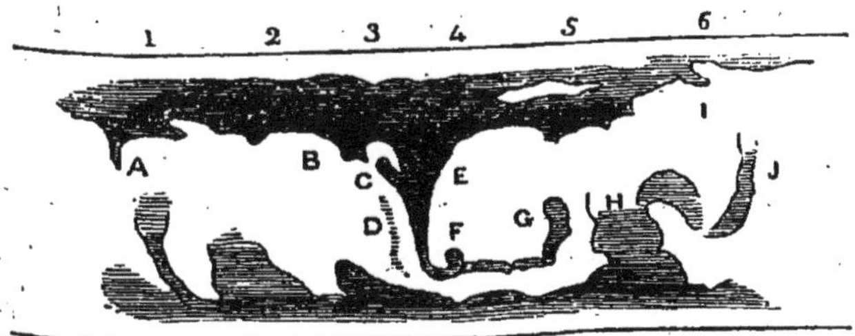

Fig. 139. — Planisphère de Mars, par M. Green, d'après ses observations de 1873.

On voit en D une traînée grise parallèle à la mer du Sablier, qui n'existe pas sur notre carte; « this was the most delicate streak observed in any of the drawings », écrit l'observateur; cependant il paraît certain de son existence. Cet aspect n'est sûrement pas durable. Remarquons aussi le renflement F, qui ne se voit presque jamais.

La mer du Sablier était très sombre près de la lettre E.

« On regarde généralement, ajoute l'auteur, les taches sombres comme des mers; mais, dans ce cas, ne devrait-on pas apercevoir quelque chose comme une réflexion de la lumière solaire lorsqu'il est au méridien? »

Cette question a déjà été posée, en 1862, par Phillips (*voy.* p. 184), sous une autre forme, celui-ci se demandant si l'on ne pourrait pas voir l'image du Soleil lui-même réfléchie à la surface des mers martiennes, et l'auteur y a répondu affirmativement. M. Schiaparelli a traité, en 1878, cette même question de l'image solaire. Il trouve $\frac{1}{24}$ de seconde de diamètre pour cette image, dans les plus grands rapprochements, tels que celui de 1877, 5 septembre (Phillips avait trouvé un chiffre analogue : $\frac{1}{20}$) et une intensité lumineuse 2 100 000 000 fois inférieure à celle du Soleil, pour la distance 1, c'est-à-dire à la distance de la Terre au Soleil. Zöllner, dans ses recherches photométriques (1865, *voy.* p. 196), a déterminé la quantité de lumière solaire effectivement réfléchie par le disque entier de Mars en son opposition moyenne, et a trouvé $\frac{1}{6994000000}$ de la lumière solaire à la distance de la Terre. On trouve par là que la lumière totale dans une opposition minimum, telle que celle de 1877, est $\frac{1}{2990000000}$ de celle du Soleil à la distance 1. Donc, l'image lumineuse du Soleil réfléchie par les mers martiennes aurait dû, en cette opposition, donner plus de lumière à elle seule que tout le disque de la planète.

Ce résultat a pour base la supposition d'une réflexion totale des rayons solaires. Mais, en réalité, un liquide transparent, tel que l'eau, avec l'indice de réfraction $\frac{4}{3}$, ne réfléchit que $\frac{1}{49}$ de la lumière incidente. Il faut tenir compte aussi de l'absorption produite par le double passage du rayon lumineux à travers l'atmosphère, qui doit réduire de moitié l'intensité. Au lieu de $\frac{1}{49}$, nous avons donc, en nombre rond, $\frac{1}{100}$. L'intensité de l'image solaire vue par réflexion des mers martiennes, devient donc

$$\frac{1}{21 \times 10^{10}} \text{ de celle du Soleil.}$$

Dans l'ouvrage précité, Zöllner donne pour la lumière de l'étoile α Cocher (Capella) $\frac{1}{5,57 \times 10^{10}}$ de celle du Soleil.

Donc, à la meilleure époque d'opposition, l'image solaire aurait dû apparaître dans le miroir sphérique des mers martiennes, avec un éclat égal à $\frac{1}{4}$ de celui de α Cocher, c'est-à-dire comme une belle étoile de 3e grandeur.

Cette image pourrait donc être visible, sur le fond sombre des mers martiennes et malgré l'éclat du disque. Mais il faudrait supposer pour cela la mer calme et unie comme un miroir. Or les observations de nuages mobiles, de traînées nuageuses, de neiges polaires formées par les vapeurs qui y sont amenées, prouvent qu'il y a du vent à la surface de la planète. La surface des eaux doit donc y être ordinairement plus ou moins agitée, et les moindres rides ont pour effet d'empêcher la formation d'une image solaire unique et de donner naissance à une multitude de facettes et de petites images. Il est vrai que l'intensité lumineuse totale de ces images est la même que celle d'une image unique, mais elle est dispersée sur un vaste espace, variable d'étendue, et devient nébuleuse, surtout si les crêtes des vagues sont élevées, et cette clarté nébuleuse peut passer inaperçue pour l'observateur.

En résumé, il ne serait donc pas impossible, dans les meilleures conditions, d'arriver à découvrir l'image du Soleil réfléchie à la surface d'une mer, sur la planète Mars, mais ce ne pourrait être qu'en des circonstances exceptionnelles.

Telle est la réponse à la question posée par M. Green. Nous retrouverons cet observateur aux travaux de l'année 1877.

LXX. Même année, 1873. — E. B. Knobel, Webb, Grover.

Pendant cette même période, un habile observateur anglais, M. Knobel, a fait à son observatoire de Burton-on-Trent, une série d'observations qui ont été publiées par la Société astronomique de Londres (¹), accompagnées de 17 dessins. Ces observations ont été faites à l'aide d'un télescope à verre argenté de 8 ½ pouces (0ᵐ,21), d'excellente qualité, armé de grossissements de 250 et 300.

En général, les dessins concordent parfaitement avec ceux de Dawes et avec la carte de Proctor, construite d'après eux. Cependant, il y a certaines exceptions dignes d'attention. Ainsi huit dessins, pris du 11 au 22 mai, montrent avec la plus grande netteté une tache foncée circulaire qui se trouve dans l'hémisphère inférieur ou boréal, au-dessous de la baie du Méridien, et qui correspondrait à la terre de Le Verrier, ou à la mer Knobel reculée vers la gauche et continuée vers le haut, après une sorte de pont de séparation. Cette séparation est tracée obliquement du Sud-Ouest au Nord-Est, tandis que sur notre carte (voy. p. 69, au 30ᵉ méridien), elle est tracée de l'Est à l'Ouest. De plus, à la droite de cette mer, l'observateur a vu, du 8 au 22 mai, une tache blanche comme de la neige, et même, comme ce point se trouvait le 22 mai

(¹) Monthly Notices, 1873, p. 476.

sur le terminateur, la blancheur éclatante dépassait le disque, et aurait pu être prise pour la neige polaire. Cette neige devait se trouver vers l'intersection du 25e degré de longitude avec le 50e degré de latitude boréale.

Cette mer Knobel est celle que l'on voit dans la région droite du quatrième dessin de Green, reproduit plus haut.

Dans ces croquis, la continuation oblique de la mer du Sablier, la passe de Nasmyth, est également très marquée; mais la mer Lassell ne l'est pas, tandis qu'elle est très accentuée sur les dessins de Green.

Pendant ces observations, la ligne des côtes de la baie du Méridien a toujours été vue avec une netteté admirable. L'hémisphère boréal de la planète a toujours paru plus clair que l'hémisphère austral. La neige polaire boréale a été mieux visible que l'australe. La mer du Sablier a toujours paru très foncée; la mer Main est visible, mais moins foncée.

L'astronome anglais regretté T.-W. Webb, l'auteur apprécié de *Celestial objects for Common telescopes*, a fait, de 1839 à 1873, quatre-vingt-cinq dessins de Mars, dont il nous a communiqué les principaux; nous en avons déjà parlé plus haut, en 1856, p. 130. Cet observateur avait une vue perçante et une excellente méthode; ses croquis, quoique de petites dimensions, sont précieux pour un grand nombre de détails. En Angleterre également, M. C. Grover a pris cinq dessins en 1873, à ajouter à ceux de 1867, dont nous avons parlé plus haut, et qui étaient au nombre de douze.

LXXI. Même année, 1873. — Jules Schmidt : *période de rotation de Mars.*

Jules Schmidt, directeur de l'Observatoire d'Athènes, a publié au mois de novembre 1873, dans le numéro 1965 des *Astronomische Nachrichten*, un mémoire mathématique sur la durée de rotation de la planète, d'après ses propres dessins, s'étendant de l'année 1843 à l'année 1873 (on a vu plus haut, p. 127, quatre de ces dessins). L'auteur a comparé ses observations à celles de Kaiser, de Mädler, d'Herschel et de Huygens. Le résultat général de ce travail conduit, pour la période précise de cette rotation, au nombre

$$24^\text{h}37^\text{m}22^\text{s},6027.$$

Laissons de côté, comme d'un intérêt purement arithmétique, les dix-millièmes de seconde, et même les millièmes, et même les centièmes, et inscrivons : $24^\text{h}37^\text{m}22^\text{s},6$.

Nous avons vu plus haut que cette même durée de rotation a été très soigneusement fixée par Proctor à $24^\text{h}37^\text{m},22^\text{s}, 7$. Elle est donc connue, très certainement, à un dixième de seconde près.

Ces deux séries de Proctor et Schmidt paraissent faites toutes deux avec la même rigueur et avoir une valeur égale. Le chiffre réel doit être compris entre 22ˢ,6 et 22ˢ,7. En portant l'approximation au centième de seconde, nous pouvons dès maintenant proposer le chiffre **22ˢ,65** comme très rapproché de la réalité, sinon peut-être même comme absolument précis.

C'est la *rotation sidérale*. L'année de Mars, qui est composée de 669 ⅔ de ces rotations a, par conséquent 668 ⅔ jours solaires dans son année, puisqu'il y a une rotation de moins causée par la révolution annuelle, qui s'exécute dans le même sens que la rotation. Le *jour solaire* est donc, sur Mars, de

$$24^h 37^m 35^s.$$

Pendant l'opposition de 1873, Jules Schmidt a fait, à l'aide du réfracteur de 9 pouces de l'Observatoire de Berlin, une importante série d'observations et de dessins, qui ont été publiés dans le tome I des *Publicationen des Astrophysikalischen Observatorium zu Potsdam* (1878). Ces six dessins de 1873 ne sont pas faciles à identifier, à l'exception de celui du 25 mai (à 10ʰ5ᵐ) qui représente la mer du Sablier. Les autres paraissent déceler de vastes variations. Nous retrouverons le même observateur en 1877 et en 1879.

LXXII. Même année, 1873. — Trouvelot : *Dessins de Mars* (¹).

M. Trouvelot a publié dans le tome VIII des *Annales de l'Observatoire de Harvard College* (1876) les quatre dessins de Mars que nous reproduisons ici, faits à l'équatorial de 15 pouces de cet établissement. Le premier est du 23 mai, à 11ʰ30ᵐ, le second, du lendemain, à 9ʰ30ᵐ, le troisième, du 26 mai, à 8ʰ30ᵐ, et le quatrième, du 29 mai, à 9ʰ8ᵐ. On peut reconnaître, sur les deux premiers, le détroit d'Herschel II et, dans ses deux échancrures, la baie du Méridien et la baie Burton; au-dessous, les mers Knobel et Tycho. La mer du Sablier et son prolongement inférieur vers la droite (passe de Nasmyth) sont visibles sur les troisième et quatrième dessins. Les neiges du pôle inférieur ou boréal sont très apparentes. Dans une petite notice, annexée à ces dessins, l'habile observateur se borne à dire que l'on présume que les taches de Mars appartiennent à la planète elle-même plutôt qu'aux nuages de son atmosphère. Les bordures blanches continentales que l'on remarque sur ces dessins donnent l'idée de nuages.

M. Trouvelot a donné en 1882 une excellente Notice générale à propos de

(¹) *Annals of the astronomical Observatory of Harvard College; Cambridge; t. VIII; 1876.*

la publication de ses grands dessins astronomiques (¹), dans laquelle il ex-

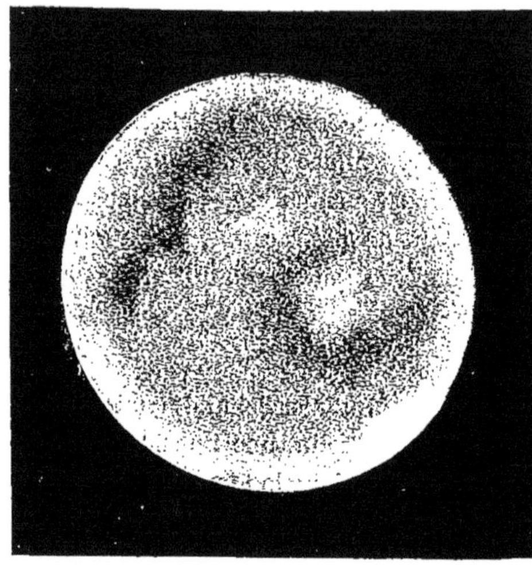

Fig. 140. — Dessins de Mars, par M. Trouvelot, en 1873.

prime les opinions auxquelles ses observations l'ont conduit sur les diffé-

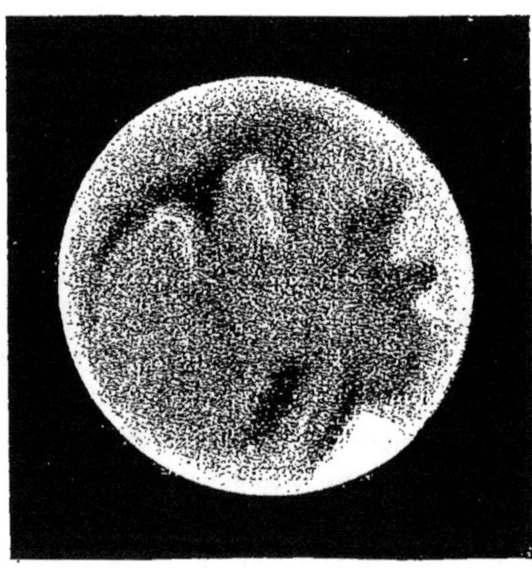

Fig. 141. — Dessins de Mars, par M. Trouvelot, en 1873.

rentes planètes de notre système. Son étude sur Mars peut être résumée dans les termes suivants :

(¹) *The Trouvelot astronomical Drawings manual.* New-York, 1882.

Les taches sombres offrent différents tons, depuis le gris pâle jusqu'au noir

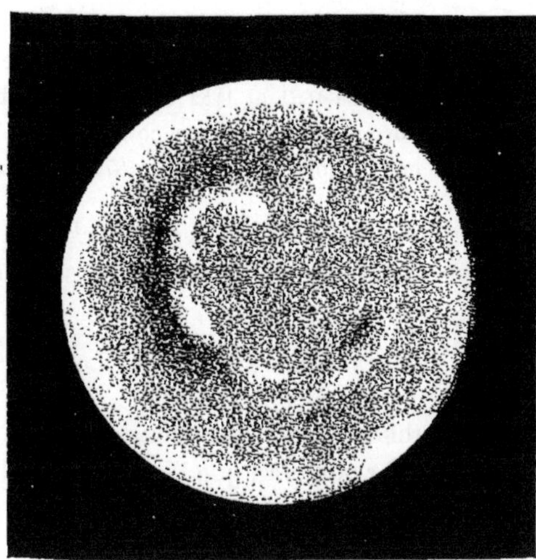

26 mai, à 8ʰ 30.

Fig. 142. — Dessin de Mars, par M. Trouvelot, en 1873.

foncé. L'auteur n'y a jamais remarqué de coloration verte ou bleue et croit qu'il

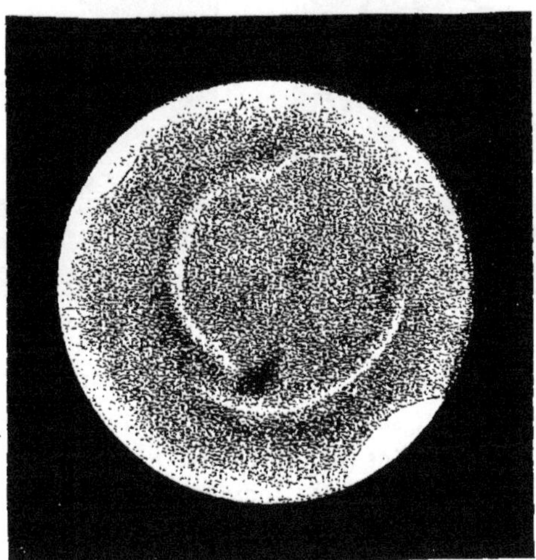

29 mai, à 9ʰ S.

Fig. 143. — Dessin de Mars, par M. Trouvelot, en 1873.

n'y a là qu'un effet optique de couleur complémentaire avec le ton roux des continents.

Plusieurs changements sont certains, notamment celui de la mer représentée par Beer et Mädler sur leur hémisphère sud, par 270° de longitude, au-dessous de la mer circulaire *d* (*voy.* p. 107). C'est le lac que l'on voit sur notre carte, p. 69, au-dessous de la mer Terby, au 90° de longitude. L'auteur écrivait en 1882 : « En 1877, pendant l'une des oppositions les plus favorables de la planète, cette tache n'était pas visible; mais en 1881 et 1882 on voyait fort bien là une tache foncée. Il n'y a pas le moindre doute à avoir sur ce changement. » Cette opinion vient confirmer celle que nous avions exprimée en 1876 dans *les Terres du Ciel.*

Mais nous retrouverons la continuation des observations de M. Trouvelot en 1882-1884, et nous reviendrons sur l'ensemble de ses déductions.

LXXIII. Même année, 1873. — Osw. Lohse. (¹).

À l'Observatoire de Bothkamp, cet observateur a fait une série d'études et de dessins d'où vraiment il semblerait que l'on doive conclure à des variations considérables dans l'aspect physique de la planète. Six dessins sont

Fig. 144.   Fig. 145.

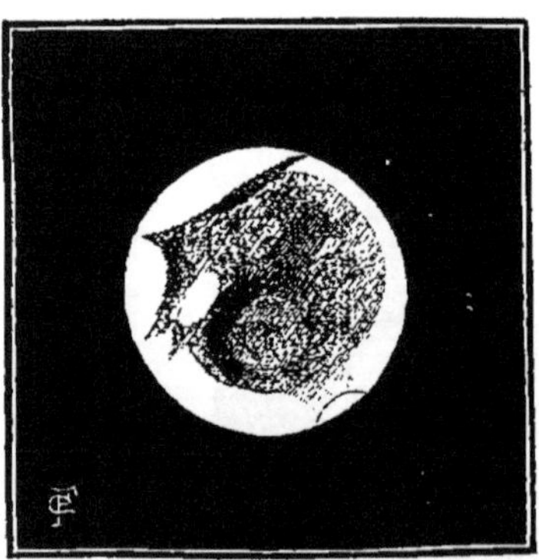 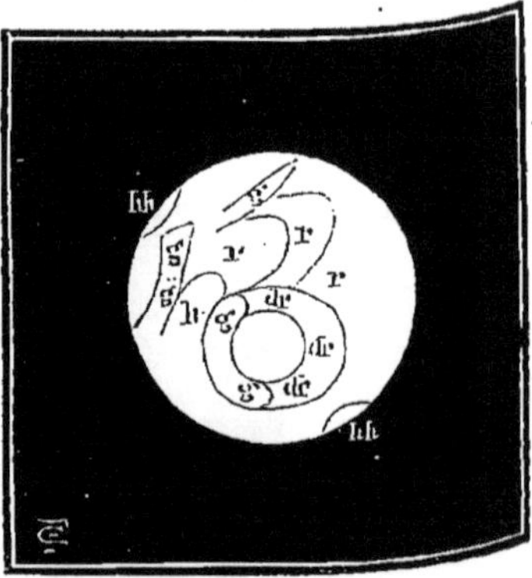

Dessin de Mars, par O. Lohse, le 9 mai 1873.

présentés, dont aucun ne ressemble aux aspects connus. Nous en reproduirons trois, plus un tracé schématique qui explique le premier.

Le premier de ces dessins (*fig.* 144) a été fait le 9 mai 1873, à 10ʰ 10ᵐ. Le tracé qui l'accompagne (*fig.* 145) indique pour les tons : $g =$ fond gris, $dr =$ rouge foncé, $r =$ rouge clair, $h =$ blanc, $hh =$ très blanc. La tache polaire sud hh n'est pas diamétralement opposée à la boréale.

Le second (*fig.* 146) est du 25 mai, à 10ʰ 5ᵐ. On croit y reconnaître la mer du Sablier, près de laquelle une tache blanche allongée fait un peu l'effet de la Lune se cachant derrière un nuage.

(¹) *Publicationen des astrophysikalischen Observatoriums zu Potsdam,* 1878.

Le troisième (*fig.* 147) est du 2 juin, à 9ʰ45. On y retrouve encore un cercle sombre qui rappelle l'anneau de la première figure.

Que conclure de ces représentations de la planète, sinon que chaque ob-

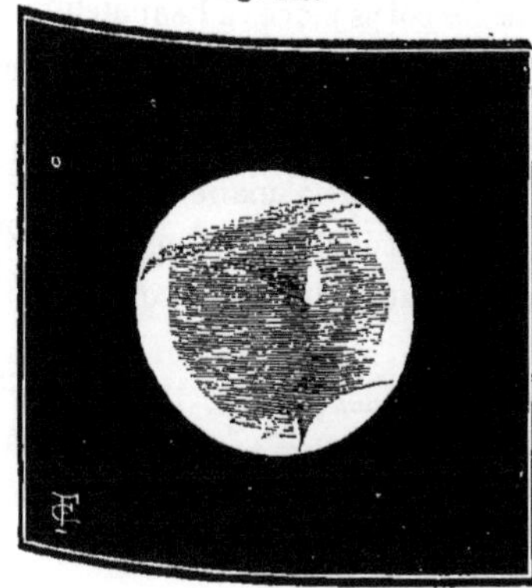

Fig. 146.

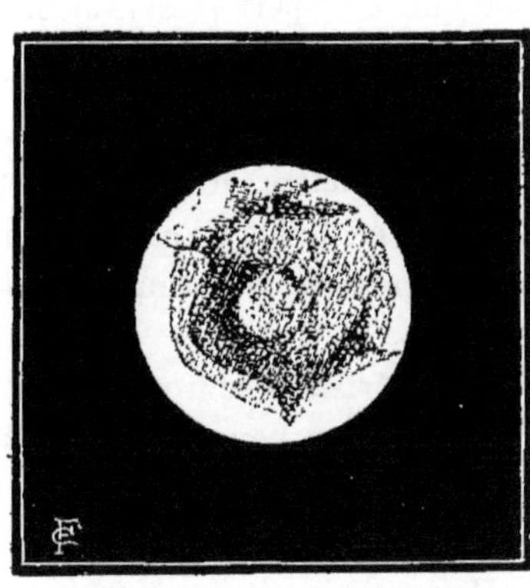

Fig. 147.

Dessins de Mars, par O. Lohse, les 25 mai et 2 juin 1873.

servateur a vraiment sa manière de voir un peu personnelle et que l'on donne de la précision à des aspects vagues et incertains?

LXXIV. 1872-1880. — AMIGUES, HENNESSY, G.-H. DARWIN, FLAMMARION.
Forme de la planète Mars.

La plupart des valeurs trouvées pour l'aplatissement de Mars sont trop fortes pour la théorie de l'attraction. Le globe de Mars, tournant moins vite que la Terre et étant plus petit, ne développe à son équateur qu'une force centrifuge beaucoup plus faible que celle qui est développée par le mouvement de rotation de la Terre, et son aplatissement polaire devrait être plus faible que celui de notre globe, qui est de $\frac{1}{292}$.

Laplace rendait compte de cette discordance en supposant que des soulèvements locaux, analogues à ceux dont on voit les effets en diverses régions du globe, avaient pu avoir relativement une plus grande influence sur la figure d'une petite planète que sur celle de notre globe. Arago conteste la valeur de cette explication en répondant que la forme de Mars semble très régulière : tout paraît semblable au nord et au midi de l'équateur; ses mesures de diamètres à 45 degrés lui ont donné des longueurs intermédiaires entre ceux des pôles et de l'équateur, comme l'exige la forme elliptique; cependant Schrœter avait admis, d'après ses observations, qu'il y a dans l'hémisphère méridional des montagnes plus élevées que dans l'hémisphère nord. M. Amigues a proposé à l'Académie des Sciences (¹) une explication différente et fort originale, fondée sur l'analyse géométrique de la question.

Imaginons un corps placé à l'équateur d'une planète. Appelons F l'attraction du corps par la planète, F′ la force centrifuge causée par la rotation. On sait que le rapport $\frac{F'}{F}$ est le même pour tous les corps placés à l'équateur d'une même planète : Laplace le représente par la lettre φ. Le nombre φ change de valeur d'une planète à l'autre, mais il est toujours assez petit.

Les géomètres, partant de cette hypothèse que la matière du système solaire a été fluide à l'origine, en ont tiré cette conclusion que, pour toute planète ressemblant à une sphère, l'aplatissement doit être compris entre $\frac{1}{2}$ φ et $\frac{5}{4}$ φ.

Ces prévisions se trouvent justifiées par les observations. Il y a pourtant une exception pour la planète Mars, dont l'aplatissement, admet l'auteur, dépasse $\frac{5}{4}$ φ. On a vu dans cette circonstance une objection sérieuse à l'hypothèse de la fluidité primitive des astres.

Mais les géomètres n'ont peut-être pas abordé le problème des sphéroïdes avec toute la généralité désirable.

En effet, ils ont tous admis dans leurs théories que la densité des couches diminue sans cesse depuis le centre du sphéroïde jusqu'à sa surface. Or, rien ne prouve *a priori* que toutes les planètes soient placées dans ces conditions. Imaginons, par exemple, qu'une planète se soit refroidie et durcie en prenant une certaine forme et que, plus tard, par suite de circonstances qu'il n'est pas impossible d'imaginer, un amas de matière cosmique passant dans le voisinage de cette planète et attiré par elle se soit répandu à sa surface comme un torrent de lave. Voilà un sphéroïde dans lequel les couches superficielles pourront être plus denses que les couches centrales.

L'auteur présente le problème général des sphéroïdes sous la forme suivante :

« Une masse sphéroïdale dont les parties superficielles sont fluides tourne autour d'un axe passant par son centre de gravité. Le mouvement est lent, c'est-à-dire que le nombre φ est petit. On imagine une sphère ayant pour centre le centre de gravité du sphéroïde, sphère presque aussi grande que lui, mais ne le dépassant en aucun point de sa surface. La matière située à l'intérieur de la sphère a pour densité moyenne ρ (la densité moyenne est la densité d'un corps homogène de même volume et de même masse). Quant à la matière qui est située hors de la sphère et qui est répandue sur sa surface en couche mince et continue, on la suppose fluide, homogène et de densité ρ′. Dans ces conditions, supposé qu'il y ait une figure d'équilibre peu différente de la sphère, on demande de trouver cette figure.

(¹) *Comptes rendus des séances de l'Académie des Sciences*, 1874. t. I, p. 1557.

Ce problème est évidemment indéterminé, et l'on voit sans peine que la figure cherchée dépend de la disposition de la matière dans l'intérieur de la sphère. On peut faire disparaître cette indétermination incomplètement ou complètement. C'est ce dernier parti que nous allons prendre.

Nous supposerons que la sphère ci-dessus se compose de couches sphériques, concentriques à cette sphère et homogènes. Cette hypothèse a plusieurs avantages : 1° elle paraît s'écarter assez peu des conditions physiques de la question; 2° elle conduit à un problème déterminé, quelle que soit la loi suivant laquelle varie la densité des couches; 3° elle donne lieu à un calcul facile.

Ce calcul, fait par les moyens ordinaires, c'est-à-dire en employant les fonctions de Laplace et en négligeant les quantités du second ordre, conduit au résultat que voici.

La masse prend la forme d'un ellipsoïde dont l'aplatissement est donné par la formule suivante :

$$\frac{\varphi}{2\left(1 - \dfrac{3}{5}\dfrac{\rho'}{\rho}\right)}.$$

N'oublions pas que notre calcul n'est relatif qu'à un sphéroïde et que, par conséquent, la formule n'est légitime que lorsqu'elle donne pour l'aplatissement une valeur positive et assez petite. Il faut pour cela que $\dfrac{\rho'}{\rho}$ ne soit pas un nombre trop grand.

Discussion :

1° Pour $\rho' = \rho$, on obtient $\frac{5}{4}\varphi$, résultat de Newton.

2° Pour $\rho' = 0$, on obtient $\frac{1}{2}\varphi$, résultat d'Huygens.

3° Quand $0 < \dfrac{\rho'}{\rho} < 1$, l'aplatissement est compris entre $\frac{1}{2}\varphi$ et $\frac{5}{4}\varphi$: c'est ce qui arrive dans le cas traité par Laplace et la plupart des géomètres.

4° Quand $\dfrac{\rho'}{\rho} > 1$, l'aplatissement dépasse $\frac{5}{4}\varphi$: tel est le cas qui n'a pas encore été examiné.

Appliquons la formule à la planète Mars. Son aplatissement probable est $\frac{1}{33}$: il est assez faible pour qu'on puisse faire cette application. La valeur de φ relative à la planète Mars étant d'ailleurs 0,0045866, nous obtenons la relation suivante :

$$\frac{1}{33} = \frac{0,0045866}{2\left(1 - \dfrac{3}{5}\dfrac{\rho'}{\rho}\right)}.$$

Nous avons ainsi une équation du premier degré, qui donne sans peine

$$\frac{\rho'}{\rho} = 1,54. \text{ »}$$

Les conclusions de M. Amigues sur la forme de Mars sont les suivantes : 1° la planète s'est formée en deux ou plusieurs fois; 2° la densité moyenne des couches superficielles est 1,54 de la densité moyenne du noyau, c'est-à-dire, en somme, de la planète.

Le tout est de savoir si les prémisses du raisonnement sont exactes, si l'aplatissement de Mars est vraiment de $\frac{1}{33}$.

Mais cet aplatissement est très difficile à mesurer. Il peut être inférieur, et de beaucoup, à $\frac{1}{33}$. Nous avons pour mesures jusqu'en 1877 :

1784.........	Herschel.......	$\frac{1}{16}$.	1862.........	»	$\frac{1}{38}$.
1797.........	Schrœter......	$\frac{1}{81}$.	1864.........	Main..........	$\frac{1}{16}$.
1798.........	Kœlher........	$\frac{1}{81}$.	1871.........	»	$\frac{1}{71}$.
1811 à 1847..	Arago.........	$\frac{1}{30}$.	1875.........	»	$\frac{1}{96}$.
1830 à 1837..	Bessel......... Insensible.		1856.........	Winnecke..... Insensible.
1852.........	Oudemans, d'a-		1864.........	Kaiser.........	$\frac{1}{117}$.
	près Bessel.	Id.	1864........	Dawes .... Insensible.
1855.........	Main..........	$\frac{1}{62}$.	1877..	Young.........	$\frac{1}{219}$.

(La dernière valeur est probablement la plus sûre.)

Un géomètre anglais, M. Hennessy, a répondu ([1]) à la communication qui précède en faisant remarquer que les résultats obtenus par M. Amigues paraissent vérifier complètement ceux auxquels il était arrivé lui-même, depuis longtemps.

M. Amigues, dit-il, s'est proposé de lever la grande objection (l'objection à l'hypothèse de la fluidité primitive des astres, en raison de la grandeur exceptionnelle de l'aplatissement de la planète Mars), en faisant voir que les géomètres n'ont point abordé le problème des sphéroïdes avec toute la généralité désirable.

Et, après avoir indiqué la méthode dont il se sert, il a ajouté :

Ce calcul, fait par les moyens ordinaires, c'est-à-dire en employant les fonctions de Laplace et en négligeant les quantités du second ordre, me conduit aux résultats que voici...

Relativement à ces points, M. Hennessy fait remarquer qu'il a depuis longtemps recherché le même problème des attractions sphéroïdales, et précisément par la même méthode, savoir l'application des fonctions de Laplace ([2]).

Dans le premier cas, il a appliqué les résultats de ses solutions à la question de la figure de la Terre, dans le but d'étudier à fond la théorie qui essaye d'expliquer sa forme sphéroïdale par le frottement de sa surface.

Cette théorie a d'abord été proposée par Playfair dans ses *Commentaires sur le système de Newton*, et elle a de nouveau été mise en avant par sir John Herschel dans ses *Outlines of Astronomy*. Elle acquiert aussi quelque intérêt, parce qu'elle a été citée par sir Charles Lyell et sert de base à l'opinion qu'il soutient dans ses *Principes de Géologie*.

([1]) *Comptes rendus des séances de l'Académie des Sciences*, 1878, t. II, p. 590.
([2]) *Proceedings of the Royal Irish Academy*, t. IV, p. 333.

Les résultats obtenus par l'auteur ne confirment pas cette théorie, car la plus grande ellipticité que la Terre puisse avoir, en tant que surface de frottement, ne peut dépasser $\frac{1}{101}$, fraction qui s'écarte considérablement de ce qui est admis comme résultat des observations.

En 1864, écrit l'auteur, j'avais, pour la première fois, appliqué mes calculs à la question de Mars, dans une communication à l'Association Britannique, et un court extrait de mon travail fut publié.

En février 1870, je publiai un mémoire dans l'*Atlantis* sur la configuration de la planète Mars, et j'appliquai à Mars les résultats mathématiques de mes recherches précédentes. Je trouvai une équation donnant l'ellipticité en fonction de la densité moyenne D_1 et de la densité D de la surface de la planète

$$e = \frac{5q}{10 - 6\frac{D_1}{D}} = \frac{q}{2\left(1 - \frac{3}{5}\frac{D_1}{D}\right)}.$$

Dans l'équation, q est le rapport de la force centrifuge à la gravité.

Maintenant, si nous employons la notation de M. Amigues, q sera remplacé par φ, et D' par ρ', D par ρ, ce qui donne

$$e = \frac{5\varphi}{10 - 6\frac{\rho'}{\rho}} = \frac{\varphi}{2\left(1 - \frac{3\rho'}{\rho}\right)},$$

formule qui est précisément celle que donne M. Amigues.

J'ai aussi déduit de ma formule cette conclusion que, si le plus grand aplatissement attribué quelquefois à Mars est admis, nous devons conclure que sa densité superficielle est plus grande que la densité de l'intérieur de la planète. Mais, comme une telle conclusion me paraît contraire aux lois de la Physique, si la constitution de Mars ressemble à celle de la Terre, je préfère accepter les conclusions de Bessel, Oudemans et Winnecke, qui, jusqu'à ce que des observations plus complètes aient été réunies, admettent pour Mars un aplatissement presque insensible.

Un extrait de mes premières recherches sur la théorie de la forme de la Terre, d'après le frottement, a paru dans plusieurs journaux scientifiques, il y a bien des années; je suis cependant convaincu que les résultats obtenus par M. Amigues, relativement à Mars, l'ont été d'une manière tout à fait indépendante et sans qu'il ait eu aucune connaissance de mes recherches.

La conformité complète des calculs de M. Hennessy avec ceux de M. Amigues le confirme donc dans son opinion soutenue précédemment, en opposition à la théorie de Playfair, Herschel et Lyell, sur la forme et la structure de la Terre [1].

[1] Dans le mémoire d'Arago sur Mars, il est fait allusion à ces difficultés. (*Voir* plus haut, p. 91.)

L'auteur est de nouveau revenu sur cette même question en 1880 ([1]).

M. C.-A. Young, des États-Unis, venait de publier une série d'observations sur les diamètres équatoriaux et polaires de la planète Mars. Ces mesures paraissent avoir été faites avec le plus grand soin et dans les circonstances les plus favorables; les observations étant réduites et corrigées des légères influences d'aberration, on a la valeur finale de e ou de l'aplatissement polaire

$$e = \frac{1}{219}.$$

Il est facile de démontrer, dit M. Hennessy, que cette valeur s'accorde mieux avec l'hypothèse d'une fluidité antérieure de la planète qu'avec l'hypothèse d'une érosion superficielle par l'action d'un océan liquide ayant la même densité que l'eau.

Si la planète Mars avait été primitivement dans un état de fluidité dû à la chaleur, la masse se trouverait distribuée en surfaces sphéroïdales d'égales densités, la densité croissant de la surface au centre.

L'ellipticité dépendrait de cette loi et de la périodicité du temps de rotation de la planète, comme c'est le cas pour la Terre. Dans un pareil liquide sphéroïdal

$$e' = \frac{5}{2}\frac{Q'}{} \, F(a'),$$

où Q' est le rapport de la force centrifuge à la gravité à l'équateur et $F(a')$ une fonction du rayon dont la forme est subordonnée à la loi qui régit les variations de densité en allant de la surface au centre.

Si nous désignons par T' le temps de rotation de la planète, par a' son rayon moyen; par M' sa masse et par g' l'intensité de la force de gravitation à sa surface, nous aurons

$$Q' = \frac{4\pi^2 a'}{T'^2 g'}, \qquad g' = \frac{M'}{a'^2}$$

et, conséquemment,

$$Q' = \frac{4\pi^2}{T'^2}\frac{a'^3}{M'};$$

pour la Terre, nous avons

$$Q = \frac{4\pi^2 a}{T^2 g} \qquad \text{et} \qquad g = \frac{M}{a^2};$$

de là

$$g' = g\frac{M'}{M}\left(\frac{a}{a'}\right)^2$$

et, par conséquent,

$$Q' = Q\left(\frac{T}{T'}\right)^2\left(\frac{a'}{a}\right)^3\frac{M}{M'}.$$

<hr>

[1] *Comptes rendus des séances de l'Académie des Sciences*, 1880, t. I, p. 1419.

Les astronomes admettent généralement que $\frac{a'}{a} = 54$ environ.

$T = 86164^s$, $T' = 24^h 37^m 22^s,7$ ou 886427^s. Si nous admettons pour les masses de la Terre et de Mars les valeurs déterminées par Le Verrier, nous aurons

$$M = \frac{1}{324439} \qquad \text{et} \qquad M' = \frac{1}{2812526} \quad Q = \frac{1}{289};$$

par suite

$$Q' = \frac{1}{224,07}.$$

Pour la Terre, $e = \frac{5}{2} QF(a)$, et, si $F(a)$ a la même valeur dans Mars ou, pour mieux dire, si la densité varie de la surface au centre comme pour la Terre, $\frac{e'}{e} = \frac{Q'}{Q}$ ou $e' = \frac{Q'}{Q} e$.

Mais, comme la dernière détermination de e donne $e = \frac{1}{293,46}$, le calcul conduit à $e' = \frac{1}{227,61}$.

Comme la planète Mars offre à sa surface l'apparence d'un fluide aqueux, on a pu recourir à une théorie quelquefois invoquée pour expliquer la figure de Mars. On a supposé une érosion de la surface combinée avec la force centrifuge qui résulte de la rotation autour de l'axe planétaire. Cette théorie a été soutenue par sir Charles Lyell.

En ce qui regarde la théorie de l'érosion par un liquide en mouvement sur la surface d'une planète, j'ai trouvé, pour l'ellipticité du liquide enveloppant,

$$e = \frac{5QD + 6(D'-1)\varepsilon}{Q(5D-3)},$$

ε étant l'ellipticité de la surface solide, D la densité moyenne et D' la densité de ses matériaux solides à la surface; la plus grande valeur que e puisse prendre correspond à $e = \varepsilon$, et alors

$$e = \frac{5QD}{Q(5D-3) - 6(D'-1)}.$$

Pour ce qui regarde la Terre, les valeurs généralement admises pour la densité moyenne de la planète et la densité de la croûte solide sont, en nombres ronds, $D = 5,6$ et $D' = 2,6$. Avec ces nombres, il est évident que e ne peut excéder $\frac{1}{417}$.

La plus petite valeur que l'on puisse donner à D dans le présent état de nos connaissances est à peu près égale à deux fois D'; et par suite

$$e = \frac{5}{7} Q = \frac{1}{404,6}.$$

L'auteur conclut que la théorie de l'érosion ne peut rendre compte de la figure de la Terre d'une manière aussi satisfaisante que la théorie de l'entière fluidité primitive :

« Si Mars était un solide homogène, la théorie de l'érosion rendrait aussi bien compte de l'ellipticité observée que s'il s'agissait d'un fluide homogène, car, dans l'un et l'autre cas, e serait alors $\frac{5}{4}\,Q'$, d'où $e' = \frac{1}{179,24}$, valeur qui est sensiblement plus grande que le résultat obtenu par les observations.

» Les recherches de divers astronomes ont récemment démontré que la surface de Mars offre une distribution bien définie de matière solide et de matière liquide. Les terres paraissent former des groupes d'îles et non de grands continents.

» Si la figure de la planète différait de celle qui est déduite de l'hypothèse de la fluidité primitive, si son aplatissement était moindre ou beaucoup plus grand, une pareille distribution de terre et d'eau ne pourrait exister. Avec un fort aplatissement, les terres formeraient une grande ceinture vers l'équateur; avec un aplatissement minime ou une figure sphérique, les terres formeraient deux continents circumpolaires ayant un océan équatorial intermédiaire. Tous les observateurs récents s'accordent à donner à la planète une distribution différente de celle qui aurait lieu dans ce dernier cas. »

Pour nous, il nous paraît probable que les anciennes déterminations de l'aplatissement de Mars (sur lesquelles le raisonnement de Laplace était basé) étaient trop fortes, et que la valeur réelle doit se rapprocher du nombre trouvé par M. Young et s'accorder avec la durée de rotation et un accroissement graduel de la densité.

Sur cette même question, M. G.-H. Darwin, l'habile mathématicien, a examiné et discuté en 1876 [1] les formules de Laplace sur la densité, la rotation et l'aplatissement des planètes. Appelons φ le rapport de la force centrifuge produite par la rotation (à l'extrémité du rayon moyen de la planète) à la pesanteur; Mars tourne en $24^h 37^m 22^s,6$ ou $1,025956$ jour sidéral moyen; la densité adoptée par M. G.-H. Darwin est $0,948$ de celle de la Terre; le jour sidéral martien est $0,997270$. On a pour la Terre

$$\varphi = \frac{1}{289,66}$$

et pour Mars

$$\varphi = \frac{1}{948}\left(\frac{0,997270}{1,025956}\right)^2 \frac{1}{289,66}$$

$$= 0,0034409 = \frac{1}{290,6}.$$

[1] *On an oversight in the Mécanique céleste, and on the internal densities of the planets.* (*Monthly Notices*, Déc. 1876. p. 77.)

Les mesures de l'aplatissement doivent avoir été influencées par des erreurs d'observations. En admettant que la loi de la densité intérieure soit la même pour Mars que pour la Terre, l'aplatissement qui en résulterait serait $\frac{1}{298}$.

Mais l'auteur a certainement adopté une densité beaucoup trop forte, car elle n'est guère que de 0,70.

Nous avions nous-même cherché, en 1872 [1], quel est le rapport de la pesanteur à la force centrifuge, à l'équateur de la planète Mars. Adoptant pour la rotation sidérale 24ʰ37ᵐ22ˢ,7 ou 88643ˢ, nous avons :

$$\text{Vitesse} \dots \omega = \frac{2\pi}{88643} = 0,0000709.$$
$$\omega^2 = 0,0000000050239,$$
$$a = 6371000^m \times 0,53 = 3376630.$$
$$\text{Force centrifuge,} \ \omega^2 a = 0,01696.$$
$$\text{Pesanteur} \dots g = 9^m,8088 \times 0,376 = 3^m,688.$$
$$\frac{g}{\omega^2 a} = 217,5.$$
$$\text{Sur la Terre,} \quad \frac{g}{\omega^2 a} = \frac{9,8088}{0,033858} = 289.$$
$$\text{Aplatissement} \dots = \frac{1}{292}.$$

Le rapport de la force centrifuge à la pesanteur, qui est $\frac{1}{289}$ à l'équateur terrestre, est $\frac{1}{217,5}$ à l'équateur de Mars. L'aplatissement ne doit pas différer beaucoup de cette valeur, si, comme il est probable, la densité de ce globe va en croissant de la surface au centre, comme pour la Terre ; il doit être voisin de $\frac{1}{226}$.

Si Mars tournait sur lui-même en vertu de sa propre force de gravitation seule, comme le ferait un satellite à l'équateur autour de la masse de la planète condensée à son centre, la rotation s'effectuerait en 1ʰ40ᵐ. Il faut multiplier ce chiffre par 14,77 pour former la durée réelle de la rotation de la planète. Ce nombre est en même temps la racine carrée du nombre 217,5 trouvé plus haut, représentant le rapport de la force centrifuge à la pesanteur à l'équateur de Mars.

Nous avons la relation

$$\frac{T}{p} = \sqrt{\frac{g}{\omega^2 a}},$$

dans laquelle T = la durée de rotation réelle, p la période de rotation

[1] *Études sur l'Astronomie*, t. III, 1872.

théorique de gravitation, g la pesanteur à la surface, ω la vitesse angulaire
et a le rayon.

Mais

$$\omega = \frac{2\pi}{T}, \qquad \omega' = \frac{2\pi'}{T'}.$$

Nous avons donc, pour toutes les planètes, l'équation

$$\frac{g}{\frac{2\pi^2}{T^2}a} = \frac{T'}{p^2},$$

$$\frac{2\pi^2}{T^2}a \times T^2 = gp^2$$

ou

$$2\pi^2 a = gp^2,$$

qui lie le rayon de la planète à la période satellitaire.

LXXV. 1874. — Terby. *Aréographie.*

Le savant astronome de Louvain a présenté, le 6 juin 1874, à l'Académie
des Sciences de Belgique une « Étude comparative des observations faites sur
l'aspect physique de la planète Mars depuis Fontana (1636) jusqu'à nos
jours (1873) » [1]. Ce travail très important commence par l'exposé de toutes
les observations, et se continue par la comparaison des diverses représentations faites sur chaque région de la planète. C'est une étude minutieuse de
l'aréographie et une discussion détaillée et soigneuse des dessins les plus
importants. Les principales questions relatives à la géographie et à la météorologie de la planète y sont posées. Le but que s'est proposé M. Terby a
été surtout d'être utile aux observateurs: « Dirigée vers les points douteux,
écrit-il en terminant, leur attention ne manquera point d'élucider un grand
nombre des questions énoncées dans ce travail, et la précision de la carte
de Mars ne pourra qu'y gagner. Je serai heureux si ces prévisions se réalisent
et si ce mémoire, en faisant atteindre ce résultat, contribue à préparer la
solution de notre connaissance de l'état physique de Mars. »

Cette monographie martienne a été de la plus grande utilité, non seulement aux observateurs, mais encore à tous les savants qui ont voulu s'occuper de l'étude de Mars, et la Science est redevable à M. Terby de l'un des
meilleurs documents sur la question, de l'un de ceux qui ont fait, en effet, le
plus progresser la connaissance générale de la planète Mars.

Signalons encore, en cette même année 1874, une excellente étude du Rév.
T.-W. Webb [2], résumant l'œuvre de Kaiser, mort le 28 juillet 1872, étude
accompagnée de deux des dessins de l'habile observateur hollandais. L'un

[1] *Mémoires de l'Académie royale des Sciences de Belgique*, t. XXXIX, 1875.
[2] *Nature* of 12 and 19 feb. 1874.

des points particuliers de cette étude est l'assertion de Kaiser, que les différences de tons qui distinguent les diverses taches sombres et le manque de
netteté de leurs contours conduisent à penser que ces mers ne ressemblent
pas aux nôtres. Quant à leur couleur vert bleu, Webb la considère comme
réelle et non due au contraste des continents jaunes.

LXXVI. 1875. — Holden, Bernaerts, Ellery, Flammarion.

A l'Observatoire national de Washington, M. Holden a fait, pendant l'opposition de 1875, à l'aide du grand équatorial de 26 pouces $(0^m,66)$, le plus
grand instrument d'optique existant alors, un certain nombre de dessins,
dont six ont été communiqués à la Société Royale astronomique de Londres [1]. Ils ont été pris aux dates des 14, 16, 21, 23 juin, 2 et 5 août. Grossissement employé : 400. Malgré les dimensions de l'instrument, ces vues

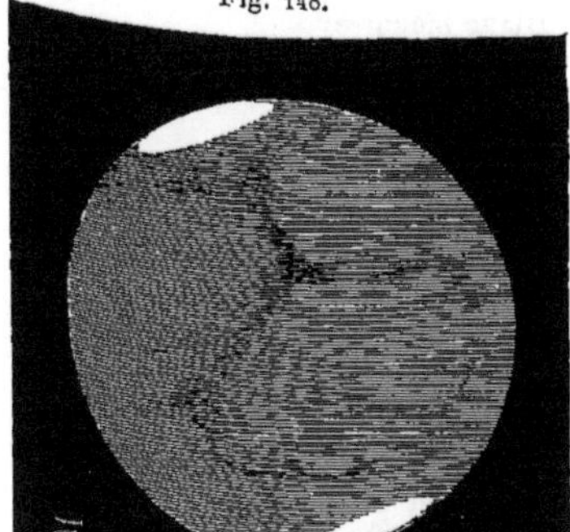

Fig. 148.

Fig. 149.

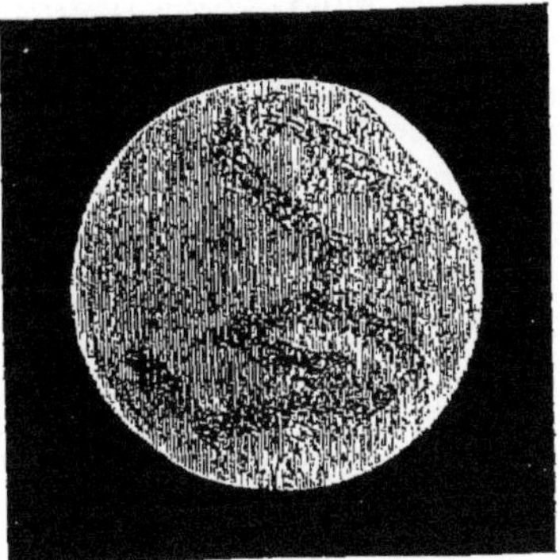

Mars, par M. Holden, à Washington, les 16 et 23 juin 1875.

s'accordent mal avec les aspects connus de la planète. On en jugera par les
croquis des 16 juin, de 10^h40^m à 11^h15^m, et 23 juin (*fig.* 148 et 149), de 10^h20^m
à 11^h7^m, qui sont les meilleurs de la série. Ce n'est pas encourageant pour
les grands instruments.

L'auteur ayant dessiné ces vues au pastel, a constaté que c'est la couleur
rouge-saumon qui se rapproche le plus de celle des continents de Mars, et en
même temps, remarque assez inattendue, de celle de la principale bande de
Jupiter, dont plusieurs dessins au pastel ont été faits au même moment :
le même crayon a dû servir pour les deux.

Le 12 août 1875, Mars a été occulté par la Lune, et l'observation en a été

[1] *Monthly Notices*, nov. 1875.

faite en plein jour, à 2ʰ58ᵐ, à l'Observatoire de Windsor (Nouvelle-Galles du Sud) par M. John Tebbutt. Aucune remarque.

Pendant la même opposition, M. Bernaerts a fait à Malines une série d'observations et de croquis (¹), qui n'ajoutent à tout ce qui précède aucune donnée importante.

Nous nous sommes occupés, pendant l'année 1875, à faire un certain nombre de comparaisons entre diverses planètes, diverses étoiles; et la lumière du gaz, à l'aide d'un sextant mobile autour d'un pied fixe, en amenant en contact deux astres différents ou un astre avec un bec de gaz (²). Les astres ont été pris autant que possible à une hauteur de 40° à 50° au-dessus de l'horizon, tandis que le gaz de comparaison était à l'horizon, à environ un kilomètre au sud de l'Observatoire de Paris. Il n'y a là qu'un essai provisoire, l'épaisseur atmosphérique tendant à accroître les rayons de l'extrémité rouge du spectre, au détriment de ceux de l'extrémité bleue. Ces essais ont donné pour les couleurs et les contrastes :

Sirius	Blanc bleuâtre.
Lune......	Jaune clair.
Jupiter......	Jaune laiton.
Mars...................:........	Jaune orange.
Antarès..	Orange.
Gaz......	Orangé rougeâtre.

Il y a des contrastes fort curieux :

Mars et la Lune...............	Orange vif et bleu pâle.
Mars et Jupiter .. ,...........	Orange et vert marine pâle.
Mars et Saturne............ ..	Orangé et vert.
Mars et Véga.................	Rouge et bleu.
Gaz et Mars............... ..	Orange et citron.
Gaz et Lune..............	Rouge cerise clair et argent éclatant.

Ainsi, cette planète qui paraît comme Antarès, sa rivale étymologique et historique, si rouge à l'œil nu, est moins rouge qu'un bec de gaz vu à un kilomètre de distance.

Nous avons pris également cette année-là plusieurs dessins de la planète.

LXXVII. 1876. — C. Flammarion. *Les Terres du Ciel.*

La première édition de cet ouvrage a été publiée au mois de novembre 1876 (³); le Livre VI (p. 307 à 440) est consacré à la planète Mars.

____

(¹) *Bulletin de l'Académie de Belgique,* 2ᵉ série, t. XLV, p. 39.
(²) Voy. *Bulletin de la Société Astronomique de France,* 1ʳᵉ année, 1887, p. 50.
(³) 1 vol. in-8°; librairie académique Didier et Cⁱᵉ.

Nous y donnions d'abord la figure suivante (*fig.* 150), qui sera tout à fait à sa place ici pour résumer le cycle antérieur à 1877 et nous préparer à l'opposition périhélique de 1877. C est le centre de l'orbite de Mars, P le point du périhélie de Mars, *a* l'aphélie de la Terre, *p* le périhélie de la Terre, ☊ la ligne d'intersection des deux orbites. On voit que, depuis 1869, chaque opposition

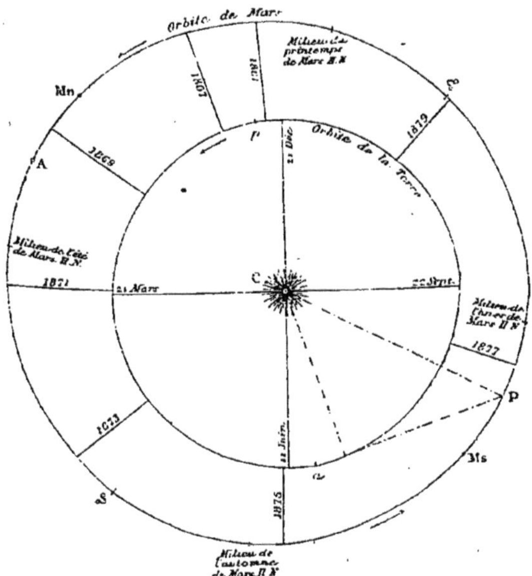

Fig. 150.— Relation entre l'orbite de Mars et celle de la Terre, de 1867 à 1877

ramenait Mars un peu plus près de la Terre, et que le plus grand rapprochement se préparait pour 1877.

Nous avons marqué sur cette orbite les points des solstices et des équinoxes de Mars. A propos de la climatologie martienne, nous écrivions :

Ce monde présente comme le nôtre trois zones bien distinctes : la zone torride, la zone tempérée et la zone glaciale. La première s'étend de part et d'autre de l'équateur jusqu'à 28°42', la zone tempérée s'étend depuis cette latitude jusqu'à 61°18', la zone glaciale entoure chaque pôle jusqu'à cette distance.

La planète tournant comme la Terre dans le zodiaque, le Soleil tourne également en apparence pendant l'année martienne devant les constellations zodiacales. Seulement, au solstice d'été de l'hémisphère nord, ce n'est pas dans le Cancer que le Soleil se trouve, mais dans le Verseau, et au solstice d'hiver, ce n'est pas dans le Capricorne, mais dans le Lion. De sorte que *nous* pouvons appeler les tropiques de Mars tropiques du Verseau et du Lion.

L'existence de l'atmosphère martienne est démontrée. Lorsque les taches de la surface sont au centre de l'hémisphère, on les distingue nettement; mais lorsque, emportées par la rotation, elles arrivent vers les bords du disque, non seulement elles se présentent en raccourci suivant la perspective géométrique de leur position sur la sphère tournante, mais encore elles perdent leur netteté, deviennent pâles, et cessent d'être visibles avant d'atteindre le bord. Cet effet est causé par l'atmosphère, qui absorbe les rayons lumineux, et interpose un voile de plus en plus épais à mesure que le rayon visuel approche du bord. De plus, le bord de la planète est tout autour, dans son intérieur, plus pâle que la région centrale, à cause de la même absorption atmosphérique.

D'autre part, les neiges, les nuages et les recherches de l'analyse spectrale prouvent la présence de la vapeur d'eau dans cette atmosphère.

La géographie martienne forme l'objet d'un autre Chapitre, dans lequel nous exposions l'ensemble des observations depuis 1636, et qui se complète par une *Carte* représentant nos connaissances les plus sûres. On trouvera cette Carte un peu plus loin, p. 251, à propos des préparatifs faits en vue de l'opposition de 1877. Nous la résumions ainsi :

L'examen de ce planisphère nous montre d'abord que la géographie de Mars ne ressemble pas à celle de la Terre. Tandis que *les trois quarts* de notre globe sont couverts d'eau, la distribution des mers et des terres est à *peu près égale* sur Mars. Au lieu d'être des îles, émergées du sein de l'élément liquide, les continents semblent plutôt réduire les océans à de simples mers intérieures, à de véritables méditerranées. Il n'y a point là d'Atlantique ni de Pacifique, et le tour du monde peut presque s'y faire à pied sec. Les mers sont découpées en golfes variés prolongés en un grand nombre de bras s'élançant comme notre mer Rouge à travers la terre ferme. Tel est le premier caractère de l'aréographie. Le second, qui suffirait aussi pour faire reconnaître Mars d'assez loin, est fourni par la mer du Sablier et la Manche.

Nous nous rangions aussi à l'opinion que les taches foncées représentent réellement des étendues d'eau, et les claires des continents, interprétation discutée et contestée par plus d'un observateur (Liais, Cruls, Brett, Trouvelot, etc.).

Qu'il y ait de l'eau sur ce monde, écrivions-nous, c'est ce qui est évident, attendu qu'on la *voit* à l'état de glaces polaires, de neiges variables, et aussi à l'état de nuages flottant dans l'atmosphère, et que de plus on en constate la présence à l'aide du spectroscope. Les mers, vues de loin, doivent paraître plus foncées que les terres, parce que l'eau absorbe une grande partie de la lumière et n'en réfléchit que fort peu.

Il faut remarquer cependant que les mers de Mars ne sont pas également sombres; plusieurs sont particulièrement foncées (la mer du Sablier, le golfe Kaiser, la mer Lockyer, la mer Maraldi (carte, p. 251). On pourrait penser que les moins sombres sont parsemées d'îles que nous ne distinguons pas à cause de leur petitesse, et qu'en certains points même l'eau n'est pas très profonde, comme il arrive chez nous, par exemple, pour le Zuyderzée. Ces différences m'ayant surpris, j'ai cherché à les expliquer, mais sans y parvenir, par des variations de transparence dans l'atmosphère de Mars ; elles sont réelles, mais n'en avons-nous pas une image dans les eaux terrestres elles-mêmes? La coloration des eaux de la mer est loin d'être la même à toutes les latitudes; la différence est énorme pour les fleuves : la Marne est jaune, la Seine vert pâle, le Rhin vert foncé, etc.

De plus, il semble que ces mers ne soient pas invariables, car, depuis 1830, certains changements paraissent incontestables, par exemple le golfe Kaiser, qui présentait alors, comme à la fin du siècle dernier, l'aspect d'un fil terminé par un disque, et qui depuis 1862 est beaucoup plus large et se termine, non par un cercle noir isolé, mais par une baie fourchue. Peut-être y a-t-il sur cette planète des *déplacements* d'eau et des *variations de couleur* de l'eau, qui n'existent pas sur la nôtre.

Tel est le résumé des connaissances qui résultaient déjà de l'ensemble des observations physiques. Pour la première fois (1876), les *variations* dans les mers, comme ton et comme étendue, sont établies sur un nombre suffisant de faits observés.

A cette longue série de travaux qui constituent notre deuxième période, on pourrait encore en ajouter quelques autres, dus à: Capocci (1862), Schultz (id.), Vada (1863), Michez (1865), Folque (1867), Fabritius (1873), etc. Mais ces pierres détachées n'ajouteraient rien à notre édifice.

Toutes les observations que nous venons d'examiner ont leur valeur intrinsèque, assurément ; mais, en arrivant à la clôture de cette deuxième période, nous pouvons remarquer que celles de ces dernières années surtout semblent n'avoir été pour ainsi dire que des préparatifs pour l'opposition si éminemment favorable de 1877. Les astronomes s'y préparèrent longuement, comme ils l'avaient fait pour 1862, et mieux encore, la planète devenant de plus en plus connue, et les progrès de l'Optique accroissant encore toutes les espérances.

Avant d'arriver à cette troisième et dernière section de notre examen, résumons les progrès qui viennent d'être acquis pendant cette seconde période, de 1830 à 1877.

CONCLUSIONS DE LA DEUXIÈME PÉRIODE.

1830-1877

Reportons-nous un instant à la page 96 de cet ouvrage, et relisons les conclusions que nous avons tirées de la première période.

Les 13 articles de cette conclusion sont confirmés. Plusieurs sont développés. De nouvelles lumières sont apportées.

14. La durée de la rotation diurne est désormais fixée avec précision à

$$24^\text{h}37^\text{m}22^\text{s},65,$$

à quelques *centièmes* de seconde près : la valeur est sûrement entre

$$22^\text{s},6 \quad \text{et} \quad 22^\text{s},7.$$

En 1830, on était encore loin de cette précision.

15. La géographie de la planète est esquissée dans ses traits principaux. Plusieurs cartes ont été construites, d'abord par Beer et Mädler en 1840, puis par Kaiser en 1864, Phillips la même année, Proctor en 1867, Green en 1873. A ces tracés géographiques on peut ajouter l'essai que nous avons publié en 1864 sur l'hémisphère le mieux connu de la planète, celui qui a la mer du Sablier pour centre. Les taches sombres essentielles sont permanentes, et il n'est plus possible d'admettre, avec Schrœter, qu'elles puissent être de nature atmosphérique. Cependant notre première conclusion (Art. 8) est à conserver : les formes et les aspects de ces taches sont variables.

200 vues nouvelles de Mars viennent de passer sous nos yeux pendant cette deuxième période. Jointes aux 191 premières, ces vues représentent 391 dessins différents de la planète, faits par tous les observateurs. Leur étude comparative établit que chaque observateur voit selon ses yeux, son habileté, ses instruments, et dessine aussi selon ses aptitudes.

16. Il y a donc pour chaque dessin ce que nous pourrions appeler une équation personnelle, une interprétation individuelle, et comme les détails d'un globe vu à la distance de Mars et à travers deux atmosphères sont toujours plus ou moins vagues et excessivement délicats, plusieurs même se trouvant à la limite de la visibilité, il n'y a peut-être pas un seul dessin qui représente rigoureusement, exactement, ce que paraîtrait le monde de Mars à un observateur très proche de sa surface.

17. Néanmoins, de toute cette variété reste un fond certain, celui qui est représenté sur notre Carte générale de la page 69. D'autre part, les causes de diversité attribuables aux observateurs n'expliquent pas certaines divergences, qui doivent être considérées comme réelles. Ainsi, la mer du Sablier varie certainement de largeur et de ton ; sa rive gauche, surtout en haut, à la péninsule de Hind, paraît indiquer des terrains tantôt secs et tantôt inondés ; la mer circulaire Terby a tout autour d'elle, et surtout au-dessous, des régions tantôt claires et tantôt foncées ; la mer Flammarion est quelquefois traversée par une sorte de banc de sable ; la baie du Méridien a paru parfois ronde, parfois carrée, parfois allongée et fourchue, etc.

18. Ces aspects et ces *variations* confirment l'interprétation déjà faite pendant la première période, savoir : que les taches sombres représentent des étendues liquides, des mers, des lacs, et les taches claires des étendues solides, des continents, des îles.

19. Les variations des neiges polaires confirment cette assimilation avec une eau douée des mêmes propriétés que celle de notre planète, susceptible de se convertir en neige, en glace, en nuages.

20. L'analyse spectrale, créée pendant cette deuxième période, établit que ces eaux sont analogues aux nôtres comme composition chimique.

21. Toutefois, ces étendues aqueuses doivent être dans un *autre* état physique que nos mers, moins denses (?), moins liquides (?), nappes de brumes visqueuses (?).

22. L'atmosphère est moins troublée que la nôtre, moins chargée de nuages et de brumes, moins productrice de pluies, plus raréfiée, plus transparente. L'eau doit s'y évaporer et s'y condenser plus facilement qu'ici. On n'y observe pas de cyclones, comme avait cru le faire le P. Secchi. Mais on observe parfois des neiges très étendues (voy. *fig.* p. 121, 128, 129, 130, 147) à d'assez grandes distances des pôles, notamment sur la terre de Lockyer, que l'on a prise parfois pour le pôle.

23. Il y a moins d'eau sur Mars que sur la Terre, d'abord comme étendue (car cette étendue, au lieu d'occuper les trois quarts du globe, n'en occupe guère que la moitié), ensuite comme profondeur sans doute, car les variations de tons des mers peuvent être attribuées à ce que parfois le fond devient visible, et les inondations paraissent fréquentes sur de vastes plages qui doivent être regardées comme très plates.

24. L'hémisphère supérieur ou austral de Mars est surtout aquatique ; l'hémisphère boréal, surtout continental. Le sol de celui-ci est donc à un niveau supérieur à celui du premier. Les causes géologiques qui ont agi dans la formation de la planète ont élevé l'hémisphère boréal et déprimé l'hémisphère austral. Remarque digne d'attention, il en a été à peu près de même pour

là Terre : les grands continents, l'Asie et l'Europe, l'Amérique du Nord, la moitié de l'Afrique, occupent l'hémisphère boréal ; l'austral a l'Amérique du Sud, l'Afrique du Sud et l'Australie, dont la surface est de beaucoup inférieure.

Cette différence peut provenir de l'action de l'attraction solaire sur l'hémisphère martien le plus rapproché du Soleil, pendant la demi-période de révolution de la ligne des apsides, à l'époque critique de la consolidation de l'écorce de la planète ; cette attraction aura eu pour effet de surélever légèrement et obliquement l'hémisphère nord. Le centre continental paraît être dans le continent Huygens, vers 150° de longitude et 20° de latitude ; le centre maritime, à peu près à l'antipode, dans l'océan Dawes, vers 330° et 30°. Pour la Terre, ces mêmes points sont à peu près les Karpathes et leur antipode.

25. L'aplatissement polaire de Mars est certainement plus faible que ne l'avaient cru Herschel, Laplace et Arago, et les objections faites contre la théorie paraissent sans fondements.

La figure géométrique du globe de Mars ne paraît pas différer beaucoup de celle de notre globe, comme on l'admettait sur la croyance d'un aplatissement trop fort. Le rapport de la force centrifuge à la pesanteur est de $\frac{1}{217,5}$. L'aplatissement polaire doit peu différer de cette valeur.

26. Il doit exister des fleuves à la surface de Mars, puisqu'il y a des mers, des nuages et des pluies. La baie du Méridien paraît être l'embouchure de deux grands fleuves.

27. Quoique le globe de Mars paraisse moins irrégulier que le nôtre dans ses reliefs orographiques, il semble cependant qu'il y ait quelques montagnes assez élevées, quelques plateaux supérieurs. Ainsi les deux îles dessinées sur notre carte aux 47e et 297e degrés de longitude sont tantôt visibles et tantôt invisibles : ce sont sans doute des montagnes parfois couvertes de neige. Il semble aussi qu'il y ait un plateau fort élevé vers l'équateur, à la droite de la mer du Sablier, et un autre vers l'intersection du 185e degré de longitude avec le 65e degré de latitude sud.

En résumé, les analogies de ce monde avec le nôtre continuent de s'établir par la série des observations. La climatologie y paraît même singulièrement semblable à la nôtre, soit que la température s'y maintienne à peu près au même degré qu'ici, soit que les conditions physiques de pression atmosphérique, de densité, de pesanteur, y déterminent des effets analogues à une température différente.

TROISIÈME PÉRIODE.

LE CYCLE MARTIEN DE 1877 A 1892.

TROISIÈME PÉRIODE.

LE CYCLE MARTIEN DE 1877 A 1892.

Notre troisième période comprend le cycle martien de 1877 à 1892, plus fécond à lui seul que tous les précédents.

Rappelons d'abord que la combinaison des mouvements de translation de la Terre et de Mars autour du Soleil produit un cycle de quinze ans, comprenant tout l'ensemble des aspects que Mars peut nous présenter. La planète accomplit sa révolution autour du Soleil en 686 jours 23ʰ 30ᵐ 41ˢ, la Terre en 365 jours 6ʰ 9ᵐ 11ˢ. Il résulte de ces deux mouvements que la Terre et Mars se rencontrent sur la même ligne relativement au Soleil tous les deux ans environ ou tous les 780 jours en moyenne. L'intervalle n'est pas régulier, parce que ni ce monde ni le nôtre ne marchent avec une vitesse uniforme, leurs orbites n'étant pas circulaires, mais elliptiques. On se rendra compte de ces périodes de rencontre ou d'opposition de Mars relativement au Soleil, par les dates suivantes du cycle que nous allons passer en revue.

OPPOSITIONS DE MARS, DE 1877 A 1892.

| Dates. | Distance minimum à la Terre. | | Diamètre maximum. |
	Rayon orbite ☌ étant 1.	en kilomètres.	
1877. 5 septembre	0,3767	55.532.000	30"
1879. 12 novembre	0,4824	71.877.000	23
1881. 26 décembre	0,6028	89.817.000	18
1884. 31 janvier	0,6691	99.696.000	16
1886. 6 mars	0,6699	99.830.000	14
1888. 11 avril	0,6050	90.145.000	18
1890. 27 mai	0,4849	72.265.000	23
1892. 4 août	0,3773	56.217.000	30

En raison de l'ellipticité des deux orbites, ces oppositions diffèrent sensiblement quant à la distance qui sépare les deux planètes. Quand la rencontre arrive à l'époque du périhélie de Mars, lequel a lieu à la longitude

334°, où la Terre passe le 27 août, la distance est réduite à son minimum. La position la plus favorable revient tous les quinze ans. Les années 1877 et 1892 représentent des oppositions périhéliques. Nous avons calculé les distances en kilomètres pour la parallaxe solaire 8″,81 et la distance moyenne de la Terre de 149 millions de kilomètres.

Ce n'est pas exactement le jour de l'opposition que le minimum de distance se produit, attendu que l'opposition représente une différence de 180° de longitude entre le Soleil et la planète, et que celle-ci peut se rapprocher du plan de l'orbite terrestre les jours qui précèdent ou qui suivent cette

Fig. 151.

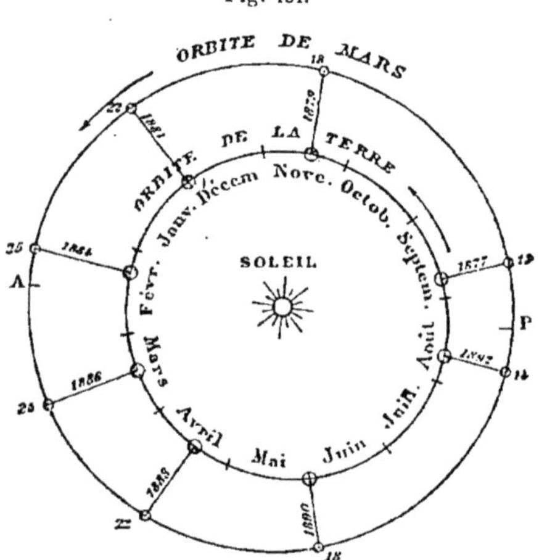

Cycle des oppositions de Mars.

situation. Mais il n'y a jamais qu'une différence de quelques jours. Les nombres exprimés plus haut indiquent le plus grand rapprochement atteint chaque année.

Si nous évaluons ces distances en kilomètres ou en lieues, nous voyons qu'elles varient pour ces sept intervalles d'opposition entre 55 et presque 100 millions de kilomètres, entre 14 et 25 millions de lieues, ce qui est considérable. Nous avons représenté ce cycle par la petite figure ci-dessus (*fig.* 151), qui n'a besoin, pour les lecteurs de cet Ouvrage, d'aucune autre explication.

Ce cycle de 1877 à 1892, qui va former la troisième section de notre étude historique, constitue en même temps une période naturelle dans l'observation de Mars, et si cette monographie de notre île céleste voisine est continuée dans l'avenir, les périodes suivantes seront pour ainsi dire tracées d'avance par les cycles futurs... 1892-1907..., 1907-1922, etc.

L'année 1877 a été fertile en résultats magnifiques. Si l'opposition de 1830 a ouvert vraiment pour nous l'étude géographique et climatologique de la planète Mars, l'opposition de 1877 a inauguré l'ère d'une analyse assurément plus intime que l'on n'aurait jamais osé l'espérer.

Nous allons passer successivement en revue tous les travaux accomplis.

Maintenant que les observations deviennent plus détaillées et plus précises, et qu'elles peuvent nous mettre sur la trace des effets des saisons à la surface de la planète, nous prendrons soin d'inscrire en tête de chaque opposition les dates des solstices et des équinoxes correspondant aux époques des observations

1877

Opposition : 5 septembre.
Pôle incliné vers la Terre : austral.

CALENDRIER DE MARS.

Hémisphère austral ou supérieur.		Hémisphère boréal ou inférieur.
1ᵉʳ mai 1877.......	Équinoxe de printemps.	Équinoxe d'automne.
27 septembre......	Solstice d'été.	Solstice d'hiver.
6 mars 1878.......	Équinoxe d'automne.	Équinoxe de printemps.

L'opposition de septembre 1877 se présentait comme si privilégiée, que notre premier soin a été de construire un planisphère au niveau de toutes les connaissances acquises. Cette carte de Mars a été publiée au mois d'avril par l'Académie des Sciences, avec la note suivante qui l'accompagnait et en expliquait l'opportunité. Il nous a semblé que les cartes antérieures, même celle de Proctor, laissaient beaucoup à désirer, et nous avons essayé de faire un peu mieux, surtout pour aider les observateurs à identifier leurs dessins.

LXXVIII. 1877. — C. FLAMMARION. *Carte de la planète Mars et observations.*

Voici cette note avec la carte (*fig.* 152), présentée d'ailleurs comme « provisoire » et destinée à de grands perfectionnements (¹).

Au moment où la planète Mars passe à sa plus grande proximité de la Terre, il peut être intéressant pour un grand nombre d'observateurs d'avoir sous les yeux un planisphère exposant l'état actuel de nos connaissances sur ce monde voisin. J'ai l'honneur de présenter à l'Académie une carte que j'ai commencée il y a bien longtemps déjà, en 1863, époque à laquelle je travaillais à la seconde édition de mon ouvrage sur *La pluralité des mondes habités*, dans laquelle je publiai un premier croquis, comme comparaison avec la géographie de la Terre, carte que

(¹) Voy. *Comptes rendus de l'Académie des Sciences*, séance du 27 avril 1877, p. 476.

j'ai souvent recommencée depuis, qui a seulement été terminée l'année dernière, et qui ne doit encore être considérée toutefois que comme un *tracé provisoire* des taches permanentes de cette planète.

Nous possédions déjà trois essais principaux de représentation géographique de Mars. Le premier date de quarante ans, et a été donné par Beer et Mädler, pour résumer leurs observations faites en Allemagne de 1830 à 1839; le second est dû à Kaiser, de Leyde, qui traça une carte de Mars, après les oppositions de 1862 et 1864, pendant lesquelles il observa assidûment la planète; le troisième est dû à M. Proctor, qui, en 1869, dessina une carte remarquable, beaucoup plus complète que les deux précédentes, d'après les observations faites en Angleterre par Dawes, en 1864. Ces trois cartes offrent entre elles des dissemblances considérables.

Mon but a été de représenter, non une seule série d'observations comme dans les cas précédents (les miennes, quoique nombreuses, eussent été, du reste, fort insuffisantes pour ce but), mais l'ensemble général des observations faites depuis le commencement, si c'était possible. J'ai comparé, pour construire cette carte, plusieurs centaines de dessins, dont les premiers datent de plus de deux siècles (1636), et dont les principaux, indépendamment des trois séries précédentes, sont dus à Huygens, Maraldi, Herschel, Schrœter, Secchi, Lockyer, Lassell, Phillips, lord Rosse, Knobel. La bibliographie aréographique de M. Terby m'a été fort utile dans ce travail.

Le degré zéro des longitudes aréographiques a été placé au point choisi par Beer et Mädler, méridien remarquable par une petite tache très sombre, signalée vers 1793 par Schrœter, remarquée de nouveau en 1822 par Kunowski, prise comme origine en 1830, par Mädler, revue par Dawes en 1854 et 1862, placée par Kaiser à 90 degrés, et qui est incontestablement un point fixe du sol de Mars. D'après l'ensemble des observations, cette tache me paraît isolée de celle qui s'étend à sa droite (orient). Kaiser a pris pour origine la tache ronde, non moins caractéristique, que l'on voit près du 270e degré, et Phillips, le cap équatorial du continent traversé par notre 45e degré. Il m'a paru préférable de conserver l'origine précédente, déjà adoptée par Mädler, Lockyer, Proctor, etc.

La configuration la plus anciennement connue de la géographie de Mars est la mer verticale sombre que l'on voit descendre au-dessous de l'équateur, vers le 70e degré de longitude, s'amincir et se terminer par un coude qui se dirige vers l'est en forme de canal. Au-dessous, se trouve une autre mer qui s'avance dans l'intérieur des terres en formant un angle. Lorsque le globe de Mars est tourné de façon à nous présenter cette région à peu près de face, ces deux mers paraissent réunies vers le coude, et l'ensemble rappelle la forme d'un *sablier*. On la désigne depuis longtemps sous ce même nom : *the Hour-glass Sea*. La première observation que nous ayons de cette tache date du 28 novembre 1659, et est due à l'astronome Huygens.

Cette mer, représentée sous forme de sablier par tous les anciens observateurs, a, coïncidence bizarre, servi véritablement de *sablier* ou de mesure du temps, pour déterminer la durée de la rotation de la planète. Il semble donc que la meil-

leure désignation à donner à cette mer soit de lui conserver son nom déjà véné-
rable de *mer du Sablier*. Aucune dénomination n'a jamais été si légitime. Le
P. Secchi a proposé le nom de *mer Atlantique*, et M. Proctor celui de *mer de
Kaiser*. Or, d'une part, elle est bien étroite pour mériter le nom d'*Atlantique*, et
d'autre part, si elle devait porter un nom d'astronome, ce serait celui d'Huygens,
qui l'a découverte. Pour toutes ces raisons, il nous a paru logique de lui conserver
le nom de *mer du Sablier*.

Elle est généralement plus sombre et mieux marquée que la plupart des autres

Fig. 152.

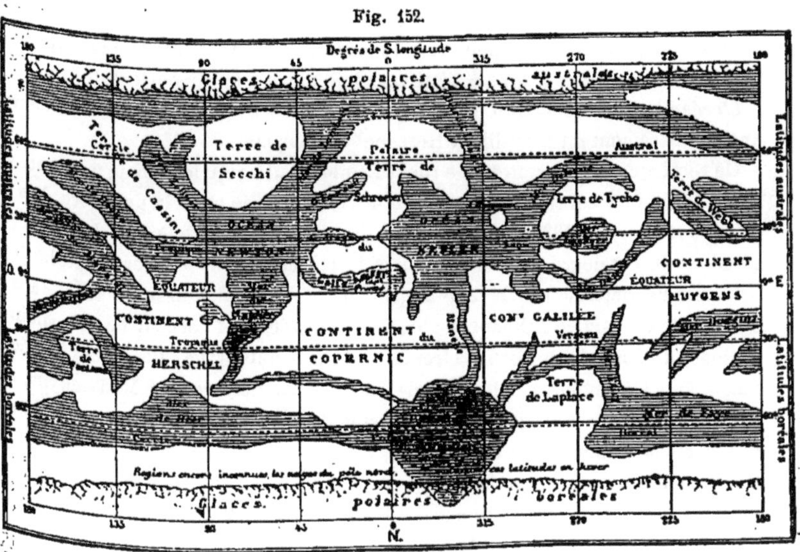

Carte géographique provisoire de la planète Mars, par M. Flammarion, en 1876 (¹).

taches, surtout vers le centre. Du reste, les diverses taches qui parsèment le
disque de la planète sont loin d'avoir une même intensité.

La mer du Sablier et l'océan Newton, dont elle est le prolongement, forment
la configuration aréographique la plus anciennement connue.

On peut leur associer la mer Maraldi, vue aussi par Huygens, en 1659, sous
la forme de bande analogue à celles de Jupiter. Hooke l'a dessinée en 1666, et
Maraldi en 1704. Le P. Secchi lui avait donné le nom de *Marco Polo*, mais il est
évident que celui de Maraldi, proposé par M. Proctor, lui convient à tous les titres.

Le golfe Kaiser, dont l'extrémité orientale forme la baie fourchue (longitude
zéro), est, comme la mer du Sablier et les mers Maraldi, Hooke et Huygens,
l'une des configurations géographiques de Mars les plus anciennement dessinées.
On en trouve un vestige dans deux dessins de Huygens de 1659 et de 1683. Herschel

(¹) Cette carte est la même que celle qui a été publiée dans la première édition des
Terres du Ciel (novembre 1876) et dont il a été parlé plus haut.

a dessiné le même golfe en 1777 et 1783, notamment le fer à cheval formé par le golfe d'Arago avec celui de Kaiser, et il est même le premier qui ait bien figuré ces détails; mais il a été, en 1862, l'objet de l'étude la plus soignée de la part de Kaiser.

A l'est du golfe de Kaiser, on rencontre : 1° une baie émergeant au nord de l'océan Kepler; 2° une *Manche* conduisant de cet océan à la mer Mädler. Cette Manche, comme cette mer, sont également connues depuis fort longtemps.

Le bras de mer qui s'étend de l'océan Kepler à la mer Mädler, qui est si caractéristique, et pour lequel le nom de *Manche* est certainement la dénomination qui convient le mieux, est surtout connu par les dessins du P. Secchi. La mer Mädler paraît se prolonger vers le Nord et devenir d'abord plus claire, puis plus foncée, et jeter un bras à l'Est vers une autre mer plus orientale.

L'océan Kepler est connu par un grand nombre d'observations, dont les plus anciennes remontent à William Herschel et Schrœter.

On remarque à l'Est une tache ronde sombre, qui a reçu le nom de mer Lockyer. Cette petite mer est très curieuse : on la voit dessinée pour la première fois par Beer et Mädler, en 1830; on la retrouve dans leur carte, sur le 270° degré de longitude et le 30° degré de latitude, mais isolée de l'océan Kepler, dont la limite orientale ne dépasse pas le 274° degré. On la reconnaît aussi en 1860, dans les dessins de Schmidt, d'Athènes, isolée aussi. En 1862, le P. Secchi l'a prise pour un cyclone, à cause de la forme circulaire de son entourage. La même année, le même jour (18 octobre), elle était dessinée en Angleterre, par M. Lockyer, et il la nommait « mer Baltique ». Les dessins de Lassell lui donnent la forme d'un œil et on la nomme aussi « Oculus ».

Les mers de la Rue, Dawes, Airy, Faye et Huygens ne sont pas aussi exactement connues. Il en est de même des terres de Laplace, Fontana, Cassini, Secchi, Schrœter, Tycho, Webb, et des golfes Arago et Foucault.

L'avantage pratique de donner des noms aux objets, au lieu de simples numéros d'ordre, m'a conduit à inscrire les noms que l'on voit sur ce planisphère : ce sont ceux des principaux astronomes, à l'exception de la mer du Sablier et de la Manche, déjà nommées par leur propre forme. J'ai suivi en cela le même principe que M. Proctor, mais étendu sur une plus vaste échelle et affranchi de répétitions.

Très certainement il reste encore bien des points douteux, surtout à partir du 60° degré de latitude, et principalement au Nord; mais j'ai l'espérance que, telle qu'elle est, cette carte représente, aussi exactement que possible, l'état actuel de nos connaissances sur la géographie de ce monde voisin.

Sur cette carte, les degrés de longitude sont gradués de l'Est à l'Ouest pour l'observateur terrestre, et de l'Ouest à l'Est pour les habitants de Mars, leur orient étant à gauche lorsqu'on regarde la planète, le Sud en haut.

Telle est la note par laquelle nous résumions alors nos connaissances aréographiques. En même temps, à l'aide d'un télescope de 0^m,20, muni de grossissements de 210 et 300 fois, nous prenions un grand nombre de dessins de la planète. Nous en reproduisons d'abord ici quatre (*fig*. 153), réduits à l'échelle de 1ᵐᵐ pour 1″, qui montrent exactement l'aspect et la grandeur du disque aux dates indiquées. Le premier a été fait le 30 juillet, à 11ʰ0ᵐ; la mer

Fig. 153.

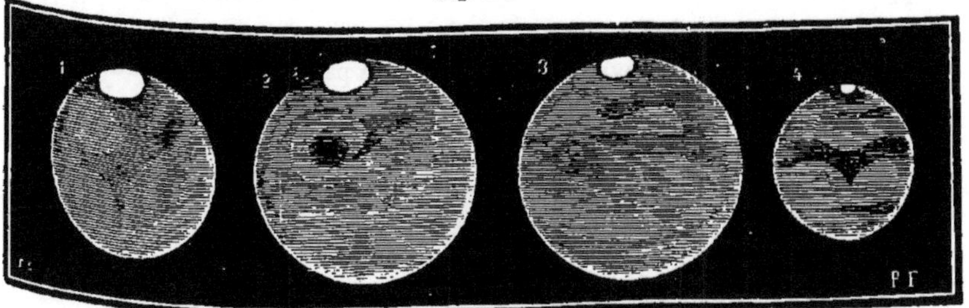

Croquis de Mars, les 30 juillet, 23 août, 14 septembre et 26 octobre 1877.

du Sablier est à peu près au centre du disque et l'a légèrement dépassé (longitude du méridien central : 312°). Le second est du 23 août, à 11ʰ30ᵐ; la mer circulaire, ou l'OEil, a sensiblement dépassé le méridien central, dont la longitude était alors de 105°. Le troisième est du 14 septembre, à 10ʰ10ᵐ; il

Fig. 154.

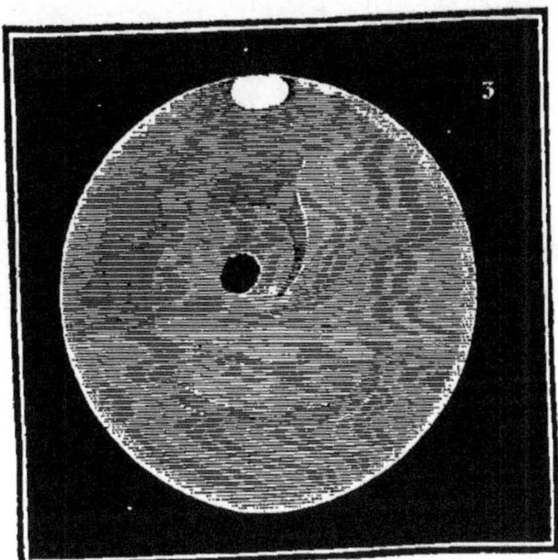

Mars, le 27 septembre 1877.

laisse deviner la mer Maraldi et la mer Hooke (longitude du méridien central : 240°). Le quatrième est du 26 octobre, à 7ʰ55ᵐ, et esquisse vaguement la figure de deux ailes ouvertes d'un grand voilier, qui paraît formée par la réunion des mers Schiaparelli et Maraldi (méridien central à 190°). A cette dernière date, la planète était déjà fort éloignée de la Terre.

Ces quatre croquis montrent en même temps d'une manière frappante la *diminution de la neige polaire* supérieure ou australe. Le solstice d'été de l'hémisphère austral de Mars est arrivé, en 1877, le 27 septembre.

A ces croquis, qui représentent la circonférence totale de la planète, nous pourrions en joindre ici un certain nombre d'autres faits durant cette opposition. Nous nous bornerons à reproduire celui du 27 septembre, à 8^h35^m (*fig.* 154), sur lequel le lac circulaire se détache comme un point noir bien net. La mer qui l'environne ne paraissait pas se continuer au-dessous, comme dans le croquis du 23 août. L'océan de la Rue et la baie Christie étaient bien limités.

Remarque digne d'attention : pendant toute cette période de juillet à octobre 1877, l'hémisphère visible de Mars s'est presque constamment montré très pur et sans nuages.

LXXIX. 1877. — Paul et Prosper Henry. *Dessins.*

A l'Observatoire de Paris, MM. Henry frères ont fait un certain nombre de dessins de la planète, pendant la même opposition, à l'équatorial de

Fig. 155

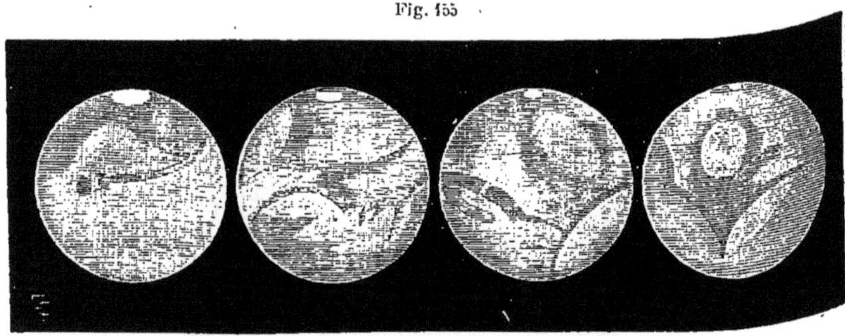

Croquis de Mars, les 22 août 1877, 5 septembre, 10 septembre, à 9^h50^m, et même jour à 11^h45^m
par MM. Henry frères.

$0^m,24$ du jardin. Ces dessins concordent d'une manière remarquable avec la carte. Quelques particularités cependant sont à signaler. Ainsi, la mer circulaire paraît, dans plusieurs dessins, presque rattachée à une traînée légère, comme si la mer Schiaparelli se continuait en un mince filet jusqu'à elle. Tel est, par exemple, celui du 22 août, à 11^h50^m. Un beau dessin du 5 septembre, à minuit, montre nettement la baie du Méridien et la baie Burton, mais l'océan Dawes paraît limité au sud par un courant, qui correspond d'ailleurs au détroit Arago. Fait plus remarquable encore, les observateurs ont vu, à plusieurs reprises, la mer Hooke traversée par une ligne blanche, comme un pont gigantesque de nuages rectilignes ou un banc de sable ; tel, par exemple, le dessin du 10 septembre, à 9ʰ50ᵐ. La rive droite de la mer du Sablier était très foncée. Deux heures après, cette mer, amenée par la rotation du globe, se présentait dans toute son ampleur. Ces quatre dessins, fort curieux, sont reproduits ici (*fig.* 155). On les comparera avec intérêt avec notre carte complète de la p. 69.

A ces dessins, nous ajouterons, des mêmes observateurs, celui du 27 août (*fig.* 156), qui représente la première observation faite, en France, de l'un

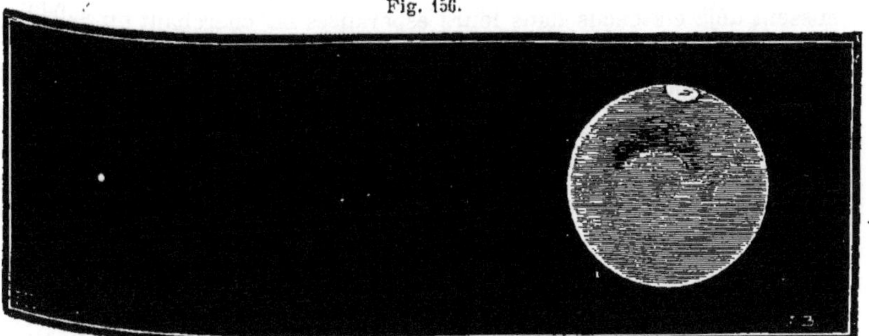

Fig. 156.

Mars, le 27 août 1877. Première observation faite en France d'un satellite de Mars

des satellites de Mars. Ces satellites ont été découverts à l'Observatoire de Washington, par M. Asaph Hall, le plus éloigné, le 11 août 1877, le plus proche, le 17 août suivant. La nouvelle fut télégraphiée en Europe, notamment à Le Verrier, directeur de l'Observatoire de Paris (qui ne devait pas tarder à quitter cette terre : il est mort le 23 septembre suivant), et l'on s'efforça de vérifier cette découverte, aussi curieuse qu'inattendue. Le 27 août, MM. Henry réussirent, en masquant la planète, à apercevoir le satellite le plus éloigné. Mars tournait alors vers nous l'hémisphère ayant la mer circulaire à peu près à son centre.

Avant de continuer notre étude de la planète, c'est ici le lieu de rappeler cette étonnante découverte des satellites.

LXXX. 1877. — Asaph Hall. *Découverte des satellites de Mars* (¹).

La découverte des deux satellites de Mars est assurément l'une des plus curieuses et des plus intéressantes des temps modernes. On peut dire qu'elle

(¹) *Observations and orbits of the satellites of Mars*, by Asaph Hall. Washington 1878.

a été faite exprès, — ce qui n'est pas le cas général dans les découvertes, — et qu'elle est le résultat de la plus louable persévérance. Nous venons de voir que l'année 1877 a été particulièrement remarquable à cause du rapprochement maximum auquel Mars devait se trouver de la Terre, l'opposition des deux planètes ayant été fixée par le calcul pour le 5 septembre de cette année-là. Le professeur Asaph Hall, astronome de l'Observatoire de Washington, pensa que ce serait là une circonstance extrêmement favorable pour vérifier le voisinage de Mars, à l'aide du grand équatorial de cet Observatoire (¹). Il se disait avec raison que, quoique plusieurs observateurs eussent déjà été déçus dans leurs espérances en cherchant un satellite à cette planète, ce n'était pourtant pas là une raison suffisante pour y renoncer définitivement, surtout en considérant que les conditions actuelles de la recherche étaient exceptionnellement favorables. Il se mit donc à l'œuvre dès les premières soirées du mois d'août, scruta les environs de la planète avec un soin minutieux, et, pour ne pas être gêné par son grand éclat, prit soin de la masquer ou de la faire sortir du champ de la lunette, de façon à pouvoir saisir la plus légère trace de satellite visible dans son voisinage.

Les premières nuits furent infructueuses, fatigantes et désespérantes, et l'astronome renonçait à continuer sa recherche, lorsque Mᵐᵉ Hall, secrétaire de son mari, insista vivement pour qu'il y consacrât « encore une soirée ». C'était le 11 août. M. Hall se mit à l'équatorial, et, trois heures plus tard, crut apercevoir un petit point lumineux qui fit battre son cœur. Mais à peine avait-il bien constaté son existence qu'un épais brouillard, s'élevant de la rivière Potomac, vint interrompre l'observation. Le ciel resta obstinément couvert pendant les nuits suivantes. Enfin, cinq jours plus tard, le 16, le ciel s'étant éclairci, l'astronome se précipita à sa lunette, retrouva le petit point, ne le perdit plus, et, en deux heures d'observation, constata qu'il marchait dans le ciel avec la planète. Ce petit point n'était donc pas une étoile fixe. Mais peut-être, — le hasard est si grand! — l'une des innombrables petites planètes, qui gravitent entre Mars et Jupiter, passait-elle justement par là en ce moment? On consulta les éphémérides et l'on trouva qu'en effet la planète Europa devait justement passer à cette date derrière Mars.

Un calcul préliminaire montra que si le petit point observé était un satellite, il devrait être caché par la planète pendant une partie de la nuit suivante du 17, mais devrait reparaître avant l'aurore, près de sa position

(¹) Cette lunette, alors la plus puissante, a pour objectif une lentille de 26 pouces anglais = 0ᵐ,66.

originale; tandis que, si c'était la planète Europa, elle devait se trouver le soir même un peu au sud-est de Mars.

Cette nuit du 17 fut merveilleusement claire, et à peine Mars était-il levé au-dessus des brumes de l'horizon, que l'équatorial fut impatiemment pointé sur lui. Aucun satellite n'était visible, ce qui était de bon augure. A 4^h du matin, l'astronome, radieux, vit le petit point lumineux émerger tranquillement des rayons de la planète, comme le calcul l'annonçait : c'était bien un satellite de Mars.

Ce n'est pas tout. En observant ce satellite et en suivant son mouvement, M. Hall ne tarda pas à en remarquer un second, encore plus petit et plus proche de la planète!

La nouvelle fut télégraphiée aux principaux astronomes du globe, et, malgré le scepticisme qu'elle excita d'abord, elle ne tarda pas à être confirmée par toutes les observations ultérieures.

Ces deux petits satellites ont été suivis, à l'aide des grands instruments, pendant les mois de septembre et d'octobre 1877; puis on les perdit de vue, à mesure que Mars s'éloigna de la Terre. On les retrouva en 1879, lorsque la planète revint dans notre voisinage, et l'on put même les observer à l'aide d'instruments moins puissants, car, lorsqu'on sait qu'une chose existe, on la voit beaucoup plus facilement que lorsqu'on ignore son existence. On les a encore retrouvés pendant l'opposition de 1881, et depuis on les suit pendant toutes les oppositions.

Ces deux petites lunes ont reçu de leur découvreur les noms de Deimos (la Terreur) et Phobos (la Fuite), en souvenir de deux vers de l'*Iliade* d'Homère (Liv. XV), qui représentent Mars descendant sur la Terre pour venger la mort de son fils Ascalaphe :

> Il ordonne à la Terreur et à la Fuite d'atteler ses coursiers,
> Et lui-même revêt ses armes étincelantes.

Phobos est le premier, le plus proche; Deimos le second. Voici les éléments de leurs orbites :

Demi-diamètre de Mars = 3 364 kilomètres.
Distance de Phobos = 2,77 demi-diamètres de Mars.
     = 9 321 kilomètres.
Distance de Deimos = 6,92 demi-diamètres de Mars.
     = 23 281 kilomètres.

Ces distances sont comptées du centre de la planète. Si nous en retranchons le demi-diamètre de Mars, il reste, pour la distance de la surface de la planète à la surface des satellites, moins de 6000 kilomètres pour le premier et moins de 20 000 pour le second.

Le diamètre angulaire de Mars étant de 9″,57, les plus grandes élongations ne sont que de 13″ pour le premier et de 32″ pour le second.

La révolution du premier s'effectue dans la période étrangement rapide de 7ʰ39ᵐ15ˢ, et celle du second, dans la période également très rapide de 30ʰ17ᵐ54ˢ, période à peu près égale à quatre fois la première, ce qui indique un lien de parenté entre les deux satellites. Leurs orbites sont, toutes deux, presque circulaires, à peu près dans le plan de l'équateur martien, et inclinées l'une et l'autre de 26° environ sur l'écliptique. — Nous avons représenté ce petit système sur notre *fig.* 157 : c'est ainsi qu'ils circulent actuellement dans le plan de l'équateur de Mars.

A cause de l'exiguïté de ces satellites et de leur voisinage de la planète,

Fig. 157.

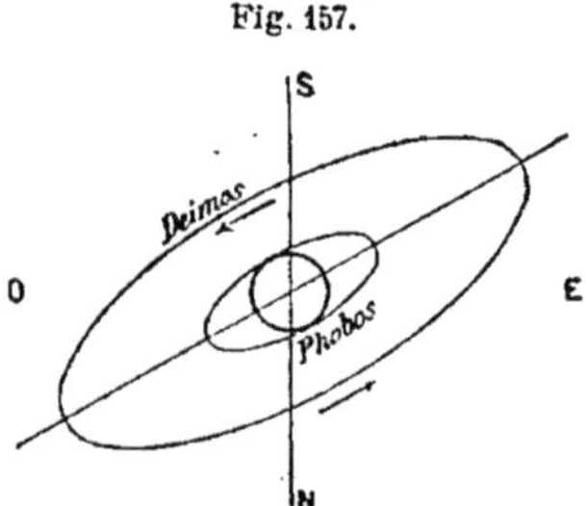

Orbite apparente des satellites de Mars, pour une lunette astronomique.

il faut d'excellents instruments pour les distinguer. Toutefois, comme un objet qu'on sait exister est plus facile à découvrir qu'un objet dont on ignore l'existence, des instruments fort inférieurs à l'équatorial de Washington suffisent aujourd'hui pour permettre d'observer ces deux points lumineux, et même pour mesurer leur position.

L'analogie avait déjà fait soupçonner l'existence de ces satellites, et plusieurs astronomes, W. Herschel, d'Arrest, etc., avaient même passé de longues heures à les chercher. On avait dit : la Terre a un satellite, Jupiter en possède quatre, et Saturne huit ; Mars, qui se trouve entre la Terre et Jupiter, pourrait bien en avoir un ou plutôt deux. C'est Kepler lui-même qui, le premier, a tenu ce raisonnement, dès l'année 1610, et Voltaire a suivi cette tradition dans *Micromégas*.

Ces deux globules célestes sont si petits qu'il est impossible de leur trouver aucun diamètre appréciable, et qu'on ne peut obtenir quelque estimation de leur volume probable, qu'en mesurant avec soin la quantité de lumière qu'ils réfléchissent. C'est ce qui a été fait à l'Observatoire de Harvard College, par le professeur Pickering, et il résulte de ces mesures photométriques, confirmées du reste par les estimations des autres observateurs qu'en admettant que leur surface soit analogue à celle de la planète elle-même, leurs diamètres ne surpassent pas dix à douze kilomètres. Le premier, Phobos, est le plus brillant et probablement le plus gros des deux ; il n'offre que le faible éclat d'une étoile de 10ᵉ grandeur, et le second, seulement celui d'une étoile de 12ᵉ ; cependant le second est plus facile à découvrir, parce qu'il est plus éloigné de la planète et moins éclipsé dans ses rayons. Il n'en est pas moins bien remarquable que ces deux points lumineux, *dont le diamètre ne surpasse guère celui de Paris,* soient visibles à quinze et vingt millions de lieues de distance dans les instruments dus au génie de l'homme [1] !

Les mouvements apparents de ces satellites dans le ciel de Mars sont particulièrement curieux. Le satellite extérieur tourne, avons-nous dit, autour de sa planète, en 30 heures 17 minutes 54 secondes, tandis que la planète tourne sur elle-même en 24 heures 37 minutes 23 secondes. Il en résulte que ce petit globe paraît marcher très lentement de l'Est à l'Ouest dans le ciel de Mars.

La différence entre la période du satellite extérieur et la rotation de Mars étant de 5 heures 41 minutes, ce satellite emploie en apparence 131 heures pour accomplir son circuit dans le ciel de Mars ; c'est une période de 5 jours martiens plus 8 heures, et c'est là un petit mois dont les habitants doivent se servir pour leur calendrier.

Tout autre est le mouvement du satellite le plus proche. Comme il accomplit sa révolution entière de l'Ouest à l'Est en 7 heures 39 minutes, et que la planète tourne dans le même sens en 24 heures 37 minutes, il se lève à l'Occident et se couche à l'Orient après avoir traversé le ciel avec une vitesse correspondante à la différence des deux mouvements, c'est-à-dire en 11 heures environ [2]. C'est là un exemple unique dans le système du monde.

Quelle est la grandeur apparente de ces deux lunes, vues de la planète ?

Chacun sait qu'un objet éloigné à la distance de 57 fois son diamètre,

[1] « En admettant pour le satellite extérieur un diamètre de 0″,031, écrivait M. Hall lui-même (*Monthly Notices*, fév. 1878, p. 207), cet angle correspond, à la distance de notre Lune, à un cercle de 187 pieds (= 57 mètres), de sorte que la proposition d'établir un système de signaux lumineux pour communiquer avec les habitants de la Lune n'est pas du tout un projet chimérique : « Is by no means a chimerical project. »

[2] « En observant les passages de cette lune au méridien, écrit M. Hall (*Monthly Notices*, id., p. 208), les astronomes de Mars ont une méthode très exacte de déterminer les longitudes martiennes, puisqu'au lieu du facteur 29, qui, dans le cas de notre Lune, multiplie l'erreur d'observation, les Martiens ont un facteur inférieur à $\frac{1}{4}$. Cependant, on ne peut guère douter que les astronomes martiens aient aussi leurs difficultés, dues peut-être surtout à une dense atmosphère et à une forte réfraction ; et puis, ce n'est pas une sinécure que d'observer trois passages au méridien par jour ! »

apparaît avec une grandeur apparente de 1 degré, et qu'un objet éloigné à 570 fois son diamètre sous-tend un angle dix fois plus petit, ou de 6 minutes. Le premier satellite de Mars étant à 6000 kilomètres de la surface de la planète et ayant, selon toute probabilité, 12 kilomètres de largeur, est éloigné à 500 fois son diamètre et offre par conséquent un disque de 7 minutes environ.

C'est un peu moins du quart du diamètre apparent de notre Pleine Lune, lequel est de 31 minutes.

C'est en même temps le tiers du diamètre moyen du Soleil, vu de Mars, ce diamètre étant de 21 minutes.

Le second satellite, éloigné à 20 000 kilomètres de la surface de Mars, est réduit à un petit disque de 2 minutes et demie.

La lumière renvoyée par ces deux satellites aux habitants de la planète doit être extrêmement faible. Le satellite extérieur n'offre en effet, même au zénith, qu'un disque égal au quinzième environ de celui de notre Pleine Lune, ce qui équivaut à une surface 225 fois plus petite. D'un autre côté, la lumière reçue du Soleil varie, suivant la position de Mars, de la moitié au tiers de celle que reçoit notre astre des nuits. Il en résulte que la clarté de Deimos doit être comprise entre les fractions $\frac{1}{450}$ et $\frac{1}{675}$ de celle de notre clair de lune. Phobos doit être trois fois plus large, offrir un disque de 6 à 7 minutes et donner une clarté dix fois plus forte. c'est-à-dire comprise entre $\frac{1}{45}$ et $\frac{1}{67}$ de l'intensité de notre clair de lune. Ce sont là deux lunes minuscules.

La découverte de ces satellites a permis de déterminer avec précision la masse de la planète, jusqu'alors assez incertaine. M. Hall a trouvé, relativement à celle du Soleil, $\frac{1}{3093500}$, ce qui donne relativement à la Terre : 0,105 [1].

Le spectacle de Mars vu de chaque satellite, surtout du premier, doit être admirable, et son éclat merveilleux. Vu de Phobos, il occupe près d'un quart

---

[1] Les principales déterminations de la masse de Mars antérieures à la déduction très précise tirée du mouvement des satellites étaient :

1802. Delambre, par les perturbations de la Terre (valeur adoptée par Laplace).	$\frac{1}{2546320}$
1813. Burckhart, par le même procédé..	$\frac{1}{2680337}$
1828. Airy, en corrigeant Delambre par les observations de Greenwich.....	$\frac{1}{3734602}$
1853. Hansen et Olufsen, toujours par les perturbations de la Terre........	$\frac{1}{3200900}$
1858. Le Verrier, par le même procédé	$\frac{1}{2994790}$
1876. Le Verrier, par les perturbations de Jupiter....................	$\frac{1}{2812526}$

On voit que la valeur la plus approchée était celle de Hansen et Olufsen.

de l'étendue de la voûte céleste, et, vu de Deimos, environ $\frac{1}{11}$. Sa surface apparente surpasse dans le premier cas de 6400 fois celle de la Pleine Lune, et dans le second cas de 1000 fois, sa lumière de 2500 et 400 fois.

Une remarque de cosmogonie à propos des satellites de Mars.

L'hypothèse qui rend le mieux compte de la formation des corps célestes est celle qui les considère comme des condensations d'une matière diffuse primordiale (Kant et Laplace). Le Soleil proviendrait d'une nébuleuse immense et les planètes seraient des condensations partielles dans cette nébuleuse; leur mouvement de révolution autour du foyer central aurait pour origine l'ancien mouvement de rotation de la nébuleuse.

Il en serait de même des satellites relativement à leur planète : la Lune proviendrait de la nébuleuse terrestre ou se serait détachée de l'équateur; les satellites de Mars, de Jupiter, de Saturne, etc., auraient eu une origine analogue.

Dans cette hypothèse, tout satellite devrait circuler autour de sa planète en un temps plus long que la rotation de cette planète, attendu que, depuis son détachement, la planète a continué de se condenser et de tourner de plus en plus vite, en vertu du principe de la loi des aires.

Le mouvement si rapide du premier satellite de Mars est-il en contradiction avec la théorie nébulaire?

Non. Déjà, dans le système saturnien, les corpuscules qui forment l'anneau intérieur effectuent leur révolution en une période moindre que celle de la rotation de la planète. La période à laquelle la force centrifuge égale la pesanteur est, pour les distances 1,36 à 1,57 de l'anneau transparent, 5^h50^m à 7^h11^m, et pour le bord intérieur du large anneau central, 7^h12^m ([1]). La rotation de Saturne est de 10^h15^m.

On peut penser que, dans la zone équatoriale de Mars, comme dans celle de Saturne, une atmosphère est restée, après le détachement du satellite comme après l'isolement de l'anneau; que cette atmosphère supérieure très raréfiée a néanmoins opposé une résistance au mouvement du satellite et qu'il s'est graduellement approché de la planète. Cette approche croissante a eu pour résultat l'accroissement de son mouvement. Il est probable qu'il se meut maintenant dans un vide parfait, dans l'éther pur, et que sa période est stable. Un satellite qui graviterait à l'équateur même de Mars, tout près de la surface, dans le vide, effectuerait sa révolution en 1^h40^m, comme nous l'avons déjà vu (p. 235).

Mais continuons notre étude comparative des observations de Mars.

---

[1] *Voy.* nos *Études sur l'Astronomie*, t. III, 1872, p. 30.

LXXXI. 1877. — Niesten. *Observations et dessins* ([1]).

M. L. Niesten, astronome à l'Observatoire de Bruxelles, a fait, du 21 août
au 10 novembre 1877, un grand nombre d'observations à l'aide de l'équatorial de 0ᵐ,152, muni de grossissements de 90 à 450, ceux de 180 et 270 ont
été les plus fréquemment employés. Ces observations comprennent 42 dessins, parmi lesquels nous en reproduirons quatre représentant : 1° la mer
circulaire Terby; 2° la mer du Sablier; 3° la mer Maraldi et la mer Hooke,
réunies par l'isthme de Niesten; 4° la mer Maraldi et la mer Hooke isolément.
Voici le résumé que l'auteur donne lui-même de ses observations.

Tache polaire. — L'hémisphère méridional de Mars étant dans son été,
a présenté sa tache polaire pendant tout le cours des observations. Ovale le
21 août, cette tache s'arrondit, devient plus petite à partir du 14 septembre,
pour s'aplatir de nouveau vers le 20 octobre. Sa couleur était d'un blanc
franc. Son éclat a varié sensiblement d'un jour à l'autre, ainsi que dans le
courant d'une même soirée (21 septembre, 8ʰ15ᵐ et 11ʰ15ᵐ). Notons son
aspect terne du 21 août et du 18 octobre et son éclat exceptionnel du 22 septembre, du 26 août et du 2 novembre.

Mers. — Dans toutes les observations, la tache polaire est entourée d'une
mer, peu marquée sous le méridien 150°, plus sombre vers les méridiens
0°, 90° et 180°.
La mer Zöllner est plus apparente que la mer Lambert, le 11 septembre.
Elles se rejoignent (*Voy.* la carte p. 69). La terre de Lockyer est très claire le
13 octobre.
Les dessins des 14 et 15 septembre, 18 et 20 octobre (*fig.* 158) représentent
l'extrémité orientale de la mer Maraldi, à laquelle se joint la mer Hooke.
La terre de Burckhard présente la forme d'une péninsule ovale.
M. Niesten pense que la mer que nous avons arrêtée, sur notre carte de 1876
(*voy.* p. 251), au 180° de longitude et au 80° de latitude australe se prolonge
au delà. C'est parfaitement exact, et notre carte de la page 69 montre ce prolongement (mer Maunder).
Sur cette carte, nous avions conservé le nom de mer Lockyer au lac
circulaire qui a reçu depuis le nom de mer Terby (que nous avions donné
à une autre mer sur le premier dessin de la carte précédente, *Terres du Ciel*).
« L'aspect de nos dessins, écrit le savant astronome belge, se rapproche

([1]) *Annales astronomiques de l'Observatoire royal de Bruxelles*, t. II, 1878.

beaucoup de la région correspondante sur la carte de M. Flammarion. »
En effet, la carte de M. Proctor (*voy.* p. 205) est certainement très loin de la

Fig. 158.

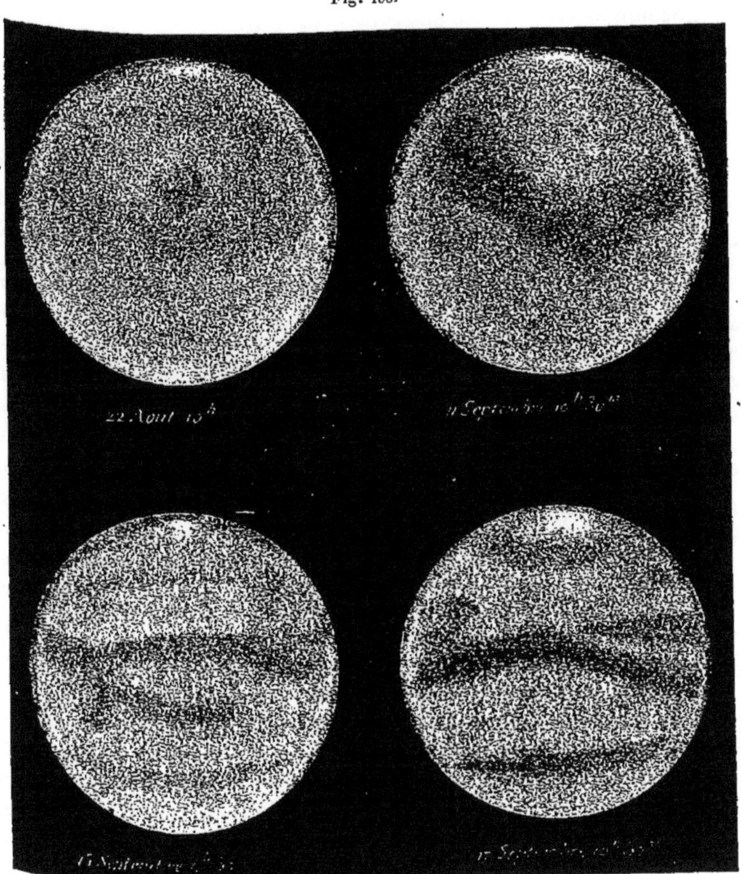

Observations de Mars, par M. Niesten en 1877.

vérité pour la « Dawes sea » comme pour le long ruban de mer qui s'élève
sur cette carte le long du 240ᵉ méridien.

Le détroit d'Herschel II se montre tel que le représente notre carte de
la page 69, mais sans trace de l'île Phillips.

Les taches ont présenté une couleur d'un gris bleuâtre plus ou moins
foncé; les plus sombres ont été le lac circulaire, la région nord et la région
centrale de l'océan de la Rue et l'extrémité orientale de la mer Maraldi. Le
disque de la planète était généralement d'un jaune très pâle, parfois jaune

orangé, ocreuse le 21 août. Notons aussi des reflets rougeâtres le long de la mer Maraldi et parfois au sud de l'océan Dawes, ainsi qu'aux environs du lac circulaire et du détroit d'Herschel. Ils ont été surtout sensibles sur la terre de Burckhard.

LXXXII. 1877. — F. Terby. *Études sur la planète Mars* [1].

Le savant astronome de Louvain a communiqué à l'Académie de Belgique le résumé de ses observations. Nous en extrairons les points les plus importants. (Lunette de 9^{cm} d'ouverture; grossissements de 120 à 140 fois).

La tache polaire méridionale a été constamment visible, comme il fallait s'y attendre ; sa forme légèrement ovale attestait bien souvent qu'elle était tournée du côté de la Terre. Cette tache a été la plus brillante, la plus blanche, la plus étendue lors des observations faites à la fin du mois d'août, tandis que le détroit d'Herschel II apparaissait sur le disque (*fig.* 1). Elle a été plus faible et moins étendue pendant mes observations du milieu de septembre (*fig.* 2, 3, 4 et 5), tandis qu'on observait les mers Hooke et Maraldi. A partir du 21 septembre, elle fut vue de nouveau plus blanche et plus brillante, tandis que l'on observait l'extrémité occidentale de la mer Maraldi *pf*, l'océan de la Rue, la mer Lockyer, le détroit d'Herschel II et la mer du Sablier. Pendant la période qu'embrassent ces observations, et qui s'étend du 30 août au 20 octobre, l'auteur n'a pas observé de neiges septentrionales.

Fig. 1. Le 30 août 1877, de 10^{h}30^m à 10^{h}45^m. La tache polaire méridionale est très brillante, très blanche et arrondie. La bordure sombre qui l'entoure (mer Phillips) est la région la plus noire du disque. La région observée est celle du détroit d'Herschel II. En *c*, on aperçoit deux baies ; en *b* se trouve l'océan de la Rue. Le grossissement de 120 fois fait voir une région brillante en α; c'est celle qui correspond aux îles de Philipps et de Jacob. Par moments cette zone donne à la tache l'aspect de deux bandes parallèles. La partie septentrionale du disque, située sous la zone sombre, est beaucoup plus brillante que la région située entre celle-ci et la tache polaire. La zone sombre est plus foncée de chaque côté, dans le voisinage du bord de la planète.

Fig. 2. Le 11 septembre, de 10^{h}5^m à 10^{h}30^m. La tache polaire est beaucoup plus petite et plus faible que le 30 août. Les taches sombres sont elles-mêmes très faibles. On y remarque pourtant très bien des parties inégalement foncées. On voit la mer du Sablier *d*, la mer Hooke *mr*, la mer Maraldi *f*, la terre de Burckhard β; la mer Zöllner *t* est douteuse. En résumé, cette observation a été peu satisfaisante à cause de la faiblesse étonnante de ces taches habituellement si bien visibles.

[1] *Bulletin de l'Académie des Sciences de Belgique*, 1878, t. I, p. 33.

Fig. 3. Le 14 septembre, de 10ʰ à 10ʰ25ᵐ. L'image est admirablement nette, grâce au passage de légères vapeurs. La tache neigeuse semble entièrement tournée vers nous, mais elle n'est pas franchement blanche ni brillante. La mer Hooke *mr* apparaît avec une forme différente de celle de la carte de M. Proctor. La côte qui longe la terre de Burckhard mérite toute confiance et pourra être

Fig. 159.

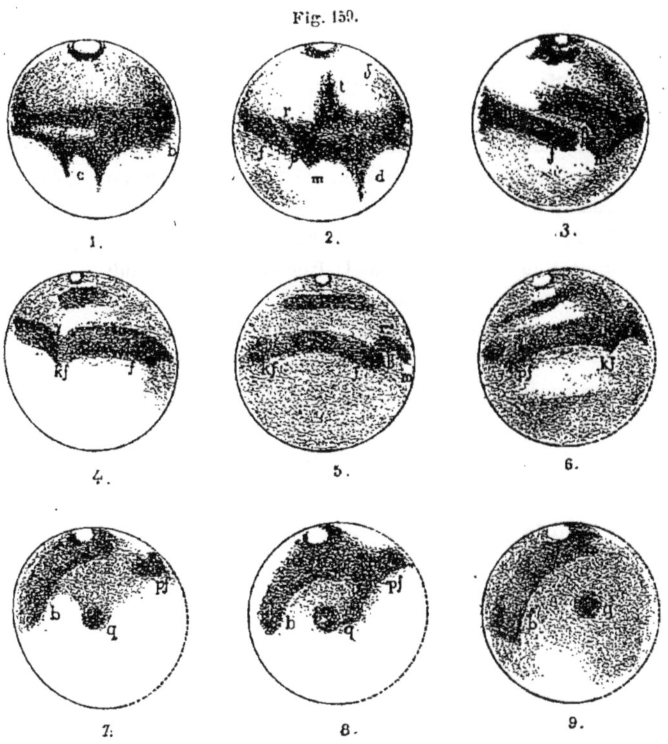

Dessins de Mars, par M. Terby, en 1877.

corrigée. La terre de Burckhard est plus large au nord qu'au sud et présente une courbure qu'on ne soupçonnait point. On voit aussi que la mer Hooke ne longe pas celle de Maraldi jusqu'à l'extrémité la plus occidentale de cette dernière. Entre la petite zone sombre qui entoure la tache polaire et les mers Hooke et Maraldi, on voit une bande foncée.

Fig. 4. Le 17 septembre, de 8ʰ30ᵐ à 8ʰ35ᵐ. On voit la mer Maraldi *f* la zone sombre présente une baie *kf*. « J'ai vainement cherché, en γ, à l'est de cette baie, la langue de terre que j'ai proposé de nommer Terre de Webb, et qui est si marquée dans plusieurs dessins de cet astronome. Cette solution de continuité de la bande est demeurée douteuse dans ma lunette astronomique ». Entre la mer Maraldi et la tache polaire, on voit encore distinctement une bande sombre. La tache polaire est toujours plus petite et moins brillante que le 30 août.

Fig. 5. Le 17 septembre, à 10ʰ15ᵐ. La tache polaire semble encore plus petite, mais est devenue plus brillante qu'à 8ʰ30ᵐ.

Fig. 6. Le 21 septembre, de 8ʰ15ᵐ à 8ʰ30ᵐ. La tache polaire est redevenue plus blanche et plus brillante sans toutefois égaler en éclat son aspect du 30 août. On voit que l'extrémité *hf* à *pf* de la mer Maraldi est conformée autrement que ne l'indique la carte de M. Proctor. La région septentrionale du disque était évidemment grisâtre.

Fig. 7. Le 27 septembre, à 8ʰ15ᵐ. La tache polaire est blanche et brillante; on voit l'océan de la Rue *b*, une petite mer *q* qui est la région la plus sombre du disque, arrondie comme l'ombre d'un satellite de Jupiter; elle correspond à la région occupée par les mers Lockyer et Dawes de M. Proctor. Ces deux petites mers sont-elles confondues ici, ou n'en existe-t-il qu'une seule en réalité? On voit aussi l'extrémité *pf*, la mer Maraldi.

Fig. 8. Le 27 septembre, de 8ʰ40ᵐ à 8ʰ55ᵐ. Cette observation porte à admettre une communication entre l'océan de la Rue et la mer Maraldi.

Fig. 9. Le 28 septembre, de 8ʰ5ᵐ à 8ʰ15ᵐ. Tache polaire blanche et brillante. La petite mer *q* est toujours la région la plus sombre.

L'auteur a continué ses observations jusqu'au 20 octobre et a publié encore six autres dessins. Ces résultats sont remarquables, surtout si l'on considère l'instrument à l'aide duquel ils ont été obtenus : 0ᵐ,09 seulement d'ouverture. Objectif excellent de Secrétan. Sans aucun doute, excellente vue et excellente méthode d'observation.

LXXXIII. 1877. — O. Van Ertborn. *Observations et dessins.*

Ces observations ont été faites également en Belgique, à Aertselaer, près d'Anvers. M. le baron Octave Van Ertborn a commencé ses études de Mars dès l'année 1860 et en a fait plusieurs dessins presque à chaque opposition. En 1877, il a publié dans les Mémoires de l'Académie de Belgique (¹) 26 dessins faits du 15 août au 3 novembre, à l'aide d'une lunette de 108ᵐᵐ montée en équatorial. Grossissements 125, 205 et 255.

L'hémisphère austral de la planète a présenté généralement d'une manière très nette le contours de ses continents et de ses mers, tandis que ceux de l'hémisphère boréal ont été rarement visibles et sont restés comme voilés par des brouillards.

Les principales configurations géographiques peuvent être reconnues sur ces dessins. L'auteur croit avoir distingué la passe de Bessel, mais il lui a

(¹) *Observations de la planète Mars pendant l'opposition de 1877.* (*Mémoires des Savants étrangers,* t. XLII, 1879).

été impossible de voir la mer Dawes. Il croit aussi avoir remarqué un filet reliant la mer circulaire à l'océan voisin. Les mers Hooke et Maraldi sont admirables de netteté. La mer du Sablier est un peu courte. Le cap polaire est fort brillant sur tous les dessins, très remarquables pour l'instrument employé.

Afin d'obtenir un équilibre de température parfait, la coupole a été ouverte plusieurs heures avant le commencement des observations, l'objectif découvert et le tube de l'instrument ouvert. L'équatorial est mû par un

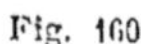

Fig. 160.

Fig. 161.

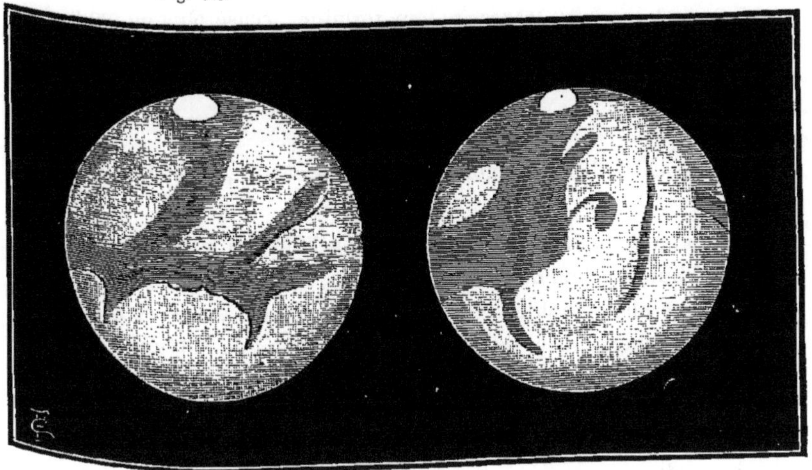

Dessins de M. Van Ertborn, 5 et 20 septembre 1877.

mouvement d'horlogerie parfaitement régulier, fait très important, ajoute l'observateur, car, pour apercevoir de minutieux détails, il faut regarder longtemps, et ce n'est que par une sensation continue qu'ils affectent la rétine. La situation à la campagne est aussi de la plus haute importance pour le calme et la netteté des images. L'auteur, ayant été aidé dans ses observations par plusieurs personnes, ajoute :

L'œil de l'observateur joue un rôle capital dans l'observation des objets très petits ou très faibles. Il est un fait que l'on ne peut perdre de vue et que l'on a négligé jusqu'ici, c'est de faire faire les observations délicates par des personnes dont la vue ne soit pas fatiguée. Il est des rétines dont la sensibilité et la définition sont telles que leur rôle doit être supérieur à celui des meilleurs instruments. Mon neveu aperçoit quatorze Pléiades à l'œil nu ; les étoiles et les planètes lui apparaissent dépourvues de rayons. Il aperçoit à 92 mètres de distance des points blancs de 1 centimètre carré sur fond noir. Le 5 septembre 1877, il vit à l'aide de mon quatre pouces le compagnon de μ d'Andromède, dont il n'avait jamais entendu parler et qui est un *test* très sévère, même pour les objectifs de huit pouces.

Nous reproduisons ici deux des meilleurs dessins de M. Van Ertborn, faits par une excellente atmosphère. Le premier, du 5 septembre à 11ʰ30ᵐ (*fig.* 160), montre les océans Dawes et de la Rue, la mer du Sablier, le détroit d'Herschel II. Le second, du 29 septembre à 7ʰ,45 (*fig.* 161), montre l'océan de la Rue, sans doute la baie Burton dans le ruban inférieur, la mer circulaire Terby rattachée par un fil, et la passe de Bessel.

Très certainement, le dessinateur termine, accuse plus ou moins nettement des contours vagues, indécis, douteux. Il n'en peut être autrement et telle est la principale cause de la diversité des dessins.

LXXXIV. 1877. — Cruls. *Observations, dessins, durée de rotation.*

On doit à M. L. Cruls, alors astronome à l'Observatoire de Rio de Janeiro, aujourd'hui directeur de cet établissement, une belle série d'observations et de dessins photographiés (¹). Ces observations ont été faites à l'équatorial de 0ᵐ,25, généralement muni d'un grossissement de 240 (une fois, le 13 octobre, la planète étant voisine du zénith, de 340 et 580).

Les observations s'étendent du 16 août au 13 octobre. Durant toute cette période, le pôle austral s'est constamment montré d'un blanc intense. La tache polaire a visiblement diminué d'étendue. Le 13 octobre, elle n'était plus en contact avec le bord de la planète, mais intérieure, isolée et plus réduite.

Circonstance rare pour la plupart des observatoires, grâce à la position de Rio de Janeiro, la distance zénithale méridienne de Mars pendant cette opposition n'a pas dépassé 12°.

M. Cruls cite une opinion de M. Liais, alors directeur de l'Observatoire de Rio, d'après laquelle les taches sombres ne seraient pas des mers, mais des terrains plus foncés que les autres, et se range à cette manière de voir. Ces tons varieraient avec les sécheresses et les pluies. Les terrains pourraient être considérés comme différant plus entre eux que des mers, les eaux offrant plutôt une teinte intermédiaire entre des terrains clairs comme du sable ou foncés comme des forêts et des prairies.

Dans cette appréciation, toutes les taches sombres ne seraient pas dues

(¹) Cruls, *Mémoire sur Mars. Taches de la planète et durée de sa rotation.* 1 vol. in-8°. Rio de Janeiro; 1878.

à des étendues d'eau; plusieurs représenteraient des terrains couverts de végétation.

Les taches sombres voisines des régions polaires ont paru vagues; celles comprises entre 50° de latitude sud et 40° de latitude nord ont paru plus distinctes.

La présence dans notre atmosphère d'une légère couche de vapeurs, tempérant l'excessive lumière de la planète, accroît la netteté des taches.

Une belle série de 21 dessins photographiés accompagne ce Mémoire. L'un d'eux est reproduit ici, celui du 16 septembre (*fig.* 162). Nos lecteurs

Fig. 162.

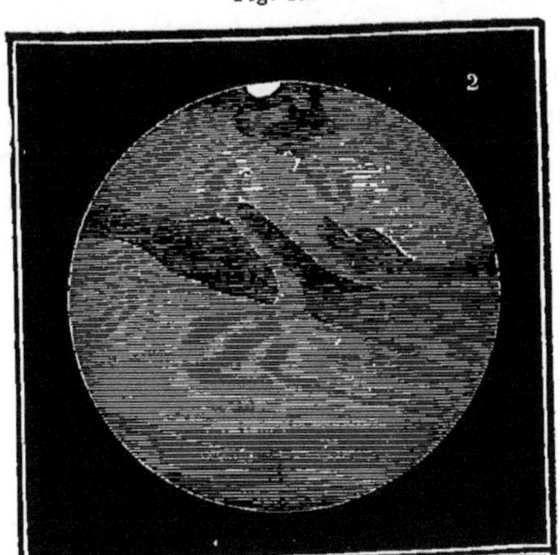

Dessin de Mars, par M. Cruls, le 16 septembre 1877.

y reconnaîtront tout de suite la mer Maraldi, la mer Hooke, la mer Flammarion et la mer Zöllner, ainsi que le continent Herschel, la terre de Burckhard, l'île Dreyer, les terres de Webb et de Cassini, etc.

M. Cruls s'est servi de ces observations pour déterminer directement la durée de rotation, d'après le retour de la mer circulaire au méridien central les 24 août, 3 septembre et 3 octobre, ainsi que par le retour de la pointe occidentale de la mer Maraldi, les 16 août et 27 septembre, et a trouvé pour cette durée, correction faite des positions de la Terre: 24h 37m 34s.

Ces observations du savant astronome de Rio ont ajouté de précieux documents à l'étude de la planète. Nous ne partageons pas toutefois l'opinion de notre illustre ami sur les taches sombres. La plus grande probabilité, à nos yeux, est en faveur des mers. D'abord, la présence de la vapeur d'eau dans l'atmosphère martienne est démontrée par quatre faits distincts : 1° l'analyse spectrale; 2° les neiges polaires, qui varient avec les saisons; 3° les voiles de vapeur parfois étendus sur de vastes contrées; 4° les nuages, rares, mais

existant. Or, cette vapeur ne peut provenir que d'étendues d'eau ; ces étendues d'eau doivent paraître plus foncées que les continents puisqu'elles absorbent plus la lumière incidente, et ce sont plutôt les taches sombres que
les taches claires qui les représentent. Ensuite, leur mobilité est un indice
de leur nature ; nous avons déjà constaté, et nous reconnaîtrons plus loin,
plus sûrement encore, que plusieurs taches sombres varient de largeur ; or,
l'eau n'est-elle pas l'élément mobile par excellence ? Il nous semble donc que
les taches foncées représentent les étendues d'eau qui existent incontestablement à la surface de la planète.

Affirmer qu'il n'y a pas autre chose, — peut-être, comme l'indiquent
MM. Liais et Cruls, des forêts, des prairies, etc. — serait dépasser les limites
d'un raisonnement motivé. C'est fort possible, et c'est même vraisemblable.
Nous avons nous-même bien souvent remarqué, dans nos voyages en ballon,
que des prairies, des marécages couverts de joncs, paraissent plus foncés
que les fleuves. Mais l'eau doit y jouer le rôle fondamental.

LXXXV. 1877. — J.-L.-E. Dreyer. *Observations et dessins.*

A l'Observatoire de lord Rosse à Parsonstown, M. J.-L.-E. Dreyer a appli-

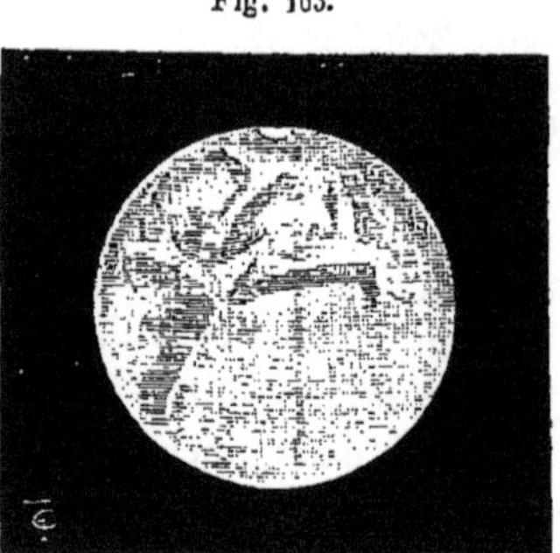

Fig. 163.　　　　　　　　　Fig. 164.

Dessins de Mars par M. Dreyer, 7 septembre et 3 octobre 1877.

qué le télescope de trois pieds à l'observation de la planète. Oculaires grossissant 160 et 215 fois. Le télescope de six pieds n'a pas donné d'images
meilleures.

L'observateur a publié douze dessins ([1]). Nous reproduisons ici les deux
plus intéressants, le premier du 7 septembre à 11^h50^m (*fig.* 163), le second du
3 octobre à 11^h10^m (*fig.* 164). Dans le premier, on remarquera le détroit

([1]) *Notes on the physical appearance of the planet Mars. The scientific Transactions of the royal Dublin Society,* 1878, t. I, p. 64.

d'Herschel et la baie du Méridien, sous forme d'un ruban détaché, rappelant la *fig.* 96 de Lockyer, 25 septembre 1862 (p. 155), ainsi que celle de Knott, du 23 septembre 1862 (p. 171), et celle de Kaiser, du 31 octobre 1862 (p. 174). Tous les dessins de Dreyer représentant cette partie de la planète offrent le même aspect. Le détroit d'Herschel est donc parfois très sombre.

Dans le second dessin, on remarque la mer Terby, bien détachée aussi de l'océan environnant, nettement circulaire, ou plutôt légèrement allongé de l'Est à l'Ouest. Le lac situé au-dessous n'est pas marqué. Il l'est, faiblement, sur les dessins du 28 septembre et du 1er octobre.

L'hémisphère inférieur ou boréal est très pâle et presque dépourvu de taches, dans tous les croquis, excepté pour la mer du Sablier.

La longue bande verticale nommée *Bessel's Inlet* sur la carte de Proctor n'a pas été vue une seule fois.

LXXXVI. 1877. — O. LOHSE. *Observations et dessins* ([1]).

Cet observateur, dont nous avons déjà remarqué les études en 1873, a fait pendant l'opposition de 1877 une nouvelle série d'observations et de dessins. Ceux-ci se rapprochent plus des aspects connus que les premiers; toutefois, les différences sont encore dignes d'attention. On en jugera par les quatre que nous reproduisons ici (*fig.* 165).

Le premier est du 8 septembre, à 9ʰ 30ᵐ (heure de Berlin). On y reconnaît la mer du Sablier au centre, et au-dessus le vaste espace clair qui représente la terre de Lockyer.

Le second est du 21 septembre, à 9ʰ 33ᵐ. La longitude du méridien central devait être alors 158°, et la mer Maraldi traversait ce méridien : on ne la reconnaît guère.

Le troisième est du 26 septembre, à 9ʰ 27ᵐ. Le lac Terby vient de traverser le centre; il est allongé, et à droite, la mer voisine est singulièrement recourbée et retournée vers lui. Dans un dessin fait la veille, la communication est même complète. Comparer ce dessin à celui de M. Schiaparelli, que l'on verra plus loin, pris le même jour.

Le quatrième dessin est du 3 octobre, à 9ʰ 36ᵐ. La longitude du méridien central devait être alors de 51°, et ce que nous avons devant les yeux, c'est la baie Christie.

Ces observations ont été faites avec un équatorial de 5 pouces ½.

([1]) *Beobachtungen und Untersuchungen über die physische Beschaffenheit des Jupiter und Beobachtungen des Planeten Mars. Observatorium zu Potsdam,* 1878.

De l'ensemble des observations, l'auteur tire les conclusions suivantes :

Le disque de Mars devient plus blanc, plus clair à mesure que l'on ap-

Fig. 165.

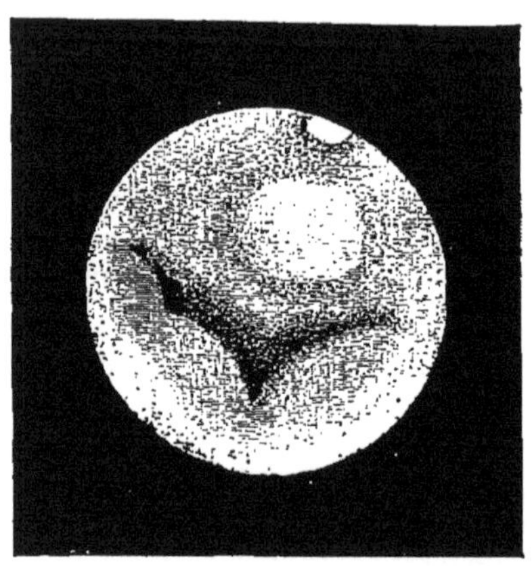

8 septembre, à 9ʰ 30ᵐ (heure de Berlin

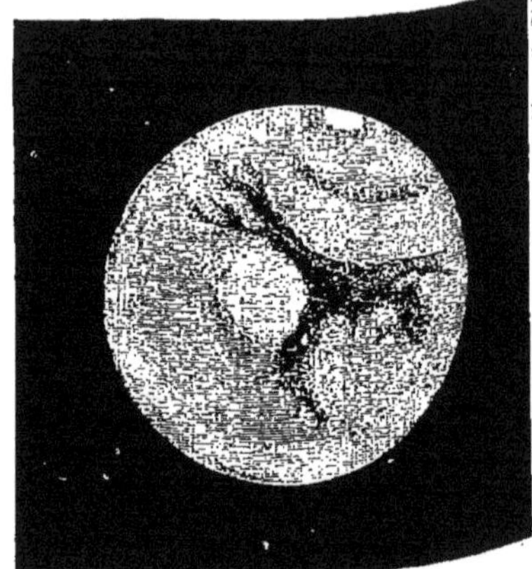

21 septembre, à 9ʰ 33ᵐ.

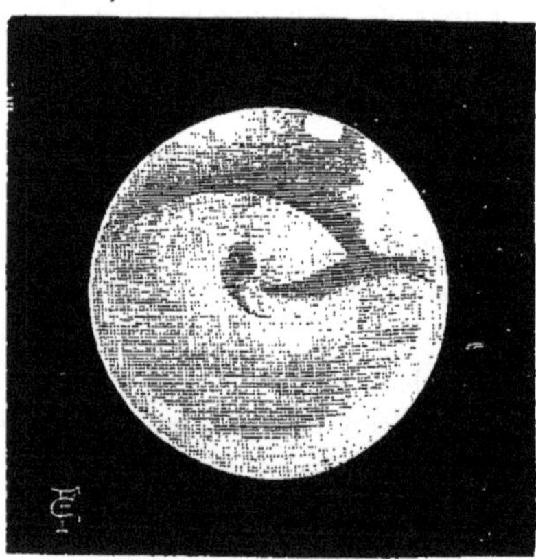

26 septembre, à 9ʰ 27ᵐ.

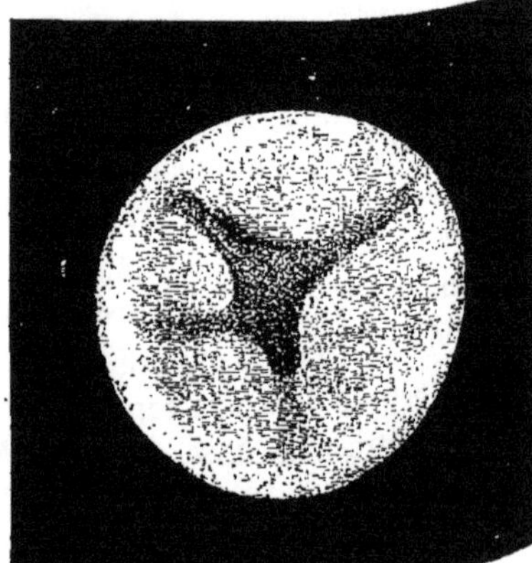

3 octobre, à 9ʰ 36ᵐ.

Dessins de Mars, par M. Lohse, en 1877.

proche des bords, et, sur tous les dessins, les taches sont effacées par cette clarté circulaire. Le disque de Jupiter, au contraire, diminue d'éclat du centre vers les bords, comme on le constate perpétuellement par les passages des satellites, qui paraissent brillants lorsqu'ils passent sur la zone péri-phérique, et sombres lorsqu'ils arrivent sur les régions centrales. L'atmo-sphère de Mars diffère donc essentiellement de celle de Jupiter.

Les grandes différences observées dans les dessins de Mars doivent provenir en partie de ce que cette atmosphère n'est pas absolument transparente. Il semble que cette transparence soit soumise à des oscillations, comme l'indiquent les variations de la coloration rouge, vue à travers cette atmosphère. Il paraît exister là des vapeurs, des brumes qui, pour une cause quelconque, ne se condensent pas en nuages analogues aux nôtres. Ce brouillard léger, de distribution inégale, est plus ou moins transparent et laisse apercevoir les configurations géographiques, excepté vers les bords du globe, parce qu'ici l'épaisseur est plus grande et que les lacunes ou éclaircies sont masquées par l'angle de la projection; il réfléchit par conséquent mieux la lumière solaire au bord qu'au centre.

Quant à la cause qui empêche les nuages d'être aussi denses que sur la Terre, l'auteur déclare qu'il considère comme raisonnable l'opinion d'un observateur anglais, M. Brett, dont nous parlerons plus loin, d'après laquelle la planète serait encore très chaude : cette chaleur empêcherait la condensation des nuages, à l'exception des régions polaires.

Comme l'observateur anglais aussi, l'astronome allemand pense que les taches polaires pourraient être dues, non à des neiges, mais à des nuages fort élevés dans les régions supérieures de l'atmosphère. Cette opinion est en contradiction avec celle qui est généralement reçue, mais l'éclatante blancheur de ces taches polaires, qui paraissent même parfois dépasser le bord du disque, est favorable à cette appréciation.

Nous examinerons bientôt ces assertions, en arrivant aux observations de M. John Brett.

LXXXVII. 1877. — N. E. GREEN. *Dessins et Carte.*

M. Nathaniel Green, artiste peintre anglais, avec lequel nous avons déjà précédemment fait connaissance, s'était rendu à l'île de Madère et installé à une altitude de 1200 pieds anglais, et même ensuite à 2200, avec un télescope de 13 pouces, du système newtonien, dans le but d'obtenir les meilleures vues de la planète. L'oculaire le plus fréquemment employé a été celui de 250 diamètres, parfois celui de 400.

Dans ces conditions très avantageuses, il a étudié le monde de Mars avec le plus grand soin et en a fait un grand nombre de dessins (41). Il remarque avec raison que le crayon ou le pinceau donnent toujours trop d'intensité, trop de force aux aspects délicats, et parfois très vagues, reconnus souvent avec difficulté par l'œil même le plus exercé.

L'auteur a présenté à la Société Royale astronomique de Londres (¹) et

______
(¹) *Royal astronomical Society. Memoirs,* t. XLIX, 1877-1879, p. 123, et *Monthly Notices,* t. XXXVIII, 1878, p. 38.

publié douze de ses dessins en lithographie, plus deux dessins du pôle sud, et a tiré de cet ensemble une Carte générale, la plus complète qui ait jusqu'alors été publiée. Cette carte est, pour ainsi dire, devenue classique.

Nous reproduisons ici (*fig.* 166) d'abord quatre de ces vues, représentant

Fig. 166.

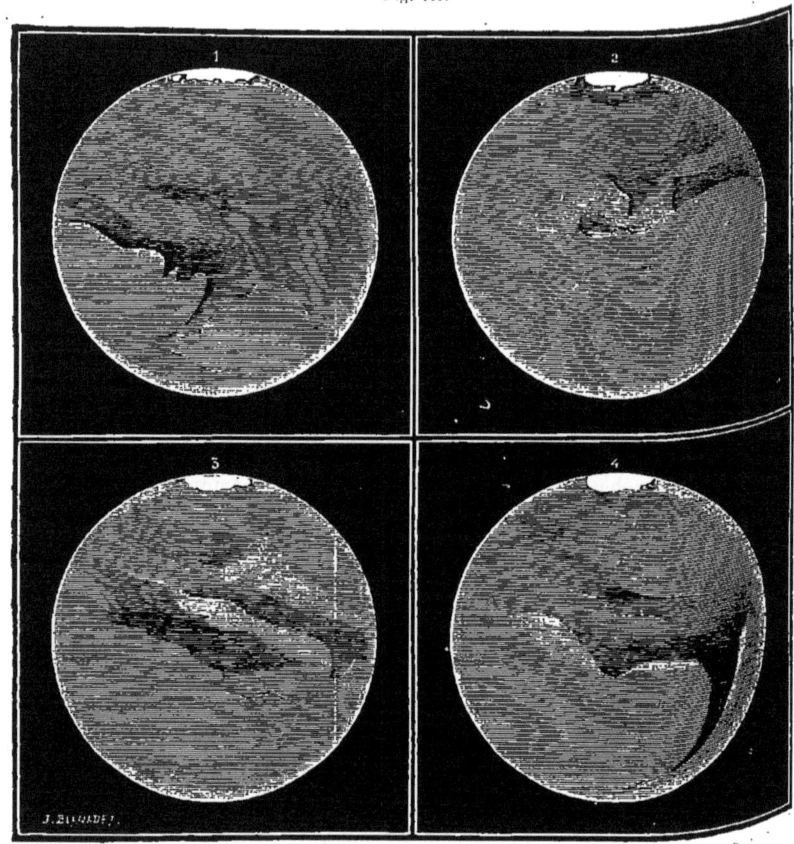

Dessins de Mars, par M. Green, à Madère en 1877.

l'ensemble de la planète, prises : 1° le 1er septembre à 10ʰ40ᵐ (heure de Greenwich), longitude 7°; 2° le 29 septembre à 9ʰ0ᵐ, longitude 94°; 3° le 18 septembre à 11ʰ45ᵐ, longitude 232°; 4° le 15 septembre à 11ʰ10ᵐ, longitude 250°. Le méridien central traverse dans la première la baie Burton, à droite de la baie du Méridien; dans la seconde, l'extrémité orientale de la mer Terby; dans la troisième, la mer Hooke et la mer Maraldi; dans la quatrième, la baie Gruithuisen : la mer du Sablier arrive par la droite.

L'ensemble des dessins faits du 19 août au 5 octobre (26 nuits favorables,

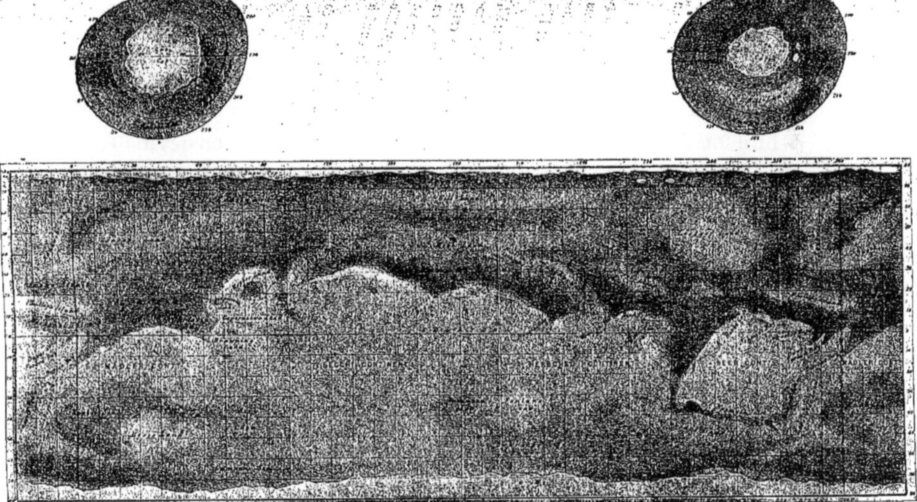

Fig. 107. — Carte géographique de la planète Mars, par M. Green, d'après ses observations de 1877 publiée par la Société Royale astronomique de Londres.

21 inutiles) a conduit l'habile observateur à construire, comme nous l'avons dit, une Carte générale que nous reproduisons également ici (*fig.* 167). Elle mérite d'être étudiée dans ses moindres détails.

Les régions circumpolaires australes et boréales sont représentées au-dessus du planisphère.

M. Green n'a tracé sur cette carte aucun détail qu'il n'aie vérifié lui-même. Elle diffère considérablement, en plusieurs points, de celle de Proctor. Ainsi, malgré l'attention la plus soutenue, il a été impossible de constater l'existence de la longue passe appelée Bessel Inlet. (Nous l'avions, d'ailleurs, déjà supprimée de notre carte avant même les observations de 1877.) L'auteur pense qu'un aspect de ce genre pourrait être produit parfois par un courant atmosphérique du Nord au Sud.

Les environs du lac circulaire, mer Terby, sont également très différents; ce lac circulaire est une tache sombre nettement définie : on l'a observé dix-huit fois à Madère sans apercevoir la mer Dawes, mais en devinant plutôt une ombre grise assez vague. La carte est particulièrement intéressante à étudier sur ce point. Examiner notamment le petit lac Schiaparelli et l'île neigeuse de Hall.

La mer Maunder, tracée sur cette carte, au-dessus de la mer Maraldi, entre la terre de Webb et la terre de Gill, et visible entre autres sur le dessin du 18 septembre, a été tracée pour la première fois sur notre carte de 1877, s'étendant du 247ᵉ degré de longitude au 180ᵉ, c'est-à-dire, en comptant ouest-est, du 112ᵉ au 180ᵉ. Sur la carte de M. Green, cette mer est tracée un peu plus à droite et beaucoup plus longue, du 130ᵉ degré au 220ᵉ. Elle a été observée en même temps par M. Maunder à l'Observatoire de Greenwich comme bande intermédiaire entre la mer Maraldi et la mer Joynson.

Les rives des océans se sont montrées plusieurs fois d'une blancheur de neige. A ce propos, nous croyons devoir traduire ici, à peu près textuellement, ce que dit l'auteur.

« *Neiges.* — En dehors des neiges polaires, on en remarque sur plusieurs points des continents. Dans le dessin du 20 avril 1856, de M. Warren de la Rue (*voy.* plus haut, p. 128), tout le continent au sud de la mer du Sablier est évidemment couvert de neige, car à ce moment le pôle sud était hors de vue et la forme de la région blanche est précisément celle de la terre de Lockyer, vue en raccourci. Cet aspect se voit aussi clairement sur les *fig.* 3 et 4 publiées par l'auteur en 1873 dans l'*Astronomical Register* (*voir* également plus haut, p. 219) : là aussi, le cap polaire sud est hors de vue, mais la neige couvre toute la terre de Lockyer. Il y a également une indication très marquée de la présence de la neige sur la ligne blanche qui forme les bords du continent Beer, près de l'équateur, et il n'y a aucune témérité à supposer que ce continent soit borné par des chaînes de montagnes d'une grande hauteur comme les continents américains sud et nord, sur leur côte occidentale, par les Andes. Ces lignes claires ne sont pas confinées aux bordures du continent Beer, on en voit aussi en d'autres régions, telles que la terre de Kepler, au sud de la mer Terby, à la péninsule de Hind, et à l'île neigeuse de Dawes.

» *Nuages.* — Les nuages de Mars, écrit aussi M. Green, sont évidemment beaucoup moins denses que ceux de la Terre, à ce point qu'aucun nuage proprement dit ne paraît exister dans les régions équatoriales. M. Brett a été conduit à considérer les caps polaires comme des formations nuageuses, mais cette hypothèse est contredite par la forme de ces caps et spécialement par les points fixes nettement définis auxquels les neiges se réduisent en fondant, et que l'on voit, après plusieurs années, occuper les mêmes places. Mais, s'il n'y a pas de nuages proprement dits, il y a sûrement des vapeurs suffisantes pour voiler souvent complètement de vastes étendues continentales. Dans le dessin du 29 septembre, par exemple (*voy.* plus haut, p. 274), non seulement l'océan de la Rue est voilé, mais encore sa partie orientale, vue nettement définie en seize fois différentes, était ce jour-là cachée par un nuage. Dans le dessin du 18 septembre (*voy.* aussi p. 274), la zone qui environne le pôle sud est devenue très nette, tandis qu'elle est indistincte sur d'autres dessins. En 1877, à Greenwich, et en 1862 dans les observations de Lockyer, des régions de l'océan Dawes ont été temporairement masquées par des nuages blancs. A ces faits on peut ajouter l'apparition de masses blanches, rivalisant d'éclat avec celles du pôle, observées sur le limbe près du pôle nord et spécialement du côté oriental; l'une d'elles est représentée sur un dessin publié par l'auteur en 1865. Ces masses blanches ont été observées sur le bord seulement, et n'avançant pas avec lui; donc elles n'étaient pas attachées à la surface et la seule explication à en donner est de les considérer comme des nuages ou des vapeurs, qui furent dissipés par le soleil levant, comme il arrive assez souvent aussi dans nos climats.

» *Atmosphère.* — Le témoignage principal de l'atmosphère de Mars consiste dans l'affaiblissement constant des aspects géographiques et des colorations à mesure que l'on approche du bord. M. Noble a remarqué que cet affaiblissement est plus prononcé vers le bord occidental que vers l'oriental, ce qui indique que le lever du Soleil est généralement plus clair que le coucher. L'évidence la plus marquée de cet anneau atmosphérique concentrique autour du disque s'est présentée le 20 septembre : le blanc bleuâtre de cet anneau offrait un contraste très grand avec le ton orange de la région australe, contraste qui s'accroissait considérablement lorsque des nuages passaient devant la planète. L'hémisphère nord n'a pas montré de taches géographiques : l'atmosphère y était peu transparente. Il semble que les environs du pôle nord devaient être au loin chargés des vapeurs destinées à se condenser bientôt pour former les neiges polaires.

» Une observation intéressante a été faite le 21 août. Une série de lignes a été vue, convergeant vers le pôle nord, indiquant sans doute un courant d'air froid vers l'équateur.

» *Mers*. — Les mers ont présenté un ton gris verdâtre, qui peut être dû en

Fig 168.

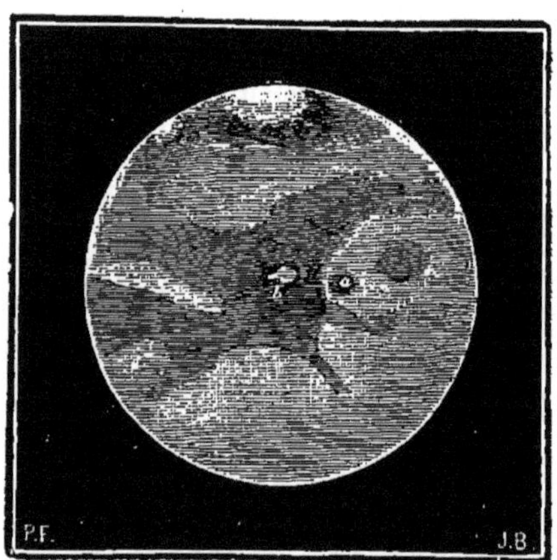

Aspect de Mars le 2 septembre 1877. Dessin de M. Green.

partie au contraste des continents jaunes presque orangés, mais qui peut être en partie réel, si l'on en juge par les variations de tons observées. Si l'intensité de ces tons foncés correspond à des profondeurs d'eau, la mer du Sablier et la mer Terby doivent être très profondes.

» Cette dernière mer a des contours bien nets, et se montre légèrement allongée de l'Est à l'Ouest. Cette mer est généralement représentée comme rattachée à l'océan de la Rue par un canal foncé, et elle offre en effet cet aspect quand elle arrive et qu'on la voit obliquement. Mais, lorsque la vision est directe et bien nette, ce n'est pas un canal que l'on devine, c'est un petit lac, que l'on distingue très nettement, comme on le voit ici (*fig.* 168) sur le dessin fait par l'auteur le 2 septembre à 1ʰ10ᵐ du matin. »

Ce petit lac est désigné sur ce dessin par la lettre *a*. La lettre *b* indique la position de l'île neigeuse de Hall.

L'observateur remarque à ce propos que, lorsqu'une tache allongée est vue imparfaitement, on a une tendance à la terminer en pointe, et que cette tendance de tout dessinateur peut expliquer certaines lignes étroites tracées par Dawes et Schiaparelli. C'est le cas, pense-t-il, pour la réunion apparente de la mer Terby à l'océan de la Rue.

Neiges polaires. — M. Green a fait sur ce sujet de fort intéressantes observations. Tout d'abord, on peut remarquer sur le premier des dessins que nous

Fig. 169.

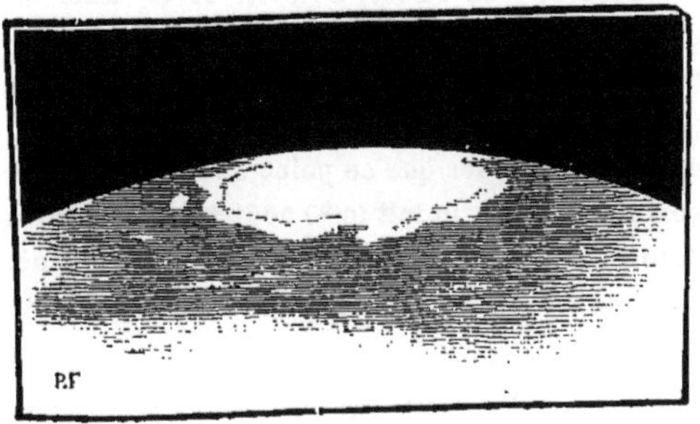

Les neiges du pôle sud de Mars, le 1er septembre 1877.

avons reproduits (p. 274), celui du 1er septembre, à l'ouest du cap polaire, un point blanc, qui, selon toute probabilité, représente de la neige. On le

Fig. 170.

Le même pôle, le 8 septembre.

voit mieux encore sur le dessin ci-dessus (*fig.* 169). Mais laissons parler l'auteur.

« Selon toute probabilité, écrit l'observateur lui-même, c'était là de la neige restant encore sur un sol élevé, tandis qu'elle avait fondu tout autour, à des niveaux inférieurs. Ce point brillait comme une étoile et il était impossible de ne pas le remarquer. Le 8 septembre, à minuit 30ᵐ, j'eus de nouveau l'occasion de l'observer; mais alors on distinguait parfaitement deux points séparés, et, deux jours plus tard, de 10ʰ à 11ʰ 30ᵐ, on en distinguait encore d'autres concentriques à la zone des neiges, comme on le voit (*fig.* 170). Ces altérations de formes étaient sans doute dues à la perspective, ces diverses taches neigeuses s'étant présentées presque de profil lors de l'observation du 1ᵉʳ septembre. On ne les a jamais vues à l'est du cap polaire, et c'est là une circonstance d'un intérêt particulier. En effet, leur grand éclat à l'ouest du pôle, leur décroissance en passant par le méridien central, et leur invisibilité en arrivant au côté oriental, s'expliquent naturellement en supposant que les pentes des montagnes qui conservaient cette neige étaient tournées au Sud-Ouest; de cette sorte, elles étaient abritées des rayons solaires pendant la plus grande partie d'une rotation; mais elles étaient pleinement exposées à sa lumière et par conséquent mieux vues, justement lorsqu'elles s'éloignaient vers le bord occidental.

» Il est curieux de remarquer que ce point de lumière a été observé et figuré de la même façon dans un dessin fait le 30 août 1845, à Cincinnati, par Mitchel; il se rattache certainement à une configuration locale de la planète. Je lui ai donné le nom de Mitchel, en souvenir de cet enthousiaste ami de l'Astronomie. »

Un autre observateur, M. Brett, examinant Mars dans la nuit du 1ᵉʳ septembre, a décrit ce point blanc près du pôle, comme *an auxiliary patch.* C'est une confirmation de l'observation précédente.

Le décroissement de la zone polaire neigeuse a été manifeste. Au mois de juillet, cette zone occupait un espace deux fois plus vaste qu'à la fin de septembre.

Telles sont les observations de l'habile peintre anglais, qui a consacré d'ailleurs une partie de sa carrière à la représentation des curiosités du ciel. L'examen de sa Carte générale résume tous les faits dégagés par ses minutieuses recherches. Nous avons tenu à la reproduire par la photogravure, afin que nulle modification n'y soit apportée par une main étrangère; mais il en résulte que les continents sont moins clairs qu'ils ne devraient être, à cause de leur ton jaune trop photogénique : le lecteur peut suppléer facilement à cet effet photographique inévitable.

Parmi les dessins de M. Green, nous tenons encore à en présenter deux ici (*fig.* 171), comme dignes de la plus haute attention et particulièrement remarquables, obtenus en des circonstances atmosphériques tout à fait exceptionnelles, le premier surtout.

Celui-ci sera, pour un observateur attentif, un véritable régal de l'œil et de l'esprit. Il a été obtenu le 10 septembre, à 11ʰ20ᵐ. L'atmosphère était si transparente et si calme que l'on croyait distinguer les moindres détails de la surface de la planète. On a pu se servir d'un oculaire construit spécialement par Browning pour l'observation de Mars, fini avec le plus grand soin, grossissant 400 fois en diamètre. Autour du cap polaire, se

Fig. 171.

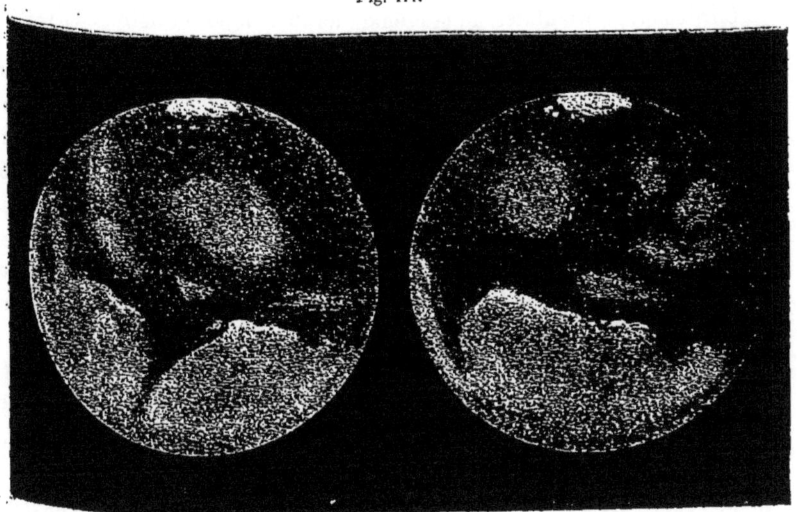

Vues télescopiques de Mars, par M. Green, le 10 septembre à 11ʰ20ᵐ, et le 8 à minuit 30ᵐ.

voyaient plusieurs flaques de neige isolées. La région occidentale de la mer

Fig. 172.

Diagramme explicatif.

w = Montagnes de Mitchoï; — r = Terre de Lockyer; — u = Ile de Hirst; — t = Cap Banks; — v = Continent Beer; — q = Mer du Sablier; — s = Plage inondée entre la mer Main et la mer Flammarion; x = Péninsule de Hind.

du Sablier montre, à l'endroit de la mer Main et de la péninsule de Hind, une demi-teinte, qui n'est ni continentale, ni maritime, et qui donne l'idée de terres inondées ou de marais. Nous l'avons déjà remarqué sur les dessins de Dawes, et nous reviendrons plus tard sur ces inondations apparentes — et peut-être réelles.

Sur les rives orientales de la même mer, à l'angle du détroit d'Herschel, on a distingué une baie ou petite mer, presque séparée par une sorte de presqu'île. Au-dessus et à l'est, on apercevait un cap déjà observé et dessiné en 1862 par M. Banks à Ealing (voy. *The Astronomical Register*). L'auteur a distingué aussi, entre la mer du Sablier et la terre de Lockyer, une sorte d'île triangulaire, à peine différente du fond qui l'entoure ; cette île a été vue et dessinée le 3 août de la même année par M. Hirst à Sydney et par M. Trouvelot à Cambridge, le 16 septembre.

La seconde vue, prise le 8 septembre à minuit et demi, complète la précédente, surtout pour toute la région orientale de la mer du Sablier, jusqu'à la baie du Méridien.

Remarquons enfin que l'observateur constate qu'il n'a vu aucun des canaux signalés par M. Schiaparelli, et dont nous parlerons bientôt. Mais il est juste d'ajouter que celui-ci ne les a découverts qu'aux mois de février et mars, quatre mois après le dernier dessin de M. Green.

Ces observations de M. Green peuvent être mises au premier rang de toutes celles qui ont été faites sur la planète dont nous écrivons l'histoire.

LXXXVIII. 1877. — Harkness, Noble, Pratt, John Brett, G.-D. Hirst, Bredichin, Bernaerts, Hartwig, Schur, Ellery, de Konkoly, Bœddiker, Weinek, Klein, Duval, etc. *Observations diverses.*

Avant d'arriver aux plus importantes observations de cette précieuse opposition de 1877, qui sont celles de M. Schiaparelli à Milan, nous compléterons les notices précédentes en passant en revue tous les autres observateurs qui ont obtenu des résultats plus ou moins satisfaisants.

Les observateurs de Mars sont un peu comme les jours, ils se suivent et ne se ressemblent pas. On a parfois plus d'une désillusion.

Le plus puissant instrument du monde était en 1877 le grand équatorial de 26 pouces anglais, ou 0ᵐ,66 de diamètre, de l'Observatoire de Washington, à l'aide duquel M. Hall a découvert les satellites de Mars. Le professeur William Harkness le dirigea plusieurs fois sur la planète, depuis le 18 août jusqu'au 18 octobre 1877, mais jamais il ne put obtenir de bonnes images avec l'oculaire de 400 : il dut se contenter du grossissement de 175. On put prendre huit dessins, et, après chaque soirée, M. Hall constata qu'on ne pouvait rien obtenir de meilleur.

Ces huit dessins ont donné pour résultat le planisphère ci-dessous (*fig.* 173) (¹), construit dans la projection de Mercator.

C'est là, comme l'observateur l'avoue lui-même, un assez maigre butin. C'est à peine si l'on reconnaît la mer du Sablier, la mer Maraldi, la mer Terby et l'océan de la Rue. Tout cela aurait pu se voir avec une lunette de 108ᵐᵐ !

Le seul résultat intéressant de ces observations a été une détermination

Fig. 173.

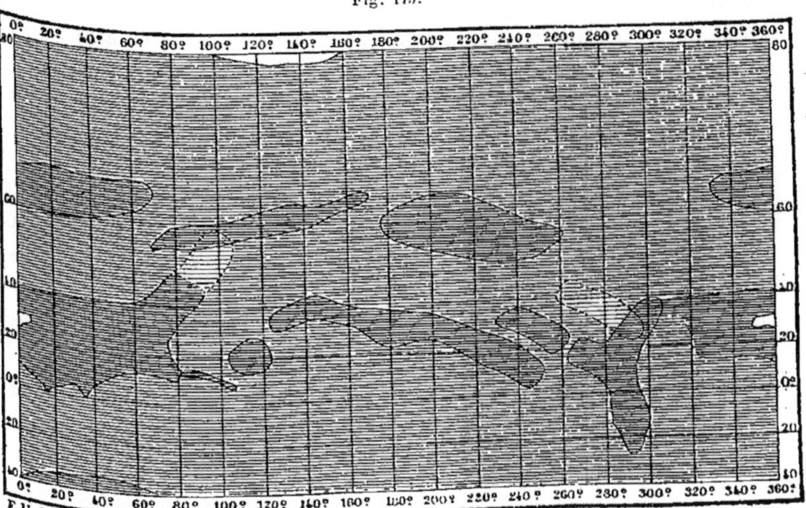

Carte de Mars faite en 1877 à l'Observatoire de Washington.

de la position du centre de la neige polaire australe, par M. Hall. Il a trouvé pour cette position : Longitude, 20°,66 ; distance au pôle, 5°11′ (²).

A la Société Royale astronomique de Londres, le capitaine Noble a présenté, à la séance du 9 novembre 1877, une série de dessins faits à son observatoire de Forest Lodge, Maresfield (Uckfield) à l'aide d'une lunette équatoriale de 4,2 pouces d'ouverture et de 61 pouces de distance focale, donnant de bonnes images avec un grossissement de 255. L'observateur, accoutumé depuis longtemps à l'étude de Mars — car il avait commencé ses observations dès l'année 1858, —signale que les taches deviennent invisibles vers les bords du disque ; il remarque notamment, comme M. Green le rappelait plus haut, que l'on peut en général les distinguer plus près du bord suivant « following limb » ou oriental que du bord précédent ou occidental. Il en

(¹) *On the physical Configuration of Mars*, *Monthly Notices*, nov. 1879, p. 13.
(²) *Astronomische Nachrichten*, t. XCI, 1878, p. 223.

conclut que sur Mars le lever du Soleil est plus clair que le coucher. Les matinées seraient plus pures que les soirées. Il en est de même ici, du moins dans nos climats: le soleil est plus fréquent le matin que le soir, et tous les photographes ont remarqué que la lumière du matin est meilleure que celle de l'après-midi.

A la même Société, à la séance suivante, de décembre, M. H. Pratt a présenté d'autre part une série de dessins faits à l'aide d'un équatorial newtonien dont le miroir mesurait 8,15 pouces d'ouverture, oculaire grossissant 400 fois. Le temps n'a pas été favorable, et en général les images n'ont pas été bonnes. Les dessins ont été extrêmement difficiles à faire. Ce que l'on voyait en d'heureux instants disparaissait quelques moments après. La teinte rouge de la planète a paru plus pâle que dans les oppositions précédentes. L'observateur confirme la remarque du capitaine Noble sur la meilleure visibilité des taches près du bord pour lequel le Soleil vient de se lever que près de celui pour lequel il va se coucher.

La persistance avec laquelle un grand nombre de taches bien connues sont revues d'années en années, comme on les a revues de nuits en nuits pendant cette opposiiion, prouve sûrement qu'elles appartiennent au globe et non à l'atmosphère. Pourtant, les différences dans les détails observés au même instant par la même personne, au même instrument, dans les mêmes conditions atmosphériques, témoignent de variations certaines dans la transparence de l'atmosphère martienne. L'idée d'*obscurcissements locaux* provenant d'une condition nuageuse de cette atmosphère paraît suffisante pour expliquer les divergences, quoiqu'il ne soit pas facile de décider pourquoi certaines formes seraient visibles à certaines époques et oblitérées ou grandement modifiées en d'autres temps.

L'atmosphère de Mars s'est montrée en général bien transparente, mais de temps en temps les configurations sont devenues invisibles, certainement à cause de l'opacité temporaire de cette atmosphère, opacité qui n'est jamais comparable à celle des masses de nuages de Jupiter. L'effet dont on vient de parler n'était pas dû à un défaut de transparence dans notre atmosphère, car, en même temps que Mars était brumeux, Saturne, à une attitude moindre, était très net. Le fait a été observé plusieurs fois, notamment le 14 novembre.

Un autre observateur anglais, M. John Brett, a présenté à la même séance (¹) une série d'observations faites du 2 août au 8 octobre, à l'aide d'un télescope de 9 pouces de Browning, à l'extrémité sud de l'Angleterre,

____

(¹) *Monthly Notices*, t. XXXVIII, p. 58.

près de Lizard. Ses résultats ne sont pas encourageants, ils sont plutôt contradictoires.

Le disque de Mars s'est toujours montré beaucoup moins net que Jupiter et Saturne : c'est un « mauvais objet télescopique » : bad telescopic object.

L'observateur pense que l'atmosphère de la planète est tellement opaque qu'elle empêche de rien distinguer exactement, si ce n'est vers le centre du disque. Il la compare avec celle de Jupiter et pense que celui-ci n'a pas d'atmosphère proprement dite. « Le disque de Mars est très blanc sur ses bords : preuve d'épaisse atmosphère. Jupiter est, au contraire, plus brillant dans sa région centrale que sur ses bords : preuve opposée. Il doit être liquide et demi transparent jusqu'à une grande profondeur au-dessous de sa surface ; Mars, au contraire, est un corps solide, sa topographie générale étant permanente, avec une atmosphère considérable. Pourtant il n'a pas de nuages. Du 2 août au 8 octobre, l'auteur a observé la planète sans en découvrir un seul. Les principales taches ont été reconnues. Ce ne sont pas des mers, car elles donneraient nécessairement naissance à certaines évaporations, par conséquent à des nuages. Qu'un hémisphère entier puisse être tout à fait dépourvu de nuages pendant plus de deux mois, c'est fatal à l'hypothèse des mers. Personne ne peut prétendre que l'atmosphère de Mars ne soit pas assez dense pour soutenir des nuages, car cette densité saute aux yeux. »

Ainsi parle M. John Brett. Et les neiges polaires? « Les taches blanches des pôles, dit-il, sont généralement regardées comme des neiges, mais il y a une ou deux objections contre cette assimilation, outre l'absence de nuages pour les former. D'abord, la tache polaire australe, actuellement en vue, est entourée d'une teinte sombre, qui est du même ton qu'une prétendue mer qui la continue jusqu'à l'équateur, et dont elle n'est séparée par aucun détroit. Donc, si la tache blanche est de la neige, elle repose sur la mer ou sur une île polaire. »

L'auteur ne peut pas l'admettre, et remarque en même temps que cette tache blanche polaire est vue très souvent non pas sur le globe même, mais au-dessus de lui. On attribue cet effet à l'irradiation, mais la distance est trop grande pour être ainsi expliquée, et, de plus, cette suspension blanche porte ombre à l'Est lorsque la planète a passé son opposition, comme on le voyait notamment le 28 septembre à 9ʰ, meilleure soirée de l'année. « Ce n'est pas de la neige, mais un nuage énorme, qui se forme au seul endroit de la planète où il puisse s'en former, au pôle. C'est la seule région assez froide pour condenser de la vapeur, car *le reste de la planète est très chaud.* »

Voilà assurément du nouveau, et nous avons déjà vu que plusieurs observateurs semblent accepter ces conclusions. Mais toutes ces assertions sont discutables, et il n'est même pas difficile de les renverser. D'abord, il n'es pas exact que l'atmosphère de Mars soit d'une telle opacité, car, au contraire, presque tous les observateurs s'accordent à reconnaître sa transparence. Elle est incomparablement plus limpide que la nôtre. A la distance de Mars, et dans les mêmes conditions, il serait impossible de distinguer sur la Terre autant de détails que sur Mars, même par les journées les plus pures.

L'absence absolue de nuages est également une erreur. Sans doute, ils sont très rares; mais il nous a suffi de comparer les excellents dessins de Lockyer et de Green, dès 1862, pour reconnaître leur existence et leurs mouvements. La vapeur d'eau, dont la présence dans l'atmosphère de Mars est démontrée par l'analyse spectrale, s'y condense moins en nuages que sur la Terre, mais elle jette parfois un voile qui empêche de distinguer de vastes contrées, et il n'est pas douteux qu'elle ne produise les taches polaires, qui, quoi qu'en dise l'auteur, ne planent pas au-dessus du niveau du globe, mais semblent parfois, par l'irradiation, former une protubérance sur le disque, parce qu'elles ont la blancheur de la neige.

Ce que M. Brett prend pour la densité de l'atmosphère martienne, c'est l'effet de la présence de la vapeur d'eau, qui exerce une action absorbante très marquée dans sa plus grande épaisseur, sur tout le contour de la planète.

L'auteur ajoute que tous ces faits sont contraires à l'opinion que Mars puisse être habité.

Pendant que les observations précédentes avaient lieu en Europe, un autre observateur zélé, M. Hirst, étudiait la planète à Sydney (Nouvelle-Galles du Sud) et en prenait un dessin soigneusement exécuté à l'aide d'un télescope de 10 pouces ¼. L'auteur remarque que c'est seulement vers le milieu d'août que les configurations géographiques sont devenues bien nettes, soit à cause de notre atmosphère, soit à cause de celle de Mars [1].

A l'Observatoire de Moscou, M. Bredichin a observé l'opposition de Mars au point de vue de la parallaxe solaire. Nous n'avons pas à parler ici de ces mesures de positions, mais, le 6 septembre, l'auteur a pris un dessin [2] qui montre surtout l'éclatante blancheur de la tache polaire et laisse deviner la mer Maraldi sous forme d'une envergure d'ailes.

Nous avons vu plus haut les observations faites en Belgique par M. Terby. On peut leur ajouter celles qui ont été faites à Malines par M. Bernaerts [3] à l'aide d'une lunette de 9ᶜᵐ d'ouverture, et qui sont accompagnées de

[1] *Monthly Notices of the royal astronomical Society*, décembre 1877, p. 58.
[2] *Annales de l'Observatoire de Moscou*, t. IV, 1878.
[3] *Bulletin de l'Académie de Belgique*, 1878, t. I, p. 35.

dessins. Le point le plus intéressant de ces croquis est qu'ils font communiquer les mers Zöllner et Lambert avec la mer polaire australe, comme on le voit sur notre carte de la page 69.

Le diamètre de la planète a été l'objet de nouvelles mesures, notamment à l'Observatoire de Strasbourg, par M. Hartwig ([1]). Cet observateur a trouvé :

Diamètre équatorial .... 9",421 ± 0",012.
Diamètre polaire.............................. 9 ,300 ± 0 ,022.
Aplatissement................................. $\frac{1}{78}$.

A l'Observatoire de Breslau, M. Schur a trouvé, pendant la même opposition :

Diamètre équatorial .... 9",262 ± 0",016.
Diamètre polaire.............................. 9 ,168 ± 0 ,018.
Aplatissement................................. $\frac{1}{99}$.

L'ensemble [des mesures d'Arago, Bessel, Kaiser et Main, combiné avec les précédentes, donnerait pour le diamètre moyen, à la distance 1 : **9",352.**

Pendant la même opposition, à l'Observatoire de Melbourne (Australie), M. Ellery a fait une série de mesures des diamètres polaires et équatoriaux de Mars ([2]). Résultat assez bizarre : tantôt le premier est plus petit que le second (ce qui devrait être constant), et tantôt il est plus grand. Exemples :

27 août.	Diamètre polaire = 24",185;	Diamètre équatorial = 24",550.
29 »	»	24 ,918;	»	25 ,488.
30 »	»	25 ,172;	»	25 ,082.
6 sept.	»	25 ,602;	»	25 ,287.

A son observatoire de O Gyalla en Hongrie, M. de Konkoly a fait de son côté une série d'observations intéressantes ([3]) et a publié notamment 15 dessins pris du 19 octobre au 16 novembre, étude qu'il a continuée pendant les oppositions suivantes. Les principales configurations géographiques y sont reconnaissables, sauf les variations d'aspects, dues surtout sans doute aux observateurs, auxquelles nous sommes accoutumés.

A l'Observatoire de Prague, M. Weinek, auquel on doit de si charmants dessins des cratères lunaires, a pris trois vues de Mars, les 8, 21 et 29 septembre, qui n'offrent, remarque assez étrange, aucun détail intéressant, quoique l'instrument ait été un équatorial de 8 pouces, armé d'un grossissement de 192, et que l'observateur soit des plus habiles ([4]).

([1]) *Untersuchungen über die durchmesser des planeten Venus und Mars. Publ der Ast. Gesellschaft.* Leipzig ; 1879.

([2]) *Monthly Notices*, t. XXXVIII, 1878, p. 409.

([3]) *Beobachtungen angestellt an astrophysikalischen Observatorium in O Gyalla in Ungari*, I. Bond, 1878.

([4]) *Berichte der K. Sächs. Gesellschaft der Wissenschaften*, 15 déc. 1877.

A l'Observatoire de Göttingue, M. Bœddiker, qui depuis a poursuivi ses études à l'Observatoire de Birr Castle en Irlande, a observé l'opposition de 1877 et pris dix vues de la planète (¹). Nous regrettons de ne pouvoir publier tous les dessins. Ils ont chacun leur valeur, sans contredit, mais il nous paraît indispensable de concentrer toute cette monographie de Mars en un seul volumé, et déjà le cadre devient bien resserré ! Nous tenons à signaler tous les travaux, tous les documents qui sont parvenus à notre connaissance, lors même que nous ne pouvons pas les utiliser entièrement. Il faut avouer, du reste, que l'opposition de 1877 a été, comme on pouvait s'y attendre, particulièrement féconde, et qu'un certain nombre de dessins se répètent inévitablement.

Remarquons encore deux dessins de M. Klein, à Cologne, pris les 27 septembre et 24 octobre, publiés dans la Revue astronomique allemande *Sirius*. En France, plusieurs observateurs amateurs nous ont envoyé un assez grand nombre de croquis; parmi lesquels nous signalerons principalement ceux de M. E. Duval, agriculteur à Saint-Jouin (Seine-Inférieure) (²).

Nous pourrions encore signaler les travaux de Dreyer (³), Grover (⁴) avec six dessins de septembre et octobre 1877, Lamey (⁵), Fergola (⁶), Lindstedt (⁷), etc. Ils n'ajouteraient aucun document important aux précédents. Les deux derniers consistent seulement en observations de positions au cercle méridien, avec des étoiles de comparaison.

LXXXIX. 1877. — Schiaparelli. *Observations, cartes et étude générale.*

Nous arrivons ici au plus grand travail que l'on ait effectué sur la planète Mars.

L'illustre directeur de l'Observatoire de Milan, aussi habile dans les observations que dans le calcul, auquel la Science doit plus d'une brillante découverte, notamment celle des orbites des étoiles filantes et de leur assimilation aux orbites cométaires, s'est engagé, relativement à la planète Mars, dans un travail des plus heureux et des plus féconds, qui éclipse, pour ainsi dire, tous ceux de ses devanciers.

Chaque période d'opposition, depuis cette fameuse année 1877, a été mar-

(¹) *Veröffentlichungen von der Königl. Sternwarte zu Göttingen.* 1877.
(²) Ils ont été publiés dans le journal hebdomadaire *La Nature*, déc. 1877, p. 80.
(³) *The aspect of Mars in 1877, Ast. Nach.*, t. XCIII, 1878.
(⁴) *English Mechanic*, t. XXVI. 1878.
(⁵) *Considération sur un essaim d'astéroïdes autour de Mars.* Autun, 1877.
(⁶) *Osservazioni di Marti.* Naples, 1879.
(⁷) *Beobachtungen des Mars, Lund,* 1878.

quée par des recherches considérables de la part de l'éminent astronome. Nous exposerons ici celles de l'année 1877, que l'auteur a rédigées lui-même en un ouvrage spécial (¹).

Ces observations ont été faites à l'aide d'un excellent équatorial construit par Merz, de Munich, de $0^m,218$ d'ouverture et de $3^m,25$ de distance focale. Le grossissement employé a été celui de 322; seulement en janvier, février et mars, la planète étant très réduite par la distance (de $30''$ à $5''$), on a employé celui de 468.

En commençant ces observations, l'auteur ne s'attendait pas à les pousser aussi loin; mais les résultats obtenus ont été si encourageants, les conditions atmosphériques restèrent si favorables, qu'il se lança avec plaisir dans ce grand travail.

L'œuvre de M. Schiaparelli, en 1877, se divise en cinq sections : 1° nouvelle détermination de la direction de l'axe de rotation; 2° triangulation topographique des points fondamentaux de la surface de Mars; 3° description des diverses régions de l'hémisphère austral et d'une partie du boréal; 4° la tache polaire australe; 5° l'atmosphère de Mars. Nous allons examiner avec soin tout cet ensemble.

Il était important de commencer par connaître exactement la direction de l'axe de rotation de la planète. L'auteur a pris comme base d'approxima-tion la direction déterminée par Oudemans, d'après l'observation des taches polaires australe et boréale de Bessel en 1830, 1835 et 1837 (²). Cette déter-mination donne, pour 1834 :

Ascension droite : 317° 34';   Déclinaison : + 50° 5'.

La variation annuelle due à la précession terrestre est de + 0',485 et + 0',247. Les coordonnées pour 1877 deviennent donc :

Ascension droite : 317° 55';   Déclinaison : + 50° 16'.

L'origine des longitudes géographiques a été placée au point a de la carte de Beer et Mädler, à la baie du Méridien, comme l'a adopté notamment M. Marth, qui, à chaque opposition, depuis 1875, prend soin de calculer les éphémérides des aspects quotidiens de Mars (³). La graduation des longi-tudes est faite de la gauche vers la droite, — pour le disque vu dans une lunette qui renverse les images et montre la planète le Sud en haut, —

(¹) *Osservazioni astronomiche e fisiche sull' asse di rotazione e sulla topografia del pianeta Marte. Reale Accademia dei Lincei.* Un vol. gr. in-8 de 136 pages et plan-ches. Rome, 1878.
(²) *Astronomische Nachrichten*, n° 838. Voy. plus haut, p. 122.
(³) Voy. *Monthly Notices*, 1875, p. 305; 1877, p. 301, etc.

c'est-à-dire de l'Ouest à l'Est pour l'observateur qui regarde Mars, ou de l'Est à l'Ouest pour un habitant de Mars, autrement dit encore, les longitudes vont en croissant du bord précédent au bord suivant.

Pour calculer la longitude aréographique du point central du cirque, M. Marth adopte 88 642,7 secondes de temps solaire moyen terrestre pour la durée d'une rotation complète de Mars relativement aux étoiles. C'est ce que M. Schiaparelli adopte également.

66 observations de la position de la tache neigeuse (*macchia nevosa*) ont donné, pour la position du point austral de l'axe de Mars vu de la Terre : 164°,90, pour la date du 27 septembre, à 0ʰ de Greenwich, qui correspond à la moyenne des observations.

En adoptant le diamètre polaire déterminé par Kaiser (9″,387) et 8″,80 pour la parallaxe horizontale équatoriale du Soleil, on trouve qu'un degré d'arc de grand cercle du globe de Mars équivaut à 0°,533 de l'équateur terrestre, soit à 59 kilomètres. L'erreur probable de la position obtenue pour la neige polaire est d'environ 7 kilomètres. L'auteur conclut que les angles de position de la tache polaire pris pendant une opposition seule de la planète ne suffisent pas pour une détermination précise de l'axe, et a remis cette vérification précise à l'opposition suivante, de 1879.

TRIANGULATION ARÉOGRAPHIQUE DES POINTS FONDAMENTAUX.

Les observateurs avaient déclaré jusqu'ici qu'il était impossible de mesurer au micromètre les taches du globe de Mars. Telle n'est pas l'opinion de l'auteur. Il pense que, lorsque le diamètre de la planète n'est pas inférieur à 20″, on peut prendre des positions au micromètre, et que l'erreur probable ne dépasse pas un degré d'arc de grand cercle.

Voulant donc établir la topographie de Mars sur une base exacte, l'astronome milanais a suivi les principes de la topographie terrestre. Il a choisi un certain nombre de points distincts et faciles à reconnaître, distribués sur l'ensemble de la planète, et les a pris comme réseau fondamental pour y interpoler tout le reste.

La détermination du lieu aréographique d'un point de la surface s'obtient en notant le moment auquel ce point traverse le méridien central, et en mesurant en cet instant au micromètre la distance qui le sépare du centre du disque. Il est facile ensuite de traduire en longitudes et latitudes.

Les points ainsi mesurés micrométriquement sont au nombre de 62. Nous les avons inscrits au Tableau suivant, avec les noms nouveaux que M. Schiaparelli leur a donnés.

N°	Dénomination	Longitude	Latitude
1	Vertice d'Aryn	0°,00	+ 4°,56
2	Secondo corno del golfo Sabeo	3 ,54	— 2 ,37
3	Istmo della Terra di Deucalione	17 ,82	— 2 ,52
4	Ombra dell'istmo stesso	17 ,83	+ 4 ,56
5	Golfo delle Perle, bocca dell'Indo	23 ,59	— 4 ,90
6	Bocca dell'Idaspe	27 ,38	+ 4 ,41
7	Capo degli Aromi	38 ,40	+ 8 ,30
8	Capo delle Ore in Argyre	39 ,78	+ 39 ,38
9	Capo delle Grazie in Argyre	51 ,86	+ 53 ,84
10	Golfo dell'Aurora, bocca del Gange	55 ,74	+ 2 ,32
11	Punta dell'Aurea Cherso	61 ,49	+ 25 ,26
12	Primo punto di Thaumasia	66 ,36	+ 23 ,79
13	Confluente del Chrysorroas col Nilo	84 ,16	— 18 ,88
14	Lago del Sole, centro	90 ,24	+ 25 ,22
15	Lago della Fenice, centro	106 ,45	+ 19 ,42
16	Bocca del Fasi	106 ,93	+ 44 ,88
17	Colonne d'Ercole, bocca esterna	119 ,81	+ 44 ,88
18	Centro d'Icaria	119 ,92	+ 37 ,86
19	Primo punto del Mare delle Sirene	131 ,37	+ 31 ,32
20	Primo punto di Thyle I	134 ,12	+ 65 ,08
21	Colonne d'Ercole, bocca interna	138 ,02	
22	Centro di Thyle I	151 ,86	+ 65 ,08
23	Base australe d'Atlantide I	159 ,80	+ 37 ,54
24	Primo punto del Mare Cimmerio	165 ,80	+ 37 ,49
25	Golfo del Titani	174 ,24	+ 18 ,17
26	Ultimo punto del Mare delle Sirene	176 ,52	+ 25 ,34
27	Stretto d'Ulisse, mezzo	187 ,08	+ 74 ,08
28	Punto della riva australe dell'Oceano	188 ,15	— 7 ,12
29	Fiume dei Lestrigoni, bocca sull'Oceano	200 ,19	— 4 ,50
30	Golfo dei Lestrigoni, ultimo seno	201 ,79	+ 18 ,01
31	Scamandro, bocca sul Mare Cronio	202 ,52	+ 55 ,41
32	Scamandro, punto di mezzo	202 ,57	+ 48 ,98
33	Fiume dei Ciclopi, bocca sull'Oceano	205 ,05	— 15, 77
34	Base australe d'Esperia	211 ,10	
35	Capo boreale di Thyle II	221 ,61	+ 62 ,28
36	Centro di Thyle II	223 ,53	+ 69 ,93
37	Golfo dei Ciclopi	224 ,98	+ 12 ,43
38	Primo punto del Mare Tirreno	226 ,41	+ 37 ,81
39	Centro d'Esperia	231 ,62	+ 22 ,79
40	Bocca australe delle Xanto	234 ,11	+ 51 ,13
41	Ultimo punto del Mare Cimmerio	238 ,87	+ 9 ,85
42	Esperia, base settentrionale	250 ,28	+ 13 ,22
43	Piccola Sirte	256 ,94	+ 6 ,24
44	Capo Circeo, in Ausonia	266 ,59	+ 15 ,68
45	Punto della costa d'Ausonia	266 ,79	+ 22 ,70
46	Lago Tritone	267 ,15	— 20 ,38
47	Primo punto dell'Ellade	270 ,74	+ 49 ,49
48	Lago Meride	277 ,09	
49	Biforcazione d'Ausonia	282 ,32	+ 13 ,33
50	Congiunzione del Nepente col Nilo	286 ,25	— 26 ,26
51	Gran Sirte et bocca del Nilo	290 ,45	— 17 ,09

N°	Dénomination.	Longitude.	Latitude.
52	Punto più australe dell'Ellade...........		⊹ 57 ,99
53	Centro dell'Ellade......................	294 ,12	⊹ 46 ,30
54	Punto più boreale dell'Ellade...........		⊹ 30 ,38
55	Ultimo punto del Mare Tirreno........	296 ,09	— 0 ,67
56	Ultimo punto dell'Ellade..............	315 ,07	⊹ 44 ,08
57	Corno d'Ammone.....................	318 ,32	⊹ 10 ,40
58	Scilla e Carridi...............	324 ,17	⊹ 20 ,31
59	Ellesponto, punto di mezzo............	326 ,11	⊹ 48 ,22
60	Primo punto della Noachide...........	334 ,82	⊹ 48 ,40
61	Bocca del Phison, nel golfo Sabeo..	338 ,85	⊹ 5 ,05
62	Primo corno del golfo Sabeo...........	357 ,27	— 2 ,37

Ces noms sont, comme on le voit, tirés de l'ancienne géographie et même quelque peu mythologiques. Un grand nombre sont d'une euphonie fort agréable. (L'auteur expose que ceux de la carte de Proctor lui ayant paru insuffisants pour le nombre des détails comme pour les changements à apporter à sa carte, il a dû faire une nouvelle nomenclature pour son usage personnel.) Le méridien initial a été nommé vertice d'Aryn « sommet d'Aryne », en souvenir d'une opinion légendaire du moyen âge. La prétendue ville d'Aryne ou coupole du monde était supposée, dans les cartes du moyen âge, située juste à égale distance du Nord, du Sud, de l'Orient et de l'Occident; elle était donc censée sur l'équateur et marquait un méridien central (¹).

C'est notre baie du Méridien, dont les deux pointes sont nommées première et seconde corne du golfe Sabæus, la première étant celle qui passe la première devant l'œil de l'observateur par suite du mouvement de rotation de la planète. Ce sens est également celui de la numération des degrés.

A cause des circonstances atmosphériques, ce point zéro des longitudes de Mars n'a pu être l'objet que d'une seule mesure, et comme il est l'origine de ces longitudes, il pourrait y avoir une erreur constante dans la numération des degrés, ce qui ne changerait rien d'ailleurs à l'exactitude des positions relatives. L'auteur se promet de vérifier plus tard ce point initial.

Si l'on compare ce méridien zéro à celui de la carte de M. Green (p. 275), on remarquera entre les deux une différence de 7° : celui de M. Green passe à droite de la baie du Méridien; cette différence s'étend à toute la carte; comparez, par exemple, le 90°, le 290°, etc.

Nous reproduisons ici (*fig.* 174) le planisphère de Mars, construit d'après la projection de Mercator, tel que M. Schiaparelli l'a donné dans son Mémoire

(¹) Voy. Santarem, *Essai sur l'histoire de la Cosmographie au moyen âge*, t. I, pp. 94, 368, et tome III, p. 310.

Fig. 174.

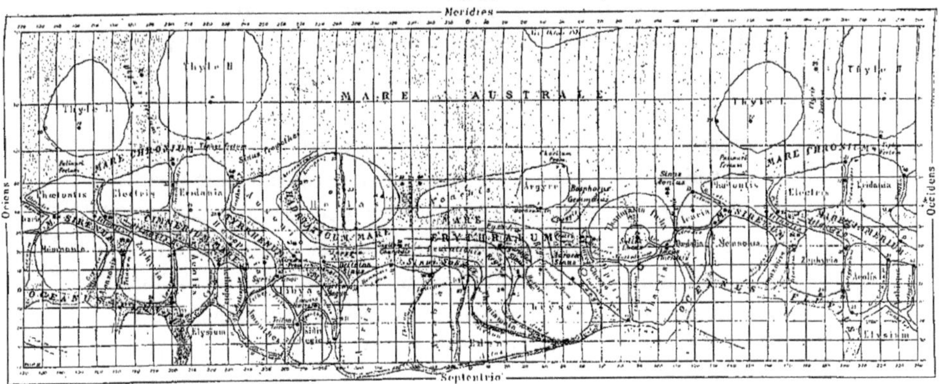

TRIANGULATION DE L'ARÉOGRAPHIE, PAR M. SCHIAPARELLI, EN 1877, POSITIONS DE 62 POINTS MESURÉS, ET CARTE NOUVELLE.

précité. On y trouvera les 62 points précédents. C'est là un travail tout à fait remarquable, et dont aucun des anciens observateurs de Mars n'aurait soupçonné la possibilité. Il a fallu, pour y réussir, une inébranlable persévérance, un œil excellent, une méthode d'observation rigoureuse et un bon instrument.

Si l'on compare ce planisphère à notre carte de la page 69, on pourra assez facilement identifier les configurations géographiques. La mer du Sablier y devient la « Syrtis Magna », trop peu accentuée sur la carte de M. Schiaparelli, sans doute parce qu'en 1877 elle était moins large et moins sombre que d'habitude. Le détroit d'Herschel II s'appelle « Sinus Sabæus », la mer circulaire Terby s'appelle « Lac du Soleil », la terre de Kepler, « Thaumasia Fœlix », le continent Huygens, « Memnonia », la mer Maraldi, « Cimmerium Mare », la mer Hooke, « Tyrrhenum », etc., etc. Cette carte ne dépasse pas le 40e degré de latitude boréale, attendu qu'en 1877 la planète n'en montrait pas davantage. L'astronome italien l'a complétée dans les oppositions suivantes.

Remarquons que l'auteur place l'Ouest à droite et l'Est à gauche, au lieu du contraire, qui est le sens de toute image céleste dans une lunette astronomique. Ces désignations se rapportent non pas à l'observateur terrestre, mais à un observateur qui serait sur Mars. Sur cette planète, comme sur la Terre, un point est à l'orient d'un autre quand il passe au méridien avant lui : Vienne est à l'orient de Paris et passe au méridien avant lui. Cette manière de voir est très logique; seulement il faut la définir pour éviter tout quiproquo.

Le bras de mer que nous appelons la Manche, sur notre carte, à l'extrémité de la baie Christie, est très large, et a reçu le nom de « Ganges ».

Les deux pointes de la baie du Méridien sont prolongées jusqu'à une mer australe par deux tracés qui ont reçu les noms de « Hydaspes » et de « Gehon ». Nous avons vu plus haut (p. 188) qu'en 1864, Dawes, convaincu qu'il y a là deux embouchures de grands fleuves, avait cherché ces fleuves sans parvenir à les découvrir.

Non loin de là, on voit un autre grand canal, le Phison.

Nous reviendrons plus loin sur ces curieux tracés et sur ces fameux « canaux ».

De ses nombreux dessins, faits surtout au point de vue des détails et rarement comme disques entiers, l'auteur a publié les quatre que nous reproduisons ici (*fig.* 175), embrassant l'ensemble de la planète. Ils sont des 20 octobre, 26 septembre, 18 septembre et 14 octobre, les longitudes du méridien central étant respectivement 18°, 85°, 181° et 298°. La latitude du centre est, en moyenne, de — 24°.

Le second de ces dessins semble en contradiction avec les cartes, en ce qu'il présente un appendice blanc à gauche de la terre de Kepler qui entoure le lac circulaire. C'était, écrit l'observateur, une masse de nuées

Fig. 175.

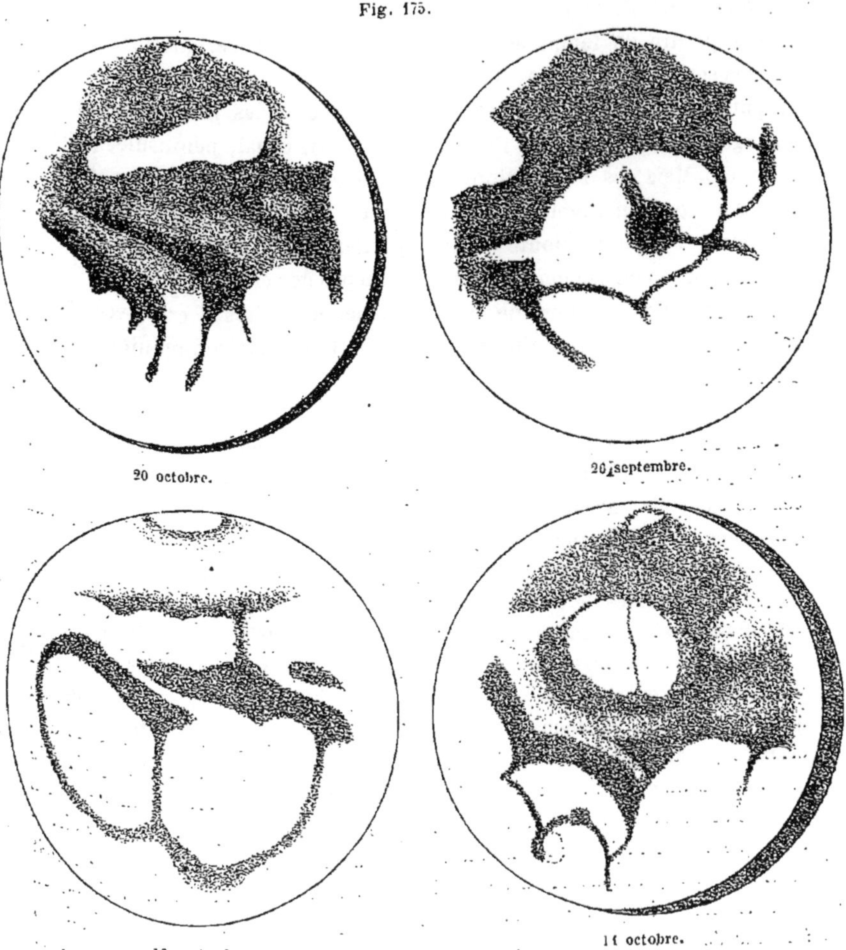

Dessins de Mars, par M. Schiaparelli, en 1877.

éclairées, *una massa di nubi illuminate* (¹). Dans le premier dessin, le même désaccord se montre pour la grande « île d'Argyre », et l'explication est la même.

L'auteur arrive ensuite à la description générale de la planète.

(¹) Remarque intéressante, M. Green a observé un effet analogue le 29 septembre (*Voy.* p. 274).

DESCRIPTION DE LA SURFACE DE MARS.

M. Schiaparelli commence par faire remarquer que, lorsqu'il s'agit d'inscrire rapidement ce que l'on observe dans une lunette, l'important est de ne pas perdre de temps en périphrases et que les désignations les plus courtes sont les meilleures. La ressemblance des aspects à ceux de la géographie terrestre fait tout naturellement inscrire les noms usités dans le langage habituel, tels que île, isthme, détroit, canal, péninsule, promontoire, etc. Mais ces désignations « ne font rien préjuger sur la nature des taches et sont un simple artifice pour aider la mémoire et abréger les descriptions. » L'auteur ajoute : « Nous parlons de la même façon des mers lunaires, que nous savons fort bien n'être pas de véritables mers. »

Jusqu'ici, l'observateur ne se compromet pas. Mais il est, avec raison, selon nous, plus explicite un peu plus loin. Quelle est son opinion précise? La voici :

« Sur la nature des taches sombres, on peut faire un nombre infini d'hypothèses plus ou moins arbitraires. Pourtant, nous n'en voyons que deux qui puissent se soutenir par une analyse suffisante, et, sur ces deux, il n'y en a qu'une qui donne une explication plausible de tous les faits observés.

» La première, qui assimilerait les taches de Mars à celles de la Lune, fait supposer la surface de la planète entièrement solide : la variété des tons proviendrait de celle des matériaux constitutifs de cette surface. Une telle hypothèse, quoique non entièrement impossible, ne réussit pas à expliquer les faits observés, à moins qu'on ne la complique d'autres hypothèses subsidiaires plus ou moins bizarres. L'existence des neiges polaires, dont la probabilité confine à la certitude, celle des brumes et des nuages, prouvent que, dans l'atmosphère de Mars, il y a une circulation météorique, que des vapeurs s'élèvent en certaines régions et se condensent en d'autres. On ne comprendrait pas que cette circulation se fît exclusivement en haut, sans que la surface de la planète y prît part. Si les vapeurs de Mars se condensent en cristaux en certains lieux, en d'autres elles doivent se condenser sous forme liquide. Ces condensations liquides, à moins de supposer que la surface de la planète soit exactement une surface équipotentielle, doivent se réunir dans les lieux les plus bas et donner naissance ou à des mers ou à des lacs plus ou moins étendus. Les voies par lesquelles ces condensations liquides se rendent à leurs réservoirs ne peuvent être que des ruisseaux ou des fleuves, de cours régulier ou intermittent. Tout ce système, il est vrai, pourrait être caché ou souterrain, comme la circulation de l'eau dans les déserts de l'Afrique; ou encore les lacs en question pourraient être très petits et invisibles d'ici, et, en définitive, le mécanisme de la circulation des vapeurs atmosphériques pourrait être inobservable. Tout est possible; mais les suppositions deviennent inutiles du moment que, sur la planète, on voit des apparences précisément semblables à celles que présenterait à un observateur placé sur Mars la circulation des vapeurs de l'atmosphère terrestre. »

Ce raisonnement, publié par M. Schiaparelli en 1878, est du même ordre que celui que l'on peut lire dans la première édition des *Terres du Ciel* (1876, p. 429). Et comment pourrait-il en être autrement? L'analogie est trop évidente ici pour ne pas être notre guide, tout en nous gardant de toute conclusion trop étroite, trop « géomorphique », pourrions-nous dire. Nous demanderons à nos lecteurs la permission de reproduire ce passage.

« La météorologie martienne est une reproduction très ressemblante de celle de la planète que nous habitons. Sur Mars, comme sur la Terre, en effet, le Soleil est l'agent suprême du mouvement et de la vie, et son action y détermine des résultats analogues à ceux qui existent ici. La chaleur vaporise l'eau des mers et l'élève dans les hauteurs de l'atmosphère; cette vapeur d'eau revêt une forme visible par le même procédé qui donne naissance à nos nuages, c'est-à-dire par des différences de température et de saturation. Les vents prennent naissance par ces mêmes différences de température. On peut suivre les nuages, emportés par les courants aériens, sur les mers et les continents, et maintes observations ont, pour ainsi dire, déjà photographié ces variations météoriques. Si l'on ne voit pas encore précisément la *pluie tomber* sur les campagnes de Mars, on la devine du moins, puisque les nuages se dissolvent et se renouvellent. Si l'on ne voit pas non plus la neige tomber, on la devine aussi, puisque, comme chez nous, le solstice d'hiver y est entouré de frimas. Ainsi il y a là, comme ici, une circulation atmosphérique, et la goutte d'eau que le Soleil dérobe à la mer y retourne après être tombée du nuage qui la recélait. Il y a plus: quoique nous devions nous tenir solidement en garde contre toute tendance à créer des mondes imaginaires à l'image du nôtre, cependant celui-là nous présente, comme dans un miroir, une telle similitude organique, qu'il est difficile de ne pas aller encore un peu plus loin dans notre description.

» En effet, l'existence des continents et des mers nous montre que cette planète a été, comme la nôtre, le siège de mouvements géologiques intérieurs qui ont donné naissance à des soulèvements de terrains et à des dépressions. Il y a eu des affaissements et des soulèvements modifiant la croûte primitivement unie du globe. Par conséquent, il y a des montagnes et des vallées, des plateaux et des bassins, des ravins escarpés et des falaises. Comment les eaux pluviales retournent-elles à la mer? Par les sources, les ruisseaux, les rivières et les fleuves. La goutte d'eau tombée des nues traverse, comme ici, les terrains perméables, glisse sur les terrains imperméables, revoit le jour dans la source limpide, gazouille dans le ruisseau, coule dans la rivière, et descend majestueusement dans le fleuve jusqu'à son embouchure. Ainsi, il est difficile de ne pas voir sur Mars des scènes analogues à celles qui constituent nos paysages terrestres : ruisseaux courant dans leur lit de cailloux dorés par le soleil ; rivières traversant les plaines ou tombant en cascades au fond des vallées ; fleuves descendant lentement à la mer à travers les vastes campagnes. Les rivages maritimes reçoivent là, comme ici, le tribut de canaux aquatiques, et la mer y est tantôt calme comme un miroir, tantôt agitée par la tempête. »

Nous n'avons reproduit ce passage que pour montrer l'accord des deux raisonnements. Pour notre part, nous continuerons à penser que les taches foncées du globe de Mars représentent des mers. Nous verrons plus loin (1879) que M. Schiaparelli a changé d'avis et est redevenu fort sceptique à cet égard.

Mais continuons l'exposé de l'œuvre de cet éminent observateur. Il arrive ensuite à l'examen des mers et rapporte la variété de leurs tons à la profondeur, les plus profondes absorbant davantage la lumière solaire et devant nous paraître plus sombres, les moins profondes laissant transparaître leur fond à travers leur épaisseur. La nature du liquide et celle des matières qu'il peut tenir en suspension peuvent aussi avoir leur influence. « Sans faire aucune hypothèse spéciale sur la nature de ces liquides, la variété de leurs tons peut s'expliquer simplement par des différences de profondeur, de transparence et de constitution chimique. »

« La salure différente des mers terrestres détermine, ajoute l'astronome de Milan, de grandes différences de teintes dans ces mers. Plus l'eau est salée, plus elle est sombre. En général, la salure des mers terrestres décroît avec la latitude, en raison de la moindre évaporation et d'une plus grande précipitation, et c'est ce qui explique que les mers polaires sont plus claires que les équatoriales. C'est ce qu'a montré Maury, à propos du contraste des eaux du Gulf-Stream avec l'Atlantique, du vert clair de la mer du Nord et des mers polaires, de l'azur sombre des mers tropicales et de l'océan Indien. Il en est de même sur Mars. Là aussi, la mer polaire est de couleur moins sombre que celles de la zone torride, et les mers de la zone tempérée ont une teinte intermédiaire. Tout cela nous conduit à assimiler les mers martiennes aux mers terrestres. »

Et l'auteur ajoute encore :

« Le réseau compliqué de lignes sombres qui réunissent entre elles les taches que nous regardons comme des mers, est un autre argument en faveur de la même hypothèse. Ces lignes doivent leur couleur à la même cause que celle des mers, et ne peuvent être que des canaux ou des détroits de communication. Leur élargissement à leur embouchure est toute naturelle dans cette explication. Rien d'analogue à ce réseau ne se voit sur la Lune. Si c'étaient là des matériaux diversement colorés, il faudrait chercher comment une telle distribution réticulée a pu se produire.

» On voit donc, dit encore M. Schiaparelli, que l'hypothèse d'une constitution maritime et continentale de la surface de Mars est douée de la plus grande probabilité. Elle deviendrait presque une certitude si l'on réussissait à affirmer d'une manière indubitable la disparition réelle de l'émissaire oriental du lac du Soleil. Ce canal, qui a été vu par Mädler en 1830, par Kaiser, Lockyer, Rosse et Lassell en 1862, ainsi que par Kaiser et Dawes en 1864, n'a pu être retrouvé en 1877, malgré les recherches les plus diligentes, qui ont conduit à découvrir des détails bien plus minutieux. Si cette variation est constatée dans l'avenir, il sera difficile de trouver une explication plus simple et plus naturelle qu'un changement de régime hydraulique en cette région, analogue sans doute à ce qui est arrivé en Chine dans le cours du fleuve Jaune. »

Le lecteur a certainement deviné qu'il s'agit ici de ce que nous pourrions appeler la queue de la poire dans les dessins suivants : page 107, Beer et Mädler, au point *d* de l'hémisphère de gauche ; page 151, Lockyer, *fig.* 89 et 90 ; page 162, *id.*, *fig.* 104 ; page 166, lord Rosse, *fig.* 3 ; page 177, Kaiser, *fig.* 115 ; page 186, Dawes, *fig.* 119 et 120, c'est-à-dire de l'appendice de la mer Terby, lequel n'a pas été représenté sur notre carte de la page 69 ; parce que nous le considérons précisément comme essentiellement variable.

En 1879, M. Schiaparelli l'a retrouvé : il était redevenu visible. Il lui a donné le nom de « canal du Nectar ».

En 1877, M. Green a signalé là un petit lac (*voy.* p. 278, *fig.* 168 *a*), auquel il a donné le nom de « lac Schiaparelli ». Il croit que ce petit lac, formant un point intermédiaire entre l'océan de la Rue et la mer Terby, fait croire, par des images indécises comme elles le sont le plus souvent, à un canal réunissant les deux mers.

Pour nous, il se passe là des *changements certains* d'une année à l'autre, et l'explication basée sur des variations liquides est justifiée.

Reprenons l'œuvre de l'astronome italien.

Il y a sur Mars des régions de teintes intermédiaires entre les mers sombres et les continents clairs. Que représentent-elles ?

« Si l'on regarde les taches de Mars comme de simples colorations d'un sol solide, ces variétés de tons ne demandent aucune explication particulière. Le règne minéral et également le règne végétal peuvent offrir toutes les gradations de tons et toutes les colorations possibles. Mais, si nous attribuons cette variété de clair-obscur à des couches liquides, nous trouverons une explication plus naturelle et plus instructive des faits observés. Il nous suffira, pour cela, de considérer le ton comme proportionnel à l'absorption des rayons solaires par la couche liquide, et, dans ce cas, les régions grises dont il s'agit seront des bancs sous-marins ou des bas-fonds. On voit sur la mer Érytrée les nuages se condenser là de préférence, ce qui s'accorderait avec une température plus basse, due précisément à des bas-fonds ou à des bancs. L'isthme de l'Hespérie, à l'endroit où la mer

Tyrrhénienne et la mer Cimmérienne sont le plus rapprochées, doit laisser place
à une communication possible entre les deux mers. »

Il s'agit ici de l'isthme de Niesten, au point teinté sur notre carte de la
page 69. Il y a probablement là, presque toujours, une légère couche d'eau,
et quand on la voit obliquement, elle paraît plus foncée que quand on la voit
de face.

Quant à la profondeur de ces mers, M. Schiaparelli rappelle que, d'après
les expériences du P. Secchi dans la Méditerranée, un objet même très blanc
cesse d'être visible à une profondeur de 60 mètres. Cependant, d'après M. de
Tessan, à l'extrémité australe de l'Afrique, le banc des Aiguilles paraît atté-
nuer la sombreur des eaux, quoiqu'il soit à 200 mètres au-dessous de la surface. L'épaisseur de l'eau sur les bas-fonds martiens dont nous parlons doit
être très petite, ainsi que dans les canaux.

L'atmosphère est parfois voilée; elle paraît généralement plus claire
quand le Soleil atteint sa plus grande hauteur pour une localité donnée.
Quelquefois le voile est si épais que l'on ne distingue plus rien à travers.

Les nuages ont pour effet de blanchir les régions au-dessus desquelles ils
planent. Si donc on voit dans une région donnée une teinte sombre, puis
une teinte claire : dans le premier cas, c'est la surface de la planète que l'on
a eue sous les yeux; dans le second, c'est une couche de nuages ou de
brouillards.

Entrons maintenant dans les détails de la géographie de Mars.

Continent Beer = *Grand diaphragme*, contenant *Aeria*, *Arabia*,
Corne d'Ammon.

(Il est nécessaire, pour suivre ces détails de l'aréographie, de placer devant
soi notre carte de la p. 69 et la carte précédente de M. Schiaparelli.)

C'est la plus vaste étendue claire continue qui existe sur le globe de Mars.
Pendant toute la durée des observations, de septembre 1877 à mars 1878, il
a été impossible d'y découvrir une seule tache. La Corne d'Ammon (57 de la
triangulation) correspond au cap Banks. Le rivage de la mer du Sablier et
du détroit d'Herschel II est net et sans dentelures frappantes; les mers sont
sombres, probablement profondes.

Détroit d'Herschel II = *Golfe Sabæus. Phison. Baie du Méridien.*
Hiddekel et Gehon.

A l'opposé du continent Beer, la région qui s'étend au sud du détroit est
non pas lumineuse, mais grise. C'est ce qui fait que ce détroit ne doit pas

être détaché comme sur les anciens dessins. Un petit golfe, la baie de Schmidt, reçoit un cours d'eau, le Phison, déjà aperçu par Kaiser le 22 novembre 1864 (*voir* plus haut, p. 176). M. Schiaparelli l'a vu s'étendant jusqu'au Nil. On voit ensuite, à la baie du Méridien, deux fleuves ou canaux, l'Hiddekel et le Gehon, le premier parallèle au Phison, le second coudé. L'Hiddekel a été découvert seulement le 28 février 1878, alors que la planète était toute petite et qu'on ne distinguait plus les deux pointes de la baie : ce n'est qu'au juger que l'observateur a mis son embouchure à la première pointe. Cours incertain. La péninsule de Deucalion paraît être une terre submergée ; elle n'a pas du tout l'éclat et la netteté du continent.

Détroit Arago = *Golfe des Perles*. — **Baie Burton** = *Bouches de l'Indus*.
Continent Mädler = *Chrysc. Hydaspe*.

Le détroit Arago est une mer assez sombre. Quand les images sont incertaines et que l'on ne s'est pas sûrement orienté, on peut le prendre pour la mer du Sablier, ce qui est arrivé plus d'une fois. L'Indus, large fleuve, s'y jette, après être venu du Nil en formant un coude. Ce cours n'a pu être suivi jusqu'au Nil qu'à partir du 24 février 1878, car auparavant ce continent était couvert de nuages ; mais alors on l'a fort bien vu, quoique le diamètre de Mars fût réduit à 5″,7. La péninsule de Pyrrha paraît une terre submergée, comme celle de Deucalion.

Manche = *Gange*. — **Baie Christie** = *Golfe de l'Aurore*.

Il faut convenir que la nomenclature du célèbre astronome milanais est tout à fait euphonique et charmante, sans compter ses qualités d'antique érudition. Golfe des Perles, golfe de l'Aurore, lac du Phénix, Icarie, Champs Élysées, terres de Deucalion et de Pyrrha : que pourrait-on imaginer de plus gracieux. Pour notre part, nous souhaitons de tout notre cœur voir cette ingénieuse aréographie remplacer toutes les précédentes. Mais peut-être un grand nombre de ces légères configurations sont-elles essentiellement variables, diminuant même parfois jusqu'à l'invisibilité complète.

Le golfe de l'Aurore est vaste et sombre ; aussi a-t-il été représenté par la plupart des observateurs. Là, se jette le Gange, « l'un des canaux les plus larges et les mieux visibles de toute la planète. » L'auteur l'a vu en toute circonstance, depuis le 28 août jusqu'au 25 février. Il va jusqu'au Nil. C'est la Manche de notre carte. En 1858 (*voy.* p. 138), le P. Secchi l'a admirablement dessinée ; il lui avait donné le nom d'isthme ou canal de Franklin. À droite de cet isthme, on voit un canal plus étroit, vertical, c'est-à-dire tracé dans la direction Nord-Sud, qui a reçu le nom de Chrysorrhoas, et qui

joint un cours d'eau non moins léger (¹), tracé de l'Est à l'Ouest au-dessous
du Lac circulaire ou mer Terby.

Mer Terby = *Lac du Soleil.*
Terres de Kepler et de Copernic = *Thaumasia.*

Nous arrivons à ce lac circulaire, que l'on a aussi comparé à un œil dont
il formerait l'iris. Il est bien rond, écrit M. Schiaparelli en 1877, peut-être
même un peu allongé dans le sens vertical. Le 30 septembre, le diamètre
apparent de la planète étant de 21″,79, celui du lac était de 2″, soit 10°,5.
Très foncé, surtout au centre. La teinte diminue de la région centrale vers
les bords, mais non graduellement, par échelons. C'est l'une des plus curieuses configurations géographiques de toute la planète. Un petit canal le
rattache, vers la droite, au lac du Phénix. Un autre tracé, moins foncé, mais
plus large, monte au Sud. Il a été impossible de voir là autre chose.

(Cette région est le siège de variations considérables. *Voir* ce que nous
avons dit plus haut, p. 243. Nous y reviendrons plus loin. Les tracés de
M. Schiaparelli, intitulés : Nectaris fons, Juventæ fons, Aurea Cherso, Agathodæmon, Eosphoros, Chrysorrhoas, Lacus Phenicis, ne paraissent pas
stables.)

Terre de Jacob = *Terre de Noé et Argyre.*

C'est une île qui paraît claire dans sa partie droite, et sombre dans sa
partie gauche, comme si celle-ci restait constamment submergée sous une
légère couche d'eau. Pourtant elle paraît quelquefois entièrement claire,
comme le montre le dessin du 20 octobre 1877 (p. 295). Mais, en général, elle
offre l'aspect représenté sur notre carte. L'observateur pense que, dans la
région blanche, il y a souvent de la neige ou des nuages. Le dessin de
Dawes, du 21 janvier 1865 (*voy.* p. 187), représente cette île blanche, que
l'on a appelée aussi « île neigeuse de Dawes. »

Ile Phillips = *Terre de Deucalion.*

Nous en avons déjà parlé tout à l'heure. Elle offre l'aspect d'une péninsule
submergée. « La terra di Deucalione, e tutti le altre simili, écrit l'auteur,
siano continenti sottimarini, » selon toute apparence. Nous avons vu, dans
presque tous les dessins anciens, cette presqu'île aussi blanche que le continent auquel elle aboutit et le détroit d'Herschel, terminé par la baie du
Méridien, se détacher nettement en noir sur ce fond clair. Sur la carte de
Proctor (p. 205), faite d'après les dessins de Dawes, la baie du Méridien

_____
(¹) Et non moins variable, probablement.

communique avec le détroit Arago, et fait de la région dont il s'agit une île complète (île Phillips). Il en est de même des dessins de Secchi, de 1858 (p. 139). M. Terby paraît incliné à conclure que c'est là la vraie configuration, et que le rattachement de cette île au continent est une illusion produite par des nuages blanchissant ce passage.

La terre de Pyrrha est dans le même cas.

(Ne pourrait-il se faire que l'eau prît un état intermédiaire entre l'état liquide et l'état nuageux et se condensât au-dessus de la surface sous forme de nappes de brumes visqueuses, foncées, très denses?)

M. Schiaparelli pense que toutes ces terres entourées d'eau doivent donner naissance à des vapeurs qui se condensent plus ou moins et dessinent leurs formes en blanc pour un observateur placé au loin, ces formes variant beaucoup, selon les diversités de la condensation et avec le vent. Pourtant il n'en a pas observé en 1877 dans tout l'hémisphère austral de Mars, excepté des nuées sur la terre de Jacob.

Ile de Hall = *Terre de Protée.*

C'est une île isolée dans l'océan de la Rue, presque sur la même latitude que la mer Terby. Nous l'avons vue sur les dessins et sur la carte de Green (p. 275 et 278). Elle est plus rapprochée de l'équateur que l'île neigeuse de Dawes. Observations rares. M. Green l'a dessinée le 2 septembre à $1^h 10^m$ et $2^h 20^m$, très blanche; M. Schiaparelli l'a vue le 2 octobre et le 4 novembre; il pense que le 26 septembre et le 4 octobre il a observé, non l'île elle-même, mais son image météorique, une nuée blanche indiquant sa forme.

Mer Schiaparelli = *Mer des Sirènes. Colonnes d'Hercule, Araxes,* *Lac du Phénix.*

On doit à l'habile astronome de Milan d'avoir apporté de nouvelles clartés dans cette curieuse région martienne. Jusqu'à lui, la mer qui porte aujourd'hui son nom était confondue avec la mer Maraldi. Ses observations l'ont définie avec précision.

Cette mer se prolonge par deux bras étroits, l'un qui descend vers la gauche jusqu'au lac de Bessel, l'autre qui monte vers le Sud jusqu'à la mer Cottignez. Le premier de ces deux bras porte le nom d'Araxes sur la carte de M. Schiaparelli, et, au lieu d'être rectiligne, est sinueux (¹); le second porte le nom de Colonnes d'Hercule; le lac est nommé lac du Phénix. La pé-

(¹) « Alla sua curvatura, dit-il, che e molto evidente, e costituisce un caso piutosto raro nei canali onde è sparso il pianeta, ho posto particulare attenzione. » Il y a eu là aussi quelque changement. *Voir* plus loin les observations ultérieures.

ninsule de Lagrange s'appelle Icarie. Cette région est dessinée sur le croquis de Kaiser du 10 décembre 1864 (p. 177); mais le Phase est invisible. On la voit aussi sur un dessin de Lockyer du 18 octobre 1862 (p. 162).

Le canal des Sirènes a été vu à dater du 18 septembre, mais la partie inférieure, plus large, était pâle et sans limites précises. L'auteur attribue cet aspect à des troubles dans l'atmosphère de Mars, qui paraît avoir été couverte de brumes assez longtemps. Le 6 janvier 1878, le diamètre de cette région de la planète étant réduit à 8″,2, ledit canal était beaucoup plus net que jamais, et cette netteté durait encore le 21 mars. L'auteur pense que le Soleil en arrivant à l'équateur (le 22 février) a dissipé les brumes. C'est possible. Mais, il est également possible que les canaux changent avec les saisons. Déjà nous avons vu que plusieurs autres canaux n'ont été bien évidents qu'en février.

L'élargissement de ce canal, comme celui de l'Eosphoros, du canal des Géants, et celui des Titans, etc., est attribué par l'auteur à une division à l'embouchure, à des deltas, comme on le voit pour le Rhône, le Rhin, etc. Dans ce cas, l'eau s'écoulerait là du Sud vers le Nord, de la mer des Sirènes vers le fleuve Océan : il y aurait une pente du Sud au Nord.

Mer Maraldi = *Mer Cimmérienne. Baie Huggins. Fleuve des Cyclopes.*

Nos lecteurs connaissent cette mer depuis longtemps. La particularité la plus curieuse de cette région est l'existence du canal qui porte sur notre carte le nom de baie Huggins et sur celle de M. Schiaparelli celui de fleuve des Cyclopes. Ce nous paraît être aussi là l'une des configurations variables de la planète. Aux mois de septembre, octobre et novembre, on ne distinguait qu'une ombre grise indistincte : l'auteur attribue cet aspect à l'atmosphère de Mars, alors, dit-il, assez nuageuse sur les terres équatoriales. Mais les 25, 28 et 30 décembre, le canal était vu très nettement, quoique le disque fût réduit à 9″. Cette vision nette dura jusqu'à la fin des observations. Ce canal descendait verticalement de la mer Maraldi, le long du 223e degré. Pour nous, il est plus oblique, et se rapproche du dessin de Dawes, du 1er décembre 1864 (p. 187), ou peut-être son cours est-il soumis à certains changements.

Mer Hooke. Mer Flammarion = *Mer Tyrrhénienne. Petite Syrte.*

Ces mers succèdent à la précédente et nous conduisent à la mer du Sablier. La mer Hooke est plus foncée au nord qu'au sud. Entre la mer Hooke et la mer Flammarion, s'avance dans les terres un golfe aigu qui a reçu le nom de baie Gruithuisen et que M. Schiaparelli appelle Petite Syrte. Il y fait aboutir deux fleuves, le Léthé et le Triton. Cours singuliers et douteux. Très difficiles à distinguer. Non loin de là, on voit aussi le fleuve des Ethiopiens.

Mer du Sablier = *Grande Syrte. Nil. Libye. Népenthès.*
Lac Triton. Lac Mœris.

C'est la région la plus anciennement connue de la planète, et son premier

Fig. 176.

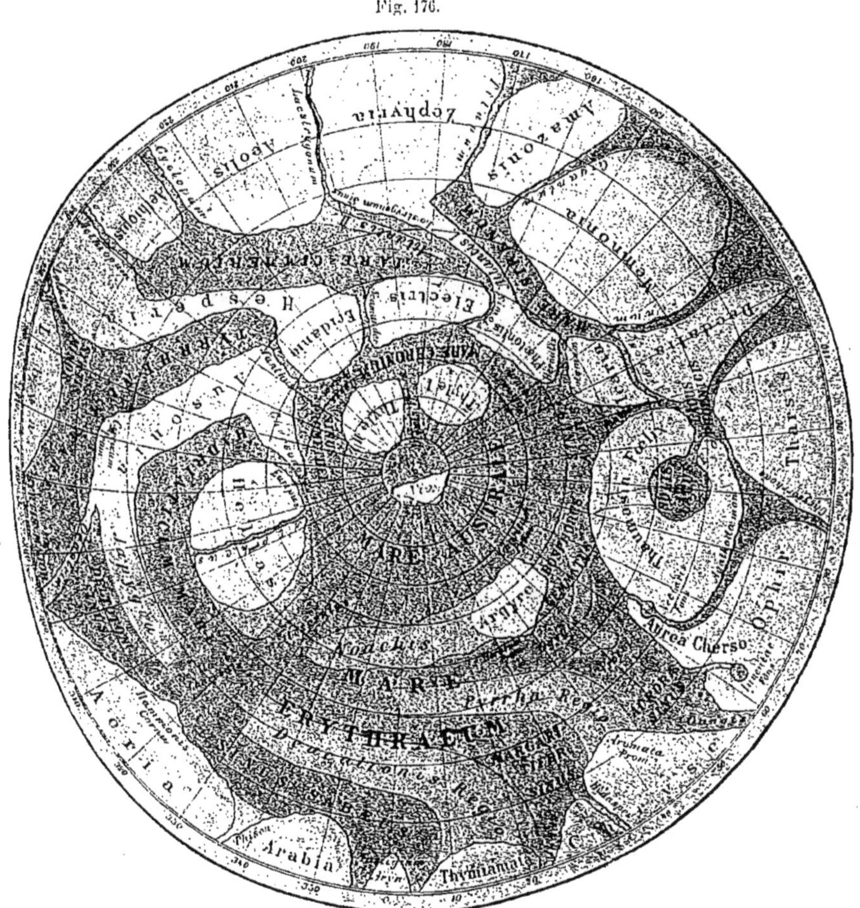

L'hémisphère austral de Mars, en 1877. Dessin de M. Schiaparelli.

dessin date, comme nous l'avons vu, de l'année 1659 (p. 16). M. Schiaparelli a donné à la mer du Sablier le nom de Grande Syrte, qui nous paraît moins heureux que ses autres dénominations. Il donne le nom de Nil à sa région inférieure qui tourne vers la droite en un long canal, et qui, sur notre carte, s'appelle Passe de Nasmyth.

A gauche de la mer du Sablier, vers la petite mer Main, l'observateur a dessiné un canal, le Népenthès, qui aboutit à un lac, le lac Triton, et porte en son milieu, comme un chaton de bague, un autre lac, le minuscule lac Mœris. Un autre fleuve, « très facile à distinguer », le Triton, va du lac de ce nom à la Petite Syrte en décrivant une courbe gracieuse. La région continentale entourée par ces eaux a reçu le nom de Libye. Cette région nous paraît soumise à des variations fréquentes et considérables, et sans doute à des inondations, surtout au nord, sur les plages de la mer. Voyez les bords estompés de ces plages sur les dessins de Dawes, 26 novembre 1864 (p. 187), Kaiser, 28 décembre 1864 (p. 178), id., 22 novembre (p. 176), Lockyer, 3 octobre 1862 (p. 157 et 158).

La mer du Sablier est beaucoup plus étroite sur la carte de M. Schiaparelli que sur les dessins de Mädler, Secchi, Lockyer, Kaiser, Franzenau, etc. Nous pouvons en conclure que ses rivages sont également variables.

Au-dessous du Népenthès, dans la « région d'Isis », qui est par elle-même très blanche, l'auteur a observé, le 14 septembre, un point aussi brillant que la neige polaire. Il lui parut former un carré de 1″,5 de côté (environ 8° ou 480 kilomètres). Si c'était de la neige, on en devrait conclure à l'existence d'un groupe de hautes montagnes sur les rives occidentales du lac Triton.

Terre de Cassini. Ile Dreyer = *Ausonie. Japygie.*

L'astronome de Milan conclut de ses observations que sur Mars les nuées ont une tendance marquée à se former sur les terres entourées d'eaux. C'est à ce fait que l'on doit sans doute l'aspect si fréquent du détroit d'Herschel et de la baie du Méridien se détachant isolément comme un ruban sombre, la péninsule de Deucalion étant souvent blanchie par ces nuées. L'Ausonie devient sombre à la Japygie. Dans l'état normal, quand l'atmosphère de Mars est pure, ces régions se présentent comme sur le dessin du 14 octobre 1877 (p. 295).

Terre de Lockyer = *Hellade. Fleuve Alphée.*

Région singulière aussi. Ile ronde, légèrement allongée du sud-est au nord-ouest, dont le diamètre ne mesure pas moins de 30° ou de 1800 kilomètres. Coloration jaune comme les continents, mais parfois blanche comme la neige. Cette île s'est montrée, en 1877, partagée du sud au nord par un canal auquel l'auteur a donné le nom de fleuve Alphée.

Mer polaire australe.

Si l'on fait abstraction des deux îles de Thulé, la calotte polaire de Mars limitée au 60e parallèle de latitude australe est entièrement maritime. L'opposition de 1877 a été extrêmement favorable pour l'examen de cette région : l'axe était incliné, en octobre, de 65° seulement sur notre rayon visuel, de sorte que toute la neige polaire est restée constamment en vue, entourée par la mer sombre. L'atmosphère a paru sans nuages.

Tel est le résumé des observations géographiques. Quelques mots encore, sur les neiges polaires.

La position du centre de la neige polaire australe a été trouvée à :

Longitude : 29°,47; Distance au pôle : 6°,15.

M. Asaph Hall a trouvé, en même temps (p. 283) 20°66 et 5°11. La moyenne des deux déterminations donne **25°,06** et **5°,63**. La moyenne des mesures faites par Kaiser, Lockyer et Linsser en 1862 avait donné 15°,51 et 4°,26; en 1830, Bessel avait trouvé 21°,55 et 6°,59. M. Schiaparelli conclut que, dans les divers solstices méridionaux de Mars, la tache polaire australe, lorsqu'elle est réduite à son minimum, occupe toujours à peu près la même position sur la planète. Sans doute y a-t-il là quelque bas-fond.

La carte de l'hémisphère austral de Mars, construite par M. Schiaparelli (*fig.* 176) montre bien cette position de la calotte de neige triangulaire restant près du pôle.

Ces neiges polaires ont varié de grandeur avec les saisons. Voici les observations :

Date.	Jours avant ou après le solstice.	Diamètre de la neige polaire.	Date.	Jours avant ou après le solstice.	Diamètre de la neige polaire.
23 août.	— 34	28°,6	22 septembre.	— 4	14°,7
28 »	— 29	23, 9	24 »	— 2	13, 8
3 septembre.	— 23	26, 0	25 »	— 1	11, 5
10 »	— 16	23, 9	26 »	0	11, 5
10 »	— 16	18, 5	30 »	+ 4	12, 5
11 »	— 15	20, 2	1 octobre.	+ 5	13, 7
12 »	— 14	17, 4	2 »	+ 6	11, 8
13 »	— 13	16, 9	4 »	+ 8	12, 7
14 »	— 12	17, 4	10 »	+ 14	10, 4
15 »	— 11	14, 1	12 »	+ 16	9, 5
15 »	— 11	16, 1	13 »	+ 17	9, 3
16 »	— 10	16, 1	14 »	+ 18	7, 6
18 »	— 8	19, 1	27 »	+ 31	7, 0
20 »	— 6	18, 5	4 novembre.	+ 39	7, 0

A travers les fluctuations inévitables dans des mesures aussi difficiles, on constate la diminution rapide de ces neiges polaires, de 28° à 7°. En les voyant se réduire à ce point, l'observateur s'attendait à les voir disparaître tout à fait. Il n'en fut rien.

Les observations n'ont pu être continuées que difficilement après la dernière date, à cause de la grande obliquité de la vue, de l'invasion graduelle de l'ombre et de la formation des nuages en ces régions. Au commencement de décembre, les neiges parurent croître de nouveau. Le solstice d'été était arrivé le 26 septembre. Le minimum des neiges l'a donc suivi d'environ deux mois.

En ce minimum, la neige présente une forme triangulaire.

M. Schiaparelli termine son admirable travail par des considérations sur la météorologie et la géologie martiennes. Nous reprendrons ces questions plus loin. N'avions-nous pas raison de dire, au début de cet exposé, que le progrès accompli par l'illustre astronome de Milan dépasse d'un bond tous les précédents? Nous retrouverons la suite de ces recherches dans toutes les oppositions qui vont suivre.

XC. Même année, 1877. — Maunder. *Analyse spectrale de Mars* [1].

Pendant que les belles observations physiques qui précèdent étaient faites par d'habiles observateurs, d'autres investigateurs continuaient les recherches d'analyse spectrale déjà commencées dès 1862 et 1864 par Huggins, Miller, Rutherfurd, Vogel (*voy.* p. 182), continuées en 1867 par les mêmes, plus Secchi (*voy.* p. 200), et en 1872 par Vogel (p. 212). A l'Observatoire de Greenwich, M. Maunder a trouvé pour le spectre de Mars les longueurs d'ondes suivantes, exprimées en décimètres.

RAIES D'ABSORPTION DANS LE SPECTRE DE MARS.

		23 août.	21 sept.	26 sept.
Bande δ du spectre de Brewster.	premier bord......	....	5640	5639
	second bord.......	....	5661	5747
Groupe de lignes vers D........	premier bord......	....	5889	5887
	second bord.......	....	5907	5897
Faible bande. Milieu		6019	6022	....
Bande α. Milieu....................................		6287	6287	6298
Très faible bande. Milieu		....	....	6511
Groupe de lignes vers C....	premier bord......	6544	6537	6544
	second bord.......	6572	6587	6575
Très faible bande. Milieu		....	....	6695
Très faible bande (B?). Milieu.....................		6852	....	6895

Si nous comparons ces lignes d'absorption avec celles trouvées en 1867 (p. 213), nous constatons une correspondance remarquable.

[1] *Monthly Notices*, t. XXXVIII, novembre 1877, p. 34-38.

De ces bandes, les trois plus marquées, la bande α et les groupes près D et C du spectre solaire, ont été observées en même temps sur la Lune, qui était à la même hauteur au-dessus de l'horizon; mais elles étaient plus étroites sur la Lune que sur Mars.

On a essayé de reconnaître une différence entre le spectre des taches sombres et celui des taches claires. Les taches sombres donnent un spectre beaucoup plus faible que le reste du disque, le contraste étant très marqué dans le rouge et le jaune et moins dans le violet. On n'a remarqué aucune ligne ou bande particulière. Toutes ces bandes d'absorption ont paru plus faibles vers les bords que dans l'intérieur du disque.

Les taches claires ont paru orangées, variant insensiblement depuis le jaune blanc jusqu'au rouge, suivant les jours.

(On a fait, pendant cette précieuse opposition de 1877, un certain nombre d'observations de positions de Mars relativement aux étoiles voisines, pour la détermination de la parallaxe solaire. Nous n'avons pas à en parler ici.)

Remarquons enfin que la première photographie de Mars a été essayée cette année-là. M. Gould, directeur de l'Observatoire de Cordoba, expose, dans un discours relatif à l'Exposition de Philadelphie [1], qu'il a réussi à obtenir la photographie de 84 objets célestes, parmi lesquels Mars, Jupiter et Saturne. Les principaux tons clairs ou foncés sont reconnaissables; mais ces photographies ne peuvent pas encore supporter d'agrandissement.

Opposition de 1879.

La période de 1879 a été à peine inférieure à la précédente par l'importance des observations. La planète n'approchait pas autant de la Terre, il est vrai, mais elle était plus élevée au-dessus de l'horizon, et il y avait presque compensation pour la netteté des images. De plus, les découvertes récentes étaient un puissant encouragement pour tous les observateurs.

SITUATION DE LA PLANÈTE.

Opposition : 12 novembre. Diamètre : 19″,3.

Pôle incliné vers la Terre : austral, mais moins qu'en 1877.

Dates.	Latitude du centre.	Diamètre apparent.	Phase (zone manquant).	Angle Soleil-Terre.
12 août............	— 15°,2	11″,4	1″,7	46°
12 septembre.....	— 10 ,5	14 ,2	1 ,7	41
12 octobre........	— 9 ,8	17 ,8	0 ,9	26
12 novemb. (*opp.*).	— 14 ,5	19 ,3	0 ,0	0
12 décembre	— 18 ,2	15 ,3	0 ,6	23
12 janvier........	— 17 ,2	11 ,0	1 ,0	35
12 février........	— 12 ,7	8 ,1	0 ,9	38

[1] *Address of prof.* Gould (*The Observatory,* mai 1878, p. 19).

Hémisphère austral ou supérieur.		Hémisphère boréal ou inférieur.
14 août 1879........	Solstice d'été.	Solstice d'hiver.
21 janvier 1880.....	Équinoxe d'automne.	Équinoxe de printemps.

XCI. 1879. — N.-E. GREEN. *Observations* ([1]).

L'auteur expose d'abord que le but de ses observations a été surtout d'identifier les aspects observés en 1877 et de voir si quelques changements seraient arrivés dans l'intervalle.

L'atmosphère de l'Angleterre n'a pas été favorable et les meilleures vues ont été prises lorsque Saturne était presque entièrement effacé par le brouillard, l'éclat de Mars étant, par conséquent, très tempéré.

On a pu identifier toutes les configurations de la carte (p. 275), à l'exception seulement de quelques détails. MM. Niesten à Bruxelles, Burton près Dublin et Denning à Southampton ont pris des dessins portant les mêmes vérifications.

Certaines variations d'aspects ont été observées. L'une des principales est une bande blanche à la latitude australe de 20° s'étendant de 260° à 360° de longitude, unissant en une longue ligne blanche les îles Dreyer, Hirst et Phillips. A l'est de l'île Phillips, cette bande claire tourne vers l'équateur et passant entre la baie du Méridien et la baie Burton va rejoindre le continent Beer. Or, c'est précisément l'aspect vu et dessiné par Beer et Mädler en 1830, Lockyer en 1862 et Kaiser en 1864, tandis qu'à Madère, en 1877, cette partie du globe de Mars était marquée d'une demi-teinte sur laquelle les îles n'étaient vues qu'indistinctement; l'espace compris entre la baie du Méridien et la baie Burton était toujours resté assez foncé pour continuer la bande équatoriale.

Au nord de la mer Terby, la tache sombre nommée mer Dawes sur la carte de Proctor a été dessinée par Dawes, Lockyer et Kaiser; mais elle était certainement invisible en 1877. M. Green avait fait l'impossible pour la retrouver. Elle avait donc disparu, ou à peu près. Or, elle est revenue en 1879 telle qu'elle avait été vue précédemment.

Quant aux canaux de M. Schiaparelli, l'auteur croit en avoir aperçu quelques-uns, mais « il ne pense pas que ce soient là des marques géographiques permanentes, car si toutes les lignes sombres vues par les observateurs étaient réunies sur une même carte, la plus grande confusion s'en suivrait.

» Il est possible que plusieurs de ces lignes soient les limites de taches

([1]) *On some changes in the markings of Mars* (*Monthly Notices*, mars 1880, p. 331). *Voy.* aussi *The Astronomical Register*, déc. 1879, p. 295.

très faibles et pour ainsi dire invisibles, ou bien des espaces entre des voiles atmosphériques. Dans les deux cas, leurs positions varieraient.

» Ces observations nous conduisent à regarder les grandes taches sombres comme les configurations les plus permanentes, mais sujettes à des oblitérations partielles ou même à de longues disparitions, par l'interposition de quelque voile atmosphérique plus clair. »

A la séance de la Société astronomique de Londres du 12 mars 1880, on remarque(¹) une intéressante discussion sur la difficulté de dessiner sûrement certains détails douteux des aspects de Mars, entre les observateurs Green, Brett, Knobel et Christie. La conclusion est qu'il est souvent impossible d'être sûr, et que l'atmosphère de Mars aussi bien que la nôtre produisent des variations plus ou moins grandes dans ces aspects. Quant à des changements réels, M. Green n'y croit pas : « The changes that I speak of I do not suppose for a moment to be actual changes in the planet, but changes in the appearance of the planet, and doubtless in a great measure due to its atmosphere. »

Telle n'est pas notre opinion. Pour nous, il s'opère actuellement sur Mars des changements réels, assez considérables pour être visibles d'ici.

Il a été question à cette même séance de neuf dessins faits par M. Brewin pendant l'opposition de 1879.

XCII. 1879. — Dr TERBY. *Observations et dessins* (²).

Ces observations ont été faites, comme les précédentes du même auteur, à l'aide d'une excellente lunette de 108^{mm}, de Secretan, et aussi à l'aide de l'équatorial de six pouces de l'Observatoire de Bruxelles. Elles s'étendent du 28 septembre au 18 décembre, et contiennent 23 dessins. Voici les principales :

Le 27 octobre, de 9^h45^m à 10^h (*fig.* 177, A). — Il est évident que ce dessin est incomplet, mais il y a impossibilité totale de découvrir d'autres détails. Je vois en ζ l'Œnotria de M. Schiaparelli. Le détroit d'Herschel justifie parfaitement ici l'épithète de *Schlangenförmig* qui lui a été donnée autrefois. Cette observation est très bonne et très exacte.

Le 25 novembre, de 8^h45^m à 9^h15^m (*fig.* 177, B). — Très bonne image. La grande tache est très faible (océan de la Rue). La tache a est la plus noire, plus noire que le 16 octobre (mer Tycho); vient ensuite la Mer circulaire, moins foncée, mais le 15 et 16 octobre, elle était, au contraire, très foncée. A 9^h15^m, blancheur

(¹) *The Observatory*, avril 1880, p. 369.
(²) *Aspect de la planète Mars pendant l'opposition de 1879* (*Bulletins de l'Académie de Belgique*, mars 1880).

polaire boréale; la tache *a* semble disparue. La position de taches *a*, *b* et *q* a été relevée avec beaucoup de soin et se rapporte à l'heure moyenne de l'observation (9ʰ).

Il est très intéressant de noter que, le 25 novembre, la mer Tycho était beaucoup plus noire que le 16 octobre. Cet effet ne peut être attribué à un relèvement de cette tache sur le disque, puisque, bien au contraire, le pôle sud s'abaissait encore vers la Terre au 25 novembre.

Le 29 novembre, de 6ʰ à 6ʰ30ᵐ (*fig.* 177, C). — Très bonne image. On voit en ζ l'Œnotria (Schiap.), en *i* la mer Lambert très faible. Le Sinus Sabæus (χ, ος) bordé de blanc jusqu'à la ligne pointillée. Il en était de même à 8ʰ40ᵐ. Une ombre très légère apparaît en ξ. Les deux taches polaires sont tout à fait certaines cette fois : la supérieure est extrêmement petite, comme en 1877, mais moins brillante. L'inclinaison progressive du pôle sud vers la Terre rend donc enfin visible la petite tache polaire méridionale; elle est réduite à ses moindres dimensions, et même a perdu son éclat par suite de l'été méridional qu'elle traverse (¹). Il est difficile d'indiquer la limite de la grande tache sombre du côté du Sud. L'image, d'abord excellente, devient très ondulante à l'approche d'un nuage qui s'élève de l'horizon est à la fin de l'observation.

Le 6 décembre, de 5ʰ41ᵐ à 6ʰ1ᵐ (*fig.* 177, D), et à 6ʰ11ᵐ. — L'image étant fort agitée, j'ai employé un diaphragme qui réduit l'ouverture de l'objectif à 0ᵐ,077; et, comme je l'ai souvent constaté, l'observation a immédiatement pu continuer dans de meilleures conditions. Les terres de Burckhardt β et de Cassini π, l'Iapygia ψ, la mer Zöllner *t* sont devenues beaucoup plus certaines. δ = terre de Lockyer. Le continent Æria ρ, très brillant, très blanc. L'attention soutenue avec laquelle on a examiné ces détails a introduit quelque doute dans la position précise des taches sur le disque. Néanmoins on peut dire que la position de la mer Zöllner *t* se rapporte plutôt à l'heure moyenne de l'observation (5ʰ51ᵐ), celle de la mer du Sablier au commencement et celle de la terre de Burckhardt à la fin. Cette dernière terre est donc un peu trop rapprochée du bord occidental eu égard à l'heure moyenne et la configuration générale en a subi une légère déformation.

Dans ces observations de M. Terby, la tache polaire boréale ou inférieure s'est montrée quelquefois double. On a pu voir trois fois la tache polaire supérieure, beaucoup plus petite.

Remarquons surtout dans ces dessins la bordure blanche du détroit d'Herschel, de la mer du Sablier à la baie du Méridien (nuages ou neiges?) et la mer noire *a* du 25 novembre, correspondant à la mer Tycho.

L'habile astronome de Louvain a présenté la même année (6 décembre 1879) à l'Académie de Belgique un mémoire (²) ayant pour but d'établir que les

(¹) 14 août 1879, solstice d'été pour l'hémisphère sud; 21 janvier 1880, équinoxe d'automne.

(²) *Mémoire à l'appui des remarquables observations de M. Schiaparelli sur la planète Mars.* Bruxelles, 1880.

canaux découverts par M. Schiaparelli en 1877, et mis en doute par un certain nombre d'astronomes, peuvent être retrouvés sur des dessins antérieurs,

Fig. 177.

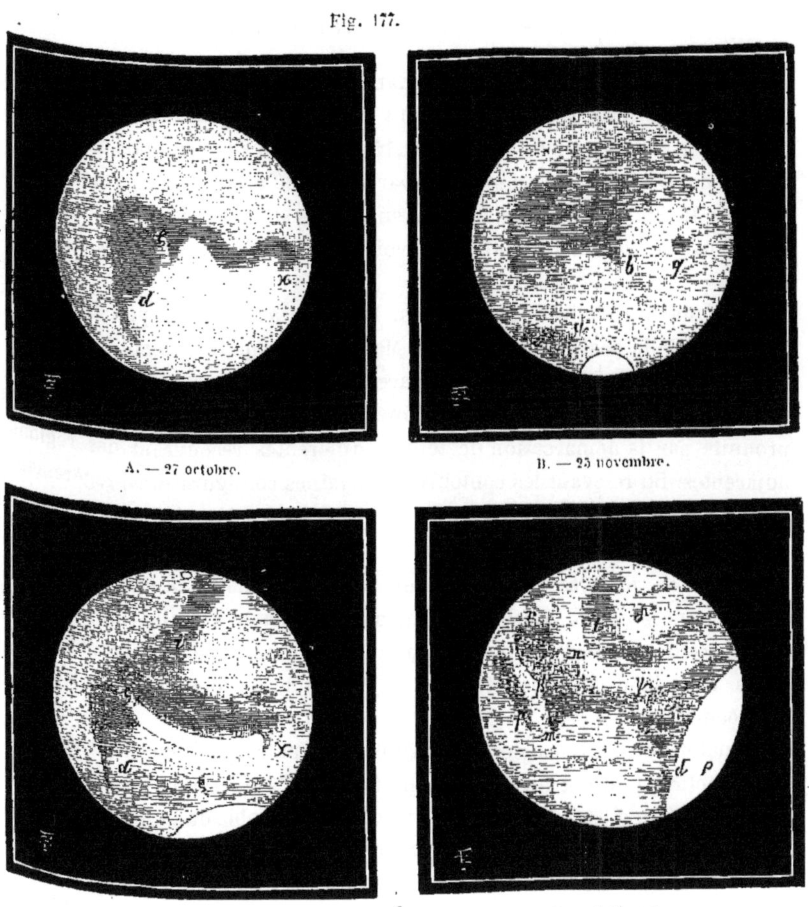

A. — 27 octobre.   B. — 25 novembre.

C. — 29 novembre.   D. — 6 décembre.

Dessins de Mars, par M. Terby, les 27 octobre, 25 et 29 novembre et 6 décembre 1879.

notamment sur ceux faits par M. Holden en 1875, au grand équatorial de 26 pouces de l'Observatoire de Washington.

M. Holden a fait cette année-là six dessins, dont nous avons reproduit plus haut (p. 237) les deux meilleurs. Nous ne partageons pas l'optimisme de M. Terby sur la correspondance de ces vues avec la carte de M. Schiaparelli.

M. Terby croit également retrouver la confirmation des canaux dans les dessins de Knott et Schmidt en 1862, Secchi en 1864, Gledhill, Lehardelay, Vogel et Lohse en 1871, Knobel, Lohse et Trouvelot en 1873, Cruls et

Niesten en 1877. Cette correspondance ne nous paraît pas, non plus, absolument sûre... loin de là !

XCIII. 1879. — Niesten. *Observations et dessins* (¹).

Les observations de M. Niesten, pendant cette opposition, s'étendent du 3 octobre au 26 janvier et ne comprennent pas moins de quarante dessins, faits à l'équatorial de 6 pouces anglais (0ᵐ,15) de la tourelle orientale de l'Observatoire de Bruxelles. Grossissement variant de 90 à 450. L'observateur a été aidé par M. Stuyvaert : deux croquis successifs étaient pris, et aucun détail n'a été fixé sur le dessin final sans avoir été contrôlé par les deux observateurs.

Avant de faire leurs observations, les deux astronomes prenaient connaissance de la position du globe de Mars et de ce qu'ils avaient à y trouver d'après les cartes de Green et Schiaparelli. Ils ont reconnu plusieurs canaux; d'autres n'ont pas présenté une délinéation nette, mais semblaient plutôt produits par la démarcation de teintes différentes recouvrant des régions adjacentes. En relevant les contours de certaines configurations, légèrement teintées de gris, ou de gris orangé, on pourrait les identifier avec certains canaux.

M. Niesten propose d'employer les dénominations de la carte de Green pour les mers et les continents, qui sont stables et certains, et celles de Schiaparelli pour les fleuves et les canaux, qui paraissent variables et incertains. C'est là une proposition qui nous semble de tous points acceptable et recommandable.

Signalons d'abord, parmi les dessins, les quatre que nous reproduisons ici en héliogravure et dont le méridien central correspond aux longitudes 67°, 150°, 250° et 330° : ils embrassent donc l'ensemble de la planète.

Dans le premier, du 29 octobre à minuit (*fig.* 178, A), on remarque au centre la baie Christie avec l'île de Hall. L'île Phillips ne rejoint pas le continent. Au-dessous de la mer Terby, on remarque un autre lac. Ce lac est visible sur les dessins des 15 et 29 octobre, 25, 26 et 27 novembre et 19 décembre; l'île de Hall sur ceux des 15 et 29 octobre, 26 et 27 novembre.

La partie ombrée au nord marquerait les confluents du Nil, de Jamuna et du Gange.

Dans le second dessin (*fig.* 178, B), du 19 décembre, à 6ʰ du soir, la mer Schiaparelli se développe dans toute son étendue. Sa réunion avec la mer Maraldi produit l'aspect bien connu de deux ailes ouvertes pour le vol.

(¹) *Observations sur l'aspect physique de la planète Mars pendant l'opposition de 1879-80* (*Annales de l'Observatoire de Bruxelles*, t. VII, 1890).

Dans le troisième dessin (*fig.* 178, C), du 9 novembre à minuit 35ᵐ, la terre de Burckhardt, qui sépare la mer Maraldi de la mer 'Hooke, est au centre. Isthme de Niesten. Terres de Webb et de Cassini. Ile Dreyer. Ombre grise contournant la calotte polaire boréale : OEnostos et Astapus.

Dans le quatrième dessin (*fig.* 178, D), du 27 octobre à 10ʰ 15ᵐ, on reconnaît

Fig. 178.

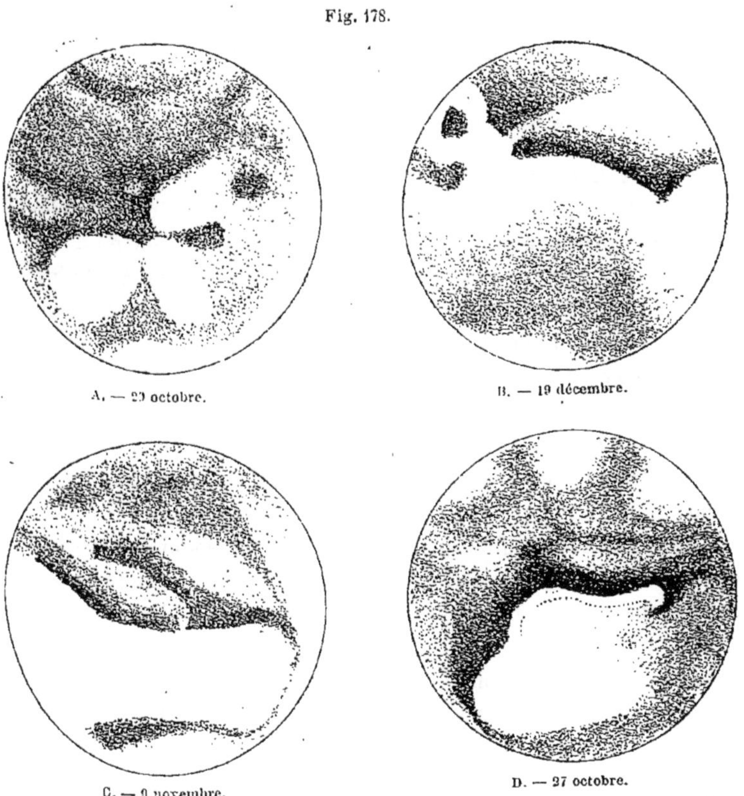

Vues de Mars, par M. Niesten, les 29 octobre, 19 décembre, 9 novembre et 27 octobre 1879.

la mer du Sablier, le détroit d'Herschel, très sinueux, bordé de blanc, nuages ou neiges? La même bordure blanche est visible sur les dessins de M. Terby du 29 novembre. Les terres australes ressortent sur le fond gris. En bas, l'ombre grise suit la trace du Nil.

Ces quatre vues donnent une idée de l'ensemble. « Les taches les plus foncées (bleuâtres) ont été le détroit d'Herschel, la baie de Schmidt, la baie du Méridien, l'océan de la Rue, la baie Christie, la mer Terby, la mer Maraldi, la mer Flammarion, la mer du Sablier. Une légère teinte grise s'étendait sur les terres inondées de Jacob Land. Au nord des taches grises qui

forment Herschel Strait, Maraldi Sea et Flammarion Sea, on remarquait une
zone blanche. Continent Secchi, jaune-orange; continent Herschel, jaune;
terre de Lockyer, jaune; continent Beer, jaune-orange; continent Mädler, id.,
terre de Browning, jaune-orange; terres de Fontana et de Rosse, blanches.
On a reconnu les traces correspondantes aux canaux Chrysorrhoas, Phasis,
Agathodœmon, Ganges, Indus, Araxes, Læstrigon, Astapus, Alphée, Nil et
plusieurs autres, souvent plutôt comme délimitations de grandes taches de
teintes différentes que comme lignes détachées. »

XCIV. 1879. — C.-E. Burton. *Observations et dessins* ([1]).

Les observations de M. Burton continuent celles que nous avons analysées en 1871 et 1873 (p. 209). Elles embrassent une période de trois mois,
du 5 octobre 1879 au 5 janvier 1880, et ont été faites à l'aide d'un réfracteur
équatorial de 6 pouces, de Grubb, d'un réflecteur newtonien de 8 pouces,
de John Brett, et d'un autre télescope de 12 pouces; grossissements : 220 à
514 fois. Le mémoire de M. Burton est accompagné de 24 dessins et d'une
carte. L'observateur emploie la nomenclature de la carte de Green.

Aucune comparaison avec les résultats des autres observateurs n'a été
faite avant que les dessins ne fussent entièrement terminés. C'est là, à notre
avis, la meilleure méthode. Elle évite les illusions provenant d'idées préconçues.

Les conditions atmosphériques ont été habituellement bonnes, et la plus
grande altitude de la planète en 1879, relativement à l'année 1877, paraît
avoir compensé l'accroissement de la distance et la diminution du diamètre.

L'auteur pense que l'on peut attribuer presque toutes les différences
d'aspects à la projection variable de la planète et à l'obscurcissement temporaire et partiel dû aux brumes, bouillards ou neiges, dépendant des saisons.

M. Burton a été aidé dans ces observations par M. J.-L.-E. Dreyer, qui a
fait un certain nombre de dessins.

Il ne nous semble pas nécessaire de donner ici les dessins de MM. Burton
et Dreyer, car leur ensemble se trouve réuni sur la carte suivante (*fig.* 179),
construite par ces deux observateurs. On remarquera certains aspects d'autant plus surprenants qu'ils ont été mieux observés. Ainsi, par exemple, la
mer du Sablier offre une forme à laquelle nous ne sommes pas accoutumés;
de plus, elle se détache comme une jambe, entièrement séparée du détroit
d'Herschel. On ne reconnaît pas la mer Schiaparelli. L'entourage de la mer

---

([1]) *Physical observations of Mars*, 1879-80 (*Scientific Transactions of the royal
Dublin Society*, 1880). Voy. aussi *The Astronomical Register*, mai 1890, p. 116.

Terby n'est pas assez circulaire. C'est encore là presque une carte nouvelle, quoique le fond soit bien martien.

On y remarque plusieurs canaux : 1° à la baie du Méridien, rappelant

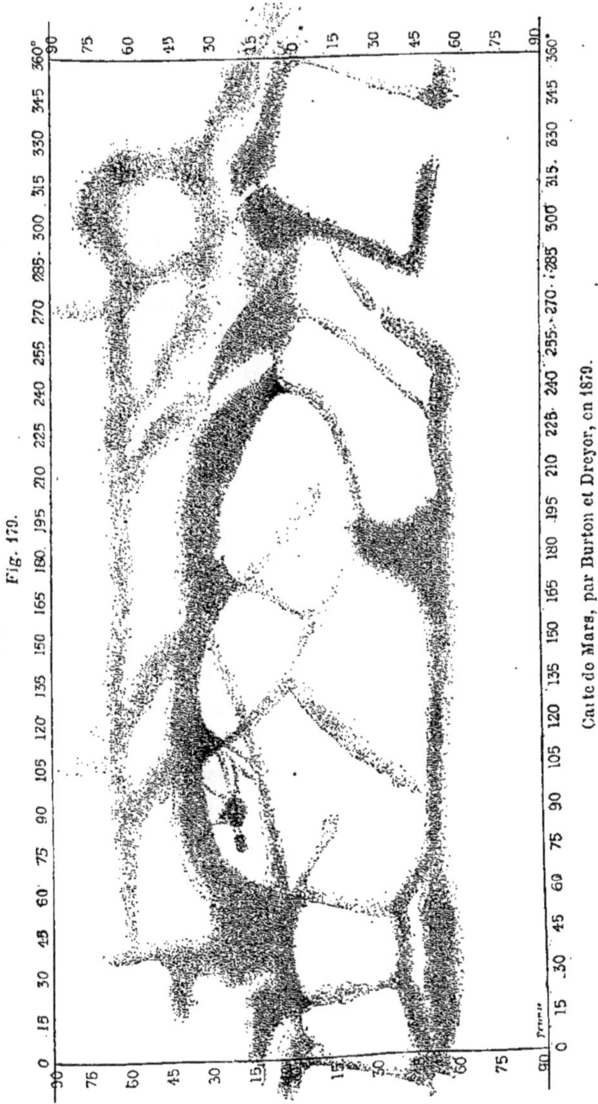

l'Hiddekel de Schiaparelli; 2° à la baie Burton, rappelant l'Indus ou l'Hydaspe; 3° à la baie Christie : la Manche ; 4° au-dessous de la mer Terby, sans doute l'Araxe, coupé par la longue traînée descendant obliquement sur notre carte (p. 69) et qui correspond au Pyriphlégéton. On croit reconnaître ensuite le Gigas (mais incomparablement plus large), puis le Titan et le Tartare, mais bien différents, par leur position même, de ceux de la carte de Milan; à l'extrémité de la mer Maraldi, la baie Huggins, très contournée, viendrait rejoindre la mer Oudemans : l'auteur l'identifie avec le canal des Cyclopes; ce n'est pas être exigeant. Enfin, vers la baie Gruithuisen, un autre canal pourrait correspondre au Léthé. — Ces comparaisons conduisent à penser que l'on voit bien mal, que l'on ne dessine pas les choses où elles sont, ou que tout cela change singulièrement, comme s'il s'agissait de formations atmosphériques, de condensations glissant à la surface du sol! Pourtant l'auteur assure avoir *nettement* et *sûrement* vu et dessiné la baie Huggins (méridien 240). Comparez avec la carte (p. 293).

M. Burton pense que ces canaux sont identiques en nature avec les mers : « I have little doubt that these canals are identical in nature with the seas, though the connexion between them is occasionally singularly complex and difficult to define accurately. »

La neige polaire boréale s'est montrée dans toutes les observations beaucoup plus brillante et plus vaste que l'australe, quoique le pôle nord ait été au delà du bord, sur l'hémisphère invisible, et le pôle sud au contraire, en deçà, sur l'hémisphère visible. L'auteur estime qu'à la date du 10 décembre, les neiges boréales s'étendaient sur un cercle ayant 90° de diamètre. Le cap polaire austral se montrait évidemment excentrique au pôle. Les nuages, nuées ou brouillards qui voilent de temps en temps certaines régions ne sont pas blancs comme les neiges, mais de la couleur des continents, c'est-à-dire jaunâtres, et ne ressortent pas en blanc. Le 5 janvier, la neige polaire australe n'était plus blanche ou brillante, mais jaunâtre, mal définie. Peut-être était-elle en partie fondue, remplacée ou couverte par du brouillard, cette région étant depuis plusieurs mois exposée aux rayons du Soleil.

XCV. 1879. — *Observations diverses.* Dr O. Lohse, Nicolaus von Konkoly, E. Hartwig, etc.

M. Lohse, dont nous connaissons déjà les observations antérieures, a fait une nouvelle série d'études (¹), du 17 septembre au 2 décembre. Ces études se résument en six dessins et une carte. Nous reproduisons ici cette carte (*fig.* 180), qui ne ressemble pour ainsi dire à aucune des précédentes.

Entre autres divergences, le fameux lac circulaire que nous voyons depuis longtemps passer sous nos yeux, n'est pas rond, ni ovale, mais *carré* (Cette

(¹) *Beobachtungen und untersuchungen über die physische Beschaffenheit der planeten Jupiter und Mars* (*Publ. des astr. Observ. zu Potsdam*, t. IX, 1882).

forme serait-elle due à une vision confuse des canaux qui y aboutissent?) la
mer du Sablier est à peu près arrêtée au milieu de son étendue; on ne recon-

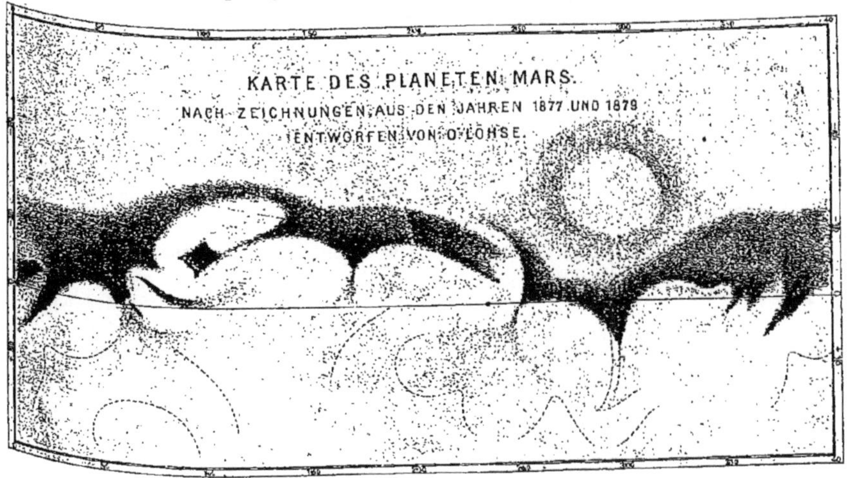

Fig. 180. — Carte de Mars, par M. Lohse, en 1879.

naît pas la mer Maraldi, qui est traversée par un sillon blanc. Le détroit
d'Herschel et la baie double du Méridien représentent à peu près tout ce qui

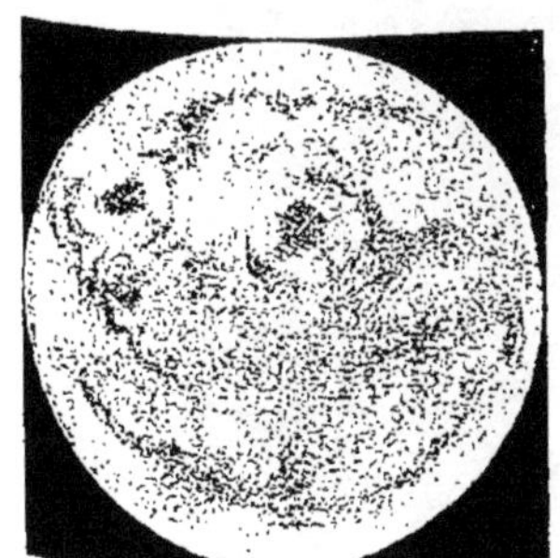 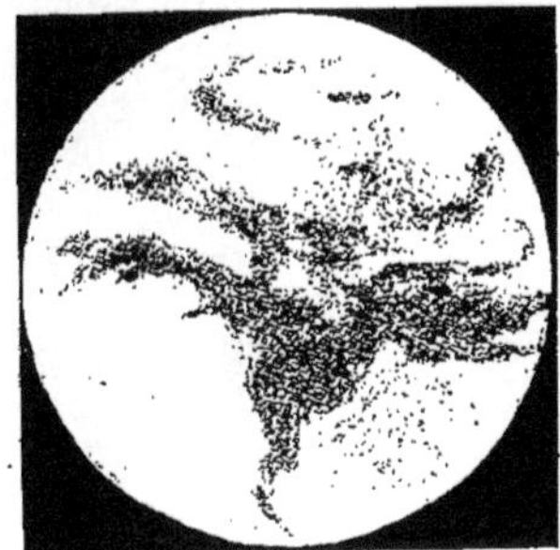

Fig. 181. — Croquis de Mars, par M. de Konkoly, les 19 et 29 octobre 1879.

reste de la configuration générale, avec la terre de Lockyer, qui se devine
au-dessus de la mer du Sablier écourtée.

Les observations ont été faites à l'Observatoire de Potsdam, au grand
équatorial de 298mm. Grossissements de 120 à 350.

M. de Konkoly a fait un certain nombre d'observations de Mars pendant
la même opposition et a publié trois dessins, des 19 octobre à 11h20m, 29 octobre à 9h40m et 13 novembre à 8h56m (fig. 181). Le dernier est très vague, et
il est difficile de s'y reconnaître. Les deux premiers, le second surtout, sont
meilleurs, et nous les reproduisons ici par la photogravure. Les observations

ont été faites à l'aide d'un réfracteur de 6 pouces, armé d'un grossissement de 216.

On reconnaît sur la première la mer circulaire de Terby, mais doublée en quelque sorte. Il y a évidemment ici une grande équation personnelle. Le second montre avec évidence la mer du Sablier et toutes les configurations adjacentes.

M. E. Hartwig a pris de nouvelles mesures micrométriques du diamètre de Mars ([1]). Ces mesures ont donné, combinées avec celles d'Arago, Bessel, Kaiser et Main :

Diamètre polaire = 9″,349. — Ellipticité douteuse.

Mesures de Hartwig :

Diamètre polaire... 9″,311
»   équatorial.. 9 ,519
Aplatissement (combiné avec les résultats de Encke et Galle) : $\frac{1}{96}$.

Le 30 juin 1879, les planètes Mars et Saturne se sont rencontrées en per-

Fig. 182.

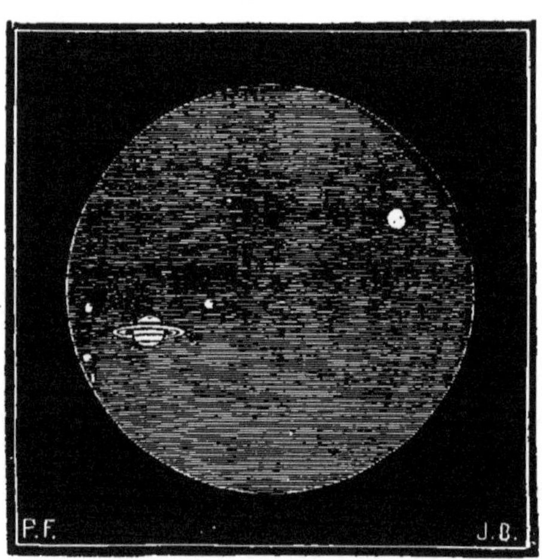

Conjonction de Mars avec Saturne, le 30 juin 1879.

spective dans le ciel (*fig.* 182), leur moindre distance a été réduite à 87″, centre à centre. Le phénomène a été observé par un grand nombre d'observateurs (*quorum pars minima fui*). La remarque capitale qui a été faite en cette circonstance a été celle du contraste frappant entre la coloration *rouge de Mars* et le ton plombé de Saturne, qui paraissait vert par contraste. L'aspect de ces deux astres dans le champ de la même lunette était tout à fait merveilleux.

([1]) *Astronomische Gesellschaft.* Leipzig, 1879.

Les caps polaires sud et nord de Mars étaient d'une éclatante blancheur.

Il y avait déjà eu une conjonction des deux planètes le 3 novembre 1877, mais elle avait été moins étroite, et les deux astres n'avaient pas été réunis dans le même champ d'une lunette astronomique.

Le plus grand rapprochement a eu lieu vers $7^h 30^m$ du soir.

1879. — J.-H. SCHMICK. *Études sur Mars* (¹).

L'auteur de cet opuscule a pris principalement pour but de résumer les observations faites par M. Schiaparelli en 1877. Son travail est divisé en six Chapitres dont voici les titres :

I. — La planète Mars considérée comme membre de la famille des mondes de notre système solaire.

II. — L'observation de Mars dans les instruments astronomiques.

III. — Ce que révèle l'observation spéciale de Mars : — (a) au point de vue des régions neigeuses; — (b) au point de vue des régions foncées; — (c) au point de vue de l'anneau lumineux qui entoure le disque.

IV. — Résultats de l'étude de Mars au point de vue de la surface solide de la planète.

V. — Que nous révèle la connaissance actuelle de Mars sur le développement de la Terre ?

VI. — Continuation du même sujet.

Le Chapitre I expose la situation cosmographique de Mars et ses mouvements, réels et apparents.

Le Chapitre II est consacré aux taches, à la rotation, aux neiges et à l'atmosphère.

Dans le Chapitre III, l'auteur passe en revue les variations des taches polaires, les effets des saisons, et expose les résultats des observations, principalement celles de M. Schiaparelli. Les régions foncées sont considérées comme des mers.

Les taches claires ou continentales font l'objet du Chapitre suivant. L'auteur partage l'opinion que la planète a perdu une partie de ses eaux, et fait remarquer la prédominance continentale de l'hémisphère nord. Il pense que le pôle nord doit avoir un bassin, comme le pôle sud, mais plus petit.

Enfin, dans les deux derniers Chapitres, l'auteur examine si les observations faites jusqu'alors sont favorables à la théorie d'Adhémar et de Croll sur les périodes glaciaires et conclut négativement.

(¹) *Der Planet Mars, eine zweite Erde, nach Schiaparelli.* Leipzig, 1879.

1879. — C. Flammarion. *Études sur Mars* (*).

Exposant dans l'*Astronomie populaire* nos connaissances sur la planète Mars et reprenant surtout nos arguments déjà émis dans les *Terres du Ciel* (*voy.* plus haut, p. 241), nous insistions, comme caractéristique de la constitution de ce monde voisin, sur les différences de tons entre les mers et sur les variations de ces tons, ainsi que sur certains changements de formes et d'aspects qui nous paraissaient dès lors établis avec certitude par l'observation. — Nous avons remarqué, non sans curiosité, que plusieurs astronomes qui auraient dû ne point parler de ce qu'ils ne connaissaient pas, critiquèrent avec une grande désinvolture ce résultat acquis par notre étude spéciale de la planète. — Parmi les régions de Mars les plus variables, nous signalions surtout le détroit d'Herschel II et la mer Terby. Voici un extrait de ce Chapitre.

Une autre différence avec la Terre paraît être offerte par la variabilité de quel-

Fig. 183.

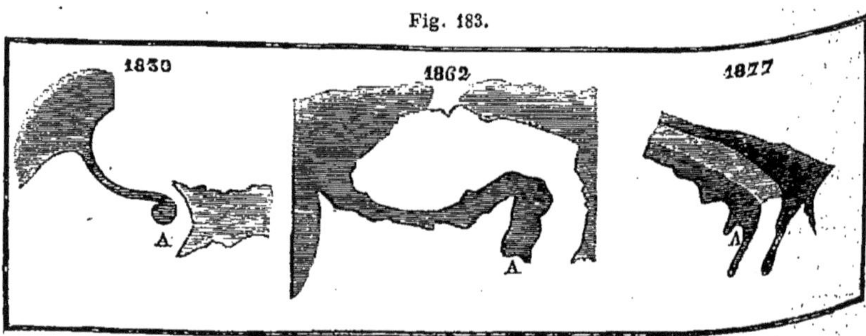

Variations dans les mers de Mars. Le détroit d'Herschel II en 1830, 1862 et 1877.

ques-unes de ses configurations géographiques. L'étude constante du détroit d'Herschel II pourrait conduire sur ce point à des résultats fort curieux. En 1830, Mädler l'a plusieurs fois très nettement et très distinctement vu tel qu'il est représenté ci-dessus (*fig.* 183). En 1862, Lockyer l'a vu avec la même netteté comme il est dessiné à côté, et, en 1877, Schiaparelli l'a observé tel que nous le voyons sur le troisième dessin. Ce point, vu rond, noir et net en 1830, si net en réalité que Mädler le choisit pour origine des longitudes martiennes comme étant le point le plus noir, déjà vu sous la même forme par Kunowsky, en 1821, et indiqué aussi dès 1798 par Schrœter comme globule noir, n'a pu être distingué en 1858 par Secchi, malgré la recherche spéciale qu'il en a faite. Ce même point a été vu bi-

(*) *Astronomie populaire*, première édition, 1879, p. 484.

furqué par Dawes en 1864, et il l'est certainement; mais la région qui l'environne au sud paraît couverte de marais et *variable d'aspect suivant les années;* tous les dessins de 1877 ne montrent plus le même point, comme un disque noir suspendu à un fil serpentant, mais le fil s'est élargi au point de ne plus pouvoir soutenir cette comparaison : le golfe est aussi large au centre et à l'origine qu'à son extrémité orientale.

» Actuellement, la tache la plus noire et la plus nette, celle que l'on choisirait de préférence pour marquer l'origine des méridiens, serait la mer circulaire de Terby : on la choisirait certainement de préférence à la première. En 1830, la préférence a été donnée à la précédente, et sur plusieurs dessins on voit les deux faire exactement pendant de chaque côté de l'océan (*fig.* 184). Ces dessins ne pour

Fig. 184.

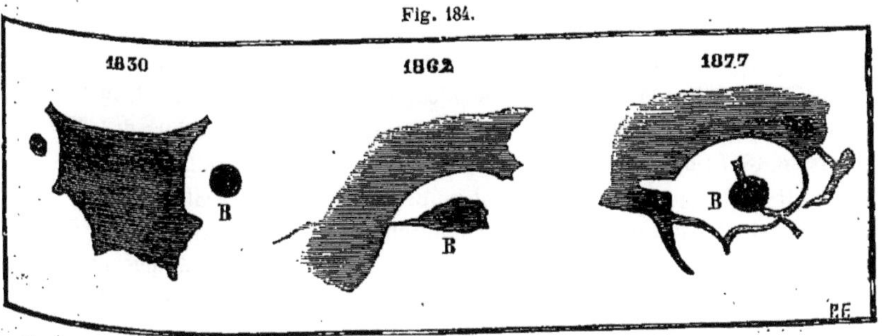

Variations dans les mers de Mars. La mer circulaire de Terby en 1830, 1862 et 1877.

raient plus être faits aujourd'hui. Voilà une première variation. Une deuxième est présentée par l'aspect même de la tache : en 1862, les différents observateurs l'ont vue allongée de l'est à l'ouest; en 1877, on l'a vue au contraire parfaitement ronde (correction faite de la perspective) et certainement non allongée dans le premier sens. Troisième variation : elle paraissait, en 1862, réunie à l'océan voisin par un détroit, et, en 1877, instruments de même puissance et observateurs de la même habileté n'ont rien vu de ce détroit et en ont distingué un autre au nordest. Autre exemple de variabilité : d'excellents observateurs ont aperçu en 1862 et 1864, dans l'océan de la Rue, un point lumineux qui aurait pu être formé par une île couverte de neige et que j'ai cru devoir indiquer sur ma première carte. Personne ne l'a jamais revu depuis.

» Sans doute, il ne faudrait pas prendre pour des changements réels toutes les différences qui existent entre les observateurs. Ainsi, par exemple, en 1877, plusieurs ont vu réunies à l'occident les mers de Hooke et de Maraldi, tandis que la séparation est restée visible pour les autres; l'œil est différemment impressionné et l'on pourrait presque dire que pour certains détails il n'y a pas deux yeux qui voient identiquement de la même façon, même les deux yeux d'une même personne. Mais, lorsque l'attention s'est tout spécialement fixée sur certains points remarquables qui auraient dû être rendus parfaitement visibles dans les instruments employés, et que l'on constate ainsi des différences qui paraissent incompatibles avec les erreurs d'observation, la probabilité penche en faveur de la réalité effective des changements signalés.

» De quelle nature sont ces variations? c'est ce que l'avenir nous apprendra. Nous ne pourrions émettre actuellement que de vagues conjectures à cet égard. Mais quelles qu'elles soient, elles n'empêchent pas les principales configurations de la géographie martienne d'être permanentes, par conséquent réelles, et d'être vues actuellement telles que nos pères les ont vues et dessinées il y a plus de deux siècles.

» Autre remarque non moins intéressante. Cette planète voisine paraît avoir beaucoup moins de nuages que celle que nous habitons.

» C'est là un grand contraste avec notre globe, car il y a des années où nous n'en sommes vraiment pas privés. En une année entière, du mois d'août 1878 au même mois 1879, nous avons eu à Paris 167 jours pendant lesquels il a plu, et seulement 37 jours de ciel pur ou peu nuageux, 37 jours faits pour les astronomes. Sur l'hémisphère austral de Mars, c'était absolument le contraire lors des observations de 1877 : on a pu observer la planète toutes les fois qu'il a fait beau chez nous. Il ne faut pas oublier, en effet, que, pour que l'observation de la géographie martienne soit possible, deux conditions sont requises avant toutes autres : il faut qu'il fasse beau chez nous et que notre atmosphère soit pure, et il faut aussi *qu'il fasse beau sur Mars*, autrement nous ne pourrions pas mieux percer sa couche de nuages que nous ne pouvons en ballon traverser de la vue les nuages qui nous cachent les villages terrestres. Eh bien, il est remarquable que, sur Mars, neuf mois entiers se soient écoulés à peu près sans nuages et nous aient permis de perfectionner grandement les connaissances géographiques que nous voulions avoir de ce monde voisin.

» Nous nous trouvions en septembre et octobre 1877 au milieu de l'été de l'hémisphère austral de Mars, alors très incliné vers nous, et au milieu de l'hiver de son hémisphère boréal, tourné de l'autre côté. Tous les nuages paraissaient relégués sur cet hémisphère-ci. Sur ce globe, encore plus que sur le nôtre, l'été est la saison de l'atmosphère pure et l'hiver celle du mauvais temps. Les taches permanentes se montrent tranchées, vives et nettes, pendant l'été de l'hémisphère où elles sont placées; l'hiver arrive-t-il, elles deviennent vagues, confuses et faibles; c'est, sans doute, que l'atmosphère de Mars devient trouble en hiver et reste très transparente en été. On remarque aussi une préférence pour les nuages à se former sur les marais et les bas-fonds teintés en gris sur la carte, plutôt que sur les mers obscures et profondes, et c'est ce qui retarde la connaissance précise que nous cherchons à acquérir de la contrée située au-dessus du détroit d'Herschel II; mais on n'y remarque pas de zones constamment nuageuses et pluvieuses analogues à celle des calmes équatoriaux terrestres, où il pleut toute l'année.

» Quant à l'épaisseur de cette atmosphère relativement au disque de la planète, elle est inévitablement trop mince pour être visible d'ici, lors même qu'elle serait beaucoup plus élevée que la nôtre. En lui supposant 80 kilomètres de hauteur, cette épaisseur ne formerait encore que 0″,3 lorsque la planète est la plus rapprochée de nous; la réfraction y serait donc insensible. »

Tel était, en 1879, l'ensemble des idées auxquelles nous avait conduit l'étude des observations faites sur la planète Mars. En cette même année, la revue astronomique *The Observatory*, dirigée par M. Christie, astronome de l'Observatoire de Greenwich, dont il est maintenant directeur, a pris soin de tempérer l'opinion qui considère les taches foncées de Mars comme des mers et les claires comme des continents. « Ces prétendues mers, dit-il, ne sont-elles pas aussi imaginaires que dans le cas de la Lune? Les « continents » paraissent plutôt arrondis, comme nos mers, tandis que les « mers » reproduisent les formes aiguës de nos continents. Nous ignorons le vrai caractère de ces configurations, qu'il serait plus scientifique d'appeler simplement des taches, comme pour Jupiter » ([1]).

On voit que tous les astronomes n'avaient pas les mêmes idées. Il ne nous semble pas douteux cependant que les taches foncées représentent les eaux de Mars. Dans l'ouvrage dont il vient d'être question (*Astronomie populaire*), nous avons publié une seconde carte de Mars ([2]).

___

([1]) *The Observatory*, novembre 1879, p. 209.

([2]) Les détails suivants peuvent intéresser ceux d'entre les lecteurs de ce livre qui s'occupent plus particulièrement de la cartographie de Mars. Nous avons construit sur l'ensemble des observations, après la carte tirée par M. Proctor des seules observations de Dawes, notre première carte géographique de la planète en 1876. Nous ne parlons pas du croquis de 1862, reproduit p. 143, puisqu'il ne représente qu'un hémisphère et ne constitue pas une véritable carte. Elle a été publiée dans la première édition des *Terres du Ciel*, 1876, p. 424, et dans les *Comptes rendus de l'Académie des Sciences*, 27 août 1877, p. 478. Nous en avons donné une seconde en 1879, *Astronomie populaire*, première édition, p. 480; une troisième en 1882, *Revue d'Astronomie*, 1882, p. 170-171, une quatrième en 1884, *les Terres du Ciel*, grande édition, frontispice. Nous avons publié cette même année un globe de Mars contenant l'aréographie la plus sûre. Enfin, nous avons construit en 1889 notre dernière carte (*Astronomie populaire*, centième mille) publiée également ici, p. 69, corrigée d'après les plus récentes observations, et dans laquelle nous avons adopté la nomenclature de Green (*voy.* p. 29). Ce n'est pas sans regret que nous avons renoncé aux dénominations de nos anciennes cartes, qui avaient paru dignes de l'histoire de l'Astronomie et de ses apôtres, Copernic, Galilée, Kepler, Newton, Huygens, Cassini, Hooke, Maraldi, Lacaille, Lalande, Laplace, Lagrange, Herschel, Schrœter, Beer, Mädler, Arago, Secchi, Le Verrier, Faye, etc. Mais la carte de Green étant généralement adoptée, et celle de M. Schiaparelli ayant fait double emploi avec elle, nous avons pensé qu'il importait d'éviter toute complication et toute confusion dans un sujet qui est d'ailleurs encore assez loin d'être complètement élucidé, et qu'il était préférable de ne laisser en présence que deux systèmes de nomenclature, celui de M. Green et celui de M. Schiaparelli.

XCVIII. 1879. — Huggins. *Photographie du spectre de Mars* [1].

Le savant physicien a réussi à obtenir des photographies directes des spectres des étoiles principales ainsi que des planètes Mars, Jupiter et Vénus. La fente de l'appareil à l'aide duquel ces photographies ont été prises a deux volets, de sorte que, lorsque le spectre d'un astre a été photographié sur une plaque, un volet peut être fermé et l'autre ouvert, et un second spectre peut être photographié sur la même plaque, comme comparaison. Ce second spectre peut être celui du Soleil ou de la Lune, ou d'une étoile connue, ou d'un élément terrestre.

Dans la photographie des spectres planétaires, l'auteur opérait avant la nuit, de sorte qu'il obtenait le spectre du ciel, puis celui de la planète. Par cette méthode, toute différence entre la lumière de la planète et celle du ciel aurait pu être reconnue. Il a obtenu de cette manière les spectres des trois planètes signalées plus haut, mais on n'y remarque aucune différence, aucune modification du spectre solaire dans la région photographiée, de la ligne G à la ligne O.

Le même procédé, appliqué à de petites régions de la surface lunaire, n'a révélé aucune trace d'atmosphère.

XCIX. 1879. — Schiaparelli. *Nouvelles observations* [2].

Le laborieux astronome de Milan a continué, pendant l'opposition de 1879, la série d'études entreprise en 1877 et résumée plus haut (p. 283-308). La division du travail est la même, et c'est également le même instrument qui a servi.

Ces nouvelles observations s'étendent du 30 septembre 1879 à la fin de mars 1880. La froide température de cet hiver a eu pour résultat un air calme et transparent, permettant d'excellentes images.

Remarques intéressantes, pour placer l'œil dans les meilleures conditions, l'observateur a pris soin d'éclairer fortement le champ de sa lunette, ce qui supprimait l'effet fâcheux du contraste entre l'éclat de la planète et l'obscurité environnante ainsi que du passage d'un champ obscur à la clarté du papier sur lequel les dessins étaient faits. En second lieu, il ne gardait l'œil

[1] *The Observatory*, février 1880, p. 295.
[2] *Osservazioni astronomiche e fisiche sull'asse di rotazione e sulla topografia del pianeta Marte. Reale Accademia dei Lincei.* Memoria seconda, 1 vol. grand in-8° de 110 pages et planches. Rome; 1881.

à l'oculaire que le temps nécessaire pour bien voir et se reposait de temps en temps, ce qui permettait de travailler plusieurs heures consécutives, quand l'atmosphère était excellente. Enfin, il trouva avantageux de placer devant l'oculaire un verre colorié jaune rouge. L'objectif est parfaitement achromatique pour les rayons rouges, ce qui est également avantageux pour l'observation de Mars.

Ces observations nouvelles complètent et modifient celles de 1877.

Le diamètre apparent de la planète n'a pas atteint 25″, comme en 1877, mais, au maximum, 19″,3 au moment de l'opposition (12 novembre). Il était descendu à 5″,9 à la fin de mars. L'inclinaison de la planète était de 9°,5 au commencement des observations, de 18°,5 à son maximum (20 décembre) et de 3° seulement à la fin de mars.

Position de la tache polaire australe. — L'auteur a fait 89 observations de positions de cette tache, du 30 septembre au 2 décembre. Le résultat de ces observations, combiné avec celui qui avait été obtenu en 1877, donne, pour la projection du pôle boréal de Mars sur la sphère céleste, le point suivant (équinoxe 1880) :

$$\textrm{Æ} = 318°7',8; \qquad \textrm{Ꝺ} + 53°,37',1.$$

L'inclinaison de l'équateur de Mars résultant de cette position est la suivante :

Sur l'orbite de Mars	24°52',0
Sur l'orbite de la Terre	26 20 ,6
Sur l'équateur terrestre	36 22 ,0

William Herschel avait trouvé, pour l'inclinaison de l'axe de Mars sur le plan de son orbite, 28°42′, et Bessel 27°16′.

D'après cette nouvelle détermination de M. Schiaparelli, l'inclinaison n'est que de 24°52′, ce qui rapproche davantage encore les conditions climatologiques et saisonnières de Mars de celles de la Terre.

La planète passe à son périhélie quand sa longitude héliocentrique est de 333°49′ et à son solstice austral quand cette longitude est de 356°48′. L'intervalle du premier au second est de 36 jours.

Les dates des solstices doivent être retardées de huit jours sur les déterminations anciennes et deviennent :

Date du solstice austral.

1830	18 septembre.
1862	9 septembre.
1877	26 septembre.

TRIANGULATION ARÉOGRAPHIQUE DES POINTS FONDAMENTAUX.

Nous avons vu plus haut (p. 290-292) les mesures micrométriques de 1877. Recommençant ces mesures et les comparant aux précédentes, l'auteur obtient les résultats inscrits au Tableau ci-dessous, plus précis encore que ceux de 1877.

N°	Dénominations.	Longitude.	Distance au pôle austral.	Nombre des observations.
1	Vertice d'Aryn	0°,92	90°,98	8
2	Secondo corno del Golfo Sabeo	4 ,49	95 ,77	6
4	Canale di Deucalione, punto di mezzo	11 ,91	86 ,92	3,4
5	Golfo delle Perle, bocca dell'Indo	22 ,07	95 ,80	7
5 a	Divisione dell'Indo e dell'Oxo	14 ,06	112 ,10	3,2
5 b	Bocca del Gehon nel Nilo	10 ,76	120 ,13	3,2
5 c	Bocca dell'Indo nel Nilo	27 ,33	125 ,63	1
6	Bocca dell'Idaspe nel Golfo delle Perle	24 ,44	88 ,26	3
6 a	Corno d'Oro	19 ,31	90 ,75	1
6 b	Bocca dell'Idaspe nel Nilo	34 ,92	120 ,86	3
7	Capo degli Aromi	38 ,66	80 ,05	7
7 a	Bocca della Jamuna nel Golfo dell'Aurora	51 ,40	82 ,45	3
7 b	Boca della Jamuna nel Lago Niliaco	41 ,74	112 ,77	3
8	Capo delle Ore in Argyre	40 ,40	50 ,20	8
8 a	Centro d'Argyre	29 ,12	43 ,17	2
8 b	Canale fra Argyre e Noachide (2°)	15 ,77	42 ,73	1
9	Capo delle Grazie in Argyre	47 ,10	38 ,78	7
9 a	Centro d'Argyre II	60 ,86	21 ,08	2,5
10	Golfo dell'Aurora, bocca del Gange	56 ,20	84 ,58	7
11	Punta dell'Aurea Cherso	60 ,90	variabile	6
11 a	Bocca dell'Agatodemone	66 ,12	variabile	5
12	Bocca del Nettare nel Mar Eritreo	66 ,42	67 ,94	6
12 a	Confluente dell'Agatodemone e del Chrysorrhoas.	78 ,57	80 ,38	5
12 b	Confluente di Agatodemone e del F della Fortuna.	82 ,38	77 ,35	1
13	Lago della Luna, centro	65 ,98	117 ,00	7
13 a	Isola Sacra	68 ,04	118 ,13	1
13 b	Golfo Ceraunio, parte australe	97 ,27	119 ,45	6
14	Lago del Sole, centro	90 ,87	67 ,00	12
14 a	Bocca dell'Ambrosia nel Mare australe	89 ,05	44 ,74	5
15	Lago dell Fenice, centro	107 ,94	73 ,76	8
16	Bocca del Fasi	111 ,70	51 ,47	6
16 a	Divisione del Fasi e dell'Arasse	112 ,09	65 ,76	1
17	Colonne d'Ercole, bocca esterna	124 ,33	42 ,89	8
18	Centro d'Icaria	120 ,89	52 ,80	6
19	Bocca dell'Arasse nel Mare dell Sirene	129 ,15	61 ,14	9,8
19 a	Bocca australe del canale dell Sirene	131 ,80	59 ,98	1
19 b	Confluente del canale dell Sirene I con Eosforo II.	130 ,97	77 ,27	1
19 c	Neve Olimpica, 1879	129 ,41	110 ,63	6
19 d	Canale Flegetonte, mezzo	127 ,26	122 ,31	1
20	Primo punto di Thyle I	141 ,81	28 ,80	3

N°	Dénominations.	Longitude.	Distance au pôle austral.	Nombre des observations.
21	Colonne d'Ercole, bocca interna	135 ,87	52 ,08	7,5
21 a	Bocca del Termodonte nel Mare dell Sirene	139 ,74	54 ,04	1
21 b	Bocca del Termodonte nel Mare Cronio	137 ,83	38 ,15	1
22	Centro di Thyle I	158 ,57	29 ,58	2
23	Base australe di Atlantide 1	156 ,60	53 ,64	4
24	Bocca del Simoenta nel Mare Cimmerio	168 ,70	52 ,09	5
24 a	Primo punto del Mare Cimmerio	161 ,45	50 ,37	4
24 b	Bocca del Simoenta del Mare Cronio	172 ,46	37 ,28	5
25	Golfo del Titani	170 ,17	70 ,67	8
25 a	Bocca del F. dell Gorgoni nel Mare delle Sirene	152 ,08	59 ,01	3,4
25 b	Punto dell'Erebo	162 ,96	143 ,84	2
26	Ultimo punto del Mare delle Sirene	175 ,80	63 ,25	8
26 a	Base inferiore d'Atlantide I	180 ,39	60 ,58	5
27	Stretto d'Ulisse, mezzo	189 ,36	24 ,27	2
29	Principio della palude Stigia	198 ,74	108 ,01	7
29 a	Bocca della palude Stigia nel Mar Boreale	306°,83	131°,65	5
29 b	Capo di Buona Speranza	205 ,73	128 ,98	1
30	Bocca del canale dei Lestrigoni nel Mare Cimmerio	199 ,95	68 ,49	11
30 a	Golfo dei Lestrigoni, nel 1879	183 ,55	60 ,09	4
30 b	Base d'Atlantide II, nel 1879	187 ,92	39 ,64	4
31	Bocca dello Scamandro sul Mare Cronio	203 ,43	35 ,53	5,1
31 a	Bocca dello Scamandro sul Mare Cimmerio	202 ,66	51 ,31	1
31	Base australe d'Espéria	213 ,68	52 ,26	3,2
35	Capo boreale di Thyle II	221 ,51	30 ,72	1
36	Centro di Thyle II	223 ,43	23 ,07	1
36 a	Ultimo punto di Thyle II	242 ,66	12 ,02	1
37	Golfo e bocca del canale dei Ciclopi nel 1877	224 ,64	80 ,57	1,2
37 a	Golfo di Ciclopi nel 1879	229 ,81	76 ,47	2,3
37 b	Bocca del canale dei Ciclopi nel 1879	223 ,50	73 ,48	4
38	Primo punto del Mare Tirreno	227 ,60	53 ,67	7
40	Bocca del Xanto nel Golfo di Prometeo	234 ,89	38 ,01	6,5
40 a	Bocca del Xanto nel Mare Tirreno	236 ,17	50 ,91	4
41	Ultimo punto del Mare Cimmerio	239 ,97	79 ,48	6
41 a	Bocca del canale degli Etiopi nell'Eunosto	242 ,49	121 ,92	2
42	Base settentrionale d'Esperia	249 ,23	79 ,48	5,4
43	Piccolo Sirte	257 ,29	83 ,29	8
43 a	Bocca del Golfo Alcionio nel Mar Boreale	225 ,09	132 ,90	1
44	Capo Circeo, in Ausonia	266 ,72	74 ,90	8
45 a	Primo punto dell'Adria	264 ,49	48 ,51	4
46	Lago Tritone	265 ,21	106 ,32	8,8
46 a	Neve Atlantica	269 ,00	107 ,06	2
46 b	Bocca del Thoth nel Golfo Alcionio	261 ,23	121 ,15	1
46 c	Bocca dell'Eunosto nel Golfo Alcionio	258 ,13		1,0
47	Primo punto dell'Ellade, 1877	270 ,48	43 ,41	3,2
47 a	Bocca del Peneo nel Mare Adriatico, 1879	280 ,14	46 ,49	5
48	Lago Meride	275 ,72	95 ,57	2,1
49	Biforcazione d'Ausonia	278 ,90	74 ,77	4
50	Congiunzione del Nepente col Nilo 1877	286 ,15	121 ,26	1
50 a	Bocca del Nepente nella Gran Sirte, 1879	285 ,03	100 ,16	3
51	Gran Sirte et bocca del Nilo, 1877	290 ,31	110 ,09	6,5

N°	Dénominations.	Longitude.	Distance au pôle. austral.	Nombre des observations.
51 a	Punta australe di Merso, 1879	290 ,98	105 ,16	5,4
51 b	Bocca dell'Astabora nella Gran Sirte	299 ,16	101 ,91	1
51 c	Divisione del Nilo e dell'Astapo	281 ,72	128 ,34	3,4
52	Bocca australe dell'Alfeo		35 ,01	0,1
53	Centro o croce dell'Ellade	294 ,93	46 ,38	7
54	Bocca settentrionale dell'Alfeo	298 ,81	61 ,76	1,3
55	Ultimo punto del Mare Tirreno	297 ,37	96 ,70	6,5
56	Ultimo punto dell'Ellade, 1877	314 ,97	48 ,92	4,3
56 a	Bocca del Peneo nel Mare Australe	315 ,99	44 ,95	3
57	Corno d'Ammone	317 ,99	81 ,21	13,11
57 a	Bocca del Tifone nella Gran Sirte	306 ,26	94 ,99	1
57 b	Palude Sirbonide	327 ,22	104 ,01	2
58	Scilla e Cariddi	323 ,46	69 ,75	3
59 a	Novissima Thyle	355 ,10	19 ,25	1
60 a	Centro dello Noachide	344 ,93	53 ,24	3
61	Bocca del Phison nel Golfo Sabeo	336 ,28	85 ,24	6,5
61 a	Uscita del Phison dalla palude Coloe	302 ,52	128 ,29	3,4
61 b	Ingresso del Nilo nella palude Coloe	303 ,59	134 ,29	2,1
61 c	Bocca dell'Eufrate nel Golfo Sabeo	337 ,88	82 ,74	3
61 d	Divisione dell'Eufrate e dell'Oronte	336 ,93	105 ,60	2
61 e	Bocca dell'Eufrate nel Nilo	334 ,30	132 ,38	4
62	Primo corno del Golfo Sabeo	357 ,17	96 ,30	8
62 a	Golfo di Edoni	345 ,24	85 ,98	2
62 b	Canale ed istmo di Xisutro (mezzo)	347 ,90	81 ,48	4

Soit 114 points déterminés par 482 observations.

On voit par ce Tableau que la baie du Méridien, appelée par M. Schiaparelli vertice d'Aryn, comme nous l'avons vu, a pour longitude 0°,92, au lieu de 0°,00. Si donc on veut ramener toutes les autres positions à un méridien initial, il faut soustraire de toutes leurs longitudes ce petit nombre 0°,92.

Par ces positions, et à l'aide de 30 disques complets et de 104 esquisses partielles obtenues pendant cette période, l'éminent observateur a construit la carte reproduite ici (fig. 185), dessinée non plus seulement par traits, mais par tons, et dont l'objet est de représenter plus fidèlement que la première les aspects martiens tels qu'on doit les voir à la surface même de la planète. Cette carte est plus étendue que la première. Au lieu de s'arrêter au 40e degré de latitude inférieure ou boréale, elle va jusqu'au 60e. Nous allons l'examiner en détail.

Et d'abord, quant aux dénominations de mers, terres, fleuves, canaux, golfes, lacs, l'auteur paraît regretter (p. 5 et 51) d'avoir admis dans son précédent mémoire que ces expressions pouvaient être conformes à une réalité. Elles ne doivent signifier rien de plus que pour la Lune. Elles servent à indiquer les observations, voilà tout. Chercher ce qu'elles représentent serait sortir de la science pour entrer dans l'hypothèse, et, cette fois-ci, l'auteur s'en défend absolument. Nous prenons, non sans quelque regret, acte de sa déclaration. Il est juste d'ajouter, toutefois, que le rôle de l'*observateur* s'arrête strictement là, en effet. Celui du chercheur va plus loin et consiste, au contraire, à se servir des observations pour raisonner.

Quant à la nomenclature, M. Schiaparelli continue celle qu'il a adoptée, en l'étendant aux formations nouvellement observées.

Les résultats généraux obtenus sont de trois sortes. D'abord, tous les aspects observés en 1877 ont été revus, même les plus minutieux, à l'exception de deux : le « canal Hiddekel » et la « Fontaine de Jeunesse ». On a cru seulement distinguer quelquefois le premier, mais avec confusion et incertitude. La Fontaine de Jeunesse n'avait été vue qu'une seule fois en 1877; malgré toutes les recherches faites, on n'a rien retrouvé en 1879. Ces deux objets sont donc absents de la carte nouvelle.

Un second résultat, qui modifie, mais qui ne détruit pas le précédent, c'est que les configurations observées, tout en restant les mêmes, avaient pour la plupart changé d'aspect, de ton, de degré de visibilité, et même de largeur pour plusieurs canaux. L'inclinaison de la planète sur notre rayon visuel et sur l'éclairement solaire peut expliquer la différence de visibilité et de blancheur de certaines régions, telles que l'Argyre et l'Hellade. Peut-être aussi des causes locales font-elles varier le degré de blancheur de certaines contrées. Plusieurs de ces variations de tons du jaune au blanc ou, au contraire, au gris, sont réelles, et l'auteur croit probable qu'elles sont périodiques. Ces variations, dit-il, seront probablement la clé qui nous ouvrira les secrets de la constitution physique de la planète.

Le troisième résultat a été de confirmer les observations faites par Dawes en 1864, entre autres d'avoir retrouvé la *passe de Bessel* (p. 205), qui correspondrait au canal vertical dessiné à droite du lac du Soleil, par le Phase et l'Iris. Ce canal de l'Iris n'existe pas sur la carte de 1877. Changement?

Parmi les détails explorés, nous remarquerons l'Hydaspe, que l'observateur est porté à identifier avec le *canal de Franklin* de Secchi, identifié d'abord avec le Gange. Telle est aussi l'opinion du Dr Terby.

Le lac du Soleil a offert un peu la forme d'une poire, par l'adjonction du canal du Nectar, déjà dessiné par Mädler en 1830, Kaiser et Lockyer en 1862, Dawes en 1864, etc., mais absolument invisible en 1877. Cette sorte de canal étroit et léger faisait un angle de 15° à 20° avec le parallèle de latitude.

Ce nouveau témoignage de *variation* réelle, absolument incontestable, confirme ce que nous avons dit plus haut (p. 323, *fig.* 184).

Le canal de l'Ambroisie s'est montré mince et noir pendant toutes les ob-

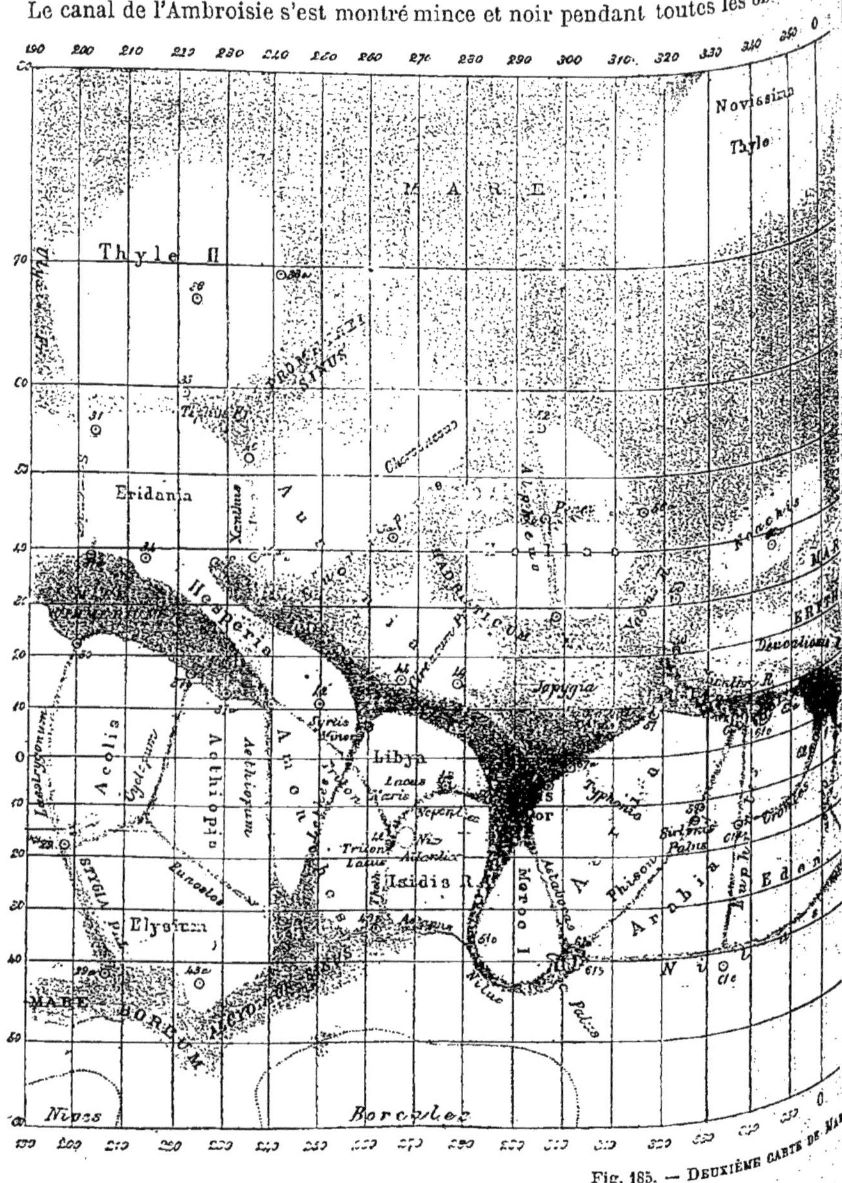

Fig. 185. — Deuxième carte de Mars.

servations de 1879, tandis qu'il s'était montré large et gris pendant toutes celles de 1877. Autre exemple de *variation certaine*.

Nous avons vu, sur la carte de 1877, l'Araxe se détacher du Phase pour se rendre à la mer des Sirènes par un cours sinueux dessiné avec une attention spéciale par l'observateur. *Ce cours n'existe plus en 1879 :* cette ligne, au

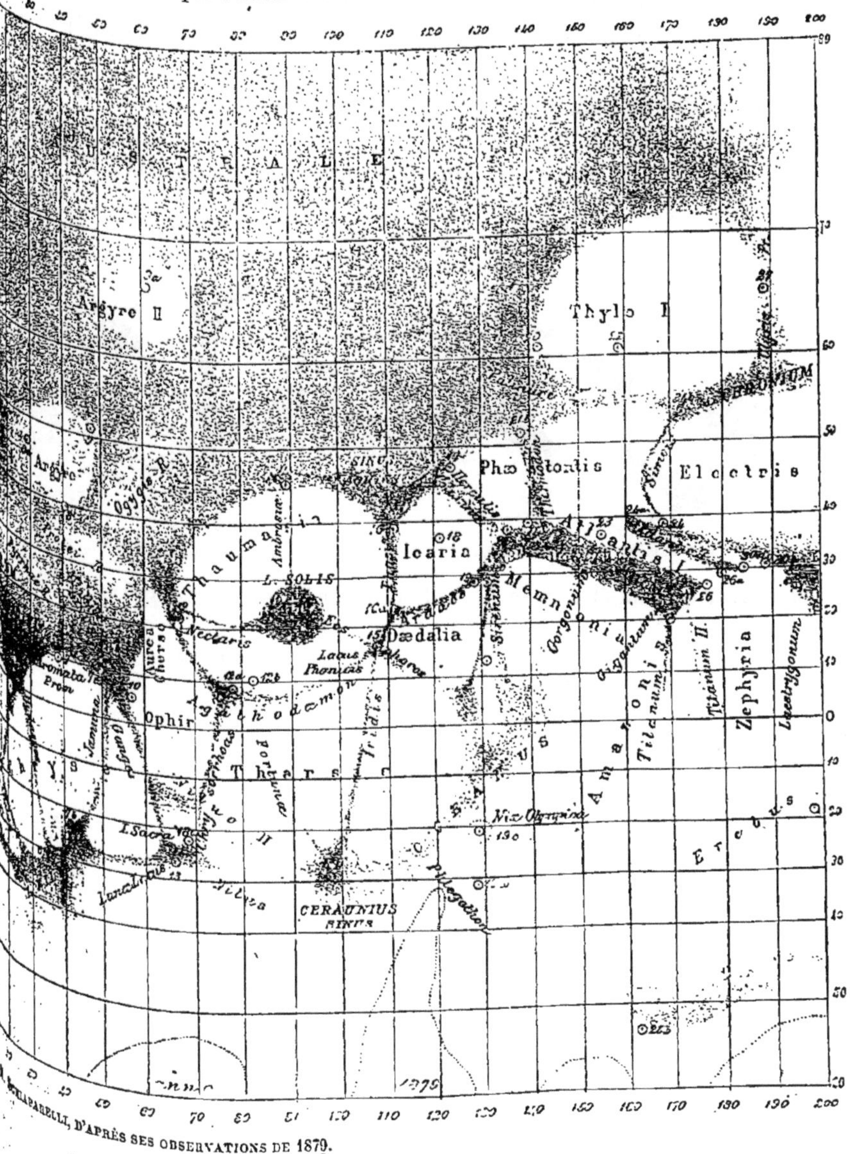

lieu d'être courbe, est presque droite, et légèrement concave vers l'Icarie. Comparer le dessin du 11 novembre 1879 (*fig.* 189) ou celui du 22 décembre de cette même année (*fig.* 187) à celui du 25 septembre 1877 (*fig.* 186). Entre 1877 et 1879, le cours de ce fleuve a donc été rectifié vers la mer des Sirènes.

L'observateur affirme la précision de ses dessins, ces soirées d'observation ayant été particulièrement excellentes et les vues parfaitement nettes.

Cours rectifié? Comment? Par quels agents? C'est ce qu'il faudra chercher. Mais le fait est là.

Le lac du Phénix a offert les changements que l'on constate également ici par la comparaison des dessins.

Mais la découverte la plus importante faite en ces contrées pendant l'opposi-

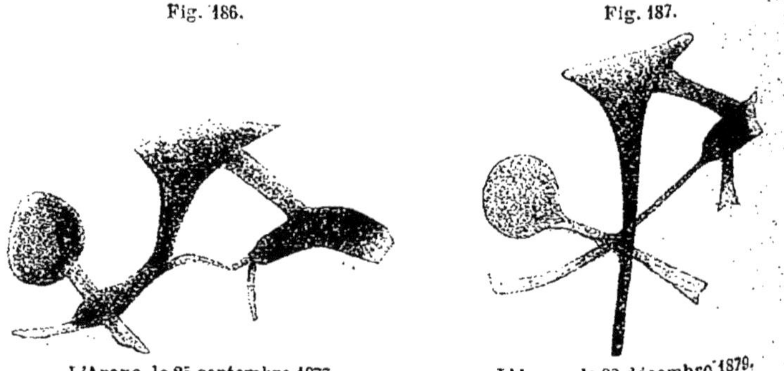

Fig. 186.

Fig. 187.

L'Araxe, le 25 septembre 1877.

L'Araxe, le 22 décembre 1879.

tion de 1879 est peut-être encore celle du canal de l'Iris (*Voy.* la carte, à la lon-

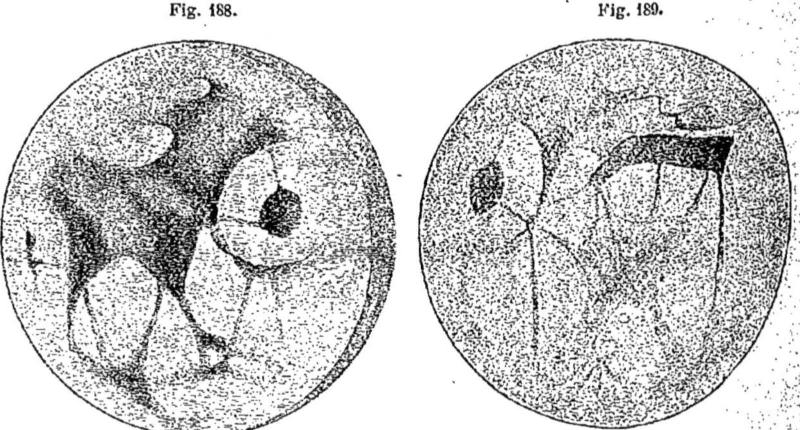

Fig. 188.

Fig. 189.

Mars, le 26 décembre 1879, à 4ʰ47ᵐ.

Mars, le 11 novembre 1879, à 5ʰ35ᵐ.

Dessins de Mars par M. Schiaparelli.

gitude 105°), absent en 1877. Sa première observation est du 11 novembre 1879 (*fig.* 189) et est représentée sur le dessin ci-dessus. C'est ce canal vertical que l'on voit sur la gauche du disque, descendant du petit lac situé à droite et au-dessous de la mer Terby ou lac du Soleil. Il était net et noir. Il fut observé jusqu'au 26 décembre, alors moins noir et plus large, M. Schiaparelli pense, comme on l'a vu plus haut, qu'il peut être identifié avec la *passe de Bessel* de la carte de Proctor.

Pendant les observations de 1879, la région du Tharse a offert plusieurs fois des voiles blancs passagers, qui, s'ils ne sont pas dus à quelque précipitation météorique ou quelque efflorescence, ont été causés par des troubles atmosphériques. Des blancheurs analogues se sont montrées sur un grand nombre d'autres régions. Elles n'étaient pas aussi blanches que les neiges polaires « molti inferiore a quello delle nevi polari ». Le 26 décembre, par une atmosphère calme et pure, l'observateur a découvert une traînée blanche, de 8° à 10° de largeur, traversant cette région du Tharse, allant du lac

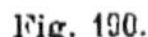

Fig. 190.

Traînée blanche traversant le canal Fortuna et les deux Nils.

du Phénix au Nil double et paraissant se rattacher à un rameau des neiges boréales (indiqué en pointillé sur la carte, vers le 65e degré de longitude). Comme la vision était excellente, l'observateur chercha avec soin si cette traînée blanche passait sur les Nils en les interrompant, ou si, au contraire, elle était interrompue par eux, comme de la neige fondue. Les Nils n'étaient pas interrompus, mais leur largeur était notablement diminuée, réduite à deux filets presque imperceptibles, comme on le voit sur le dessin (*fig. 190*).

L'auteur ne cherche pas à expliquer le phénomène observé.

Il est difficile pourtant de se demander si ce ne serait pas là une traînée de neige plus ou moins légère, d'autant plus qu'elle paraissait en rapport avec une extension de la neige polaire boréale. Dans l'hypothèse que c'eût été de la neige et que le Nil fût de l'eau, la neige aurait dû fondre et être entièrement coupée par le Nil. N'aurait-elle fondu qu'au centre du cours? Ou son éclat seul aurait-il diminué en apparence la largeur de ce cours par irradiation? Ou bien encore, cette eau n'est-elle pas la même que la nôtre? Mais l'analyse spectrale paraît prouver cette identité? Voilà évidemment des questions qui peuvent être posées.

Pendant cette opposition de 1879, surtout en mars, Argyre I et Argyre II ont été éclatantes de blancheur, rivalisant avec la neige polaire, absolument comme si ces deux régions eussent été couvertes de neige.

A gauche de la région de Deucalion, on a revu la forme serpentine dessinée par les anciens observateurs, notamment par Lockyer en 1862 (p. 155), Kaiser la même année (p. 174 et 181). Cet aspect, qui n'existe pas sur la carte de 1877, est reconnaissable sur celle de 1879.

Sur cette même carte, au point 62 *a*, le détroit d'Herschel est resserré par un singulier étranglement.

On peut remarquer sur le 129° degré de longitude de la carte, au-dessous

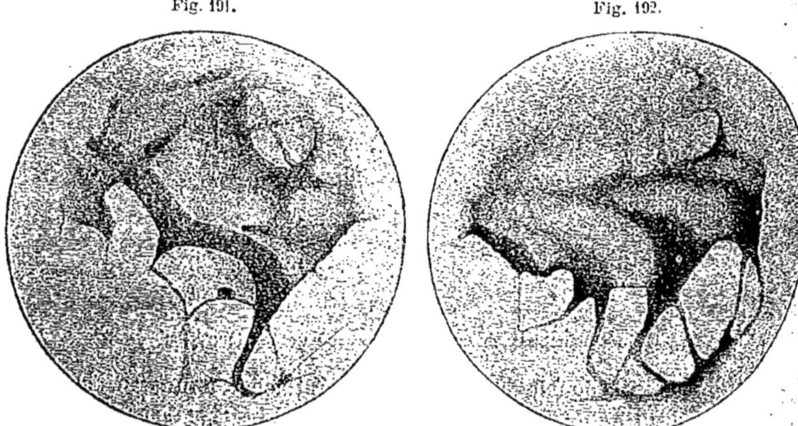

<table>
<tr><td>Fig. 191.</td><td>Fig. 192.</td></tr>
</table>

Mars, le 28 octobre 1879, à 7h 0m.   Mars, le 28 novembre 1879, à 8h 40m.

Dessins de M. Schiaparelli.

d'une traînée grise à laquelle M. Schiaparelli a donné le nom d'Océan, un petit cercle désigné par la qualification de *neige olympique*. C'est un point blanc, qui a été observé neuf fois, minuscule (une demi-seconde), mais aussi blanc que la neige polaire. On voit ce point blanc représenté plus haut dans le dessin du 11 novembre.

Le canal des Læstrigons, sur le 200° degré de longitude, ne paraît pas avoir changé de place, mais son embouchure, qui en 1877 aboutissait à l'extrémité de la mer détachée de Mare Cimmerium par Atlantis II, aboutit en 1879 à Mare Cimmerium elle-même. Ce sont les rivages et les plages qui paraissent avoir subi là une variation considérable : comparez les deux cartes. Entre le 21 octobre 1877 et le 10 novembre 1879, le canal des Læstrigons est passé de la gauche d'Atlantide II à la droite, par suite de la variation des rivages !

De tels changements sont d'une importance capitale pour nous éclairer sur la véritable nature des taches foncées et claires de la planète.

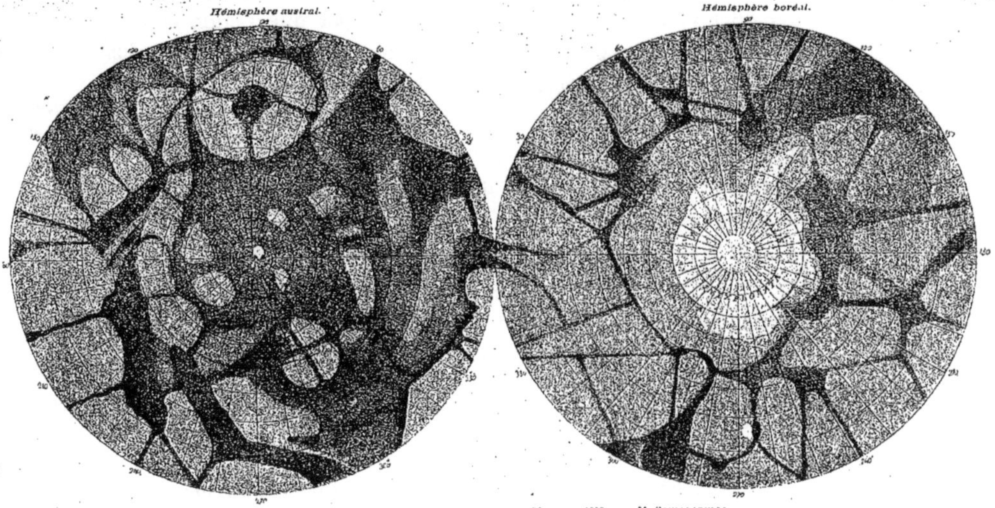

Fig. 193. — MAPPEMONDE POLAIRE DE LA PLANÈTE MARS, EN 1879, PAR M. SCHIAPARELLI.

Le Simoïs, très difficile à discerner en 1877, a été en 1879 l'un des canaux les plus évidents. Sa courbure est restée la même.

La péninsule de l'Hespérie a été moins facile à observer en 1879 qu'en 1877. Elle paraissait légèrement ombrée.

Le canal des Éthiopiens et le Léthé ont été parfaitement visibles, tandis qu'en 1877 ils ne l'avaient été que difficilement : « Ils aboutissent sûrement tous deux, comme la carte l'indique, au golfe des Alcyons, ainsi que l'Eunostos : ce tracé est le véritable, celui de la première carte n'était pas sûr. » Toutefois, nous trouverons, sur les cartes à venir, que cette forme de l'Alcyonus Sinus n'est pas stable du tout.

La Petite Syrte, ou la baie de Gruithuisen, a paru, le 1er octobre 1879, séparée de la mer du Sablier ou Grande Syrte, par une région claire traversant la mer Flammarion sur le 280° méridien, comme l'avaient déjà observé Lockyer, Kaiser, Rosse, Schmidt et Burton.

La mer du Sablier a été observée sensiblement plus large en 1879 qu'en 1877. Cette fois-ci elle correspond mieux à l'aspect classique sous lequel nos lecteurs l'ont vue passer devant leurs yeux depuis les premières pages de cet Ouvrage.

C'est là un point fort important aussi pour notre étude de la planète, pour les idées que nous pouvons nous former sur sa constitution physique. L'étendue de cette mer varie. Il n'y a ni tergiversations, ni faux-fuyants à invoquer, pas plus que notre incompétence d'expliquer les choses inconnues. Cette variation est certaine, comme celles que nous avons déjà relevées dans le cours de ces comparaisons, et plus encore, s'il est permis de mettre des degrés dans la certitude.

Si les taches foncées de Mars représentent des mers, ces accroissements d'étendue correspondent à des inondations et conduisent à penser que ces rivages (la gauche surtout de la mer du Sablier, le long de la mer Flammarion) sont très plats.

Ces inondations durant plusieurs mois ne sont pas dues à des marées.

Pour éviter ces conclusions, il nous faudrait admettre que les taches de Mars ne sont pas des mers. Bien difficile.

Par suite de l'élargissement de la mer du Sablier sur ses rivages de gauche, la mer Main, ou le lac du Népenthès, s'en est trouvée plus rapprochée en 1879 qu'en 1877, la pointe de terre que M. Schiaparelli avait baptisée du joli nom de promontoire d'Osiris ayant à peu près disparu. Comparez avec soin la carte de 1877 (p. 393) avec celle-ci.

L'Ausonie, qui correspond à la terre de Cassini et à l'île Dreyer, s'est montrée, le 26 et le 28 octobre, traversée par une traînée grise (l'Euripe) variable de ton et de largeur. C'est là aussi une formation variable, qui, la plupart du temps, n'existe pas. M. Schiaparelli ne l'avait pas vue une seule fois en 1877. Toutefois, M. Green l'avait vue une fois, le 10 septembre.

L'Hellade a paru très brillante, parfois aussi éclatante que la neige. C'est « l'une des régions destinées à donner les meilleures informations sur les changements apportés par les saisons dans les aspects de la planète ».

Neige polaire australe en 1879. — Les observations de la tache polaire australe ont donné pour sa position 5°,0 de distance au pôle géographique et 49°7 de longitude. En comparant cette détermination aux précédentes, on a :

	Distance au pôle.	Longitude.	Observateurs.
1830	6°,6	21°,5	Bessel,
1862	4 ,3	15 ,5	Kaiser, Lockyer, Linsser,
1877	5 ,6	25 ,5	Hall, Schiaparelli,
1879	5 ,0	49 ,7	Schiaparelli.

Malgré les différences en longitude, on voit que la neige polaire australe, lorsqu'elle est réduite à son minimum après l'été, occupe sensiblement la même position aréographique.

Du 30 septembre 1879 au 9 mars 1880, l'auteur n'a pas fait moins de 180 observations de cette tache polaire australe. Elle a été réduite à son minimum (4°) dans la seconde moitié de novembre, c'est-à-dire trois mois un quart après le solstice d'été, qui était arrivé le 14 août. Plusieurs irrégularités ont été observées dans son contour, notamment le 24 octobre, par une atmosphère admirable.

En admettant que la diffraction augmente du double le diamètre de taches aussi brillantes que les neiges polaires de Mars, ces 4°, réduits à 2°, représentent 120 kilomètres.

Neige polaire boréale en 1879. — Pendant la durée des observations de cette opposition, du 30 septembre au 24 mars, les neiges boréales paraissent avoir passé par un maximum d'étendue, avec certaines fluctuations curieuses. Elles ont envoyé six ramifications au cercle terminateur.

Le premier rameau a été observé au-dessous du Nil, à la longitude zéro, Sa distance au pôle paraissait inférieure à 20°.

Le deuxième a été observé également au-dessous du Nil, vers 65° de longitude. Il paraissait s'étendre jusqu'à 30° du pôle nord.

Le troisième a été vu vers la longitude 119° et à la distance polaire de 36°. Paraît n'être pas sans connexion avec la neige olympique.

Le quatrième se trouvait à la longitude 155° et atteignait le 30e cercle de distance polaire.

Le cinquième avait pour longitude 189° et pour distance au pôle 29°.

Le sixième était le plus large de tous, s'étendant du 230° au 300° méridien, soit sur 70 degrés de longitude, jusqu'à 30 degrés environ de distance au pôle nord.

Ces six ramifications allongeaient donc les neiges polaires boréales, en certains points jusqu'à 30° et même 36° de distance polaire, c'est-à-dire jusqu'au 60° et au 54° degré de latitude. Les neiges polaires terrestres peuvent être considérées comme se prolongeant aussi parfois jusque là, en hiver, en Sibérie.

D'après ces mêmes observations, c'est au milieu de novembre, soit trois mois après le solstice d'hiver boréal que ces neiges auraient été le plus étendues. Ensuite elles diminuèrent. Le minimum de la tache polaire australe et le maximum de la boréale arriveraient donc à peu près en même temps, comme la théorie semblait naturellement l'indiquer d'ailleurs.

Telles sont les splendides observations faites sur Mars par l'éminent astronome de Milan pendant l'opposition de 1879 et les conclusions qui peuvent en être déduites. L'opposition suivante, de 1881-1882, sera plus riche encore.

C. 1879. — *Satellites de Mars. Observations et mesures.*

A la séance de l'Académie des Sciences du 10 novembre 1879 [1], M. Asaph Hall a fait part de ses observations nouvelles des satellites de Mars. En comparant les positions mesurées à celles qu'il avait calculées d'après ses éléments de 1877 (*voy.* p. 258), il trouva pour Phobos une différence légère de $-1^s,074$ dans sa période, qui devient ainsi :

$$7^h 39^m 13^s,996.$$

Parmi les observations faites sur les satellites de Mars, nous signalerons d'abord, outre celles de l'auteur de la découverte, M. Asaph Hall, à Washington [2], celles de M. Common, à son Observatoire d'Ealing, près Londres, à l'aide d'un télescope de 36 pouces d'ouverture. Grossissements 220, 240 et 380. Nous ne donnerons pas les positions déterminées, car elles n'ont rien à faire ici, mais nous donnerons les résultats relatifs à l'éclat et à la coloration de ces petits globes [3].

Deimos paraît avoir l'éclat d'Encelade. Phobos paraît un peu plus brillant que Téthys. Mais le caractère de la lumière est différent. Tandis que les satellites de Saturne offrent une clarté tranquille, ceux de Mars ont plus d'éclat, sont plus étincelants, presque stellaires. Cet aspect peut être dû à l'absence de tout disque apparent ou au contraste avec le plein éclat de

[1] *Comptes rendus*, 1879, t. II, p. 776. — [2] *Monthly Notices*, mars 1880, p. 272. — [3] *Id.*, déc. 1879, p. 95.

Mars. Deimos paraît légèrement bleuâtre; Phobos presque blanc. Ils ne partagent pas la coloration de Mars.

M. Common a essayé de photographier Mars, mais sans obtenir aucun détail [1].

A l'Observatoire de Greenwich, on a pu observer le second satellite, à l'aide du grand équatorial de 12 pouces ¾ d'ouverture, mais jamais le premier [2]. On a pris quelques dessins de la planète.

On connaît le grand télescope de l'Observatoire de Melbourne, dont le miroir ne mesure pas moins de $1^m,20$. Dirigé sur Mars en 1877, il fut impossible de découvrir aucun satellite. En 1879, cependant, on a pu observer le satellite le plus éloigné [3].

En novembre 1879, à l'Observatoire d'Oxford, M. Plummer a pu observer le satellite extérieur à l'aide de l'équatorial de 12 pouces ¼, armé d'un grossissement de 125 [4].

A Princeton (États-Unis), MM. Young et Brackett ont pris des mesures micrométriques des deux satellites [5]. Équatorial de 9 pouces ¼. A l'Observatoire de Harvard-College, M. Pickering n'a pas fait moins de 207 séries de mesures [6].

D'après les observations de M. Pickering [7], Deimos aurait été plus brillant en 1879 qu'en 1877, et plus brillant sur le côté suivant ou oriental de son orbite que sur le côté précédent ou occidental. Il y a plus d'observations du premier côté que du second. Le diamètre de ce satellite paraît être de 6 milles, et celui de Phobos de 7 milles, d'après les mesures photométriques. Deimos n'est pas rougeâtre, mais bleuâtre.

CI. 1879. — G. H. Darwin, D. Kirkwood, E. Ledger. — *Satellites de Mars, marées et période de rotation* [8].

Une planète fluide prendrait une forme sphéroïdale sous l'influence de sa rotation.

Mais si un satellite tourne dans une orbite circulaire autour de la planète, dans le plan de son équateur, il se produira des marées telles que le sphéroïde sera déformé en un ellipsoïde à trois axes inégaux, le plus grand axe de l'équateur restant toujours dirigé vers le satellite.

Ainsi la figure de la planète tourne avec le satellite, tandis que chaque molécule du fluide tourne avec la planète. Il en résulte, par conséquent,

[1] *Monthly Notices*, février 1880, p. 226. — [2] *Id.*, janvier 1880, p. 161. — [3] *Id.*, février 1880, p. 237. — [4] *Id.*, mars 1880, p. 292. — [5] *The Observatory*, janvier 1880, p. 270. — [6] *Astron. Nachrichten*, n° 2312. — [7] *Annals of Harvard-College Observatory*, t. XI, part. II. — [8] *The Observatory*, juillet 1879, p. 79.

une élévation et un abaissement deux fois par chaque révolution de la planète relativement au satellite.

Maintenant, supposons que le fluide soit soumis à un frottement. Alors, les particules de fluide qui arrivent à cet instant à former la protubérance équatoriale ne peuvent pas retomber aussi vite qu'elles le faisaient avant que le frottement existât. Le plus grand axe de l'équateur se met en avance sur le satellite.

La Terre a commencé par être fluide, et, dans le cours de son refroidissement, elle est devenue visqueuse et a donné naissance aux frottements dont nous venons de parler. Maintenant, elle est probablement pâteuse, presque solide, et n'a sans doute plus de marées internes.

Si le fluide formant la Terre avait été sans frottement, les protubérances équatoriales causées par l'attraction de la Lune seraient restées en ligne droite avec la Lune. Mais ce frottement modifie cet état primitif, et par conséquent la Lune exerce ses forces sur les protubérances, qui tendent à les tirer en arrière. Depuis que l'axe protubérantiel de l'équateur pointe toujours en avance de la Lune, celle-ci exerce un frein sur le mouvement de rotation diurne, et, réciproquement, la Terre a pour tendance d'accélérer le mouvement de la Lune. Le premier résultat est un ralentissement du mouvement de rotation de la Terre. Le second est une accélération de la vitesse linéaire de la Lune sur son orbite et une augmentation de sa distance.

Les deux résultats sont un allongement de la durée du jour et du mois, surtout de la première, dans la condition actuelle de la Terre et de la Lune.

Delaunay et Adams étaient déjà arrivés à une conclusion analogue, quoique ne l'attribuant qu'au frottement des marées extérieures, des marées océaniques.

M. G.-H. Darwin considère surtout, et même exclusivement ici, les marées internes anciennes.

Dans l'état actuel des choses, le taux de diminution de la vitesse angulaire de rotation de la Terre est beaucoup plus grand que celui de la vitesse angulaire du mouvement orbital de la Lune. Si le premier était exactement $27\frac{1}{3}$ fois plus grand que le dernier, le jour et le mois auraient été réduits autrefois dans la même proportion. On trouve que, lorsque le jour était de 15 heures et demie, le mois devait être de 19 jours.

L'auteur calcule qu'à une certaine époque, le jour a dû être de 6^h50^m, et qu'alors le mois n'était que de 11 jours et 14 heures. Cet énorme changement aurait pu s'effectuer en 56 millions d'années.

En remontant plus haut encore, M. Darwin arrive à une époque à laquelle le jour et le mois étaient identiques, 5 heures et demie seulement. Alors la Lune était très proche de la Terre, à 8000 kilomètres seulement, d'une surface à l'autre. Antérieurement, elles ont pu être presque en contact. En fait, la Lune serait née de la Terre, par la force centrifuge de rotation, selon la théorie de Laplace.

Si, au lieu de remonter dans le passé, nous anticipons sur l'avenir, nous trouvons que, d'après les mêmes principes, le mois et le jour tendent à devenir égaux et à durer 50 de nos jours actuels.

L'auteur termine son mémoire en remarquant que le « satellite anormal » de Mars — le plus proche — qui tourne plus vite que la planète « offre une confirmation de ces vues, car il semble probable que son extrême petitesse l'a conservé comme un témoignage durable de la période primitive de la rotation de Mars autour de son axe ».

A cette théorie du mathématicien anglais sur l'évolution des satellites et surtout à son application au premier satellite de Mars, M. Daniel Kirkwood, l'astronome américain, a répliqué dans les termes suivants [1] :

La masse du satellite intérieur de Mars est à celle de notre Lune (approximativement) dans le rapport de 1 à 30 000 000. Par conséquent, il ne peut produire aucune marée sensible sur la planète. C'est, en fait, de cette absence de marées que M. Darwin infère la distance constante du satellite. Alors, quelle est la cause qui a allongé la durée de rotation de Mars de moins de 8 heures à près de 25 ?

M. Darwin a répondu [2] :

Mon mémoire n'est qu'un extrait d'un long travail, actuellement sous presse. Je puis cependant répondre à la question posée par M. Kirkwood, comment la théorie des marées explique le fait que le jour martien est plus long que le mois du satellite intérieur, qu'un tel résultat dérive nécessairement des effets du frottement des marées solaires. J'espère pouvoir étudier numériquement le cas particulier de Mars.

D'autre part, à propos de ces satellites, M. E. Ledger a étudié les marées et les éclipses qu'ils peuvent causer à la surface de la planète [3]. « L'exiguïté de leur masse, dit-il, nonobstant leur proximité, interdit la formation de marées sensibles, et ils ne jouissent pas de la propriété qui leur a été imaginée d'empêcher la stagnation des mers martiennes. » Quant à leur lumière, on peut estimer à $\frac{1}{40}$ de celle de la Lune celle du premier satellite, et celle du second à une clarté vingt fois plus faible, soit $\frac{1}{800}$. C'est peu. Phobos reste sur l'horizon d'un lieu donné pendant 5 heures et demie à la fois, sur lesquelles il peut être éclipsé pendant 53 minutes. Deimos reste au-dessus de l'horizon pendant 60 heures de suite, pendant lesquelles se produisent deux éclipses, et quelquefois trois.

[1] *The Observatory*, septembre 1879, p. 147. — [2] *Id.*, novembre 1879, p. 204. — [3] *Id.*, novembre 1879, p. 191.

CII. 1879. — J.-C. ADAMS, F. TISSERAND. — *Inclinaison des satellites* [1].

Les orbites des deux satellites de Mars sont légèrement inclinées sur le plan de l'équateur de la planète. Le professeur Adams s'est demandé si cet état de choses est permanent. Le plan de l'orbite de Mars est incliné de 27° à 28° sur son équateur. Si donc les plans des orbites des satellites conservent une inclinaison constante sur l'orbite de la planète, comme il arriverait si la force perturbatrice du Soleil était la seule tendant à altérer ces plans, leur inclinaison sur le plan de l'équateur martien, et encore plus leur inclinaison l'un sur l'autre, deviendrait, avec le temps, considérable.

M. Marth a calculé [2] les mouvements des nœuds des orbites des satellites sur l'orbite de la planète dus à l'action solaire et a conclu que, s'il n'y a aucune force dépendant de la structure interne de Mars qui contrarie ou modifie l'action solaire, les nœuds des orbites seront en opposition l'un sur l'autre dans un millier d'années, et alors l'inclinaison mutuelle des orbites des satellites s'élèvera à 49°.

Dans ce cas, la presque coïncidence actuelle entre l'équateur et la planète et les plans des orbites des satellites serait fortuite et passagère. Mais c'est bien improbable.

S'il n'y avait aucune force perturbatrice extérieure, l'aplatissement d'une planète ferait rétrograder les nœuds de l'orbite d'un satellite sur le plan de l'équateur de la planète, tandis que l'orbite conserverait une inclinaison constante sur ce plan. Laplace a montré que, si l'on prend en considération à la fois l'action du Soleil et l'ellipticité de la planète, on trouve que l'orbite du satellite se meut de manière à conserver une inclinaison presque constante sur un plan fixe passant par l'intersection de l'équateur de la planète avec le plan de l'orbite de la planète, et se trouvant entre ces plans, et que les nœuds de l'orbite du satellite ont un mouvement rétrograde presque uniforme sur ce plan fixe.

L'auteur entre dans le détail du calcul appliqué aux satellites de Mars et étudie l'effet de l'aplatissement de la planète sur les orbites de ses deux satellites. Il trouve que le mouvement des nœuds des orbites des satellites produit par l'ellipticité de la planète surpasse de beaucoup celui qui peut être produit par l'action du Soleil, de sorte que les plans fixes pour les deux satellites sont seulement légèrement inclinés sur l'équateur de Mars.

D'après les mesures du diamètre de la planète et des plus grandes élon-

[1] *On the ellipticity of Mars, and its effect on the motion of the satellites* (*Monthly Notices*, novembre 1879, p. 10).
[2] *Astronomische Nachrichten*, n° 2280.

gations des satellites, combinées avec la période de rotation de Mars et les révolutions des satellites, on trouve que le rapport de la pesanteur à la force centrifuge à l'équateur de Mars est d'environ $\frac{1}{220}$. Il suit de là que, si la planète était homogène, son aplatissement serait d'environ $\frac{1}{176}$. Si, au lieu d'être homogène, la densité varie suivant la même loi que celle de la Terre, de telle sorte que la différence entre l'aplatissement et le rapport entre la force centrifuge et la pesanteur soit la même que pour la Terre, l'aplatissement serait $\frac{1}{228}$. Selon toute probabilité, il est entre ces deux limites.

M. Adams a calculé la Table suivante des mouvements annuels des nœuds des deux satellites, causés par l'action solaire et par l'ellipticité de la planète, pour les valeurs précédentes de l'aplatissement, et même pour $\frac{1}{118}$, trouvé par Kaiser, quoique celle-ci soit certainement trop forte.

Satellite I.

Mouvement annuel du nœud dû à l'action solaire :

Satellite 1......... 0°,06.   Satellite II........ 0°,24

Pour l'ellipticité................ $\frac{1}{118}$, $\frac{1}{176}$, $\frac{1}{228}$,

le mouvement annuel du nœud dû à cette ellipticité serait

	$\frac{1}{118}$	$\frac{1}{176}$	$\frac{1}{228}$
Satellite I........	333°	182°	113°
Satellite II.......	13°,4	7°,3	4°,5

et les inclinaisons correspondantes du plan fixe à l'équateur de la planète,

	$\frac{1}{118}$	$\frac{1}{176}$	$\frac{1}{228}$
Satellite I.	17'	31'	50'
Satellite II........	27'	50'	1°19'

On voit, par cette Table, que l'orbite du premier satellite conserve une inclinaison constante sur un plan incliné de moins de 1' sur celui de l'équateur martien, et que l'orbite du second satellite conserve aussi une inclinaison constante sur un plan incliné qui ne peut guère dépasser plus de 1° celui du même équateur.

L'aplatissement de Mars produit aussi des mouvements rapides dans la ligne des apsides des orbites des satellites, particulièrement pour le premier, et peut-être même un jour pourra-t-on déterminer l'aplatissement par ce mouvement.

M. Tisserand est arrivé aux mêmes conclusions que M. Adams (¹). Les satellites sont maintenus presque dans le plan de l'équateur par l'ellipticité de la planète. Telle est aussi l'opinion de M. Hall (²). Voici la note de M. Tisserand.

Les deux satellites se meuvent à très peu près dans un même plan, qui

(¹) *Comptes rendus*, 8 décembre 1879, p. 961.
(²) *Monthly Notices*, mars 1880, p. 278.

diffère peu du plan de l'équateur de la planète. La presque coïncidence de ces trois plans est-elle fortuite, ou bien doit-elle exister toujours? C'est là une question intéressante qui a été traitée en partie par M. Adams à la Société royale astronomique de Londres (14 novembre 1779). Je me suis proposé de reprendre par une autre analyse la question traitée par le savant directeur de l'Observatoire de Cambridge, et je crois être arrivé à des conclusions plus précises, malgré l'incertitude dans laquelle nous nous trouvons encore relativement à la vraie position de l'équateur de la planète Mars. L'analyse dont je parle m'a déjà servi dans une étude relative à l'un des satellites de Saturne.

Jusqu'ici, les observations n'ont pas permis de découvrir dans la planète Mars un aplatissement sensible; si cet aplatissement était tout à fait nul, par le fait des perturbations provenant du Soleil, les plans des orbites de Phobos et Deimos, étant supposés coïncider à un moment donné, finiraient par s'éloigner l'un de l'autre d'une quantité considérable. Je vais montrer qu'en supposant la loi des densités dans l'intérieur de Mars la même que dans l'intérieur de la Terre, et en lui attribuant par suite un aplatissement que les mesures directes ne peuvent pas mettre en évidence actuellement, les plans des orbites des deux satellites ne s'éloigneront jamais que très peu du plan de l'équateur de la planète. Pour chacun des satellites, la force perturbatrice R proviendra de l'action du Soleil et de celle du renflement équatorial de Mars; je ne m'occuperai ici que des inégalités séculaires. En vertu de ces inégalités, on a l'intégrale R = const. En négligeant les excentricités des orbites des satellites, qui sont extrêmement petites, sinon nulles, l'intégrale ci-dessus peut s'écrire

$$(1) \qquad K \cos^2\gamma + K' \cos^2\gamma' = C,$$

où K et K' ont les valeurs suivantes :

$$(2) \qquad \begin{cases} K = \tfrac{3}{8} M \dfrac{a^2}{a_0^3 (1 - e_0^2)^{\frac{3}{2}}}, \\ K' = \tfrac{1}{2} m \dfrac{a'^2}{a^2} \left(\rho - \tfrac{1}{2} - \varphi\right), \end{cases}$$

en désignant par M la masse du Soleil, m celle de Mars, a le demi-grand axe de l'orbite du satellite, a' le rayon équatorial de Mars, a_0 le demi-grand axe de l'orbite que décrit Mars autour du Soleil, e_0 l'excentricité de cette orbite, ρ l'aplatissement de la planète à sa surface, et φ le rapport de la force centrifuge à l'attraction pour les points de l'équateur de Mars; enfin, γ désigne l'angle que fait l'orbite du satellite considéré avec l'orbite de Mars, et γ' l'angle de la même orbite avec le plan de l'équateur de la planète.

Le terme $K \cos^2\gamma$ provient de l'action du Soleil; le terme $K' \cos^2\gamma'$ est dû à l'action du renflement équatorial de Mars. Si l'on n'avait égard qu'à l'action du Soleil, on aurait $\gamma = $ const.; l'orbite de chacun des satellites ferait un angle constant avec l'orbite de Mars. Si l'on ne tenait compte, au contraire, que de l'aplatissement de la planète, cette orbite ferait un angle constant avec l'équateur de Mars. En tenant compte des deux actions, le pôle de l'orbite de chacun des satellites décrit une ellipse sphérique; c'est une conséquence de l'équation (1).

Cherchons à évaluer le rapport $\frac{K'}{K}$; on tire de (2)

(3)
$$\frac{K'}{K} = \frac{4}{3}\left(\frac{n}{n_0}\right)^2\left(\frac{a'}{a}\right)^2(1 - e_0^2)^{\frac{3}{2}}\left(\rho - \tfrac{1}{2}\varphi\right),$$

en appelant n et n_0 les moyens mouvements du satellite et de Mars; n_0 et e_0 sont bien connus; n et a ont été donnés par M. Hall pour les deux satellites; enfin je prendrai, d'après un mémoire de M. Hartwig, où il est tenu compte de toutes les déterminations antérieures, $2a' = 9'',352$, correspondant à une distance de Mars au Soleil égale à 1.

L'expression (3) me donnera

(4)
$$\begin{cases} \dfrac{K'}{K} = (3,91061)\left(\rho - \tfrac{1}{2}\varphi\right) \text{ pour Deimos,} \\[2mm] \dfrac{K'}{K} = (5,99065)\left(\rho - \tfrac{1}{2}\varphi\right) \text{ pour Phobos;} \end{cases}$$

φ se détermine aisément avec les données ci-dessus et en ayant égard à la valeur bien connue de la durée de la rotation de Mars; on trouve

(5)
$$\varphi = \tfrac{1}{219}.$$

Jusqu'ici, il n'y a rien d'hypothétique; je vais faire maintenant deux hypothèses :

Hypothèse I — Mars est homogène; alors, $\rho = \tfrac{5}{4}\varphi$. On déduit de (4) et (5)

$$\log\frac{K'}{K} = 1,44567 \text{ pour Deimos,}$$
$$\log\frac{K'}{K} = 3,52570 \text{ pour Phobos.}$$

Hypothèse II. — La loi des densités est la même à l'intérieur de la Terre et de Mars; on en conclut

$$\frac{\rho}{\varphi} = \frac{\rho_1}{\varphi_1}.$$

ρ_1 et φ_1 désignant les valeurs correspondant à ρ et φ dans le cas de la Terre; il en résulte

et ensuite
$$\rho = \tfrac{1}{228}$$

$$\log\frac{K'}{K}\ 1,23650 \text{ pour Deimos,}$$
$$\log\frac{K'}{K}\ 3,31654 \text{ pour Phobos.}$$

Soient, sur la sphère, D le pôle boréal de l'orbite de Mars, D' celui de son équateur, M celui de l'orbite de l'un des satellites; soient, en outre, $DD' = A$ l'angle de l'orbite et de l'équateur de Mars, et C un point situé sur l'arc de grand cercle D'D et déterminé par l'équation

(6)
$$\operatorname{tang} 2i = \frac{K\sin 2A}{K' + K\cos 2A}; \qquad \text{où} \quad i = CD'.$$

Le point C sera le centre de l'ellipse sphérique qui sera décrite par le pôle M ; on voit immédiatement que, pour les deux satellites, dans les deux hypothèses considérées, $\frac{K'}{K}$ étant grand, le point C sera voisin du point D'.

Soient $2\rho'$ et $2\rho''$ le grand axe et le petit axe de l'ellipse ; en désignant γ_0 et γ_0' les valeurs initiales de γ et γ', par B et N des angles auxiliaires définis par les formules

$$(7) \qquad \sin 2B = \frac{2\sqrt{KK'}}{K+K'}\sin A,$$

$$(8) \qquad \sin^2 N = \frac{K\sin^2\gamma_0 + K'\sin^2\gamma_0'}{K+K'},$$

on aura

$$(9) \qquad \cos\rho'' = \frac{\cos N}{\cos B}, \qquad \cos 2\rho' = \frac{\cos^2 N}{\cos 2B}.$$

La grandeur du rapport $\frac{K'}{K}$ fera que l'angle B, tiré de la formule (7), sera toujours petit ; les formules (9) montrent que ρ' et ρ'' seront peu différents. En fait, si l'on calcule ρ' et ρ'' d'après les positions assignées à l'équateur de Mars par divers observateurs, on trouve que la différence $\rho' - \rho''$ n'atteint qu'un petit nombre de minutes d'arc. Nous pourrons admettre, en résumé, avec une précision actuellement suffisante, que le point M décrit un petit cercle ayant pour centre le point C défini par l'équation (6) et pour rayon la valeur de ρ' déterminée par l'équation suivante :

$$(10) \qquad \cos 2\rho' = -\frac{K\cos^2\gamma_0 + K'\cos^2\gamma_0'}{\sqrt{(K+K')^2 - 4KK'\sin^2 A}}.$$

Si l'on a $\rho' > i$, la valeur de γ' sera comprise entre les limites $\rho' - i$ et $\rho' + i$, qui diffèrent de $2i$.

Si l'on a $\rho' < i$, la valeur de γ' sera comprise entre les limites $i - \rho'$ et $i + \rho'$, qui diffèrent de $2\rho'$.

J'ai effectué les calculs en prenant, pour déterminer la position de l'équateur de Mars, les nombres fournis par les observations de W. Herschel, par les observations de Bessel calculées par Oudemans, et enfin les nombres indiqués par M. Marth (*Monthly Notices*, vol. XXXIX, p. 473) [1]. Les positions correspondantes de l'équateur de Mars diffèrent notablement ; toutefois, dans les trois cas, j'arrive à des conclusions peu différentes. Soient γ_1' et γ_2' les limites inférieure et supérieure de l'inclinaison de l'orbite de Deimos sur l'équateur de Mars. J'ai trouvé les résultats suivants :

Hypothèse I.

	Herschel.	Oudemans.	Marth.
γ_1'	$4°,9$	$2°,7$	$0°,1$
γ_2'	$6\ ,6$	$4\ ,4$	$1\ ,4$
$\gamma_2' - \gamma_1'$	$1°,7$	$1°,7$	$1°,3$

[1] Les nombres d'Herschel et de Bessel sont publiés plus haut ; ceux de M. Marth sont : inclinaison du plan de l'équateur de Mars sur celui de la Terre $= 36°,200$; nœud $= 47°,945$.

Hypothèse II.

	Herschel.	Oudemans.	Marth.
γ'_1	3°,9	1°,9	0°,2
γ'_2	6 ,7	4 ,5	2 ,2
$\gamma'_2 - \gamma_1$	2°,8	2°,6	2°,0

On voit que, dans tous les cas, l'inclinaison de l'orbite de Deimos sur l'équateur de Mars ne peut osciller qu'entre des limites distantes seulement de 3° au plus. Pour Phobos, les limites sont encore plus restreintes.

Concluons donc que, si Mars est homogène ou bien si dans son intérieur la loi des densités est la même que pour la Terre, *les orbites des deux satellites coïncideront toujours avec l'équateur de Mars,* ou, du moins, ne s'en écarteront jamais que de très petites quantités.

La même chose aura lieu évidemment si l'aplatissement de Mars est compris entre les deux limites qui répondent aux hypothèses I et II.

CIII. 1879. — *Passage de la Terre devant le Soleil pour les habitants de Mars.*

A tous ces documents martiens nous pouvons ajouter le suivant, qui offre un intérêt d'un autre genre.

Le jour de l'opposition de Mars en 1879, le Soleil, la Terre et Mars se sont trouvés si parfaitement en ligne droite que la Terre et la Lune se sont projetées devant le disque du Soleil pour les habitants de Mars, comme Vénus et Mercure le font quelquefois pour nous.

Voici, d'après les calculs de M. Marth, les conditions dans lesquelles ce passage s'est opéré :

12 nov. heure de Greenwich.	Angle de position.	ENTRÉE.		12 nov. heure de Greenwich.	Angle de position.	SORTIE.	
1ʰ49ᵐ							
1 55	125°,7	Contact externe de ☾.		9ʰ40ᵐ	225°,3	Contact interne de ☾.	
4 16	126 ,4	» interne de ☾.		9 46	226 ,1	» externe de ☾.	
4 37	123 ,3	» externe de ♁.		11 39	225 ,9	» interne de ♁.	
	125 ,9	» interne de ♁.		12 0	228 ,5	» externe de ♁.	

Le rayon apparent du Soleil, vu de Mars, était de 650″,5, celui de la Terre de 18″,1, et celui de la Lune de 4″,9. Les angles sont comptés du point du disque solaire marquant la direction du pôle nord de l'orbite de Mars.

Ce passage ne serait pas visible à l'œil nu pour des yeux analogues aux nôtres. Quand Vénus passe devant le Soleil pour nous, son disque mesure 60″ de diamètre; celui de la Terre ne mesure ici que 36″. Mais un instrument d'optique grossissant très peu suffirait pour l'apercevoir.

Un phénomène analogue est arrivé le 8 novembre 1800 et se reproduira en mai 1905 et en mai 1984.

Les passages de Mercure et Vénus devant le Soleil pour Mars sont beaucoup plus fréquents, mais ils n'ont pas la même importance : Vénus est sensiblement plus petite que la Terre (vue de Mars) et Mercure est plus minuscule encore.

Au mois d'avril 1886, il y a eu un passage de Mars devant le Soleil pour Jupiter.

Opposition de 1881-1882.

Pendant cette opposition, Mars est resté plus éloigné de la Terre que pendant celles de 1877 et 1879 ; mais cet éloignement a été en partie compensé par la déclinaison plus boréale de la planète, lui permettant de s'élever davantage au-dessus de notre horizon. L'hémisphère nord de Mars se présentait mieux à notre vue, la latitude du centre du disque étant $+ 7°$ en novembre 1881 et le pôle nord étant à l'intérieur du disque, à $7°$ du bord. Mais cette inclinaison diminua assez vite, car, au commencement de décembre, elle descendit à $5°$ et, à la fin de ce mois, le pôle nord cessa de nouveau d'être visible, l'équateur occupant le centre du disque au moment de l'opposition. En janvier et février, la planète se présentait à peu près de face, et l'on voyait semblablement les deux pôles.

DATE DE L'OPPOSITION : 26 DÉCEMBRE.

Présentation de la planète :

Le pôle austral est encore incliné vers la Terre, mais le pôle boréal arrive.
A la date du 6 janvier, le plan de l'équateur de Mars passe par la Terre.

	Latitude du centre.	Diamètre apparent.	Phase (zone manquant).
22 octobre 1881	+ 6°,7	10″,7	1″,2
26 décembre (Opp.)	+ 1 ,5	15 ,5	0 ,0
6 janvier 1882	0 ,0	14 ,9	0 ,1
1er février	— 2 ,0	12 ,0	0 ,6
27 »	0 ,0	9 ,4	0 ,8
21 mars	+ 3 ,4	7 ,7	1 ,2

CALENDRIER DE MARS.

	Hémisphère austral ou supérieur.	Hémisphère boréal ou inférieur.
1er juillet 1881	Solstice d'été.	Solstice d'hiver.
8 décembre 1881	Équinoxe d'automne.	Équinoxe de printemps.
25 juin 1882	Solstice d'hiver.	Solstice d'été.

CIV. 1881. — Webb. *La planète Mars* [1].

Cet observateur soigneux et écrivain distingué, avec lequel nous avons déjà fait connaissance (1856, p, 130; 1873, p. 222), et que la Science a eu la douleur de perdre il y a quelques années, a consacré un chapitre de son excellent Traité à la planète dont nous écrivons l'histoire. Ce chapitre est illustré de la carte de Burton et Dreyer, publiée plus haut (1879, p. 317).

Il remarque entre autres l'analogie de ce monde voisin avec celui que nous habitons et le considère, sans une trop grande témérité, comme habitable par la race humaine. Pour lui, les taches sombres sont teintées d'un gris bleu et représentent des mers, les régions claires et jaunâtres représentent des continents. La proportion de terres étant relativement plus grande que sur notre globe, « l'aire habitable peut être beaucoup plus étendue que le diamètre ne le ferait supposer ». Les mers paraissent en communication les unes avec les autres par d'étroits canaux, dont l'observation pourtant est si difficile que l'on ne peut encore rien affirmer de certain à leur égard. Peut-être sont-ce seulement les bords de régions faiblement teintées. Les cartes de Mars ne doivent être considérées que comme approximatives et provisoires. Les neiges polaires sont très éclatantes et varient avec les saisons. Parmi les observations curieuses, Webb en cite une de Ward, du 22 décembre 1879, dans laquelle le lac circulaire (mer Terby) se montrait aussi noir et aussi nettement défini que l'ombre des satellites de Jupiter, quoique la définition générale de la planète fût, à cette heure-là, très mauvaise. Quant aux variations de tons foncés ou clairs observés, l'auteur pense que les nuages vus de l'extérieur doivent toujours réfléchir une lumière plus vive que les terres ou les eaux. C'est là une question fort importante et assez épineuse pour l'explication des variations observées. Il semble bien, sans doute, que des nuages vus d'en haut, éclairés par le Soleil, doivent toujours paraître blancs, et nous les avons toujours vus ainsi en ballon. Cependant, ne pourrait-on imaginer des brouillards composés de particules sombres? La fumée de certains charbons de terre ne donne-t-elle pas naissance à des flocons gris, parfois presque noirs?

CV. 1881-82. — Schiaparelli. *Observations et dessins.*

L'habile astronome de Milan a continué pendant cette opposition la série de ses étonnantes découvertes, et cette fois il passa de merveille en merveille, comme nous allons le voir.

[1] *Celestial objects for common telescopes.* Fourth edition. London, 1881.

L'ensemble de ses observations de cette époque ne fut publié qu'en 1886, dans un troisième mémoire, faisant suite aux deux premiers analysés plus haut. Mais, dès le milieu de l'année 1882, il fit connaître, par l'Académie romaine des Lincei, le fait le plus curieux de cette nouvelle série : le dédoublement des canaux de Mars.

Voici ce premier résumé, tel que nous nous sommes empressé de le publier nous-même (¹) sous la signature de l'illustre astronome, d'après l'envoi qu'il avait bien voulu nous adresser.

Rappelons que la date de cette opposition était le 26 décembre.

« La dernière opposition de Mars a pu être observée à Milan en d'excellentes conditions météorologiques. Octobre et novembre ont été peu favorisés, mais nous avons eu, du 26 décembre 1881 au 13 février 1882, cinquante jours particulièrement beaux. Les hautes pressions atmosphériques qui ont dominé à cette époque ont produit une série de belles journées, calmes et sereines, extrêmement favorables pour les observations. Pendant seize jours on a pu utiliser toute la puissance de notre excellent équatorial (²), et pendant quatorze autres jours l'atmosphère n'a laissé que fort peu à désirer. Aussi, quoique le diamètre apparent de la planète n'ait pas atteint 16″, tandis qu'il avait dépassé 19″ en 1879 et 25″ en 1877, il a été possible, dans cette troisième période d'opposition observée par moi, d'obtenir sur la nature physique de ce monde un ensemble de renseignements qui surpassent, par leur nouveauté et leur intérêt, tout ce que j'avais obtenu précédemment.

» La série des mers intérieures comprises entre la zone claire équatoriale et la mer australe s'est montrée mieux dessinée qu'en 1879. Dans la mer Cimmérienne, on voyait une espèce d'île ou de traînée lumineuse qui la partageait dans sa longueur, ce qui lui donnait de l'analogie avec l'aspect de la mer Érythrée. La mer Chronienne a subi des modifications très notables depuis 1879. Plus surprenante encore est la variation d'aspect présentée par la grande Syrte qui a envahi la Libye et s'est étendue, en forme de ruban noir et large, jusqu'à 60° de latitude boréale. Le Népenthès et le lac Mœris ont augmenté de largeur et d'obscurité, tandis qu'il restait à peine quelques vestiges du marais Coloé, si visible sur la carte de 1879. Ainsi, des centaines de milliers de kilomètres carrés de surface sont devenus sombres, de clairs qu'ils étaient, et, à l'inverse, un grand nombre de régions

(¹) *L'Astronomie*, Revue mensuelle d'Astronomie populaire, 1ʳᵉ année, 1882, août, p. 126.

(²) Objectif de Mertz, de Munich, de 0ᵐ,218 de diamètre et de 3ᵐ,25 de longueur focale; oculaires grossissant 322 fois et 468 fois.

foncées sont devenues claires. De telles métamorphoses prouvent que la cause de ces taches foncées est un agent mobile et variable à la surface de la planète, soit de l'eau ou un autre liquide, soit de la végétation, qui se propagerait d'un point à un autre.

» Mais ce ne sont pas encore là les observations les plus intéressantes. Il y a sur cette planète, traversant les continents, de grandes lignes sombres auxquelles on peut donner le nom de *canaux*, quoique nous ne sachions pas encore ce que c'est. Divers astronomes en ont déjà signalé plusieurs, notamment Dawes en 1864. Pendant les trois dernières oppositions, j'en ai fait une étude spéciale, et j'en ai reconnu un nombre considérable qu'on ne peut pas estimer à moins de soixante. Ces lignes courent entre l'une et l'autre des taches sombres que nous considérons comme des mers, et forment sur les régions claires ou continentales un réseau bien défini. Leur disposition paraît invariable et permanente, au moins d'après ce que j'en puis juger par une observation de quatre années et demie; toutefois leur aspect et leur degré de visibilité ne sont pas toujours les mêmes et dépendent de circonstances que l'état actuel de nos connaissances ne permet pas encore de discuter avec certitude. On en a vu en 1879 un grand nombre qui n'étaient pas visibles en 1877, et en 1882 on a retrouvé tous ceux qu'on avait déjà vus, pendant les oppositions précédentes, accompagnés de nouveaux. Quelquefois ces canaux se présentent sous la forme de lignes ombrées et vagues, tandis qu'en d'autres occasions ils sont nets et précis comme un trait fait à la plume. En général, ils sont tracés sur la sphère comme des lignes de grands cercles : quelques-uns montrent une courbure latérale sensible. Ils se croisent les uns les autres, obliquement ou à angle droit. Ils ont bien 2° de largeur, ou 120 kilomètres, et plusieurs s'étendent sur une longueur de 80° ou 4800 kilomètres. Leur nuance est à peu près la même que celle des mers, ordinairement un peu plus claire. Chaque canal se termine à ses deux extrémités dans une mer ou dans un autre canal : il n'y a pas un seul exemple d'une extrémité s'arrêtant au milieu de la terre ferme.

» Ce n'est pas tout. En certaines saisons, ces canaux se dédoublent, ou, pour mieux dire, se doublent.

» Ce phénomène paraît arriver à une époque déterminée et se produire à peu près simultanément sur toute l'étendue des continents de la planète. Aucun indice ne s'en est signalé en 1877, pendant les semaines qui ont précédé et suivi le solstice austral de ce monde. Un seul cas isolé s'est présenté en 1879 : le 26 décembre de cette année (un peu avant l'équinoxe de printemps, qui est arrivé pour Mars le 21 janvier 1880), j'ai remarqué le dédoublement du Nil, entre le lac de la Lune et le golfe Céraunique. Ces deux traits réguliers égaux et parallèles me causèrent, je l'avoue, une profonde surprise, d'autant plus grande que, quelques jours auparavant, le 23 et le 24 décembre, j'avais observé avec soin cette même région sans rien découvrir de pareil. J'attendis avec curiosité le retour de la planète en 1881 pour savoir si quelque phénomène analogue se présenterait dans le même endroit, et je vis reparaître le même fait le 11 janvier 1882, un mois après l'équinoxe de printemps de la planète (qui avait eu lieu le 8 décembre 1881) : le dédoublement était encore évident à la fin de février. A cette même date du 11 janvier, un autre dédoublement s'était déjà produit : celui de la section moyenne du canal des Cyclopes, à côté de l'Elysium.

» Plus grand encore fut mon étonnement lorsque, le 19 janvier, je vis le canal de la Jamuna, qui se trouvait alors au centre du disque, formé très correctement par deux lignes droites parallèles, traversant l'espace qui sépare le lac Niliaque du golfe de l'Aurore. Tout d'abord je crus à une illusion causée par la fatigue de l'œil et à une sorte de strabisme d'un nouveau genre ; mais il fallut bien se rendre à l'évidence. A partir du 19 janvier, je ne fis que passer de surprise en surprise ; successivement l'Oronte, l'Euphrate, le Phison, le Gange et la plupart des autres canaux se montrèrent très nettement et incontestablement dédoublés. Il n'y a pas moins de vingt exemples de dédoublement, dont dix-sept ont été observés dans l'espace d'un mois, du 19 janvier au 19 février.

» En certains cas, il a été possible d'observer quelques symptômes précurseurs qui ne manquent pas d'intérêt. Ainsi, le 13 janvier, une ombre légère et mal définie s'étendit le long du Gange ; le 18 et le 19, on ne distinguait plus là qu'une série de taches blanches ; le 20, cette ombre était encore indécise, mais le 21 le dédoublement était parfaitement net, tel que je l'observai jusqu'au 23 février. Le dédoublement de l'Euphrate, du canal des Titans et du Pyriphlégéton commença également sous une forme indécise et nébuleuse.

» Ces dédoublements ne sont pas un effet d'optique dépendant de l'accroissement du pouvoir visuel, comme il arrive dans l'observation des étoiles doubles, et ce n'est pas non plus le canal lui-même qui se partage en deux longitudinalement. Voici ce qui se présente : A droite ou à gauche d'une ligne préexistante, sans que rien ne soit changé dans le cours et la position de cette ligne, on voit se produire une autre ligne égale et parallèle à la première, à une distance variant généralement de 6° à 12°, c'est-à-dire de 350 à 700 kilomètres ; il paraît même s'en produire de plus proches, mais le télescope n'est pas assez puissant pour permettre de les distinguer avec certitude. Leur teinte paraît être celle d'un brun roux assez foncé. Le parallélisme est quelquefois d'une exactitude rigoureuse. Il n'y a rien d'analogue dans la géographie terrestre. Tout porte à croire que c'est là une organisation

Fig. 104.

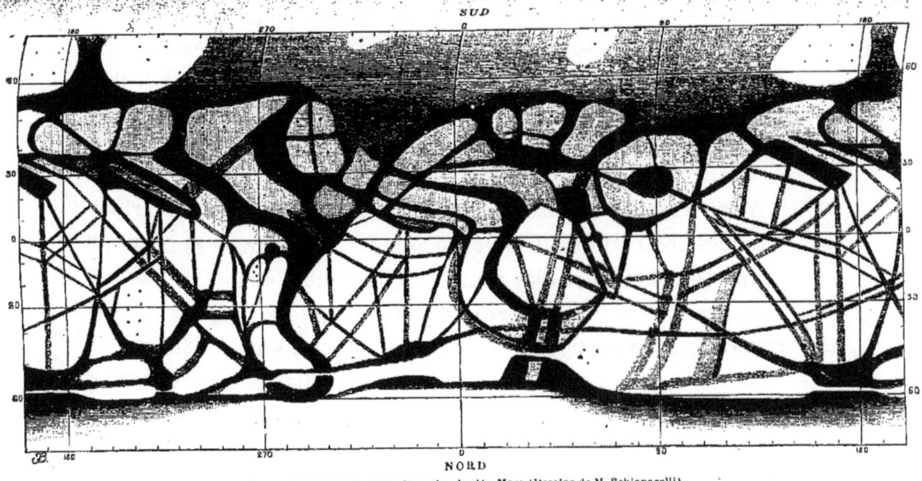

Canaux énigmatiques observés sur la planète Mars (Dessins de M. Schiaparelli).
(Aux points signalés par de petits cercles ooo, on a vu des taches blanches comme de la neige.)

spéciale à la planète Mars, probablement rattachée au cours de ses saisons.

» Voilà les *faits* observés. L'éloignement de la planète et le mauvais temps empêchèrent de continuer les observations. Il est difficile de se former une opinion précise sur la constitution intrinsèque de cette géographie, assurément fort différente de celle de notre monde. Si le phénomène est réellement lié aux saisons de Mars, il est possible qu'il se reproduise pendant le prochain retour de la planète. Le 1er janvier 1884, la position de Mars à l'égard de ses saisons sera la même que celle du 13 février 1882, et le diamètre apparent sera de 13″. Tout instrument capable de faire voir sur un fond clair une ligne noire de 0″,2 de largeur et de séparer l'une de l'autre deux lignes comme celle-là, écartées de 0″,5, pourra être employé à ces observations.

« Dans l'état actuel des choses, il serait prématuré d'émettre des conjectures sur *la nature* de ces canaux. Quant à leur existence, je n'ai pas besoin de déclarer que j'ai pris toutes les précautions commandées pour éviter tout soupçon d'illusion : je suis absolument sûr de ce que j'ai observé. »

Ainsi s'exprimait l'habile astronome dans son premier article sur ces étranges observations. Il suffit, d'ailleurs, de regarder la carte qui accompagne cet article (*fig.* 195) pour être absolument étonné de pareilles découvertes et en croire à peine ses yeux. On s'explique aisément le scepticisme général qui les accueillit. Nous les examinerons avec soin ; mais nous devons tout de suite exposer dans tous ses détails les observations complètes de M. Schiaparelli, d'après son troisième mémoire (¹).

Ces observations s'étendirent sur un espace de six mois, du 26 octobre 1881 au 29 avril 1882. « On a retrouvé tous les canaux vus en 1877, entre autres l'Hiddekel, resté douteux en 1879, et la Fontaine de Jeunesse, invisible en 1879. Des causes, probablement en rapport avec le Soleil, mirent à nu une grande quantité de particularités nouvelles. La couleur rouge clair mêlée de blanc qui occupait, en 1877, toute la zone équatoriale au nord du grand Diaphragme et, en 1879, s'étendait encore considérablement, disparut presque entièrement en janvier et février 1882. On commença à distinguer, dans ce voile lumineux, des ombres indistinctes entourées de taches informes, de couleur orangée ; ces ombres devinrent graduellement plus sombres et mieux définies et ne tardèrent pas à se transformer en groupes de lignes plus ou moins noires. En même temps, la coloration orangée s'étendit et finit par prendre, à part quelques exceptions, toute la zone dite continentale. La vaste étendue nommée océan et golfe Alcyonien qui, en 1879, paraissait grise et indéterminée et qui semblait plutôt de caractère maritime, se résolut en

(¹) *Osservazioni astronomiche e fisiche,* etc. Memoria terza (Reale Accademia de Lincei. Roma, 1886).

touffes très compliquées de petites lignes. Alors alla en se dévoilant le fait curieux et inattendu de la gémination des canaux, lequel probablement conduira à modifier considérablement les opinions courantes sur la constitution physique de la planète. »

L'auteur reprit la détermination de la direction de l'axe de rotation, et trouva des résultats qui confirment absolument ceux que nous avons exposés plus haut, d'après les mesures de 1877 et 1879.

Pendant cette opposition de 1881-1882, 162 esquisses partielles ont été prises, et 15 dessins d'ensemble du disque. Il est bien préférable, lorsque la vision est excellente, de ne pas perdre son temps à faire des dessins d'ensemble.

La carte que l'on trouvera plus loin (*fig.* 195, p. 361) a été publiée dans le mémoire de M. Schiaparelli, que nous analysons ici, et construite, pour la partie australe et jusqu'au 20ᵉ degré de latitude nord, d'après les observations de 1877 et 1879, et pour la partie boréale, d'après celles de 1881, 1884 et 1886, qui permirent de compléter l'examen total du globe martien.

Lorsqu'il s'est agi de construire la carte de Mars pendant cette opposition, une grande difficulté s'est présentée, par le changement singulier qui commença à se produire dans l'aspect de la planète vers le milieu de janvier, spécialement par suite du dédoublement des canaux. Pour éviter de confondre ensemble en une seule représentation des choses qui appartiennent probablement à des conditions physiques différentes, il eût été nécessaire de séparer toute la série des observations en deux périodes et de dresser une carte pour chacune. Mais, pour la première période, les observations étaient insuffisantes. Les géminations appartiennent toutes à la seconde période, mais peut-être certains aspects remontaient-ils déjà à la première. L'auteur a construit la carte ci-après sur l'ensemble des observations de cette opposition, sans distinction de temps, et lui a adjoint une autre carte, que nous retrouverons plus loin (à la seconde Partie de cet Ouvrage), représentant l'hémisphère boréal. La carte publiée plus haut (p. 355) n'était que provisoire.

Les lecteurs de ce livre ont déjà remarqué sur la première de ces cartes, et remarqueront aussi sur la seconde l'extrémité inférieure de la mer du Sablier, qui se contourne en forme de serpent. L'astronome italien ayant donné le nom de Grande Syrte à cette mer, et celui de Nil au fleuve qui s'y rattache, a donné le nom de Nilosyrtis à cette extrémité si singulièrement élargie et assombrie, et le nom de Boreosyrtis à la continuation de ce serpent. Le Nilosyrtis ressemble à la queue du Scorpion des dessins de Secchi en 1858 (p. 140). Comparer aussi un dessin de Dawes en 1864 (p. 187), un de nous-même en 1873 (p. 214), et ceux de Green la même année (p. 219). Mais le Boreosyrtis nous paraît bien incertain ou signale des variations plus considérables encore que toutes les précédentes.

L'auteur a ajouté semblablement de nouveaux noms pour les configurations nouvellement dessinées.

Nos lecteurs savent que, de toutes les régions de la planète, l'une des plus claires est le continent Beer de notre carte (p. 69), qui s'étend à la droite de la mer du Sablier. C'est, en général, une région brillante et uniforme. Pendant l'opposition de 1881-1882, M. Schiaparelli a fait là des observations fort curieuses.

Au commencement (9-14 novembre), on ne trouva là aucune différence notable avec ce qui avait été vu en 1879. Les mêmes canaux s'y voyaient, non tous également distincts, et l'unique différence importante fut l'apparition du lac Isménius, que l'on commença à voir le 12 novembre sous la forme d'une tache, au point où l'Euphrate vient couper le cours du Protonilus. Dans la seconde période des observations (14-29 décembre), un voile de nature inconnue parut s'être retiré de cette région; le Protonilus, qui d'abord avait l'aspect d'une ligne unique, se montra séparé en deux cours parallèles, portant chacun son lac Isménius. Dans la troisième période d'observations (17 janvier-4 février), l'Oronte, l'Euphrate, le Phison, le Tiphonius apparurent tous géminés, l'Hiddekel, invisible en 1879, reparut, et l'Oxus prolongea son cours au delà du Gehon jusqu'au Deuteronilus (voir la carte, p. 361). Ainsi voilà une tache, le lac Isménius, qui se montrait bien nette et unique les 12, 13 et 14 novembre, sans que personne pût y soupçonner aucun indice de séparation, et, le 23 décembre, on voyait là deux lacs égaux, qui s'allongèrent dans le sens des latitudes pour aboutir les 28 et 29 décembre aux aspects dessinés sur la carte. Il en était encore de même le 22 janvier.

L'Oronte a été l'un des canaux les plus évidents. Il se dédoubla le 18 janvier. L'Euphrate et le Phison restèrent également nets, simples et évidents jusqu'au 18 janvier. Le 19, ils parurent élargis et indécis. Le 20, observation empêchée par des nuages. Le 21, tous deux étaient doubles, et dans une admirable netteté. Leur couleur n'était pas celle des mers, mais une sorte de brun rougeâtre « una specie di bruno rossegiante ». Ces canaux n'avaient pas changé de place, mais il s'était formé, non loin d'eux, une ligne secondaire absolument parallèle.

L'Indus s'est montré très large pendant toute cette opposition, la moitié environ de la largeur de Nilosyrtis. (C'est la baie Burton de notre carte: même largeur.)

Le lac Niliacus s'est montré séparé de la mer Acidalium par un isthme jaune que l'observateur a nommé Pont d'Achille. Les contours de ces deux taches ne sont pas entièrement terminés, excepté au pont d'Achille. Ce lac Niliacus n'est pas noir, mais d'un brun jaunâtre.

On reconnaît cette tache (lac Niliacus et mer Acidalium) sur les dessins de Knobel en 1873, et Bœddicker en 1881-1882.

En observant le Gange, on constata maintes fois à sa droite la présence d'un point noir, qui n'était autre que la Fontaine de Jeunesse. Ce point se rattachait au Gange par un fil. Puis un dédoublement du Gange passa à travers, du golfe de l'Aurore au lac de la Lune. (*Voy.* la carte, p. 361.)

Au lac de la Lune, qui paraissait simplement formé par l'intersection des lignes qui s'y croisent, le Nil se montra dédoublé à partir du 12 janvier, et, très nettement à partir du 19, comme des fils gris à travers des champs de neige. Il en fut de même le 18 février. Cette gémination du Nil avait déjà été observée, comme cas unique, en 1879, le 26 décembre, un mois *avant* l'équinoxe, qui arriva le 21 janvier suivant. En 1881, le phénomène ne commença à se présenter, d'une manière indécise et confuse, que le 11 janvier, un mois *après* l'équinoxe, arrivé le 8 décembre. Si donc le phénomène est lié à la révolution annuelle de Mars, ce n'est pas par un lien étroit et rigoureux, mais plutôt par une relation analogue à celle des saisons terrestres, où l'on observe des irrégularités plus ou moins étendues.

Au-dessus du lac du Soleil, la Thaumasia est d'une couleur jaune brun, ressemblant entre autres à celle de la Libye, ton tout différent du jaune clair et presque blanc d'Ophir et de Tharsis.

Le lac du Soleil n'était plus rond, comme en 1877, ni pointu, comme en 1879, mais ovale, comme on le voit sur la carte. Ces variations de forme sont irrécusables. L'observateur a cherché, sans succès, à retrouver la forme quadrilatère ou rhomboïdale dessinée par Lohse et Burton (*voy.* p. 318 et 319). Très foncé, et plus noir au bord du disque qu'au centre.

L'Araxe a présenté la forme rectiligne de 1879, et non la courbe sinueuse de 1877.

Le Ceraunius, avec l'Isis et le Phase, occupent bien la place de la passe de Bessel de la carte de Proctor.

L'île neigeuse de Dawes (Dawes' Snow Island) ou Argyre, a toujours paru très blanche, comme en 1877.

Le détroit d'Herschel a été revu sous la forme serpentine dessinée par Kaiser en 1862, les 31 octobre et 10 décembre (p. 174).

La terre d'Ogygès, dont on n'avait eu, en 1879, que de légers indices, a été observée plusieurs fois en 1882, mais beaucoup plus blanche et plus brillante au bord du disque que dans l'intérieur. — Nuages ?

Dans la mer Érythrée, on a remarqué certaines régions foncées, mais non pas noires, telles que les terres de Deucalion, de Pyrrha, de Protée, montrant avec évidence qu'il existe sur Mars des régions de transition, entre les obscures et les claires.

Le canal des Titans a fait l'objet d'observations très perplexes et plus extraordinaires encore que les précédentes. On le voit le long du 170° méridien : cette ligne a été visible jusqu'au 9 janvier. Du 10 janvier au 10 février, on voyait à côté une second canal, partant aussi, en haut, du golfe des Titans, mais se dirigeant vers l'extrémité droite de la Propontide. Dans une troisième période, les 12 et 13 février, ce second canal avait disparu et l'on voyait une autre ligne, cette fois parallèle à la première. Quelle part faut-il faire à l'illusion ?

La « neige olympique » de 1879 n'a pu être retrouvée.

Sur sa carte de 1879, M. Schiaparelli avait donné le nom de mer Polaire boréale (comme on le voit aussi sur notre carte, p. 69) à une longue tache grise qui semble en effet entourer le pôle nord. Pendant ses observations de 1881-82, il se convainquit qu'il n'y a pas là une étendue assez vaste pour être comparée à la mer Polaire australe, mais plutôt plusieurs mers ou lacs, tels que la mer Acidalium, la Propontide, le détroit d'Anian, le Tanaïs, l'Alcyon, ne formant pas un ensemble continu et laissant probablement une terre libre au pôle boréal.

La mer Maraldi ou mer Cimmérienne a été vue avec sa forme habituelle, et très foncée sur ses bords. Mais, dans sa région médiane, elle était si claire que l'observateur considère cette région comme une longue île, ressemblant à une queue de comète, étroite et brillante à droite, large et moins claire en s'étendant vers la gauche.

Les deux îles de Thulé ont montré des taches blanches aussi brillantes que les neiges polaires, moins grandes que ces îles, et qui ont changé de place.

A droite de l'Elysée, on voit un canal courbe, double aussi, l'Hyblæus. C'est un cas à peu près unique, sur la planète, d'une gémination curviligne.

Comme nous l'avons déjà remarqué plus haut, la partie inférieure de la mer du Sablier, nommée Nilosyrtis, a été vue pendant cette opposition, élargie et assombrie, atteignant presque la largeur de la mer Tyrrhénienne, ce qui n'existait pas en 1879. Cet élargissement avait déjà été observé par Secchi en 1858, Burton en 1871, 1873, et Green en 1873. Il y a là aussi des variations certaines.

Nous pouvons appliquer la même conclusion à la région voisine nommée Boreosyrtis.

La Libye présenta une coloration rouge foncé, et sa surface rappelait l'aspect d'un tissu pelucheux, velu, ou, si l'on veut, donnait l'impression d'être parsemée de petits pores.

La « neige atlantique » a été visible pendant toute cette opposition. De plus,

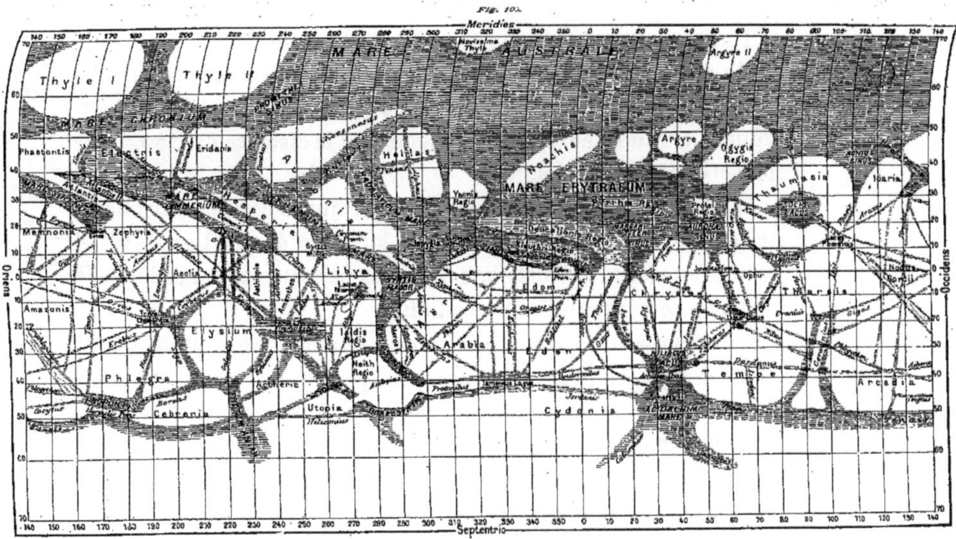

NOUVELLE CARTE DES CANAUX DOUBLES DE LA PLANÈTE MARS, PAR M. SCHIAPARELLI,
d'après ses observations de 1877 à 1886.

la région d'Isis a montré d'autres taches blanches, surtout au promontoire qui forme un angle entre la mer du Sablier et *le Népenthès*. Le marais Coloë n'a plus été revu.

En résumé, ce qu'il y a de plus curieux dans les découvertes faites pendant cette période, outre les variations de tons et d'étendue signalées, ce sont évidemment les dédoublements de canaux qui doivent le plus frapper notre attention. Il n'y en a pas moins de trente, sûrement constatés. Plusieurs se sont opérés sous les yeux mêmes de l'observateur, et l'opération s'est souvent accomplie en vingt-quatre heures. Si l'on réfléchit qu'il s'agit là de lignes larges de cent kilomètres environ et longues de mille et davantage, la rapidité avec laquelle le phénomène se produit mérite la plus sérieuse attention.

Il ne s'agit pas ici d'un effet optique analogue au dédoublement d'une étoile obtenu par le grossissement d'un oculaire, ni de la séparation d'une ligne simple en deux autres, mais de l'*addition* d'une ligne nouvelle à côté d'une autre antérieure, et parallèlement, à la distance de 4° à 12°, c'est-à-dire de 240 à 700 kilomètres.

Aux intersections de ces lignes doubles qui se croisent dans tous les sens, on remarque un accroissement dans la teinte de ces lignes. On croit voir comme un réseau géométrique de lignes parfaitement régulières, faites à la règle, au compas et à l'encre de Chine.

Cette régularité, ainsi que le caractère transitoire et probablement périodique de ces étranges formations, ne permettent pas de les assimiler aux formations de caractère géographique, par exemple aux taches qui ont reçu le nom de mers, de lacs, de continents ou d'îles. Il semble aussi que les géminations ont pour résultat de régulariser, d'uniformiser la ligne antérieure. Ainsi, l'Euphrate, vu simple en 1879, avait quelques irrégularités ou ondulations; dédoublé en 1882, il était parfaitement nettoyé et régularisé. La Jamuna, en 1879, n'avait pas une largeur uniforme, mais elle l'acquit en 1882, après la gémination. L'Hephestus formait avant son dédoublement une tache allongée irrégulière, mais ensuite deux traits parfaitement uniformes.

La gémination s'annonce en général par un état nébuleux du canal. Il semblerait que celui-ci devînt une nébulosité avant de donner naissance au phénomène et de se partager en deux. C'est comme des soldats disséminés qui, insensiblement, s'aligneraient sur deux colonnes.

Ce sont donc là des formations variables, déterminées par des causes locales et susceptibles de se reproduire périodiquement sous les mêmes aspects. En combinant les dates d'observations, on trouve que le phénomène correspond à certaines saisons de Mars, qu'il commence à se manifester vers l'équinoxe de printemps de l'hémisphère boréal (arrivé le 8 décembre 1881), et s'effectue surtout dans le second mois après cet équinoxe, qu'après avoir duré plusieurs semaines ou même quelques mois, il disparaît, de sorte qu'il n'en reste aucune trace à l'époque du solstice boréal. Ces géminations occupent donc toute la saison que nous appelons printemps de l'hémisphère boréal. Existe-t-il quelque chose d'analogue en automne ? C'est ce que les observations qui précèdent ne permettent pas de décider.

On peut remarquer que, sur la planète entière, il y a une grande tendance au dualisme et à la symétrie. Des lacs sont séparés en deux par un isthme; le détroit d'Herschel a été vu longitudinalement blanchi dans sa région médiane, ainsi que la mer Maraldi; la mer du Sablier a son pendant à la baie Burton, la baie du Méridien est double, etc., etc.

Quant à l'explication... **Il n'y a rien d'analogue sur la Terre.**

Après la publication de ces trois cartes de M. Schiaparelli (*fig.* 174, 185 et 195), la revue astronomique anglaise *The Observatory*, dirigée par MM. Christie et Maunder, publia un article spécial sur ces travaux [1], dont la conclusion est que, sur ces trois cartes, la seconde est plus conforme que les deux autres aux tracés bien connus de la planète et doit être préférée à celles de 1877 et 1881, et que certains canaux peuvent être les limites de districts nuancés de demi-tons, tandis que d'autres peuvent être des illusions dues peut-être à l'emploi de grossissements trop forts. « Nor would it be the first time that a distinguished astronomer has fallen into that mistake. »

En général, les astronomes anglais partagèrent le même sentiment de scepticisme à l'égard du réseau de lignes tracé par l'astronome italien sur ses cartes, comme on peut le voir en se reportant aussi aux autres publications périodiques spéciales, telles que *English Mechanic*, *Nature*, etc.

À la séance de la Société astronomique de Londres, du 14 avril 1882 [2], il y eut une discussion fort intéressante sur les observations de M. Schiaparelli, entre MM. Green, Maunder et Rand Capron. M. Proctor venait de publier, dans le *Times*, un article sur les « canaux » et leur dédoublement, article dans lequel il suggérait que les habitants de Mars doivent être engagés en des travaux d'ingénieurs d'une vaste étendue, attendu que ces canaux sont tracés dans toutes les directions et gardent entre eux une étonnante régularité de distance. » M. Green ajoutait : « Je n'ai pas l'intention d'introduire aucune espèce de plaisanterie dans un sujet aussi sérieux, mais je crois que nous ne devons pas reconnaître ces singuliers aspects de Mars comme réels jusqu'à ce que d'autres observateurs les aient revus avec certitude. Les canaux qui ont été vus, il y a un certain nombre d'années, ont constamment changé, soit dans les dessins d'un même observateur, soit

[1] *The Observatory*, May. 1, 1882.
[2] Id.   Id.   May. 1, 1882.

dans ceux de plusieurs. On en trouve dans les dessins de Dawes, mais les lignes tracées par Dawes n'existent pas dans les dessins de M. Schiaparelli. On retrouve, au contraire, les lignes tracées par Dawes dans les dessins de M. Burton. Je ne pense pas que ces tracés soient imaginaires, mais il me semble que ce ne sont pas là des choses permanentes sur la planète. »

M. Maunder exprime, de son côté, l'idée que les canaux dessinés par l'observateur de Milan ne sont pas des lignes réelles. Plusieurs peuvent être dues à des illusions d'optique; plusieurs paraissent être des bordures de districts ombrés. M. Schiaparelli paraît prolonger ses lignes au delà de leur longueur réelle, par exemple, lorsque deux lignes sombres se dirigent l'une vers l'autre, il les prolonge jusqu'à ce qu'elles se rencontrent, ce qui ne paraît pas être réel.

M. Green pense, comme M. Maunder, que les canaux dont il s'agit indiquent tout simplement les bords de taches légèrement ombrées.

Les astronomes anglais s'accordent à réclamer des observations nouvelles avant d'admettre l'existence réelle de cet étrange réseau de lignes droites qui s'entrecoupent dans tous les sens.

CVI. Même opposition, 1881-1882. — Otto Boeddicker. *Observations et dessins* [1].

A la séance du 17 avril 1882 de la Société royale de Dublin, lord Rosse

Fig. 196.

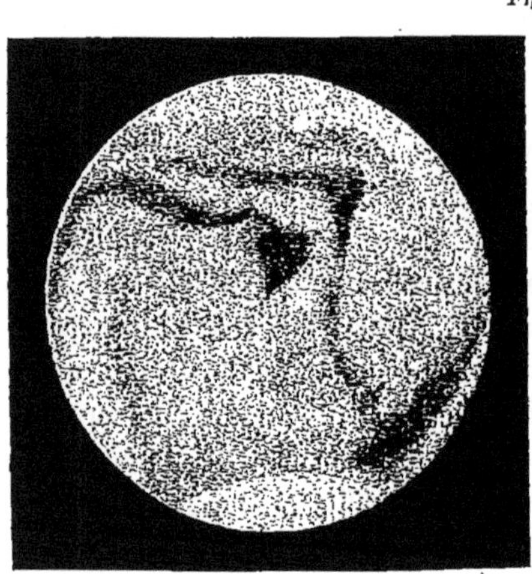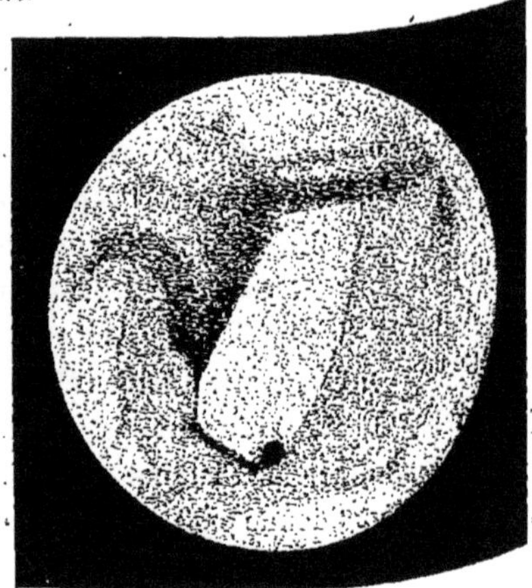

Dessins de Mars, par M. O. Bœddicker, les 20 et 26 décembre 1881.

communiqua les observations faites à son Observatoire de Birr Castle, par

[1] *Notes on the physical appearence of the planet Mars. Birr Castle Observatory Scientific Transactions of the Royal Dublin Society,* 1882.)

M. Otto Bœddicker. Ces observations s'étendent du 19 novembre 1881 au 23 janvier 1882, et sont accompagnées de 18 dessins. Elles ont été faites au grand télescope de trois pieds d'ouverture, grossissement = 216.

En général, les taches claires ou continentales ont paru orangées, et les taches foncées ou maritimes ont paru bleues.

La mer du Sablier « Hour-glass » a paru bordée, le long de son bord précédent, d'une zone claire assez brillante.

Parmi ces dessins, nous en reproduirons deux (*fig.* 196), remarquables par leurs détails et qui montrent, en même temps, combien il est facile de donner corps à des images transitoires et indécises. Dans le premier, du 20 décembre, la baie du Méridien se trouve au centre : elle ressemble à une feuille à l'extrémité d'un ruban, et rappelle les anciens dessins de 1830. On remarque, à sa droite, le détroit Arago et la baie Burton descendant à la mer Knobel : c'est l'Indus de M. Schiaparelli. Sur le second dessin, du 26 décembre, à 11ʰ36ᵐ, on voit la mer du Sablier présenter, à son extrémité inférieure, un étranglement et un coude certainement exagérés.

CVII. Même opposition, 1881-1882. — C.-E. BURTON. *Observations et dessins* (¹).

Ces observations ont été faites en février, mars et avril 1882, à l'aide d'un

Fig. 197.

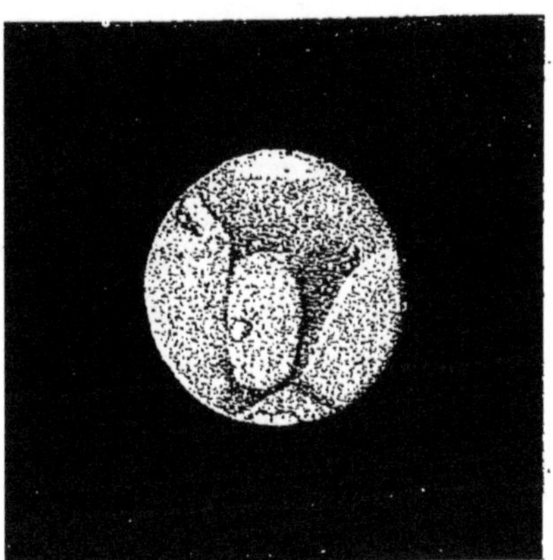

Mars, le 13 mars 1882, dessin de M. Burton.

télescope de 9 pouces d'ouverture, armé de grossissements de 270 et 600, et présentées à la même Société, le 17 avril 1882. L'auteur remarque d'abord que « la neige polaire boréale a été vue constamment, et surtout en deux

(¹) *Notes on the aspect of Mars in 1882.* (*Scientific Transactions of the royal Dublin Society,* 1882.)

soirées d'excellente définition, de forme compliquée et lobée, une échancrure étant surtout bien visible dans le contour elliptique, vers la longitude 300°, comme si la matière blanche avait fondu là plus vite qu'ailleurs, sous l'influence d'un Soleil alors presque au solstice ». Nous reproduisons ici le dessin du 13 mars (*fig.* 197), qui montre cette neige du pôle inférieur bilobée. Deux autres régions blanches sont visibles sur la planète, l'une voisine de l'extrémité nord de la terre de Burckhardt, l'autre correspondant à la « neige atlantique ». La mer du Sablier a paru bordée d'une zone blanche, du côté *gauche*, ou suivant, comme nous l'avons déjà signalé en d'autres circonstances.

Dans ce dessin, on voit la mer du Sablier s'arrêter à la mer Flammarion, comme si la Libye, au lieu d'être envahie par la teinte grise, s'avançait, au contraire, dans la mer. Le 11 mars, cette blancheur était encore plus marquée.

L'auteur croit avoir identifié plusieurs canaux de M. Schiapparelli, mais n'a aperçu aucun dédoublement.

CVIII. Même opposition, 1881-82. — NIESTEN. *Observations et dessins* (¹).

L'habile astronome de l'Observatoire de Bruxelles a fait ces observations du 12 décembre au 16 mars, à l'aide du même instrument et dans les mêmes conditions que celles de l'opposition précédente ; elles présentent vingt dessins avec leur description sommaire, montrant un grand nombre de détails. Il est bien certain, ici aussi, que l'œil de l'observateur joue un grand rôle dans le résultat obtenu. Considérons, par exemple, parmi ces dessins, ceux que nous reproduisons ici, et qui montrent presque exactement la planète du même côté, la mer du Sablier étant au méridien central (longitude de ce méridien = 303° pour la figure de gauche et 304° pour celle de droite). Le premier est du 31 janvier 1882, le second du 21 décembre précédent. Voici un extrait de la description de M. Niesten. L'auteur emploie, non sans raison satisfaisante, l'ancienne nomenclature pour les grandes taches qui sont certaines, et la nouvelle pour les canaux, qui paraissent si variables (²).

(¹) *Observations sur l'aspect physique de la planète Mars en 1881-82. Annales de l'Observatoire royal de Bruxelles*, t. VII, 1890.

(²) A propos de ces nomenclatures, voici ce qu'on lit dans le Rapport annuel de la *Société royale astronomique de Londres*, février 1884 :

« It is most desirable that there should be some agreement established among astronomers on the question. The principle adopted by M. Proctor, of designating the « land and seas » by the names of astronomers, wat provisionally a convenient one, and this was continued by M. Green and M. Flammarion in their maps, but with modifications. Prof. Schiaparelli has adopted the divisions of land and water, but selected his names from ancient geography and history, and the confusion in the nomenclature thus introduced renders the discussion of any particular region of the planet rather difficult. It is desirable that these different systems should not continue, and that some agreed nomenclature should be generally adopted. »

31 janvier. — Dessin très curieux (*fig.* 198, A). Les ombres paraissent comme de minces lignes grisâtres qui sont dédoublées. La mer du Sablier est plus foncée vers l'Est. La Libye est teintée de gris, c'est-à-dire que la mer Main s'étend jusqu'à la mer Flammarion. Le Thoth est très apparent, ainsi que le Protonilus et l'Arethusa.

Ainsi, dans ce dessin, le Thoth, que l'on voit à gauche de la mer du Sablier, serait aussi large qu'elle. Ce n'est pas probable, et l'effet a dû être produit par une vue imparfaite de la région, les détails se confondant en une sorte d'ombre grise. On est ici à la limite de la visibilité.

Ce dessin est bien curieux par l'espèce de dédoublement longitudinal du détroit d'Herschel, assez rare, mais réel.

La figure voisine (*fig.* 198, B), du 21 décembre, montre une différence assez

Fig. 198.

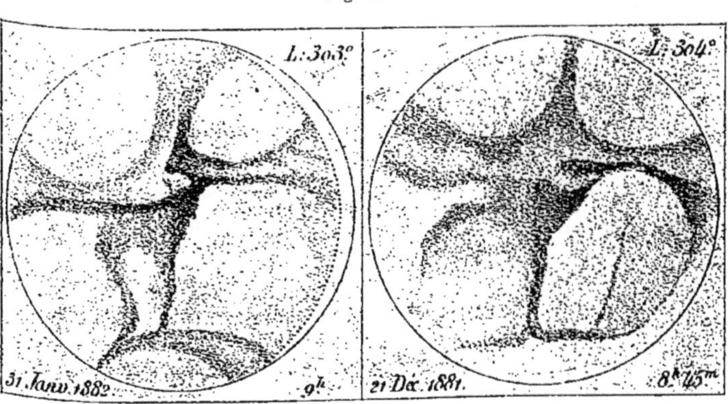

Dessins de Mars, par M. Niesten, 31 janvier 1882 et 21 décembre 1881.

sensible avec la précédente. La mer du Sablier y revêt mieux sa forme classique ; elle est sombre à l'Est, grise à l'Ouest. La mer Main se prolonge pour tourner vers le Nord-Ouest et commencer le Thoth. Le détroit d'Herschel semble finir en golfe au-dessus de la mer du Sablier. On reconnaît le Protonilus, duquel s'élève l'Euphrate, dont la contrée contiguë à l'est est teintée de gris. Dans un autre dessin, du 21 décembre, on trouve aussi un aspect analogue : les « canaux » semblent des limites de régions teintées ou voilées, comme le pensent plusieurs observateurs anglais.

Ces observations sont, comme on le voit, très précieuses, en ce qu'elles reculent aussi loin que possible les limites des choses observables sur Mars. Elles confirment celles de Milan, sans toutefois les préciser, en les faisant flotter, pour ainsi dire, dans un plus grand vague.

M. N. de Konkoly a publié (¹) les observations faites à son observatoire par M. A. de Gothard. Il y en a 36 de Jupiter et 9 de Mars, dont trois dessins sont reproduits : ceux des 10 novembre, 22 et 25 décembre. On n'y relève rien de particulier, sinon que la mer du Sablier y est représentée assez large, surtout à la dernière date. L'instrument est un bon réfracteur de Merz. Pas de détails. L'observateur a surtout remarqué que les couleurs des taches sont plus évidentes dans la région centrale du disque que sur le contour. Le cap polaire nord s'est constamment montré d'une belle couleur blanche.

CIX. 1882. — TROUVELOT. *Remarques sur la planète Mars.*

Nous avons déjà signalé les observations faites par M. Trouvelot en 1873 et nous avons commencé d'exposer les déductions formulées par lui en 1882 dans son excellent Manuel (²). Continuons ici cet exposé avant d'arriver aux observations de 1884.

Les aspects de la planète demandent à être analysés avec un soin particulièrement méticuleux.

On peut facilement prendre des nuages pour des neiges polaires. L'observateur a remarqué que, pendant l'hiver de l'hémisphère sud, la neige polaire est la plupart du temps invisible, cachée par les nuages qui s'amoncellent dans ces régions. En 1877, pendant plus d'un mois, il prit pour le cap polaire cette couche de nuages, qui recouvrait au moins un cinquième de la surface totale du disque; il ne reconnut son erreur que lorsqu'à l'approche de l'été ces nuages ayant graduellement disparu laissèrent voir réellement la neige polaire, d'abord très vaporeuse, ensuite parfaitement nette, sous forme d'une calotte beaucoup plus petite que la couverture antérieure de nuages. Ces nuages ressemblent à des nappes de cumulus, se formant pendant l'automne et l'hiver, et se dissolvant au printemps.

L'observateur croit que la glace polaire disparaît entièrement en été, et que cette disparition est arrivée notamment en 1877. — Cette observation n'est pas conforme aux autres. En réalité, il reste toujours un peu de neige, une tache d'environ 120 kilomètres de largeur, excentrique au pôle.

L'auteur conclut, d'autre part, que les neiges et les glaces (quelles qu'elles soient d'ailleurs) fondent sur Mars à une température supérieure à celle qui opère la même réduction sur notre planète, car ici les neiges arctiques et antarctiques ne fondent jamais entièrement. « If the polar spots are composed of a white substance melting under the rays of the Sun, as seems altogether probable, its melting point must be above that of terrestrial snow. » (Nous avons émis,

(¹) *Beobachtungen angestell am astrophysikalischen Observatorium in O Gyalla. Vierter Band.* Halle, 1882.
(²) *Voyez* p. 224.

1865, page 199, une pensée sensiblement différente. Les conditions de pression atmosphérique, de pesanteur, etc., étant *autres*, les neiges peuvent être d'une nature physique autre, et fondre à un degré thermométrique plus bas, lequel serait, pour la température moyenne de Mars, le zéro de la planète, ce point zéro pouvant nous paraître, d'ailleurs, supérieur au nôtre, parce que les effets qui se produiraient à ce degré thermométrique seraient analogues à ceux qui se produisent ici à un degré plus élevé.)

Plusieurs des taches sombres de Mars, et spécialement celles dont les rives septentrionales forment une bande irrégulière sur les régions équatoriales, se montrent bordées de ce côté par une bande blanche suivant toutes les sinuosités du rivage. Cette bordure blanche est variable. Parfois elle est excessivement brillante, surtout en certains points, qui égalent presque la blancheur polaire; parfois elle est si faible que l'on peut à peine la reconnaître, malgré la transparence de l'atmosphère martienne et la visibilité des taches. Adoptant les vues exposées par M. Green à la suite de ses observations de 1877, l'auteur attribue ces franges blanches des côtes des mers martiennes à des condensations de vapeurs sur les sommets de *chaînes de montagnes élevées* bordant ces mers, analogues aux Andes et aux montagnes Rocheuses qui bordent l'océan Pacifique. Ces plateaux élevés dessineraient même parfois des protubérances le long du terminateur; le district montagneux le plus élevé paraît être situé entre 60° et 70° de latitude sud, vers l'extrémité occidentale de la terre de Gill, entre les longitudes 180° et 190°.

L'île de Hall, parfois couverte de neige et parfois invisible, est sans doute très élevée aussi : elle paraît rattachée à la côte.

En général, il y a peu de nuages sur Mars. Mais il y a de temps en temps des brumes voilant plus ou moins la transparence de son atmosphère. Une fois, pendant huit semaines consécutives, du 12 décembre 1877 au 6 février 1878, un hémisphère entier est resté entièrement brumeux, l'autre restant très clair.

En résumé, cette planète offre les plus grandes ressemblances avec celle que nous habitons.

Nous retrouverons tout à l'heure la continuation des observations de M. Trouvelot.

CX. 1882. — Downing, Pritchett. *Diamètre de Mars.*

De 537 mesures du diamètre vertical de Mars prises au cercle méridien de l'Observatoire de Greenwich, de 1851 à 1880, M. Downing a conclu la valeur 9″,697 pour ce diamètre ([1]).

Pendant les deux oppositions de 1879-80 et 1881-82, M. Pritchett a fait à

[1] *Monthly Notices*, t. XLI, p. 42.

l'équatorial de Morrison (États-Unis) de bonnes séries de mesures de ce même diamètre. En voici les résultats ([1]) :

	Diamètre équatorial.	Diamètre polaire.	
1879-80...........	9″,638	9″,422	à l'unité de distance.
1881-82...........	9 ,635	9 ,394	

Si l'on néglige l'aplatissement, on a 9″,486 ± 0″,033 pour 1879 et 9″,484 ± 0″,036 pour 1882.

Cette valeur s'accorde avec celle de M. Hartwig (9″,352) et celle que M. Downing a conclue des passages méridiens de Greenwich, donnée ci-dessus.

Satellites.

Pendant l'opposition de 1881, le professeur Pickering a trouvé pour l'éclat de Deimos, ramené à la distance de l'opposition moyenne, la grandeur 13,13, celle de la planète étant prise pour — 1,29. L'éclat trouvé en 1877 et 1879 avait été 13,57 et 13,06 ([2]).

L'éclat des satellites de Mars varie dans la proportion suivante en prenant pour unité cet éclat au 1er octobre 1877, d'après l'auteur de la découverte.

1877, 1er octobre...	1,000	1881, 16 novembre..	0,303
1879, 21 septembre.	0,490	» 14 décembre..	0,399
» 18 décembre..	0,372	1882, 13 janvier.....	0,330

Ils ont été observés à Ealing, près Londres, par M. Common, le 21 septembre 1877, et à Washington, par M. Hall, jusqu'en décembre suivant.

Deimos, le satellite extérieur, a été observé pendant l'opposition de 1884, par M. Asaph Hall. Il en résulte que ce satellite peut être vu pendant toutes les oppositions.

D'après les observations faites par M. Pickering, en 1881, la coloration rouge de Mars n'est pas partagée par ses satellites, notamment par son satellite extérieur.

CXI. 1883. — MARTH. Rotation de Mars.

L'habile et zélé calculateur auquel les observateurs doivent à chaque opposition les éphémérides de leurs positions précises, remarque ([3]) que le chiffre du taux diurne de rotation de Mars, 350°,8922, qu'il employait depuis 1864 pour ses calculs, et qui est déduit de la période de Kaiser de 24ʰ 37ᵐ 22ˢ,62, est d'une grande précision.

([1]) *Astronomische Nachrichten*, 2652. — *The Observatory*, 1885, p. 135. — *Publications of the Morrison Observatory*, Glascow, Missouri, t. I, p. 74.

([2]) *Astron. Nachr.*, 2437.

([3]) *Monthly Notices*, 1883, p. 493.

On peut le corroborer par les dessins de Maraldi, de 1704, qui, malgré leur aspect rudimentaire, montrent cependant que la tache qui arrive au milieu du disque en octobre 1704, légèrement au nord du centre (*voy.* p. 36), est le Sinus Titanum (long. 170°) de M. Schiaparelli, qui revient à la même position apparente en 1877, 1894 et 1909. La comparaison des observations de Maraldi avec celles de M. Schiaparelli en novembre 1879, où la tache traversait le méridien central au sud du centre, montre que le taux de rotation adopté est presque correct, car de 1704 à 1879 la différence ne s'élève qu'à 6°,3948. Le calcul le plus précis indique pour le taux de rotation diurne 350°,89217 de rotation tropique, ce qui conduit pour la rotation sidérale à

$$24^h 37^m 22^s,626.$$

Opposition de 1884.

DATE DE L'OPPOSITION : 31 JANVIER.

Fig. 199.

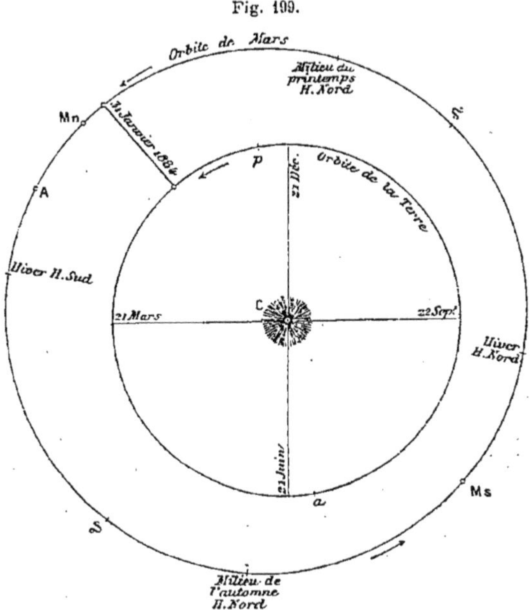

Orbite de Mars pour une opposition aphélique.

Présentation de la planète : Le pôle boréal est incliné vers la Terre.

POSITIONS DE MARS.

Dates.	Latitude du centre.	Diamètre.	Phase. zone manquant.	Angle Soleil-Terre.
31 octobre 1883	+ 16°,3	7″,6	0″,9	39°
31 janvier 1884	+ 14 ,8	13 ,9	0 ,0	3
30 avril 1884	+ 17 ,6	7 ,4	0 ,8	37

CALENDRIER DE MARS.

	Hémisphère austral ou supérieur.	Hémisphère boréal ou inférieur.
13 mai 1884....	Solstice d'hiver.	Solstice d'été.

Cette opposition, coïncidant avec l'aphélie de Mars, est la contre-partie de celle de 1877, comme on en peut juger par la *fig.* 199, comparée à celles des pages 239 et 248. Le Soleil est à l'un des foyers de l'orbite de Mars, C est le centre de cette orbite, Ms le périhélie de Mars, Mn son aphélie. La planète présente à la Terre son hémisphère nord.

Nous inaugurerons les observations de cette opposition par celles de M. Trouvelot, faites à l'Observatoire de Meudon.

CXII. 1884. — TROUVELOT. *Observations et dessins* ([1]).

Voici l'article même publié par l'auteur et les quatre vues qui l'accompagnent.

« L'hémisphère austral de Mars est assez bien connu des astronomes; il ne leur reste plus guère aujourd'hui à étudier que quelques détails de surface, et les variations assez nombreuses qui résultent des saisons et des phénomènes météorologiques martiens. Mais il n'en est pas de même de son hémisphère boréal, qui, en raison du plus grand éloignement de la planète aux époques où il s'incline vers nous, est beaucoup plus difficile à observer, et nous est par conséquent moins bien connu. Les observations de Mars faites dans la présente année offrent un intérêt particulier, surtout parce que cette planète vient précisément de nous présenter cet hémisphère nord si peu connu, dont il s'agit d'étudier la configuration. Aussi les observateurs se sont-ils mis à l'œuvre, et peut-on espérer que les résultats acquis par eux suffiront pour compléter dans son ensemble la carte générale de cette intéressante planète.

» Dès la fin de l'année, je me mettais moi-même à l'œuvre, et bien que les conditions atmosphériques n'aient pas toujours été aussi favorables que je l'eusse désiré, cependant, comme la série de mes observations embrasse une période de temps assez étendue qui m'a permis de revoir à plusieurs reprises les différents points de la surface de ce globe voisin, je suis à peu près certain d'en avoir reconnu toutes les taches importantes.

» Parmi les dessins assez nombreux que j'ai obtenus durant cette opposition, j'en ai choisi quatre, que je reproduis ici (*fig.* 200; 1, 2, 3 et 4), parce qu'ils

([1]) *L'Astronomie*, Revue mensuelle d'Astronomie populaire, septembre 1884.

donnent ensemble, à peu de chose près, tout le pourtour de l'hémisphère nord de Mars, et permettent ainsi de reconnaître les principales taches visibles sur cet hémisphère.

» Pour rendre ces dessins compréhensibles, je donnerai ici la copie textuelle des observations originales qui s'y rapportent, ce qui permettra au lecteur l'identification des taches déjà connues.

» *Fig.* 1, 16 mars, 7ʰ20ᵐ — Au Sud-Ouest, on voit l'extrémité est du détroit

Fig. 200.

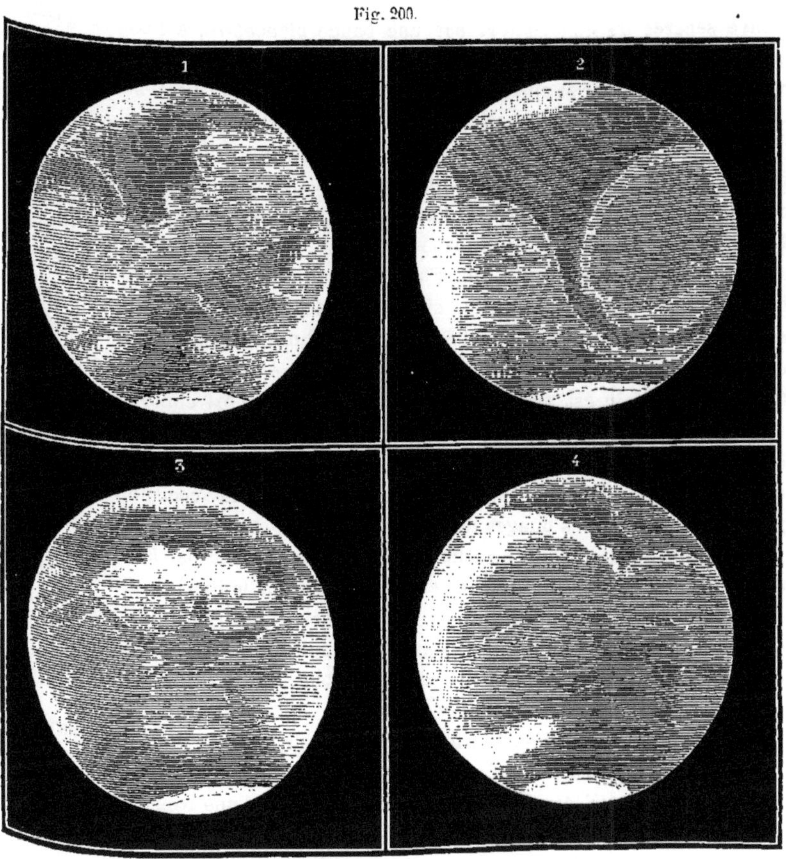

Aspect télescopique de la planète Mars en 1884.
(Observations et dessins de M. Trouvelot.)

Herschel II, qui se termine par la baie du Méridien. Au Sud-Est, on distingue l'océan de la Rue qui s'avance jusqu'au terminateur. La baie Burton forme la pointe extrême nord, qui se trouve un peu à l'ouest du méridien central. Entre le massif qui vient aboutir à la baie Burton et celui qui aboutit à la baie du Méridien, on aperçoit une étroite bande blanchâtre qui réunit le continent Beer à l'île Phillips. Au sud-ouest de ces grandes taches sombres, et près du bord, on voit une tache blanche causée sans doute par des vapeurs. La tache polaire nord diminue, elle est surmontée au Sud par la mer Campani et la mer Knobel, qui paraît très sombre, et se détache avec vigueur de la terre Rosse, qui est cependant moins brillante ce soir que d'habitude. La mer Knobel se recourbe un peu à l'Est, vers la mer Tycho, et est séparée de cette mer par une bande blanchâtre assez large, mais aussi très vague. La mer Tycho forme d'abord un quadrilatère sombre qui, vers le haut, est surmonté d'une tache angulaire plus pâle, qui se trouve séparée du quadrilatère par une bande blanchâtre. A l'Est, ce quadrilatère est largement séparé, par une bande blanchâtre, d'une tache grise qui atteint le terminateur et appartient à la mer Airy. Au Nord-Ouest, sur le bord, on voit l'extrémité de la mer Lassell et la terre Le Verrier.

» *Fig.* 2, 15 février, 6ʰ45. — La mer du Sablier vient de traverser le méridien central. Comme toujours, elle est beaucoup plus sombre, et presque noire sur son bord oriental, qui est bordé d'une frange irrégulière très brillante. Vers le haut, la frange brillante pénètre dans Tycho, et forme le cap Banks, qui s'avance assez loin dans l'intérieur. La mer Flammarion, à l'Ouest, est également frangée de blanc, ainsi que la mer Hooke qui la surmonte. La mer Flammarion se trouve séparée de la mer du Sablier, à l'Est, par un isthme étroit qui, au Sud, s'élargit et forme un triangle blanchâtre au milieu de cette dernière mer. La baie qui forme la mer Main est visible, mais fort vague. Vers l'extrémité inférieure ou boréale de la mer du Sablier, là où elle est très étroite et, par un gonflement à l'Est, donne naissance au passage Nasmyth, il semblerait que cette étroite mer est séparée du reste par une petite bande blanche; ceci doit être causé par des vapeurs ou des nuages traversant le détroit, car je n'ai jamais remarqué cette rupture auparavant. La tache polaire nord est bordée par la mer Delambre qui, vers l'Ouest, s'accentue fortement, et s'élève vers le Sud, où elle se termine angulairement dans le voisinage de la mer Main. La terre de Laplace semble communiquer directement avec le grand continent Herschel I, par une langue étroite et blanchâtre. Entre l'extrémité sud-ouest de la mer Main et la baie Huggins, on voit une tache blanche assez vive.

» *Fig.* 3, 27 février, 7ʰ45ᵐ. — Au Sud, non loin du bord, on voit cette partie de la mer Maraldi qui s'étend de la terre Burckhardt jusqu'au delà de la baie Trouvelot. La bordure nord de cette longue mer est frangée d'une bande lumineuse qui suit ses nombreuses sinuosités. Un peu à l'ouest du milieu de l'arc énorme formé par cette tache, on distingue très nettement le cap Noble, formant sur Maraldi une dentelure d'une blancheur éclatante. Non loin du centre du disque, on distingue une tache grise ovale très singulière, à bords très diffus, qui, à l'Est et à l'Ouest, se rattache aux baies Huggins et Trouvelot par une étroite et vague bande grisâtre qui se recourbe pour remonter vers elles. Cette singulière tache ovale *n'était certainement pas visible en 1877, 1878 et 1879, alors que Mars était plus rapproché de nous* ([1]). Cette tache ovale est encore rattachée à Maraldi par une autre bande grise étroite, qui va du Nord au Sud, et que j'ai souvent observée auparavant. Des bords de la tache polaire nord on voit deux taches angulaires qui s'avancent vers le Sud. La plus orientale se dirige vers la tache ovale en se recourbant à l'Ouest, et s'efface un peu avant de l'atteindre. La plus occidentale forme une courbe très prononcée, et, revenant vers l'Est en s'effaçant graduellement, elle s'unit à la tache ovale par une bande à peine sensible. A l'ouest de cette tache recourbée et s'avançant jusque sur le bord, on voit une tache blanche brillante.

» *Fig.* 4, 2 mars, 6ʰ40ᵐ. — Au Sud, on distingue la partie occidentale de la mer Maraldi, la baie Trouvelot formant un angle un peu à l'est du méridien central. Au Sud-Ouest, tout près du bord, on distingue la grande et étroite tache qui du Sud descend et va se terminer sous la mer Terby. De la baie Trouvelot, on voit une vague tache grisâtre, déjà reconnue, qui va s'élargissant et se recourbant vers l'occident. Cette vague tache se trouve réunie à Maraldi par une étroite et faible bande grisâtre qui se trouve un peu à l'ouest de la baie Trouvelot. La tache polaire nord est entourée au Sud par une grande tache sombre (sans doute la mer Oudemans), qui remonte vers le Sud, où bientôt elle se trouve séparée par une étroite bande blanchâtre. Puis, continuant au delà, mais plus vague, elle forme une tache angulaire, à contours très diffus et difficiles à reconnaître. A l'est de la mer Oudemans, près du bord, on voit la terre Fontana, qui n'est pas très lumineuse. A l'ouest de cette même mer, et un peu au-dessus de la tache polaire, se trouve une tache blanche allongée, très facilement visible, qui est brillante près de la mer Oudemans, et perd de son éclat à mesure qu'elle s'approche du bord avec lequel elle se confond. L'endroit où le terminateur rencontre le bord sud de la planète est *manifestement déformé;* car sa courbe, au lieu d'être elliptique, comme elle devrait être si la surface était parfaitement sphérique en cet endroit, forme un angle obtus très prononcé, qui indique pour ce point *une élévation considérable* de la surface. Cette partie du bord paraît aussi plus lumineuse que les autres régions.

» Tel est le résumé de ces observations. Un coup d'œil suffit pour se convaincre que l'hémisphère nord de Mars diffère notablement de son hémisphère sud, au point de vue géographique. Sur ce dernier hémisphère, les taches sombres sont beaucoup plus grandes, plus nombreuses, plus vigou-

([1]) Cet article a été reproduit dans *The Observatory*, décembre 1884, et l'éditeur remarque que cette tache ovale est l'océan de Schiaparelli et que les trois canaux qui le rattachent à la mer Maraldi sont ceux des Titans, des Læstrigons et des Cyclopes, le tout vu en 1877 par M. Schiaparelli. L'Océan a été remarqué la même année à Greenwich, le canal des Cyclopes en 1879 et en 1882. Le même aspect aurait été vu en 1877 à Potsdam et en 1879 par M. Burton. M. Trouvelot a répliqué à cette remarque (*The Observatory*, 1885, p. 26) que cette tache ovale occupe bien la place du fleuve Océan, mais ne ressemble pas à ce que l'on voit là ordinairement. Cette tache était plus foncée et presque isolée.

reuses et mieux définies que celles de l'hémisphère nord. Ici, il n'y a guère que les mers Knobel et Delambre qui se montrent avec un peu de netteté, tandis qu'au Sud presque toutes sont d'une netteté remarquable, particulièrement le long de leur bord boréal. En général, les taches sombres de l'hémisphère nord ont leurs bords si vagues et si diffus, qu'il est difficile de reconnaître leur forme.

» D'après mes observations, il semble que certaines taches soient variables dans leur forme et leur couleur. Jusqu'ici nous n'avons pas de données suffisantes pour décider avec certitude de la cause de ces changements, s'ils résultent d'un effet d'illumination, ou bien s'ils sont amenés par les variations de saisons, par des pluies, des brouillards ou des nuages [1]. Les observations futures permettront sans doute de résoudre ces divers problèmes. »

CXIII. Même opposition, 1884. — Knobel. *Observations et dessins* [2].

L'intérêt passionnant et perpétuel qui s'attache à l'observation astronomique de la planète Mars s'explique tout naturellement par l'espérance que nous avons d'entrer en relation de plus en plus intime avec ce monde voisin, de pénétrer dans sa vie et d'arriver à nous rendre compte aussi exactement que possible de ce qui se passe à sa surface. C'est l'hémisphère boréal de Mars qui est le moins bien connu, parce qu'en raison de l'inclinaison de l'axe, analogue à celle de la Terre, cette planète nous présente son pôle nord pendant les époques où elle est le plus éloignée de nous. Il est donc doublement important d'étudier avec soin ces régions dans ces conditions désavantageuses.

Les observations de M. Knobel, notre laborieux collègue de la Société Royale astronomique de Londres, ont été faites pendant les mois de janvier, février et mars 1884, lors de l'opposition de la planète, qui, alors à son maximum de distance d'opposition, passait à 100 millions de kilomètres d'ici et n'offrait qu'un disque de 13″ à 14″.

[1] Dans une Note publiée aux *Comptes rendus de l'Académie des Sciences*, séance du 31 mars 1884, l'auteur inclinait à penser que certaines taches de Mars peuvent être dues à de la végétation, subissant l'influence des saisons. « Les grands continents de l'hémisphère nord sont occupés par des taches grisâtres plus ou moins faibles, qui sont disséminées sur eux. A en juger d'après les changements que j'ai vu subir à ces taches, d'année en année, on pourrait croire que les taches grisâtres variables sont dues à une végétation martienne qui subit l'alternative des saisons. »
Quant à la disparition de la neige polaire, l'observateur dit aussi là : « Ce n'est guère que trois mois après le solstice d'été de l'hémisphère sud que j'ai plusieurs fois vu disparaître complètement la tache polaire australe. »
[2] *L'Astronomie*, juin 1886, p. 201. —*Memoirs of the royal astronomical Society,* 1885, t. XLVIII, p. 2.

Parmi les nombreux dessins pris par M. Knobel à l'aide d'un télescope en verre argenté de Browning, de 8 pouces et demi (0ᵐ,216), armé d'oculaires grossissant de 250 à 450 fois, nous avons choisi les quatre plus intéressants pour les régions boréales, dont la connaissance laisse encore à désirer. Ces

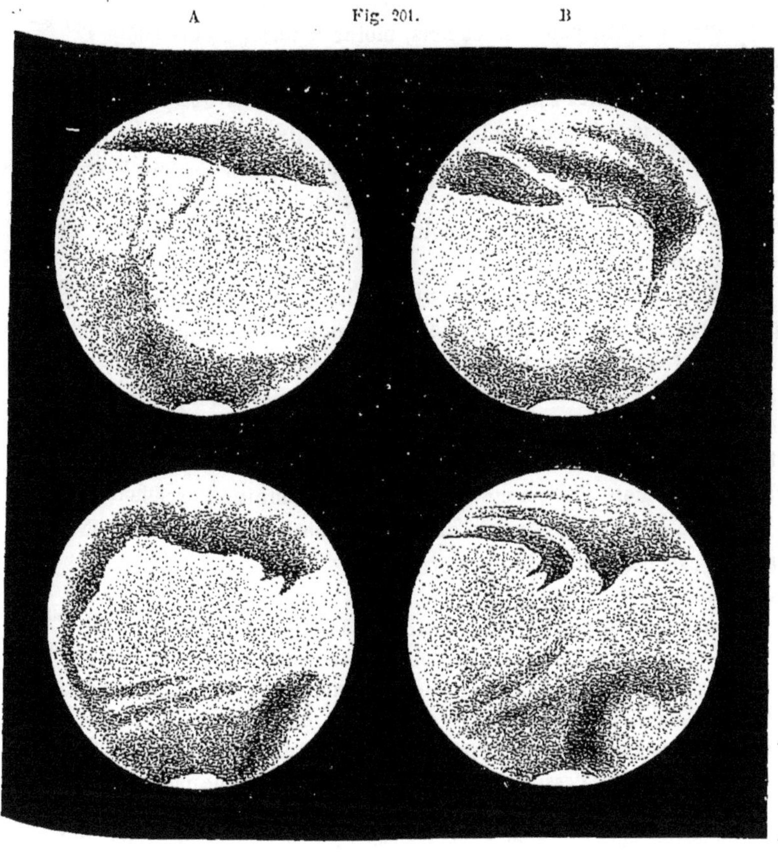

Aspect de la planète Mars, d'après les observations faites en 1884, par M. Knobel.

A. 29 février 10ʰ. Long. 215°. | C. 11 février 7ʰ15ᵐ. Long. 334°.
B. 26 février 11ʰ. Long. 256°. | D. 11 février 9ʰ30ᵐ. Long. 7°.

dessins (*fig.* 201) et surtout la carte construite par l'auteur (*fig.* 202) complètent une partie des lacunes que les cartes de Mars laissaient encore dans ces régions circumpolaires.

On peut d'abord remarquer que l'hémisphère austral de la planète diffère géographiquement ou peut-être météorologiquement de son hémisphère boréal, non seulement parce qu'il est plus riche en taches sombres, ou mers, mais encore en ce que ces observations n'ont pas laissé voir une seule fois un seul contour géographique parfaitement net, si l'on en excepte toutefois l'allongement nord de la mer du Sablier, longitude 200°, latitude 30° à 40°. Tous les contours se sont montrés vagues et mal définis. Cet effet peut être dû à une moins grande transparence de l'atmosphère, ou bien à des rivages réellement moins nets, moins arrêtés, moins rudes par eux-mêmes. M. Knobel émet l'idée que, sans doute, dans l'hémisphère austral les falaises sont plus escarpées, plus profondes, et *les eaux plus brusquement serrées entre les rivages,* tandis que dans l'hémisphère boréal *les plages sont plus douces,* plus plates, et les rivages en pentes graduellement inclinées. Les observations ont été faites pendant l'été de cet hémisphère austral. C'est là, comme on le voit, un premier point fort intéressant pour notre connaissance de la planète.

L'auteur n'a pas réussi à reconnaître les canaux signalés par M. Schiaparelli; cependant les observations suivantes sont dignes de remarque.

Le canal désigné sous le nom de mer Huggins et de Cyclopum Mare (longitude 200° à 223°; traversant l'équateur) a été observé à plusieurs reprises avec une très grande netteté. (Il est absent de la carte de M. Green.) Il part de la mer Maraldi et se dirige sur la mer Oudemans. Le dessin A (*fig.* 201), fait le 29 février, à 10ʰ, a été exécuté par une définition excellente.

Sur ce dessin, comme sur la carte, on remarque aussi un second canal, qui correspond à celui des Læstrygons.

L'espace situé à l'est de ces canaux, écrit M. Knobel, s'est montré couvert d'une sorte de réseau réticulé très délicat; non seulement il paraissait pommelé, marbré, mais les bords de ce pommelage, pour ainsi dire, semblaient être des lignes légères. Je n'ai pas pu distinguer les canaux droits et parallèles, ajoute-t-il, mais, si j'avais pu faire un dessin, le résultat n'aurait pas été très différent de l'aspect général des dessins de Milan, quelque chose comme une toile d'araignée.

Cependant il est juste de remarquer que ce jour-là (29 février) il n'y avait rien de visible sur la terre de Fontana (200° à 238° et 13° à 46° B.) et que peut-être les nuages, qui sans doute cachaient cette région, ont produit l'aspect dont il vient d'être question.

Le 26 février, la terre de Burckhardt — Hespérie — (220° à 255°; 40° à 10° A.) était parfaitement visible. A la même date, le ton de la région sombre occidentale de la mer du Sablier, appelée mer Flammarion, ne s'est pas montré uniforme. La partie inférieure était certainement moins foncée que la partie supérieure.

La baie du Méridien se trouvait sur la ligne centrale du disque le 17 février, à 7ʰ50ᵐ. L'astronome anglais propose de prendre pour origine des longitudes de Mars, au lieu de ce point adopté par Beer et Mädler, Proctor,

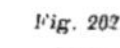

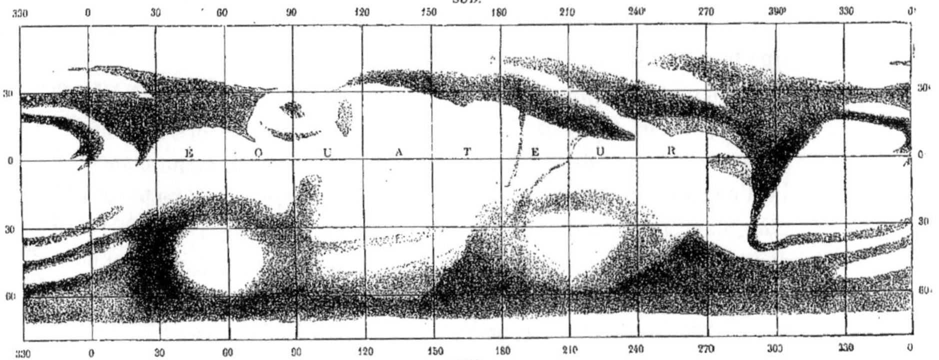

CARTE GÉOGRAPHIQUE DE MARS, SPÉCIALEMENT POUR L'HÉMISPHÈRE BORÉAL, CONSTRUITE PAR M. KNOBEL,
D'APRÈS SES OBSERVATIONS DE 1873 ET 1884.

Schiaparelli, etc., la mer Terby, comme étant mieux détachée et d'une détermination plus sûre. Nous pensons qu'il est inutile de changer. Au temps de Beer et Mädler, cette baie du Méridien était la configuration la plus caractéristique de toute la planète, elle ne s'est pas sensiblement modifiée à cet égard, et elle peut de nouveau redevenir très foncée.

M. Knobel s'est encore attaché à l'examen du curieux prolongement de la mer du Sablier connu sous le nom de canal Nasmyth. Le 11 février seulement, cette extrémité a été bien visible : elle se recourbe, non d'une manière abrupte, mais insensiblement, dans la direction de la baie Burton, sans s'étendre jusqu'à elle.

L'île Phillips (Deucalionis Regio) au-dessus de la baie du Méridien, s'est montrée rattachée au continent le 10 et le 11 février, dans une vue si distincte qu'il n'était pas possible d'en douter. Cependant l'auteur, le 21 octobre, et M. Green, en 1877, avaient bien vu cette région séparée du continent par une teinte grise. Variations.

La mer Knobel (long. = 20°, lat. = 30° à 65° B.) a paru s'étendre jusqu'aux neiges polaires boréales. Sa configuration diffère des dessins anciens par l'absence de la traînée blanche vue en 1873 et de la tache blanche vue à l'est de son centre. L'attention la plus scrupuleuse a été portée sur cette région, dans le but de vérifier les observations faites en 1873 sur l'existence d'étroites bandes sombres croisant la terre de Le Verrier, et l'ouest de la mer Knobel. En aucune circonstance on n'a pu revoir ces bandes aussi nettement tracées qu'en 1873; cependant les dessins du 11 février (*fig.* 201) confirment, à n'en pas douter, ces observations anciennes. On peut remarquer que les dessins faits par Mädler en 1839, Jacob en 1854 et Schmidt en 1873, montrent tous des bandes étroites en cette région, ce qui nous conduit à modifier la carte de M. Green sur ce point. En 1884, chaque fois que la mer Knobel a été observée, on a toujours vu, contigu à son côté occidental, un espace sombre, soit homogène, soit partagé en bandes. On n'a pas revu l'espace blanc désigné sous le nom de terre de Le Verrier.

En des conditions d'observation excellentes, la mer Terby a été vue très distinctement les 5 et 6 février, ainsi que la petite tache sombre, au Nord, nommée Agathodæmon par M. Schiaparelli. A cette dernière date, à 11ʰ45ᵐ (heure de Greenwich), le centre de la mer Terby passait exactement par le méridien central, ce qui la placerait par 83° de longitude, au lieu de 90°.

Ce même soir, 6 février, la mer Airy était bien distincte; elle s'étendait assez loin vers le Sud. D'après les observations des 24, 29 janvier et 8 mars, la limite occidentale de la mer Oudemans s'étend à plus de 10° à l'ouest du tracé de M. Green.

L'Achéron a été aperçu, comme un large tracé gris, de 100° à 160° de longitude par 35° de latitude nord, mais il est beaucoup plus large que sur la carte de M. Schiaparelli; il ne lui ressemble guère, quoique celui-ci ait écrit : « L'Acheronte è uno dei canali di Marte che ebbero la sorte di esser veduti distintemente da più di un osservatore : trovasi, infatti, disegnato con tutta la possibile chiarezza del signor Knobel sulla carta che accompagna le sue osservazioni areografiche del 1848. » (III, 46).

Telles sont les principales observations faites par M. Knobel. Elles confirment nos conclusions précédentes : *Il s'opère des changements certains dans les détails.*

CXIV. 1884. — TERBY. *Remarques sur la planète Mars* [1].

« Le fait qui m'a le plus frappé et le plus étonné, écrit l'auteur, pendant le cours de la discussion à laquelle j'ai soumis les dessins de Mars de Schrœter, est la présence, dans les figures des *Areographische Fragmente, de plusieurs taches ressemblant à s'y méprendre à la mer du Sablier.* Je disais : Schrœter a fait soixante-treize dessins de cette planète en 1800 et 1801, et, dans ce nombre, nous en trouvons au moins trente-cinq, *qui, à première vue, semblent représenter évidemment la mer du Sablier et l'océan de Dawes.* En y regardant de plus près, au contraire, on constate que ces trente-cinq dessins *ne se rapportent pas tous à la même région et accusent la présence de plusieurs taches donnant lieu à la même apparence.* » Et plus loin : « Comment expliquer la présence de ces nombreuses taches se terminant en pointe du côté du Nord dans les dessins de Schrœter, *taches si semblables entre elles et pourtant correspondant à des portions différentes de la surface?* Elles ont souvent, comme on le conçoit sans peine, mis l'habile observateur lui-même dans une grande perplexité. Nous ferons remarquer que, dans la carte de M. Proctor, on trouve, outre la mer du Sablier, plusieurs autres baies et détroits dirigés vers le Nord : tels sont les passes de Huggins et de Bessel, et les baies de Beer et de Dawes, le détroit de Dawes. Mais aucune de ces régions n'offre des dimensions aussi notables que la mer du Sablier.

» On remarque les mêmes singularités dans les dessins de W. Herschel.

» A côté de cette explication imparfaite, la pensée m'était venue que ces baies avaient pu *diminuer de grandeur* depuis les observations de ces deux illustres astronomes, mais cette opinion m'avait semblé trop hasardée pour la formuler. Il était impossible aussi d'accorder plus de confiance aux dessins de W. Herschel et de Schrœter qu'à ceux des observateurs modernes, exécutés à l'aide d'instruments évidemment supérieurs. La question restait donc sans solution.

» M. Schiaparelli, dès ses premières découvertes en 1877, a fourni un élément précieux : les baies dont il s'agit se prolongent *toutes* vers le Nord par des canaux très déliés, il est vrai, mais qui nous rapprochent déjà davantage des objets vus par Schrœter. Les merveilleuses observations faites à Milan en 1877 et en 1879 combinées nous montrent

[1] *L'Astronomie,* juin 1886, p. 207.

l'*élargissement* de la mer du Sablier et des changements de détails dans les configurations supposées fixes de la planète.

» Les travaux de M. Schiaparelli en 1881-82 ne font que confirmer toutes ces merveilles, et, dans sa carte de cette époque, nous trouvons l'*Indus tellement développé, tellement élargi, tellement obscurci,* qu'il est presque tout à fait identique à la mer du Sablier. Ce canal a subi un élargissement, un agrandissement manifeste depuis 1877. Avec cette modification étonnante coïncide le phénomène mystérieux de la *géminalion* ou d'un dédoublement spécial de presque tous les autres canaux. »·

CXV. 1884. — Otto Bœddicker. *Observations et dessins.*

A l'Observatoire de lord Ross, à Birr Castle, M. Bœddicker a fait une série

Fig. 203.   Fig. 204.

24 février 1884.   22 mars 1884.

Croquis de Mars, par M. Bœddicker, au grand télescope de l'Observatoire de lord Ross.

d'esquisses, du 24 février au 2 avril. Ces esquisses, au nombre de treize, ont été présentées le 16 juin à la Société royale de Dublin, et publiées dans ses *Transactions* (¹). Réflecteur de trois pieds d'ouverture. Grossissements 144 et 216.

Il est bien remarquable que ce grand télescope de l'Observatoire de lord Ross ait donné si peu de détails. Nous reproduisons ici les deux meilleurs de ces dessins afin qu'on en puisse juger. Le premier (*fig.* 203) est du 24 février, vingt et un jours après l'opposition, et le second (*fig.* 204) est du 22 mars. On reconnaît dans le premier la mer du Sablier et toute la côte du détroit d'Herschel, et dans le second (longitude du centre = 25°), le détroit Arago et la baie Burton de notre carte, l'Indus de M. Schiaparelli, descendant au lac Niliacus et au Deuteronilus. Et c'est à peu près tout ce qu'il y a à glaner de sûr dans ces petits dessins obtenus par un habile observateur à l'un des plus grands télescopes. Les puissants instruments valent donc moins que les petits pour l'étude de Mars? Les vagues d'air chaud trop grossies effacent-elles les trop légères images?

(¹) T. III, Série II, 1885. *Notes on the aspect of the planet Mars,* etc.

CXVI. 1884. — DENNING. *Durée de la rotation de Mars*[1].

Malgré la petitesse relative de son diamètre, et la lenteur de son mouvement de rotation, la planète Mars offre cependant des facilités remarquables pour la détermination de la durée de sa rotation. Il n'y a certainement pas d'autre planète qui se présente à nous dans des circonstances aussi favorables sous ce rapport; les principales taches de Mars se sont en effet montrées à de nombreuses générations successives avec les mêmes formes caractéristiques, tandis que les détails qu'on a pu discerner sur les autres planètes sont dus à des phénomènes atmosphériques temporaires, ou bien sont accompagnés de circonstances défavorables qui les rendent peu distincts et empêchent complètement de les observer pendant une longue durée. De plus, on peut admettre comme certain que les détails observés sur Mars sont des objets permanents appartenant à la surface même de l'astre, tandis que les taches aperçues à l'aide du télescope sur quelques autres planètes paraissent n'être que des effets produits par des changements arrivés dans leur atmosphère.

La durée de la rotation de Mars a déjà été donnée avec une telle précision qu'il pouvait sembler superflu de rouvrir une discussion sur ce sujet; mais il est toujours intéressant de rechercher comment les observations récentes s'accordent avec les anciens résultats. La *Mer du Sablier*, qui est généralement considérée comme la tache la plus facilement visible de la planète, se prête admirablement à l'étude de la durée de la rotation. Dès 1869, M. Denning a observé son passage dans la partie centrale du disque de la planète à l'aide d'une lunette de 4 pouces $\frac{1}{4}$: le 2 février elle était centrale à 10^h, le 4 à 11^h et le 5 à $11^h 30^m$.

Il observa la même tache au mois de février 1884 avec une lunette d'une ouverture de 10 pouces et d'un grossissement de 252 fois et nota qu'elle traversait la région centrale aux époques suivantes :

14 février 1884............	$5^h 55^m$
15	6 35
19	9 5
22	11 4

L'observateur combine son observation du 4 février 1869 avec celle du 14 février 1884. Cet intervalle comprend 5487 jours 18 heures 55 minutes = 474144900 secondes. Il faut le corriger de la différence des longitudes entre Mars et la Terre aux deux époques, et aussi de la phase.

Il est inutile d'appliquer aucune correction relative à la vitesse de la lumière, parce qu'aux deux dates choisies pour la comparaison le diamètre

[1] *L'Astronomie*, t. III, août 1884, p. 296.

apparent de la planète était d'environ 16 secondes, de sorte que la distance de la planète à la Terre était à peu près la même. Toutes corrections faites, M. Denning trouve, pour la durée de la rotation,

$$24^h 37^m 22^s,34.$$

Ce nombre, qui résulte d'un intervalle comprenant 5349 rotations, présente un accord satisfaisant avec les périodes calculées par Kaiser, Schmidt et Proctor, d'après une série d'observations beaucoup plus longue. Voici les principales déterminations antérieures :

1837	J.-H. Mädler.....	$24^h 37^m 23^s,8$	*Astronomische Nachrichten*, n° 349.
1864	F. Kaiser........	24 37 22 ,62	*Astronomische Nachrichten*, n° 1468.
1866	R. Wolf.........	24 37 22 ,9	*Astronomische Nachrichten*, n° 1628.
1869	R.-A. Proctor ...	24 37 22 ,735	*Monthly Notices*, t. XXIX, p. 232.
1873	J.-F.-J. Schmidt.	24 37 22 ,57	*Astronomische Nachrichten*, n° 1965.
1873	F. Kaiser........	24 37 22 ,591	*Annalen der Leidenen Sternwarte*, t. III.
1884	W.-F. Denning .	24 37 22 ,34	

Il est visible que la période de Mädler, de $24^h 37^m 23^s,8$, est d'environ une seconde trop grande. Si nous prenons la moyenne des six autres valeurs, qui ne diffèrent entre elles que de $0^s,6$, nous trouvons la période

$$24^h 37^m 22^s,626$$

qui diffère bien peu de celle que nous avons indiquée comme la plus approchée (p. 242) et qui est absolument identique à la période corrigée par M. Marth, que nous venons de voir il n'y a qu'un instant (p. 371).

CXVII. 1885. — Van de Sande Backhuyzen. *Période de rotation de Mars* [1].

M. Van de Sande Backhuyzen, directeur de l'Observatoire de Leyde, a donné là, sur la période de rotation de Mars, un laborieux mémoire dans lequel, après la discussion soigneuse d'un grand nombre d'observations s'étendant depuis celles de Huygens en 1659 jusqu'à celles de Schiaparelli en 1879, il détermine une valeur plus précise encore que toutes celles que nous avons vues précédemment. Sa méthode consiste à admettre la valeur donnée par Proctor pour cette période et la position déterminée par Schiaparelli pour le pôle nord de Mars, et ensuite à en déduire les longitudes aréographiques des principales taches à l'aide de ces éléments. En comparant cette durée aux observations, il obtient les corrections indiquées par celles-ci. La valeur ainsi obtenue est

$$24^h 37^m 22^s,66 \pm 0^s,0132$$

qui s'accorde presque exactement avec celle de Kaiser, laquelle était de $24^h 37^m 22^s,62$.

[1] *Untersuchungen über die Rotationszeit des Planeten Mars und über Aenderungen seiner Flecke.* Leyden, 1885.

La valeur obtenue par Proctor paraît un peu trop grande, comme on peut le voir dans la Table suivante de la longitude moyenne de la pointe nord de la mer du Sablier, calculée par elle pour différentes oppositions :

Dates.	Observateurs.	Longitudes.	Poids.
1661	Huygens	315°,7	1°,5
1666	Hooke	296 ,4	0 ,3
1782	Herschel	305 ,8	3 ,0
1799	Schrœter	303 ,3	16 ,3
1830	Beer et Mädler	299 ,5	3 ,0
1862	Kaiser, Lockyer, Lord Ross...	294 ,9	7 ,5
1864	Kaiser, Dawes	294 ,3	3 ,0
1877	Schiaparelli, Lohse, Green, Niesten, Dreyer	289 ,6	15 ,0
1879	Schiaparelli	288 ,4	8 ,0

Il y a un lent décroissement de la longitude avec le temps, à l'exception de Hooke, et comme c'est sur les deux dessins de Hooke que Proctor s'est basé, l'excès de sa détermination s'explique aisément.

M. Backhuyzen termine son mémoire par une appréciation des changements observés à la surface de Mars. Il établit un fait important à propos des variations que nous avons si souvent signalées, c'est que la mer allongée qui, sur notre carte (p. 69), porte le nom de baie Huggins, et qui, sur celles de M. Schiaparelli, porte celui de Cyclopum, était beaucoup plus large à l'époque de William Herschel et de Schrœter que de nos jours, et comparable par sa forme et son étendue, à la mer du Sablier. Schrœter paraît avoir observé le canal des Læstrygons, ce qu'il n'aurait guère pu faire si cette région n'avait pas été plus marquée que de nos jours.

Opposition de 1886.

DATE DE L'OPPOSITION : 6 MARS.

Présentation : Le pôle boréal est incliné vers la Terre.

	Latitude du centre.	Diamètre.	Phase zone manquant.	Angle Terre-Soleil.
6 janvier	+ 23°,3	9",20	0",75	33°
6 février	22 ,5	12 ,18	0 ,40	21
6 mars (opposition)...	21 ,9	13 ,95	0 ,01	2
6 avril	21 ,9	12 ,43	0 ,50	23
6 mai	23 ,4	9 ,82	0 ,88	35
6 juin	25 ,3	7 ,84	0 ,89	39

CALENDRIER DE MARS.

Hémisphère austral ou supérieur.	Hémisphère boréal ou inférieur.
31 mars 1886........ Solstice d'hiver.	Solstice d'été.

CXXI. 1886. — Denning. *Observations et dessins* [1].

M. Denning a effectué pendant les mois de mars et d'avril 1886, à son observatoire de Bristol, une série d'observations de la planète Mars, à l'aide d'un télescope à miroir de verre argenté de 10 pouces (0^m,254) de With, de Hereford. Les grossissements employés ont été de 252 à 475 diamètres; mais il n'a pas trouvé d'avantage à se servir du dernier, qui a paru trop fort. En général, l'oculaire grossissant 252 fois a été largement suffisant, quoique, en certaines circonstances, un grossissement de 350 fois se soit montré avantageux.

La planète était en opposition le 6 mars; mais, pendant les trois premières semaines de ce mois, on eut à subir de fortes gelées et il ne fut guère possible de commencer les observations avant la fin du mois. Il s'en faut de beaucoup que la position de l'astre ait été favorable, tout au moins sous le rapport de ses dimensions apparentes. Mais ce qui fait l'intérêt des observations actuelles, c'est que l'hémisphère boréal, qui jusqu'ici n'a pas été étudié aussi complètement que l'hémisphère austral et qui n'offre pas autant de détails bien nettement caractérisés, se présentait très bien pour l'observation, la latitude du centre du disque étant d'environ 22° N. pendant les mois de mars et d'avril.

Les taches observées étaient à la fois nombreuses et variées; il y a évidemment *une quantité de détails* sur la planète; mais il est extrêmement difficile de les relier entre eux par une représentation satisfaisante. Un grand nombre de taches très faibles frappent l'œil assez distinctement pour qu'on puisse affirmer leur existence; mais on ne peut pas les distinguer avec assez de netteté et de précision pour reconnaître leurs contours, ou assigner correctement leurs positions relatives. Il n'y a que les traits les mieux prononcés qui puissent être dessinés d'une manière satisfaisante. Le petit diamètre de Mars pendant ces observations a certainement contribué dans une large mesure à l'incertitude de l'aspect physique du disque. Une autre cause de cette incertitude réside dans la rareté des images télescopiques réellement bonnes. Non seulement il faut que l'atmosphère se trouve dans des conditions particulièrement favorables à la parfaite netteté des images, mais encore une absence complète de vent est indispensable. Les plus légères vibrations empêchent de suivre et d'étudier un système compliqué de taches et de détails. Enfin, comme objet télescopique, la planète Mars est beaucoup moins satisfaisante que Jupiter ou Saturne. Toutes ces circonstances expliquent l'incertitude de certaines observations et les discordances qu'on peut relever dans les dessins des détails visibles à la surface.

Voici les observations de M. Denning :

« Du 23 mars au 30 avril la planète a été examinée vingt-deux soirs, et un

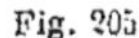

Fig. 205.

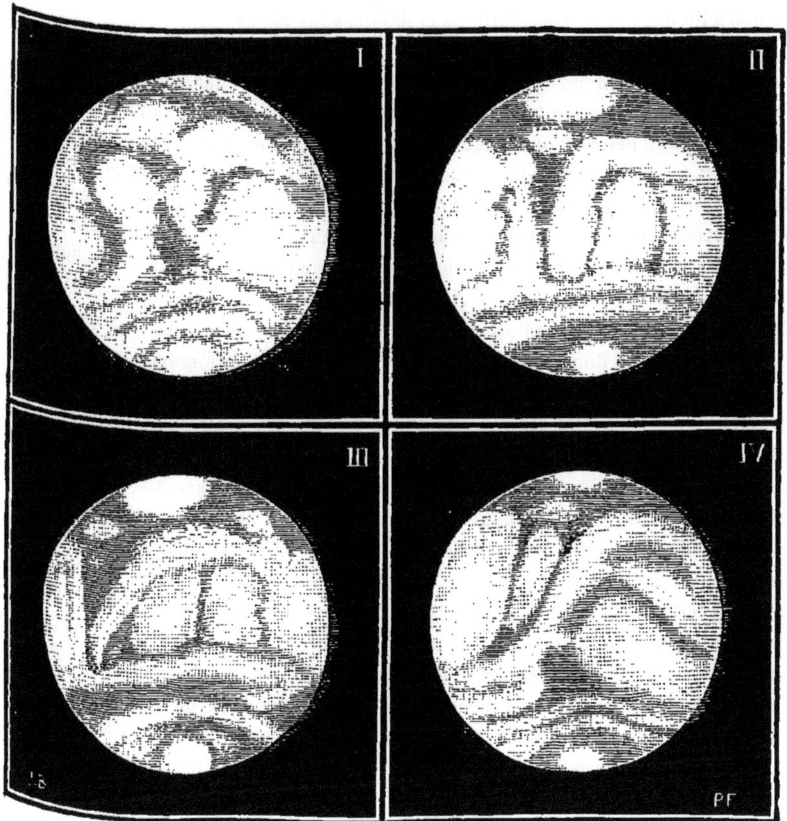

Aspect de la planète Mars, d'après les observations de 1886, par M. Denning.

I. 27 avril, $8^h 40^m$. Long. 187°.   III. 13 avril, $9^h 50^m$. Long. 332°.
II. 13 avril, $8^h 0^m$. Long. 305°.   IV. 3 avril, $7^h 30^m$. Long. 28°.

nombre considérable de dessins a été obtenu. Pendant cette période, il y eut une série exceptionnelle de belles nuits, et toutes les fois que les images furent suffisantes, les détails observables ont été rigoureusement notés; puis les résultats ont été ensuite comparés les uns aux autres, ainsi qu'avec ceux des travaux analogues effectués antérieurement.

» Mes dessins se correspondent exactement entre eux et présentent une concordance bien marquée avec les cartes de Green, Schiaparelli, Flammarion, Knobel, etc. Je les ai aussi comparés avec les vues données dans l'*Aréographie de* Terby et avec les dessins de Bœddicker obtenus en 1881 et 1884 à l'aide du télescope de trois pieds (0ᵐ,915), de lord Ross (voy. plus haut p. 364 et 382). Cette comparaison m'a encore fourni une nouvelle confirmation de mon travail. Quelques discordances sont plus fortes que celles qu'on s'attendrait à rencontrer comme probables; mais l'expérience nous a appris qu'il serait illusoire d'espérer l'uniformité dans la représentation des détails planétaires.

» Pendant les cinq semaines qu'ont duré mes observations, je n'ai trouvé aucune preuve certaine d'un changement quelconque dans aucune des taches; mais la période a été trop limitée, et les circonstances dans lesquelles s'est effectué le travail ont été trop défavorables pour que je puisse me prononcer avec certitude sur ce point. Les légères différences que présentent mes dessins sont simplement du même ordre que celles qui seraient causées par des changements dans les conditions atmosphériques locales. Pendant une mauvaise nuit, des marques très faibles, distinguées auparavant, se sont effacées, tandis que pendant les meilleures nuits j'ai vu des détails délicats qu'il était impossible de soupçonner dans des circonstances moins favorables. Je suis convaincu que de pareils changements dans les conditions de la vision exercent une influence considérable sur la configuration apparente de la planète, plus considérable même que les observateurs ne l'admettent généralement. On a quelquefois conclu trop hâtivement à des changements réels; de véritables modifications ne peuvent être affirmées qu'à la suite d'un examen scrupuleux et sur la foi de preuves indiscutables.

» La plupart des mers les mieux définies présentent des bords extérieurs très brillants avec des limites très nettes. Ces bordures brillantes rappellent les aires lumineuses qui souvent, sur Jupiter, confinent aux taches sombres; seulement, sur Mars, elles sont plus étendues, plus permanentes, et aussi de formes plus dissemblables. Je dois citer, comme un cas particulier de ces bords brillants, la région qui longe la rive orientale de la mer du Sablier. Je l'ai vue quelquefois si lumineuse qu'elle rivalisait d'éclat avec la tache blanche du pôle nord. Elle s'étend sur plusieurs degrés à l'est du contour obscur de la mer, et se trouve limitée par une tache faible, irrégulièrement condensée, qui se prolonge vers le Nord en s'inclinant à l'Est, à partir d'un point de longitude 290°, immédiatement à l'est de l'extrémité boréale de la mer du Sablier (voy. *fig.* 205, II et III). Cette traînée est fort longue : elle s'étend jusqu'au-dessous de la baie du Méridien et de la baie Burton auxquelles elle se relie par de légers ligaments qui rappellent les *canaux* de Schiaparelli (voy. *fig.* 205, IV). Cette tache spéciale, qui ne figure pas sur la carte de Green, est peut-être identique avec le réseau d'étroites bandes sombres dessiné dans cette région par Schiaparelli sur sa carte ([1]). On la trouve aussi plus ou moins nettement définie dans quelques autres dessins, notamment dans un dessin de Schmidt.

([1]) *Voy.* plus loin, p. 393. Comparer les dessins de M. Denning, II, III et IV (*fig.* 205); à la région HACGK et baie du Méridien 0°.

» Quant à la mer du Sablier, elle se montre très faible et très étroite, sinon brisée tout à fait, dans la région qui se trouve à 10° ou 15° au sud de son extrémité boréale (voy. *fig.* 205, II et III). Cette particularité est bien représentée dans les dessins de Bœddicker. Sur d'autres dessins, je n'ai pu retrouver cette circonstance suffisamment indiquée. Il est évident, du reste, qu'on ne peut la bien remarquer que lorsque la région en question se présente auprès du centre apparent du disque, comme lors de la dernière opposition.

» Les dessins de Knobel de 1873 concordent généralement beaucoup mieux avec les miens que ceux que le même auteur a dessinés en 1884 (¹). Sur la carte de Green, la mer Knobel est, à son extrémité australe, séparée de la faible bande courbe qui s'allonge à l'Est, comme dans les dessins nᵒˢ 6, 7, 8 et 9 de 1873. Cette rupture n'est plus figurée dans les dessins ultérieurs de 1884, de sorte que cette région paraît avoir subi quelque changement d'aspect, à moins que la différence d'inclinaison ne soit la cause du défaut de concordance entre les observations. Il est probable que telle en est effectivement la véritable raison, car l'inclinaison de la planète en avril et mai 1873 était presque exactement la même qu'en mars et avril 1886, et c'est justement dans ces deux périodes que les dessins présentent la plus grande ressemblance dans leurs formes les plus remarquables. Je vois le rivage boréal de la mer Knobel distinctement séparé de la bande obscure longitudinale immédiatement contiguë à la calotte polaire boréale (*fig.* 205, IV). Le dessin nᵒ 12 du 19 mai 1873, par Knobel, représente les principaux traits de cette région tels que je les ai récemment observés. En 1884, cet astronome a dessiné toute la masse d'ombre qui entoure le pôle nord comme obscurcie sans interruption; mais ces différences d'aspect sont dues, sans aucun doute, aux variations d'inclinaison.

» Pour ce qui est des détails en forme de canaux observés par Schiaparelli, j'ai distingué un grand nombre d'apparences qui suggèrent fortement l'existence d'une semblable configuration; mais les dessins effectués en Italie pendant les trois mois d'octobre 1881 à février 1882 leur donnent un caractère défini et, sans parler de leur dédoublement, une rectitude de forme et une uniformité générale de ton que les observations ne confirment pas. Les détails les plus délicats et les plus complexes de la planète se présentent, à mes yeux, dans les meilleures circonstances, comme des *ombres linéaires extrêmement faibles, avec des gradations évidentes de ton*, et des irrégularités qui produisent çà et là des ruptures ou des condensations. S'ils existaient sous le même aspect, et avec la même sûreté de direction que les a représentés Schiaparelli, ils eussent été facilement aperçus ici, toutes les fois que la définition eût été suffisamment bonne; car ces objets sont indiqués comme aisément observables dans la lunette de 8 pouces de l'Observatoire de Milan, en février 1882, alors que le diamètre de la planète était seulement de 13ᵣ. Le dédoublement de ces lignes pouvait aussi se reconnaître dans les mêmes conditions peu favorables. Ce qu'il y a de plus étonnant, ce n'est

(¹) *Voir* plus haut, p. 377.

pas que l'éminent astronome italien ait découvert de si merveilleux détails à la surface de la planète, — car ces détails existent sans aucun doute, — c'est bien plutôt qu'il soit parvenu à observer leur configuration si complexe et si difficile à une époque où Mars se trouvait justement placé dans des conditions particulièrement défavorables pour des observations d'une nature aussi délicate.

» Pendant les derniers mois, la calotte polaire boréale de Mars s'est montrée très brillante ; elle présentait souvent un contraste frappant avec les régions les moins réfléchissantes de la surface. Il y avait aussi d'autres parties du disque notablement brillantes. Ces régions lumineuses de Mars méritent au moins autant d'attention que les parties obscures, car c'est probablement dans leur aspect que des changements peuvent être observés d'une façon bien nette, si tant est qu'il se produise des modifications réelles à la surface de la planète. On n'a pas attaché suffisamment d'importance à ces taches blanches.

» La plupart de nos principaux Traités d'Astronomie attribuent à Mars une atmosphère dense ; pendant mes observations, je n'ai rien vu qui soit de nature à confirmer cette théorie. Il me semble beaucoup plus vraisemblable d'admettre que l'atmosphère de cette planète est extrêmement raréfiée. Les principales taches sont invariablement visibles, et les différences observées paraissent plutôt dues à l'influence de notre atmosphère qu'à celle de Mars. Jupiter et Saturne sont sans doute enveloppés de vapeurs épaisses qui cachent aux yeux terrestres la véritable surface du globe. Les taches qu'on y observe sont atmosphériques, quoique, en certains cas, très persistantes ; elles subissent constamment des modifications d'aspect et des changements de position dus à des courants longitudinaux. Sur Mars, la nature des choses est tout autre. Ici, les aspects observés sont des configurations géographiques incontestables, et elles ne présentent aucune de ces variations qui sont si remarquables parmi les détails de Jupiter. Il est probable que « la plupart, sinon la totalité, des changements qu'on a cru observer dans l'aspect des taches de Mars sont dus tout simplement à la diversité des conditions dans lesquelles la planète a été nécessairement étudiée ». Si les circonstances des observations se trouvaient toujours les mêmes, il y aurait une bien plus grande uniformité dans les résultats obtenus. Le caractère si nettement accusé des taches et leur grande permanence sont tout à fait opposés à l'idée que la planète puisse être entourée d'une atmosphère épaisse et chargée de nuages. »

Telles ont été les intéressantes observations de M. Denning en 1886. Malgré les excellentes raisons invoquées par l'auteur, raisons que nous adoptons sans réserve, nous ne pouvons douter toutefois que la surface de la planète ne subisse des variations réelles, considérables et fréquentes.

A la séance de la Société astronomique de Londres du 14 mai 1886 [1], M. Green a fait d'importantes remarques sur les observations de M. Knobel en 1884. Il expose qu'en 1886 il a confirmé plusieurs de ces observations, mais qu'il a trouvé néanmoins certaines différences assez curieuses. M. Kno-

[1] *Monthly Notices*, 1886, p. 445.

bel était d'avis que la carte de M. Green réclamait une rectification près de la mer Knobel, attendu qu'il avait trouvé là des bandes sombres au lieu de l'espace clair nommé terre de Le Verrier. Or M. Green a reconnu cet espace très nettement pendant l'opposition de 1886. « La comparaison des deux séries d'observations montre que des changements s'accomplissent de temps à autre en plusieurs régions de Mars. La mer Lassell, qui était pendant la dernière opposition presque aussi distincte que l'Oculus, et la baie de Huggins sont citées comme exemples ; celle-ci s'est montrée large et bien marquée. »

L'un des faits les plus remarquables observés pendant l'opposition de 1886, a été l'apparition fréquente de masses lumineuses sur le bord, qui n'arrivent jamais au méridien, et de portions orangées vues au méridien qui deviennent blanches en arrivant au bord. N'en peut-on conclure qu'une condensation nuageuse prévaut sur le côté droit de la planète et que ces masses nuageuses sont dispersées quand elles arrivent au méridien, devant le Soleil?

CXXII. 1886. — Perrotin. *Observation des canaux.*

« Pendant la dernière opposition de la planète Mars, écrit M. Perrotin ([1]), nous avons, M. Thollon et moi, consacré plusieurs soirées à l'étude des configurations de la planète, à l'aide de l'équatorial de $0^m,38$ de l'Observatoire de Nice.

» Commencées seulement à la fin du mois de mars, à cause du mauvais temps, les observations ont été poursuivies jusqu'au milieu de juin, toutes les fois que les circonstances l'ont permis. Elles avaient surtout pour but la reconnaissance des canaux simples ou doubles découverts par M. Schiaparelli et qui n'avaient guère été observés jusqu'ici que par lui seul.

» La planète était dans des conditions relativement défavorables, en raison de son faible diamètre apparent, dont la valeur, au moment de l'opposition, le 6 mars, était de 14″ à peine, tandis qu'il atteignait près de 25″ lors des observations de 1877 du savant astronome italien.

» Nos premières tentatives pour apercevoir les canaux ne furent pas encourageantes et, après plusieurs jours de recherches infructueuses, qui s'expliquent en partie par la mauvaise qualité des images, en partie aussi par la difficulté propre à ce genre d'investigations, après avoir abandonné une première fois, puis repris cette étude, nous allions y renoncer définitivement, lorsque, le 15 avril, je parvins à distinguer l'un des canaux situé à l'ouest de la mer du Sablier, *Grande Syrte* de Schiaparelli, et mettant en communication cette mer avec le détroit d'Herschel (*Sinus Sabæus*).

([1]) *Bulletin astronomique*, juillet 1886, p. 324.

» M. Thollon le vit également aussitôt après.

» A partir de ce jour, par de bonnes conditions, nous avons pu reconnaître successivement un certain nombre de canaux présentant, à quelques détails près, les caractères que leur attribue le directeur de l'Observatoire de Milan.

» Ces canaux, tels que les a décrits M. Schiaparelli et tels que nous les avons vus, en partie, constituent, dans la région équatoriale de la planète, un réseau de lignes qui paraissent tracées suivant des arcs de grand cercle. Ils traversent dans toutes les directions la zone des continents et font communiquer entre elles les mers des deux hémisphères ou simplement les canaux entre eux. Ils se coupent sous tous les angles et se projettent sur le fond brillant du disque suivant des lignes de couleur grisâtre de nuance plus ou moins foncée. »

Sur la carte que nous avions publiée dans *L'Astronomie*, et que l'on a vue plus haut (p. 355), M. Perrotin a indiqué par des lettres les vérifications faites. En voici le détail. Grossissements employés, 450 et 560. Observations faites généralement de 8ᵘ à 10ʰ.

Première région, comprise entre 290° et 350° de longitude aréocentrique.
Le 15 avril, nous voyons distinctement le canal AB (*Phison*) [*fig. 206*] et, par moments, nous croyons soupçonner une ligne plus fine CD, parallèle à la première. Nous apercevons également FEA (*Astaboras*) et HG et DK (*Euphrates*), ces deux derniers parallèles et non divergents comme dans le dessin.

Les 19 et 21 mai, quand cette région repasse au centre du disque à une heure convenable, nous voyons les mêmes objets, et en plus, le canal FG qui coupe le canal Phison à angle droit. FG ne semble pas prendre naissance en F, comme le montre la carte, mais en un point plus voisin de l'équateur, presque à la hauteur de lac Mœris, α.

Deuxième région, comprise entre 180° et 260° de longitude.
Les 23, 24 et 25 avril, nous distinguons LM (*Stygia palus*), LN, LO et OP (*Cyclopum*), comme canaux simples. Par moments, nous croyons dédoubler LO, mais c'est une impression fugitive.

Nous revoyons les mêmes canaux les 25, 26, 31 mai et le 1ᵉʳ juin; les deux premiers jours nous voyons, en outre, RQ (*Æthiopum*) et R'Q' qui, contrairement au dessin, est une ligne droite continue parallèle à RQ.

Le 26, je réussis à voir comme un tronçon du canal double QO (*Eunostos*), qui se détache de l'extrémité nord du canal simple QR.

Le 1ᵉʳ juin, M. Gautier voit LO, en même temps que nous.

Depuis nos premières observations, le canal LN a subi un changement considérable : on ne le distingue plus que sur une faible étendue et du côté de N seulement. Marqué sur la carte de M. Schiaparelli de 1882, ce canal n'existe pas sur celle de 1879. Nos observations ne font donc que confirmer des changements déjà constatés, mais elles montrent encore que ces changements peuvent se produire dans une courte période de temps.

Troisième région, comprise entre 30° et 100° de longitude.

Le 11 mai, les canaux doubles R'S (*Nilus II*) et TU (*Iridis*) apparaissent avec netteté. M. Trépied, de passage à l'Observatoire, les voit sans trop de difficulté, et, bien qu'il ne connaisse pas la carte, il est le premier à remarquer les deux lignes parallèles, estompées, qui constituent le canal double TU. M. Thollon soupçonne seulement le dédoublement.

Fig. 206. — Canaux observés par MM. Perrotin et Thollon, en 1886.

Dans le canal R'S, les deux lignes qui composent la portion R'Z nous paraissent plus fines que ne l'indique le dessin; les deux lignes de la portion ZS semblent, au contraire, plus ombrées.

Nous voyons également la ligne VZ.

Le 16, je vois, en plus, avec certitude, le canal double rectiligne XY (*Jamuna*). Par contre, ni le 11, ni le 16, nous n'apercevons le canal XZ (*Ganges*), indiqué comme double sur la carte.

Le 12 juin, nous distinguons très bien le canal TT' (*Fortunæ*) qui pourrait bien être double.

Durant ces observations, le Nil nous apparaît avec beaucoup de netteté dans toute son étendue et bien plus marqué que sur la carte.

Les canaux que nous venons d'énumérer, vus pour la plupart deux fois ou par plusieurs observateurs, sont dans la position où les a dessinés M. Schiaparelli en 1882. Leur aspect diffère peu en général de ce qu'il est sur la carte; seulement, quelques-uns portés comme doubles sont simples, ce qui peut tenir à la plus grande distance de Mars dans cette opposition. Ils semblent donc constituer dans la région équatoriale de la planète un état de choses qui, s'il n'est pas absolument permanent, ne se modifie pas non plus d'une manière essentielle.

Changements observés sur Mars. — Pendant nos études sur les canaux, il s'est produit un changement notable, mais passager, dans la région occupée par la mer du Sablier, et digne d'être signalé. Lors de nos premières observations, cette partie de la surface était sombre, comme le sont les mers, et sensiblement conforme à la carte; mais, lorsque nous la revîmes, le 21 mai, l'aspect en était tout différent. Ce jour-là, la portion de la Grande Syrte qui s'étend entre le 10e degré et le 55e degré de latitude boréale était cachée par un voile lumineux, de la couleur des continents, mais d'une lumière moins vive et plus douce. On aurait dit des nuages ou des brouillards disposés par bandes régulières et parallèles, orientés, sur la planète, du Nord-Ouest au Sud-Est. Par moments, ces nuages devenaient transparents et laissaient entrevoir les contours du prolongement de la Grande Syrte. Le 22 mai, ils étaient plus uniformément distribués que la veille; on les voyait encore les 23, 24 et 25, mais ils avaient beaucoup diminué d'intensité. Ils s'étendaient probablement assez loin, sur les continents, à l'est et à l'ouest de la mer, car d'un jour à l'autre, quelquefois dans le courant d'une même soirée, les parties voisines sombres, entre autres le lac Mœris à l'Est, le Nil à l'Ouest, étaient tantôt visibles, tantôt invisibles.

Le 25 mai, nous vîmes reparaître l'isthme dessiné dans le prolongement de la Grande Syrte, au delà de sa jonction avec le Nil, vers 300° de longitude et 52° de latitude boréale, et qui était resté caché jusqu'à ce jour. A cette même date, nous constations un assombrissement très accentué des continents dans le voisinage immédiat de la mer.

Durant ces apparences singulières, la partie australe de la Grande Syrte, qui n'avait pas été atteinte par les nuages, était devenue plus sombre et présentait une teinte bleu verdâtre bien caractérisée.

Des phénomènes de ce genre sont-ils réellement produits par des nuages ou des brouillards circulant dans l'atmosphère de Mars? C'est probable. Ils sont, dans tous les cas, le fait d'un élément appartenant à l'atmosphère ou à la surface de la planète, susceptible de se mouvoir et de se modifier dans un temps relativement court.

Pendant que nous observions ce qui précède, nous avons noté autour de la tache blanche du pôle boréal, à une faible distance de la tache, entre 200° et 280° de longitude, deux ou trois points brillants, semblables à ceux qui furent remarqués par M. Green, en 1877, à Madère, autour de la tache australe, à l'époque du solstice d'hiver de la planète. Notre observation, faite cinquante jours en moyenne après le solstice d'été, rapprochée de celle de l'astronome anglais, semble indiquer que la diminution qui a lieu dans chaque tache polaire, au moment du solstice correspondant, après le solstice surtout, sous l'action prolongée des rayons solaires, n'est pas étrangère à cette apparition.

Tel est l'ensemble des faits observés à Nice par MM. Perrotin et Thollon. De quelque nature qu'ils soient, cette étude confirme les belles découvertes de M. Schiaparelli sur la singulière constitution physique de Mars. Remarquons aussi les nuages observés sur la mer du Sablier, fait très rare.

CXXIII, 1886. — WALTER WISLICENUS. *Études sur la durée de rotation de Mars* (').

L'auteur de ce travail, astronome à l'Observatoire de Strasbourg, passe d'abord en revue l'ensemble des observations faites sur la planète, puis examine les cartes publiées et discute les divers systèmes de nomenclature dont il donne un Tableau synoptique, et calcule ensuite les projections du globe de Mars vu de la Terre.

D'après les observations faites par Winnecke à Strasbourg en 1877, on a pour la position de la tache polaire sud :

Distance au pôle aréographique.... ....   4°,43 ± 0°,591
Longitude aréographique....................   20 ,67 ± 5 ,711

La direction de l'axe de Mars sur la sphère céleste est pour son pôle nord :

Ascension droite..... 317° 55',1;   Déclinaison... ..... + 50° 15',7.

Comparant entre elles les principales observations de position des taches de Mars, depuis celles de Huygens en 1659 jusqu'à celles de Bœddicker en 1881, M. Wislicenus trouve pour la durée la plus précise de la rotation :

$$24^h 37^m 22^s,655 \pm 0^s,00861$$

avec un degré d'approximation qui paraît, en effet, considérable.

Aux études précédentes, nous pourrions encore ajouter celles de divers observateurs moins spéciaux, telles que celles de MM. Guiot, à Soissons (*L'Astronomie,* octobre 1886, p. 393), Lihou, à la Société scientifique Flammarion de Marseille, etc., qui montrent surtout quel parti une grande habileté peut tirer de modestes instruments.

Remarquons encore que le 13 avril 1886, Mars est passé devant le Soleil pour Jupiter, de même que la Terre y était passée, pour les habitants de Mars, le 12 novembre 1879.

(') *Beitrag zur Bestimmung der Rotationszeit des Planeten Mars.* Leipzig, 1886.

Opposition de 1888.

DATE DE L'OPPOSITION : 11 AVRIL (¹).

Présentation : Le pôle boréal est tourné vers la Terre.

Dates.	Latitude du centre.	Diamètre.	Phase (zone manquant).	Angle Terre-Soleil.
11 février..............	+ 19°,4	9″,6	0″,77	33°
11 mars................	+ 18 ,6	12 ,7	0 ,47	22
11 avril (opposition)...	+ 21 ,1	15 ,4	0 ,00	1
11 mai.................	+ 24 ,0	14 ,2	0 ,59	23
11 juin................	+ 24 ,8	11 ,4	1 ,16	37
11 juillet....	+ 23 ,4	9 ,2	1 ,20	42

CALENDRIER DE MARS.

	Hémisphère austral ou supérieur.	Hémisphère boréal ou inférieur.
16 février 1888...	Solstice d'hiver.	Solstice d'été.
15 août 1888......	Équinoxe de printemps.	Équinoxe d'automne.
8 janvier 1889...	Solstice d'été.	Solstice d'hiver.

CXXIV. 1883-1888. — O. LOHSE. *Observations et dessins.*

Cet observateur a continué (*voy.* plus haut, 1879, p. 318), ses études de Mars pendant les oppositions de 1883, 1884, 1886 et 1888, et en a publié les résultats en 1891 (²). Il s'est principalement occupé des mesures de l'angle de position de la tache polaire boréale et a fait, de plus, un grand nombre de dessins de la planète, dont 36 sont publiés dans ce mémoire et suivis d'une carte qui les résume.

D'après ces observations, on a pour l'angle de position de l'axe de Mars :

        1884   8 février. 0ʰ0ᵐ (Greenwich). P = 357°,226 ± 0°,185
        1886   22 février. 0 0   Id.   21 ,84 ± 0 ,31
        1888   24 mai.... 0 0   Id.   30 ,66 ± 0 ,491

Les dessins sont du 15 septembre 1883 au 17 mars 1884 et du 30 janvier au 7 avril 1886. En 1888, il a trouvé 289°,56 pour la longitude de la mer du Sablier.

Nous offrons à nos lecteurs la carte (*fig.* 207) que cet astronome a conclue

(¹) *Conjonction de Mars et d'Uranus, le 5 mai.* — Plusieurs observateurs, notamment MM. Bruguière à Marseille, Guiot à Soissons, Valderrama à l'île de Ténériffe, ont observé la rencontre de Mars avec Uranus, le 5 mai 1888. Mars est passé à 35′ au nord d'Uranus : les deux planètes étaient visibles dans le même champ. Mars *rougeâtre,* de première grandeur, Uranus *bleuâtre,* par contraste, de sixième grandeur, éclipsé à l'œil nu par l'éclat de Mars. Cette curieuse conjonction a eu lieu non loin de l'étoile de quatrième grandeur 0 de la Vierge.

(²) *Beobachtungen des Planeten Mars. Publicationen des astrophysikalischen Observatoriums zu Potsdam.* N° 28, 1891.

de ses observations de 1883-84, faites à l'aide de l'équatorial de 11 pouces de l'Observatoire de Potsdam. Elle inspire les mêmes réflexions que la première et, vraiment, ne ressemble guère à Mars. La baie du Méridien, le détroit d'Herschel, la mer du Sablier, sont à peu près les seules configurations que l'on reconnaisse. Mais qu'est devenue la mer Terby, que, dans son autre carte, l'auteur avait représentée quadrangulaire? Que reconnaître dans la région

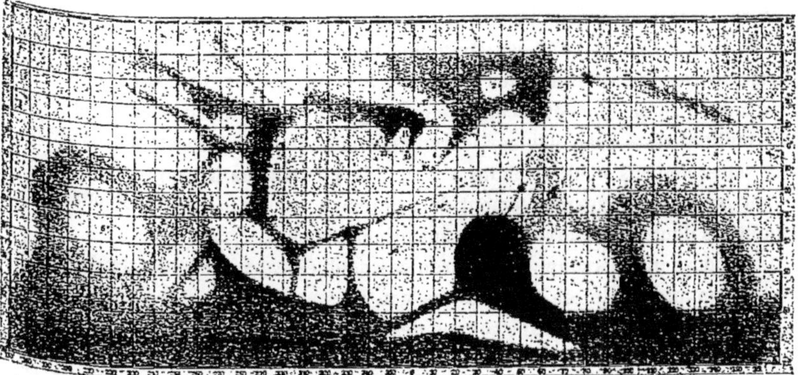

Fig. 207. — Carte de Mars, par M. Lohse, d'après ses observations de 1883-84.

gauche de la mer du Sablier? L'observateur nous offre pourtant 18 points de repère pour identifier sa carte avec celles de M. Schiaparelli. Les voici :

		Longitude.	Latitude.
1	Côte orientale du golfe des Perles	27°	— 7°
2	Région de Protée. Milieu	38	— 27
3	Tempé. Milieu	76	+ 47
4	Lac du Soleil. Milieu	81	— 31
5	Arcadie. Milieu	125	+ 47
6	Élysée. Milieu	218	+ 31
7	Golfe des Alcyons. Pointe sud	265	+ 35
8	Lac Mœris	265	+ 7
9	Promontoire de Circé	275	— 10
10	Nilosyrtis. Côte orientale	293	+ 30
11	Mer du Sablier. Côte orientale	294	+ 7
12	Golfe Sabæus	326	— 14
13	Baie fourchue (Gabelbai). Pointe ouest	346	0
14	Fastigium Aryn	357	— 10
15	Baie fourchue. Pointe est	357	+ 2
16	Baie fourchue. Côte orientale	7	— 12
17	Golfe des Perles. Côte occidentale	7	— 23
18	Golfe des Perles. Pointe	9	+ 9

Malgré l'habileté de l'astronome de Potsdam, la différence entre cette carte et l'aspect général de la planète est vraiment énorme. C'est une preuve de plus que les observations de Mars sont fort difficiles.

CXXV. 1888. — Proctor. *Les canaux de Mars. Nouvelle carte de la planète. Derniers travaux* [1].

A la séance de la Société astronomique de Londres du 13 avril 1888, M. Proctor a communiqué la note suivante sur les canaux de Mars [2] :

Mars devrait être soigneusement observé en juin et juillet prochain pour le dédoublement des canaux, car l'automne martien approchera. Considérant ces curieuses raies sombres doubles (ou plutôt les raies claires entre elles et les raies plus faibles de chaque côté) comme des images de diffraction des fleuves lorsque le brouillard reste suspendu sur leurs lits, comme je l'ai interprété depuis quatre ans, nous pouvons nous attendre à revoir le phénomène à l'approche de l'automne ou après le commencement du printemps, pour l'hémisphère nord, dans lequel ces doubles canaux se montrent principalement.

Je suppose que personne ne regarde ces doubles canaux comme des réalités; mais, d'un autre côté, on ne peut pas non plus voir en eux des *illusions* d'optique. Si nous les considérons comme des phénomènes de diffraction, c'est-à-dire comme des *produits* optiques, *as optical products*, nous trouvons une explication de leurs variations d'aspects (puisque, lorsque les fleuves paraissent sombres, ce qui est le cas ordinaire, sur un fond clair, la duplication ne pourrait pas être observée), de leur synchronisme avec les saisons et du fait qu'ils ne sont visibles qu'aux instruments d'un certain diamètre. Cette dernière considération suggère une méthode effective pour vérifier cette théorie de diffraction.

Il serait désirable que les aspects observés par Schiaparelli fussent vus et dessinés par des observateurs doués d'une véritable habileté artistique. Nul de ceux qui ont vu Mars à l'aide d'un bon instrument *ne peut accepter les configurations* rudes et anti-naturelles *dessinées par Schiaparelli.* Les dessins de Dawes, Burton, Knobel, Denning et Green sont beaucoup plus satisfaisants.

Proctor s'est occupé de la planète Mars dans la plus grande partie de ses ouvrages, jusqu'au dernier, dont la publication venait de commencer lorsque la mort arrêta ses travaux. Aux déductions ingénieuses que nous avons déjà publiées de cet auteur (p. 203-207) nous ajouterons ici celles qui sont exposées dans son dernier ouvrage [3].

Toutes les considérations s'accordent pour nous conduire à penser que les taches foncées représentent des mers et les claires (jaunes), des continents.

L'auteur propose d'admettre que la *quantité* d'eau et d'air doit être proportionnelle aux masses des planètes, et que Mars étant neuf fois moins lourd

<hr>

[1] R.-A. Proctor, né le 31 mars 1837, est mort le 12 septembre 1888.
[2] *Monthly Notices*, t. XLVIII. p. 307.
[3] *Old and New Astronomy.* Londres et New-York, 1888.

que la Terre doit avoir neuf fois moins d'eau et d'air. Comme la surface de la Terre surpasse celle de Mars dans le rapport de 7 à 2, la quantité totale d'eau et d'air sur chaque hectare de notre planète surpasserait la même quantité sur chaque hectare de Mars dans la proportion de 18 à 7.

(Rien ne nous autorise à penser strictement que les conditions originelles de la formation des deux planètes aient été les mêmes.)

En ce qui concerne la *densité* de l'atmosphère, au niveau de la mer, il faut prendre en considération l'état de la pesanteur à la surface de Mars. Or la proportion entre ces deux états est la même que la précédente : 18 à 7.

Ainsi, tandis qu'il n'y aurait là que les $\frac{7}{18}$ de l'eau et de l'air qui existent ici, par mètre carré, ces deux éléments devraient être dans la proportion du carré de 7 au carré de 18, ou de 49 à 324, ou de 5 à 33.

Si l'on admettait que l'atmosphère de Mars eût ce degré de ténuité, tandis que la quantité d'eau par kilomètre carré ne serait que les $\frac{7}{18}$ de ce qui existe sur la Terre et que l'action du Soleil est de moitié plus faible qu'ici, il serait difficile de concevoir qu'il y eût assez de vapeur d'eau dans l'atmosphère de Mars pour être perceptible au spectroscope. Même en doublant la quantité d'eau et d'air, on diminue à peine la difficulté.

Quoique l'atmosphère de Mars soit probablement beaucoup plus rare que la nôtre, elle doit être plus élevée, étant comprimée par une force très inférieure à celle de la gravité terrestre. Sur notre globe, une élévation de 4000 mètres suffit pour diminuer de moitié la pression atmosphérique; sur Mars il faudrait une élévation de 10 400 mètres pour arriver au même résultat. Ici, à une altitude de 21 000 mètres au-dessus du niveau de la mer, la pression atmosphérique est réduite à $\frac{1}{32}$; à la même altitude sur Mars, elle n'est réduite que de $\frac{1}{4}$. En admettant qu'au niveau de la mer sur Mars cette pression soit $\frac{1}{4}$ de ce qu'elle est ici, l'air martien serait plus dense à une altitude de 29 000 mètres que chez nous à la même hauteur. A de plus grandes élévations, la différence s'accroît encore en faveur de Mars.

Il n'est pas facile de déterminer ce qui se passe dans Mars lorsque nous croyons y reconnaître des signes météorologiques tels que les nuages se formant ou se dissolvant ou les brumes du matin et du soir, ainsi que d'autres phénomènes qui ne paraissent pas compatibles avec l'idée d'un froid extrême : même la présence de la glace et de la neige impliquent l'action de la chaleur. Le froid seul, comme l'a montré Tyndall, ne pourrait produire de glaciers : les vents du Nord-Est les plus rigoureux pourraient souffler pendant tout l'hiver sans apporter un seul flocon de neige. Pour que le froid produise de la neige, il faut qu'il ait à sa disposition de la vapeur d'eau dans l'air, et cette vapeur ne peut être produite que par la chaleur. Le Soleil exerce donc sur Mars une action calorifique suffisante pour élever une certaine quantité de vapeur d'eau dans son atmosphère, et cette vapeur est transportée d'une manière quelconque vers les régions polaires où elle est précipitée sous forme de neige.

Mais, d'autre part, la surface entière de Mars semblerait devoir être au-dessus de ce que nous pourrions appeler la ligne de neige pour une planète analogue à la Terre, car toute région terrestre où le froid serait aussi grand qu'il doit être sur Mars et où l'atmosphère serait aussi raréfiée serait certainement au-dessus de la ligne des neiges éternelles. Comment donc se fait-il que la neige fonde sur Mars comme elle le fait manifestement, puisque nous y voyons des régions neigeuses variables et des régions rougeâtres?

A cette alternative Proctor répond dans les termes suivants :

La neige qui existe à la surface de Mars peut être en faible quantité, la chaleur solaire n'y étant pas assez active pour produire beaucoup de vapeur d'eau. Il n'y aurait point là d'accumulation de neiges analogues à celles qui existent ici au-dessus de la ligne des neiges perpétuelles, mais il pourrait exister à la surface de Mars, excepté près des pôles, une mince couche de neige, ou plutôt il n'y aurait ordinairement qu'une couche de gelée blanche. Maintenant, le soleil de Mars, quoique incapable d'élever de grandes quantités de vapeurs dans l'atmosphère ténue de la planète, pourrait cependant fondre et vaporiser cette mince couche de neige ou de gelée blanche. La chaleur directe du Soleil brillant à travers une atmosphère si rare doit être considérable partout où l'astre est à une élévation suffisante, et la pression atmosphérique est si faible que la vaporisation est très facile, attendu que le point d'ébullition doit y être très bas. Par conséquent, durant la plus grande partie du jour martien, la couche de gelée blanche ou de neige légère qui peut être tombée pendant la nuit précédente serait complètement fondue, et le sol rougeâtre ou les verdâtres océans de glace redeviendraient visibles pour l'observateur terrestre. Les régions marginales du disque de Mars seraient blanchâtres, puisque ce sont celles où le Soleil est très peu élevé au-dessus de l'horizon.

Si l'on adoptait cette vue de la climatologie martienne, le fait le plus caractéristique de cette situation serait la fusion quotidienne de la couche de gelée blanche ou de neige légère avant midi, et la précipitation d'une nouvelle couche blanche lorsque le soir approche. Pendant la durée du jour, l'atmosphère reste assez pure, autant qu'on en peut juger du moins, d'après l'aspect télescopique de la planète, quoique pourtant rien n'y empêche sans doute la formation éventuelle de légers cirrus ou de nuages de neige, surtout dans la matinée. En fait, les phénomènes qui ont été généralement regardés comme dus à la précipitation de la pluie de véritables nimbus sur les océans et les continents de Mars peuvent être attribués, avec plus de probabilité, à l'évaporation de cirrus par la chaleur solaire. Les régions polaires seraient perpétuellement couvertes de neige, les limites des caps polaires variant avec les saisons et ne présentant sans doute que des accumulations de neige fort inférieures à celles qui existent sur la Terre.

Telles sont les considérations de l'astronome anglais sur cet intéressant sujet. Nous y reviendrons plus loin, pour le discuter complètement. L'auteur a examiné également, comme nous venons de le voir, les curieuses observations de M. Schiaparelli sur les canaux et leurs dédoublements. Il ne croit pas que ces canaux soient réels. « We cannot regard them as objective realities, écrit-il en 1888, this is manifestly incredible. » L'auteur pense que ce sont là des images optiques, non des illusions, mais des images explicables

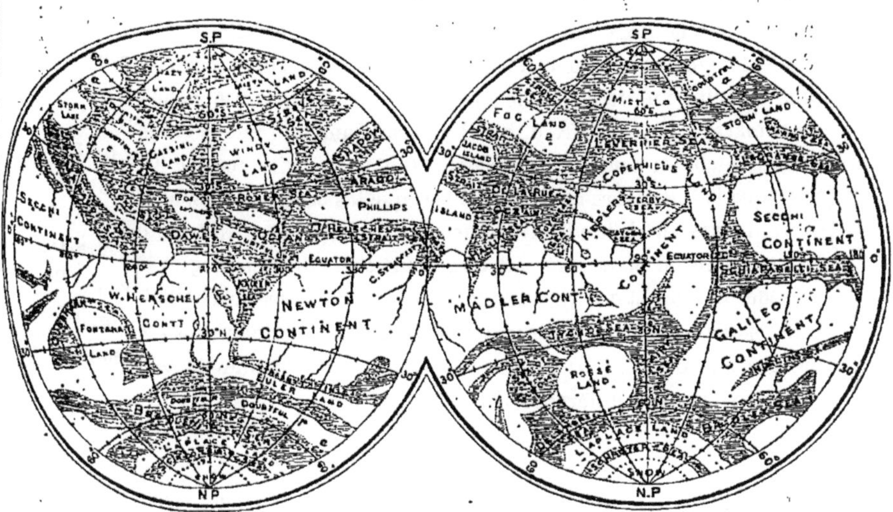

Fig. 208. — Nouvelle carte de Mars, par Proctor, en 1888.

par les lois connues de l'Optique. Il les considère comme des images de *diffraction* produites dans les yeux des observateurs de chaque côté des lignes des fleuves de Mars, lorsque ces fleuves deviennent blancs par la gelée ou par des nuages allongés le long de leur cours. L'existence de ces canaux a conduit Proctor à remanier sa première carte et à lui substituer celle que nous reproduisons ici (*fig.* 208), dans laquelle un grand nombre de fleuves sont tracés, aboutissant aux golfes et aux mers. Nous avons vu, aux observations de Dawes (1864, p. 185), que cet éminent observateur regardait la baie du Méridien comme formée de deux pointes donnant l'impression de *deux embouchures de fleuves* très larges. Treize ans plus tard, en 1877, M. Schiaparelli a pu apercevoir ces fleuves vainement cherchés par Dawes, et les a considérés comme des canaux auxquels il donna le nom de Gehon et Hiddekel. L'idée de fleuves est, en effet, simple et naturelle : Proctor y revient avec raison, et sa carte ainsi conçue offre un aspect qui n'est pas sans analogie avec les principaux caractères de la géographie terrestre. Mais reste toujours une grande objection : c'est que ces « canaux » ne commencent nulle part, vont d'une mer à l'autre, sont rectilignes et entrecroisés.... Ces fleuves, si fleuves il y a, ne ressemblent donc pas aux nôtres. L'auteur, profitant des critiques qui lui avaient été adressées pour ne pas répéter plusieurs fois les mêmes noms et faire la part moins exclusive aux Anglais, a modifié les dénominations de sa première carte. Le mieux eût été pour lui de s'en tenir à la carte de Green.

Les conclusions de Proctor sur la planète Mars sont qu'elle est plus avancée que la Terre dans son existence astrale ; qu'elle ne possède plus depuis longtemps aucune chaleur propre ; que la chaleur reçue du Soleil est plus de moitié inférieure à celle que la Terre reçoit ; que cette chaleur y produit un climat spécial, assez froid, car il y aurait dans les régions tempérées de la gelée blanche et peut-être de la neige toutes les nuits, fondue tous les matins ; que l'atmosphère est très raréfiée ; que les océans sont sans doute gelés et les fleuves aussi, la plupart du temps. L'auteur ne paraît pas penser que l'atmosphère de Mars pourrait être constituée autrement que la nôtre et posséder des gaz et des vapeurs capables de conserver la chaleur reçue du Soleil et d'agir comme une serre un peu moins diathermane que l'atmosphère terrestre, gardant les rayons obscurs, et donnant à la planète une température moyenne peu différente de celle de la Terre.

CXXVI. 1888. — Perrotin. *Les canaux de Mars. Nouveaux changements. Inondation de la Libye.*

« Il m'a été possible, par de très bonnes images, écrit l'auteur [1], de revoir, avec notre grande lunette (équatorial de $0^m,76$), une partie des canaux de Mars que j'avais observés en 1886.

» Ils sont à la place où je les ai vus à cette époque et présentent les mêmes caractères : ils se projettent sur le fond rougeâtre des continents de la planète, suivant des lignes droites sombres (des arcs de grand cercle probablement), les unes simples, les autres doubles, — les deux composantes, dans ce dernier cas, étant, le plus souvent, parallèles, — se coupant sous des angles quelconques et paraissant établir des communications entre les mers des deux hémisphères ou entre les diverses parties d'une même mer, ou bien encore entre les canaux eux-mêmes.

» Leur aspect est en général le même qu'en 1886. Pourtant, quelques-uns paraissent plus faibles, d'autres ont peut-être disparu en partie.

[1] *Comptes rendus de l'Acad. des Sciences*, 14 mai 1888. — *L'Astronomie*, 1888, p. 213.

» Dès à présent, je dois signaler trois modifications importantes qui se sont produites depuis 1886 dans l'aspect de la surface de la planète, modifications d'autant plus certaines qu'elles ont leur siège dans les régions sur lesquelles mon attention s'était plus particulièrement portée en 1886.

» 1° C'est d'abord la disparition d'un continent qui s'étendait alors, de part et d'autre de l'équateur, par 270° de longitude (*Libya*, carte de Schiaparelli). De forme à peu près triangulaire, ce continent était limité au Sud et à l'Ouest par une mer, au Nord et à l'Est par des canaux.

» Nettement visible, il y a deux ans, il n'existe plus aujourd'hui. La mer voisine (si mer il y a) l'a totalement envahi. A la teinte blanc rougeâtre des continents a succédé la teinte noire ou plutôt bleu foncé des mers de Mars. Un lac, le lac Mœris, situé sur l'un des canaux, a également disparu.

» L'étendue de la région dont l'aspect a ainsi complètement changé peut être évaluée à 600 000 kilomètres carrés environ, un peu plus que la superficie de la France. En se portant sur le continent, la mer a abandonné, au Sud, les régions qu'elle occupait antérieurement et qui se présentent maintenant avec une teinte intermédiaire entre celle des continents et celle des mers, avec une couleur bleu clair, analogue à la couleur d'un ciel d'hiver, légèrement brumeux.

» Cette inondation (ou autre chose) du continent *Libya*, si j'en crois un dessin antérieur (de l'année 1882), pourrait bien être un phénomène périodique. S'il en est ainsi, les observations en donneront la loi à la longue.

» 2° C'est ensuite, au nord du continent disparu, à + 25° de latitude, la présence d'un canal simple qui n'est pas indiqué sur la carte de Schiaparelli, bien que ce savant astronome en ait noté de beaucoup plus faibles, et que je n'ai pas vu non plus lors de la dernière opposition. Ce canal, long de 20° environ et large de 1° ou 1°,5, est sans doute de formation récente. Il est parallèle à l'équateur et continue en ligne droite une branche d'un canal double déjà existant, qu'il met en communication avec la mer.

» 3° La troisième modification consiste dans la présence assez inattendue, sur la tache blanche du pôle nord, d'une sorte de canal qui semble relier, en ligne droite, à travers les glaces polaires, deux mers voisines du pôle.

» Ce canal, qui se détache avec une grande netteté sur la surface de Mars, coupe la calotte sphérique blanche suivant une corde qui correspond à un arc de 30° environ. »

Une nouvelle communication du même astronome adressée à l'Académie ([1]), était accompagnée des dessins suivants :

La différence entre les dessins 1 et 2 de cette année (*fig.* 209 et 210) et le

([1]) *Comptes rendus*, 16 juillet 1888, p. 161.

dessin correspondant 3, de 1886 (*fig.* 211), dit l'auteur, est frappante en ce qui concerne la région *Libya*, de Schiaparelli. A un mois d'intervalle, les dessins 1 et 2, de leur côté, indiquent, dans la même région, des modifications notables.

Les deux premiers dessins contiennent le nouveau canal A, et le canal de la calotte blanche du pôle boréal.

Fig. 209.

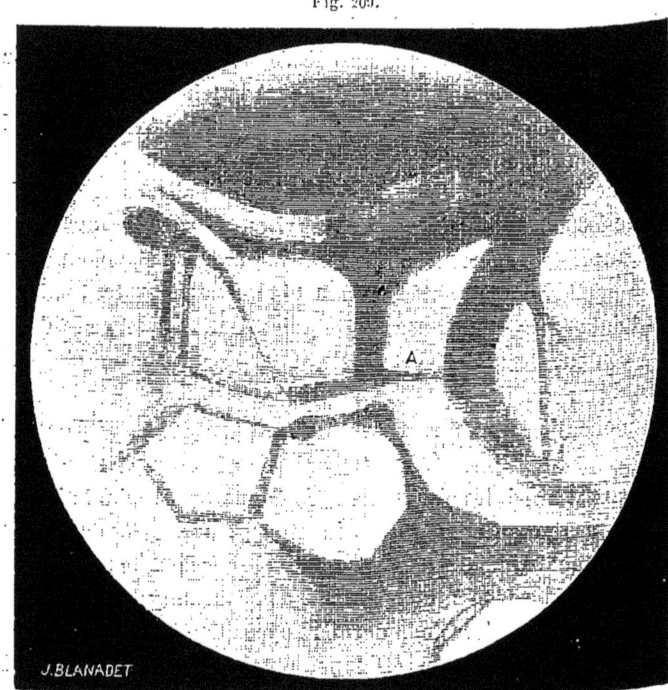

Mars au grand équatorial de Nice, par M. Perrotin. (Dessin n° 1. 8 mai 1888.)

Dans le dessin n° 2 se trouve, en outre, un canal simple, B, vu le 12 juin pour la première fois.

Le dessin n° 4 (*fig.* 212) contient quatre canaux simples et trois doubles, dont un seulement double sur une partie de sa longueur, mais tous bien caractérisés.

Deux de ces derniers, C et D, partent des régions voisines de l'équateur et viennent, en suivant à peu près un méridien (longitude : 338° pour l'un, 5° pour l'autre), se perdre dans les environs de la calotte blanche du pôle nord.

Sont-ce bien là des canaux dans le sens que nous attachons à ce mot? Il me semble que les deux canaux doubles singuliers que je signale pourront un jour ou l'autre nous donner à ce sujet d'utiles renseignements. Si ce sont de vrais ca-

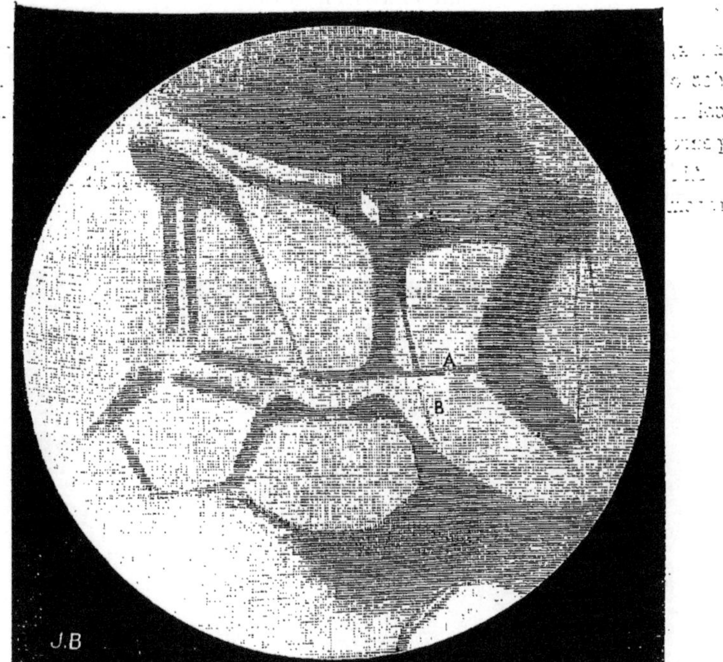

Fig. 210 — Mars au grand équatorial de Nice, par M. Perrotin. (Dessin nᵒ 2. 12 juin 1888.)

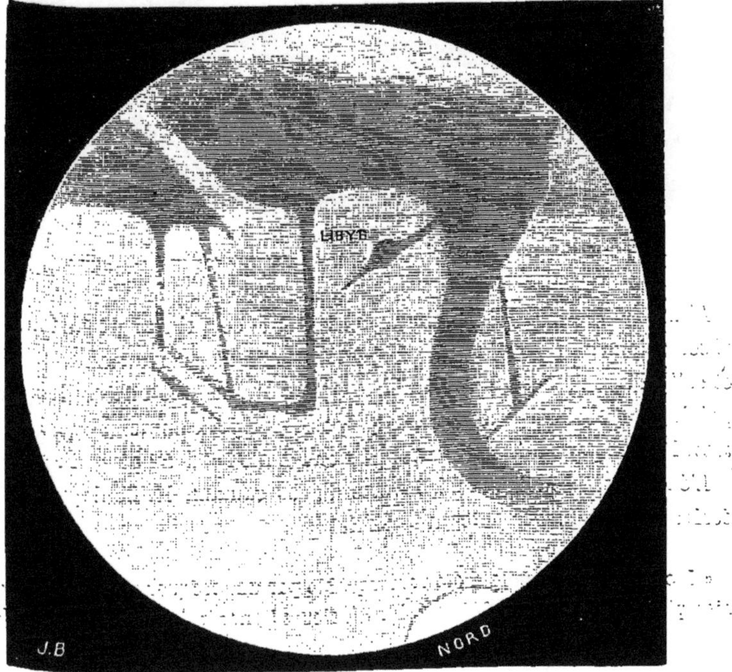

Fig. 211. — Mars au grand équatorial de Nice, par M. Perrotin. (Dessin nᵒ 3. 21-22 mai 1886.)

naux, ils ne peuvent, en effet, manquer d'éprouver de profondes modifications lors des changements de saison, au moment surtout où, sous l'influence des rayons solaires, la tache blanche du pôle boréal tend à disparaître, à fondre, comme le pensent certains astronomes.

Ainsi considérés, les canaux en question et deux autres du même genre se recommandent d'une façon particulière à l'observateur.

Fig. 212.

Mars au grand équatorial de Nice, par M. Perrotin. (Dessin n° 4. 4 juin 1888.)

Ainsi s'est exprimé M. Perrotin. On voit que ce qui ressort surtout de ses observations de 1888, c'est la constatation de l'existence de nouveaux canaux et celle d'une strie sombre analogue traversant comme une corde la calotte polaire boréale. C'est, disait à ce propos M. Faye, comme si l'on était venu travailler là pour faire communiquer ensemble les deux côtés du pôle.

L'éminent auteur de la découverte de ces canaux, M. Schiaparelli, nous écrivait de Milan à la date du 12 juillet :

« L'opposition actuelle a été remarquable par une fréquence de lignes doubles bien plus grande qu'en 1884 et 1886. Plusieurs lignes qui étaient restées simples dans toutes les oppositions précédentes (Læstrygon, Népenthès, Astaboras, Héliconius, Callirrhoë), se sont doublées cette fois. »

Ces aspects dépendent donc évidemment de certaines époques critiques. Quatre nouveaux dessins font suite aux précédents (¹).

Fig. 213.

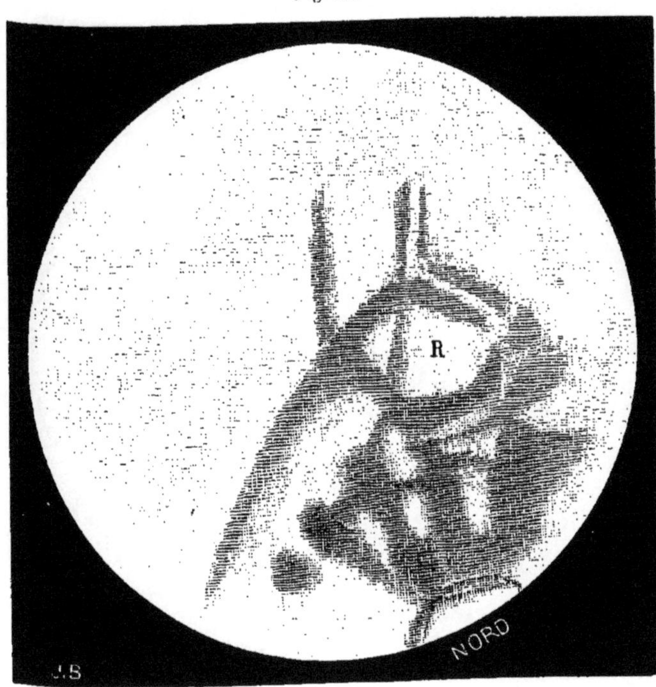

Mars au grand équatorial de Nice, par M. Perrotin. (Dessin nº 5. 12, 13, 14 mai; 18, 19 juin 1888.)

Voici les coordonnées du centre de la planète au moment où ces dessins ont été pris :

Numéros.	Longitude.	Latitude N.
5	195°	24°
6	140	24
7	120	24
8	90	24

Le dessin nº 5 (fig. 213), écrit M. Perrotin, montre une partie de la surface de la planète fort accidentée, surtout dans le voisinage de la calotte de glace du pôle nord, et, en même temps, une région R, comprise dans une sorte

(¹) Comptes rendus de l'Académie des Sciences, 10 septembre 1888.

de pentagone formé de canaux, et qui, par sa couleur blanche et éclatante [1],
tranche d'une façon singulière avec la couleur rougeâtre des parties environnantes.

Le dessin n° 8 (*fig.* 216) présente deux canaux, un simple et l'autre double,
KL, MN, analogues à ceux dont il a été question plus haut. Ces canaux partent

Fig. 214.

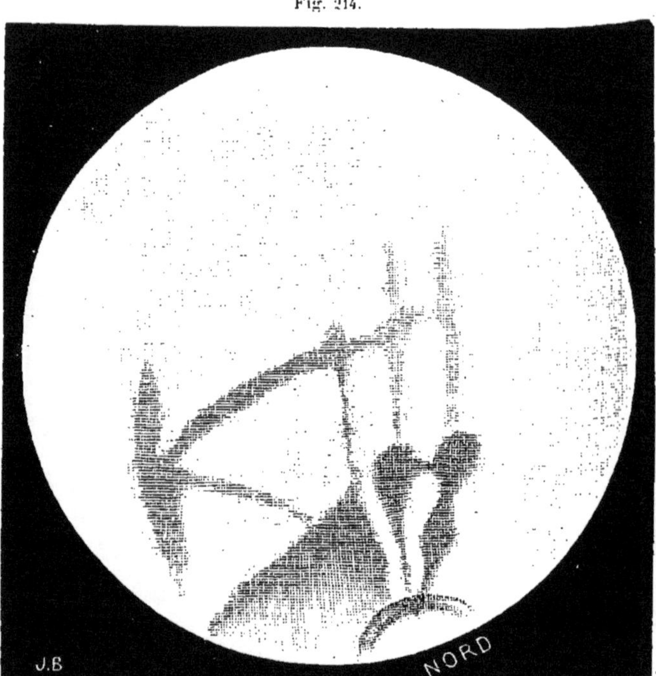

Mars au grand équatorial de Nice, par M. Perrotin. (Dessin n° 6. 17 mai, 23 juin 1888.

des régions équatoriales et se dirigent, en suivant à peu près un méridien, vers
le pôle nord.

Ce dessin est à rapprocher de celui portant le n° 4, dans la première série (*fig.* 212). Il reproduit, d'ailleurs, des régions voisines de celles de ce n° 4
et situées seulement plus à l'*est* sur la planète.

Les dessins 6 et 7 (*fig.* 214 et 215) sont malheureusement incomplets. Je les
donne parce qu'ils mettent en évidence l'existence d'un nouveau canal qui, ainsi
que celui déjà signalé précédemment (*fig.* 209 et 210), coupe suivant une ligne
droite sombre la calotte blanche des glaces polaires.

[1] L'éclat est presque aussi vif que celui de la calotte polaire. Cet état de choses
n'existait plus ou n'avait pas été remarqué quand on a fait les dessins 1 et 2; mais il
est probable qu'il s'est produit là encore un changement notable durant les observations
de cette année.

Ce nouveau canal est peut-être un peu moins net que le premier; mais son existence et son caractère ne sont pas douteux (¹).

Le dessin n° 5 (*fig.* 213) montre les deux canaux; celui de droite est l'ancien, celui de gauche est le nouveau.

On voit encore mieux ce dernier dans les dessins n°ˢ 6 et 7; le dessin n° 7 le fait voir dans tout son développement.

Fig. 215.

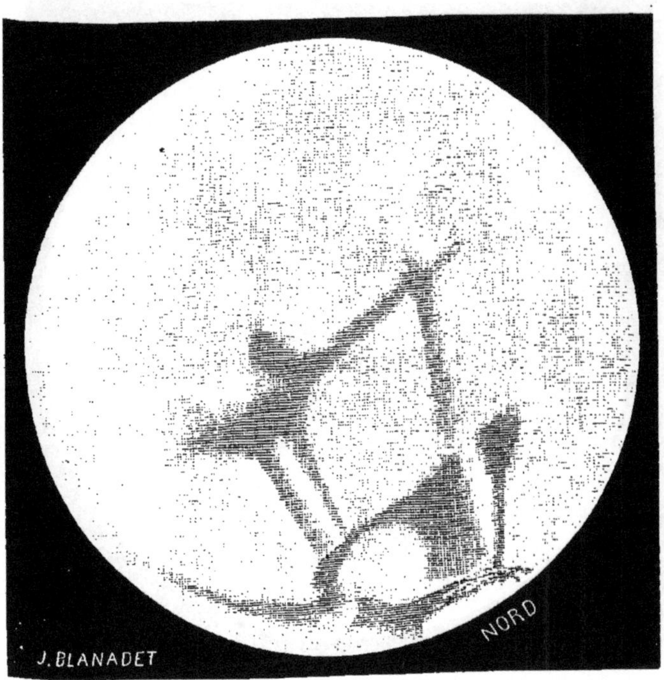

Mars au grand équatorial de Nice, par M. Perrotin. (Dessin n° 7. 18, 20 mai 1888.)

J'ai beaucoup regretté que les circonstances atmosphériques ne m'aient pas permis de revoir en juillet, par de bonnes images, la région *Libya*. Ce que j'ai entrevu me fait croire à de nouvelles modifications qui se seraient produites dans cette partie de la surface de la planète depuis le mois de juin, et je crains beaucoup qu'il ne soit trop tard pour qu'on puisse encore en reconnaître la nature. C'est la continuation des changements sur lesquels j'ai appelé l'attention au mois de mai dernier et qui ne sont, sans doute, qu'une partie des changements, à période plus ou moins longue, qui se produisent fréquemment à la surface de la planète. En ce qui me concerne, pendant mes longues soirées d'observation, j'en

(¹) Circonstance bizarre, le nouveau canal commence sur le pourtour de la calotte de glace, au point même où finit le canal primitivement reconnu.

ai constaté plusieurs, plus particulièrement dans le voisinage de la calotte de glace. Ces changements, qui ont lieu quelquefois du jour au lendemain, ne modifient pas l'aspect général, mais portent seulement sur les détails; ils affectent surtout les parties sombres de la surface.

J'en ai remarqué aussi d'autres de nature différente; c'est ainsi que, le 18 et le 19 juin, j'ai vu, en peu de temps, pendant le cours de mes observations, la

Fig. 216.

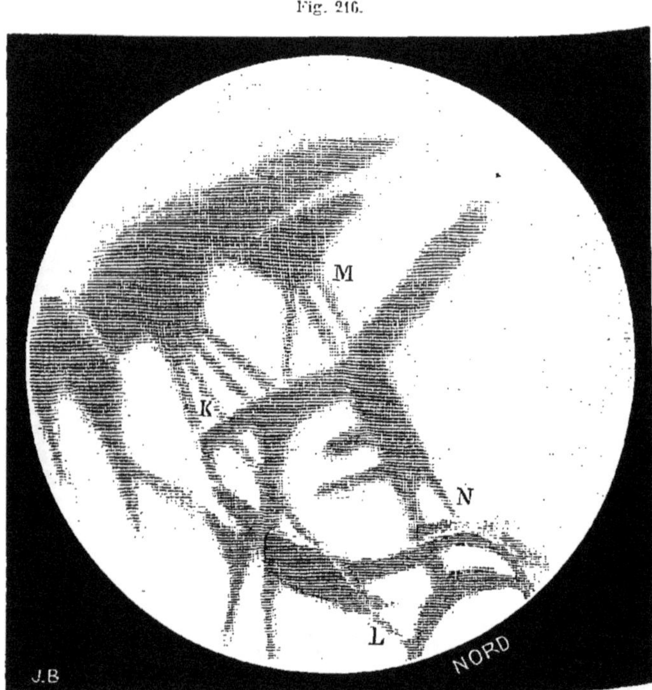

Mars au grand équatorial de Nice, par M. Perrotin. (Dessin n° 8. 25, 26, 27 mai; 2 juillet 1888.)

région R du dessin n° 5 se couvrir et se découvrir tour à tour d'une sorte de brouillard rougeâtre qui s'étendait jusque sur les canaux environnants, tandis que le reste de la surface de la planète continuait à se montrer avec une grande netteté et une rare pureté de détails.

Je ne puis mieux comparer ce phénomène qu'à celui que nous donnent ici souvent, pendant l'été, les brouillards de la mer qui, le soir, après les journées chaudes, envahissent le littoral en quelques minutes, pour disparaître ensuite presque aussitôt.

Je n'ai pas besoin d'ajouter que tout ceci, même dans notre grande lunette, ne saute pas aux yeux et qu'il faut, pour le voir, une attention soutenue, un bon instrument et par-dessus tout des images non pas seulement bonnes, mais excellentes.

CXXVII. 1888. — NIESTEN. *Observations et dessins.*

À propos des observations publiées par M. Perrotin, M. Niesten a présenté

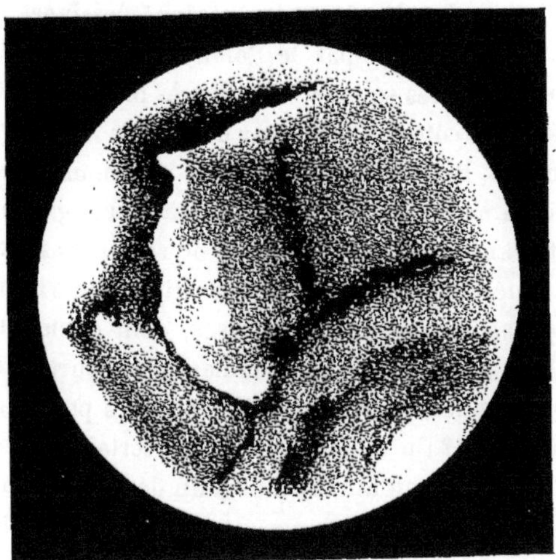

Fig. 217. — Mars, le 29 avril 1888, à 9ʰ 15ᵐ (316°). Dessin de M. Niesten.

à l'Académie de Belgique quelques remarques déduites des observations

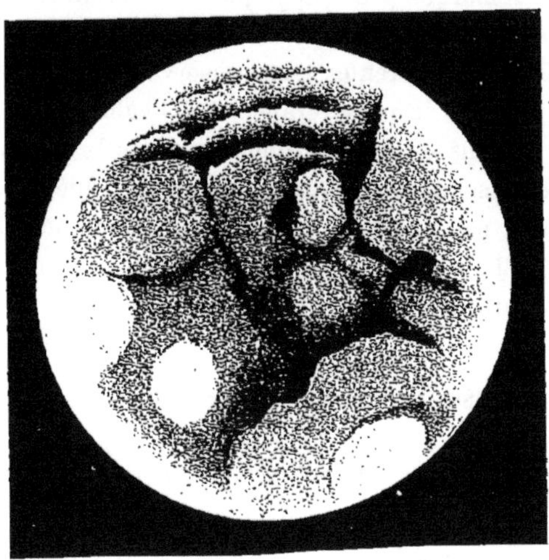

Fig. 218. — Mars, le 5 mai 1888 (275°). Dessin de M. Niesten.

faites en même temps par lui à l'Observatoire de Bruxelles, ainsi que deux
dessins se rapportant aux régions de la planète qui auraient subi certaines

modifications. Ces deux dessins montrent la mer du Sablier [à gauche dans celui du 29 avril (*fig.* 217), à droite dans celui du 5 mai (*fig.* 218)]. *La Libye n'a pas disparu :* le 5 mai, elle était bien visible et colorée de jaune-orange.

L'auteur pense que les différences d'aspects souvent observées proviennent surtout de la variation d'inclinaison des régions dessinées, vues plus ou moins obliquement et éclairées par le Soleil, sous des angles différents. En 1888, les régions australes se présentaient très obliquement.

Remarquons, de notre côté, que ces deux dessins de M. Niesten ne donnent pas, surtout le second, l'impression habituelle que nous recevons de l'observation de Mars. La mer du Sablier se reconnaît, sur la gauche dans le premier ; sur la droite dans le second ; mais elle ne ressort pas sur l'ensemble, comme elle le fait généralement, et des configurations d'une importance beaucoup moindre, passagères même et indécises, dont quelques-unes incertaines, dessinent une géographie presque imaginaire, surtout dans la figure du 5 mai. Le crayon ne devrait pas fixer des aspects à peine entrevus. Mais comment faire autrement ? On distingue à peine certaines ombres légères, on n'est pas sûr de leurs contours, et plus d'un détail n'apparaît qu'en ces moments, aussi rares que fugitifs, de parfaite transparence. Illusion ou réalité ? Il semble que de telles vues télescopiques ne puissent rester que dans la pensée. On les indique au crayon, et ce qui est incertain, fugitif, atmosphérique peut-être, prend le même rang que ce qui est incontestable et permanent. La même remarque peut s'appliquer aux dessins de Nice : il y a, là aussi, des aspects incertains, et tel est le cas général des dessins de Mars.

Malgré les difficultés inhérentes à ces observations si délicates, on voit néanmoins que, grâce à la persévérance et à l'habileté des observateurs, nous pénétrons de plus en plus intimement dans la connaissance de ce monde voisin. Nous sommes arrivés, à cet égard, à une période fort intéressante et quelque peu critique, celle de l'interprétation des nombreux faits accumulés par l'observation. Le point essentiel est de ne pas reculer, et c'est ce qu'on a failli faire à l'Académie des Sciences.

CXXVIII. 1888. — Fizeau. Une explication des canaux.

Voici la communication de l'illustre physicien à l'Académie (¹) :

« Les apparences singulières observées à la surface de la planète Mars par M. Schiaparelli, et auxquelles plusieurs observateurs, et notamment M. Perrotin, de l'Observatoire de Nice, ont ajouté récemment des particularités nouvelles, sont demeurées jusqu'ici sans explication plausible. On s'accorde à les désigner

(¹) Séance du 25 juin 1888 (*L'Astronomie*, août 1888, p. 287).

sous le nom de *canaux*, d'après leur ressemblance lointaine avec des canaux d'irrigation, mais sans vouloir rien préjuger au sujet de leur véritable nature.

Il semble cependant que les observations les plus récentes permettent d'essayer aujourd'hui de résoudre cette énigme, en s'appuyant sur les considérations suivantes :

Et d'abord, on s'accorde généralement à reconnaître la présence de l'eau à la surface de Mars, et l'on admet que l'eau joue un rôle considérable dans les changements que l'on y observe. On connaît les taches polaires à aspect neigeux, qui s'étendent et diminuent suivant le cours des saisons. On sait, de plus, que l'analyse spectrale de la lumière de Mars a fait reconnaître à M. Janssen la présence de l'eau comme très probable [1].

Les *canaux* de Mars apparaissent comme des lignes plus obscures que le reste de la surface, de directions rectilignes, souvent parallèles entre elles ou se coupant suivant des angles plus ou moins grands. Le réseau de ces lignes n'a rien de fixe et, à des époques peu éloignées, a présenté des dessins fort différents les uns des autres ; changements qui rappellent ceux des taches plus étendues (appelées *continents* ou *mers*), lesquelles paraissent, se modifient et disparaissent parfois dans l'intervalle de quelques mois. Tout récemment, une ligne très nette a été signalée comme traversant, suivant une corde, le cercle de glaces polaires tourné vers la Terre.

Il paraît naturel de rapprocher de ces apparences singulières les phénomènes

---

[1] M. Janssen n'est pas cité dans les observations spectroscopiques exposées plus haut (1862, p. 182 ; 1867, p. 200 ; 1872, p. 212 ; 1879, p. 326), et en lisant cette assertion de M. Fizeau, nous regrettions de n'avoir pas connu les travaux de M. Janssen sur ce point. Nous lui écrivîmes pour lui demander une information. Voici la réponse de l'éminent directeur de l'Observatoire de Meudon :

« Mon cher Collègue, Vous voulez bien me demander où j'ai publié mes observations sur Mars au point de vue de la présence, dans son atmosphère, de la vapeur d'eau.

» L'annonce de la présence de la vapeur d'eau dans l'atmosphère de Mars a été insérée dans les *Comptes rendus*, t. LXIV, 1867, p. 1304.

» Les études qui y ont conduit ont été faites à l'Observatoire de Paris avec le télescope Foucault que Le Verrier avait mis à ma disposition en 1863 ; sur l'Etna, où je suis resté trois jours (pour annuler autant que possible l'action de l'atmosphère terrestre), à Palerme où je me suis servi du grand équatorial de l'Observatoire, à Marseille, avec le télescope de Foucault de 0^m,80 d'ouverture. Ce n'est qu'après avoir observé dans des conditions aussi variées et *surtout* après avoir obtenu le spectre pur de la vapeur d'eau à l'usine de La Villette en 1866 que j'ai cru pouvoir annoncer cette présence.

» Les autres observateurs, même postérieurement, n'ont pu que prononcer sur la présence du spectre *tellurique* en bloc. »

Voici le texte des *Comptes rendus* signalé dans la lettre précédente. On lit en effet, 1867, t. I, p. 1034, le paragraphe suivant terminant une lettre écrite par M. Janssen à M. Charles Sainte-Claire Deville sur l'île Santorin.

« Je ne veux point terminer cette lettre sans vous dire que je suis monté sur l'Etna pour y faire des observations d'analyse spectrale céleste qui exigeaient une grande altitude, afin d'annuler en majeure partie l'influence de l'atmosphère terrestre. De ces observations et de celles que j'ai faites aux Observatoires de Paris, de Marseille et de Palerme, je crois pouvoir vous annoncer la présence de la vapeur d'eau dans les atmosphères de Mars et de Saturne. »

variés qui ont été signalés sur notre globe, à la surface des grands glaciers, tels que la mer de glace (mont Blanc), le glacier du Rhône et surtout la vaste région glacée du Groënland, pour ne citer que les plus connus. On sait que, parmi les changements incessants qui se produisent sur ces surfaces de glace par la succession des saisons, on remarque surtout, au point de vue qui nous occupe, des ridés parallèles; des crevasses, des fentes rectilignes s'étendant sur des longueurs considérables et se coupant entre elles suivant des angles variés. M. Nordenskiöld a notamment rencontré, au Groënland, des phénomènes de ce genre tout à fait remarquables par leur grandeur et par les caractères plus précis qu'ils permettent d'assigner aux régions soumises au régime glaciaire.

En rapprochant ainsi les principales circonstances que présentent les *canaux* de Mars de celles qui ont été observées sur nos glaciers, on remarquera que les analogies et les ressemblances entre les deux ordres de phénomènes sont réellement assez marquées pour que l'on puisse, avec une grande probabilité, rapporter les uns et les autres à une même cause, l'état glaciaire.

On est donc conduit à l'hypothèse de l'existence à la surface de Mars d'immenses glaciers, analogues à ceux de notre globe, mais d'une étendue beaucoup plus considérable encore, et dont les mouvements et les ruptures doivent être également plus prononcés. On doit remarquer, en effet, que la longue durée des saisons sur la planète (double de celles de la Terre) favorise manifestement le développement et le bouleversement périodique des masses glacées, sous l'influence des dilatations et contractions dues aux changements de la température; effets auxquels il faut joindre ceux qui résultent de la faible pesanteur à la surface de la planète ($\frac{4}{10}$ de celle de la Terre).

Mais, d'autre part, l'hypothèse dont il s'agit va-t-elle s'accorder avec plusieurs circonstances bien connues de la constitution physique de la planète?

Et d'abord les distances au Soleil de Mars et de la Terre étant comme 3 à 2, les intensités du rayonnement sont comme 4 à 9; le rayonnement solaire est donc sur Mars $\frac{4}{9}$ de ce qu'il est sur la Terre. Sans vouloir décider ici ce que deviendraient nos climats si le Soleil ne nous envoyait plus que les $\frac{4}{9}$ de ses rayons, on peut assurer que toutes les températures moyennes seraient fort abaissées et que la plus grande partie de notre globe entrerait dans une période glaciaire. La température de Mars doit donc être bien plus basse que celle de la Terre, même en attribuant à la planète une atmosphère semblable à la nôtre.

De plus, on a des motifs sérieux de penser que l'atmosphère de Mars est moins développée que celle de la Terre.

D'abord, l'absence de *bandes équatoriales* montre que des mouvements atmosphériques réguliers ne se produisent pas là comme sur notre globe; ce qui paraît indiquer une atmosphère d'une étendue plus limitée et, par suite, moins propre à absorber et à conserver la chaleur solaire que l'atmosphère terrestre.

Ensuite, on peut remarquer que la lumière de Mars présente une *teinte rouge,* reconnue de tous temps et par tous les observateurs. Or cette couleur rouge fournit une nouvelle preuve que l'atmosphère de Mars n'a pas une constitution semblable à celle de l'atmosphère de la Terre; c'est ce que l'on peut conclure en considérant la couleur que possède la *lumière cendrée* que la Lune renvoie vers la Terre à certains jours des premier et dernier quartiers. Cette lumière est en effet empruntée à la Terre directement éclairée par le Soleil, et peut nous donner une idée assez exacte de la couleur que possède la Terre, environnée de son atmosphère et vue de l'espace. Or la *lumière cendrée* est, d'après Arago, d'une teinte *bleu verdâtre* et nullement rouge, comme elle le serait si notre atmosphère était semblable à celle de Mars. La teinte rouge dont il s'agit indique avec une grande probabilité la prédominance relative de la vapeur d'eau sur les gaz dans l'atmosphère de Mars. On voit que l'hypothèse de l'état glaciaire de Mars paraît s'accorder assez bien avec les principales données physiques que nous possédons, jusqu'à ce jour, sur cette planète. »

A cette conclusion nous avons cru devoir opposer, à la séance suivante du 2 juillet, les observations concordantes qui les contredisent.

CXXIX. 1888. — C. FLAMMARION. *Remarques sur la planète Mars. Observations.*

Voici cette réponse ([1]) :

« Je demande à l'Académie la permission de lui soumettre les faits suivants, en réponse aux considérations qui ont été présentées à la dernière séance par l'un de ses membres les plus illustres.

Les glaces polaires fondent plus sur Mars que sur la Terre. C'est là un fait d'observation constante. Tandis que chez nous les expéditions les plus hardies et les plus aventureuses ne sont jamais parvenues à s'approcher à moins de 7° du pôle nord, et sont restées beaucoup plus éloignées du pôle sud, tandis que nos deux pôles paraissent constamment entourés de glaces, sur Mars la fusion de ces glaces avec l'élévation du Soleil au-dessus de l'horizon s'opère presque complètement pendant l'été aux deux pôles de la planète, surtout au pôle sud, dont l'été arrive au périhélie de l'orbite.

En cette année 1888, la planète nous a encore présenté son hémisphère nord, par suite de son inclinaison. La limite des glaces polaires boréales a été nettement déterminée : elle s'est graduellement rapprochée du pôle pendant les mois de février, mars, avril et mai derniers. J'estime qu'à la fin du mois de mai, à l'époque de leur minimum, le diamètre de la tache polaire mesurait environ 300 kilomètres. (Le solstice d'été est arrivé, pour l'hémisphère boréal, le 16 février dernier, et l'équinoxe d'automne arrivera le 15 août prochain.)

Les neiges des deux pôles ont été depuis longtemps l'objet d'une attention scrupuleuse et de mesures très précises. Il est constant qu'elles fondent considérablement, beaucoup plus que sur notre planète. L'ensemble des observations montre d'ailleurs que le minimum arrive environ deux mois et demi à trois mois

---

([1]) *Comptes rendus de l'Académie des Sciences,* 2 juillet 1888.

après le solstice. (On sait que l'année de Mars dure 687 jours.) Le phénomène est donc absolument du même ordre que celui qui se passe aux pôles terrestres, mais *plus marqué.*

Les mesures micrométriques de la tache polaire australe, faites par M. Schiaparelli en 1879, montrent que cette tache a été réduite à 4° de dimension apparente à la fin de novembre (le solstice austral étant arrivé le 14 août). En admettant que ces quatre degrés de dimension apparente représentent, à cause de l'irradiation, le double des dimensions réelles, on voit qu'en 1879 les dimensions réelles de cette tache polaire ont été réduites à 2° ou 120 kilomètres de diamètre. Elles varient au moins dans la proportion de 900 à 120 kilomètres de diamètre.

Comme sur la Terre, ce pôle du froid ne correspond pas au pôle géographique, mais lui est excentrique; il est placé à environ 6° du pôle géographique, à peu près sur l'intersection du 84° degré de latitude et du 35° degré de longitude.

La tache polaire boréale subit, comme la précédente, des variations correspondant aux saisons et à la température.

Cette fusion des taches polaires pendant l'été est en contradiction manifeste avec l'hypothèse que les continents de Mars seraient des champs de glace et que la température de la planète serait inférieure à celle de la Terre. Elle prouve le contraire, si l'on admet que ces neiges et ces eaux soient de même nature que les nôtres, ce qui n'est pas absolument certain, malgré les investigations de l'Analyse spectrale, car la pression atmosphérique, les points de fusion et de saturation, la composition chimique de l'atmosphère et des liquides, doivent offrir des différences originaires et permanentes avec ce qui existe sur notre planète.

C'est peut-être ici le lieu de remarquer que la température d'un lieu n'est pas uniquement réglée par sa distance au Soleil, mais encore et *surtout* par les propriétés physiques de l'atmosphère qui le recouvre. Il y a beaucoup de vapeur d'eau dans l'atmosphère de Mars, ce qui est démontré par les raies d'absorption de son spectre (*mais la coloration de la planète n'est pas due à cette cause, puisqu'elle est plus forte au centre du disque, où il y a moins d'épaisseur à traverser que vers les bords*). Or, c'est la vapeur d'eau qui joue le plus grand rôle dans la conservation des rayons calorifiques reçus. On sait que le pouvoir absorbant d'une molécule de vapeur aqueuse est 16000 fois supérieur à celui d'une molécule d'air sec. Sans la vapeur d'eau ou quelque protection analogue, notre propre planète resterait constamment glacée. Les vapeurs des éthers sulfurique, formique, acétique, de l'amylène, du gaz oléfiant, de l'iodure d'éthyle, du bisulfure de carbone, jouissent des mêmes propriétés, d'après les expériences de Tyndall.

Remarquons aussi que l'aspect des continents de Mars diffère considérablement de celui des glaces polaires et des neiges qui, parfois, blanchissent certaines régions. Les neiges et les glaces resplendissent d'une *blancheur éclatante,* tandis que les continents sont colorés d'un *jaune* très chaud, rappelant le ton des blés mûrs vu du haut d'un ballon.

L'ensemble des observations faites sur Mars et l'application des connaissances qui se rattachent à l'étude de la constitution physique des planètes conduisent donc à conclure que les glaces polaires n'envahissent point la surface entière de ce globe, mais, au contraire, subissent plus que les nôtres l'influence de la tem-

A   Fig. 219.   B

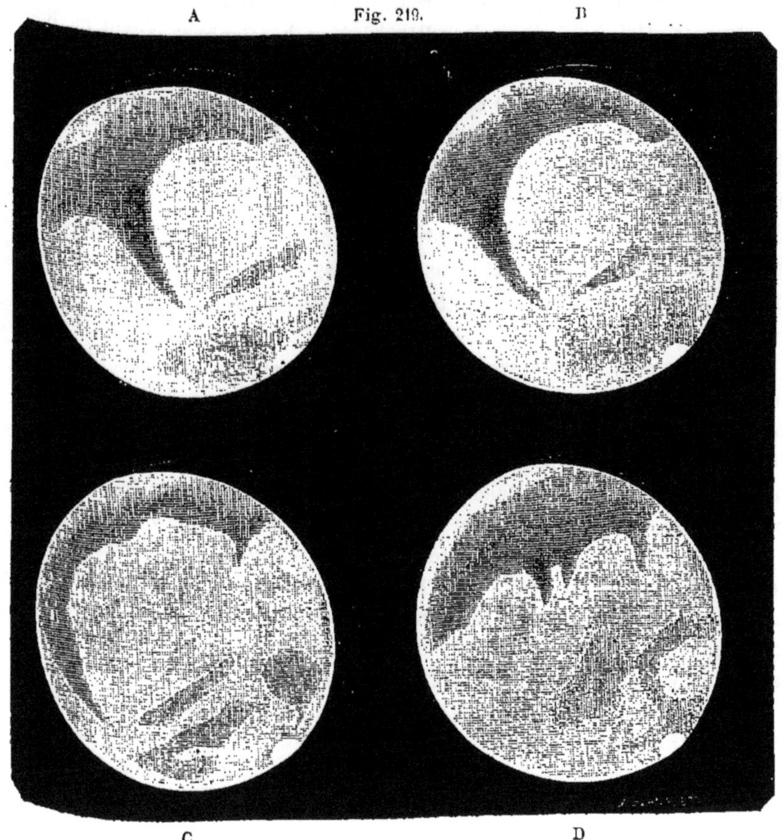

C   D

La planète Mars au mois de juin 1888. (Croquis de M. Flammarion.)

pérature; que, relativement à la constitution physique de ces neiges et de ces eaux, la température produit là des effets au moins aussi sensibles que sur notre planète, que le monde de Mars n'est pas dans un état glaciaire et que les « canaux » ne sont pas des crevasses dans des glaciers.

Parmi les observations que nous avons faites pendant cette opposition à notre Observatoire de Juvisy, nous signalerons les quatre croquis ci-dessus (*fig.* 219).

Nous n'avons pu distinguer aucun « canal » à l'aide de notre équatorial de 0m,245. Nos dessins de cette année exposent simplement, comme nos croquis antérieurs, le canevas général de l'aréographie. Nous n'avons représenté que ce que nous sommes absolument sûr d'avoir vu, et rien de ce qui nous a paru douteux. La planète était alors fort bien placée pour l'observation de son pôle boréal, dont la connaissance laisse encore beaucoup à désirer. Le solstice d'été de cet hémisphère ayant eu lieu le 16 février, la fonte des neiges polaires a dû réduire la glace à son minimum à la fin de mai. Il en est toutefois resté une quantité très sensible, comme nous le disions tout à l'heure, et comme on peut en juger par les quatre dessins reproduits ici (*fig.* 219), pris le 2 juin, de six à neuf heures du soir.

A propos de ces heures, il n'est peut-être pas inutile de remarquer ici que, lorsque l'air est calme et transparent, les vues prises de jour, en plein soleil, sont aussi belles, aussi nettes, que celles de nuit.

· Dans le premier de ces dessins (A = 6ʰ0), la mer du Sablier venait de passer par le méridien central; on remarquait au-dessous une trace de son prolongement, vers l'Est (passe de Nasmyth), et, plus bas, la mer polaire boréale; la mer du Sablier était de beaucoup la plus sombre; le pôle inférieur était d'une éclatante blancheur, les continents d'Herschel et de Beer, bien évidents, étaient colorés d'un ton jaune d'ocre bien clair, les mers grises et très variées de tons; et au sommet du disque, vers les terres Cassini et Webb, les régions étaient blanchâtres (nuages ou neiges sur l'hémisphère austral?). Le reste du disque paraissait très pur et sans nuages. On ne remarquait aucune trace des inondations signalées à l'Ouest ou à gauche de la mer du Sablier, et il en a été de même dans toutes nos observations du mois de juin.

Dans le second de ces dessins (B = 7ʰ0), cette même mer est plus avancée vers l'Ouest; on remarque la terre de Laplace.

Dans le troisième (8ʰ0), la mer atteint presque le bord occidental du disque et la baie du Méridien arrive par l'orient; la mer Knobel se montre au-dessus du pôle; la région supérieure du disque est toujours blanchâtre.

Dans notre quatrième dessin (D), pris à 9ʰ du soir, la baie du Méridien vient de traverser le méridien central; on devine, au-dessus du pôle, à l'est de la mer Knobel, la terre de Ross et une mer qui semble envelopper le pôle.

Cette journée du 2 juin et celle du 3 (dans laquelle le thermomètre s'est élevé jusqu'à 33° à l'ombre) ont été remarquables par la transparence de l'atmosphère et par le calme des images. Ces observations ont été faites avec un grossissement de 400 ([1]).

([1]) *L'Astronomie*, juillet 1888, p. 251.

CXXX. 1888. — TERBY. *Observations et dessins* (¹).

Le savant astronome de Louvain nous a adressé le résumé suivant des dessins qu'il a pu prendre à l'aide de son équatorial de 0ᵐ,20.

Les canaux ont paru, la plupart, d'une difficulté telle et les circonstances si

Fig. 220.

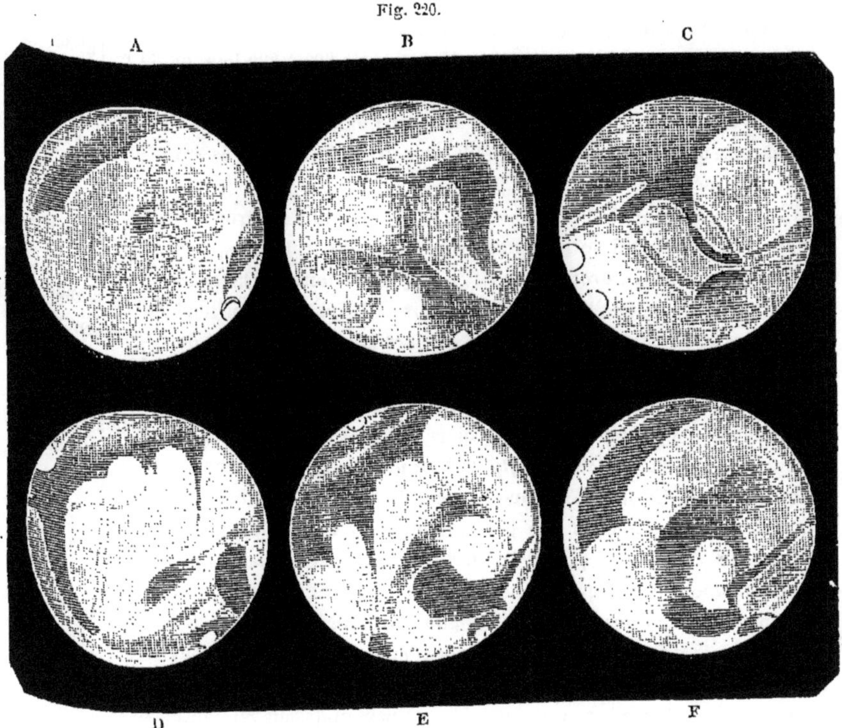

Aspects géographiques de la planète Mars. (Dessin de M. Terby à Louvain.)

défavorables qu'il fallait *chercher* ces détails pour les vérifier; vous vous rappelez que M. Perrotin a été dans le même cas en 1886. Cependant, je puis garantir que mes dessins ne contiennent que des lignes *réellement* observées, aucune n'étant due à la connaissance préalable que j'avais de la région observée. Je citerai deux preuves : d'abord les imperfections de mes dessins qui n'échappent pas à un œil exercé, quand on en compare certains rigoureusement entre eux; je me suis bien gardé d'essayer de concilier les détails dans ce cas, voulant représenter exclusivement ce que *j'ai vu;* ensuite l'invisibilité de l'Euphrate et de sa gémination. J'avais une connaissance parfaite de l'existence de ce canal, de

(¹) *L'Astronomie,* septembre 1888, p. 324. — *Voy.* aussi *Ensemble des observations faites à Louvain en 1888,* par le Dʳ Terby. Bruxelles, 1889.

sa gémination, de sa forme exacte par des dessins que M. Schiaparelli a bien voulu m'envoyer pour m'amener à la vérifier; cet astronome croyait que je l'aurais vu avec quelque facilité. Malgré tous mes efforts, et j'y ai mis de l'obstination, je n'ai pas vu trace non seulement de la gémination, mais même de l'Euphrate. Il n'en a pas été de même du Phison, comme vous le savez déjà.

Chaque dessin est le résultat de plusieurs jours d'observations; tous les détails n'ont donc pas toujours été vus en même temps.

J'ai rarement pu dépasser le grossissement de 280 à 300 fois, ou, si je l'ai dépassé, ce fut sans utilité réelle, à cause des conditions abominables d'observation de cette année. Vous savez que j'ai fait un nombre très grand de dessins; j'ai choisi ceux qui présentent le mieux la plus grande partie de la surface. Voici les régions observées :

Fig. 220, A (12 mai, 9ʰ18ᵐ). — Au centre, Trivium Charontis, sous forme de tache plus noire, qui se prolonge, vers le bas, par Erebus, vers le haut, par Cerberus, et vers la droite, par Styx perpendiculaire à Cerberus; le reste du contour d'Elysium s'achève par l'Eunostos et l'Hyblæus. En haut figure la mer Maraldi avec le Sinus Titanum près du bord gauche et la baie de Læstrygonum dans le diamètre vertical; un filament réunit cette dernière baie à Cerberus, c'est l'Antæus. Les deux rectangles gris dans le quart inférieur droit du disque sont la Propontide. On voit le filet noir dans la tache polaire, dans la position qu'il occupait le 12 mai, à 9ʰ15ᵐ. La *fig.* 222 en montre le déplacement par la rotation jusqu'à 10ʰ48ᵐ. La *fig.* 223 donne l'aspect de la tache polaire pour le 13 mai.

J'ai observé également des points blancs au bord inférieur, sur le prolongement de l'Erebus; quand ils arrivaient au bord, ils brillaient et débordaient comme la tache polaire. Un troisième point blanc a déjà disparu au bord au moment de ce dessin. On distinguera les régions blanches et les régions rougeâtres. Le Cerberus m'a paru souvent rosé, ainsi que tout le périmètre d'Elysium.

La *fig.* 220, B (9 mai, minuit), montre, un peu au-dessus du centre, le confluent du Triton, du Thoth et du Népenthès; en bas, Alcyonius; à gauche, Elysium. L'Eunostos, le 12 juin, se prolonge par une ligne fumeuse jusqu'au Thoth.

Fig. 220, C (29 avril, 8ʰ16ᵐ). — Triple confluent du Triton, du Thoth et du Népenthès à gauche du centre; Libye bien visible, Mare Tyrrhenum très pâle. Astusapes visible; Protonilus avec Ismenius lacus au bord droit; un peu plus bas Callirrhoe. Au méridien central : Nilosyrtis et Boreosyrtis. L'interruption dans Nilosyrtis, au centre, doit avoir été une illusion ou l'effet d'un nuage dans l'atmosphère de Mars, car M. Schiaparelli a fixé toute son attention sur ce fait avec son 18 pouces, lorsque cette région s'est de nouveau prêtée à l'observation et il ne l'a pas confirmé. En haut brille une très petite tache neigeuse.

Fig. 220, D (29 avril, 11ʰ38ᵐ). — Hellas bien visible au bord gauche; on voit la baie du Phison; la baie fourchue dédoublée très bien par moments au mois d'avril; puis le golfe des Perles; Edom promontarium très blanc. Le Phison paraît double le 1er et le 3 juin ; l'Oxus jusqu'au lac Ismenius. Ce dernier lac est rougeâtre. Tempé au bord droit.

Fig. 220, E (27 mai, 8ʰ4ᵐ). — Argyre brille en haut du disque comme une tache polaire. On voit très bien Deucalionis regio entre Sinus Sabæus et Margaratifer Sinus ; une région plus claire dans la grande tache supérieure correspond à Pyrrhæ et Protei regio. De gauche à droite, en remontant légèrement, nous trouvons le Gehon, l'Indus-Oxus et le Gange. Au bord inférieur, à gauche du

Fig. 221.

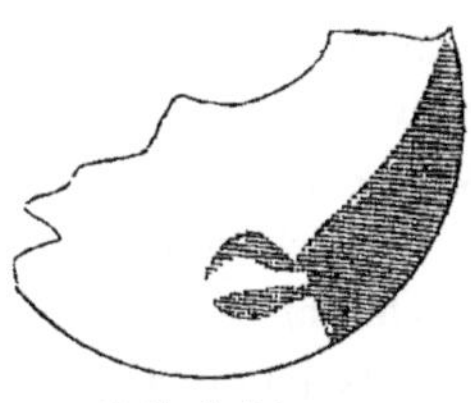

Golfe de l'Aurore.

Fig. 222.

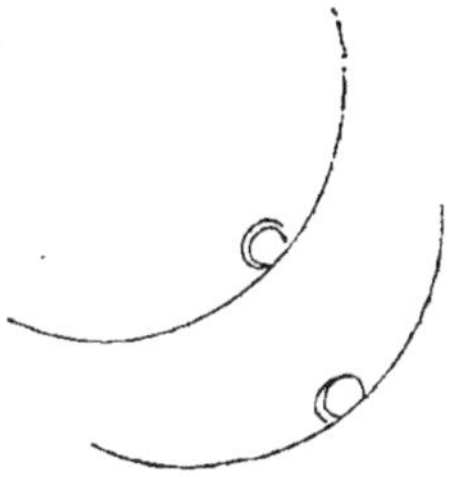

Fig. 223.

Aspect de la tache polaire le 12 mai, de 9ʰ43ᵐ à 10ʰ48ᵐ.

Aspect de la tache polaire le 13 mai, à 9ʰ3ᵐ.

diamètre vertical, la petite tache noire est Lacus Ismenius ; le Deuteronilus, rosé, la réunit au lac Niliacus ; celui-ci est séparé de Mare Acidalium par le Pont d'Achille ; en bas, figure le petit lac Hyperboréen, contre la tache polaire ; le Gange aboutit à une tache noire qui est le lac de la Lune. Le reste du contour de Tempé s'achève par le Nilokeras, le Nil, rougeâtre, et par Ceraunius. L'ombre qui descend de Mare Acidalium vers le limbe inférieur est Callirrhoe.

La *fig*. 220, F (23 mai, 8ʰ28ᵐ), montre la forme en partie polygonale de Tempé ; nous voyons encore Argyre, le Gange arrivant au lac de la Lune, les principales régions de la figure précédente et mieux le Tanaïs qui va de Ceraunius au bord droit. Sous le Tanaïs on voit le Iaxartes.

La *fig*. 221 représente le golfe de l'Aurore avec les lacs Solis et Tithonius que j'ai vus *une seule fois*, le 16 avril. Nectar et Agathodæmon bien visibles.

Les *fig*. 222 et 223 montrent les variations de perspective de la ligne polaire causées par la rotation.

CXXXI. 1888. — SCHIAPARELLI. *Observations nouvelles* ([1]).

Ces observations nouvelles de M. Schiaparelli ont été adressées sous forme de lettres à notre savant collègue M. Terby, de Louvain, dont nous venons de voir les propres recherches. Elles ont été obtenues à l'aide du nouvel équatorial de Milan, de 18 pouces, lequel dirigé sur les étoiles doubles a prouvé sa puissance de définition : l'étoile ε Hydre a été découverte triple; distance des composantes = 0″,20 à 0″,25 (moins d'un quart de seconde!).

Notre *fig.* 224 représente l'aspect de Mars les 8, 9 et 10 mai 1888. « De grandes nouveautés, écrit l'auteur, se sont présentées dans la région de Propontis; avec les faibles grossissements, on ne voit qu'une traînée d'ombres confuses; en employant 500 et 650, cela se résout en une espèce de triangulation curieuse, dont un côté est double; cette triangulation continue encore à gauche, où il y a au moins deux triangles. Les côtés sont estompés, les sommets forment des taches noires assez visibles, de forme quelquefois allongée, le fond est jaune comme partout. »

Après l'existence des canaux, après leur gémination, remarque à ce propos M. Terby, cette *triangulation* vient mettre le comble aux mystères de Mars. Quelle analogie entre cette figure et le canevas trigonométrique de nos opérations géodésiques. Et ce côté double! Et ces sommets plus foncés!

M. Schiaparelli ajoute : « Le Triton s'est changé en un golfe très large de la mer Cimmérienne; c'est là un fait des plus frappants et des plus instructifs. »

Dans une lettre du 21 mai, l'astronome italien ajoute encore :

Le 20, le lac du Soleil, à peu près au méridien, était très pâle et peu visible; le lac Tithon se voyait mieux. Iris, Fortuna, Chrysorrhoas, Ganges, Jamuna, Hydaspes, tous visibles, Ganges et Chrysorrhoas surtout, simples et droits, mais avec de *très petites ondulations dans leurs deux bords, qu'on pouvait distinguer l'un de l'autre.* La couleur cependant est si peu foncée (je crois que c'est une nuance de rouge), qu'il y a quelque difficulté à constater toutes ces lignes, et je doute qu'elles soient visibles avec un 8 pouces : avec 200 et 350 je n'ai pu les voir, mais avec 500 et 650 elles étaient distinctes. La même couleur peu foncée rend difficile à voir les deux lignes du Nil, qui est bien double; les deux bandes sont assez larges et leur position est exactement celle de ma carte; elles sont bien dessinées. Double aussi, mais mal dessiné et estompé est le Nilokeras. Le trait de droite du Nilokeras coupe le pont d'Achille, qui se trouve par là interrompu à son extrémité droite; le reste de ce pont existe encore, mais enfumé

([1]) *Ciel et Terre*, août 1888.

et mal défini. La mer Acidalienne et le lac Hyperboreus ont plusieurs ramifications que je vois pour la première fois.

Ainsi, on distinguerait maintenant les *deux bords* de certains canaux, lesquels bords sont un peu plus foncés que l'intérieur. Cette nouvelle découverte ajoute encore au mystère.

Fig. 224.

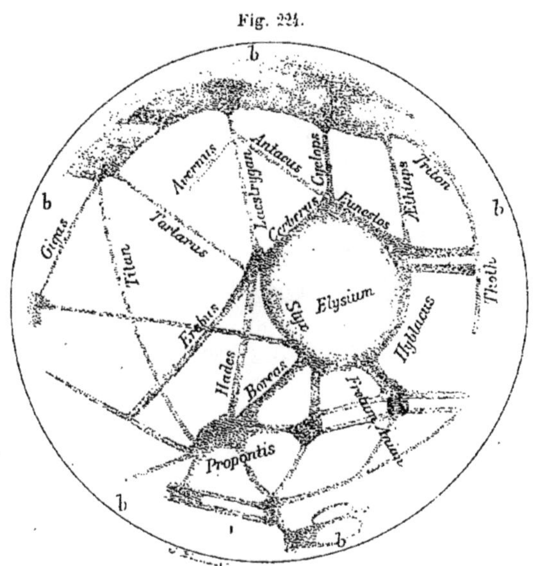

Vue télescopique de Mars, d'après M. Schiaparelli, les 8, 9 et 10 mai 1888.
(*b* = espaces blancs).

Le 28 mai, le directeur de l'Observatoire de Milan écrivait de nouveau :

Hier, la longue traînée de l'Euphrate se présentait à peu près comme dans le dessin ci-joint (*fig.* 226). Le tronc *ax* paraissait simple avec une direction différente de l'ordinaire; *ab*, gémination très régulière, un peu sombre mais distincte; *bc*, gémination forte mais mal définie, blanc des deux côtés et au milieu; *cd*, triangle fort allongé, lignes fortes mais peu définies; *d*, autre lac hyperboréen; *b*, Lacus Ismenius, double; *c*, autre lac moins grand, double; *a*, Lacus Sirbonis de 1879, double; *af*, Orontes, bien visible; *fb*, Hiddekel, peu sûr; *ec*, ligne déliée mais bien marquée; *beg*, Oxus et Indus, faciles à voir; lac *e* un beau point noir; *beh*, Deuteronilus, bien visible; *ch*, Callirrhoe, bien visible. On le voit, tous ces lacs sont doubles !

La *fig.* 225 était accompagnée d'une note datée du 7 juin, dans laquelle l'astronome italien s'exprimait comme il suit :

Je croyais avoir vu assez bien la planète les 9, 25 et 27 mai et je commençais à être presque satisfait, ayant pu constater au moins trois ou quatre géminations. Mais j'ai été détrompé de la manière la plus heureuse le 2 et le 4 juin; et seulement alors j'ai pu me faire une idée de la force d'un 18 pouces sur Mars! Je me suis aperçu alors que les mémorables journées de 1879-1880 et de 1882 étaient

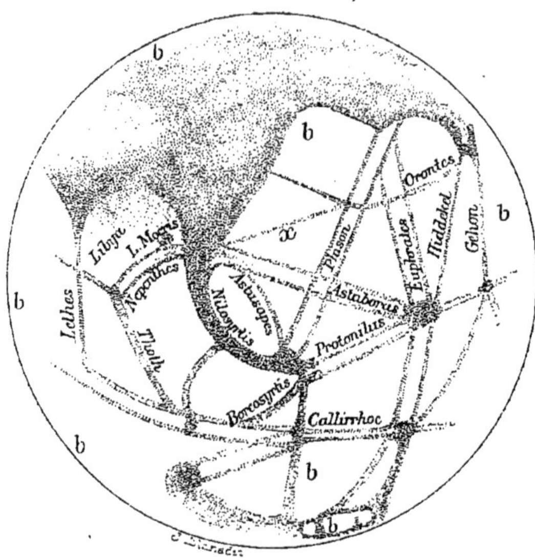

Fig. 225. — Vue télescopique de Mars, d'après M. Schiaparelli, les 2, 4 et 6 juin 1888.

revenues pour la première fois, et qu'enfin je revoyais ces images prodigieuses

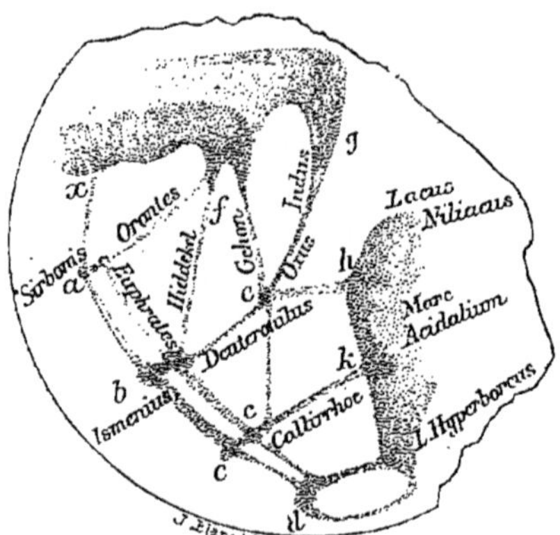

Fig. 226. — Fragment de la géographie de Mars, d'après M. Schiaparelli. (Dessin du 27 mai 1888.)

qui se présentaient dans le champ comme une exquise gravure sur acier, relevée de toute la magie des détails, et mon seul regret était d'avoir le disque réduit à

12ʳ de diamètre. Non seulement j'ai confirmé la gémination du Népenthès (*quantum mutatus ab illo!*) et la réapparition du lac Triton de 1877, mais j'ai revu aussi le lac Mœris réduit à un très petit point, mais toutefois parfaitement visible et à peine séparé de la Grande Syrte. Hephæstus a disparu tout à fait. La Nilosyrte n'avait aucune interruption; il est vrai cependant que, dans la Syrtis Magna, les derniers jours de mai, on voyait une petite île assez brillante (Œnotria) qui, avec les grossissements faibles, produisait l'apparence d'une espèce de pont; mais cela disparaissait avec 500. Maintenant, ce phénomène a cessé tout à fait et Œnotria n'est presque plus visible. L'Euphrate est encore double tout entier, mais il n'est plus aussi évident que le 27 et le 30 mai. Cependant hier il se prétait encore assez bien, les deux traits un peu estompés et la partie du dessous du lac Ismenius mieux que la partie au-dessus... Callirrhoe et Protonilus sont deux géminations très étroites, mais géométriquement parfaites et très noires, Callirrhoe surtout; avec le grossissement de 650 cela se voit sans le moindre doute. Les deux traits de Callirrhoe sont égaux; dans le Protonilus, le trait supérieur est beaucoup plus mince que l'inférieur, quoique parfaitement tracé. Le Phison est double, à peu près comme Euphrates; Astaboras double aussi, mais plus visible à gauche du Phison. Tiphonius et Orontes simples; simple aussi une ligne nouvelle marquée *x* sur le dessin.

L'Oxus a faibli beaucoup, et dernièrement je ne le voyais plus, tandis que l'Indus a reparu. L'Hiddekel est presque invisible; le Gehon est un peu enfumé, il va à un petit lac, d'où sortent deux lignes à droite vers le Lacus Niliacus. Mais, ce qui est le plus extraordinaire et le plus inattendu, ce sont les changements survenus depuis un mois dans la Boréosyrte et dans les régions environnantes; l'esquisse que j'en donne n'est pas définitive, car il y a quelques petits détails sur lesquels j'ai besoin de répéter encore mon examen; cependant leurs géminations et leur disposition sont hors de doute. Quel étrange enchevêtrement! Que peut signifier tout cela? Évidemment la planète a des détails géographiques fixes, semblables à ceux de la Terre, avec golfes, canaux, etc., à plan régulier. Vient un certain moment, tout cela disparaît pour faire place à ces grotesques polygonations qui, évidemment, s'attachent à représenter approximativement l'état antérieur, mais c'est un masque grossier et je dirai presque ridicule. L'étude du Népenthès, sous ce point de vue, est fort instructive, et ce qui arrive dans la Boréosyrte est du même genre; seulement ici la grande obliquité de la vue rend l'étude plus difficile. C'est en vain qu'en 1884 et en 1886 j'ai tâché de démêler avec le 8 pouces ce qui arrive dans cette région. Il fallait le 18 pouces pour cela.

Voilà certes des observations qui paraissent faites avec la plus rigoureuse précision. Comment penser que l'auteur d'une analyse aussi soignée soit dupe d'illusions? L'application de son équatorial aux mesures d'étoiles doubles comme à l'examen des détails de la géographie martienne, témoigne que les résultats obtenus correspondent aux grossissements employés, selon la position de l'astre et la transparence atmosphérique. Dans un cas comme dans l'autre, il est bien difficile de mettre en doute la valeur de ces observations.

Pourtant, dès que le gigantesque équatorial de près d'un mètre de diamètre ($0^m,91$ d'ouverture libre) du nouvel Observatoire du mont Hamilton fut installé, les astronomes de cet Observatoire se sont empressés de le diriger sur Mars pour vérifier ces belles découvertes, et n'y sont pas parvenus. On a bien vu des « canaux », mais larges, vagues, à peine identifiables, et jamais dédoublés.

Il faut donc admettre que M. Schiaparelli a une vue extraordinaire, une persévérance qui sait attendre très longuement les plus fugitifs moments de visibilité parfaite, et, en troisième lieu, un excellent instrument. Nous l'admettons.

Mais que conclure de ces merveilles ?

C'est ce que nous examinerons à la seconde Partie de cet Ouvrage, à laquelle nous renvoyons aussi les dissertations générales que nous avons publiées à propos des observations précédentes (^{1}).

CXXXII. 1888. — HOLDEN, SCHÆBERLE, KEELER. *Observations faites à l'Observatoire Lick à l'aide de la plus puissante lunette du monde* (^{2}).

Ces observations sont faites pour nous désespérer. Plus on consacre de temps, d'études et de soucis à l'analyse des observations nombreuses et variées faites sur cette mystérieuse planète, et plus on est embarrassé pour en déduire une opinion définitive. Et pourtant, il n'y a pas d'autre moyen de nous instruire sur ce point. Des observations, encore des observations, et toujours des observations. Examinons, comparons, discutons. Mais nous ne pouvons pas sortir de là. Ah! il serait facile d'éviter tout tracas. Ce serait de regarder comme non avenues les observations qui ne concordent pas avec les dessins les plus sûrs, avec les configurations certaines des taches de la planète, et de ne pas s'inquiéter des divergences, en les attribuant tout simplement à des erreurs. Ce serait là un moyen commode et expéditif. Mais il serait dangereux de l'employer; car ce sont peut-être précisément ces divergences, ces difficultés, qui nous mettront sur la voie de déterminer les caractères physiques spéciaux de cette singulière et énigmatique planète.

La plus puissante lunette du monde a été appliquée à l'étude du globe de

(¹) Voy. *L'Astronomie*, novembre 1888, p. 410.
(²) *L'Astronomie*, mai 1889, p. 180.

Mars, par un astronome distingué et accoutumé depuis longtemps aux observations, M. Holden, le sympathique directeur de l'Observatoire du mont Hamilton. L'immense objectif de 0ᵐ,91 d'ouverture libre a donné les meilleurs résultats dans les mesures d'étoiles doubles et possède une remarquable puissance de définition. Eh bien, il faut avouer que les dessins obtenus par MM. Holden, Schæberle et Keeler, à l'aide de ce colossal équatorial armé de grossissements de 350 et 700 fois, ne correspondent ni avec ceux de M. Schiaparelli à Milan, ni avec ceux de M. Perrotin à Nice. Chaque astronome a-t-il donc, au physique comme au moral, sa « manière de voir »? Pourtant, il y a des limites à l'équation personnelle. L'Astronomie est la science la plus exacte entre toutes ses sœurs. Il ne faut pas qu'elle perde son renom. Et elle ne peut pas le perdre. Les observateurs peuvent différer dans certaines appréciations de nuances, d'étendue, de formes, de positions même, lorsqu'il s'agit d'aspects à peine perceptibles, mais vraiment nous ne pouvons pas admettre que nous voyions des choses qui n'existent pas.

Les observations de la planète Mars n'ont pu commencer à l'Observatoire récent du mont Hamilton que le 16 juillet 1888, c'est-à-dire plus de trois mois après l'opposition, qui avait eu lieu le 11 avril. La planète était déjà très éloignée de la Terre, diminuée à un disque inférieur à 9″, et à une distance zénithale de 60°. Ce ne sont pas là assurément de fort bonnes conditions. Cependant les satellites étaient bien visibles.

Du 16 juillet au 10 août, les astronomes de Californie ont pu faire, entre autres, vingt et un dessins de la planète. Nous choisissons parmi ces dessins une série de huit pour être offerte à nos lecteurs. Le Directeur de l'Observatoire Lick reconnaît lui-même qu'ils ne concordent pas avec ceux que nous avons publiés. « Pour la Libye, en particulier, écrit M. Holden, nos observations des 25, 26, 27, 29 et 31 juillet, qui s'accordent bien entre elles, diffèrent matériellement de celles de Nice faites en avril et mai, et publiées par L'Astronomie de juin 1888, p. 214. Nos dessins montrent cet aspect à peu près tel que M. Schiaparelli l'a vu en 1877 et 1878. »

Considérons notamment les dessins 1, 2, 3 et 4 (fig. 227). Les longitudes du méridien central de ces disques sont respectivement 305°, 310°, 318° et 278°, c'est-à-dire que la mer du Sablier, qui est à droite du méridien central sur le premier de ces dessins, arrive juste au centre sur le second, l'a un peu dépassé sur le troisième, et un peu plus encore sur le quatrième.

Il est impossible de regarder avec un peu d'attention ces quatre vues de Mars, prises respectivement le 27 juillet, à 8ʰ0ᵐ, — le même jour, à 8ʰ15ᵐ, — le 26, à 8ʰ10ᵐ, — et le 29, à 7ʰ28ᵐ, sans être frappé de leurs dissemblances. Ainsi, par exemple, la fig. 1 et la fig. 2 ont été faites à peu près à la même heure et au même instrument, la première, à 8ʰ0ᵐ, par M. Holden, la seconde, à 8ʰ15ᵐ, par M. Keeler. Nous pouvons certainement penser que la différence des deux dessins provient de la différence de la manière de voir des deux observateurs, car il serait de la dernière témérité d'imaginer

Fig. 227.

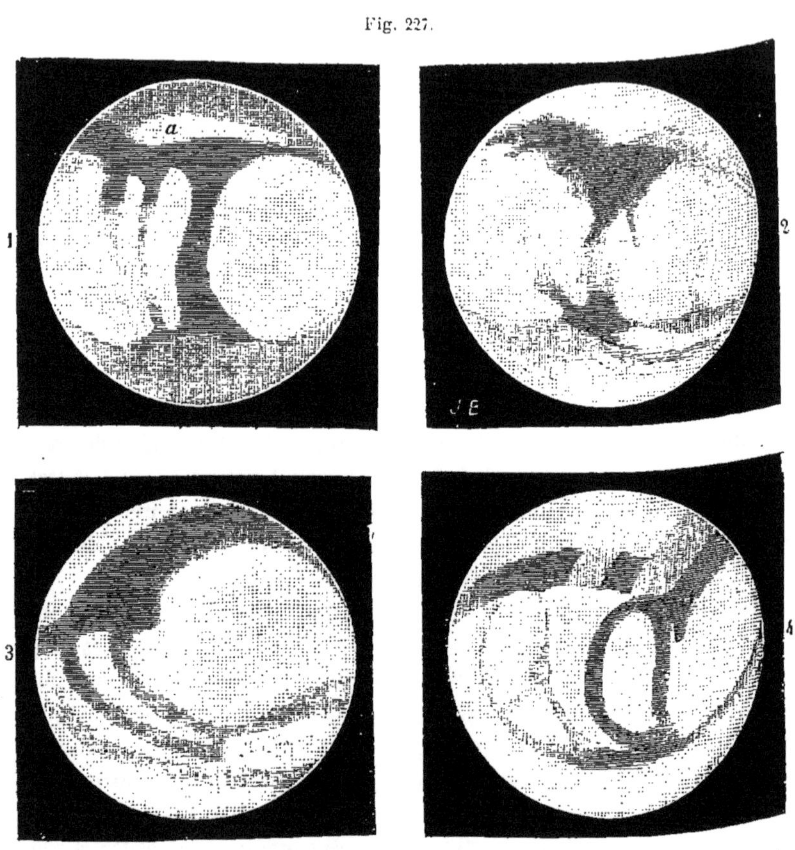

Dessins de la planète Mars, faits à l'Observatoire Lick, en 1888.

1. — 27 juillet, à 8ʰ0ᵐ (M. Holden); a, île blanchâtre. 2. — Même jour, à 8ʰ15ᵐ (M. Keeler). 3. — 26 juillet, à 8ʰ10 (M. Holden). 4. — 29 juillet, à 7ʰ28ᵐ (M. Holden).

qu'en un quart d'heure la planète ait subi une pareille métamorphose, même en faisant intervenir les nuages de son atmosphère.

Tout diffère dans ces deux dessins : largeur de la mer, canaux de gauche, etc. Cette divergence nous montre qu'il faut mettre la plus grande circonspection dans nos conclusions relatives aux changements observés à la surface de la planète. Nous devons penser notamment que les deux larges traînées verticales dessinées par M. Holden sur la *fig.* 1, représentées également par lui *fig.* 3, et dont l'une est également représentée *fig.* 4, par le même observateur, ont été exagérées sur ces dessins.

Si nous choisissons une série de quatre autres vues, nous en recevrons la même impression. Comparons, par exemple, la *fig.* 5 (*fig.* 228), prise le 5 août,

Fig. 228.

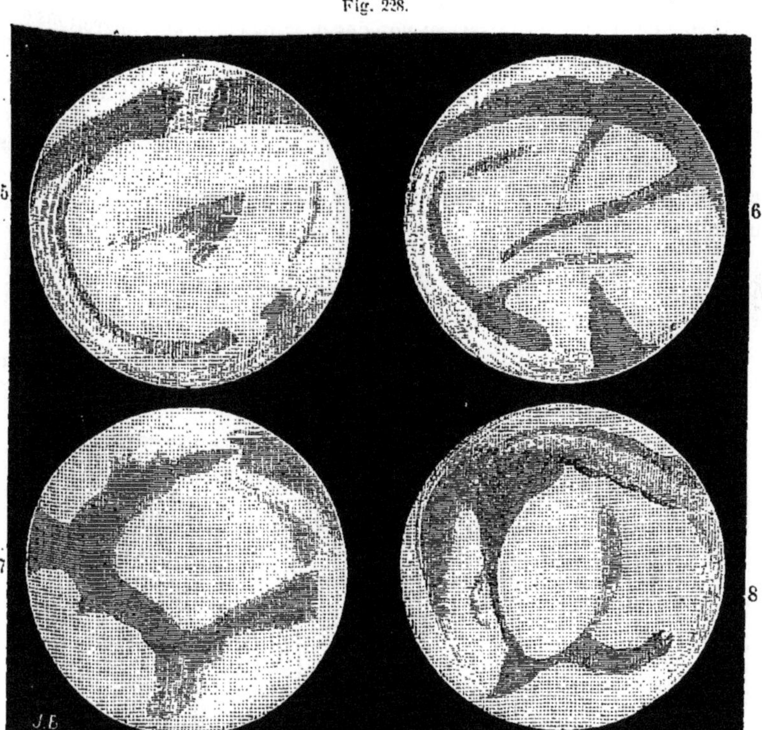

Dessins de la planète Mars, faits à l'Observatoire Lick, en 1888.

5. — 5 août 1888, à 7ʰ 28ᵐ. Long. = 211° (M. Holden).   6. — 5 août 1888, à 7ʰ 40ᵐ. Long. = 213° (M. Holden).
7. — 25 juillet 1888, à 8ʰ. Long. = 325° (M. Keeler).   8. — 26 juillet 1888, à 8ʰ 40ᵐ. Long. = 325° (M. Keeler).

à 7ʰ 28ᵐ (longitude = 211°) et la *fig.* 6, prise le même jour, à 7ʰ 40ᵐ (longitude = 213°), toutes deux par M. Holden. Croirait-on qu'il s'agisse là de la même face de la planète? Considérons également les *fig.* 7 et 8 dessinées, la première le 25 juillet, à 8ʰ 0ᵐ, la seconde le lendemain, à 8ʰ 40ᵐ, et représentant aussi l'une et l'autre le même hémisphère martien, à la longitude centrale de 325° (croquis de M. Keeler). Quelle différence d'aspects! La dernière nous donne assez bien l'impression de la géographie de Mars, mais celle de la veille en diffère essentiellement. Et ne concluons pas non plus à un changement réel opéré en vingt-quatre heures dans l'aspect de la planète ; ce même jour, 25 juillet, à 7ʰ45ᵐ et 8ʰ20ᵐ, deux autres esquisses diffèrent presque autant de notre *fig.* 7 que celle-ci diffère de la *fig.* 8 : au lieu d'un aspect rectangulaire, l'ensemble des taches sombres offre un aspect ovale parfaitement prononcé.

Les auteurs de ces vues de la planète Mars déclarent d'ailleurs qu'ils n'ont fait là que de simples esquisses et non des dessins complets. Regrettons que le gigantesque équatorial, à l'aide duquel ces observations ont été obtenues, n'ait pu être monté que trois mois après le passage de Mars à sa situation la plus favorable.

Avouons néanmoins sans fard que ces observations, venant après celles de M. Schiaparelli et obtenues à l'aide de la plus puissante lunette qui existe au monde, sont un peu faites pour nous déconcerter.

CXXXIII. 1888. — WISLICENUS. *Mesures micrométriques* ([¹]).

Par une nouvelle méthode, cet observateur, astronome à l'Observatoire de

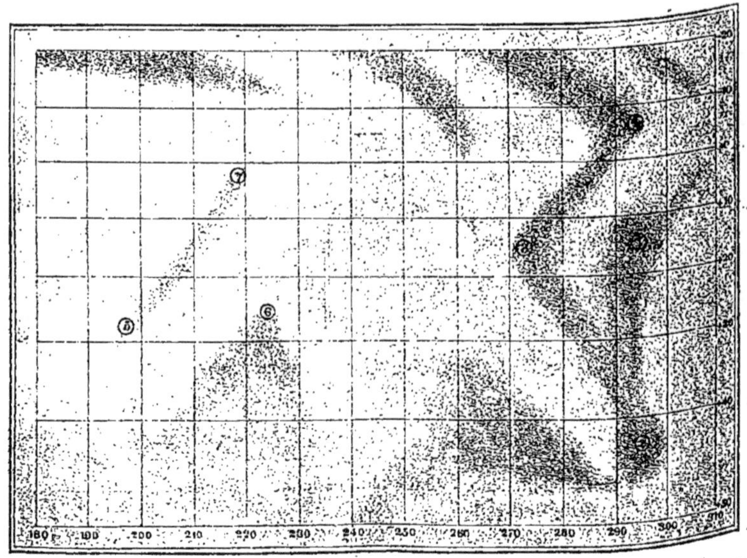

Fig. 229. — Mesures micrométriques de M. Wislicenus, en 1888.

Strasbourg, a pris, du 2 au 13 mai 1888, la position de sept points principaux de la sphère martienne et a construit la petite carte ci-dessus. Il s'est

([¹]) *Astronomische Nachrichten,* N° 2872.

servi d'une lunette de 6 pouces armée d'un grossissement de 256. Ces points
sont les suivants :

	Longitude.	Latitude.
1. Mer du Sablier....................	294°,5	+ 14°,6
2. Point nord du marais Coloë.......	295 ,1	+ 42 ,4
3. A gauche de la mer du Sablier...	271 ,6	÷ 15 .4
4. Œnotria et Japygie..............	293 ,6	— 7 ,9
5. Stygia Palus....................	198 ,0	+ 28 ,1
6. Eunostos........................	223 ,7	+ 25 ,6
7. Cyclopum	219 ,5	+ 2 ,0

Angle de position de l'axe de Mars......	31°,5
Distance polaire de la neige boréale........	3 ,5
Longitude de la neige polaire boréale..........	281 ,1

Cette nouvelle carte ne ressemble guère aux précédentes. Il est vrai qu'elle
ne représente qu'une esquisse.

CXXXIV. 1888. — PH. GÉRIGNY. *Les marées sur Mars* [1].

Cette question a déjà été étudiée plus haut (p. 341). Nous avons prié
M. Gérigny, le savant secrétaire de *L'Astronomie*, d'en faire un nouveau
calcul, et voici le résultat de son investigation.

Les modifications si remarquables qui ont été observées dans ces dernières
années à la surface de la planète Mars, paraissent causées par de grands déplacements de la masse liquide qui recouvre en partie ce globe planétaire : nous
aurions ainsi assisté tantôt à de véritables inondations, tantôt à des retraits de la
mer sur de vastes étendues. De pareils phénomènes suggèrent naturellement
l'idée que les marées qui peuvent exister à la surface des océans de la planète
n'y sont peut-être pas étrangères. Il serait donc d'un haut intérêt de pouvoir calculer l'importance des marées produites par les deux satellites et par le Soleil.
J'ai cherché, sur l'invitation de M. Flammarion, à entreprendre ce calcul; malheureusement, en ce qui concerne les satellites, les éléments font presque absolument défaut, puisqu'on en ignore les masses. On sait seulement qu'ils sont
très petits, et l'on connaît la faible distance qui les sépare de la planète. On peut
donc penser a *priori* que leur proximité compense leur petitesse et leur permet
d'exercer des effets appréciables sur le niveau des océans de Mars; mais, pour
calculer ces effets, on est réduit à des hypothèses.

En raison du peu d'éclat de ces petits astres, on est conduit à leur attribuer un
diamètre extrêmement petit. J'ai supposé 12 kilomètres de diamètre pour le premier, 10 pour le second, qui est un peu moins brillant. Ces nombres m'ont été fournis par M. Flammarion. J'ai supposé la densité des satellites égale à celle de la
planète. J'ai admis, pour la distance du premier, 2,771 rayons de Mars, et pour la

[1] *L'Astronomie*, 1889, p. 384. — *Bulletin de la Société Astronomique de France*,
septembre 1889, où l'on trouvera tous les détails du calcul.

distance du second, 6,291. Ce sont les nombres donnés par M. Hall. Pour simplifier le calcul, j'ai supposé un globe sphérique solide ayant le rayon de la planète recouvert d'une couche liquide dont j'ai négligé l'épaisseur, et j'ai déterminé l'équation de la surface libre de cette couche, supposée en équilibre relatif sous l'action des attractions de Mars et de chaque satellite isolément, ce qui m'a permis de calculer les hauteurs des deux protubérances produites sur cette surface aux deux points de Mars qui ont le satellite à leur zénith et à leur nadir. Il se présente ici un résultat remarquable qui n'a point son analogue dans les marées terrestres : c'est que, grâce à la proximité des satellites, les deux protubérances opposées sont loin d'être égales. Ainsi, pour le premier satellite, la protubérance qui a le satellite au nadir est seulement un peu plus de la moitié, les $\frac{5}{9}$ de celle qui a le satellite à son zénith. Pour le second, la protubérance nadirale est les $\frac{11}{14}$ de celle qui lui est opposée. Ces résultats sont indépendants de la masse des satellites, et ne dépendent que de leur distance à la planète.

Quant à la hauteur même de ces protubérances, il ne faut pas la confondre avec la hauteur de la marée : celle-ci est généralement beaucoup plus grande et dépend de plusieurs éléments inconnus, parmi lesquels figure essentiellement la configuration des côtes. C'est ainsi que, sur la Terre, on observe dans la Manche, en un lieu bien éloigné de ceux qui peuvent avoir le Soleil ou la Lune à leur zénith, des marées de 13 mètres, tandis que la protubérance due à la Lune n'est que de 0^m,50, et celle qui est due au Soleil 0^m,25, soit au total 0^m,75. A la latitude de Granville, cette protubérance serait réduite environ de moitié à la surface du niveau des mers. La hauteur de la marée est donc égale à celle de la protubérance multipliée par $\frac{13 \times 2}{0,75}$, ou environ 35.

Pour interpréter les nombres que nous allons donner, il faut donc bien se garder de les considérer comme donnant les différences de niveau entre la haute mer et la basse mer ; il faut les comparer avec les nombres correspondants pour les marées terrestres, soit :

$0^m,50$ pour la marée lunaire,
$0 ,25$ » solaire,
$0 ,75$ pour les grandes marées des syzygies.

Avec les dimensions adoptées pour les satellites, les hauteurs des protubérances sont extrêmement faibles. J'ai trouvé :

1° Pour le premier satellite,

Protubérance zénithale : $1^{mm},79,$
» nadirale : $1 ,05;$

2° Pour le second satellite,

Protubérance zénithale : $0^{mm},088,$
» nadirale : $0 ,082.$

Ces résultats sont tout à fait insignifiants : ils correspondent à des marées beaucoup plus faibles que celles que l'on observe dans la Méditerranée : ils ne représentent qu'une fraction infime de la marée solaire de Mars, pour laquelle le calcul donne une protubérance de 52mm, soit à peu près le cinquième de la marée solaire sur la Terre.

Si donc les satellites sont aussi petits que nous l'avons supposé, il faut renoncer à attribuer aux marées une influence appréciable sur les phénomènes d'inondation dont nous avons été témoins; mais les dimensions admises sont peut-être bien au-dessous de la réalité, et la hauteur des protubérances est proportionnelle à la masse du satellite correspondant, c'est-à-dire au cube de son diamètre. Si l'on double les dimensions adoptées, ce qui porte les diamètres à 24 et 20 kilomètres, les protubérances deviennent huit fois plus grandes, c'est-à-dire

$$14^{mm},35 \quad \text{et} \quad 8^{mm},40,$$
$$0\ \ ,704 \quad \text{et} \quad 0\ \ ,666.$$

En admettant le triple pour les diamètres, soit 36 et 30 kilomètres, les chiffres primitifs seront multipliés par 27 et deviendront

$$48^{mm},43 \quad \text{et} \quad 28^{mm},46,$$
$$2\ \ ,38 \quad \text{et} \quad 2\ \ ,21.$$

Les marées dues au second satellite restent négligeables; mais celles du premier deviennent comparables à la marée solaire. Enfin, si l'on multiplie les diamètres primitifs par 10, ce qui donne 120 et 100 kilomètres, diamètres encore bien petits pour des astres visibles à la distance de Mars et dans sa proximité immédiate, les hauteurs primitives seront multipliées par 1000 et deviendront :

$$1^{m},79 \quad \text{et} \quad 1^{m},05,$$
$$0\ \ ,088 \quad \text{et} \quad 0\ \ ,082.$$

Les marées dues au second satellite restent encore bien faibles; mais celles du premier atteignent le double des marées océaniques terrestres.

Il résulte des calculs précédents que le second satellite est, en toute hypothèse, sans influence appréciable, son action n'étant guère que la vingtième partie de celle du premier; mais celui-ci, si sa masse est assez forte, peut donner naissance à des marées au moins aussi importantes que celles que nous observons dans nos mers.

Comme nous l'avons fait remarquer plus haut, la hauteur de la protubérance de la surface de niveau n'est qu'un des éléments qui interviennent dans le phénomène des marées. La mer ne prend jamais son équilibre; mais la masse liquide exécute, sous l'attraction du satellite, une série d'oscillations dont la durée est égale au temps qui s'écoule entre deux retours consécutifs du satellite au même méridien et naturellement, dans cette oscillation, elle dépasse sa position d'équilibre, de sorte que la hauteur de la marée est nécessairement plus grande que celle de la protubérance. Il est assez naturel d'admettre que, plus les oscillations sont rapides, plus furieux sont les mouvements de la mer, et plus haute est la marée. Or, le premier satellite, le seul qui paraisse intéressant dans la question, exécute sa révolution autour de Mars en 7ʰ30ᵐ15ˢ, tandis que la planète tourne en 24ʰ37ᵐ23ˢ; il en résulte que ce satellite revient au même méridien au bout de 11ʰ6ᵐ24ˢ. C'est donc dans ce court intervalle de moins de douze heures que s'exécute la double oscillation de la marée; c'est pendant ces douze heures que la mer est deux fois haute et deux fois basse, de sorte qu'il ne s'écoule pas six heures entre deux pleines mers, et à peine trois heures entre la haute mer et la basse mer. Cette rapidité des mouvements de flux et de reflux contribue vraisemblablement à augmenter dans d'assez grandes proportions la hauteur de la marée.

La configuration des mers de Mars, évasées d'un côté et se terminant par d'étroits canaux, se prête encore admirablement à l'augmentation du niveau des pleines mers. Il doit se passer dans ces mers allongées un phénomène analogue à celui qui se produit dans la Manche. La vague du flux, produite au sein de l'Océan, se propage dans un bassin dont les bords se rapprochent l'un de l'autre : la masse d'eau se trouve ainsi de plus en plus resserrée, et la vague doit nécessairement s'élever à mesure qu'elle avance, pouvant ainsi atteindre à des hauteurs considérables. Le satellite tournant plus vite que la planète, les marées de cette planète se propagent en sens inverse des nôtres, c'est-à-dire de l'Ouest à l'Est. Qu'on examine sur une carte la configuration de la mer du Sablier, et l'on comprendra que le flux arrivant dans l'océan Dawes viendra s'engouffrer du Sud au Nord dans la mer du Sablier, s'élevant à des hauteurs de plus en plus considérables à mesure que les rives se rapprochent. Un phénomène analogue doit se manifester dans une foule d'autres régions de la planète. Il est assez vraisemblable que, dans ces longs détroits, il doive se produire à chaque marée de véritables raz de marée, des *barres* analogues à celles de la Seine ou du fleuve des Amazones. De plus, comme les oscillations d'une masse liquide se propagent indifféremment dans tous les sens, et que les bras de mer de Mars mettent en communication des océans différents, il doit arriver dans certains d'entre eux au moins que le flux provenant de deux océans opposés s'y propage en sens inverse. Qu'on juge de ce qui peut se produire quand les deux vagues, marchant en sens inverse, viennent à se rencontrer.

Enfin la marée solaire, quoique faible, existe cependant aussi sur Mars, et elle se propage en sens inverse des marées dues aux satellites. Deux fois par jour, en un même lieu, les deux flux lunaire et solaire, marchant l'un vers l'autre, viennent à se rencontrer, ce qui ajoute encore à la grandeur du phénomène.

Il est enfin une dernière cause qui doit contribuer à donner plus d'importance aux marées de la planète Mars. Nous avons déjà dit que, dans ces oscillations, le niveau de la mer dépassait de beaucoup la position d'équilibre. En réalité, le problème des mouvements de l'Océan est beaucoup plus compliqué que la simple détermination de la forme d'équilibre. Les plus grands analystes du siècle dernier, Lagrange, Laplace, Legendre, se sont occupés de cette importante question, et Lagrange est parvenu à démontrer que les densités relatives de la mer et du noyau solide de la planète ont une grande influence sur le résultat. Il a prouvé que si l'amplitude des oscillations de l'Océan reste contenue entre certaines limites, cela tient à ce que la densité de l'eau des mers est plus faible que la densité moyenne de la Terre. Dans le cas contraire, si par exemple l'Océan était composé de mercure au lieu d'eau salée, toute la masse des mers abandonnerait son lit à chaque marée, pour se répandre en une inondation formidable sur le sol des continents. Sans doute, ce cas extrême ne se rencontre pas sur Mars : la densité des mers y est probablement inférieure à celle de la planète ; mais la densité de Mars n'atteint pas les trois quarts de celle de la Terre, tandis que l'eau y est vraisemblablement la même qu'ici-bas. Le rapport des densités de la mer et du noyau intérieur y est donc environ les quatre tiers de ce qu'il est sur la Terre. D'après l'analyse de Lagrange, cette augmentation doit se traduire par une augmentation correspondante dans l'amplitude des oscillations du niveau maritime.

Pour toutes ces raisons, si, sur la Terre même, la hauteur de la marée peut atteindre jusqu'à 35 fois la hauteur de la protubérance à l'état d'équilibre, il n'y aurait rien d'étonnant à ce que, sur Mars, la différence de niveau entre la haute et la basse mer atteignît jusqu'à 50 fois et même 100 fois la hauteur de la protubérance d'équilibre.

En résumé, les marées solaires sont bien certainement sur Mars de beaucoup inférieures à ce qu'elles sont sur la Terre ; les marées dues au second satellite atteignent seulement le vingtième de celles que produit le premier. Quant à ces dernières, leur importance est entièrement subordonnée à la masse de ce satellite. Il se peut qu'elles soient insignifiantes ; mais il se peut aussi qu'elles soient considérables. En tout cas, si l'influence mécanique de ce satellite est comparable à celle de la Lune sur la Terre, les mouvements des mers de Mars sont certainement plus tumultueux et plus importants que ceux de nos océans, et si, de plus, comme on le suppose assez généralement, le relief de Mars est très faible, et les côtes très peu élevées, ces marées doivent donner lieu, quatre fois par jour, à des inondations couvrant de vastes étendues de rivage. La Science astronomique n'est pas encore assez avancée pour trancher entièrement la question, puisqu'on ignore la masse des satellites de Mars ; mais on peut être assuré que la solution ne se fera pas bien longtemps attendre, car, fort heureusement, les satellites sont au nombre de deux qui exercent une action l'un sur l'autre. Après un nombre suffisant d'années d'observations, on pourra certainement déterminer les perturbations du mouvement de ces deux astres, et en déduire par conséquent leur masse. Alors, on pourra reprendre sur des bases certaines le calcul que j'ai essayé d'entreprendre, et l'on sera certainement fixé sur l'importance des marées de la planète Mars, et le rôle qu'elles ont pu et peuvent encore jouer dans les phénomènes et les modifications que nous observons à la surface de ce globe.

CXXXV. 1888. — Schiaparelli. *La constitution physique de Mars.*

L'éminent astronome de Milan a publié dans la Revue astronomique allemande, *Himmel und Erde* et dans *L'Astronomie* (¹) une synthèse générale de ses recherches. Nous nous faisons un devoir d'en reproduire ici les extraits les plus importants et nous sommes heureux d'offrir en même temps à nos lecteurs les deux dernières cartes dessinées par M. Schiaparelli lui-même sur l'ensemble de toutes ses observations (p. 440).

A. — Les régions de tons intermédiaires et leurs variations.

L'ensemble des régions que nous nommons *mers* ou *continents*, selon qu'elles sont foncées ou claires, occupe la plus grande partie de la surface de la planète; mais il y a d'autres contrées dont l'aspect est variable et qui ont parfois le caractère apparent des mers, parfois celui des continents, parfois même les deux à la fois.

Telles sont, entre autres, dans Mare Erythræum, les deux zones désignées par les noms de Deucalionis Regio et de Pyrrhæ Regio, ainsi que les deux îles nommées Hellas et Noachis. De cette nature sont aussi, dans la Syrtis Magna, les îles Japygia et Œnotria et en général toutes les parties de mer qui ont sur la carte une teinte plus claire que celle du reste. Mare Cimmerium et Mare Acidalium renferment chacune une contrée de ce genre. Ces régions peuvent, selon des différences d'époques et d'angles visuels, présenter complètement ou en grande partie les diverses nuances que l'on observe sur les continents comme sur les mers de Mars; elles forment ainsi une série de transitions. Elles ne paraissent pas être toutes de même caractère, autant que j'ai pu l'observer jusqu'à présent. Il semble que les unes sont plutôt de nature maritime et les autres de nature continentale. Ces régions ne sont pas toujours séparées nettement des continents et des mers environnantes, mais elles se relient souvent aux uns et aux autres par des dégradations insensibles de lumière et de nuances, ainsi qu'on le voit par divers exemples sur nos cartes.

Une des plus remarquables parmi ces régions intermédiaires est la Deucalionis Regio, qui se trouve dans Mare Erythræum, où elle forme une presqu'île coudée à angle droit. Elle est nettement limitée du côté qui touche au continent, tandis que, de tous les autres côtés, elle se perd en tons dégradés. Sa couleur tient le milieu entre celle des continents et celle des mers; elle tire tantôt sur le jaune, tantôt sur le gris; près du bord, on la voit parfois prendre une coloration gris blanc. En tout cas, elle m'a paru assez claire pour être nettement distinguée sur le fond sombre qui l'environne. On ne peut en dire autant de la Pyrrhæ Regio

(¹) *Himmel und Erde*, 1888. — *L'Astronomie*, janvier, février, mars et avril 1889.

elle peut devenir assez foncée (surtout dans la partie voisine du continent) pour qu'on ne puisse pas la distinguer du reste de la Mare Erythræum.

L'île Cimmeria, longue bande qui, sur la *Pl. II*, occupe une partie considérable de la Mare Cimmerium est plus remarquable à cet égard que toutes les autres régions mixtes.

En 1877, cette mer Cimmérienne tout entière parut d'une couleur très foncée; elle fut même désignée alors comme une des parties les plus foncées de toute la surface de Mars. En 1879, elle ne présenta aucun changement; tout ce que l'on remarqua alors, ce fut que la couleur, tout en restant très foncée, était moins sombre qu'en 1877. Vers la fin de 1881, cette tache contrastait encore fortement avec le jaune qui l'entourait; mais, le 3 février 1882, lorsque cette partie de la planète devint visible, on aperçut, pour la première fois, une longue bande en forme de comète, qui s'étendait sur plus de 30°, entre 205° et 235° de longitude. Cette observation put être confirmée le 4, le 5, le 6 et le 7 février; plus tard, il ne s'offrit aucune occasion de bien observer cette localité. Je ne trouve dans mon journal aucune mention relative à l'île Cimmeria pendant l'opposition de 1884. En 1886 et en 1888, cette région se présentait sous un angle très oblique; aussi les observations n'étaient-elles pas très précises. D'après l'impression ressentie, l'île Cimmeria était visible.

Les métamorphoses de la grande île nommée Hellas sont plus complexes, mais non moins remarquables. En 1877, vers la fin du solstice austral de Mars, cette région formait une île très régulièrement ronde ou très peu allongée, dont le diamètre ne comprenait pas moins de 30 degrés; ordinairement jaune, elle paraissait plus blanche quand elle se trouvait près du bord du disque que quand elle était voisine du méridien central. Une fois (le 16 décembre 1877), je l'ai vue presque aussi blanche et aussi brillante que la région polaire; le 21 décembre, cependant, la couleur primitive était presque déjà rétablie. Pendant l'opposition de 1879 à 1880, elle avait encore une forme approximativement ronde, mais elle présentait, au lieu d'une surface brillante, un éclat trouble et inégal, qui devenait plus mat vers la partie supérieure gauche (dans l'image télescopique renversée). Elle était traversée par deux canaux nettement visibles, dont l'un était à peu près parallèle au méridien et l'autre au cercle de latitude. (En 1877, on ne voyait que le premier de ces canaux; encore n'était-il que difficilement visible.) C'est ainsi que l'île paraissait être divisée en quatre quarts. Au mois de janvier 1880, les deux quarts inférieurs seuls étaient jaunes; les autres présentaient une couleur bien plus foncée, et de ces derniers, le gauche était plus foncé que le droit. Pendant cette opposition également (1879 à 1880), Hellas se montra plus brillante vers le bord que vers le milieu du disque; plusieurs fois elle a paru blanche. En 1879 et 1880, elle parut, à vue d'œil, un peu plus petite qu'en 1877. Pendant l'opposition de 1881 à 1882, on constata que son éclat avait sensiblement diminué; sa couleur était gris cendré clair; ses contours manquaient de précision, et parfois elle n'apparaissait que comme un nuage qui se dissipe. Dans quelques cas seulement, et vers le méridien central, elle prit une couleur brun jaune, comme celle de la Regio Deucalionis. Elle fut en outre divisée par les deux canaux en croix, mais ses dimensions avaient notablement diminué, et en divers endroits, ses anciennes limites étaient plus ou moins occupées par la mer, de sorte qu'elle avait pris la forme de trapèze aux angles arrondis, comme on le voit *Pl. I* et *II*. Lors des oppositions suivantes, Hellas apparut toujours plus obliquement par rapport au rayon visuel; elle avait l'air d'une tache blanchâtre d'aspect nébuleux et de forme peu précise. Son diamètre ne dépassait certainement pas 12° à 15°. Parfois plus blanche et plus brillante que d'ordinaire, on aurait pu la confondre avec la tache polaire boréale.

A certains égards, la région nommée Libye paraît appartenir elle aussi à la catégorie dont nous parlons; elle se trouve sous l'équateur, et par conséquent on peut l'observer facilement dans toutes les oppositions, quelle que soit l'inclinaison de l'axe de la planète. En 1877, cette région avait pour limite, du côté de la Mare Tyrrhenum, un arc élégant et régulier se terminant vers le Nord en une pointe mince et allongée (Osiridis Promontorium). La surface de cette pointe était recouverte d'une ombre qui était d'autant plus forte qu'elle se rapprochait davantage de l'extrémité. Vers le Nord, la Libye était bornée par un canal à peu près semi-circulaire, sur le milieu ou sur le sommet duquel on apercevait quelque chose ressemblant à un point sombre; je donnai à cette localité le nom de lac Mœris. En 1879, je trouvai qu'une partie de la Libye avait été envahie par la Syrtis Magna, de sorte que cette dernière arrivait jusqu'à la ligne AB (*fig.* 230); la région de la Libye, à droite de la ligne AB, était devenue complètement foncée, de jaune qu'elle était d'abord, et elle avait pris la teinte de la mer voisine avec laquelle elle s'était fondue. Le promontoire d'Osiris avait été supprimé par cet envahissement de la mer, le cours du Népenthès s'était raccourci et son embouchure s'était transportée en B; le littoral de la Syrtis Magna avait pris une autre courbure et s'était notablement rapproché du lac Mœris. Enfin l'ombre indécise qui, en 1877, recouvrait le promontoire d'Osiris, s'était avancée jusqu'au milieu de la Libye; elle enveloppait en même temps le lac Mœris, qui, auparavant, était situé tout à fait en dehors d'elle. L'autre partie de la Libye (c'est-à-dire la moitié gauche) avait pris une couleur rouge bien plus foncée que pendant l'opposition précédente. Pendant les années 1881 et 1882, je ne vis point se produire de changement; je remarquai seulement que la surface de la Libye, offrant toujours une teinte rouge, ressemblait à un tissu grossier tellement rempli de petites taches, qu'il n'était pas facile de les distinguer les unes des autres. Lors de l'opposition de 1884, l'envahissement de la mer avait progressé jusqu'à la ligne CDF, ainsi qu'on le voit à l'inspection du dessin (*fig.* 230), de sorte qu'elle avait fait disparaître une grande étendue de la Libye et une petite partie de Regio Isidis. Le lac Mœris qui, en 1877, se trouvait au milieu du Népenthès, était maintenant arrivé presque contre son embouchure. La Libye, au lieu de présenter un arc de belle courbure, formait, entre la Grande Syrte et la mer Tyrrhénienne, un promontoire ressemblant à un angle à pointe émoussée. Elle conserva aussi, en 1884, indépendamment de la couleur foncée qui la distinguait de son entourage immédiat, l'aspect d'un tissu d'apparence floconneuse, comme si cette région eût été couverte d'innombrables petites taches se confondant les unes avec les autres. Pendant l'opposition de 1886, l'état des choses ne parut pas différent, en général, de celui qui avait été observé en 1884; je dois toutefois faire remarquer que cette partie des observations ne fut pas très favorisée par le temps. Enfin, au mois de mai 1888, la Libye parut très raccourcie au voisinage du méridien, comme on le voit aussi dans les observations faites à Nice par M. Perrotin. Cependant les observations des 6, 7 et 8 mai la

Fig. 230.

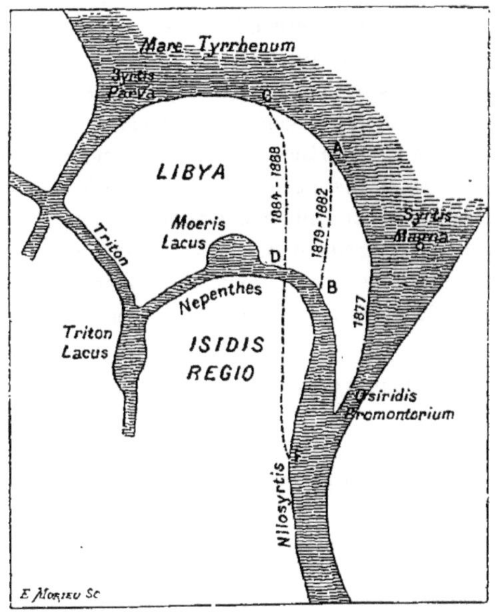

Variations observées sur la planète Mars dans le rivage de la mer du Sablier (Grande Syrte).

montrèrent d'une couleur blanchâtre sale, au voisinage du bord droit du disque de Mars, phénomène qui complète l'analogie de cette région avec celles dont il vient d'être question. Le lac Mœris resta visible, bien que très difficilement; il se trouvait tout près de l'angle inférieur droit de la Libye, près de l'embouchure du Népenthès, dans la Syrtis Magna. A diverses reprises, la Isidis Regio (au-dessous du Népenthès) parut très claire, et le contraste avec la couleur brunâtre de la Libye en devint plus sensible. Pendant cette même opposition, la couleur de la Syrtis Magna ne fut pas aussi noire que dans les oppositions précédentes de 1877 à 1884, mais d'un gris plus clair, sauf dans quelques petites bandes dont il n'y a pas lieu de parler pour le moment. Il n'y avait donc pas grande différence de ton entre la Libye et la Syrtis Magna, bien que la coloration ne fût pas la même et que la limite entre l'une et l'autre restât assez nette (¹).

(¹) Ce qui vient d'être dit du ton gris et changeant de la Libye se reconnaît depuis les dessins de Lockyer (1862, p. 157 et 158), Kaiser (1864, p. 178), Dawes (1864, p. 187), Green (1873, p. 219), etc., comme déjà nous l'avons remarqué.

Je pourrais prendre, dans mon journal, plusieurs autres exemples de cas analogues; mais les deux que je viens de citer, de Hellas et Libya, suffisent pour donner une idée de ce genre de variations observées. Pour ces deux cas, la série d'événements que je viens de décrire a été observée dans le laps de temps compris entre les six oppositions de 1879 à 1888. Il ne faudrait pourtant pas en conclure que ces variations soient lentes et exigent des périodes d'une durée séculaire. Il est possible et même, dans certains cas, très vraisemblable que les faits cités se renouvellent périodiquement, à chaque révolution de Mars. Mais, à chaque nouvelle opposition, le point où se trouve la planète sur son orbite est situé à 48° de longitude en avant du point où elle se trouvait lors de l'opposition précédente; par suite, les saisons de Mars avancent de $\frac{1}{8}$ de la période entière, entre une opposition et la suivante; et cette circonstance nous permet de retrouver la série des phénomènes qui ont lieu à la surface de Mars, bien qu'une partie de ceux observés appartienne à une révolution et la partie consécutive à la révolution suivante. Un météorologiste pourrait étudier de la même manière le mouvement du climat d'une région s'il répartissait sur plusieurs années les observations des divers mois et s'il faisait ses observations, par exemple, en janvier 1888, en février 1889, en mars 1890, etc., les dernières en décembre 1899.

B. — LES RÉGIONS CONTINENTALES QUI BLANCHISSENT SUIVANT L'OBLIQUITÉ.

Nous avons vu que souvent les régions d'un caractère douteux sont plus claires dans les positions obliques au voisinage des bords de la planète qu'au méridien central; cette observation s'étend aussi à quelques régions d'un caractère purement continental. Il faut citer particulièrement, à cet égard, les deux régions polygonales ou presque rondes qui sont désignées sur la carte par les noms de Elysium et de Tempé. Ces régions sont d'un blanc d'éclat variable, mais, en tout cas, moins brillant que celui des pôles. Ce blanc s'aperçoit plus habituellement lorsque ces régions se trouvent au voisinage du bord du disque de Mars, et je l'ai souvent observé même quand, quelques heures avant ou après, ces régions, à leur passage par le méridien central, n'avaient rien offert d'extraordinaire.

Les transformations analogues de l'île Argyre sont tout particulièrement intéressantes : cette île, en certaines circonstances, est devenue si brillante sur son bord qu'elle a fait illusion aux observateurs et que ceux-ci l'ont prise pour une tache polaire. Cette île avec son éclat intense avait déjà été remarquée par Dawes en 1852; les savants anglais qui ont étudié Mars la désignent sous le nom de Dawes'-Snow-Island (île neigeuse). Par contre, je l'ai vue souvent d'une couleur jaune ou même rouge foncé, au voisinage du méridien central. Je considère comme analogue la nature de l'île voisine. Celle-ci est désignée par le nom d'Argyre II; elle est plus petite et située plus au Sud; son existence ne s'est révélée à moi que le 8 novembre 1879. Elle se trouvait sur le bord gauche de Mars, et son éclat était plus faible que celui de la région polaire; en passant au méridien central, elle présenta une couleur rouge trouble et une faible clarté.

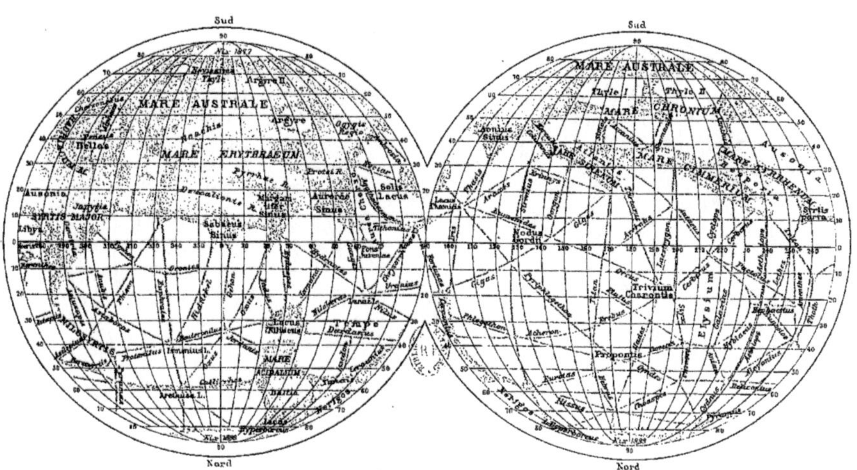

Carte d'ensemble de la planète Mars
avec ses lignes sombres non doublées
observées pendant les six oppositions de 1877-1888
par J.V. Schiaparelli.

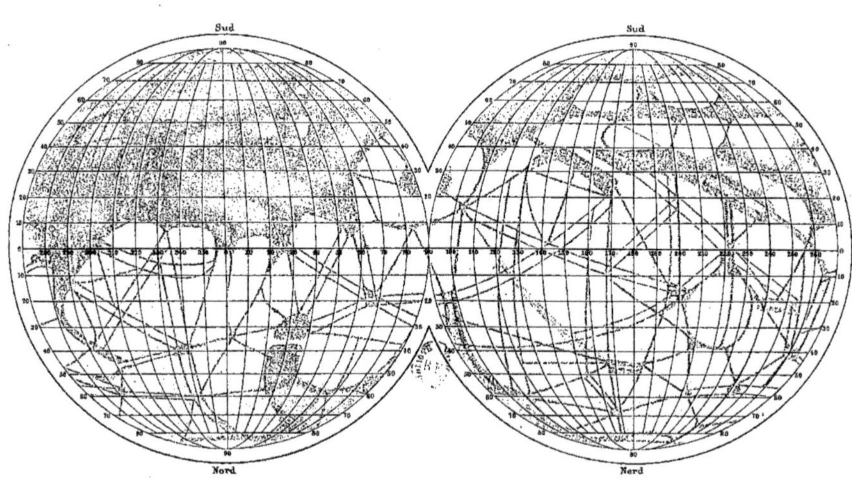

Doublement des lignes sombres de la planète Mars
observées principalement pendant les oppositions de 1882 et 1888
par J.V. Schiaparelli.

Indépendamment de ces changements de couleur subordonnés à la rotation diurne, on remarque des changements analogues dans les régions continentales; mais ceux-ci sont plus lents et souvent ils embrassent des régions très étendues. Tel est celui qui eut lieu pendant les années 1877 à 1879, sur la grande région qui s'étend entre les méridiens de 120° et de 170° jusqu'à 40° de latitude nord, et qui est connue sous le nom de mer Sirenum. Cette mer présenta sur toute sa surface, notamment dans sa partie supérieure, voisine de la mer susdite, un éclat bien plus grand que celui des autres régions continentales.

À cette classe appartiennent aussi les observations faites par moi, de 1877 à 1882, sur une petite tache d'un blanc clair, qui se trouvait à l'extrémité gauche du Népenthès, par 269° de longitude et 17° de latitude nord. Je vis cette tache pour la première fois le 14 septembre 1877; elle avait un diamètre de 8° environ et elle était à peu près carrée; elle brillait bien plus qu'aucune autre partie de la planète et en même temps elle présentait des contours bien distincts. Cette tache, dont j'ai pu, sans hésitation, comparer la blancheur à celle des taches polaires australes, était encore visible le 14 octobre. J'observai le même phénomène, au même endroit, pendant l'opposition suivante, de novembre 1879 à janvier 1880; la grandeur n'avait pas changé, seulement la figure était devenue à peu près ronde. Surpris de la constance de cette tache claire, je lui donnai le nom de Nix Atlantica. Je la vis de nouveau, pendant l'opposition de 1881 à 1882, de novembre à mars, mais pas toujours avec la même facilité; elle présentait des différences d'aspect et des variations d'éclat qui pouvaient bien ne pas être toujours imputables à la différence de netteté de l'image télescopique. Mais je l'ai cherchée vainement dans les oppositions suivantes, et elle était encore invisible cette année. Si son apparition dépend de la période des saisons de Mars, nous devons nous attendre à la revoir pendant les oppositions de 1892 à 1897, et il est facile d'apprécier de quelle importance sera sa réapparition pour l'étude de la constitution physique de cette planète.

Une tache analogue, mais bien plus petite et difficile (Nix Olympica) s'est montrée avec une grande persistance en 1879, par 129° de longitude et 21° de latitude nord; son diamètre pourrait être de 4° ou pas beaucoup plus. Je n'avais pas vu cette tache en d'autres oppositions; je ne l'ai pas revue. D'autres taches apparaissent, tantôt par ci, tantôt par là, dans les diverses parties des régions continentales; elles sont d'un blanc plus ou moins vif et plus ou moins pur, généralement pendant quelques jours et sans aucune loi apparente. C'est ce qui est arrivé assez souvent, pendant les dernières oppositions, le long de la rive droite de la Syrtis Magna, et sur le littoral qui va de là au Sinus Sabæus, ainsi qu'en plusieurs autres endroits. Souvent une partie notable du disque se montre parsemée de taches blanches, ce qui a eu lieu, par exemple, le 18 et le 19 janvier 1882, dans les pays entre le Gange et l'Iris et le 31 janvier entre le Nilosyrtis et l'Indus. Il est arrivé aussi que des bandes blanches, sous forme de ceintures régulières, d'une largeur uniforme, se répandaient un peu obliquement, du Nord-Est vers le Sud-Ouest, avec une faible inclinaison sur les méridiens.

C. — Les variations de ton des mers.

Les mers présentent, elles aussi, de très remarquables changements de couleur, mais plus lentement et plus régulièrement. Au point où en sont arrivées les études que j'ai commencées, j'ose affirmer qu'en passant du méridien central aux positions obliques, sous l'influence de la rotation diurne, *elles ne changent pas de couleur*. J'ai à maintes reprises suivi les changements de couleur de l'île d'Argyre, qui virait du rouge foncé au blanc le plus brillant, au fur et à mesure que l'inclinaison du rayon visuel augmentait, sans que l'on eût constaté aucune variation dans la couleur ou dans l'obscurité des mers environnantes. J'ai observé plus d'une fois le même phénomène sur la petite île Œnotria, dans la Syrtis Magna. Ce fait prouve que la surface de ces mers est, dans un certain sens, différente de celle des autres régions considérées jusqu'à présent; en tout cas, il doit être regardé comme fondamental dans l'étude de la nature physique de Mars.

Il n'est pas moins certain que, d'une opposition à l'autre, on aperçoit, dans les mers, des changements de tons très remarquables. Ainsi, les régions nommées mer Cimmerium, mer Sirenum et lac du Soleil, qui, pendant les années 1877 à 1879, pouvaient être mises au nombre des plus sombres de la planète, sont devenues de moins en moins noires, pendant les oppositions suivantes, et en 1888 elles étaient d'un gris clair qui suffisait à peine à les rendre visibles dans la position bien plus oblique où elles se trouvaient toutes trois. Pendant ces années 1877 à 1879, la Syrtis Magna et le Nilosyrtis ont paru très noirs, mais en 1888 le Nilosyrtis n'avait pas varié, tandis que la Syrtis Magna (à part une petite raie au-dessous de l'embouchure du Népenthès et quelques autres zones très étroites) était devenue si claire qu'elle se détachait très peu sur les régions avoisinantes, notamment sur la Libye. La mer Erythrée était devenue très claire, elle aussi, à l'exception de ses trois golfes, le Sinus Sabæus, le Margaritifer Sinus et l'Auroræ Sinus, qui, par conséquent, auraient pu être désignés, non comme trois golfes, mais bien plutôt comme trois grandes îles isolées. Par contre, au même moment, la mer Acidalienne et le lac Hyperborée ont paru très foncés; ce dernier paraissait en effet très noir, bien qu'il ne fût pas sous une plus faible inclinaison que la Grande Syrte et les mers méridionales mentionnées plus haut. L'état des régions appelées mers n'est donc pas constant : cela est indubitable. Peut-être la modification qui se produit est-elle en rapport avec les saisons de la planète.

D. — Les canaux.

Lorsque l'on considère sur la carte I le grand golfe placé au-dessous de l'équateur de la planète, par 290° de longitude, on voit qu'il se prolonge vers le Nord jusqu'au delà du 45e parallèle par un long appendice appelé Nilosyrtis. C'est une bande ordinairement très sombre qui même (peut-être par contraste avec les espaces lumineux qui l'environnent) paraît souvent tout à fait noire : sa largeur, de 4° ou 5° à peu près, paraît exactement uniforme dans la partie septentrionale au delà du 20e parallèle nord. Ses bords sont sensiblement tranchés, et leur parcours général est courbé d'une manière régulière; il y a bien l'apparence de très petites dentelures sur toute leur longueur, mais il ne m'est jamais arrivé de voir ces dentelures une à une. Si les taches sombres de la planète sont des *mers*, une semblable formation doit être considérée comme un *canal*; nous emploierons ce nom sans nous prononcer sur la *véritable nature* de la chose.

Le Nilosyrtis n'est pas le seul canal qui existe sur Mars, mais c'est de beaucoup le plus large et le plus visible; on le trouve déjà dans les dessins de Schrœter et, pendant les trente dernières années, il a été remarqué par un grand nombre d'observateurs. Secchi, en 1858, et Dawes, en 1864, ont reconnu d'une manière plus ou moins distincte l'existence de plusieurs autres formations analogues; leur nombre s'est multiplié dans les derniers temps d'une manière inattendue, et il est maintenant hors de doute que ces canaux forment un réseau fort compliqué, qui couvre toutes les régions continentales de la planète.

Le Planisphère I (*voy.* p. 440) a donné une représentation schématique de ce réseau, comprenant à peu près tous les canaux dont j'ai pu constater d'une manière distincte l'existence par les observations de 1877 à 1888. Par le mot *schématique*, j'entends dire que les lignes ou bandes du réseau sont tracées de manière à donner approximativement la longueur et la direction de chaque canal, les rapports de position des uns à l'égard des autres, et la forme des polygonations qui en résultent, sans tenir aucun compte ni de leur degré de coloration ou d'obscurité, ni de leur largeur (à l'exclusion du Nilosyrtis qui est d'une largeur tout à fait exceptionnelle), ni de leur apparence plus ou moins nettement définie sur les deux bords, ni de la duplication à laquelle beaucoup d'entre eux sont sujets à certaines époques. En effet, ces éléments de visibilité, de largeur et de forme sont plus ou moins variables d'une opposition à l'autre, et même d'une semaine à l'autre pendant la même opposition; et leurs variations ne sont pas simultanées pour tous les canaux, mais dans la même région et à la même époque, elles peuvent être très différentes d'un canal à un autre canal contigu. Il s'ensuit de là qu'on peut bien concevoir une représentation de ces canaux, correspondante à une époque donnée; mais *qu'il est impossible d'en tracer une carte permanente.* Qu'on ne s'attende donc pas à trouver une ressemblance exacte (ou même approchée) entre notre *Pl. I* et l'aspect des canaux de Mars; car une telle ressemblance n'est possible ni d'une façon absolue, ni même pour un espace de temps un peu long. *Chaque canal de la carte désigne tout simplement un espace linéaire, ou plutôt une bande étroite, sur laquelle peuvent se développer dans la suite des temps les différentes apparitions qui se rattachent à un canal déterminé.* On voit donc que cette carte (en ce qui regarde les canaux) n'est qu'une sorte d'index topographique, nécessaire pour l'intelligence et la coordination des détails très nombreux et très variables qu'on observe à chaque instant sur les différentes régions. Une telle représentation ne peut pas servir à la description de l'aspect physique des canaux ; mais elle suffira complètement à montrer les propriétés géométriques et topiques du réseau et de ses éléments.

On verra en premier lieu que, pour la plus grande partie, les canaux suivent un cours peu différent de celui d'un grand cercle de Mars. Il y a cependant quelques exceptions, dont le Phasis, le Simoïs, le Gehon, l'Indus, le Boréosyrtis et surtout le Nilosyrtis offrent les exemples les plus remarquables.

On constatera ensuite une autre propriété, qui est tout à fait générale : tout canal aboutit par ses deux termes, soit à une mer ou à un lac, soit à un autre canal ou à l'intersection de plusieurs autres canaux. Je ne me rappelle pas avoir jamais vu une des lignes s'arrêter court au milieu de l'espace continental, en forme de tronc isolé et sans connexion ultérieure. Ce fait est de la plus grande importance pour l'étude de la nature de ces formations.

Les canaux peuvent se couper deux à deux, sous tous les angles possibles. Il existe sur la planète plusieurs régions où trois, quatre, même six ou sept, se rencontrent sur un petit espace ; cet espace est alors ordinairement distingué par une tache plus sombre, ou un *lac*, dont la grandeur et l'apparence peuvent varier entre certaines limites. Un nœud très important de cette espèce est le lac du Phœnix (long. 108°, lat. australe 16°) formé par la rencontre de sept canaux, Agathodæmon, Eosphoros, Phasis, Araxes, Eumenides, Pyriphlégéthon, Iris, qui en divergent sous forme d'étoile assez régulière. Un autre nœud moins régulier, appelé Trivium Charontis (long. 195°, lat. boréale 17°) est formé par la rencontre plus ou moins excentrique de Cerberus, Læstrygon, Tartarus, Orcus, Erebus, Hades et Styx. Dans le Lacus Ismenius (long. 335°, lat. boréale 40°) convergent l'Euphrates et son prolongement boréal, Protonilus, Deuteronilus, Astaboras, Hiddekel, Jordanis. Il est facile de reconnaître plusieurs autres exemples sur la carte, comme Propontis, Lacus Niliacus, Lacus Tithonius, Lacus Lunæ et le Nodus Gordii, le plus étendu et le plus imparfaitement marqué de tous.

On voit aussi, par l'examen de la carte, que la longueur des canaux peut être très différente ; plusieurs ne dépassent guère 10° ou 15° (Xanthus, Scamander, Eosphoros, Nectar, Ambrosia, Issedon). D'autres, au contraire, suivent sans irrégularité sensible une ligne de grande étendue qui atteint quelquefois au quart de la circonférence de la planète ; tels sont l'Euphrates, qui avec son prolongement boréal arrive de l'équateur jusque près du pôle nord, et l'Erebus-Achéron, qui occupe 90° au moins : en considérant comme prolongations de ce dernier le Dardanus d'un côté et le Cerberus de l'autre qui paraissent s'y rattacher sans solution appréciable de continuité, on aurait une ligne étendue sur une longueur de 160° environ, du lac Niliacus jusqu'à la mer Cimmerium.

La grande uniformité et la composition de tout le système a quelque chose d'étrange et d'inattendu, et l'on serait presque tenté de rechercher si la distribution des lignes n'est pas sujette à quelque loi simple, de même qu'autrefois Élie de Beaumont avait pensé pouvoir assujettir les directions des grandes montagnes de la Terre à son fameux réseau pentagonal. J'ai lieu de croire qu'une semblable recherche aurait à présent peu de probabilité d'aboutir à des résultats plausibles; de plus, il ne faut pas oublier que notre esquisse est loin d'être assez exacte et assez complète pour un tel but.

Je vais essayer maintenant de signaler d'une manière générale les différents aspects physiques sous lesquels peut se présenter un canal quelconque de la planète.

E. — Variations dans les aspects des canaux.

(a) Un canal peut être plus ou moins longtemps *invisible*. Sur quoi il faut remarquer qu'il ne s'agit pas ici de l'invisibilité produite par les mauvaises circonstances de l'observation, mais bien d'une invisibilité réelle, qui persiste dans des conditions d'image et d'atmosphère suffisantes pour bien montrer le canal à d'autres époques. De plus, l'idée d'invisibilité doit être ici prise relativement aux moyens optiques dont j'ai pu disposer pour ces recherches [1]; c'est-à-dire qu'elle n'exclut pas la possibilité de voir le même objet avec un instrument de puissance plus considérable. Voici un exemple bien frappant de cette invisibilité. Pendant les soirées des 2 et 4 octobre 1877, par une atmosphère excellente, le diamètre apparent de la planète étant de 21″, la région continentale entre le Margaritifer Sinus et l'Auroræ Sinus était tout à fait claire et dépourvue de canaux, sans le plus petit indice de taches quelconques; Indus, Hydaspes, Jamuna, Hydraotes complètement invisibles. Cet état de choses persistait encore le 7 novembre, le diamètre apparent étant de 15″. Quatre mois plus tard (21-26 février 1878), l'Indus était parfaitement visible, le diamètre apparent étant réduit à 5″,7. Pendant l'opposition de 1879, l'Indus demeura toujours très évident; le 21 octobre (diamètre apparent 19″), parut l'Hydaspes pour la première fois, et le 27 novembre (diamètre apparent 17″,5) j'eus la première vue de la Jamuna. Le 28 novembre, tous les trois, Indus, Hydaspes et Jamuna, étaient larges, noirs et visibles au premier coup d'œil. L'Hydraotes a été découvert en 1882, le diamètre apparent étant de 14″. Tous ces canaux sont restés plus ou moins visibles pendant toutes les oppositions suivantes; mais, dernièrement (1888), Indus et Hydaspes étaient redevenus très difficiles. Sans fatiguer le lecteur par l'exposition d'autres cas semblables, je considère comme bien établi que les canaux de Mars peuvent *devenir invisibles à certaines époques*.

(b) Dans beaucoup de cas, la présence d'un canal a commencé à se rendre sensible à l'œil d'une manière très vague et indéterminée, par une légère ombre qui s'étendait irrégulièrement dans le sens de sa longueur. Il est difficile de décrire exactement un semblable état de choses, qui est en quelque sorte la limite entre la visibilité et l'invisibilité. Quelquefois j'ai cru reconnaître que ces ombres ne

[1] Pour les oppositions de 1877, 1879-80, 1881-82, 1884, un réfracteur de Merz de 8 pouces; pour l'opposition de 1888, un réfracteur de 18 pouces du même auteur. L'opposition de 1886 a été observée en partie avec l'un et en partie avec l'autre de ces deux instruments, qui doivent être rangés parmi les plus parfaits qui existent de ces dimensions.

sont en réalité qu'un simple renforcement de la couleur rougeâtre qui domine sur les continents, renforcement peu intense d'abord, qui ne devient visible qu'à l'aide de sa largeur assez considérable, dont cependant on ne saurait assigner ni la mesure ni les limites. D'autres fois, l'apparence a été plutôt celle d'une bande grisâtre et estompée, comme un léger nuage oblong. C'est par l'une ou par l'autre de ces formes indéterminées que, en 1877, j'ai commencé à reconnaître l'existence de Phison (4 octobre), Ambrosia (22 septembre), Cyclops (15 septembre), Eunostos (20 octobre) et de beaucoup d'autres. Des exemples analogues n'ont pas manqué non plus dans les oppositions suivantes.

(c) Très souvent les canaux ont l'aspect d'une bande grise estompée des deux côtés, ayant au milieu un *maximum* d'intensité, qui peut être assez sombre pour donner l'idée d'une ligne plus ou moins bien marquée. Cet état présente un certain nombre de variétés, selon la prépondérance de cette ligne centrale sur les parties nébuleuses latérales, sous le double rapport de la largeur et de l'intensité. Les bandes ainsi formées sont ordinairement assez régulières, sans exclure toutefois la possibilité de certaines anomalies dans la largeur et dans l'intensité de l'ombre, anomalies que la puissance de la lunette employée peut ordinairement faire soupçonner, rarement mettre en complète évidence. Le cas d'une structure différente des deux côtés est très rare; cela a été constaté indubitablement le 30 janvier 1882 pour le Gehon, dont le côté seul était estompé, l'autre étant bien défini; et pour l'Euphrates, le 19 du même mois, qui était nébuleux à droite et bien défini à gauche. En 1879, plusieurs canaux ont montré le long de leur parcours une structure inégale, qui changeait peu à peu d'une extrémité à l'autre. Læstrygon, Tartarus, Titan, Gigas, Gorgon, Sirenius étaient minces, noirs et assez bien définis à leur extrémité australe, qui débouche sur la mer Sirenum ou la mer Cimmerium en pénétrant vers le Nord; dans la région continentale, ils s'élargissaient en forme d'une queue de comète, et finissaient en forme d'ombre large et mal terminée à l'extrémité boréale. La même année, l'Astapus sortit du Nilosyrtis très mince et bien défini; il s'élargissait considérablement et allait se perdre dans l'Alcyonius sous l'aspect d'une ombre large et fort légère. C'est par suite de semblables défauts d'uniformité dans les canaux environnants, que la région claire appelée Elysium affecte souvent la forme circulaire, quoiqu'elle soit encadrée dans une espèce de pentagone de cinq canaux.

(d) Le type le plus parfait des canaux, que je regarde comme l'expression de leur état normal, est une ligne sombre (quelquefois tout à fait noire) et bien définie, qu'on dirait tracée à la plume sur la surface jaune de la planète. L'aspect des canaux dans cette phase de leur existence est très uniforme sur toute leur longueur, à fort peu d'exceptions près; leur cours général est régulier; et, dans les occasions très rares où il a été possible de distinguer nettement les deux bords l'un de l'autre, j'ai pu y remarquer de très petites sinuosités ou dentelures. Ce cas s'est présenté, en 1879, pour Euphrates et Triton, et pour Ganges en 1888. Chaque bord est, du reste, parfaitement tranché, aussi parfaitement que les bords des continents sur les mers (¹). La largeur est très différente d'un canal à l'autre, depuis le Nilosyrtis, qui peut arriver ou même dépasser 5° (300 kilomètres), jusqu'à de simples lignes sans largeur appréciable, telles que Galaxias, Issedon, Anubis et Erynnis en 1882, Æthiops en 1888, dont la largeur probablement ne dépassait pas 1° (60 kilomètres). Cette largeur est uniforme, à très peu d'exceptions près; cependant Jamuna et Iris, en 1879, Hades et Athys, en 1882, Nilokeras, en 1886, ont montré des exemples bien certains de canaux plus larges à une extrémité qu'à l'autre.

La largeur d'un même canal peut changer avec le temps entre des limites très différentes, depuis le filet à peine perceptible dans les meilleures conditions atmosphériques, jusqu'à une large bande noire visible au premier coup d'œil. Nous avons un exemple bien remarquable de ces variations dans l'histoire du Simoïs, qui, invisible en septembre 1877, se présentait en octobre comme une ligne extrêmement fine. En 1879, il était noir et assez large pour compter parmi les canaux les plus considérables. Au commencement de janvier 1879, le Simoïs était aussi large et aussi noir que le Nilosyrtis; largeur estimée 4°. En même temps parut, à droite du Simoïs, le canal appelé Ascanius; et la portion de continent comprise entre l'Ascanius et le Simoïs (*voir* la carte) prit une teinte beaucoup plus sombre que les régions environnantes. Malheureusement cette partie de la planète n'a pu être bien observée les années suivantes, sa position étant trop australe et trop voisine du bord.

Un cas tout à fait identique a été offert par le Triton dont, en 1877, j'ai pu voir seulement la moitié à droite entre le Léthes et le Népenthès. Dans les oppositions suivantes, il a été possible de le suivre tout entier depuis le Népenthès jusqu'à la mer Cimmerium, avec plus ou moins de facilité. Mais, dernièrement (en mai 1888), il devint extraordinairement large, et formait un vaste détroit. Et, ce qui est bien remarquable, la Syrtis Parva s'est élargie considérablement aux dépens de la Libya et cette dernière s'est fort assombrie, comme je l'ai déjà rappelé plus haut. Cette coïncidence de l'élargissement du Simoïs et du Triton et de l'assombrissement d'une vaste région contiguë n'est probablement pas un simple hasard. Du reste, tous les canaux de la planète paraissent plus ou moins sujets à de semblables variations. Le Nilosyrtis lui-même m'a offert un maximum de largeur en 1882 et un minimum en 1886; mais la différence entre le maximum et le minimum était, dans ce cas, bien moins considérable. Nous savons aussi par les observations de Dawes et de Secchi, que l'Hydaspes en 1864 et en 1858 était un des canaux les plus visibles, ce qui n'a plus eu lieu pendant la période de mes observations (1877-1888). Et M. Van de Sande Backhuyzen a reconnu, dans les dessins de Schrœter, l'existence de taches sombres considérables qui n'ont plus été observées de nos jours, et qui avaient sans doute pour cause des phénomènes de même nature.

Un semblable fait s'est produit aussi sur une vaste échelle, dans le voisinage du pôle boréal, pendant les oppositions 1884-1886. Autour de la calotte blanche polaire, plusieurs canaux étaient devenus très noirs et très larges et, en même temps, les espaces interposés étaient devenus assez sombres. Lorsque la définition du télescope était insuffisante, la confusion de tous ces détails produisait autour de la calotte blanche polaire une zone grise, et c'est probablement une semblable observation qui a donné naissance aux tracés d'une mer polaire boréale, qui n'existe pas.

Les variations d'intensité d'un canal bien tracé embrassent simultanément toute sa longueur. Mais lorsque, par l'intersection avec d'autres canaux, il est partagé en plusieurs parties, il peut arriver que l'intensité, uniforme pour chaque partie, soit différente d'une section à l'autre. Nous avons déjà dit qu'en 1877, le Triton était visible seulement à droite du Léthé, et invisible dans la section entre le Léthé et la mer Cimmerium. En 1879, le Phison a été très noir dans sa section boréale entre le Nilosyrtis et l'Astaboras, tandis qu'il était bien moins évident dans la partie australe, entre l'Astaboras et le Sinus Sabæus. En 1882, Hydraotes était très délié dans sa section à gauche de la Jamuna, assez gros et visible (et même double) dans la section à droite du même canal. Dans ces cas, le changement d'intensité, en passant d'une section à l'autre, se fait par un saut brusque, sans transition appréciable, chaque section étant ordinairement bien uniforme dans toute son étendue.

F. — LES DOUBLEMENTS OU GÉMINATIONS DES CANAUX.

Nous allons considérer la dernière et la plus remarquable des transformations des canaux de Mars, celle qui donne naissance aux *géminations*. Ces phénomènes sont bien propres à imposer un frein à l'essor de notre imagination, lorsqu'elle veut essayer d'appliquer à l'étude physique de Mars l'analogie tirée des faits que nous observons sur la Terre. Un canal quelconque a été reconnu sous l'une des formes précédemment décrites, ou même sous plusieurs successivement; en peu de jours (ou peut-être d'heures), par un procédé de transformation dont le détail a échappé jusqu'à présent, il se présente doublé et composé de deux bandes très voisines entre elles, ordinairement égales et parallèles : le cas d'une légère divergence ou d'une différence d'épaisseur étant assez rare. Dans plusieurs cas, il a été possible de constater, par la comparaison minutieuse avec les détails environnants, que l'une des deux bandes a conservé (exactement ou à peu près) l'emplacement du canal primitif; mais dernièrement, en 1888, j'ai pu me convaincre que cette règle n'est pas générale, et *il peut arriver que ni l'une ni l'autre des nouvelles formations ne coïncident avec l'ancien canal*. L'identité de la direction générale et de l'emplacement est alors seulement approximative; toute trace de l'ancien canal disparaît pour faire place aux deux lignes nouvelles.

La distance entre les deux lignes parallèles est fort différente d'une gémination à l'autre ; la limite supérieure peut être estimée à 10° ou 12°, même à 15° pour certaines géminations très longues et imparfaitement marquées, comme celles du Titan en 1882 et du Gigas en 1884. Quant à la limite inférieure, elle ne peut être déterminée que par rapport à la puissance du télescope employé et aux circonstances de l'observation ; en 1888, Protonilus et Callirrhoe étaient résolubles en deux lignes espacées de 3° au plus. Il arrive quelquefois qu'on peut conjecturer qu'une ligne est double, par son aspect particulier, sans qu'on puisse séparer complètement les deux lignes composantes. Le dédoublement d'une ligne peut donc échapper même à un observateur attentif.

La largeur, ordinairement uniforme et égale pour ces deux bandes, est très différente d'une gémination à l'autre, depuis une ligne d'épaisseur imperceptible jusqu'à 3° environ. Le rapport de cette largeur des bandes à l'intervalle lumineux qui les sépare est très variable. Ordinairement l'intervalle est plus large que chacune des bandes ; souvent il a été égal ou même un peu plus étroit.

La couleur est presque toujours la même dans ces deux bandes, sous le double rapport de la qualité et de l'intensité ; mais elle présente des variétés considérables d'une gémination à l'autre. Elle est généralement noire, ou du moins, foncée dans les géminations composées de lignes très minces ; les bandes plus larges sont rarement noires ou brunes (un cas remarquable a été la gémination du Cyclops en 1882, si forte et si marquée, que nul autre objet sur le disque ne pouvait lui être comparé) ; elles se montrent assez souvent d'un rouge-brique de nuance plus ou moins sombre. Quelques bandes ont été tellement pâles, qu'on pouvait à peine en constater la présence sur le fond jaune de la planète, malgré une largeur considérable de plusieurs degrés. En diverses occasions, j'ai pu constater que l'intersection de ces bandes plus pâles avec un autre canal produit un renforcement sensible de couleur dans la place de l'intersection. Je suis porté à croire que, dans tous les canaux doublés, la couleur est toujours la même en qualité, et que les différences ne regardent que l'intensité.

Si un canal double est coupé en deux sections par un autre canal, et si l'une

Fig. 231.

Élargissement des deux bandes d'un canal, près d'une intersection.

des bandes est plus large ou plus intense d'un côté de l'intersection, l'autre bande le sera aussi, comme le montre la figure ci-dessus (*fig*. 231). Tels ont été Antæus-Eunostos en 1882, Euphrates en 1888. Si l'une d'elles est très mince ou peu visible d'un côté de l'intersection, l'autre sera aussi très mince ou peu visible, et, dans ce cas, il peut arriver que l'une des deux manque complètement ou soit invisible. On a alors l'exemple d'un canal qui est double dans une section de son cours et simple dans une autre section. Cerberus, Hydraotes, Achéron ont fourni de pareils exemples en 1882.

Quelquefois les deux lignes sont régulières et leurs axes parfaitement parallèles; mais le tout est entouré d'une espèce de pénombre, comme Cerberus en 1882, Hebrus en 1888. Mais, dans le plus grand nombre de cas, les deux lignes sont tracées avec une régularité absolue et tout à fait géométrique; l'uniformité de la largeur, de la couleur et de l'intervalle est complète. Leur examen, fait dans d'excellentes circonstances avec des grossissements variés, depuis 322 jusqu'à 650, n'a pu faire découvrir la plus petite irrégularité, ni même un soupçon d'irrégularité : *tout paraît tracé avec la règle et le compas.* Telles ont été, entre autres, en 1882, Cyclops, Euphrates, Phison, Jamuna, Hephæstus; en 1886, Hydraotes; en 1888, Euphrates, Phison, Astaboras, Protonilus, Callirrhoe. S'il existait quelque trace d'anomalie dans le canal simple primitif, elle disparaît complètement après la gémination. Des canaux sensiblement courbes ont même donné naissance à des géminations parfaitement droites, comme la Jamuna en 1882 et la Boreosyrtis en 1888. Il y a, en un mot, une tendance prononcée à l'uniformité plus absolue et à la suppression de tout élément irrégulier.

L'aspect d'une gémination change souvent suivant les époques. En 1882, les deux bandes de l'Euphrates montraient une sensible convergence du côté du Nord; l'une d'elles était à très peu près dirigée suivant un méridien de la planète. En 1888, les deux bandes étaient absolument équidistantes dans toute leur extension entre le Sinus Sabæus et le lac Ismenius; leur angle avec le méridien était, au point moyen, 8° ou 10° environ. Elles étaient minces et bien définies en 1882; en 1888, les deux bords de chacune étaient estompés, leur couleur était plus claire, leur intervalle était sensiblement moindre qu'en 1882. De même, pour l'Hephæstus, les deux larges bandes rougeâtres de 1882 étaient réduites en 1888 à des lignes plus fines et de couleur plus sombre, l'intervalle mitoyen était réduit à la moitié. Une semblable réduction de l'intervalle paraît avoir eu lieu pour le Protonilus.

La gémination des canaux s'accomplit dans un intervalle de temps relativement court, et par une métamorphose rapide. Assez souvent il a été possible de restreindre, par des observations sûres, à un petit nombre de jours la limite de cette durée. Quelquefois la métamorphose a été complète dans l'intervalle de vingt-quatre heures, entre deux observations consécutives. Autant que j'ai pu en juger, le phénomène a lieu simultanément sur toute la longueur du canal doublé.

Dans un petit nombre de cas, il a été possible de constater quelques phases du procédé de gémination. Pendant le mois de janvier 1882, l'Euphrates a été visible jusqu'au 18 du mois sans rien offrir de bien remarquable. Le 19, il parut considérablement plus large et un peu nébuleux du côté gauche. Le 20, un brouillard dense m'empêcha d'observer. Le 21, la gémination était complète et tout à fait évidente. Dans le même mois de janvier 1882, le Ganges s'est montré simple jusqu'au 12. Le 13, il parut accompagné, à droite, d'une légère bande lumineuse, qui le côtoyait sur toute sa longueur à une distance de 5° environ entre le Lacus Lunæ et le Fons Juventæ. Cette bande n'était plus visible le 18 et le 19; toute la région environnante était parsemée de taches blanches. Ces taches n'existaient plus le 20; mais la bande nouvelle avait reparu, plus noire, plus étroite et mieux définie, cette fois; elle ressemblait au Ganges, quoiqu'elle fût un peu plus faible : le Ganges était doublé, et son aspect ne changea plus jusqu'à la fin des observations de cette année 1882. L'apparition d'une nappe blanche ou blanchâtre de part et d'autre d'un canal à l'époque de son doublement a été signalée plusieurs fois; en 1882 pour le Thoth, en 1888 pour le Protonilus et le Népenthès : cette nappe blanche se montrait très distinctement entre les deux lignes de la gémination.

J'ai vu assez fréquemment les deux lignes se dégager simultanément d'une nébulosité grise plus ou moins intense, allongée dans la direction du canal; j'incline même à conclure que cet état de nébulosité est un phénomène essentiel dans la production des géminations. Mais il ne faut pas croire qu'il s'agisse ici d'objets cachés par une espèce de brouillard, qui deviennent visibles par sa disparition. Autant que j'ai pu en juger, ce qui apparaît sous l'aspect de nébulosité n'est point un *obstacle* à la vision d'objets préexistants, mais c'est plutôt une *matière* dans laquelle se prononcent des formes qui n'existaient pas. Pour expliquer ma pensée, je dirai que le procédé n'est pas comparable à des objets qui se dégagent d'un brouillard devenu plus rare, mais plutôt à une multitude de soldats dispersés irrégulièrement, qui, peu à peu, se forment en rangs et en colonnes. Je dois ajouter que ceci doit être considéré comme une *impression*, et non comme le résultat réfléchi d'observations proprement dites.

Puisqu'il y a une époque d'apparition pour les géminations, il faut qu'il existe aussi une époque où elles disparaissent ou s'effacent de quelque manière. Malheureusement, je n'ai encore pu rien observer de bien sûr à l'égard de cette phase du phénomène. Je puis seulement dire que plusieurs géminations de 1882 n'étaient plus visibles dans les oppositions suivantes; le canal était redevenu simple, ou même avait disparu entièrement. Dans beaucoup de cas, l'éloignement de la planète ou l'état insuffisant de l'atmosphère terrestre donnait une explication plausible ou du moins possible des géminations disparues. Je crois que le caractère de ces phénomènes est périodique. Réellement, on ne pourra affirmer sans hésitation une telle périodicité qu'après les avoir vues paraître et disparaître plusieurs fois de suite; cependant les observations faites jusqu'à présent suffisent pour la rendre probable. En 1877, aucune trace de gémination n'a pu être constatée pendant les semaines qui ont précédé ou suivi le solstice austral. Un seul cas isolé a été remarqué en 1879 : le 26 décembre, j'ai constaté la duplicité du Nilus entre le Lacus Lunæ et la large traînée appelée Ceraunius. C'était un mois avant l'équinoxe vernal, correspondant au passage du Soleil de l'hémisphère austral à l'hémisphère boréal de la planète. Ce phénomène me surprit un peu, mais je le considérai alors comme quelque chose d'accidentel. Pendant l'opposition 1881-82, j'ai attendu la répétition du même fait; il se produisit, en effet, mais un mois *après* l'équinoxe vernal, le 12 janvier 1882. A cette époque, plusieurs autres géminations avaient déjà paru, et bientôt la planète en fut remplie; en deux mois, depuis le 19 décembre jusqu'au 22 février, j'ai pu constater trente géminations. Pendant l'opposition de 1884, j'ai pu en voir distinctement encore quelques-unes; plusieurs autres paraissaient probables, mais elles n'étaient plus assez distinctes. C'était de deux à quatre mois avant le solstice boréal. En 1886 (à l'époque du solstice boréal, un mois avant et un mois après), la plus grande partie des géminations n'existait plus, beaucoup de canaux étaient redevenus simples, d'autres avaient disparu; toutefois plusieurs étaient encore évidemment doubles, entre autres l'Hydraotes, très nettement. Quelques-uns de ces doublements furent constatés à la même époque à l'Observatoire de Nice par M. Perrotin et ses collaborateurs. Enfin, en mai et juin 1888 (deux et trois mois après le solstice boréal), commença une nouvelle reprise des géminations, pendant laquelle on vit se doubler plusieurs canaux, qui jusque-là étaient restés simples, et rester simples plusieurs qui étaient doubles en 1882. L'ensemble des observations donne quelque poids à l'idée que le phénomène doit être réglé par la période des saisons de Mars; qu'il se produit principalement *un peu après l'équinoxe de printemps* et *un peu avant l'équinoxe d'automne;* qu'après avoir duré quelques mois, les géminations s'effacent en grande partie à l'époque du solstice boréal, et disparaissent toutes à l'époque du solstice austral. La vérification de ces conjectures ne se fera pas attendre longtemps, et une première occasion de la faire se présentera en 1892. L'opposition de cette année aura lieu dans les mêmes conditions à peu près que celle de 1877, et il faudra s'attendre à une absence complète de géminations.

La *Pl. II* (p. 440) a donné une idée de l'arrangement général des géminations observées en 1882 et en 1888. Il n'est pas besoin d'avertir le lecteur que cette carte ne représente l'état de la planète à aucune époque, car *les géminations ne se produisent pas toutes ensemble.* C'est encore ici un index graphique de ces formations, qui comprend à peu près toutes celles que j'ai pu constater jusqu'à présent.

Nous avons remarqué plus haut qu'il existe sur la planète un certain nombre de *nœuds* ou de points d'intersection, de convergence, où plusieurs canaux se rencontrent sous une forme plus ou moins régulière. L'aspect de ces nœuds change d'une manière analogue à celle des canaux. Lorsque les canaux qui aboutissent à un nœud sont tous invisibles, le nœud est invisible aussi, ou s'annonce tout au plus par une ombre légère et diffuse. L'apparition des canaux comme lignes simples ou doubles de cours déterminé produit dans le nœud un réseau de lignes dont il est ordinairement impossible de démêler la structure, à cause de la grande quantité de détails qui s'accumulent alors dans un espace relativement petit. La confusion est accrue dans le plus grand nombre de cas par une espèce d'ombre confuse assez forte qui entoure le nœud et le rend visible comme une tache plus ou moins forte qui se transforme quelquefois en un vrai *lac* à couleur noire et à contours bien déterminés (Lacus Niliacus 1879-86, Trivium-Charontis

1882, et autres). De cette ombre finit par se dégager, à de certaines époques, une double tache allongée, formant une sorte de gémination composée de deux bandes courtes et larges, qui occupent à peu près la surface de l'ombre ou du lac en question. Voyez dans la *Pl. II* le Trivium Charontis et le Lacus Lunæ ainsi transformés. Autant que j'ai pu m'en rendre compte jusqu'à présent (ces observations étant de la plus grande difficulté), la direction de cette gémination change considérablement d'une époque à l'autre et coïncide tantôt avec un, tantôt avec un autre des canaux doubles qui aboutissent à la région en question. Ce fait étant de la plus haute importance pour l'histoire des géminations, je rapporterai, avec détails, quelques exemples que j'ai observés.

Le lac Ismenius est formé, dans son état ordinaire, d'une tache sombre de forme ovale, allongée dans la direction du parallèle. Le 23 décembre 1881, je l'ai trouvé divisé en deux bandes qui formaient une courte gémination, étendue dans

Fig. 232.

Fig. 233.

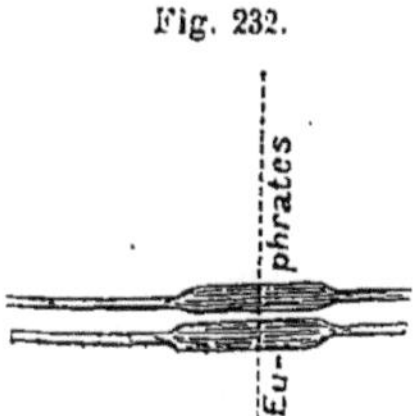

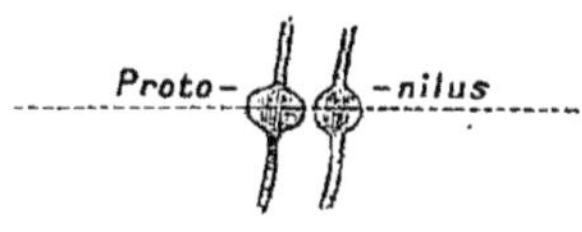

Dédoublement du lac Ismenius, le 23 déc. 1881, dans le sens de l'Est à l'Ouest.

Dédoublement du même lac, le 27 mai 1888, sous forme de deux petits lacs circulaires.

la direction du Protonilus qui était double aussi. Protonilus et Ismenius auraient pu être considérés comme formant une seule gémination, mais les bandes de l'Ismenius étaient beaucoup plus larges, ainsi qu'on le voit dans le croquis ci-dessus (*fig. 232*). Le 27 mai 1888, un semblable phénomène eut lieu; mais la division en deux bandes suivait cette fois la direction de l'Euphrates, qui était double (*voir* la *fig. 233*). Les dimensions de l'Ismenius dans la direction de l'Euphrates étant peu considérables, les bandes n'étaient pas plus longues que larges; en un mot, la gémination prit la forme de deux petites taches presque rondes, juxtaposées et alignées dans la direction du Protonilus. Plus tard, le Protonilus étant doublé aussi bien que l'Euphrates, je m'attendais à voir l'Ismenius divisé en quatre; cela n'est point arrivé. Le 4 juin, le lac avait repris sa forme ovale d'autrefois, avec des contours ombrés et peu définis.

Le Trivium Charontis n'existait en 1879 que comme point de rencontre des canaux Læstrygon, Styx, Cerbère et Tartare, seuls visibles alors dans cette région. En 1881-82, les intersections de canaux se multiplièrent dans cet endroit, le tout étant enveloppé d'une ombre confuse assez étendue, quoique mal terminée. En 1884, cette ombre se divisa en deux bandes très fortes, allongées exactement dans la direction de l'Orcus. En 1888 (13-15 juin), la division en deux bandes existait, mais leur orientation suivait la direction de l'Erèbe. L'un et l'autre système de bandes sont représentés dans notre *Pl. II*, superposés l'un à l'autre. Mais une telle superposition n'a pas été observée.

Un phénomène identique a été observé sur le lac de la Lune, qui, en 1879 et en 1882, était divisé en deux fortes bandes orientées suivant le double Nil, tandis qu'en 1884, l'orientation était dans la direction de l'Uranius : l'une et l'autre formes se trouvent superposées dans la *Pl. II*. Le Nœud Gordien a présenté aussi des phénomènes analogues, quoique bien plus difficiles à observer.

Il paraît résulter de tout ceci que la cause productrice des géminations n'opère pas seulement le long des canaux de Mars, mais aussi sur des surfaces sombres de forme quelconque, pourvu qu'elles ne soient pas trop étendues; dans ce dernier cas, la direction de la même gémination peut être très différente d'une époque à l'autre, tandis que, dans le cas des canaux, elle ne peut osciller qu'entre d'étroites limites. Cette cause paraît étendre sa puissance même sur les mers permanentes; car l'apparition de l'île Cimmeria au milieu de la mer Cimmérienne n'est au fond qu'une transformation de cette mer en une grande gémination composée des deux bandes obscures qui restent des deux côtés de l'île susdite. Un semblable phénomène semble se produire sur la mer Acidalienne, quoique avec moins d'évidence et de régularité.

Cette tendance à diviser un espace sombre par une bande jaune semble se manifester aussi par la production de certains diaphragmes ou isthmes lumineux d'étonnante régularité qui se forment en certains endroits de l'hémisphère boréal de la planète. Tel est le pont d'Achille, qui, en 1882-84-86, séparait le lac Niliacus de la mer Acidalium, et qui disparut partiellement en 1888; telle est aussi l'interruption qui sépare parfois le Nilosyrte de la Boreosyrtis, interruption qui se montre lorsque le Protonilus est doublé, et qui est en quelque sorte une continuation de la bande claire qui sépare les deux lignes composantes du Protonilus. Une autre interruption semblable dans le cours de la Boreosyrtis, qui existait en 1882, n'a plus été vue depuis. Enfin la duplicité du Sinus Sabæus et de la presqu'île Atlantis, qui sépare la mer Cimmerium de la mer Sirenum, paraît dépendre de phénomènes de la même nature.

G. — Phénomènes observés sur les canaux.

Telles sont les diverses apparences sous lesquelles peuvent se présenter les canaux de Mars et les formations analogues. Chacun d'eux a ses métamorphoses et son histoire particulière; et cette histoire est liée sans doute à celle des canaux voisins, quoique cette connexion ne soit pas toujours bien apparente.

Pour donner une idée de la manière dont se développent dans leur succession les phénomènes des canaux de Mars, je choisirai un seul exemple entre cinquante. Il s'agit ici du canal appelé Hydraotes (*fig.* 234) et du Nilus, son prolongement. Pour mettre en évidence la correspondance des faits avec les saisons de Mars, j'ai inséré, parmi les observations, les dates des solstices et des équinoxes, en désignant par équinoxe vernal le moment où le Soleil passe du côté sud au côté nord de l'équateur de la planète. Pour plus de clarté, je désigne par des lettres les différentes sections de l'Hydraotes-Nilus. Ce canal aboutit d'un côté au Ceraunius, qui tantôt offre l'aspect d'une grande bande nébuleuse, tantôt présente une gémination imparfaite, qui au Nord s'élargit en forme de trompe ; de l'autre côté, son extrémité arrive aux bords du beau golfe appelé Margaritifer Sinus. Les trois canaux Jamuna, Ganges, Chrysorrhoas, le divisent en quatre sections AB, BC, CD, DE. Il semble que le canal se prolonge encore davantage à droite au delà du Ceraunius, par le Phlegethon ; mais nous bornerons notre exa-

Fig. 234.

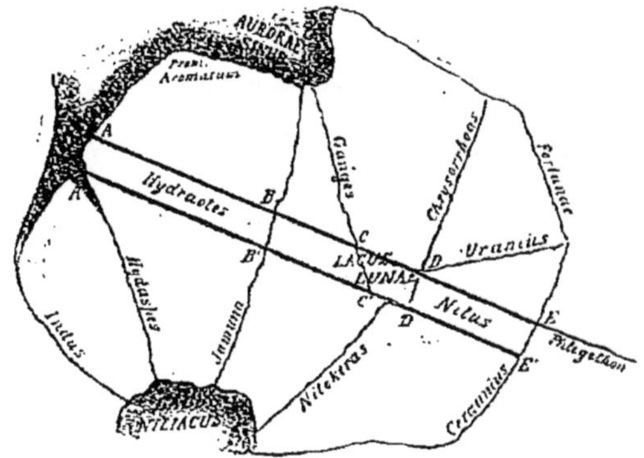

Phénomènes observés sur Mars. Le canal Hydraotes-Nilus.

men à la partie AE. Dans les environs de la section CD convergent, d'une manière excentrique et imparfaite, quatre autres canaux, Ganges, Chrysorrhoas, Nilokeras et Uranius ; il y a donc ici un des nœuds dont nous avons parlé plus haut, qui donne origine au Lacus Lunæ, tache ombrée de grandeur et d'intensité variables.

Voici l'extrait de mes observations.

OPPOSITION DE 1877.

Septembre 27. — *Solstice austral.*

Septembre 28, octobre 4. — Tous les canaux invisibles, à l'exception du Ganges

Novembre 4. — Première apparition du Chrysorrhoas, large et nébuleux. Sa convergence avec le Ganges forme une tache mal définie, mais assez forte ; c'est la première indication du Lacus Lunæ.

Février 21. — Première vue du Nilokeras et du Nilus sous forme de bandes sombres près du limbe inférieur. Observations difficiles, diamètre de la planète réduit à 5″,7.

Février 24-25. — Première vue de l'Indus. Ganges encore visible dans toute son étendue ; il forme, à sa rencontre avec le Nilokeras et le Nilus, une forte tache triangulaire, le Lacus Lunæ.

Mars 6. — *Équinoxe vernal.*

OPPOSITION DE 1879.

Août 14. — *Solstice austral.*

Octobre 13-14-18. — Ganges large, Chrysorrhoas et Nilus bien marqués. Lacus Lunæ est une tache informe très sombre.

Octobre 21. — Première vue de l'Hydaspes.

Novembre 27-28. — Première vue de la Jamuna. Nilokeras très fort. Nilus visible.

Décembre 21. — Lacus Lunæ très grand et très noir.

Décembre 23. — Le Lacus Lunæ a pris la figure d'un trapèze CC'DD' formé par quatre bandes noires, les bandes CD, C'D' sont beaucoup plus larges que les autres, mais CD encore plus large que C'D'. L'île lumineuse au milieu est bien définie, et de la couleur jaune ordinaire. Nilus s'étend dans la direction D'E' sous forme d'une bande grise peu définie. Ceraunius a le même aspect. A leur point d'intersection E, grande tache nébuleuse plus sombre.

Décembre 26. — Le Nilus est double; les deux traits parfaitement égaux et assez bien définis suivent les directions DE, D'E' des côtés parallèles du trapèze formé par le Lacus Lunæ, mais ils sont moins larges et moins sombres que ces deux côtés.

Janvier 1. — Nilokeras noir et bien visible.

Janvier 22. — *Équinoxe vernal.*

OPPOSITION DE 1881-1882.

Décembre 9. — *Équinoxe vernal.* Ganges et Lacus Lunæ bien marqués. Nilus C'D' peu visible; CD n'existe plus.

Décembre 14. — Hydaspes, Jamuna, Ganges; Nilokeras peu visible, large et estompé, ne paraît pas double.

Janvier 10. — Nilus et Lacus Lunæ marqués par des ombres légères; première vue de l'Uranius.

Janvier 11-12. — Nilus certainement double, les traits sont un peu nébuleux. Nilokeras imparfaitement doublé.

Janvier 13-20. — Doublement du Ganges.

Janvier 13. — Première vue de l'Hydraotes AB sous l'aspect d'un fil nébuleux.

Janvier 19. — Le Lacus Lunæ a repris la forme trapézoïdale, avec son île lumineuse au centre. Nilus forme deux lignes DE, D'E' bien reconnaissables, qui se détachent assez bien sur un fond blanchâtre. La disposition paraît identique à celle de l'année précédente; Hydraotes AB très visible. Jamuna doublée.

Février 18. — Nilus encore double; le trait supérieur paraît se prolonger par le Phlegethon.

Février 22. — Hydraotes divisé par la Jamuna en deux sections AB, BC, dont BC est plus large et plus visible que AB.

Février 23-24. — Hydraotes doublé dans la section BCB'C', mais toujours simple dans la section AB. Les deux traits de BC sont sur le prolongement des deux côtés CD, C'D' du trapèze formé par le Lacus Lunæ, mais un peu plus faibles. La ligne simple AB est sur le prolongement de BC, mais plus faible que BC. Jamuna et Ganges toujours doubles.

Juin 26. — *Solstice boréal.*

OPPOSITION DE 1883-1884.

Octobre 26. — *Équinoxe vernal.*

Décembre 31. — Jamuna, Ganges, Nilokeras bien visibles; rien de l'Hydraotes; Lacus Lunæ, tache peu apparente; Nilus très confus, peut-être double.

Janvier 2. — Je crois apercevoir confusément tout l'Hydraotes AC sans pouvoir dire s'il est simple ou double; la partie BC est plus manifeste. Ganges beau; Chrysorrhoas faible; Jamuna large, probablement double.

Janvier 29-30. — Uranius double, Nilus simple. On voit seulement D'E'. Le Lacus Lunæ forme une ombre confuse, dans laquelle on aperçoit deux taches plus noires, allongées suivant la direction de l'Uranius et qui forment le prolongement de ses deux bandes. Nilokeras sombre, mais simple. Ganges faible.

Février 3-4. — Hydraotes comme le 2 janvier.

Février 5. — Uranius a disparu, mais le Lacus Lunæ est encore divisé en deux

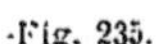

Fig. 235.

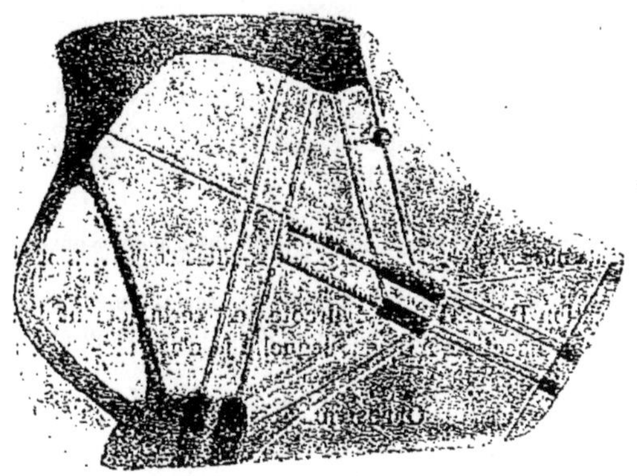

Changements observés sur Mars. Canaux doubles et épaissis de l'Hydraotes-Nilus, de Nilokeras et de Jamuna. Indus et Hydaspes élargis.

bandes qui en suivent la direction. Nilus double mais très faible. Hydraotes doublé en BCB'C', simple en AB.

Mars 9. — Lacus Lunæ toujours double dans la direction de l'Uranius; ce dernier est simple, on aperçoit seulement le trait supérieur; Nilus doublé. De l'Hydraotes on voit seulement le trait AC. Chrysorrhoas fort large, très probablement double, Jamuna aussi; Ganges assez faible. (Voir *fig.* 235).

Avril 5. — Malgré le diamètre très réduit de la planète, le Nilus paraît encore double.

Mai 13. — *Solstice boréal.*

OPPOSITION DE 1886.

Mars 27. — Hydraotes et Nilus, clairement doubles, forment une seule gémination gigantesque, qui se présente au premier coup d'œil depuis le Margaritifer Sinus, jusqu'au Ceraunius, comme la *fig.* 236 l'indique. Les deux bandes sont très larges (4° peut-être), d'une couleur rougeâtre plus foncée que le fond jaune environnant. Leur intervalle (entre les lignes mitoyennes des deux bandes) est de 9° ou 10°. Nilokeras noir et très fort, aboutit à un gros point noir placé en C'. Les autres canaux Hydaspes, Jamuna, Ganges, Chrysorrhoas, Fortuna sont visibles, mais aucun d'eux ne paraît double.

Mars 31. — *Solstice boréal.*

Avril 2. — Les deux lignes de l'Hydraotes encore visibles, quoique très pâles; elles sont un peu plus sombres dans la section BCB'C'. Jamuna paraît simple.

Mai 7. — La bande Hydraotes-Nilus paraît encore double, du moins elle est très large, quoique peu apparente; atmosphère mauvaise.

Fig. 236.

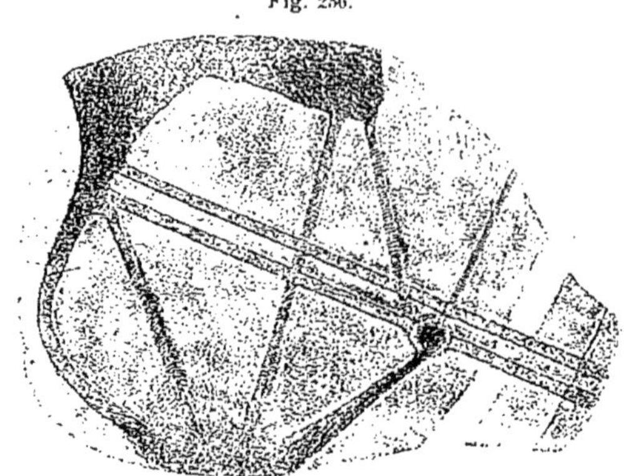

Changements observés sur Mars. Hydraotes-Nilus double. Nilokeras élargi.

Mai 8-9. — La section B C B'C' de l'Hydraotes est certainement double; elle est plus facile à voir que l'autre section AB, sur laquelle je n'ose me prononcer.

OPPOSITION DE 1888.

Février 16. — *Solstice boréal.*

Mai 23. — Je crois reconnaître la partie BC de l'Hydraotes, qui paraît assez sombre, peut-être double; mais l'atmosphère est mauvaise.

Mai 24. — Hydraotes entièrement visible; la partie BC est plus sombre. Je ne puis dire s'il est simple ou double. Mais Nilus est certainement double.

Juin 27. — Nilus est toujours double, les deux traits paraissent un peu plus faibles vers leur milieu.

Juillet 2. — La partie BC de l'Hydraotes bien sombre et visible; l'autre partie AB est douteuse. Atmosphère mauvaise.

Août 15. — *Équinoxe d'automne.*

Ces variations observées sur le Nilus-Hydraotes, de 1877 à 1888, montrent une certaine suite régulière, et il est possible qu'elles donnent son histoire périodique et renouvelée à chaque révolution, depuis le solstice austral jusqu'à l'équinoxe d'automne.

H. — LES NEIGES POLAIRES.

On a remarqué depuis longtemps que, par l'effet de ces saisons, les taches polaires de Mars subissent des variations périodiques d'amplitude à peu près semblables à celles qu'on constate sur les glaces polaires terrestres pendant les saisons analogues. Depuis 1877, j'ai observé ces taches avec une attention particulière, et j'ai pu vérifier que les changements périodiques en question sont bien réels. Il y a cependant certaines particularités qui constituent des différences avec ce que nous voyons sur la Terre; et il ne faut pas les négliger. Voici, en résumé, les résultats de mes observations, en commençant par la tache australe :

DATE.	JOURS Avant — Après + le solstice austral.	DIAMÈTRE APPARENT de la tache polaire boréale.
1877. 23 août............	— 35	29°
» 22 septembre	— 5	15
» 4 novembre......	+ 38	7
1879. 21 octobre	+ 59	8
» 28 novembre......	+ 106	5
» 27 décembre......	+ 135	11

Aux premiers jours de janvier 1880, la tache polaire a commencé à disparaître dans l'hémisphère obscur de la planète; pendant les années suivantes, elle a toujours été invisible, se trouvant dans l'hémisphère opposé à la vue de la Terre. On a vu souvent, dans le haut du disque, des taches blanches ou blanchâtres; c'étaient des îles connues, brillant de cette clarté passagère.

La diminution de la tache australe a lieu d'une façon assez régulière.

Il aurait été bien intéressant de fixer l'époque du minimum d'extension de cette calotte australe. Dans mes publications antérieures, j'avais pensé pouvoir fixer ce minimum environ quatre mois après le solstice austral; mais la base de cette conclusion me parut peu solide. En effet, par des considérations assez plausibles, je crois pouvoir affirmer que, pendant les journées des 17 et 22 janvier 1882 (c'est-à-dire 200 jours après le solstice austral), cette tache ne pouvait avoir plus de 10° de diamètre, si toutefois elle y arrivait. Il est donc possible que le minimum retarde plus de quatre mois sur le solstice austral; ce qu'on peut affirmer avec certitude, c'est qu'en 1879 il a retardé *au moins* de quatre mois.

Nous allons considérer maintenant la tache boréale. Comme pour la tache australe, son décroissement s'est fait assez régulièrement par degrés successifs. Il serait naturel de supposer une semblable régularité dans la phase d'accroissement qui a pu être observée. Cela ne s'est point vérifié; la tache boréale, très petite au commencement de janvier 1882, avait déjà atteint, à la fin du même mois, son diamètre maximum de 45° environ, pour donner lieu immédiatement à une diminution graduelle. Ce fait important mérite quelque explication plus détaillée.

Les oppositions de 1877 et 1879 nous ont montré le pôle boréal constamment caché dans l'hémisphère invisible de Mars. Aucune observation relative à la tache polaire boréale n'a été possible en 1877. Mais, pendant toute la durée des observations de 1879, on a aperçu souvent, près du limbe inférieur du disque, une et quelquefois deux taches blanchâtres qu'on aurait pu, à la rigueur, considérer comme des ramifications de la calotte polaire en question, étendues jusqu'à plus de 30° de distance du pôle boréal. Mais elles n'étaient ni aussi éclatantes, ni aussi bien terminées, ni aussi constantes de position et de contour, que les véritables taches polaires le sont ordinairement. Ces taches étaient au nombre de cinq, disposées en couronne entre 30° et 40° de distance polaire; leur connexion réciproque dans les hautes latitudes, et leur connexion avec une tache polaire centrale et l'existence de cette tache centrale elle-même, n'ont pu former l'objet d'observations, à cause de la position défavorable de l'axe de la planète. Cela est arrivé entre octobre 1879 et février 1880, quatre mois avant et un mois après l'équinoxe vernal de Mars.

Pendant l'opposition suivante, 1881-82, le pôle boréal s'est trouvé toujours presque exactement sur la limite de l'hémisphère visible; si la calotte polaire boréale avait eu seulement 10° ou 15° de diamètre, elle aurait été visible sans doute à la place que le calcul lui assignait. Le fait est que, depuis le 26 octobre 1881 jusqu'au 25 janvier 1882, aucune tache polaire permanente n'a pu être observée dans l'endroit du pôle. Il s'ensuit que, pendant cet intervalle, la calotte boréale (si même elle a existé) n'a pu dépasser en aucune façon 10° ou 15° de diamètre. A la vérité, certaines apparences blanchâtres n'ont pas manqué de se présenter presque journellement dans la partie plus boréale du limbe. Mais cette fois, comme en 1879, il a été facile de reconnaître que de telles apparences ne pouvaient être produites par une tache polaire fixe. Non seulement elles étaient ordinairement pâles, peu définies, variables d'éclat et de grandeur; mais, comme en 1879, le changement sensible de leur direction, par l'effet de la rotation de la planète, accusait une distance assez grande du pôle et donnait même le moyen de déterminer approximativement cette distance. L'irrégularité de leur apparition et la visibilité simultanée de deux taches semblables, à peu de distance l'une de l'autre, montrait avec la plus grande évidence qu'il s'agissait ici, non d'un seul objet, mais de plusieurs ramifications blanches semblables à celles qu'on avait vues en 1879. Un examen attentif a même fait reconnaître que les différentes branches avaient à peu près la même position en longitude que les taches de 1879; mais, en 1881-82, la distance polaire était peut-être un peu moindre.

Vers le commencement de janvier 1882, on commença à reconnaître dans tout ce système de taches blanches, les symptômes d'une concentration progressive vers le pôle. Les branches raccourcies et ensuite augmentées finirent par se réunir entre elles, en formant une seule calotte compacte et concentrique au pôle. Le 26 janvier, après quelques jours de mauvais temps, apparut pour la première fois la tache polaire proprement dite, telle qu'on l'a vue toujours depuis, jusqu'à la fin de cette opposition. Elle était bien formée en une masse unique brillante, à peu près ronde, avec 45° environ de diamètre, à contours bien déterminés et assez réguliers. Cette phase de la rapide coagulation de la tache a donc eu lieu un mois et plus *après* l'équinoxe vernal, et cinq mois *avant* le solstice boréal. Il faut bien avouer qu'ici l'analogie avec les glaces polaires terrestres ne se soutient plus que d'une manière imparfaite. La diminution progressive après cette époque est démontrée par le Tableau suivant des diamètres apparents. Chaque diamètre est la moyenne de plusieurs jours d'observation.

La tache a diminué rapidement d'éclat en juillet 1888, par suite de l'énorme obliquité de l'illumination solaire, suivie bientôt par son immersion dans la nuit du pôle. Le pôle boréal est entré dans l'ombre le 15 août, jour de l'équinoxe d'automne.

DATE.	JOURS { Avant — / Après + LE SOLSTICE BORÉAL.	DIAMÈTRE APPARENT de la tache polaire boréale.
1882. 30 janvier	— 146	42°
» 10 février.........	— 135	37
» 12 mars..	— 106	33
» 10 avril..........	— 77	26
1883. 26 décembre......	— 138	38
1884. 20 janvier	— 114	36
» 15 février.........	— 88	31
» 23 mars..........	— 51	23
» 2 mai...........	— 11	15
1886. 18 janvier........	— 62	25
» 26 février.........	— 33	10
» 14 mars..........	— 17	6
» 28 mars........ ...	— 3	6
» 21 mai...........	+ 51	5
» 1 juin...........	+ 62	9
1888. 7 mai	+ 81	12
» 2 juin...........	+ 107	11
» juillet..........	—	peu visible.

Des mesures exactes ont démontré qu'en 1882 la tache boréale était exactement centrée sur le pôle; la même chose, à peu près, paraît avoir eu lieu dans les oppositions suivantes. En 1888, MM. Perrotin et Terby y ont remarqué une division en deux parties fort inégales, que j'ai pu confirmer par mes propres observations. (Cette division a été indiquée sur nos deux planisphères.) La tache a été presque constamment entourée d'une zone étroite plus ou moins sombre, qui en partie peut être due à un effet de contraste. Mais cette bordure n'a pas été toujours uniforme dans toutes ses parties, et souvent elle a été noire ou presque noire; ce qui fait croire à une coloration réelle de la surface dans la contiguïté immédiate du contour de la tache polaire. La zone m'a paru accompagner la tache dans son rétrécissement; si cette observation est confirmée par la suite, on aura là un fait très important. Au reste, les dernières oppositions ont démontré que les environs du pôle boréal ne sont occupés par aucune grande mer, mais plutôt par un réseau de canaux et de petits lacs. Il est donc possible que les conditions des deux hémisphères de Mars soient fort inégales sous le rapport météorologique.

On peut se demander si les colorations blanches qu'on observe en diverses latitudes, même sous l'équateur, colorations dont nous avons exposé avec assez de détails les apparences dans les articles II et III, sont des phénomènes de même nature que les taches polaires. Mon opinion serait que ce sont des formations de nature différente. En effet, ces colorations ne sont pas toujours d'un blanc éclatant, elles varient souvent du blanc cendré au gris et au jaunâtre. Lorsque ces colorations se produisent sur les régions continentales, elles ont d'ordinaire des contours mal définis. Leur existence est irrégulière et transitoire. Enfin l'éclat de ces colorations est toujours plus grand près du bord que dans la proximité du méridien central; c'est exactement le contraire qui arrive pour les taches polaires. Cela est surtout évident pour la tache polaire australe, qui étant sensiblement excentrique à l'égard du pôle, peut changer de distance au bord pendant une rotation de la planète : elle présente toujours son maximum d'éclat lorsqu'elle arrive à son minimum de distance au centre du disque. La tache polaire australe paraît occuper, pendant son maximum, un grand espace de la mer; au contraire, les colorations blanchâtres se produisent sur les continents et sur les îles, jamais sur la mer, comme nous l'avons vu plus haut.

Quant aux taches blanches que nous avons décrites comme étant des ramifications de la tache polaire boréale, et qui ont précédé en 1881-82 la formation de cette tache, nous n'osons rien affirmer; mais il est avéré que leur plus grande visibilité coïncidait avec le passage au méridien central, et que près du bord elles devenaient invisibles. Cette observation nous conduirait à penser qu'elles sont de nature identique à la tache polaire; ce serait comme des matériaux épars, qui, réunis en masse, auraient formé la tache polaire proprement dite. Les taches Nix Atlantica et Nix Olympica sont dans le même cas.

Il ne serait pas difficile d'imaginer un ensemble d'hypothèses capables d'expliquer d'une façon plausible ces phénomènes des taches blanches polaires et non polaires, en les mettant en relation avec l'évaporation des mers supposées et avec l'atmosphère de Mars, dont l'existence est indubitable. Je crois cependant plus utile de remarquer que les taches blanches de toute espèce sont, parmi les divers phénomènes de Mars, les plus faciles à bien observer; elles n'exigent qu'un instrument de moyenne puissance, employé avec une attention très persévérante. Les particularités que j'ai exposées sur ces taches prouvent que c'est là un champ fort intéressant de recherches, très importantes pour l'étude physique de Mars, et sur lequel peuvent s'exercer utilement même les observateurs qui ne peuvent arriver à déchiffrer les détails bien plus difficiles des canaux et de leurs géminations. »

CXXXVI. 1888. — C. Flammarion. *Les fleuves de la planète Mars.*
Changements observés à la surface.

La première de ces deux études établit que, si la planète Mars a des pluies, des fontes de neiges, des condensations aqueuses quelconques, et si l'eau ruisselle à sa surface par des rivières et des fleuves pour revenir à la mer, ces fleuves doivent avoir leurs embouchures élargies, et que ces embouchures pourraient être les baies que l'observation constate, notamment : 1° aux deux pointes de la baie fourchue du Méridien, auxquelles aboutissent l'Oronte, l'Hiddekel et le Gehon ; 2° à la baie Burton, où aboutit l'Indus ; 3° à la baie Christie, où aboutit l'Hydaspe ([1]). Nous prenions comme témoignages de cette manière de voir les dessins de Dawes en 1864. Cette question sera examinée en détail dans la seconde Partie de cet Ouvrage (RÉSULTATS CONCLUS), dont cette recherche formera un chapitre.

La seconde étude ([2]) a eu pour but d'exposer tous les exemples de changements observés à la surface de Mars et de les discuter en les analysant scrupuleusement. Comme ce même sujet des variations incontestables qui arrivent actuellement sur cette planète fera l'objet d'un Chapitre important de la dernière Partie de cet Ouvrage, à laquelle nous allons arriver, il serait superflu de résumer ici cette étude, reproduite d'ailleurs à peu près intégralement plus loin.

Nous avons vu, en 1879 (p. 320), une conjonction de Mars et Saturne. Le 20 septembre 1889, on en a observé une nouvelle. Les planètes sont passées à 55″ l'une de l'autre. Mars était d'un rouge ardent, Saturne jaune livide. — Le 25 décembre 1889, Mars est passé non loin d'Uranus, à 55′. Par contraste, Uranus paraissait bleu.

Opposition de 1890.

DATE DE L'OPPOSITION : 27 MAI.

Présentation de la planète : Le pôle boréal est incliné vers la Terre jusqu'au 23 septembre ; puis c'est le pôle austral.

Dates.	Latitude du centre.	Diamètre.	Phase.	Angle. Soleil-Terre.
27 février	+ 9°,85	8″,38	0″,86	37°
27 mai	+ 9 ,48	19 ,02	0 ,00	1
7 juillet	+14 ,30	16 ,79	1 ,19	31
27 août	+ 7 ,32	11 ,50	1 ,70	45
23 septembre	0 ,00	9 ,66	1 ,49	46
31 octobre	—11 ,41	7 ,81	1 ,12	45

CALENDRIER DE MARS.

	Hémisphère austral ou supérieur.	Hémisphère boréal ou inférieur.
2 janvier	Solstice d'hiver.	Solstice d'été.
3 juillet	Équinoxe de printemps.	Équinoxe d'automne.
26 novembre	Solstice d'été.	Solstice d'hiver.

([1]) *Bulletin de la Société Astronomique de France,* 2ᵉ année, 1888, p. 111-115 ; *L'Astronomie,* décembre 1888, p. 457.

([2]) *Bulletin de la Société Astronomique de France,* 1888, p. 125-159.

La Société Astronomique de France, dont il est question ici pour la première fois, a été fondée le 28 janvier 1887. Elle a eu pour Présidents consécutifs : 1887 et 1888, M. FLAMMARION ; 1889 et 1890, M. FAYE; 1891 et 1892, M. BOUQUET DE LA GRYE. Elle a son siège à Paris, hôtel des Sociétés savantes, rue Serpente, et tient ses séances le premier mercredi de chaque mois. Observatoire et bibliothèque. Elle compte déjà plus de cinq cents membres.

CXXXVII. 1890. — William H. Pickering. *Photographie de Mars. Chute de neige photographiée. Observations.*

Nous avons déjà rencontré plus haut quelques essais photographiques de Mars. Voici les premiers résultats satisfaisants. M. Pickering a bien voulu nous adresser des photographies obtenues au mont Wilson (Californie). Sept de ces photographies ont été prises le 9 avril 1890, entre 22^h56^m et 23^h41^m, temps moyen de Greenwich, sept autres le lendemain de 23^h20^m à 23^h32^m. C'est donc la même face de la planète qui a été photographiée dans les deux cas. On reconnaît sur toutes les épreuves des configurations géographiques assez distinctes; mais, dans celles du second jour, la tache polaire

Fig. 237. — Photographie de Mars en 1890, par M. W.-H. Pickering.

blanche qui marque le pôle sud est beaucoup plus vaste que dans celles du premier jour. Nous savons depuis longtemps que l'étendue de ces taches polaires varie avec les saisons de Mars, diminuant avec leur été et s'accroissant avec leur hiver. Mais c'est la première fois que la date précise d'une extension considérable de ces neiges a été enregistrée. Le bord austral de la planète était à la latitude — 85°. La neige s'étendait, d'une part jusqu'au terminateur qui était à la longitude de 70° et le long du parallèle — 30° jusqu'à la longitude 110°, puis, de la longitude 145° et de la latitude — 45° jusqu'au bord de la planète. Elle devait s'étendre également sur l'hémisphère opposé à la Terre et alors invisible pour nous. « L'étendue visible de ces neiges, écrit M. Pickering, est véritablement immense, puisqu'elle s'élevait à 2500 milles carrés, ou presque à la surface des États-Unis. »

Dans la matinée du 9 avril, ces neiges polaires étaient faiblement marquées, comme si elles avaient été voilées par une brume ou par de petits corps séparés, trop faibles pour être reproduits individuellement; mais, le 10 avril, la région entière était brillante, égalant en éclat la neige du pôle nord.

La date de cet événement correspond à la fin de la saison d'hiver de l'hémisphère sud de Mars, ce qui correspondrait pour nous au milieu de février.

L'explication de ces observations est donnée tout naturellement par des analogies terrestres. Nous avons assisté d'ici à une immense chute de neige dans l'hémisphère sud de Mars.

Ces aspects sont si évidents sur chacune des quatorze photographies, qu'il suffit de les voir pour mettre sur chacune d'elles la date à laquelle elle a été faite. Nous en avons reproduit deux (*fig.* 237), du mieux qu'il nous a été possible, par la photogravure, mais on n'a pu obtenir l'aspect délicat des clichés. Ces photographies ont été prises à l'équatorial de 13 pouces.

M. William H. Pickering avait déjà réussi de satisfaisantes photographies de Jupiter et Saturne. Sur Jupiter on distingue admirablement les détails des bandes; sur Saturne on reconnaît l'anneau sombre, la division de Cassini sur les anses, et les bandes de la planète.

Le savant astronome s'est occupé aussi de l'observation directe de la surface de Mars, à l'aide d'un réfracteur de 12 pouces.

L'observateur a reconnu une partie des configurations signalées par M. Schiaparelli; mais il proteste contre le nom de canaux donné à ces tracés rectilignes, car, dit-il, « il n'y a pas la moindre probabilité à supposer que ce soit là de l'eau. » M. Pickering toutefois ne donne pas son opinion sur ce que cela pourrait être.

Le plus facile à voir de tous ces canaux, dit-il, est la passe de Nasmyth, que nos lecteurs connaissent par les cartes, qui prolonge en bas, par un retour presque à angle droit, la mer du Sablier et à laquelle l'astronome de Milan a donné les noms de Protonilus, Ismenius lacus, Deuteronilus et Jordanis. On a également revu facilement Boreosyrtis et Astapus. A ces trois exceptions près, les autres canaux ont été d'une découverte très difficile, et l'auteur attribue ces difficultés à l'emploi de grossissements trop forts et à son manque d'exercice en ce genre spécial d'observations. Lorsqu'il fut accoutumé à l'examen de Mars, il reconnut sans difficulté les canaux qui ont reçu les noms de Styx, Fretum Anian, Hyblæus, Cerberus, Eunostos, Hephæstus, Alcyonus, Cyclops, Læstrygon. Ils ont tous été découverts sans se servir de la carte, et dessinés plusieurs fois. L'astronome de Cambridge n'a pas pu constater leur dédoublement ni découvrir les plus faibles, mais il exprime la plus haute admiration pour la vue de celui qui a pu faire cette découverte à l'aide d'un télescope de 8 pouces. Il pense que tout observateur exercé peut trouver les principaux à l'aide d'une lunette de 10 ou 12 pouces d'ouverture et que, sauf des circonstances exceptionnelles, le grossissement employé ne doit pas dépasser 100 ou 200.

En résumé, les observations de M. W. H. Pickering confirment celles de M. Schiaparelli, quant à l'existence de ces lignes énigmatiques.

CXXXVIII. 1890. — Asaph Hall. *Observations de Mars à Washington.*

M. Asaph Hall, l'éminent astronome auquel on doit la découverte des satellites de Mars, a fait, du 28 mai au 25 juin 1890, une nouvelle série d'observations de ces satellites. Elles confirment les orbites.

On a essayé, en plusieurs nuits, de reconnaître les canaux doubles, mais *sans y réussir*. L'image de la planète était diffuse et onduleuse. On sait que la planète est restée très basse.

Le grand équatorial de l'Observatoire naval de Washington mesure, comme on le sait, 26 pouces anglais ou $0^m,66$ d'ouverture.

Cette persistance d'invisibilité dans ce gigantesque instrument est bien curieuse.

CXXXIX. 1890. — Keeler. *Taches blanches sur le terminateur de Mars.*

Un aspect analogue à celui que l'on observe au bord de la Lune, le long du terminateur de l'hémisphère éclairé par le Soleil, lorsque les sommets des montagnes lunaires et des cirques se montrent en dehors de la région complètement éclairée, a été observé sur Mars à l'aide du grand équatorial de 36 pouces de l'Observatoire Lick, pendant les soirées des 5 et 6 juillet. Une esquisse par M. J.-E. Keeler, le 5 juillet, à 10^h, montre une tache blanche elliptique fort étroite mesurant de $1''\frac{1}{2}$ à $2''$ de longueur, se projetant au Nord en formant un petit angle avec la ligne du terminateur. La soirée était très belle et l'atmosphère excellente. A 10^h30^m, cette petite tache blanche était entrée dans le disque et restait visible sur un fond plus sombre. Le lendemain 6 juillet, le même aspect a été observé avec le plus grand soin. On put suivre une tache blanche analogue pendant plus d'une heure ; on en observa même deux qui se réunirent. De ces deux taches, l'inférieure était située à l'extrémité d'une longue bande brillante de la surface de la planète allongée au nord de Deuteronilus. L'interprétation la plus simple de ce phénomène est naturellement de considérer cette bande comme élevée au-dessus de la surface générale de la planète. A 10^h25^m, l'aspect était le même que celui de la veille et avait certainement la même cause.

Les observateurs ont fait plusieurs esquisses. Les principaux canaux de M. Schiaparelli ont été vus sous forme de bandes larges et diffuses assez faibles, excepté le Gehon qui était très fort. On les a vus doubles (*Astronomical Society of the Pacific*, t. II, p. 299. — *L'Astronomie*, 1890, p. 465.)

Les deux satellites de Mars ont été aperçus par un visiteur, une dame, qui ignorait leur existence. La planète était au centre du champ et n'était pas masquée par une barre.

CLX. 1890. — C. Flammarion. *Observations et croquis.*

La planète est restée très basse pour nos latitudes et les observations ont été des plus difficiles. D'autre part, les belles nuits ont été très rares pendant l'été de 1890; presque sans arrêt, le ciel est resté pluvieux ou couvert. La pé-

Fig. 238.

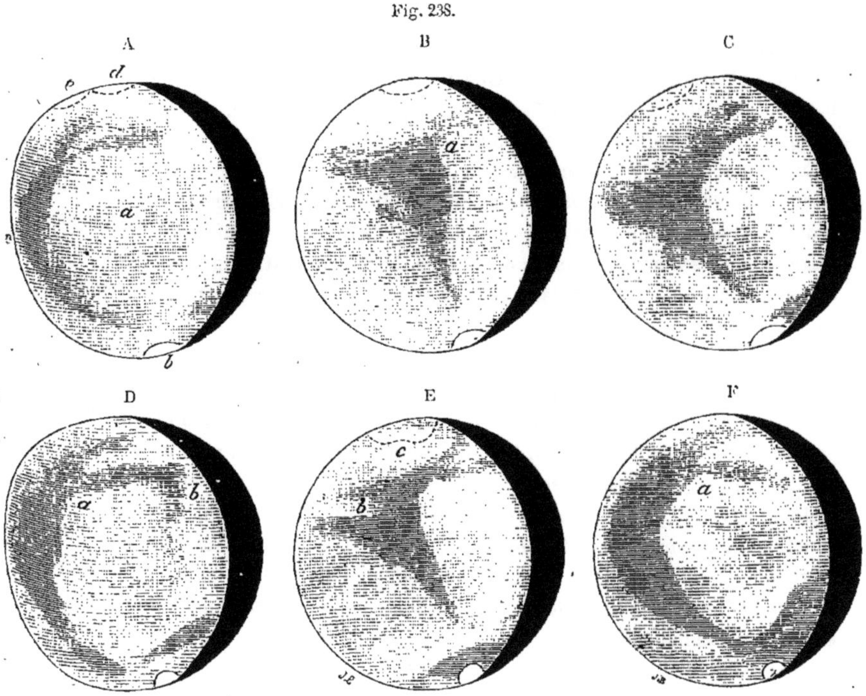

Quelques aspects de la planète Mars en 1890. (Croquis de M. Flammarion.)

riode de l'opposition, qui eût pu être très favorable à cause de la proximité de la planète, a été en partie perdue. L'illustre et laborieux M. Huggins, qui avait bien voulu nous promettre de faire cette année une nouvelle étude spectrale de Mars, nous écrivait de Londres que la faible hauteur de l'astre, jointe aux mauvaises conditions atmosphériques, avait rendu impossible la réalisation de ce désir.

Parmi les observations que nous avons pu faire à notre Observatoire de Juvisy, nous signalerons seulement celles des 27, 30 et 31 juillet, que nous offrons à nos lecteurs comme moins mauvaises que les autres. C'est déjà loin de l'opposition, qui a eu lieu le 27 mai, et la phase était très marquée. La distance de la Terre était de 0.666, ou de 98 millions de kilomètres.

Les observations ont été faites à l'aide de l'équatorial de 0^m,24, muni de grossissements de 140, 220 et 300, vers l'heure du passage au méridien et généralement avant la nuit tombée. Voici un extrait relatif aux dessins reproduits ici (*fig.* 238) :

27 juillet, 7^h0, oc. 140 (*fig.* A). — Ciel parfaitement pur; vue assez bonne. Pleine lumière solaire (coucher du Soleil à 7^h44^m). Le continent a est très jaune. Le pôle inférieur (boréal) est très blanc. Le pôle supérieur est blanchâtre en d et en e. La mer du Sablier, qui était bien visible au méridien central du disque, à 5^h20^m, et assez avancée vers l'Ouest dans un dessin pris à 6^h, approche du bord occidental. Elle est plus foncée dans sa région moyenne, en face du point marqué c. Il en était déjà de même à 6^h0^m.

Diamètre : 14″,4. — Passage au méridien à 7^h33^m.

30 juillet, 6^h45^m, oc. 140 (*fig.* B). — Ciel parfaitement pur. Journée chaude, soleil ardent. Atmosphère calme. On aperçoit les deux pôles. L'inférieur est mieux marqué et plus blanc. La pointe de la mer du Sablier est dirigée vers la droite ou vers l'est de la calotte polaire. Elle est plus foncée vers son rivage oriental. En a, cap certain.

Même jour, 7^h20^m, oc. 220 (*fig.* C). — Mars au méridien. Le pôle inférieur est très blanc. La mer du Sablier a dépassé le méridien central. Elle est plus foncée dans sa région centrale. Le détroit Herschel II se détache du fond et se montre plus foncé au point marqué. On devine une mer au-dessus du pôle inférieur. La pointe de la mer du Sablier se dirige vers l'est de la calotte polaire.

Même jour, à 8^h45^m. De nuit (coucher du Soleil à 7^h40^m). Observé sans illumination de champ. Bonne image. Oc. 300 (*fig.* D). — Le pôle inférieur est bien marqué. Détroit d'Herschel II assez bien détaché. En a, cap ; en b, golfe; b est la baie du Méridien : on la devine et, au-dessous, on aperçoit une traînée grise. La mer du Sablier est très foncée sur la région indiquée. Le continent est d'un beau jaune de blé mûr. Le tour du disque, à gauche ou à l'occident, est très clair et presque blanc.

Diamètre : 14″,1. — Passage au méridien à 7^h25^m.

31 juillet, 7^h20^m, oc. 300 (*fig.* E). — Journée magnifique, ardent soleil, mais atmosphère calme et ciel très pur. La mer du Sablier passe au méridien central de l'hémisphère martien tourné vers nous. Toute sa région orientale est sombre, presque noire. Sa pointe inférieure se dirige non vers la calotte polaire, mais sensiblement vers sa droite. On distingue assez bien son prolongement (passe de Nasmyth), ainsi que la mer polaire boréale au-dessus du pôle. Le cap polaire est bien blanc, mais ne dépasse pas le disque par irradiation. En haut, la région est blanchâtre et vague. Au-dessus de la mer Flammarion, la région b se montre très pâle (île Dreyer). La terre de Lockyer c est pâle, au-dessous du pôle austral.

Même jour, à 8^h45^m, oc. 300 (*fig.* F). — L'image est plus onduleuse qu'au coucher du Soleil. (Le meilleur moment pour dessiner Mars est certainement la demi-heure qui précède le coucher du Soleil). On distingue fort bien le détroit d'Herschel et la baie du Méridien. En *a*, le cap Banks est de temps en temps très évident. La mer du Sablier est sombre. Au-dessus de la calotte polaire, mer grise. Bonne image. L'oculaire 400 ne montre ni mieux ni autre chose.

Diamètre : 14″,0. — Passage au méridien à 7ʰ22ᵐ.

Ces observations ne nous apprennent pas grand'chose de nouveau, si ce n'est peut-être qu'il faisait fort beau sur Mars, que les nuages y étaient rares, et sans aller trop loin peut-être, que le vent n'était pas très fort à la surface de la mer du Sablier pendant les observations. En effet, cette mer a constamment paru très sombre. Il n'est pas douteux que l'agitation de la surface d'une mer par le vent n'ait pour effet de rendre cette surface moins unie, moins absorbante pour les rayons solaires, et de la décomposer en millions de petites facettes réfléchissant la lumière incidente et par conséquent donnant à cette surface, vue d'en haut, un ton plus clair que lorsqu'elle est calme et unie. Nous pourrions donc apprécier d'ici l'état de la mer, calme ou agitée, à la surface de la planète Mars. Mais il y a d'autres causes de variations de tons.

Le pôle inférieur ou boréal s'est montré couvert de neiges. Cependant il n'est arrivé à son solstice d'hiver que le 26 novembre. Il est vrai que cet hémisphère boréal de Mars était entré dans son équinoxe d'automne depuis le 3 juillet; sa saison d'été était donc passée, et sa saison d'hiver commencée.

Nous avons estimé le diamètre de la calotte polaire boréale à $\frac{1}{14}$ du diamètre du disque, ce qui correspondrait à 480 kilomètres, et sans doute plutôt à 240, en admettant que l'effet dû à l'irradiation augmente de moitié ce diamètre. Nous avons souvent trouvé ces neiges beaucoup plus brillantes et plus étendues, notamment au mois de juin 1873 où, dans une lunette de 108ᵐᵐ, elles semblaient sortir du disque par irradiation.

Continuées au mois d'août, les observations montrèrent que la neige du pôle inférieur s'accrut lentement, de semaine en semaine. Celle du pôle supérieur resta à peine perceptible. La latitude du centre du disque étant de + 6°, il était naturel que l'on vît mieux le pôle boréal que le pôle austral; mais, comme cette latitude diminuait et que la planète se présentait de plus en plus de face, on aurait dû voir de moins en moins la neige du pôle nord. Elle devint au contraire plus apparente. Donc elle augmentait.

A la fin de septembre et en octobre, on distingua la neige australe, qui mesurait de 25° à 30°. Elle diminua ensuite visiblement. Dans une observation que j'ai pu faire à l'Observatoire de Nice, le 13 décembre, elle mesurait environ 10°, et elle se réduisit encore davantage ensuite.

CXLI. 1890. — TERBY, *Études nouvelles. Observations de MM. Schiaparelli et Stanley Williams.*

« L'apparence de canaux simples ou géminés à la surface de Mars, signalée pour la première fois par M. Schiaparelli, écrit M. Terby [1], a-t-elle été vérifiée réellement par d'autres observateurs ? Malgré les résultats positifs obtenus pendant l'opposition de 1888, certains doutes semblaient encore rester dans l'esprit de quelques astronomes. On invoquait surtout les résultats en partie négatifs de l'Observatoire Lick ; on oubliait que MM. Holden et Keeler avaient, en réalité, observé quelques canaux, en commençant leurs investigations seulement trois mois après l'opposition, à une époque où la planète, trop éloignée, est déjà abandonnée par les aréographes.

On attendait donc avec impatience les premières nouvelles de l'opposition de 1890. Un astronome anglais bien connu, M. Stanley Williams, est en voie de rendre pleine justice à M. Schiaparelli.

Mars s'est présenté, cette année, dans des conditions déplorables : sa déclinaison australe de 23° ne lui permet de s'élever que de 16° environ au-dessus de notre horizon, à son passage au méridien ; aussi les ondulations continuelles de l'image ne m'ont-elles permis, jusqu'au 23 juin, que de distinguer nettement les grandes lignes de la configuration, sans aucun détail délicat ; malgré des tentatives répétées, poursuivies chaque fois pendant une heure ou deux au moins, je dois dire, avec le plus vif regret, que mes résultats ont été d'une nullité absolue jusqu'à cette date.

Le 23 juin, pour la première fois, de 9ʰ à 10ʰ, j'ai pu utiliser avec quelque avantage l'oculaire 450 de mon 8 pouces ; j'ai vu alors, avec une grande netteté, et pour la première fois aussi, la baie que M. Schiaparelli figure sur la côte de la Grande Syrte, et d'où partent les deux canaux Astusapes et Astaboras ; par moments, et avec une grande certitude, je voyais la Syrte se bifurquer en ce point : d'un côté, elle se continuait par la Nilosyrte, très visible, et de l'autre par le canal Astusapes, qui partait de la baie en question et circonscrivait l'île Meroe. Le Protonilus avec le lac Ismenius et le Callirrhoe étaient encore plus visibles.

Le 24 juin, de 10ʰ à 10ʰ30ᵐ, l'image fut assez bonne pour supporter les oculaires 250, 280 et 450 ; je revis les mêmes détails que la veille ; de plus, par moments seulement, mais avec une certitude complète, je vis le canal Astaboras se rendant en ligne droite de la baie dont j'ai parlé au lac Ismenius ; j'observais ce canal pour la première fois. Le Népenthès était extrêmement visible en cette occasion, et je crois même avoir vu à son origine le lac Mœris.

Le 25 juin, de 9ʰ à 10ʰ, l'image était de médiocre qualité ; une agitation continuelle rendit presque invisibles les canaux Astusapes et Astaboras, ce dernier surtout, mais sans effacer la baie où ces deux lignes prennent naissance ; par

[1] Académie de Belgique. — *L'Astronomie*, novembre 1890.

contre, je vis assez bien la Boréosyrte, parfaitement la Nilosyrte et le Népenthès ; également le Protonilus et le lac Ismenius ; le Callirrhoe était plus difficile. L'accord avec la carte était remarquable. L'oculaire 250 seul donnait la netteté voulue, mais il était insuffisant comme force ; 280, 420, 450 et 560 manquaient de netteté, tout en rendant pourtant quelques services. La région blanche Hellas, bien limitée, brillait au bord supérieur, et au bord septentrional, sous le Callirrhoe, régnait également une vive blancheur.

Telles sont les seules observations utiles que j'aie pu faire.

Circonstance à noter : la vue de l'observateur semble avoir une influence énorme dans ces recherches délicates. Il est certain qu'une condition essentielle de visibilité des canaux est une netteté irréprochable du contour des taches ; n'oublions point que, dans ces circonstances de visibilité, l'image a été comparée à une *gravure sur acier*. La vue de tous les observateurs ne semble point se prêter à des résultats aussi parfaits, et les premiers dessins de Milan ont même soulevé des objections à cause de leur netteté extraordinaire.

M. Stanley Williams a publié récemment ses observations sur Jupiter pour 1887 et, au lieu d'offrir l'aspect *nuageux et vague* que l'on rencontre si souvent dans les dessins de cette planète, les figures de l'astronome anglais semblent quelque peu étranges, uniquement à cause de la précision inusitée des contours (1). Par une heureuse coïncidence, ayant observé Jupiter indépendamment à la même époque, j'ai pu identifier presque tous ces détails.

Or, il se fait que M. Stanley Williams vient d'obtenir le plus magnifique succès en étudiant Mars cette année : il observe au sud de l'Angleterre, avec un télescope à miroir de 6 pouces ½, de Calver, et des grossissements de 320 et de 430 fois. A la date du 31 mai, il avait été favorisé déjà au point de pouvoir identifier *trente-trois* canaux : Cyclops, Eunostos, Hyblæus, Hades, Styx, Cerberus, Tanaïs, Læstrygon, Alcyonius, Ceraunius, Gigas, Chrysorrhoas, Ganges, Nilokeras, Jamuna, Nilus, Indus, Protonilus, Hiddekel, Deuteronilus, Gehon, Léthes, Æthiops, Titan, Erebus, Sirenius, Orcus, Pyriphlegeton, Euphrates, Népenthès, Phison, Asclepius, Triton.

Il avait remarqué la gémination de cinq canaux (Nilokeras, Cerberus, Erebus ou Hades, Titan, Euphrates) et soupçonné celle du Phison.

Enfin l'astronome anglais parle aussi de la Libye ; il l'observa les 18, 20, 21 et 24 mai, aussi le 24 juin ; cette région offrait un éclat très faible le 21 mai ; mais, le 24, elle était plus brillante ; toutefois elle paraissait obscure en comparaison de l'Isidis Regio, plus blanche et plus éclatante.

J'ai remarqué moi-même cette teinte grisâtre de la Libye les 23, 24 et 25 juin, à l'occasion des observations du Népenthès, citées plus haut.

M. Williams signale que les canaux les plus délicats devenaient visibles seulement à leur passage par le centre du disque ; rarement donc on en voyait plusieurs à la fois ; leur observation était généralement d'une grande difficulté.

____

(1) Voy. *L'Astronomie*, octobre 1889, p. 361 à 371.

J'ai joint à cette note les cinq beaux dessins inédits de l'observateur anglais (*fig.* 239 à 243) ; ils font apprécier, mieux que toute description, les résultats

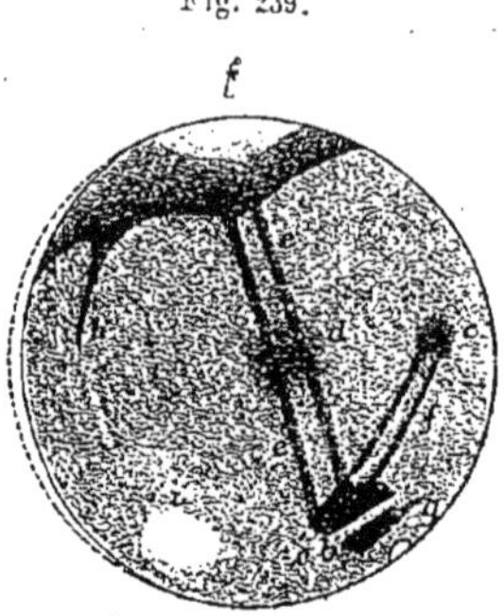

Fig. 239.

29 avril, de 13ʰ38ᵐ à 14ʰ15ᵐ (¹).

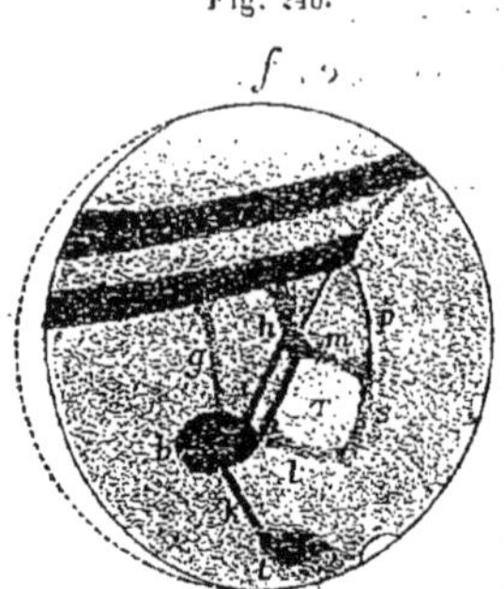

Fig. 240.

25 avril, de 14ʰ30ᵐ à 15ʰ15ᵐ (²).

extraordinaires, pour cette période défavorable, que cet astronome a eu le bonheur d'obtenir.

M. Stanley Williams a réussi à distinguer, de plus, dix autres lignes : Boreas, Agathodæmon (en partie), Fortunæ, Nectar, Eumenides, Oxus, Hydaspes, Thoth, Callirrhoe, Astusapes ; ce qui porte à quarante-trois le nombre des canaux véri-

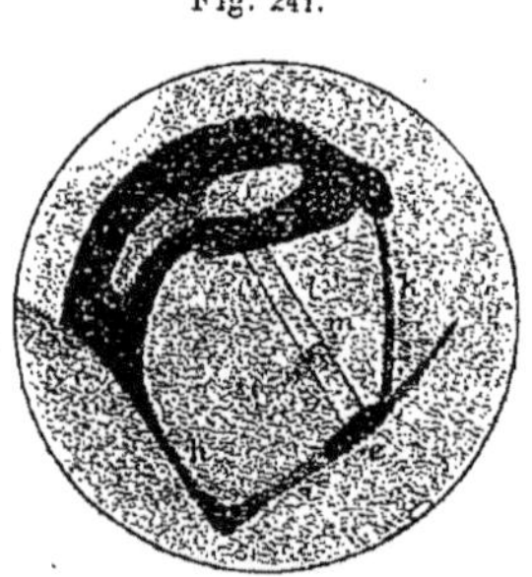

Fig. 241.

18 mai, de 12ʰ15ᵐ à 13ʰ0ᵐ (³).

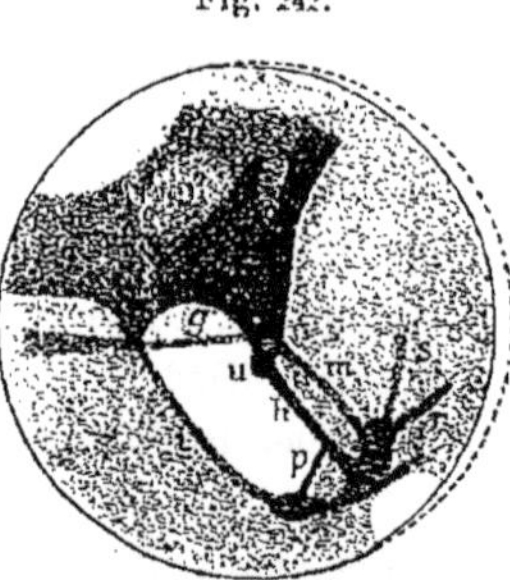

Fig. 242.

24 mai, de 12ʰ à 12ʰ50ᵐ (⁴).

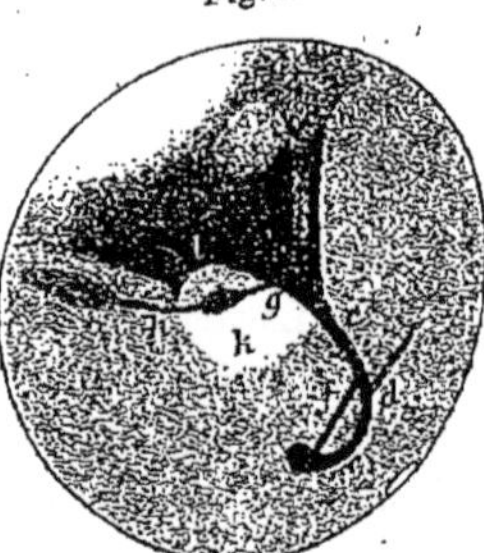

Fig. 243.

27 juin, à 10ʰ (⁵).

fiés par lui. M. Williams a vu distinctement la gémination du Gigas le 9 juin. Le 31 mai, à 11ʰ5ᵐ, pendant quelques moments d'une grande netteté, il a vu le

(¹) *b*, Propontis ; *c*, Trivium Charontis ; *d*, tache grise très faible ; *e*, Titan ; *f*, Erebus ou Hades ; *g*, Boreas? *h*, Sirenius ; *i*, blancheur ovale ; *l*, région plus brillante.

(²) *b*, Trivium Charontis ; *g*, Læstrygon ; *h*, Cyclops ; *i*, Cerberus ; *h*, Hades ; *l*, Styx ; *m*, Eunostos ; *p*, Æthiops ; *r*, Elysium ; *s*, Hyblæus ; *t*, Propontis.

(³) *h*, Nilosyrtis ; *i*, Protonilus ; *h*, Hiddekel ; *s*, Libya ; *l*, Euphrates ; *e*, Ismenius lacus ; *m*, petite tache grisâtre.

(⁴) *h*, Triton ; *l*, Libya ; *k*, Isidis Regio ; *c*, Nilosyrtis ; *d*, Protonilus ; *e*, Boreosyrtis ; *f*, Asclepius ; *g*, Népenthès.

(⁵) *g*, Libya ; *h*, Nilosyrtis ; *i*, Thoth ; *m*, Astusapes ; *p*, Asclepius ; *r*, Protonilus ; *s*, Phison ; *f*, Hellas ; *u*, petite tache noirâtre.

Cerbère et l'Erèbe traversant le disque sur le prolongement l'un de l'autre, et formant comme un seul canal qui était distinctement double ; les deux traits formant le premier étaient plus larges et plus noirs que ceux qui constituaient l'Erèbe et donnaient lieu à un élargissement du canal, à partir du point où commençait le Cerbère.

La tache polaire septentrionale est restée très petite jusqu'au commencement de juin ; vers le milieu de ce mois, elle fut ou complètement invisible ou représentée par une faible trace. Vers la fin de juin, elle s'accrut beaucoup, subitement, et devint plus brillante. Ainsi, les 24 et 26 juin (9^{h}30^m), on la voyait à peine ; le 27, au contraire, à 10 heures, elle apparaissait comme le montre la *fig.* 243. Le même dessin montre un point très noir, dans la Nilosyrte ; malheureusement, l'image se troublant un peu, M. Williams n'a pu étudier ce détail avec tout le soin nécessaire. Je me demande si cette tache n'était pas due à la présence du lac Mœris.

M. Schiaparelli ayant bien voulu, comme M. Williams, m'autoriser à faire connaître des nouvelles absolument inédites jusqu'ici, je terminerai cette communication en donnant quelques extraits des lettres qu'il a bien voulu m'adresser ; celles-ci étaient accompagnées des trois superbes dessins ci-dessous (*fig.* 244 à 246).

C'est depuis le 16 mai seulement que M. Schiaparelli a pu faire des observations utiles :

« Tout ce que j'ai vu jusqu'à présent, écrivait-il à la date du 12 juin, est résumé presque entièrement dans les dessins que je vous envoie. A l'égard du troisième (16 mai) [*fig.* 244], je dois observer que les canaux situés en bas, Protonilus et Deuteronilus, Callirrhoe, Boreosyrtis, Astusapes, Pyramus, et les lacs Ismenius et Arethusa, avec le fragment d'Euphrates qui les réunit, étaient très visibles, surtout le Callirrhoe et le Protonilus. (Le Callirrhoe a été vu aussi à Florence par M. Giovannozzi avec un 4 pouces de Fraunhofer (*voy.* p. 479), L'étranglement du Protonilus était marqué avec beaucoup d'évidence. Pour ce qui concerne les canaux près du limbe droit, Hiddekel, Gehon, Oxus..., ils étaient fort déliés, et l'on ne pouvait juger ni de leur forme, ni de leur couleur. Au contraire, Euphrates, Phison, Typhon et Orontes avaient disparu comme canaux, et il ne restait à leur place que des bandes d'un rouge un peu plus foncé que le champ environnant, bandes qui ne paraissaient pas bien terminées, et dont il n'était possible de constater que l'existence et la couleur. Il n'était pas même possible d'estimer leur largeur, qui, du reste, devait être considérable, puisqu'elle rendait visibles ces bandes malgré le peu de contraste dans la couleur. Le même jour, la terre de Deucalion était fort belle, et, ce qui est remarquable, beaucoup plus large à l'extrémité gauche qu'à la racine ; chose que je vois pour la première fois. Tout était confus de l'autre côté, Hellas, Ausonia, Libya, etc... Mais Japygia était assez évidente.

» Les 4 et 6 juin, j'ai pu examiner avec une certaine netteté toute la grande région comprise entre Iris et Titan (méridiens 110°-170°), la Mare Sirenum et l'Eurotas (parallèles 30° sud et 50° nord) : elle est de nouveau à peu près vide d'objets remarquables, comme en 1877, 1879 ; des canaux il ne subsiste que des traces douteuses vers les bords de la région ; le reste est une bigarrure de rouge et de jaune de différentes intensités, éventuellement avec un peu de blanc par-ci, par-là, sans délimitation exacte ; c'est la région la plus difficile et la moins intéressante de toute la planète. L'Araxes et le Phasis existent, bien que fort difficiles à voir ; l'Iris peut à peine être conjecturé ; le double Ceraunius est assez

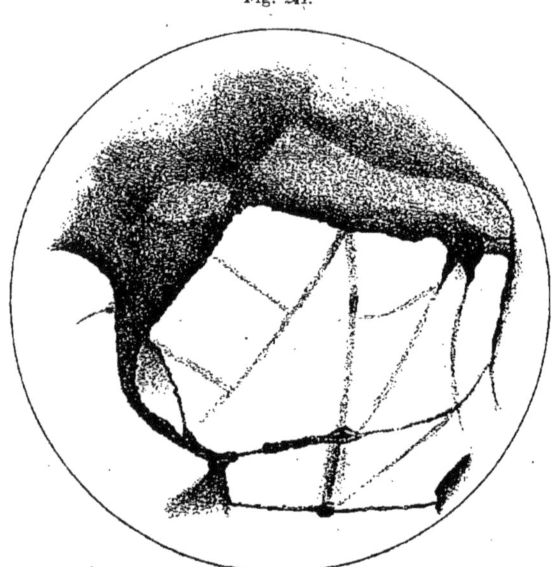

Fig. 244.

Mars en 1890. — Canaux transformés. Dessin de M. Schiaparelli (16 mai).

visible à cause de sa grandeur, mais sa teinte est d'un rougeâtre à peine marqué. Les deux Nilus ne sont pas bien sûrs. Seulement, en bas du disque, on voit l'Eurotas, qui forme une gémination imparfaite, et l'Hébrus qui, double en 1888, est maintenant simple.

» La soirée du 9 juin a donné des résultats plus nouveaux, qui sont représentés d'une manière assez satisfaisante par l'autre dessin (fig. 245). Vous verrez la grande gémination du Chrysorrhoas et du Nilokeras, cette dernière plus foncée et plus évidente, bien que l'autre soit très visible aussi ; les deux lignes ne sont pas bien définies, mais plutôt estompées, soit du côté intérieur, soit du côté extérieur. La mer Acidalium ne présente rien de nouveau, mais il faut remarquer l'absence totale du lacus Hyperboreus : les régions Baltia et Nerigos sont mal définies et d'apparence nébuleuse. Pas d'Hydaspes, Jamuna comme un fil délié, Ganges et Hydraotes plus larges ; je ne puis les dédoubler, mais leur aspect est résoluble. En haut, Argyre très brillante. Mais c'est Thaumasia et le Lacus Solis qui offrent le plus d'intérêt. Le lac du Soleil, cette tache si belle, si noire et si régulière, n'a pu se soustraire au principe de la gémination qui tyrannise toute la planète : *il est coupé en travers par une bande jaune qui le divise en deux parties d'extension inégale.* Le lac Tithonius est aussi partagé en deux noyaux d'ombre très forte, auxquels aboutissent les deux lignes qui composent le double Chrysorrhoas. *Les anciens émissaires du lac du Soleil ont disparu ;* seulement j'ai cru observer une faible trace de l'Eosphoros ; mais *quatre émissaires*

Fig. 245.

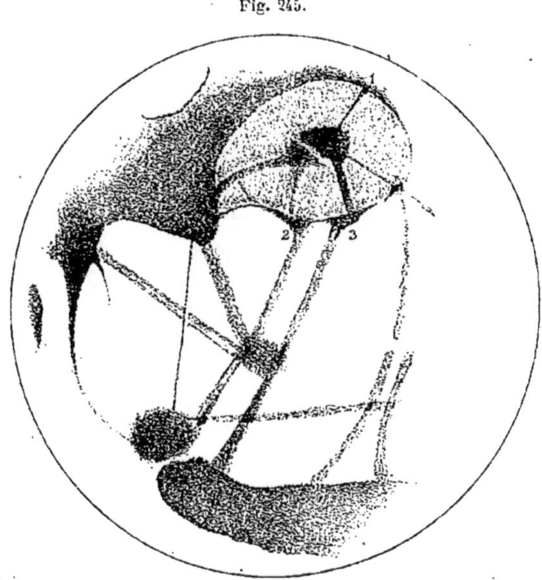

Mars en 1890. — Lac fendu en deux. Dessin de M. Schiaparelli (9 juin).

tout à fait nouveaux se sont ouverts, dont le plus à gauche passe sur l'Aurea Cherso. Cette presqu'île, autrefois si belle, est à peu près abolie, ou du moins transformée. La région Thaumasia est d'un jaune sombre qui contraste beaucoup avec la surface brillante des environs, surtout du limbe supérieur d'Ophir, qui est tout à fait blanc... Voyez sur ce dessin le canal marqué 1 : le 4 juin, il était beaucoup plus fort que le 6 ; le même jour, 4 juin, il n'y avait pas de trace visible des canaux marqués 2 et 3 ; quarante-huit heures après, ils étaient de la plus grande évidence. »

Dans une autre lettre datée du 21 juin, le Directeur de l'Observatoire de Milan ajoute :

« M. Stanley Williams avait bien raison en voyant l'Euphrates doublé ; il l'est effectivement (voir *fig.* 246), et mieux qu'en 1888 ; les deux bandes sont parfaites et la couleur est de ce rouge caractéristique que j'ai déjà plusieurs fois signalé dans de semblables formations ; seulement elle n'est pas très intense. Avec lui et dans le même style, sont doublés Phison, Orontes, Protonilus et Borcosyrtis : peut-être Astusapes, Astaboras, Oxus, Deuteronilus. Mais il y a quatre géminations composées de lignes fortes, et je suis persuadé qu'on les verra ailleurs, si l'on y apporte une attention suffisante : l'une est le Népenthès, qui est tout à fait comme en 1888 ; seulement le lac Mœris est beaucoup plus large et plus visible qu'alors. Deux autres géminations *ont rendu presque méconnaissable le Sinus Sabæus,*

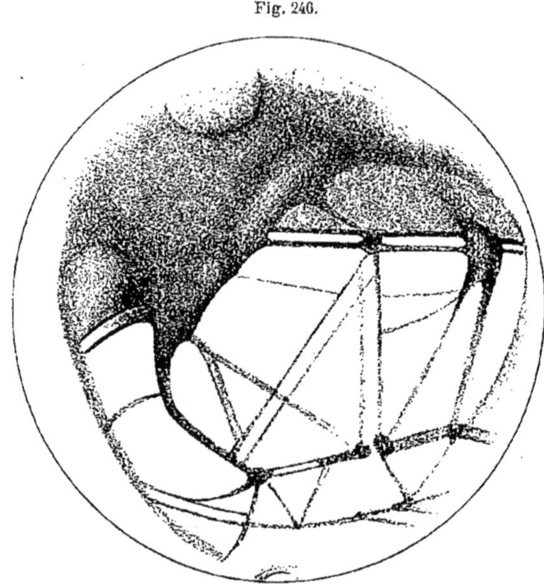

Fig. 246.

Mars en 1890. — Détroit fendu en deux. Dessin de M. Schiaparelli (20 juin).

depuis Hammonis Cornu jusqu'à la double baie de Dawes. Enfin, la quatrième gémination est dans l'isthme de la Deucalionis Regio (qui cette année se présente plus brillante et mieux terminée qu'autrefois). Les lignes de ces quatre géminations sont peut-être de la même couleur que les autres, mais cette couleur est si forte qu'on la dirait presque noire. C'est comme l'encre de Chine qu'on peut charger au point de la rendre noire. »

Ainsi s'exprime M. Schiaparelli. Les deux faits les plus surprenants que renferme sa communication sont évidemment le dédoublement du lac du Soleil et celui du détroit d'Herschel II, qui se montre composé de deux bandes rectilignes, larges, parallèles, mais très rapprochées, très difficilement séparables. (Nous avons déjà vu un aspect analogue, cartes des p. 355 et 361.) Les lacs Ismenius et Tithonius sont également dédoublés. Il semble donc que nulle formation à la surface de cette planète ne soit soustraite à ce curieux phénomène de la gémination !

CXLII. 1890.— J. Guillaume, Giovannozzi, Wislicenus. *Observations et dessins.*

M. Guillaume, observateur à Péronnas, annonce (¹) qu'il est parvenu à dis-

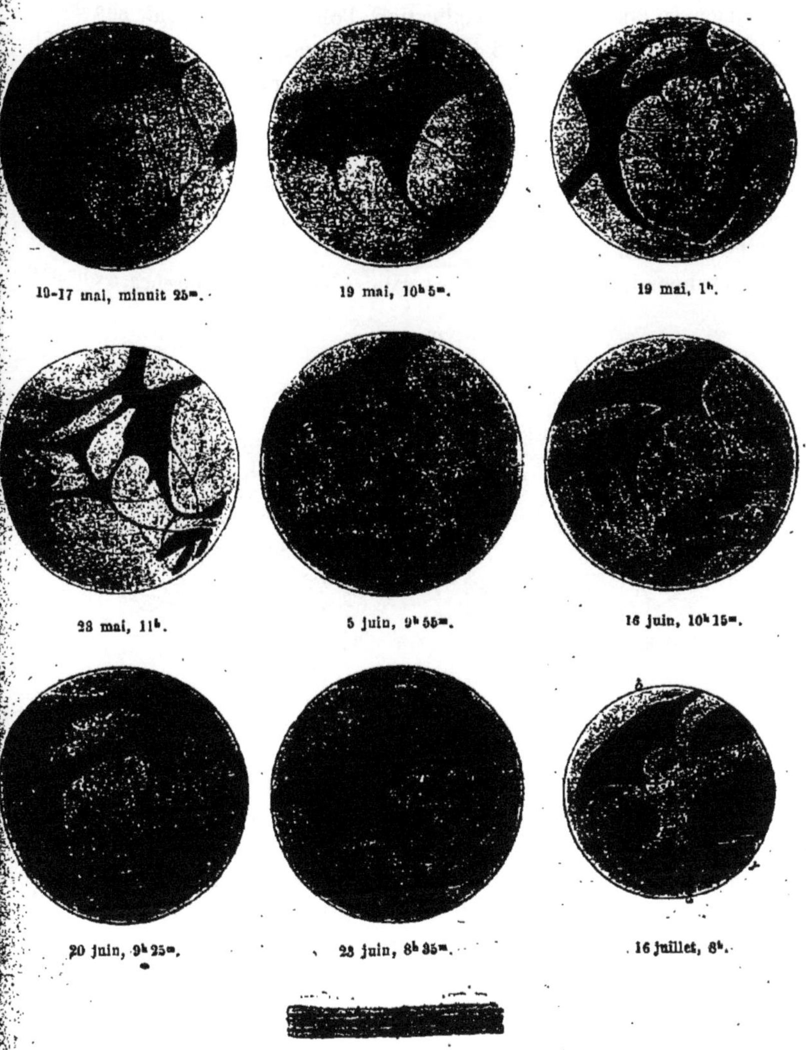

Fig. 247. — Dessins de Mars en 1890, par M. J. Guillaume, à Péronnas.

tinguer un certain nombre de canaux et même à en dédoubler quelques-uns,

(¹) Bulletin de l'Académie de Belgique, 1890. — *L'Astronomie*, mai 1891.

à l'aide d'un excellent télescope réflecteur de With de 216ᵐᵐ de diamètre et 1ᵐ,95 de foyer, armé en général de grossissements de 195. Il les voit d'un rose-brique. Il a observé souvent des variations de teintes sur certaines mers et les attribue à la présence de nuages dans l'atmosphère de Mars. Comme témoignage en faveur de cette explication, l'observateur signale son dessin du 19 mai, à 10ʰ5ᵐ, comparé à celui du 23 mai, à 11ʰ : « Il est évident, remarque-t-il, que le 19 l'atmosphère était moins pure sur cette région que le 23 ».

Nous reproduisons (*fig.* 247) une partie des dessins de M. Guillaume.

Cet astronome ne parle pas de la séparation si curieuse du lac du Soleil observée à Milan (*voy.* p. 475), ni de celle du lac Ismenius, ni de celle du détroit d'Herschel.

M. Giovannozzi, directeur de l'Observatoire Ximénien à Florence, a observé

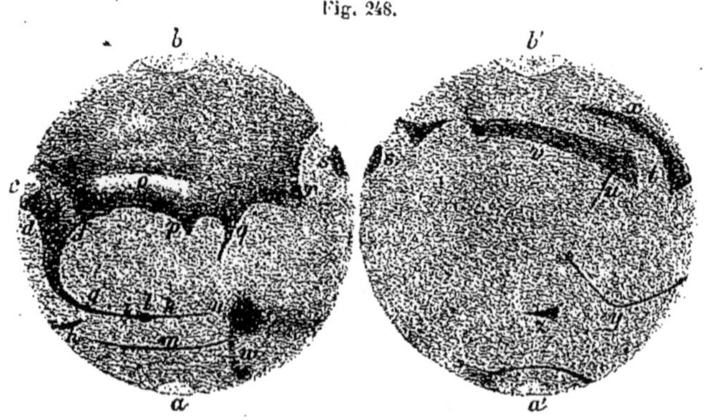

Fig. 248.

Aspect général de Mars, d'après les observations de M. Giovannozzi, en 1890.

Mars, de son côté, à l'aide d'une lunette de 108ᵐᵐ, de Fraunhofer, munie de grossissements de 105 et même 240. Nous reproduisons ici (*fig.* 248) la petite carte que cet astronome a tracée sur l'ensemble de ses observations. Comme concordance avec les précédentes, remarquons l'éclaircissement observé au-dessus de la mer du Sablier et à droite et le prolongement inférieur de cette mer (comparer le dessin publié plus haut, p. 474). Comme discordances attribuables à l'indécision des détails, remarquons deux dessins des 16 et 24 juin (*fig.* 249 et 250), comparés à ceux de M. Guillaume. Le premier a été fait sensiblement à la même heure que le sixième dessin de la page précédente, à 11ʰ de Rome, ce qui correspond à 10ʰ20ᵐ de Paris, celui de Péronnas ayant été fait à 10ʰ15ᵐ. Le point p indique la baie du Méridien et le point q la baie Burton : ces deux baies sont très courtes ici, et très allongées au contraire sur le dessin de M. Guillaume. On ne peut pas attribuer cette différence à celle de la vue ou de l'instrument, puisque M. Giovannozzi a aperçu le lac du Soleil que M. Guillaume n'a pas vu. On remarque encore, au point *n*, un aspect sensiblement différent de celui de l'autre dessin.

La comparaison des deux dessins du 23 juin n'est pas moins instructive.

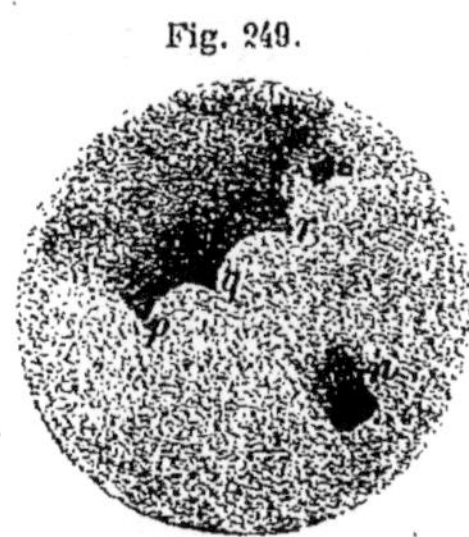

Fig. 249.

16 juin, à 11ʰ 0ᵐ.

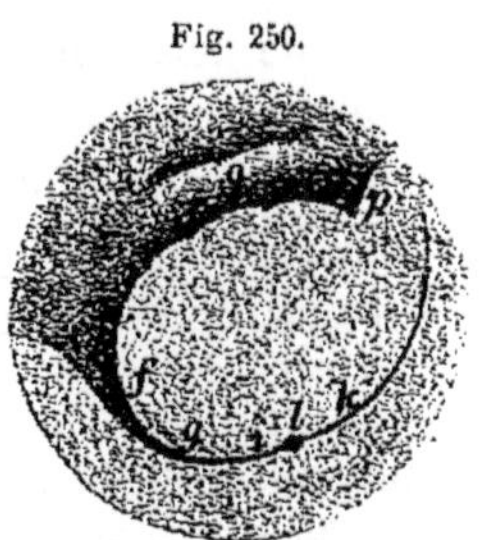

Fig. 250.

23 juin, à 10ʰ 45ᵐ.

Dessins de Mars, en 1890, par M. Giovannozzi, à Florence.

Concluons, en résumé, que, lorsqu'on arrive aux détails légers et à peine sensibles qui sont à la limite de la visibilité, nous devons attribuer les divergences inévitables à la difficulté des observations et à l'obligation dans laquelle nous nous trouvons tous, en dessinant une planète, de marquer par un trait de crayon ce que nous n'avons observé que par instants et sous des aspects plus ou moins vagues et indécis. La Photographie nous sauvera peut-être un jour de ces incertitudes. Mais quand ?

Malgré la latitude australe assez forte de la planète, M. Wislicenus, astronome à Strasbourg, est parvenu à quelques résultats intéressants ([1]). Le temps n'a pas été très favorable, et l'instrument a été souvent employé à d'autres recherches ; de sorte que l'auteur n'a pu faire que vingt observations, du 12 avril au 1ᵉʳ août. Au maximum, la planète ne s'est élevée qu'à moins de 20° au-dessus de l'horizon. Les premiers essais ont été faits à l'aide du réfracteur de 18 pouces ; mais, à cause de la faible hauteur de l'astre et de l'ondulation des images, il n'y avait aucun avantage à employer de forts grossissements, et l'observateur s'est servi de préférence d'une lunette de 6 pouces seulement, armée de grossissement de 182. Il a été possible de prendre 21 dessins, de mesurer en seize jours différents l'angle de position de l'axe de rotation, et, pendant six autres jours, de prendre les mesures des taches.

L'équateur de Mars était alors si peu incliné sur notre rayon visuel que la tache neigeuse du pôle nord était à peine visible. Mais celle qui environne

---

([1]) *Astron. Nach.*, nᵗ 3034. — *L'Astronomie,* juillet 1891.

le pôle sud a été visible cinq fois et l'observateur put essayer de prendre l'angle de position du point central de la tache. Sur ces cinq jours, la tache boréale a été en même temps visible trois fois, de sorte que l'on pouvait voir la position des deux pôles. La tache neigeuse boréale était petite et assez nettement définie, tandis que les aspects polaires sud ressemblaient davantage à des champs de neige largement étendus, ce qui rendait difficile la détermination du point central.

L'auteur donne, dans une Table, la position du point central des taches polaires nord et sud et l'angle de position de l'axe de la planète, du 12 avril au 13 juillet. Par la formule de réduction de ces données, il trouve :

Angle de position de l'axe de Mars............   28°,09
Distance polaire de la neige boréale...........   7 ,19
Longitude de la tache polaïre boréale.......... 199 ,85

L'auteur n'a pu mesurer des taches de sa première carte (p. 430) que celle qui porte le n° 1 (la mer du Sablier); mais, en outre, il a pu prendre les positions de 13 autres points indiqués sur cette carte (n° 8 à n° 20), et les mesurer micrométriquement. C'est une nouvelle triangulation.

Voici les points mesurés :

	Longitude.	Latitude.
1	295°,82	+ 15°,07
8	300 ,63	— 16 ,85
9	321 ,65	— 29 ,55
10	323 ,91	— 8 ,12
11	8 ,52	+ 7 ,09
12	11 ,74	— 24 ,11
13	28 ,71	+ 7 ,28
14	45 ,77	+ 19 ,32
15	48 ,05	+ 36 ,89
16	62 ,34	— 14 ,40
17	66 ,46	— 7 ,12
18	94 ,02	— 23 ,70
19	96 ,91	— 2 ,61
20	123 ,28	— 9 ,13

Ces positions nous paraissent toutes un peu trop à droite. Le méridien 0° est à peu près au point 11 de cette carte (fig. 251). Le point 1 (mer du Sablier) devrait être à 283°, le point 18 (lac du Soleil) à 89°, le point 14 (lac Niliacus) à 33°, le point 13 (golfe des Perles) à 18°. Les différences varient de + 5° à + 12°.

Les configurations correspondent, dans leur ensemble, à celles des cartes de Schiaparelli. Quelques points peuvent être remarqués. Le 3 mai, le lac Tithonius paraissait rattaché au lac du Soleil, mais, le 9 juin, il n'en était plus ainsi. On a remarqué, le 3 mai, une tache blanche très brillante sur le terminateur, à l'angle de position 112°,55 (à 14ʰ11ᵐ).

Quant aux canaux, si nombreux dans l'hémisphère nord, les esquisses exécutées les 27 et 28 avril, 3 et 29 mai, 2, 3, 9, 16 et 29 juin, ainsi que le 13 juillet, en laissent voir des traces plus ou moins marquées. Mais l'état de l'atmosphère n'a jamais permis de distinguer les détails, et surtout de chercher à reconnaître les dédoublements.

La question des dessins de Mars a fait l'objet d'une discussion importante

Fig. 251.

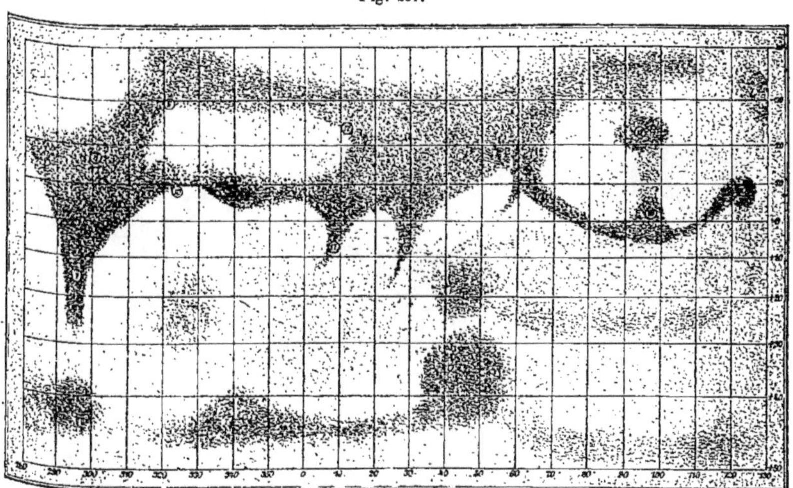

Nouvelle triangulation de Mars, par M. Wislicenus, en 1890.

à la *British Astronomical Association*, séance du 31 décembre 1890, lors d'une conférence de M. Green, relative à ces représentations si variées.

Cette conférence a été illustrée de projections dont nous reproduisons ici les six principales (*fig.* 252) et qui résument l'esprit de cette communication.

Pour M. Green, M. Schiaparelli n'est pas un dessinateur parfaitement sûr, et l'on ne doit accorder qu'une confiance limitée à ses représentations de la planète Mars. L'auteur rappelle qu'il est depuis son enfance accoutumé à la peinture et au dessin, et qu'on ne peut pas s'empêcher de remarquer que les dessins de l'astronome de Milan diffèrent beaucoup, même pour l'aspect général de la planète, des dessins de tous les autres observateurs.

C'est la remarque que M. W.-H. Pickering avait déjà faite (*Sidereal Messenger*, 6 octobre 1890), en déclarant que la carte de Green est celle qui représente la planète sous son aspect général le plus conforme aux observations.

« Les contours généraux dessinés par M. Schiaparelli dans ses cartes, dit

M. Green, ne sont pas exacts. Non seulement ils diffèrent considérablement des aspects représentés par les observateurs expérimentés, mais ils diffèrent même entre eux. Si donc les formes générales des continents et des mers sont mal dessinées et ne sont pas conformes à la réalité, nous pouvons douter encore davantage de l'exactitude des détails minuscules qui sont encore plus difficiles à représenter.

» La carte de l'astronome de Milan, ajoute-t-il, altère la forme de la mer du Sablier, spécialement dans son prolongement oriental et pour la forme particulière de la mer Main. La mer Knobel, l'une des configurations les plus distinctes et les plus faciles à reconnaître de la planète, n'y est pas représentée du tout. Au lieu de cela, la planète se montre couverte d'un réseau de fines lignes droites étroites.

» Si nous comparons, notamment, trois dessins de M. Schiaparelli faits en 1877,

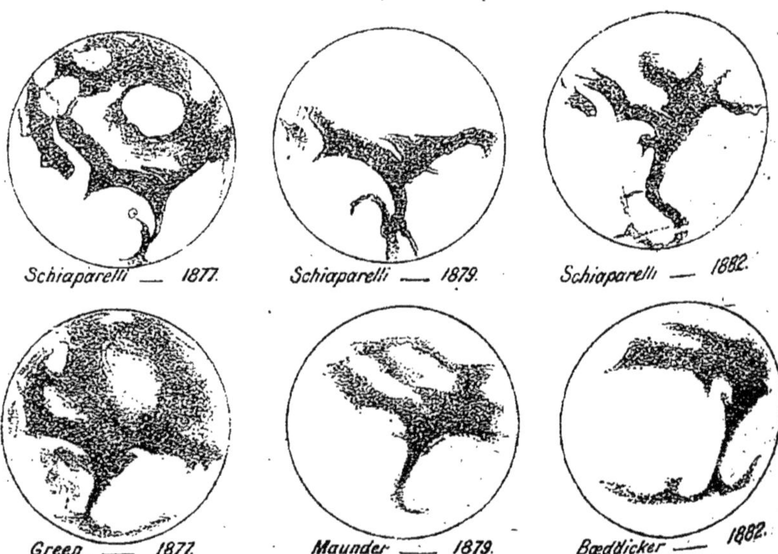

Fig. 252. — Comparaison de six dessins de Mars.

1879 et 1882, avec trois autres dessins faits aux mêmes époques par MM. Green, Maunder et Bœddicker, nous devrions nous attendre à ce que les trois dessins d'un même observateur s'accordent entre eux mieux que ceux faits par trois observateurs différents. Or, c'est le contraire que l'on remarque. Ne croirait-on pas plutôt que les trois dessins inférieurs ont été faits par une même main et les trois supérieurs par trois mains différentes. ?

» Pourtant, ajoute encore M. Green, qu'est-ce que l'observateur de Milan a vraiment vu, car enfin il doit avoir vu quelque chose qui donne une base quelconque à ses canaux ? Un examen attentif peut résoudre en partie cette question.

J'ai sous les yeux un dessin de Schiaparelli, de sa série de 1877, sur lequel la mer Terby est au méridien. On y remarque, allant directement au Sud, une légère traînée sombre. Sur la carte de 1879, le dessin montre deux lignes fortes et, en 1882, on en voit une fine, de sorte que nous avons là trois méthodes pour représenter une seule forme. Observant à Madère, en 1877, j'ai eu plusieurs vues très belles de cette région de la planète, et s'il y avait eu là quelque chose ressemblant à ces lignes, je l'aurais remarqué. On m'objectera que d'autres les ont vues. Qu'on ait aperçu quelque chose de vague, je n'en doute pas un instant ; mais je suis convaincu que les observateurs ont représenté sous forme de lignes nettes et claires des aspects tout à fait vagues et indéfinis.

» D'autre part, si l'on compare (*fig.* 252) les dessins de 1877, on voit que la région vague représentant la mer Main à gauche de la mer du Sablier, dans le croquis de Green, est dessinée par Schiaparelli sous la forme d'un trait de pinceau se terminant par une pointe. En 1879, l'observateur de Milan dessine tout autrement et d'une manière toute différente que M. Maunder la même année. Mais, en 1882, il revient à son premier aspect. Tandis que MM. Green, Maunder et Bœddicker ont observé cette région comme une ombre diffuse, M. Schiaparelli paraît n'avoir vu que son bord boréal, nettement arrêté. »

M. Green ajoute que ses dessins du pôle sud de Mars établissent que sa vue et son instrument ne sont pas inférieurs à ceux de Milan.

M. Noble, président, confirme ces appréciations et assure qu'il n'est pas parvenu à retrouver dans les dessins de M. Schiaparelli ce qu'il a observé sur Mars depuis longtemps déjà.

La discussion s'est prolongée, laissant l'impression que l'illustre astronome de Milan serait meilleur observateur d'étoiles doubles que de configurations planétaires. Nous publions cette dissertation sous toutes réserves, notre devoir étant de mettre entre les mains des lecteurs de ce livre toutes les pièces du procès.

CXLIII. 1890. — Dom Lamey. *Variations de couleur de la planète Mars.*

A son Observatoire de Grignon (Côte-d'Or), Dom Lamey a fait une série d'observations qui l'ont conduit aux résultats suivants :

Parmi la série, déjà assez nombreuse, des aspects physiques de Mars dessinés à l'Observatoire de Grignon, j'ai eu soin d'en exécuter plusieurs aux crayons rouge, jaune et bleu, de manière à représenter suffisamment les teintes dominantes de la planète. Or, faisant l'an dernier une revue générale de tous ces dessins coloriés, les conclusions que j'avais peu à peu pressenties par l'observation successive des faits, se sont affirmées avec une telle évidence, qu'en les formulant dès maintenant, je ne crois pas qu'elles puissent être sérieusement modifiées par des observations ultérieures.

I. Au voisinage de l'opposition, le fond de la planète est assez uniformément teinté en jaune rougeâtre ; les arcs et sinuosités, dont on a voulu faire des canaux, sont d'un bleu plus ou moins accentué, tournant souvent au gris bleuâtre ; les taches neigeuses des pôles et les autres taches moins brillantes des régions centrales ne paraissent pas varier beaucoup d'éclat par le fait de leur position plus ou moins orientale ou occidentale ; toutefois, c'est au centre de la planète que les taches blanches équatoriales brillent du plus vif éclat.

2. Avant ou après l'opposition, surtout quand les phases deviennent bien accentuées, les taches blanches équatoriales sont brillantes et nettement délimitées au soleil levant, pâlissent et s'évanouissent en approchant du midi, et redeviennent particulièrement brillantes, mais vagues, vers le couchant. Leurs formes varient aussi ; à l'Orient, elles sont arrondies, souvent bordées d'une arcature bleuâtre. A l'extrême Occident, ces taches assez larges, alors, sont limitées par des arcs moins clairs, dont le centre est fréquemment dirigé à l'Orient ; quant aux arcatures moins occidentales, elles présentent une bordure blanche et brillante du côté de l'Occident, bleuâtre ou du moins plus sombre du côté de l'Orient.

3. Après l'opposition, à mesure que la planète gagne la quadrature, les teintes bleuâtres s'accentuent à l'Orient, tandis que celles tournant au jaune rougeâtre se concentrent vers l'Occident. Ce phénomène paraît provenir de l'envahissement, vers l'Orient, des arcs et taches bleuâtres, dont le nombre se multiplie et dont la teinte se prononce d'autant plus qu'on approche de la quadrature.

En dehors de toute hypothèse et de toute interprétation des formes constatées pour les taches de Mars, les phénomènes de coloration que je viens de résumer indiquent avec assez d'évidence qu'ils sont dûs, moins à la qualité intrinsèque des matériaux répandus à la surface de la planète, qu'à la manière dont ils réfléchissent pour nous la lumière du Soleil.

Toutefois, je ne voudrais pas de là inférer que la vaporisation et la condensation des précipités atmosphériques ne jouent pas un certain rôle dans les inégalités de coloration de la planète ; mais je suis porté à ne leur attribuer qu'un effet assez secondaire.

A toutes ces observations nous pourrions encore en adjoindre un certain nombre d'autres, notamment celles de MM. Guiot, Schmoll, Bruguière, Bressy, Léotard, Lihou, Vimont, Courtois, Leclair, Fenet, Tramblay, E. Duval, F. Loiseau, Duménil, Quénisset, Norguet, Henrionnet, Cap. Noble, Denning, Antoniadi, Landerer, José Comas, Valderrama, Decroupet, Lorenzo Kropp, Stenberg, etc.; mais elles n'ajouteraient aux précédentes aucun document nouveau (¹).

____

(¹) Il y a eu conjonction de Mars et Jupiter (59'), le 13 novembre 1890, observée, entre autres, par MM. Dutheil et Deval, à Billom. Jupiter, brillant du plus vif éclat, paraissait jaune d'or et Mars offrait une teinte rouge remarquable.

Opposition de 1892.

Notre but en écrivant cet Ouvrage a été surtout d'être utile aux observateurs, et nous avons pensé qu'il était préférable pour eux de le recevoir au moment même de l'opposition périhélique de 1892. Nous n'attendrons donc pas les travaux de cette année-ci pour publier cette synthèse aréographique. D'ailleurs, on peut penser que l'opposition de 1894 donnera aussi des résultats fort intéressants, et l'on ne se déciderait jamais à publier une œuvre du genre de celle-ci si l'on attendait qu'elle fût vraiment achevée. « Transibunt generationes, et augebitur Scientia ».

Au moment où nous mettons la dernière main à ces pages (août 1892), nous possédons déjà nous-même une bonne série d'observations faites pendant l'apparition actuelle de Mars, à notre Observatoire de Juvisy, observations dans lesquelles nous sommes heureux d'avoir eu pour collaborateurs aussi habiles que zélés, MM. Guiot, Quénisset, Schmoll et Mabire. Malgré la grande déclinaison australe de la planète (24°) et sa trop faible élévation au-dessus de notre horizon (17°), des brumes duquel elle se dégage à peine, même à son passage au méridien, plusieurs canaux ont été vus et dessinés, notamment la passe de Nasmyth, fine et déliée, l'Indus, le Gange, le Gigas, l'Iris, le Gorgon, le canal des Titans, celui des Euménides, le Pyriphlégéton (avec une différence de cours), l'Hiddekel, le Gehon, l'Oxus, l'Oronte, le Phison, le Léthé, la Jamuna. Aucun n'a été vu double : ce fait est conforme à ce qui a été dit plus haut, que les géminations ne se produisent que vers les équinoxes de printemps et d'automne (de Mars), non en été, ni en hiver. Or on a pour 1892 :

DATE DE L'OPPOSITION : 4 AOUT.

Équinoxe de printemps austral et d'automne boréal : 20 mai.
Solstice d'été austral et d'hiver boréal : 13 octobre.

La planète incline son pôle sud vers la Terre. La calotte neigeuse a *constamment diminué* depuis les premières observations faites en mai de 42° à 16° (août).

Nous ne citerons des observations qui viennent d'être faites [1], à part les remarques précédentes, que les mesures micrométriques que nous avons cru utile de prendre du diamètre de Mars.

Il y a, en effet, une divergence telle entre les diamètres adoptés, qu'elle nous a paru insoutenable, dans l'état actuel de précision de nos connaissances aréographiques.

[1] *L'Astronomie* en publie le détail chaque mois.

Voici les diamètres donnés dans les publications astronomiques officielles :

1892.	Connaissance des Temps.	Nautical Almanac.	Éphémérides Marth.
1er juillet...............	24″,2	24″,0	20′,17
15 »	27 ,2	27 ,0	22 ,75
1er août................	29 ,4	29 ,3	24 ,66
4 » (Opposition)..	29 ,4	29 ,4	24 ,76
15 »	29 ,0	29 ,0	24 ,43
1er septembre...........	26 ,2	26 ,4	22 ,18

La *Connaissance des Temps* et le *Nautical Almanac* sont sensiblement d'accord, parce qu'ils partent tous deux d'une même valeur, celle des Tables de Le Verrier (11″,10 à la distance 1), tandis que M. Marth a adopté la valeur résultant de la discussion de M. Hartwig (9″35). Un tel désaccord est un peu choquant. C'est pourquoi nous avons tenu à profiter de l'opposition actuelle pour faire de nouvelles mesures micrométriques.

A notre équatorial de 0m,24, à l'aide d'un micromètre à fils d'araignée et à l'oculaire 380, nous avons pris une série de mesures, à l'heure du passage de la planète au méridien, les 22 et 23 juillet, 4, 5 et 6 août.

Ces mesures ont donné 24″,50 pour les deux premières dates et 24″,91 pour les trois suivantes.

Elles montrent que les valeurs adoptées par la *Connaissance des Temps* et le *Nautical* sont trop fortes, et donnent pour le diamètre à la distance 1 : 9″,39.

Pour éliminer autant que possible l'effet de l'irradiation, même en champ éclairé, nous avons pris soin de mettre les fils tangents intérieurement aux bords du disque.

Le diamètre des Tables de Le Verrier est certainement beaucoup trop grand.

CONCLUSIONS DE LA TROISIÈME PÉRIODE.

1877 A 1892.

Nous prions instamment le lecteur de se reporter à la page 96 et à la page 242 de cet Ouvrage, et de relire les conclusions de la première et de la deuxième périodes.

A ces conclusions il ne nous reste à ajouter que les résultats des progrès réalisés depuis 1877, résultats d'ailleurs de la plus haute valeur. Les voici, en continuant la notation des séries précédentes. Aux 391 dessins des deux premières périodes, l'observation assidue de la planète vient d'en ajouter 180 autres, ce qui nous représente un ensemble de 571 vues télescopiques ou cartes aréographiques.

28. Nous adopterons pour le diamètre le plus probable de la planète celui qui résulte de la discussion de Hartwig (p. 287 et 320) : 9″,35. Pour la parallaxe 8″,82, ce diamètre $= 0,530$, celui de la Terre étant 1. Le volume qui en résulte est 0,149 du globe terrestre.

29. La masse est fixée à $\frac{1}{3093500}$ de celle du Soleil ou à 0,105 de celle de la Terre.

30. La densité qui en résulte est 0,705, celle de la Terre étant 1, et la pesanteur à la surface est 0,376. Un kilogramme terrestre transporté sur Mars n'y pèserait que 376 grammes. Tout y est plus léger qu'ici.

31. La géographie de Mars, ou l'aréographie, s'est complétée par des découvertes inattendues. Aux continents, aux mers, aux îles, aux lacs, aux golfes, aux neiges polaires, aux neiges intermittentes, l'observation télescopique a ajouté un réseau de tracés rectilignes allant d'une mer à l'autre et auxquels on a donné le nom de canaux.

32. La nature de ces lignes n'est pas encore déterminée par l'observation. Cependant, leur emplacement, correspondant avec celui de fleuves arrivant à des embouchures connues, leur jonction avec les mers, leur couleur, leurs variations de largeur et parfois même de cours, tout conduit à penser qu'elles sont dues à un élément mobile, analogue à l'eau. Sont-ce vraiment des canaux? Est-ce la même eau qu'ici? Ne s'y ajoute-t-il pas des formations météoriques aqueuses ou de la végétation? C'est ce que les observations futures décideront sans doute.

33. En certaines circonstances, vers les équinoxes de printemps et d'automne, ces canaux sont vus doubles. Le phénomène est peut-être causé par une réfraction atmosphérique, comme il arrive dans notre atmosphère par les cristaux de glace qui produisent les halos et parhélies et rappelant la double réfraction du spath d'Islande. Cependant la substance qui forme les mers, lacs et canaux paraît douée de la propriété de se séparer parfois en deux parties à peu près égales. Nous ne connaissons rien d'analogue sur la Terre.

34. Des *variations incessantes* sont observées dans les mers, lacs et canaux, comme étendue, comme couleur et même comme positions pour ces derniers. *La planète Mars est un monde vivant.*

35. Le ton général des continents est la couleur jaune-roux des blés mûrs. C'est sans doute celle de la végétation quelconque qui doit recouvrir ces surfaces.

36. La carte de la planète est construite par une triangulation géométrique aussi précise que les cartes terrestres. 114 points ont été mesurés micrométriquement.

37. L'inclinaison de l'axe est de 24°52′; les saisons sont donc très peu différentes des nôtres.

38. La rotation de Mars est fixée avec précision à 24ʰ37ᵐ22ˢ,65. La durée du jour solaire est de 24ʰ39ᵐ35ˢ,0.

39. La planète est accompagnée de deux petits satellites, dont le diamètre ne paraît pas excéder 12 kilomètres pour le premier et 10 pour le second, qui tournent autour d'elle, le premier, Phobos, en 7ʰ39ᵐ14ˢ, c'est-à-dire beaucoup plus rapidement que la planète, le second, Deimos, en 30ʰ17ᵐ54ˢ, aux distances respectives de 6000 kilomètres de la surface pour Phobos et 20.000 pour Deimos. Le premier offre un petit disque de 7′ et le second un plus petit encore, de 2′ ½. Vu de Mars, le Soleil offre, en moyenne, un disque de 21′.

40. Le premier satellite et le Soleil peuvent produire de légères marées sur les plages unies des mers martiennes et peut-être dans les canaux.

41. L'atmosphère de Mars est plus légère et généralement plus pure que la nôtre. Les nuages y sont rares. Cependant, outre les neiges polaires, fort étendues en hiver et très réduites en été, il paraît exister en certaines régions continentales ou insulaires des neiges et de la gelée blanche. La climatologie martienne est, parmi toutes les planètes, celle qui ressemble le plus à la climatologie terrestre.

42. Le monde de Mars paraît habitable au même degré que le monde terrestre. Il est plus ancien, cosmogoniquement, et son humanité peut être plus avancée que la nôtre.

SECONDE PARTIE.

RÉSULTATS CONCLUS DE L'ÉTUDE GÉNÉRALE DE LA PLANÈTE.

CHAPITRE I.

L'ORBITE DE MARS.

Distance au Soleil. — Durée de la révolution. — Excentricité. — Période synodique.
— Retour des oppositions. — Variations de distances. — *Comment Mars est vu de
la Terre.*

Les discussions, les analyses, les comparaisons qui précèdent ont mis
entre nos mains tous les faits de la connaissance astronomique que nous
pouvons avoir actuellement de la planète Mars. Il nous sera facile de compléter maintenant cette étude générale en exposant brièvement chacun des
grands sujets entre lesquels peut se partager cette connaissance d'un monde
aussi voisin.

Il importe d'abord que nous ayons une idée exacte et précise de tout ce
qui concerne sa révolution autour du Soleil et des relations de cette orbite
avec celle que nous parcourons nous-mêmes annuellement autour du même
astre. Voici les éléments astronomiques de l'orbite de Mars, et toutes les
données essentielles relatives à cette planète. Nous n'avons pas besoin de
dire ici que, de ces éléments astronomiques, le plus anciennement connu
est la durée de révolution. Il y a plus de deux mille ans que l'on observe la
position de Mars dans le zodiaque avec la précision correspondante à chaque
époque. La plus ancienne observation précise de Mars qui nous ait été conservée se trouve dans l'*Almageste* de Ptolémée, Livre X, Chap. IX. Elle est
datée de la 52ᵉ année après la mort d'Alexandre, ou de la 476ᵉ de l'ère de
Nabonassar, le matin du 21 Athir, la planète étant voisine de l'étoile β du
Scorpion. Cette date correspond au 17 janvier de l'an 272 avant notre ère.
Mais la planète rouge était observée depuis bien des siècles, et les inscriptions cunéiformes trouvées dans les ruines de Ninive montrent que 2500 ans
avant notre ère le troisième jour de la semaine portait déjà son nom comme
aujourd'hui.

(Mars est passé juste devant le disque de Jupiter le 9 janvier 1591.)

La coloration rougeâtre de Mars a été signalée de toute antiquité. Elle
explique que cet astre ait personnifié le dieu des combats et ait reçu pour
signe un bouclier flanqué d'une flèche ♂. Elle ne paraît pas avoir changé
depuis quatre ou cinq mille ans.

ÉLÉMENTS ASTRONOMIQUES DU MONDE DE MARS.

Distance moyenne au Soleil : 1,5236913 = 227 031 000 kilomètres.
Excentricité : 0,0932611.
Variation séculaire de l'excentricité : ÷ 0,000090176.
Distance périhélie : 1,3826 = 206 007 000 kilomètres.
Distance aphélie : 1,6658 = 248 207 000 kilomètres.

Durée de la révolution. Année sidérale, $686^j 23^h 30^m 41^s$ = $686^j,979$ = 1,8808 ♁.
Année tropique : $686^j,929$.
Période synodique : $779^j,94$.

Inclinaison sur l'orbite terrestre : 1°51′2″.
Longitude du nœud ascendant : 48°23′53″.
Longitude du périhélie : 333°49′.
Variation séculaire du périhélie : + 1582″,43.

Longitude du solstice d'été austral : 356°48′.
Distance du périhélie au solstice : 36^j.
Longitude du solstice d'été boréal : 176°48′.
Longitude de l'aphélie : 153°49′.
Longitude de l'équinoxe d'automne austral et de l'équinoxe de printemps boréal : 86°48′.
Longitude de l'équinoxe de printemps austral et de l'équinoxe d'automne boréal : 266°48′.
Distance du solstice d'été austral (ou hiver boréal) à l'équinoxe d'automne austral (ou de printemps boréal) : 160^j.
Distance de l'équinoxe d'automne austral (ou de printemps boréal) au solstice d'hiver austral (ou d'été boréal) : 199^j.
Distance du solstice d'hiver austral (ou d'été boréal) à l'équinoxe de printemps austral (ou d'automne boréal) : 182^j.
Distance de l'équinoxe de printemps austral (ou d'automne boréal) au solstice d'été austral (ou d'hiver boréal) : 146^j.

Obliquité de l'écliptique : 24°52′.
Rotation sidérale : $24^h 37^m 22^s,65$.
Durée du jour solaire : $24^h 39^m 25^s,0..$
Aplatissement polaire : environ $\frac{1}{220}$.
Diamètre : 9″,35 = 9,530 ♁.
Surface : 0,281 ♁.
Volume : 0,149 ♁.
Masse : 0,105 ♁.
Densité : 0,705 ♁ = 3,91 eau.
Pesanteur à l'équateur : 0,376. $g = 3^m,69$.
Diamètre moyen du Soleil : 21′2″ = 0,656 ☉ vu de ♁.
Lumière et chaleur reçues du Soleil : 0,43 ♁.
Valeur de 1° aréocentrique à la surface de Mars : 60 kilomètres.

L'orbite de Mars est très elliptique. Sa distance au Soleil varie de 206 à 248 millions de kilomètres, soit de 42 millions, ce qui équivaut à $\frac{1}{5}$ de sa distance moyenne.

Nous avons représenté, par la construction de la *fig.* 253, toutes les situations relatives à cette orbite et à ses rapports avec les positions de la Terre. L'ellipticité de chaque orbite est dans ses proportions réelles. Le grand axe de l'orbite de Mars est horizontal, le Soleil brille à l'un des foyers et le point C marque le centre de l'ellipse parcourue par Mars autour du Soleil; la distance de C au centre solaire représente donc l'excentricité. Le périhélie

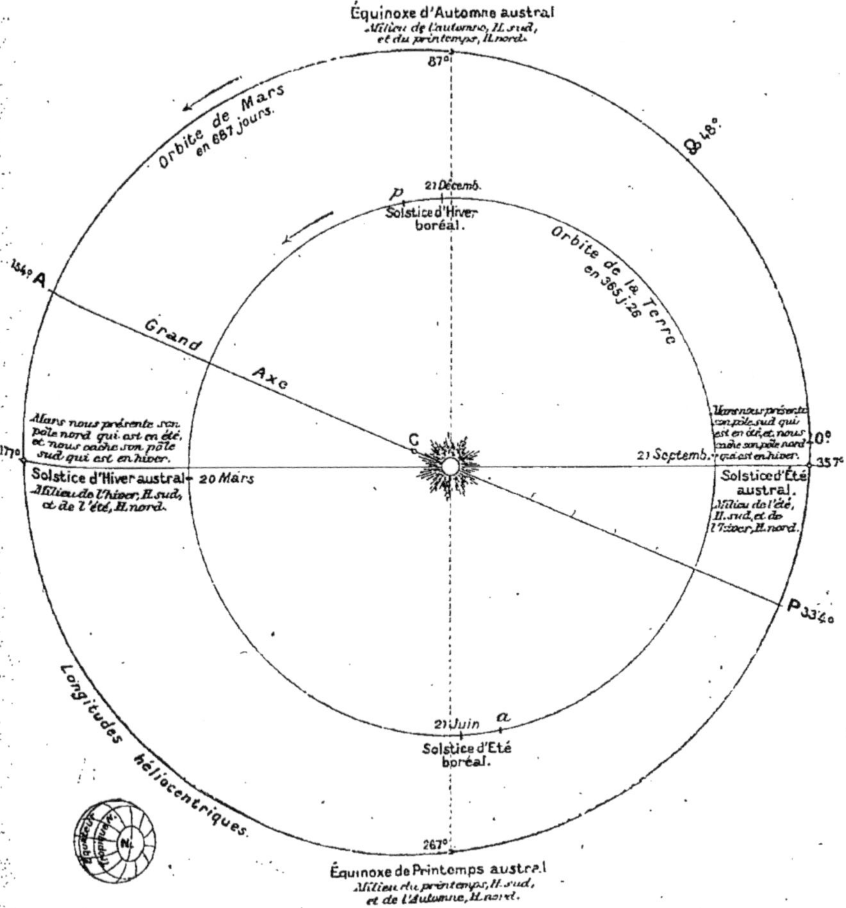

Fig. 253. -- L'orbite de Mars autour du Soleil et ses relations avec l'orbite terrestre.

se trouve à la longitude héliocentrique 333°49′, à laquelle la Terre passe elle-même le 27 août. Le solstice d'été de l'hémisphère austral n'est pas fort éloigné de là et se trouve à la longitude 356°48′. La ligne des apsides va donc de cette longitude à celle qui lui est diamétralement opposée.

Le périhélie de la Terre est en *p*, l'aphélie en *a*.

On voit par là que la planète Mars présente son pôle austral au Soleil non loin de l'époque du périhélie, le solstice d'été austral suivant le périhélie de 36 jours seulement. On sait que, sur la Terre, le solstice d'été austral arrive le 21 décembre et le périhélie le 1er janvier : chez nous, le solstice précède donc de dix jours le périhélie. Malgré cette différence entre les positions de Mars sur son orbite et celles de la Terre sur la sienne, la situation de cette planète relativement au Soleil est analogue à la nôtre : c'est son hémisphère austral qui est tourné vers l'astre illuminateur à l'époque du périhélie, c'est-à-dire que l'été de l'hémisphère austral correspond à la moindre distance de Mars au Soleil, comme il arrive pour la Terre. Cet hémisphère reçoit donc plus de chaleur que le boréal au moment du solstice. Le solstice d'été boréal arrive à l'aphélie. Au point de vue de la variation des neiges polaires, celles du pôle austral, recevant plus de chaleur à leur solstice que les boréales n'en reçoivent au leur, devraient donc fondre davantage, toutes circonstances égales d'ailleurs.

La planète présente au Soleil la position dessinée au bas de la figure, et tourne en gardant constamment son axe parallèle à lui-même. On voit que c'est son pôle nord qui est exposé au Soleil — et à la Terre — au solstice d'hiver austral, et aux époques d'oppositions aphéliques, tandis que la planète présente au Soleil et à la Terre son pôle sud au solstice d'été austral et aux époques d'oppositions périhéliques.

Quelle est la période qui règle les rencontres de Mars avec la Terre sur le même rayon vecteur mené au Soleil, rencontre analogue à celle des deux aiguilles d'une montre?

L'intervalle moyen entre deux oppositions successives de Mars peut se calculer par la formule suivante. La Terre marche plus vite que Mars. Son avance par jour est, en moyenne, en longitude héliocentrique, de

$$\frac{360°}{365,26} - \frac{360°}{686,98}.$$

Par conséquent, la rencontre des deux planètes sur une même ligne droite menée du Soleil s'exprimera par

$$1 \div \left(\frac{1}{365,26} - \frac{1}{686,98} \right) \text{jours} = \frac{686,98 \times 365,26}{321,72} \text{jours} = 779,94 \text{ jours.}$$

C'est là la période synodique moyenne. Mais cette période est en réalité très irrégulière à cause des énormes variations de vitesse orbitale causées par l'excentricité de l'orbite de Mars. On jugera de cette diversité en comparant les dates suivantes des oppositions qui ont eu lieu depuis vingt ans :

		Intervalles.			Intervalles.
1871	20 mars.	769 jours.	1881	27 décembre .	766 jours...
1873	27 avril......	784 »	1884	1er février....	765 »
1875	20 juin.......	809 »	1886	6 mars.......	767 »
1877	5 septembre.	798 »	1888	11 avril......	777 »
1879	12 novembre.	775 »	1890	27 mai.......	799 »
1881	27 décembre.		1892	4 août........	

Voici toutes les dates des oppositions de Mars observées. Les plus avantageuses par la proximité de la planète sont celles qui arrivent en août et septembre. Nous venons de voir que la longitude périhélique de Mars est celle
où la Terre passe le 27 août. Les meilleures oppositions ont été : 1º celle du
27 août 1719 ; 2º celle du 1ᵉʳ septembre 1798 ; 3º celle du 5 septembre 1877.

OPPOSITIONS.   PRINCIPAUX OBSERVATEURS.

1636	Observée par Fontana.
1638	id. id.
1640	Observée par Zucchi.
1644-45	Observée par Bartoli et Hévélius.
1651	Avril et mai, par Riccioli.
1653	Juillet, id.
1655	Août, id.
1657	septembre, id.
1659	Novembre, par Huygens.
1662	Août, id.
1666	18 mars, par Cassini, Hooke, Serra.
1672	Août à octobre, par Huygens, Flamsteed.
1683	Avril et mai, par Huygens.
1694	Février, id.
1704	Octobre, par Maraldi.
1717	Juin, id.
1719	27 août, à 2•,5 seulement du périhélie, par Maraldi, Bianchini.
1764	Mai, par Messier.
1766	Juillet, id.
1777	Avril, par William Herschel.
1779	Mai-juin, id.
1781	Septembre, id.
1783	1ᵉʳ Octobre, id.
1785	26 novembre, par Schrœter.
1788	7 janvier, id.
1792	16 mars, id.
1794	23 avril, id.
1796	15 juin, id.
1798	1ᵉʳ septembre, id.
1800	9 novembre, id.
1882	25 décembre, par Schrœter.
1805	28 janvier, par Flaugergues.
1807	4 mars, par Fritsch.
1809	8 avril, par Flaugergues.
1811	Juin, par Arago.
1813	31 juillet, par Arago, Flaugergues,
1821-22	par Kunowsky, Gruithuisen.
1824	25 mars, par Harding.
1830	19 septembre, par Beer et Mädler.
1832	20 novembre, id.
1835	2 janvier, id.
1837	6 février, par Beer et Mädler, Galle, Bessel.

OPPOSITIONS.	PRINCIPAUX OBSERVATEURS.
1840	12 mars, par Beer et Mädler, Galle, Bessel.
1841	17 avril, par Beer et Mädler.
1843	5 juin, par Jules Schmidt.
1845	17 août, par Mitchell, Arago, Main.
1847	30 octobre, par W. Grant, J. Schmidt.
1854	Mars, par Jacob.
1856	Avril, par Warren de la Rue, Brodie.
1858	15 mai : Secchi.
1860	17 juillet : Liais.
1862	5 octobre : Secchi, Lockyer, Phillips, Huggins.
1864	30 novembre : Kaiser, Dawes, Franzenau, Vogel.
1867	10 janvier : Terby, Williams, Huggins.
1869	13 février : Secchi.
1871	20 mars : Gledhill, Burton, Terby.
1873	27 avril : Green, Trouvelot, Flammarion.
1875	20 juin : Terby, Holden.
1877	5 septembre : Schiaparelli, Green, Hall, Lohse, Cruls.
1879	12 novembre : Schiaparelli, Terby, Niesten, Burton.
1881	26 décembre : Schiaparelli, Terby, Bœddicker.
1884	31 janvier : Green, Trouvelot, Knobel, Denning.
1886	6 mars : Schiaparelli, Denning, Perrotin, Lohse.
1888	11 avril : Schiaparelli, Terby, Perrotin, Niesten, Holden, Flammarion.
1890	27 mai : les mêmes, Wislicenus, Pickering, Keeler, Stanley Williams.

OPPOSITIONS PÉRIHÉLIQUES.

1672 — 1689 — 1704 — 1719 — 1734 — 1751 — 1766 — 1783 — 1798 — 1813 — 1830 — 1845 — 1860-62 — 1877 — 1892.

Les mieux observées ont été celles de 1719, 1783, 1798, 1830 et 1877.

Les oppositions périhéliques arrivent tous les quinze à seize ans, comme on le voit : 15 ans 366 jours ou 15^{ans},92. La distance moyenne entre l'orbite de Mars et celle de la Terre est de $0,5237 \times 149$ millions de kilomètres, soit de 78 millions de kilomètres. Aux oppositions périhéliques, la distance des deux astres peut descendre jusqu'à 56 millions.

Au lieu de cette période comme cycle, il serait un peu plus précis encore de prendre 32 ans comme double cycle. En effet, la révolution synodique de Mars est de 779^j,94. 15 fois ce nombre donnent :

$$779,94 \times 15 = 11699 \text{ jours.}$$

Et d'autre part, 32 années terrestres donnent

$$365 \times 32 + 8 = 11688 \text{ jours.}$$

La différence n'est donc que de 11 jours.

D'autre part, 25 révolutions de Mars équivalent à 47 révolutions de la Terre : la période de 47 ans peut encore être substituée aux précédentes.

Voici les distances minima pendant les oppositions du dernier cycle de quinze ans, 1877-1892.

1877. Distance minimum, le 2 septembre : 0,37666 = 56 122 000 kilomètres.
Opposition, le 5 septembre :   Diamètre = 24″,8.
Passage au méridien à minuit, le 6 septembre.

1879. Distance minimum, le 4 novembre : 0,48243 = 71 882 000 kilomètres.
Opposition, le 12 novembre :   Diamètre = 19″,1.
Passage au méridien à minuit, le 9 novembre.

1881. Distance minimum, le 21 décembre : 0,60282 = 89 820 000 kilomètres.
Opposition, le 26 décembre :   Diamètre = 15″,5.
Passage au méridien à minuit, le 27 décembre.

1884. Distance minimum, le 30 janvier :   0,66909 = 99 694 000 kilomètres.
Opposition, le 31 janvier :   Diamètre = 13″,9.
Passage au méridien à minuit, le 4 février.

1886. Distance minimum, le 8 mars :   0,66989 = 99 813 000 kilomètres.
Opposition, le 6 mars :   Diamètre = 14″,0.
Passage au méridien à minuit, le 9 mars.

1888. Distance minimum, le 17 avril :   0,60500 = 90 145 000 kilomètres.
Opposition, le 11 avril :   Diamètre = 15″,4.
Passage au méridien à minuit, le 11 avril.

1890. Distance minimum, le 5 juin :   0,48495 = 72 255 000 kilomètres.
Opposition, le 27 mai :   Diamètre = 19″,1.
Passage au méridien à minuit, le 26 mai.

1892. Distance minimum, le 6 août :   0,37736 = 56 226 000 kilomètres.
Opposition, le 4 août :   Diamètre = 24″,8.
Passage au méridien à minuit, le 6 août.

Ainsi, la distance de Mars à la Terre peut descendre à 56 millions de kilomètres, aux oppositions périhéliques, et elle ne descend pas au-dessous de 99 millions aux oppositions aphéliques. Les oppositions reviennent environ tous les deux ans, comme nous l'avons vu, les périhéliques tous les quinze et dix-sept ans. Dans l'intervalle d'une opposition à l'autre, Mars s'éloigne à des distances considérables, dont le maximum correspond naturellement aux époques où la planète passe au delà du Soleil relativement à la Terre : elle est alors inobservable. Si l'on considère comme périodes d'observation les trois mois qui précèdent et les trois mois qui suivent la date de l'opposition, la distance pour cet intervalle présente une grande variation. On en jugera par une période, par exemple celle de 1892 :

	Distance de la Terre.		
	Terre-Soleil = 1	En kilomètres.	Diamètre.
4 mai	0,84172	125 416 000	11″,1
4 juin	0,61455	91 568 000	15 ,2
4 juillet	0,45073	67 159 000	20 ,8
4 août	0,37766	56 271 000	24 ,8
4 septembre	0,43177	64 334 000	21 ,7
4 octobre	0,57412	85 544 000	16 ,3
4 novembre	0,77493	115 646 000	12 ,1

Mars peut s'éloigner jusqu'à 400 millions de kilomètres, et son diamètre peut descendre à 3″.

La variation perpétuelle de distance de Mars à la Terre est représentée sur

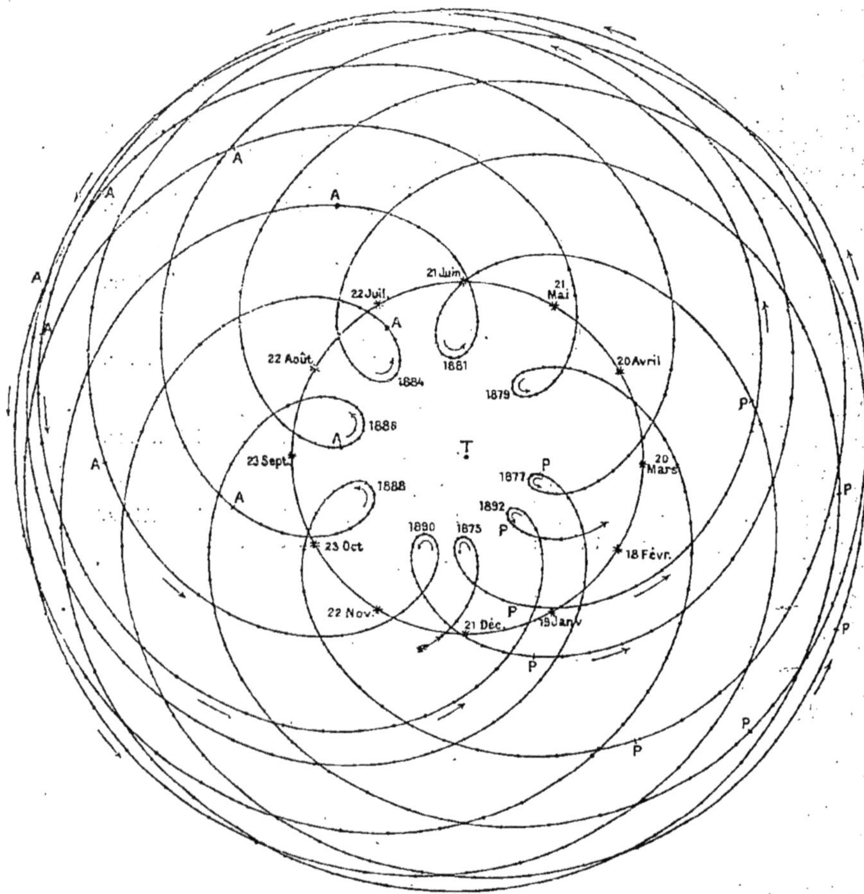

Fig. 254. — Mouvement apparent de Mars relativement à la Terre.

le diagramme du *mouvement apparent* de Mars relativement à la Terre (¹) supposée fixe au centre, de 1875 à 1892 (*fig.* 254). Tel serait le mouvement qu'il faudrait appliquer à Mars dans l'hypothèse de la Terre immobile au centre du monde, pour rendre compte de ses variations d'aspects et de positions. La distance de Mars à la Terre est indiquée de dix en dix jours par des points. Mars est à son périhélie aux endroits marqués P et à son aphélie aux

(¹) La première figure de ce genre a été tracée par Kepler dans son Ouvrage sur Mars, publié en 1609, Pars prima, Caput I.

endroits marqués A. La courbe circulaire qui enveloppe la Terre à une certaine distance indique le cours apparent du Soleil et sa place dans le ciel aux
dates inscrites. On voit en même temps sur cette figure que les oppositions
consécutives ne sont pas à égale distance de la Terre.

Les dimensions apparentes du disque de Mars vu de la Terre varient dans

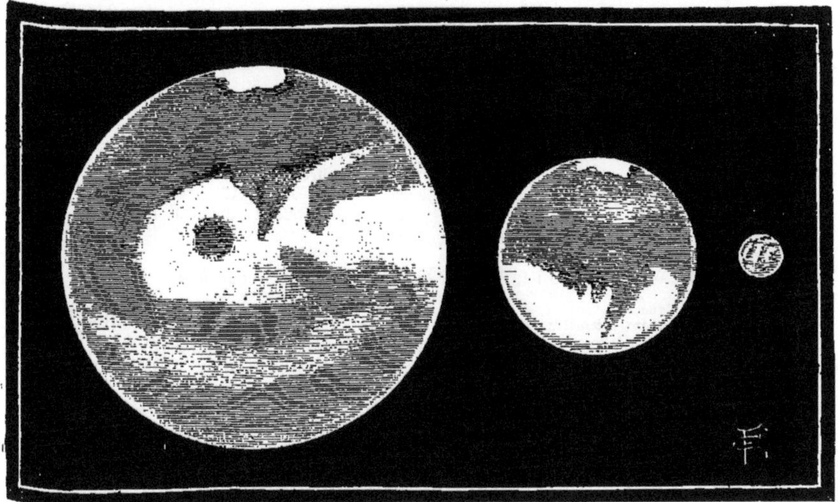

Fig. 255. — Dimensions apparentes de Mars à ses distances extrêmes et moyenne (2^{mm} = 1″).

la proportion indiquée à la *fig.* 255, tracée à l'échelle de 2^{mm} pour 1″. La grandeur de gauche ne se présente qu'aux oppositions périhéliques. Celle de
droite n'est jamais observable, car elle correspond à la conjonction de Mars
au delà du Soleil.

Les angles que Mars forme avec la Terre dans ses diverses positions autour du
Soleil produisent des phases qui atteignent leur maximum vers la quadrature,
mais ces phases ne présentent jamais la grandeur indiquée par les premiers dessinateurs de Mars au XVIIe siècle. Le maximum du croissant non éclairé ne dépasse
jamais le $\frac{1}{7}$ du diamètre (¹).

(¹) On peut s'en rendre compte par quelques exemples :

PHASES DE MARS.

1888. — *Opposition le 11 avril. Quadrature le 22 juillet.*

	Zone manquant.	Diamètre.	Rapport.		Zone manquant.	Diamètre.	Rapport.
5 juillet.........	1″,22	9″,58	0,127	23 juillet.........	1″,16	8″,57	0,135
9 »	1 ,21	9 ,33	0,129	25 »	1 ,15	8 ,47	0,136
13 »	1 ,20	9 ,10	0,132	27 »	1 ,14	8 ,38	0,136
15 »	1 ,19	8 ,99	0,133	29 »	1 ,13	8 ,29	0,135
18 »	1 ,18	8 ,83	0,134	31 »	1 ,11	8 ,20	0,135
21 »	1 ,17	8 ,67	0,135	2 août.........	1 ,10	8 ,11	0,135

Il est très important de nous rendre compte des aspects divers sous lesquels la planète se présente à la Terre selon ses époques d'opposition, selon ses inclinaisons relativement à notre rayon visuel et selon ses distances. Il nous a semblé indispensable de construire, pour chaque période d'opposition consécutive des cycles de quinze ans (1877-1892), trois projections se rapportant respectivement au commencement, au milieu et à la fin de chaque période d'observation. Chacune de ces projections permet de juger au pre-

1890. — *Opposition le 27 mai. Quadrature le 21 septembre.*

	Zone manquant	Diamètre.	Rapport.		Zone manquant	Diamètre.	Rapport.
15 septembre...	1″,56	10″,15	0,153	23 septembre...	1″,49	9″,66	0,154
17 » ...	1 ,55	10 ,02	0,154	25 » ...	1 ,47	9 ,54	0,154
19 » ...	1 ,53	9 ,90	0,155.	27 » ...	1 ,46	9 ,43	0,154
21 » ...	1 ,51	9 ,78	0,155	29 » ...	1 ,44	9 ,32	0,154

1892. — *Opposition le 4 août. Quadrature le 9 décembre.*

	Zone manquant.	Diamètre.	Rapport.		Zone manquant.	Diamètre.	Rapport.
1er novembre..	1″,65	12″,41	0,133	29 novembre...	1″,34	9 ,70	0,137
5 » ..	1 .61	11 ,96	0,135	1er décembre..	1 ,31	9 ,54	0,137
9 » ..	1 ,57	11 ,53	0,136	3 » ..	1 ,29	9 ,39	0,137
13 » ..	1 ,53	11 ,13 ·	0,137	5 » ..	1 ,26	9 ,24	0,136
17 » ..	1 ,48	10 ,74	0,137	7 » ..	1 ,24	9 ,10	0,136
21 » ..	1 ,43	10 ,38	0,138	9 » ..	1 ,21	8 ,95	0,136
25 » ..	1 ,38	10 ,03	0,137	11 » ..	1 ,19	8 ,81	0,135

La grandeur de la zone manquant, qui peut s'élever à 1″,76, ne suffit pas pour apprécier la phase : il faut avoir soin de tenir compte du diamètre. On voit que la proportion de 0,155, voisine du maximum, équivaut à peu près au $\frac{1}{7}$ du diamètre.

La *fig.* 256 représente la phase maximum à une quadrature moyenne, celle du

Fig. 256.

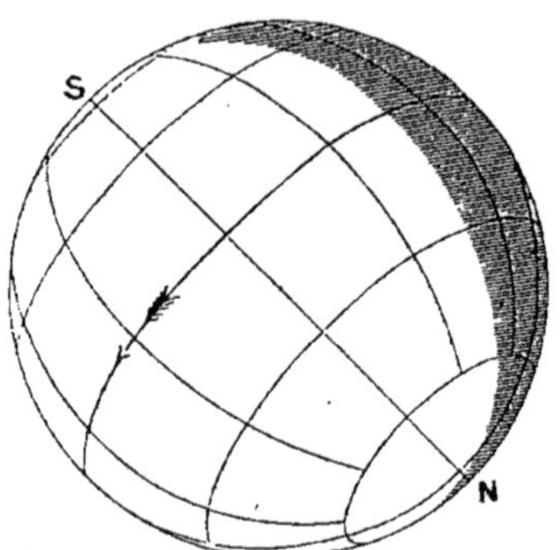

Phase de Mars à sa quadrature moyenne.

22 juillet 1888. Elle est un peu plus forte lorsque la planète est voisine de son périhélie et un peu moins vers l'aphélie. La planète était ici à sa distance moyenne vers son équinoxe d'automne, c'est ce qui fait que la phase suit à peu près un méridien.

micr coup d'œil des latitudes que le globe de Mars présente à la vue des habitants de la Terre.

Nous avons considéré comme périodes d'observations la date des oppositions pour l'époque centrale, les deux à trois mois qui précèdent (suivant la saison) et les trois mois qui suivent. Dans les figures ci-dessous (p. 502 et 503), le disque central représente le globe de Mars dans son inclinaison réelle vers la Terre le jour même de l'opposition, le disque de gauche représente la position et la grandeur relative de la planète à la date indiquée avant l'opposition, et le disque de droite l'aspect trois mois après la même époque centrale. Dans tous ces croquis l'échelle est de 2^{mm} pour $1''$.

Voici les nombres correspondant à chaque projection :

		Latitude du centre.	Diamètre.	Phase. Croissant manquant.	Angle Terre-Soleil.	Décli-naison.	Hauteur au-dessus de l'horizon de Paris.
1877.....	5 juin............	— 24°,1	12″,5	1″,7	43°	— 14°	27°
	5 septem. (Opp.).	— 22 ,5	24 ,8	0 ,0	4	— 12	29
	5 décembre......	— 28 ,0	10 ,8	1 ,3	41	— 2	39
1879.....	12 août............	— 15 ,2	11 ,4	1 ,7	46	+ 13	54
	12 novem. (Opp.).	— 14 ,5	19 ,1	0 ,0	0	+ 18	59
	12 février.........	— 12 ,7	8 ,1	0 ,9	38	+ 22	63
1881-82..	22 octobre........	+ 6 ,7	10 ,7	1 ,2	43	+ 24	65
	26 décembre (Opp.)	+ 1 ,5	15 ,5	0 ,0	2	+ 27	68
	26 mars..........	+ 4 ,3	7 ,4	1 ,2	42	+ 26	67
1884.....	31 octobre 1883.....	+ 16 ,3	7 ,6	0 ,9	39	+ 20	61
	31 janvier (Opp.)..	+ 14 ,8	13 ,9	0 ,0	3	+ 21	62
	30 avril..........	+ 17 ,6	7 ,4	0 ,8	37	+ 19	60
1886.....	24 décembre 1885.	+ 23 ,5	8 ,3	0 ,8	35	+ 7	48
	6 mars (Opp.)....	+ 21 ,9	14 ,0	0 ,0	2	+ 9	50
	6 juin............	+ 25 ,3	7 ,8	0 ,9	39	+ 6	47
1888.....	31 janvier.........	+ 20 ,2	8 ,6	0 ,8	35	— 7	34
	11 avril (Opp.)....	+ 21 ,1	15 ,4	0 ,0	2	— 6	35
	11 juillet..........	+ 23 ,4	9 ,2	1 ,2	42	— 10	31
1890.....	27 février.........	+ 9 ,8	8 ,4	0 ,9	37	— 19	22
	27 mai (Opp.).....	+ 9 ,5	19 ,1	0 ,0	1	— 23	18
	27 août...........	+ 7 ,3	11 ,5	1 ,7	45	— 25	16
1892.....	4 mai............	— 13 ,0	11 ,1	1 ,4	41	— 22	19
	4 août (Opp.)....	— 12 ,7	24 ,8	0 ,0	5	— 24	17
	4 novembre......	— 21 ,2	12 ,1	1 ,6	43	— 14	27

Quant à la phase, avant la date de l'opposition, elle est à gauche du disque ; après cette date, elle est à droite, et à l'opposition même elle est nulle, naturellement [à moins que l'on ne veuille pousser l'approximation aux centièmes de seconde (différence de latitude), quantités insensibles].

Voici les projections qui montrent comment Mars est vu de la Terre suivant ses distances et ses inclinaisons.

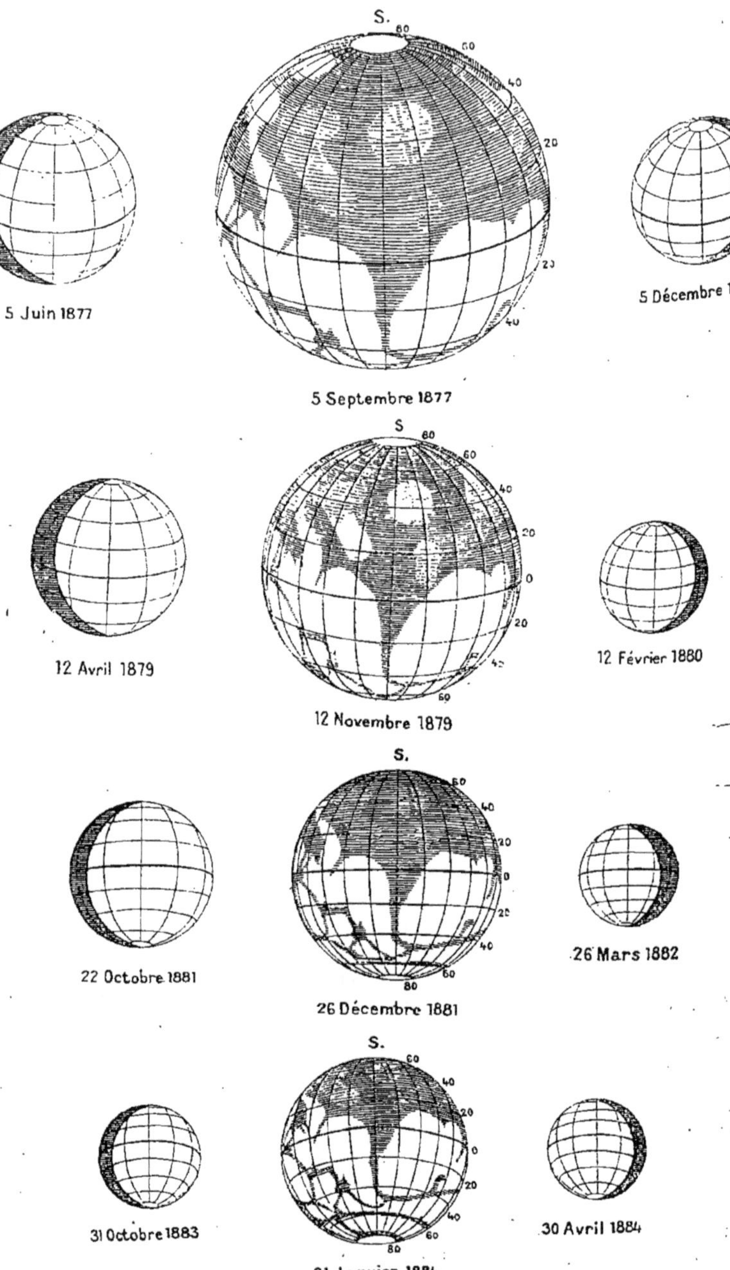

Fig. 257. — Comment Mars est vu de la Terre.

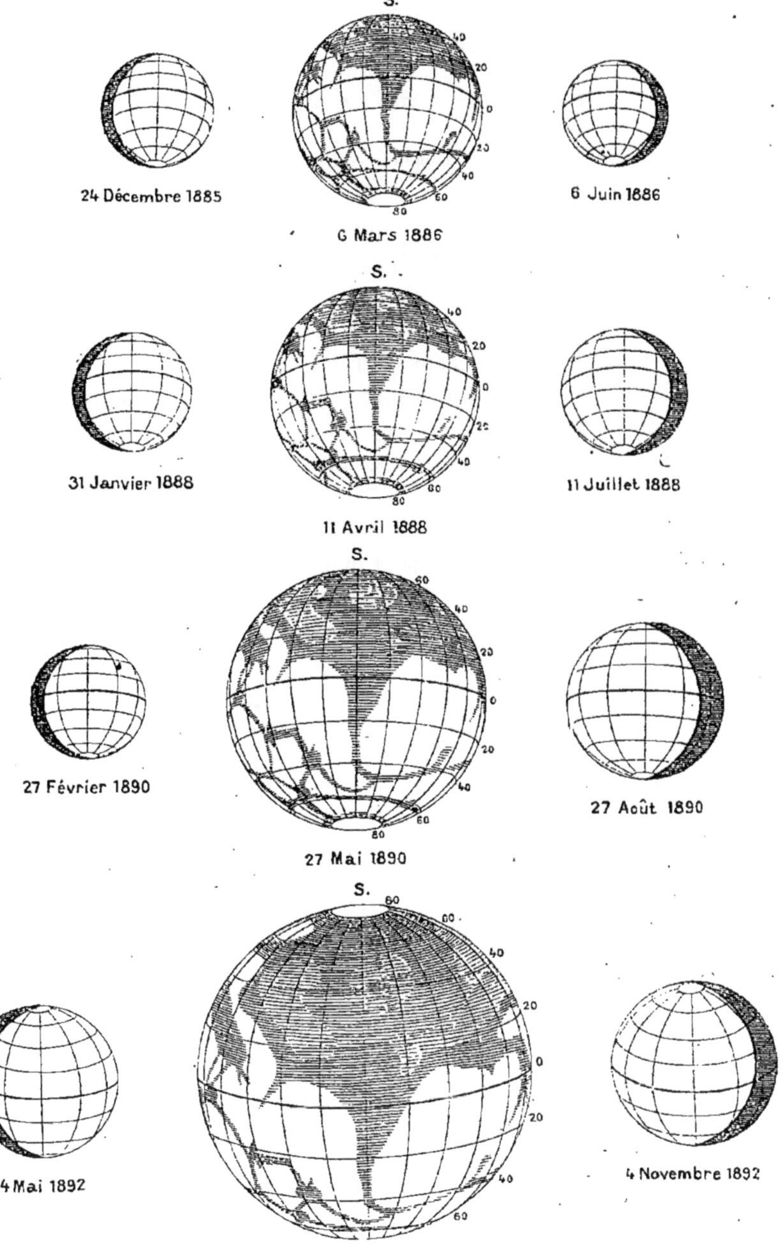

Fig. 258. — Comment Mars est vu de la Terre.

CHAPITRE II.

DIMENSIONS DE LA PLANÈTE.

Masse. — Densité. — Pesanteur.

Les dimensions réelles conclues des dimensions apparentes diffèrent sensiblement, selon les observations et selon la parallaxe solaire adoptée. D'après la *Connaissance des Temps* et le *Nautical Almanac*, le diamètre angulaire de Mars serait 11″,10 à la distance de la Terre au Soleil, celui de la Terre étant 17″,72. C'est le diamètre adopté dans les Tables de Le Verrier.

Ce diamètre conduit à 29″,4 pour les oppositions périhéliques de 1877 et 1892. Mais nous allons voir qu'il est trop grand.

Voici l'ensemble des mesures et déterminations du diamètre de Mars, rapportées à la distance 1.

Les mesures antérieures à celles de William Herschel s'écartent trop de la précision des mesures modernes pour qu'il y ait la moindre utilité à les donner ici. Nous commencerons donc par celles-là. Nous donnons les mesures directes (M) et les déterminations (D) conclues des observations méridiennes.

Dates.	Observateurs.	Diamètre équatorial.	Aplatissement.
1784	William Herschel. M	9″,13	$\frac{1}{16,3}$
1798	Köhler. M	9 ,10	$\frac{1}{80,8}$
1798	Schrœter. M	9 ,84	$\frac{1}{81}$
1824	J.-J. de Littrow. D	8 ,87	—
1837	Bessel. M	9 ,33	Insensible.
1845	Schmidt. M	9 ,44	—
1847	Arago. M	9 ,57	$\frac{1}{29}$
1852	Johnson. M	8 ,99	Disque allongé.
1854	Peirce. D	10 ,11	—
1851	Main. M	9 ,84	$\frac{1}{62}$
1856	Winnecke. M	9 ,21	Insensible.
1856	Schmidt. M	9 ,73	—
1861	Le Verrier. D	11 ,10	—
1860	Main. M	9 ,38	$\frac{1}{46}$
1862	Main. M	9 ,38	$\frac{1}{37}$
1864	Main. M	9 ,18	—
1864	Kaiser. M	9 ,52	$\frac{1}{118}$
1864	Winnecke. D	9 ,83	—
1864	Dawes. M	—	Insensible.
1871	Main. M	9 ,44	—
1873	Engelmann. M	9 ,25	$\frac{1}{71}$
1873	Main. M	9 ,40	—

Dates.	Observateurs.	Diamètre équatorial.	Aplatissement.
1877	Pritchett. M	$9°,19$	$\frac{1}{36}$
1877	Hartwig. M	$9,36$	$\frac{1}{78}$
1877	Hartwig. Discussion générale	$9,35$	—
1879	Hartwig. M	$9,41$	$\frac{1}{96}$
1879	Hartwig. Discussion générale	$9,35$	—
1879	Pritchett. M	$9,49$	$\frac{1}{78}$
1879	Young. M	—	$\frac{1}{219}$
1881	Downing. D. (Greenwich 1851-65)	$9,70$	—
1881	Stone. D. (Greenwich 1851-65)	$10,73$	—
1881	Pritchet. M	$9,48$	—
1892	Flammarion. M	$9,39$	—

Il y a d'assez fortes différences. Le diamètre le plus probable, résultant des mesures de Bessel, Main et Hartwig (discussion générale) est $9'',35$. C'est celui que nous adopterons. Le diamètre des Tables de Le Verrier ($11'',10$) est manifestement trop grand.

Pour la parallaxe $8''82$, le diamètre de $9'',35$ est à celui de la Terre ($17'',64$) dans le rapport de 530 à 1000.

Le diamètre réel ne peut être beaucoup éloigné du nombre 0,530, soit

Fig.259. — Grandeur comparée de la Terre, Mars, Mercure et la Lune.

un peu plus de la moitié de celui de la Terre. Ce diamètre se trouve être d'environ un tiers supérieur à celui de Mercure (0,37) et environ le double de celui de la Lune (0,27), comme on le voit sur la figure ci-dessus.

Le diamètre 0,530 correspond à 6753 kilomètres.

Les surfaces des deux sphères sont donc entre elles comme 28 à 100, et les volumes comme 149 à 1000.

La surface du globe de Mars est par conséquent d'environ 143 millions de kilomètres carrés, et son volume de 161000 millions de kilomètres cubes.

L'aplatissement polaire est très difficile à mesurer. Il doit être d'environ $\frac{1}{220}$ (*voy.* p. 230, 235, 345 et 347).

La masse de la planète est déterminée avec la précision la plus absolue depuis la découverte des satellites. On a vu plus haut (p. 260) les principales valeurs obtenues par le calcul antérieurement à cette découverte. Cette masse est :

$$\text{Relativement au Soleil} \ldots \ldots \ldots \ldots \ldots \quad \frac{1}{3093500}$$
$$\text{Relativement à la Terre} \ldots \ldots \ldots \ldots \ldots \quad 0,105,$$

c'est-à-dire que le monde de Mars pèse environ le $\frac{1}{10}$ de celui que nous habitons.

On en conclut que la densité moyenne de la planète, obtenue en divisant la masse par le volume, $\frac{105}{149}$. est de 0,705.

En prenant l'eau pour unité, cette densité est 3,91.

On en conclut également que la pesanteur à la surface de la planète est 0,376. C'est la plus faible pesanteur planétaire. Celle de la surface lunaire est seule inférieure à celle-là.

Un corps qui tombe, et qui sur la Terre parcourt $4^m,90$ pendant la première seconde de chute, ne parcourt, sur Mars, que $1^m,84$ dans la même unité de temps. La vitesse au bout d'une seconde, ou l'accélération de la pesanteur, g, qui est sur notre globe de $9^m,81$, est sur Mars de $3^m,69$.

CHAPITRE III.

ROTATION. DURÉE DU JOUR ET DE LA NUIT.

Récapitulons ici l'ensemble des observations faites sur la rotation de Mars, dont les détails sont donnés dans la première Partie de cet Ouvrage.

DÉTERMINATIONS DE LA DURÉE DE ROTATION DE MARS.

Auteurs et dates.	Observations comparées.	Période.	Pages.
Huygens, 1659....	1659, novembre 28 au 1ᵉʳ décembre......	24^h	15
Cassini, 1666......	1666, mars 3-28........................	24 40^m	18
Salvator Serra, 1666	1666...............................	12 20	22
Maraldi, 1704.....	1704, octobre 14-17....................	24 38	36
Maraldi, 1719.....	1719, août 5 à octobre 17,.............	24 40	39
W. Herschel, 1779	1777, avril 8 à 1779 juin 19.............	24 39 $21^s,67$	52
Schrœter, 1792....	1792, mars 19 à avril 20..............	24 39 50 ,2	64
Huth, 1805........	1805...............................	24 43	90

Auteurs et dates.	Observations comparées.	Période.	Pages.
Kunowsky, 1822.....	1821, décembre à 1822 mars...........	24 36 40	94
Beer et Mädler, 1837.	1830, septembre 10 — octobre 20......	24 37 9 ,9	106
» » » .	1830, octobre 20 — 1832 novembre 17..	24 37 23 ,7	106
» » · » .	1830, octobre 20 — 1835 mars 12.......	24 37 20 ,4	106
» » » .	1830, octobre 20 — 1837 mars 11.......	24 37 23 ,7	118
Mitchell, 1845........	1830, septembre 14 — 1845 août 30....	24 37 20 ,6	128
Secchi, 1858........	1856, avril 25 — 1858 juillet 24........	24 37 35	137
Joynson, 1864.......	1862, à 1864..........................	24 37 37	173
R. Wolf, 1864......	1862, à 1864.........................	24 37 22 ,9	195
Linsser, 1864........	1830, septembre 14—1862 septembre 21.	24 37 21 ,9	170
Proctor, 1867........	1666; mars 13 — 1864 novembre 26....	24 37 22 .745	206
» 1868........	1666, mars 13 — 1867 février 23.......	24 37 22 ,735	206
» 1869........	1666, mars 13 — 1869 février 4........	24 37 22 ,736	207
» 1873........	1672, août 13 — 1862 novembre 1.....	22 37 22 ,715	207
Kaiser, 1864........	1672, août 13 — 1862 novembre 1......	24 37 22 ,62	182
Jules Schmidt, 1873.	1672, août 13 — 1856 avril 21.........	24 37 22 ,603 .	222
Cruls, 1878	1877, août 16 — octobre 3.............	24 37 34	269
Marth, 1883........	1704, octobre — 1879 novembre..	24 37 22 ,626	370
Bakhuyzen, 1885....	1659, à 1879	24 37 22 ,66	384
Wislicenus, 1886....	1659, à 1881	24 37 22 ,655	395

Nous adopterons, pour la valeur la plus approchée de la période (¹), la
moyenne arithmétique des déterminations les plus précises :

Proctor..................	22ˢ,715
Kaiser..................	22 ,62
Schmidt................	22 ,603
Marth..................	22 ,626
Bakhuyzen..............	22 ,66
Wislicenus..............	22 ,655
Moyenne	22ˢ,6465

soit :

$$24^\mathrm{h}37^\mathrm{m}22^\mathrm{s},65 = 88642^\mathrm{s},65$$

Nous pouvons la considérer comme connue avec la plus grande précision,
à un centième de seconde près.

La rotation sidérale de la Terre s'effectue en $23^\mathrm{h}56^\mathrm{m}4^\mathrm{s},091$, ou 86164 secondes, 091. Celle de Mars surpasse donc la nôtre de $2478^\mathrm{s},56$, soit $41^\mathrm{m}18^\mathrm{s},56$,
et est plus longue que notre jour solaire de 24 heures de 37 minutes environ.
Si l'on supposait que sur Mars le jour fût partagé en 24 heures comme ici,
chaque heure durerait seulement une minute et demie de plus que chez
nous.

(¹) Il est assez curieux de remarquer que les dessins à l'aide desquels la rotation
de Mars a été déterminée sont des plus rudimentaires : Hooke, Huygens, Cassini, Maraldi, Herschel. On peut donc découvrir la rotation d'une planète et la fixer même avec
précision sans en distinguer la configuration exacte et même en la dessinant fort vaguement. Il suffit d'un point dont on soit sûr.

L'année sidérale de Mars est de 686ʲ 23ʰ 30ᵐ 41ˢ, soit de 59 355 041 secondes. Si nous divisons ce nombre par le premier, nous trouvons que cette année martienne se compose de 669 rotations sidérales martiennes environ : 669,6.

Mais sur Mars, comme sur la Terre, il y a par an une rotation sidérale de plus que de jours solaires. L'année civile de Mars se compose donc de 668 jours solaires martiens : 668, 6.

Il en résulte que la durée du jour solaire martien est plus longue que celle du jour sidéral dans la proportion de $\frac{1}{669}$, soit 132ˢ,4, ou de 2ᵐ 12ˢ,4. Cette durée est donc de

$$24^h 39^m 35^s,0 = 88\,775^s,0.$$

Nous avons vu tout à l'heure que la rotation sidérale de Mars est plus longue que notre jour civil de 37 minutes environ. Dans l'observation de la planète, le passage d'une tache par le méridien central retarde donc de cette quantité chaque jour sur l'heure solaire moyenne d'un observateur terrestre (¹). Ce retard est un peu plus long avant et après l'opposition, et peut s'élever à 40 minutes pour trois mois d'intervalle.

Cette différence diurne ramène la même face de la planète devant l'observateur au bout de 38 jours.

(¹) Mouvement de rotation de Mars, heure par heure et minute par minute.

Heures.	Mouvement.	Minutes.	Mouvement.	Minutes.	Mouvement.
1	14°,62	1	0°,24	31	7°,55
2	29 ,24	2	0 ,49	32	7 ,80
3	43 ,86	3	0 ,73	33	8 ,04
4	58 ,48	4	0 ,91	34	8 ,29
5	73 ,10	5	1 ,22	35	8 ,53
6	87 ,72	6	1 ,46	36	8 ,77
7	102 ,34	7	1 ,71	37	9 ,02
8	116 ,96	8	1 ,95	38	9 ,26
9	131 ,58	9	2 ,19	39	9 ,50
10	146 ,21	10	2 ,44	40	9 ,75
11	160 ,83	11	2 ,68	41	9 ,99
12	175 ,45	12	2 ,92	42	10 ,23
13	190 ,07	13	3 ,17	43	10 ,48
14	204 ,69	14	3 ,41	44	10 ,72
15	219 ,31	15	3 ,66	45	10 ,97
16	233 ,93	16	3 ,90	46	11 ,21
17	248 ,55	17	4 ,14	47	11 ,45
18	263 ,17	18	4 ,39	48	11 ,70
19	277 ,79	19	4 ,63	49	11 ,94
20	292 ,41	20	4 ,87	50	12 ,18
21	307 ,03	21	5 ,12	51	12 ,43
22	321 ,65	22	5 ,36	52	12 ,67
23	336 ,27	23	5 ,60	53	12 ,91
24	350 ,89	24	5 ,85	54	13 ,16
		25	6 ,09	55	13 ,40
		26	6 ,34	56	13 ,65
		27	6 ,58	57	13 ,89
		28	6 ,82	58	14 ,13
		29	7 ,07	59	14 ,30
		30	7 ,31	60	14 ,62

38 jours terrestres de temps solaire moyen font 3 283 000 secondes.

37 rotations martiennes font 3 279 778 secondes.

La différence n'est que de 3422 secondes ou de 57 minutes, soit moins d'une heure, dont le globe de Mars retarde pour l'observateur terrestre.

Le taux de rotation diurne est 350°,89217. D'un jour à l'autre la longitude rétrograde donc de 10° environ pour la même heure.

Il y a toujours une correction à faire pour ramener cette différence de rotation sidérale à la rotation apparente ou synodique provenant du déplacement de la Terre relativement à Mars, correction tantôt additive et tantôt négative, suivant la position. Un astronome, qui s'est consacré avec dévouement à ces utiles éphémérides, M. Marth, les calcule pour chaque opposition, et nous nous faisons un devoir de les publier dans *L'Astronomie*.

Dans le calendrier de Mars, on a, sur trois ans, une année longue de 669 jours, et deux courtes de 668, autrement dit deux années bissextiles sur trois, et moins simples que les nôtres, car trois fois 668,6 ne donnent pas exactement le même nombre que 2 fois 668 + 669. On aura dû, comme ici, réformer plus d'une fois le calendrier sans le rendre parfait.

Le jour et la nuit suivent sur ce globe le même cours que sur le nôtre. À l'équateur, ils sont d'égale durée, de $12^h 19^m 47^s$ pendant l'année entière. Il en est de même dans tous les pays du monde martien le jour des équinoxes. La durée du jour augmente dans chaque hémisphère avec la latitude jusqu'aux pôles, aux solstices correspondants; elle atteint une demi-année martienne, soit 334 jours à chaque pôle, à l'époque de son solstice d'été.

Les 88775 secondes dont se compose le jour civil de Mars sont aux 86400 dont se compose le jour civil terrestre dans le rapport de 1,26 à 1. Le jour terrestre = 0,97 jour martien.

CHAPITRE IV.

GÉOGRAPHIE DE MARS, OU ARÉOGRAPHIE.

Toutes les observations réunies dans cet Ouvrage montrent que le globe de Mars est diversifié de taches sombres et de taches claires, fixes à la surface. Nous avons ici sous les yeux plus de deux siècles de résultats concordants. Mars est la seule planète de notre système dont nous puissions ainsi étudier la géographie. Vénus, Jupiter et Saturne se montrent constamment enveloppés de nuages. Les autres ne laissent rien apercevoir de bien sûr.

Si l'on considère les régions de la planète en général, on peut les partager en deux classes. La première comprend les contrées claires, présentant une coloration ordinairement jaune foncé ou orangé, mais qui peut varier momentanément, et selon la localité, d'une part entre toutes les nuances du jaune jusqu'au blanc pur, d'autre part entre toutes les teintes comprises entre l'orangé rouge et un rouge foncé que l'on peut comparer à celui de la brique bien cuite, ou mieux peut-être, à celle du cuir fortement usé. La seconde classe est celle des régions foncées qui constituent les taches dans le sens propre du mot et dont la couleur fondamentale paraît une sorte de gris de fer teinté de vert, présentant toutes les gradations depuis le noir jusqu'au gris cendré. En général, les régions de la seconde classe paraissent être plus sombres que les premières; mais il arrive aussi que dans le changement de couleur auquel sont soumises certaines étendues de la planète, les taches de la première catégorie prennent une coloration rouge foncé et celles de la seconde une teinte claire; alors on ne peut pas dire quelles sont les plus claires ou les plus foncées; en un mot, il s'agit plutôt de différences de couleurs que de différences d'intensité lumineuse. Néanmoins la distinction qui existe entre les deux genres de régions est à peu près permanente à part quelques exceptions.

L'invariabilité séculaire des taches de Mars ne doit pas être comprise dans un sens absolu et aussi rigoureusement que celle des taches de la Lune. L'observation assidue a montré que plusieurs régions de la surface de la planète changent de nuance dans certaines limites et que les rayons solaires sont réfléchis avec une intensité différente, selon les moments. Les contours des taches sombres peuvent subir des déplacements qui, à vrai dire, sont très minimes, comparés aux dimensions de la planète et à celles des taches elles-mêmes, mais qui n'en sont pas moins incontestables; d'autre part, la netteté des contours est tantôt plus grande, tantôt moins précise. Beaucoup de fins détails sont plus facilement visibles à certaines époques qu'à d'autres, même si l'on tient compte de l'influence inévitable exercée par les diverses circonstances de l'observation; ces détails peuvent subir des changements d'aspect relativement notables, mais insuffisants pour rendre douteuse l'identité de l'objet considéré. Enfin Mars a une atmosphère, et il se produit là un ensemble de phénomènes que l'on peut considérer comme météorologiques, par analogie avec ceux qui se passent sur la Terre, bien que vraisemblablement ils soient très différents.

L'ensemble de tous ces changements donne à l'étude de Mars un bien plus grand intérêt que si tout était invariable, immobile à sa surface. Comme l'écrivait M. Schiaparelli ([1]) : « Cette planète n'est pas un désert de roches

---

([1]) *L'Astronomie*, 1889, janvier, p. 20.

arides; ELLE VIT : le développement de sa vie se révèle dans tout un système
de transformations très compliquées, dont quelques-unes embrassent une
étendue suffisante pour être visibles aux habitants de la Terre. Il y a là à
explorer un monde tout entier de choses nouvelles, éminemment propres à
provoquer la curiosité des chercheurs et à fournir du travail en surabon-
dance aux télescopes pour de nombreuses années. Ces phénomènes, en effet,
diffèrent tellement et sont diversifiés de tant de détails, qu'on ne pourra
reconnaître ce qu'ils peuvent avoir de régulier qu'à la suite d'études rigou-
reuses et complètes; ce sera le seul moyen de tirer des conclusions précises
et à peu près vraisemblables sur les causes de ces modifications et sur la
constitution physique de Mars. »

On ne peut se dissimuler que de telles études, pour être exactes et complètes, rencontrent maintes difficultés. Parmi les variations qui se produisent
à la surface de la planète, quelques-unes s'effectuent lentement (comme, par
exemple, les augmentations et diminutions périodiques des éclatantes neiges
polaires) et présentent des phases relativement faciles à suivre. Mais il y a
encore des changements d'une autre sorte; les uns s'accomplissent en
quelques jours, les autres sont presque soudains, et leur effet est visible
d'un jour à l'autre; telle est l'énigmatique duplication des canaux. Il se
présente enfin des phénomènes dont la période dépend évidemment de la
révolution annuelle de la planète. Pour bien comprendre le mécanisme
de ces changements, il serait nécessaire de faire une série d'observations
ininterrompues pendant au moins tout le temps que la planète emploie à
parcourir son orbite autour du Soleil. Cette condition est imposée non seulement par la nécessité d'explorer les taches polaires boréales et australes
aux époques où l'inclinaison de l'axe est le plus favorable à l'observation,
mais aussi par ce fait également certain qu'une partie des phénomènes en
question dépend des saisons de la planète.

A la vérité, un tel contrôle complet n'est pas possible pour un observateur isolé; il serait même impossible pour plusieurs observateurs, si ceux-ci
habitent un pays circonscrit et peu étendu de la surface terrestre, l'Europe,
par exemple. Par les jours si rares de bonnes observations, on ne peut guère
utiliser vraiment que deux ou trois heures, pendant le crépuscule, au commencement ou à la fin de la nuit. Il en résulte que, un jour donné, on
aura rarement la chance de pouvoir observer plus d'un quart de la planète
avec une facilité suffisante; comme, d'autre part, la rotation de Mars diffère
très peu de celle de la Terre, le déplacement des régions accessibles à l'observation s'accomplit lentement d'un jour à l'autre, de sorte qu'un seul
et même point de la planète peut être observé pendant huit ou dix soirs consécutifs. Mais le retour du même aspect des taches aux mêmes heures ter-

restres s'effectue dans la période très longue de trente-huit jours environ. Par conséquent, telle région que l'on a pu étudier huit ou dix jours de suite (pourvu que l'atmosphère terrestre l'ait permis), restera inaccessible à l'observation pendant un mois entier, et, au bout de ce temps, une exploration attentive révélera parfois des changements très considérables dont il n'aura pas été possible d'indiquer l'époque et d'étudier la marche. Si, en outre (ce qui arrive souvent), le temps a été mauvais pendant les huit ou dix jours qui auraient pu servir à l'exploration de cette contrée, il s'écoulera peut-être plus de deux mois avant qu'on puisse l'examiner à nouveau; souvent même, il arrivera qu'une opposition entière passera sans qu'on ait l'occasion favorable d'étudier une contrée donnée. Pour obvier à toutes ces difficultés, il n'y aurait qu'un seul moyen, ce serait de répartir un certain nombre d'observateurs à la surface de la Terre, de telle sorte que pendant toutes les apparitions de Mars il y en ait au moins un qui voie la planète à une hauteur suffisante au-dessus de l'horizon, pour obtenir une bonne image.

Ce n'est pas tout encore. On ne peut effectuer d'utiles observations de Mars que quand cette planète est suffisamment rapprochée de la Terre. Pour l'observation des détails les plus difficiles (qui sont en même temps les plus intéressants), il faut que son diamètre apparent soit au moins de 10″ à 12″. Cette condition n'est remplie que pendant quelques mois (trois ou quatre), vers les époques d'opposition; or cette circonstance ne se présente que par intervalles de vingt-six mois environ. Chaque opposition ne peut donc nous faire connaître l'état de la planète que pendant une faible fraction de sa révolution périodique. Heureusement, cet arc de l'orbite n'est pas toujours le même, car, quand une opposition se produit à un certain point de l'orbite de Mars, l'opposition suivante a lieu en un point dont la distance par rapport à nous est plus grande d'environ 48° de longitude héliocentrique.

On voit donc que, pour pouvoir suivre la planète dans toutes les inclinaisons possibles de son axe et en toutes ses saisons, il faut un cycle de sept à huit oppositions consécutives, cycle dont la durée est de seize ans en moyenne. Si les phénomènes martiens étaient exactement périodiques et dépendaient de la révolution autour du Soleil, on pourrait espérer en écrire l'histoire complète au moyen d'observations appliquées à l'un de ces cycles ou à quelques-uns d'entre eux. Mais cette périodicité ne paraît qu'approximative, comme celles de la météorologie terrestre.

Les obstacles qu'on vient de signaler sont d'un caractère purement astronomique. Ceux qui sont causés par le mauvais temps et la mobilité de l'atmosphère terrestre sont bien plus graves. M. Schiaparelli a constaté par expérience, à Milan, que l'on peut à peine espérer avoir une atmosphère suffisamment bonne sur huit ou dix soirs; parfois même, il se passe des mois entiers sans que l'on puisse faire une observation satisfaisante. Bien plus rares encore sont les soirs à images parfaites, ceux où l'on peut utiliser toute la puissance d'un instrument ([1]). Quoi qu'il en soit, on peut espérer qu'en étudiant la constitution des climats par rapport à la netteté des images télescopiques, on arrivera, avec le temps, à réduire ces obstacles à un minimum. Enfin, l'expérience a appris que la difficulté de coordonner entre eux les résultats obtenus par divers observateurs à l'aide d'instruments diffé-

([1])   *Conseils pour l'observation de Mars.*

Quoiqu'il fasse généralement beau sur Mars et que son atmosphère propre mette peu d'obstacles à l'observation de sa surface, les différences de tons sont souvent si peu accentuées et les contours des configurations si vagues et si incertains — à part quelques heures exceptionnelles de parfaite visibilité — que l'on ne peut obtenir de résultats satisfaisants sans une méthode d'observation assez sévère.

Le premier point, naturellement, est d'avoir un *bon* objectif — ou un bon miroir, s'il s'agit de télescope. — La dimension de l'instrument est relativement secondaire. On a obtenu d'excellentes images avec de petites lunettes de 108ᵐᵐ, 95ᵐᵐ et même 75ᵐᵐ de diamètre, tandis que des colosses de près d'un mètre de diamètre et même davantage, comme télescopes, n'ont donné que des vues médiocres et presque impossibles à identifier. Donc, tout instrument peut servir, s'il est bon.

Le second point est d'avoir la même température à l'instrument qu'au dehors. Si l'on observe en plein air, rien de mieux. Mais, si l'on se sert d'un équatorial abrité sous une coupole, il faut avoir soin d'ouvrir les trappes, les fenêtres et les portes, d'aérer le plus possible la coupole, plusieurs heures avant l'observation. Les vagues d'air chaud qui passent devant l'objectif, et qui sont grossies proportionnellement aux oculaires employés, sont le plus grand obstacle à la netteté des images.

En troisième lieu, il importe de ne pas oublier que, les deux conditions précédentes étant remplies, la précision désirée ne sera pas obtenue pour cela dans les conditions normales de notre atmosphère, par la raison que lors même qu'elle nous paraît parfaitement pure, elle est traversée de couches de densité hétérogène qui se meuvent suivant les courants et qui troublent la vision. Il faut savoir attendre, parfois plusieurs heures, les moments assez fugitifs en général de calme absolu et de tranquillité parfaite.

Les heures où l'atmosphère est la plus transparente sont celles qui ont été précédées par une pluie d'orage.

Les heures de jour, aurore et crépuscule, nous ont toujours semblé meilleures que les heures de nuit.

D'autre part, pour être assuré d'obtenir des vues certaines qui ne puissent être influencées par aucune idée préconçue, il importe de ne pas se préoccuper de la face de Mars tournée vers nous à l'heure de l'observation, et d'observer dans l'ignorance la plus grande de ce que l'on doit voir. On ne tarde pas à reconnaître l'une ou l'autre des configurations. Si l'on a observé plusieurs jours de suite, on sait à peu près d'avance ce que l'on doit voir, malgré tout l'oubli que l'on voudrait y apporter. Le mieux est de ne penser à rien et de s'occuper uniquement de constater le mieux possible ce que l'on a sous les yeux. Dans ce cas, les croquis ou dessins ont la plus grande valeur. Si l'on calcule d'avance le méridien central et si l'on met devant soi le globe ou une carte de Mars, on est préparé à voir ce qui doit être, et c'est déjà trop. D'ailleurs, on perd tout le plaisir à identifier ensuite ce que l'on a découvert. Ajoutons qu'il n'est pas mauvais de faire cette identification immédiatement après l'observation.

L'œil s'accoutume aux conditions instrumentales et se perfectionne. Les premières observations ne sont, en général, guère satisfaisantes. De jour en jour on voit mieux. Pour arriver à bien dessiner Mars, il faut que l'œil s'habitue aux aspects de la planète pendant plusieurs jours. Les premiers croquis ne valent rien, en général, et ressemblent aux dessins primitifs faits par les anciens observateurs.

rents est par elle-même un empêchement très grave : cette difficulté ne disparaîtra que quand la Photographie céleste sera assez avancée pour reproduire les détails les plus minutieux que nous parvenons à découvrir à l'aide de nos bons télescopes actuels.

Ces taches foncées et ces taches claires, permanentes, et qui ne se substituent jamais les unes aux autres, doivent être de natures différentes. Il y a, à la surface martienne, des liquides et des solides, car nous observons des neiges, des brumes et de la vapeur d'eau, et, si tout était liquide, la permanence séculaire des taches n'existerait pas. Les étendues aquatiques sont-elles représentées par les taches foncées ou par les claires ?

Tout nous invite à penser que ce sont les foncées qui les représentent. D'abord, les eaux, les liquides en général, absorbent plus de lumière que les surfaces continentales, à moins que celles-ci ne soient couvertes d'une végétation très sombre. D'autre part, nous assistons annuellement à la fonte des neiges martiennes, et cette fusion entoure les neiges restantes d'une bordure foncée. En troisième lieu, la forme des rivages découpés en golfes ou en caps s'accorde mieux avec l'attribution des mers aux taches sombres. En quatrième lieu, les variations observées, les élargissements ou raccourcissements, s'appliquent mieux à la première interprétation qu'à la seconde. En cinquième lieu, les changements de tons observés si fréquemment sur les taches foncées, depuis le noir d'encre jusqu'au gris clair, et la mobilité de ces tons s'appliquent mieux également à un élément liquide qu'à un élément solide. (Ainsi, par exemple, il y a des années où la mer Terby-a paru noire comme de l'encre, si foncée, que l'on a proposé de la substituer à la baie du Méridien pour le méridien initial. Eh bien! cette année 1892, depuis trois mois que je l'observe en particulier, elle est vague, grisâtre, indécise.)

Nous considérons donc les régions claires comme des continents et les régions foncées comme des mers.

Dans cette interprétation, la distribution géographique martienne est toute différente de la nôtre.

Sur la Terre, les trois quarts de la surface sont couverts par les eaux, et il n'y a pas le quart du globe d'habitable par la race humaine.

Sur Mars, la répartition est moins inégale, les deux éléments s'y partagent à peu près par moitié l'étendue du globe; il y a seulement un peu plus de terres que de mers : 77 millions de kilomètres carrés de terres, et 66 d'eau. En éliminant les cercles polaires, les terres habitables de Mars représentent une surface cinq à six fois supérieure à celle de l'Europe.

Mais ces eaux ne doivent pas être, chimiquement ni physiquement, les mêmes que les nôtres. Il se passe sur Mars des phénomènes qui n'offrent aucune analogie avec ceux des éléments terrestres. Nous voulons parler des *variations observées* dans les aspects de Mars. C'est là un sujet capital qu'il importe d'étudier intégralement ici avant d'aller plus loin, et c'est ce que nous allons faire en l'un des chapitres suivants.

Quelle est la cause de la coloration rougeâtre des continents?

Nous avons vu que ce n'est pas l'atmosphère (p. 133, 188, etc.).

C'est la couleur du sol, du sol visible, c'est-à-dire de la surface.

Nous pouvons donc ou supposer que la surface de ces continents est nue, stérile, sablonneuse, sans aucun revêtement végétal, ou bien que ce revêtement général est rougeâtre.

Pour se ranger à la première opinion, il faudrait considérer Mars comme un désert éternellement aride, admettre que l'atmosphère, l'eau et le soleil y jouent un rôle diamétralement contraire à ce qui est arrivé sur notre globe, admettre, en un mot, que les combinaisons des éléments soient restées là-bas absolument improductives, tandis qu'ici elles ont conduit à cette vie végétale et animale immense et multipliée, qui emplit les eaux et les airs et se développe en tous lieux avec une abondance si féconde et si prodigieuse.

Il nous semble impossible de condamner un monde à une destinée de ce genre, surtout un monde doué de tous les éléments de vitalité que nous voyons réunis sur notre voisine la planète Mars.

La coloration des continents a donc, beaucoup plus vraisemblablement, pour cause celle du revêtement végétal, quelconque d'ailleurs, qui s'est formé à leur surface.

Cette coloration n'est pas aussi rouge qu'on le croit en général. Nous l'avons toujours assimilée, pour notre part, à celle des champs de blés mûrs vus de la nacelle d'un ballon. Elle varie, d'ailleurs, d'une terre à l'autre, et aussi pour les mêmes régions. Ainsi, cette année 1892, le continent Beer, à droite de la mer du Sablier, m'a paru plus rouge que le continent Herschel, à gauche de la même mer; et la terre de Lockyer, qui sur notre carte (p. 69) est foncée, paraît cette année aussi claire que les continents.

Pourquoi, dira-t-on, la végétation de Mars ne serait-elle pas verte?

Pourquoi le serait-elle? répondrons-nous. La Terre ne peut pas être considérée, à aucun point de vue, comme le type de l'Univers.

D'ailleurs, la végétation terrestre pourrait être rougeâtre elle-même, et elle l'a été en majorité pendant bien des siècles, les premiers végétaux terrestres ayant été des lycopodes, dont la couleur est d'un jaune roux tout martien. La substance verte qui donne aux végétaux leur coloration, la chlorophylle, est composée de deux éléments, l'un vert, l'autre jaune. Ces deux éléments peuvent être séparés par des procédés chimiques. Il est donc parfaitement scientifique d'admettre que, dans des conditions différentes des conditions terrestres, la chlorophylle jaune puisse seule exister, ou dominer.

Sur la Terre, la proportion est de 1 pour 100. Ce peut être le contraire sur Mars.

La théorie cosmogonique la plus probable nous montre Mars comme formé antérieurement à la Terre et comme plus avancé dans sa destinée.

Helmholtz a calculé que la condensation de la nébuleuse primordiale en soleil a dû produire 28 millions de degrés centigrades. Appliquant ces mêmes principes à la Terre et à Mars, M. Schiaparelli trouve que cette chaleur de concentration a dû être de 8988° pour la Terre et 1795° seulement pour Mars. Ce globe doit être depuis longtemps refroidi jusqu'à son centre.

On sait d'ailleurs que la chaleur intérieure du globe terrestre n'a aucune influence sur la température de la surface ni sur les phénomènes de la vie végétale et animale.

L'ancienneté de Mars expliquerait tout naturellement la plus grande rareté des eaux à sa surface et le nivellement probable de ses continents.

Nous avons vu que ses mers consistent en méditerranées qui paraissent peu profondes. Des régions intermédiaires sont tantôt sèches et tantôt inondées, ou peut être couvertes de brumes. Signalons, comme *îles*, 1° l'île neigeuse de Hall, située dans l'océan de la Rue, par 47° de longitude et 22° de latitude (*Voy.* notre carte, p. 69), qui est tantôt visible lorsqu'elle est couverte de neige ou de nuages (*Voy.* p. 278, 303, 315), et tantôt invisible, et à laquelle M. Schiaparelli a donné le nom de terre de Protée; 2° l'île de Dawes, appelée aussi terre de Jacob et Argyre, située au-dessus de la précédente (*Voy.* p. 69, 187, 302). La neige atlantique et la neige olympique paraissent représenter des pics parfois couverts de neiges, situés en pleines terres, le premier par 267° de longitude et 17° de latitude boréale, le second par 128° de longitude et 21° de latitude boréale (*Voy.* p. 333 et 336).

Nous avons vu aussi que les chaînes de montagnes sont rares. Tout semble nivelé. Cependant il en reste, comme le montrent les taches blanches observées sur le terminateur (*Voy.* p. 466). Les rives droites de la mer du Sablier, jusqu'au détroit d'Herschel, doivent être en falaises, non en plages, car: d'une part, les extensions de cette mer se produisent toujours sur la rive gauche et, d'autre part, une bordure blanche assez fréquente indique là des neiges, gelées blanches ou nuées.

L'hémisphère boréal de Mars est à un niveau supérieur à celui de l'hémisphère austral: les mers occupent surtout celui-ci. Il en est sensiblement de même pour le globe terrestre. La cause peut être attribuée à l'effet de l'attraction solaire sur les hémisphères martien et terrestre les plus rapprochés de lui pendant la demi-période de révolution de la ligne des apsides à l'époque critique de la consolidation définitive de l'écorce.

CHAPITRE V.

L'ATMOSPHÈRE DE MARS.
MÉTÉOROLOGIE ET CLIMATOLOGIE MARTIENNES.
LES CONDITIONS DE LA VIE SUR MARS.

L'existence de l'atmosphère de Mars est rendue absolument certaine par l'ensemble des observations. Les témoignages en sont de diverse nature et de diverses valeurs.

Au premier rang, nous signalerons les taches polaires dont l'étendue varie avec les saisons et proportionnellement à la chaleur solaire reçue. Que ces neiges soient de même nature chimique que les nôtres ou toutes différentes, peu importe ici. Le seul fait de leur existence prouve qu'il y a là des transports de vapeurs qui se condensent en précipités blancs et disparaissent sous l'influence de la chaleur pour se reproduire de nouveau pendant la saison froide. Vapeurs tantôt invisibles, comme notre vapeur d'eau atmosphérique, tantôt visibles sous forme de nuées légères, tantôt condensées en neiges variables et sans doute aussi en eaux, en liquides, dans les mers. Ces neiges polaires suffiraient à elles seules pour prouver que cette planète est entourée d'une enveloppe atmosphérique.

Les nuages proprement dits, les immenses agglomérations opaques qui s'étendent dans l'atmosphère terrestre ne se voient pas souvent sur Mars. Mais on y observe des brumes, en apparence fort légères, parfois semi-transparentes, qui voilent fréquemment de vastes contrées, surtout en hiver. Ces brumes, ces troubles de visibilité, sont un second témoignage de l'existence de l'atmosphère.

Un troisième témoignage nous est offert par la graduation lumineuse du disque, du centre vers le contour. La circonférence intérieure du disque de Mars est blanchâtre et les taches sombres s'effacent pour notre vue en atteignant cet anneau pâle. Comme l'hémisphère éclairé est précisément tourné vers nous pendant les périodes d'opposition, il est naturel d'attribuer cette blancheur circulaire à l'accroissement de l'épaisseur atmosphérique sur la sphère relativement à notre rayon visuel et à la lumière solaire réfléchie par cette épaisseur. On pourrait, il est vrai, supposer que le globe de Mars se couvre pendant la nuit d'une couche de gelée blanche, qui fond lorsque le Soleil est assez élevé; mais, comme cet anneau blanchâtre s'étend aussi bien sur les régions aquatiques que sur les continentales, et que les taches s'atténuent et disparaissent en arrivant au bord, cette seconde hypothèse n'est pas soutenable. Nous remarquerons, en passant, que le contraste entre cette bordure blanche et le ton jaune ocré général des continents se remarque beaucoup mieux pendant la nuit que pendant le jour (c'est là une observation que nous venons encore de faire tout récemment — le 1ᵉʳ juillet 1892, — l'anneau dont il s'agit était beaucoup plus évident à 3ʰ du matin qu'au lever du soleil). L'atmosphère de Mars en est certainement la cause productrice. Il peut être dû soit à des brumes légères, soit à la réfraction des couches atmosphériques situées au delà de la tangente de notre rayon visuel au contour de la sphère, réfraction qui relève les images et doit agrandir légèrement le globe par un anneau blanchâtre.

Cette dégradation lumineuse plus ou moins intense et plus ou moins large, en raison inverse de la transparence de l'atmosphère martienne, pourrait, il est vrai, s'expliquer par la réflexion de montagnes, comme il arrive pour la Pleine Lune, dont le bord est également plus brillant que le centre. Cette explication a été adoptée par Zöllner (¹), qui supposait la surface de la planète hérissée de montagnes, comme la surface lunaire, montagnes dont les pentes auraient été inclinées de 76° sur l'horizon. Mais elle nous semble un peu forcée, et comme la présence de l'atmosphère de Mars la remplace avantageusement, elle devient inutile.

L'observation établit que les taches de Mars, même les plus foncées, deviennent invisibles en général lorsqu'elles arrivent à 53° du centre du disque; parfois on les distingue jusqu'à 60° et même 65°, mais c'est extrêmement rare. Les régions très blanches se voient plus loin; les neiges polaires sont visibles tout à fait au bord du disque, leur éclat perçant le voile atmosphérique. Ces régions blanches paraissent même plus lumineuses vers les bords du disque que dans la région centrale, par exemple les deux îles de Thulé, l'île d'Argyre et l'Hellade (Schiaparelli, 1877). Plus d'une fois même on a pris alors ces régions pour des neiges polaires. Cependant cette année l'Hellade, ou terre de Lockyer, qui se présente plus de face que d'habitude, est au contraire particulièrement claire.

D'autre part, l'Analyse spectrale est venue confirmer l'existence de l'atmosphère martienne en y révélant, de plus, les raies d'absorption de la vapeur d'eau. Les recherches de Huggins, Vogel et Maunder s'accordent pour cette constatation, notamment pour la raie d'absorption de longueur d'onde 628, et pour la ligne 656 (voy. p. 213 et 308). Il y a une dizaine de groupes de lignes identifiés d'une manière satisfaisante. Nous devons donc admettre qu'il y a là de la vapeur d'eau, et sans doute chimiquement la même eau

---

(¹) *Photometrische Untersuchungen*, p. 127; Leipsig, 1865,

qu'ici. Ce fait n'empêche pas la possibilité d'autres substances aériennes.

L'existence de l'atmosphère martienne est donc absolument démontrée. Cette atmosphère diffère de la nôtre à plusieurs égards.

D'abord, elle ne se charge pas de nuages comme celle que nous respirons. On n'y voit point d'immenses régions couvertes, comme il arrive chez nous, pendant des jours, des semaines et des mois. *En général, cette atmosphère est transparente,* et elle ne s'oppose presque jamais à ce que nous distinguions les configurations de la surface. Lorsque nous ne pouvons rien observer sur Mars, la faute en est presque toujours à notre atmosphère.

Vue de loin, la Terre est beaucoup plus difficile à observer que Mars : son épaisse atmosphère l'enveloppe d'un voile rarement transparent.

Ce que nous disons là s'applique surtout à l'hémisphère martien qui est en été. Là, le ciel est presque constamment pur pour toutes les latitudes. Il en est de même, en général, à l'équateur. Mais assez souvent l'atmosphère est voilée au-dessus de l'hémisphère qui est en hiver. Ainsi, par exemple, en ce moment (juillet-août 1892), l'hémisphère austral de Mars est en été : date de son solstice d'été : 13 octobre, et l'hémisphère boréal, au contraire, est dans son automne et approche de son hiver; eh bien! on aperçoit sensiblement moins de détails sur cet hémisphère que sur l'autre.

Il semble que le froid voile l'atmosphère de Mars et que la chaleur la clarifie.

Le limbe oriental du disque se montre généralement plus blanc que l'occidental. Peut-être y a-t-il là (c'est le méridien du lever du soleil ou du matin) de légères brumes que l'astre du jour ne tarde pas à dissiper.

Quels effets peuvent produire, vus d'ici, les nuages flottant au-dessus d'une planète ?

Lorsque les nuées se projettent sur les taches foncées de Mars, elles se montrent sous l'aspect de lignes diffuses et de formes variables. Elles peuvent être aussi brillantes que les régions les plus claires de la planète. En d'autres cas, elles peuvent paraître moins claires, mais pourtant toujours plus que le fond sur lequel elles se projettent. « Ces tons indiquent probablement non une couleur particulière des nuages, écrit M. Schiaparelli, autrement on pourrait en voir de sombres sur de fonds clairs, ce qui n'arrive pas, mais une plus grande transparence, qui n'empêche pas de voir entièrement, mais qui voile les détails. C'est ce que j'ai observé notamment sur la mer Érythrée et la terre de Noé. »

Les brumes atmosphériques paraissent s'éclaircir progressivement sur les terres équatoriales du solstice d'été austral à l'équinoxe d'automne suivant. L'atmosphère paraît claire au-dessus des mers intérieures pendant les mois qui suivent immédiatement le solstice austral.

Dans la zone comprise entre le 10e et le 30e degré de latitude australe, frappée directement par les rayons du Soleil à l'époque du solstice, on n'observe rien d'analogue aux zones de pluies et de calmes équatoriaux terrestres qui accompagnent sur nos mers le mouvement du Soleil en déclinaison. On n'y voit même pas de nuages du tout, pour ainsi dire. La météorologie martienne ne ressemble donc pas tout à fait à la nôtre. On n'y observe presque jamais de tempêtes ni d'aspects cycloniques.

Aux époques solsticiales, un hémisphère paraît presque entièrement consacré à l'évaporation, et l'autre à la condensation. Aux époques intermédiaires, une zone d'évaporation paraît limitée au sud et au nord de deux zones ou plutôt calottes de condensation. La déclinaison du Soleil et la répartition des terres et des mers influent sur la largeur de ces zones suivant les saisons. Les mers ont un ciel généralement plus pur, les îles et les terres, au contraire, condensent l'humidité atmosphérique.

Voilà pour les observations : atmosphère généralement pure, peu de nuages, brumes pendant l'hiver, peut-être le matin, et probablement la nuit, et assez souvent, sans doute, gelées blanches.

Voici maintenant ce que la théorie peut ajouter à l'observation.

La pesanteur à la surface de Mars étant beaucoup plus faible qu'à la surface de la Terre (0,376), tous les corps y pèsent moins dans la même proportion, et l'atmosphère est dans ce cas. Si chaque mètre carré de la surface de Mars supportait la même atmosphère que la nôtre, la pression de cette atmosphère serait réduite dans la proportion précédente, c'est-à-dire que le baromètre, au lieu d'être à 760^{mm}, au niveau de la mer, ne serait qu'à 285^{mm}. C'est la pression que nous trouvons en ballon, à 8000^m de hauteur, et c'est celle des montagnes les plus élevées. Au sommet du Mont-Blanc, la pression est de 424^{mm}.

Il est bien certain que l'atmosphère de Mars n'est pas analogue à la nôtre et que l'eau n'y est pas dans les mêmes conditions, car la surface de la planète se trouverait ainsi au-dessus de la ligne du zéro de température, même sans tenir compte de la plus grande distance au Soleil, et nous aurions devant les yeux un globe de glace, ce qui n'est pas. Nous voyons, au contraire, sur Mars les neiges parfaitement limitées, et ces limites varier avec la température, et si l'on considère un hémisphère martien pendant son été, il n'a pas plus de neiges que nous à son pôle : il en a même beaucoup moins. Celles que l'on aperçoit de temps à autre en certains points des régions tempérées sont également fondues (¹).

(¹) Tout récemment (*Knowledge*, juin 1892), en réponse à une lettre de M. W. H. Pickering sur les glaciers polaires de Mars, M. Ranyard écrivait : « Nous sommes, semble-t-il, forcés d'admettre ou que les caps polaires de Mars ne sont pas de la neige, ou que la température moyenne des régions équatoriales et tempérées de Mars est supérieure à zéro.

Nous devons donc penser, d'après les observations comme d'après le calcul, que l'atmosphère de Mars est moins dense que la nôtre, qu'il s'y forme moins de nuages, que les courants y ont moins d'intensité, que le vent n'y est jamais très fort, que les tempêtes en sont absentes. Les conditions de densité et de pression sont très différentes de ce qu'elles sont ici. Le point 0°, auquel l'eau se solidifie, n'est pas le même qu'ici. L'atmosphère ne doit pas être chimiquement ni physiquement la même. La température moyenne peut y être plus élevée que sur la Terre. Les effets observés correspondent à un degré de chaleur ambiante plus élevé relativement aux conditions réunies.

Si l'on représente par 1000 la distance de la Terre au Soleil, celle de Mars sera représentée par 1524. La lumière et la chaleur solaires reçues sont en raison inverse des carrés de ces nombres. Mars ne reçoit donc que les $\frac{43}{100}$, c'est-à-dire moins de la moitié, de la chaleur solaire reçue par la Terre. En raison de la grande ellipticité de l'orbite, cette proportion est un peu plus forte au périhélie, un peu moins à l'aphélie, dans le rapport de 5 (aphélie) à 6 (moyenne) et à 7 (périhélie).

Il faut donc que l'atmosphère de Mars agisse autrement que la nôtre, puisque les effets météorologiques produits par la température sont analogues à ceux qui s'observent sur notre globe et correspondraient même plutôt à un état de température plus élevé.

La vapeur d'eau seule suffirait pour amener ce résultat. On sait qu'une molécule de vapeur d'eau est 16 000 fois plus efficace qu'une molécule d'air sec pour conserver la chaleur solaire reçue. Que la proportion de cette vapeur dans l'atmosphère martienne soit plus élevée qu'ici, et le résultat est obtenu.

Mais l'eau n'est pas le seul corps qui jouisse de cette propriété. Les vapeurs des éthers sulfurique, formique, acétique, de l'amylène, de l'iodure d'éthyle, du chloroforme, du bisulfure de carbone, sont dans le même cas. Quelque substance de propriétés analogues dans l'atmosphère de Mars suffirait pour expliquer cette climatologie remarquable.

En résumé, les choses se passent sur Mars comme si la température moyenne y était à peu près la même qu'ici, soit que réellement la thermo-

c'est-à-dire qu'il fait plus chaud là que ne l'indiquerait la distance au Soleil. On peut expliquer ce fait en admettant que l'atmosphère martienne est plus dense que la nôtre. Mais peut-être n'est-ce pas de la neige. Des cristaux blancs d'acide carbonique s'évaporent à une température fort inférieure au plus grand froid que nous observions sur la Terre. »

Nous pensons toutefois qu'il est plus simple d'admettre que la densité de l'atmosphère martienne correspond à celle de la planète, et est, par conséquent, beaucoup plus faible que la nôtre, mais qu'il y a là beaucoup de vapeur d'eau et peut-être d'autres vapeurs contribuant aussi à emmagasiner la chaleur solaire.

métrie n'en diffère pas sensiblement, soit que la nature y ait été organisée
à un degré thermométrique inférieur, qui serait sa moyenne normale, relativement aussi élevée pour elle que la nôtre pour nous.

Les climats et les conditions de vitalité de la planète Mars ne paraissent pas
offrir avec l'état terrestre des divergences telles que des espèces vivantes peu
différentes de la nôtre ne puissent habiter là. « Lorsque nous considérons
combien facilement l'homme peut s'adapter aux climats tropicaux ou arctiques, disait à ce propos un astronome anglais [1], lorsque nous comparons les températures moyennes dans lesquelles vivent les Groënlandais ou
les Esquimaux d'une part, les Papous ou les nègres de l'Afrique centrale
d'autre part, nous sommes conduits à penser qu'il suffirait d'une légère
transformation de l'organisme humain pour l'adapter aux conditions du
monde de Mars. »

Le même auteur ajoute que les habitants de Mars doivent être plus grands
et plus forts que nous, à cause de la faiblesse de la pesanteur qui doit rendre
un homme de cinq mètres de haut aussi agile et aussi léger qu'un homme
terrestre de moins de deux mètres. Ces grands corps pourraient maintenir
une plus haute température que les nôtres, et leurs yeux plus grands auraient besoin de moins de lumière.

Toutes conjectures sur la forme des habitants de Mars seraient évidemment prématurées et hors de cadre dans un ouvrage technique de l'ordre de
celui-ci.

CHAPITRE VI.

LES SAISONS SUR LA PLANÈTE MARS.

La révolution de la planète autour du Soleil, ou son année sidérale, est,
nous l'avons vu tout à l'heure, de 686 jours 23 heures 30 minutes 40 secondes,
soit de 686,979, soit 687 jours, à $\frac{2}{100}$ près. Cette orbite est une ellipse marquée, dont l'excentricité est de 0,093. Le grand axe, ou ligne des apsides,
du périhélie à l'aphélie, est tracé dans la direction 334° (périhélie) à 154°
(aphélie). Le solstice d'été de l'hémisphère austral arrive à la longitude
héliocentrique 356°48', et la ligne menée de ce solstice au solstice opposé est
tracée dans la direction 356°48' à 176°48'. (*Voy.* la figure p. 493).

[1] E. LEDGER, *The Sun, its planets and their satellites.*

L'inclinaison de l'équateur de Mars sur le plan de son orbite est de 24° 52'.
Les saisons y sont donc sensiblement du même ordre que les saisons terrestres, l'inclinaison de l'équateur terrestre étant de 23°27'. La différence
n'est que de 1°25'. Si notre planète recevait cette inclinaison (elle peut du
reste, l'atteindre), nos saisons seraient à peine changées, seulement un peu
plus marquées.

Si nous traçons, dans l'orbite de Mars, une ligne perpendiculaire à la
ligne des solstices, passant par le Soleil, nous trouvons la position des équinoxes, époques où le Soleil éclaire un hémisphère de Mars passant juste par
les pôles. Ces deux points seront donc respectivement aux longitudes héliocentriques 86°48' et 266°48'.

Cette ligne des équinoxes partage l'orbite de Mars en deux parties inégales, à cause de l'excentricité de l'orbite. Comme le solstice d'été austral est
assez voisin du périhélie (à 23° de distance angulaire et à 36 jours), la section
de droite (*voy.* p. 493) est plus courte en arc que la section de gauche, et,
de plus, parcourue plus rapidement, selon la loi des aires. Il en résulte des
inégalités très marquées sur la durée des saisons.

1° Pour aller de l'équinoxe de printemps austral à l'équinoxe d'automne austral, la planète emploie moins de temps que pour aller de l'équinoxe d'automne
à l'équinoxe de printemps. Cette section de l'orbite est parcourue en 306 jours,
tandis que l'autre section en demande 381. La différence s'élève à 75 jours.

2° La section la plus rapidement parcourue est celle qui va de l'équinoxe de
printemps de l'hémisphère austral au solstice d'été suivant, parce que le passage
rapide au périhélie est compris dans cette section. La durée de cette saison n'est
que de 145 jours.

3° La saison qui vient ensuite comme durée, est la suivante, du solstice d'été
de l'hémisphère austral à l'équinoxe d'automne : elle est de 160 jours.

4° Les deux autres saisons sont, respectivement, celle de l'équinoxe d'automne
austral au solstice d'hiver suivant, opposée à la première et par conséquent la plus
longue, de 199 jours, et la dernière, de 181 jours. En tenant compte des fractions
de jours, nous avons :

Durée des saisons de Mars, en jours terrestres.

1° De l'équinoxe de printemps austral au solstice d'été suivant... . 145,6
2° Du solstice d'été austral à l'équinoxe d'automne suivant...... 160,1
3° De l'équinoxe d'automne austral au solstice suivant.......... 199,6
4° Du solstice d'hiver austral à l'équinoxe suivant.............. 181,7

687,0

Saison chaude de l'hémisphère austral.............. 305,7
Saison froide du même hémisphère... 381,3

Voici les dates des solstices et des équinoxes pour le dernier cycle martien, de 1877 à 1892.

CALENDRIER MARTIEN.

Dates des saisons, solstices et équinoxes, sur la planète Mars.

Hémisphère austral (supérieur).	Hémisphère boréal (inférieur).	Dates.	Longitude à midi.	Intervalles en jours.	Dates des oppositions.
Solstice d'été.	Solstice d'hiver.	27 sept. 1877	357° 1'	160	5 sept. 1877
Équinoxe d'automne.	Équinoxe de printemps.	6 mars 1878	86 58	199	
Solstice d'hiver.	Solstice d'été.	21 sept. 1878	176 46	182	
Équinoxe de printemps.	Équinoxe d'automne.	22 mars 1879	267 0	145	
Solstice d'été.	Solstice d'hiver.	14 août 1879	356 25	161	12 nov. 1879
Équinoxe d'automne.	Équinoxe de printemps.	22 janv. 1880	87 1	199	
Solstice d'hiver.	Solstice d'été.	8 août 1880	176 48	182	
Équinoxe de printemps.	Équinoxe d'automne.	6 fév. 1881	267 3	146	
Solstice d'été.	Solstice d'hiver.	2 juil. 1881	357 5	160	
Équinoxe d'automne.	Équinoxe de printemps.	9 déc. 1881	87 3	199	26 déc. 1881
Solstice d'hiver.	Solstice d'été.	26 juin 1882	176 49	182	
Équinoxe de printemps.	Équinoxe d'automne.	25 déc. 1882	267 5	145	
Solstice d'été.	Solstice d'hiver.	19 mai 1883	356 31	160	
Équinoxe d'automne.	Équinoxe de printemps.	26 oct. 1883	86 35	200	
Solstice d'hiver.	Solstice d'été.	13 mai 1884	176 52	181	31 janv. 1884
Équinoxe de printemps.	Équinoxe d'automne.	10 nov. 1884	266 32	146	
Solstice d'été.	Solstice d'hiver.	5 avril 1885	356 33	160	
Équinoxe d'automne.	Équinoxe de printemps.	12 sept. 1885	86 38	200	
Solstice d'hiver.	Solstice d'été.	31 mars 1886	176 54	181	6 mars 1886
Équinoxe de printemps.	Équinoxe d'automne.	28 sept. 1886	266 34	146	
Solstice d'été.	Solstice d'hiver.	21 fév. 1887	356 34	160	
Équinoxe d'automne.	Équinoxe de printemps.	31 juill. 1887	86 40	200	
Solstice d'hiver.	Solstice d'été.	16 fév. 1888	176 57	181	11 avril 1888
Équinoxe de printemps.	Équinoxe d'automne.	15 août 1888	266 37	146	
Solstice d'été.	Solstice d'hiver.	8 janv. 1889	356 36	160	
Équinoxe d'automne.	Équinoxe de printemps.	17 juin 1889	86 41	199	
Solstice d'hiver.	Solstice d'été.	2 janv. 1890	176 32	182	27 mai 1890
Équinoxe de printemps.	Équinoxe d'automne.	3 juill. 1890	266 39	146	
Solstice d'été.	Solstice d'hiver.	26 nov. 1890	356 40	160	
Équinoxe d'automne.	Équinoxe de printemps.	5 mai 1891	86 44	199	
Solstice d'hiver.	Solstice d'été.	20 nov. 1891	176 34	182	4 août 1892
Équinoxe de printemps.	Équinoxe d'automne,	20 mai 1892	266 41	146	
Solstice d'été.	Solstice d'hiver.	13 oct. 1892	356 41		

Nous avons calculé dans ce Tableau, outre les dates des équinoxes et des solstices de Mars, les intervalles en jours qui correspondent aux époques où la planète est passée par les longitudes héliocentriques de chaque position, à midi, et nous avons ajouté en regard les dates des oppositions. On voit que l'opposition de 1877 est arrivée 22 jours avant le solstice d'été de l'hémisphère austral; celle de 1879, 89 jours après; celle de 1881, 17 jours après l'équinoxe d'automne; celle de 1884, 103 jours avant le solstice d'hiver; celle de 1886, 15 jours avant; celle de 1888, 55 jours après; celle de 1890, 37 jours avant l'équinoxe d'automne; et celle de 1892, 76 jours après. La série des oppositions parcourt ainsi tout le cycle des saisons et les observateurs ont chaque fois des aspects différents sous les yeux.

L'inclinaison du globe de Mars étant de 24°52′ et la longitude héliocentrique de la planète à ses solstices étant 356°48′ pour le solstice d'été de l'hémisphère austral et 176°48′ pour le solstice d'été boréal, il en résulte que le Soleil se trouve pour les habitants de Mars, au solstice d'été de l'hémisphère austral, au zénith de la latitude australe 24°52′ et par 176°48 de longitude, et au solstice d'été boréal au zénith de la latitude 24°52′ et par 356°48′ de longitude. Le premier de ces points est dans la constellation du Lion, et le second dans la constellation du Verseau: au lieu d'être les tropiques du Cancer et du Capricorne, les cercles analogues de la sphère de Mars sont donc les tropiques du Lion et du Verseau. Quant aux noms réels qu'ils peuvent porter chez nos voisins du ciel, il serait superflu de les chercher.

Les durées que nous venons de donner pour les saisons de Mars sont exprimées en jours terrestres. Il n'est pas moins intéressant de connaître ces durées en jours martiens. Or nous avons vu que la durée de la rotation sidérale de Mars est 24ʰ37ᵐ22ˢ,66 et que le jour civil de Mars est de 24ʰ39ᵐ35ˢ. Il y a 668,6 de ces jours civils dans l'année de Mars.

Ces 668,6 jours martiens de l'année tropique se partagent les saisons dans la proportion suivante :

Durée des saisons en jours martiens.

1° De l'équinoxe de printemps austral au solstice d'été suivant.. 142) 298
2° Du solstice d'été austral à l'équinoxe d'automne suivant.. 156)
3° De l'équinoxe d'automne austral au solstice suivant....... 194) 370
4° Du solstice d'hiver austral à l'équinoxe suivant........... 176)

L'inclinaison de l'axe de rotation de la planète Mars étant peu différente de celle de l'axe terrestre, les saisons qui en résultent sont sensiblement du même ordre que les nôtres, quoique près de deux fois plus longues. Les températures dépendent d'ailleurs de la constitution de l'atmosphère. Si, par exemple, cette planète était dépourvue d'atmosphère, le sol ne s'échaufferait pas du tout, et resterait glacé, même en plein midi, comme les cimes du Mont-Blanc, des Andes ou des Cordillères, et plus encore, puisque Mars est plus éloigné du Soleil que la Terre.

Mais ce globe est environné d'une atmosphère dans laquelle la vapeur d'eau existe en quantité notable et dans laquelle peut-être existent d'autres vapeurs ou gaz. Il peut en résulter — et l'observation prouve qu'il en résulte, en effet, — des températures (ou des conditions d'état) comparables aux nôtres.

L'excentricité de l'orbite, si considérable, joue-t-elle un rôle dans l'intensité relative des saisons de chaque hémisphère?

Examinons d'abord, comme point de comparaison, les saisons de la Terre.

A. — Saisons et climats des deux hémisphères terrestres.

L'orbite terrestre n'est déjà plus une circonférence, mais une ellipse marquée. L'excentricité, c'est-à-dire la distance du centre de l'orbite elliptique au foyer, en unités du demi grand axe, est 0,01677. En admettant 149 millions de kilomètres (π étant 8″, 82) pour ce demi grand axe ou distance moyenne, nous voyons que cette valeur est de 2 498 730 kilomètres. La Terre est donc de 4 997 460 kilomètres plus proche du Soleil au périhélie qu'à l'aphélie. On a pour ces distances :

Distance périhélie......	0,98323	146 501 270 kilomètres.
Distance moyenne....	1,00000	149 000 000 »
Distance aphélie......	1,01677	151 498 730 »

Cette excentricité étant environ $\frac{1}{60}$ de la distance moyenne, le Soleil est d'environ $\frac{1}{30}$ plus près de nous au périhélie qu'à l'aphélie. Comme la lumière et la chaleur solaires irradient dans toutes les directions tout autour du Soleil et se répandent en divergeant sur la surface d'une sphère qui va toujours en s'agrandissant, l'intensité de cette lumière et de cette chaleur diminue en raison de l'agrandissement des surfaces de cette sphère, c'est-à-dire en raison du carré de la distance. Par conséquent, l'hémisphère exposé au soleil reçoit au périhélie $\frac{2}{30}$ ou $\frac{1}{15}$ plus de chaleur qu'à l'aphélie [1]. La proportion est à peu près de 106,5 à 100.

La Terre passe au périhélie le 1er janvier et à l'aphélie le 1er juillet. Les hivers de notre hémisphère arrivent donc quand la Terre est le plus proche du Soleil et les étés quand elle est le plus loin. Il résulte de cette circonstance que nos hivers sont moins froids qu'ils ne le seraient s'ils arrivaient de l'autre côté de l'ellipse, et nos étés moins chauds. C'est le contraire pour l'autre hémisphère. Il semble donc que le pôle austral devrait avoir plus de neiges que le boréal en hiver, et, au contraire, moins que le nôtre en été.

Nous ne devons pas en conclure immédiatement que les hivers de l'hémisphère austral sont plus froids que les nôtres, parce que l'absorption de la chaleur solaire reçue dépend beaucoup de l'état de la surface qui la reçoit. Si cette surface est un océan, par exemple, l'eau des mers ne s'échauffe jamais à plus de 29°, même sous les tropiques (Humboldt, *Mélanges*, p. 441); Si ce sont des forêts, la température du sol pourra s'élever à 36° ou 40°; si c'est du sable aride, elle pourra atteindre 60° et même 70°. La distribution des températures est ensuite réglée par la conductibilité des eaux, par le régime des vents, par l'humidité de l'atmosphère. Nous ne devons donc rien

----

[1] $\left(\frac{61}{59}\right)^2 =$ à peu près $\left(\frac{62}{60}\right)^2 = \left(\frac{31}{30}\right)^2 = \frac{961}{900}$ ou $\frac{96}{90}$ ou $\frac{16}{15}$.

conclure d'un point de vue exclusivement géométrique. L'hémisphère terrestre austral est surtout aquatique.

Ainsi, à l'époque du solstice d'hiver de notre hémisphère, qui se trouve actuellement voisin du périhélie et n'en diffère que de 11 jours en position, le globe terrestre reçoit par jour le maximum de chaleur qu'il puisse recevoir du Soleil. En ce solstice de décembre, c'est le pôle austral qui est exposé au soleil et c'est l'hémisphère austral qui a les jours les plus longs. Géométriquement parlant, ses étés devraient donc être plus chauds que les nôtres. Au solstice de juin, c'est notre hémisphère boréal qui est exposé au soleil, mais à la plus grande distance du Soleil; nous devrions donc avoir des étés moins chauds, et en même temps l'hémisphère austral devrait avoir ses hivers plus froids.

Mais ici vient se placer une autre considération.

Quoique la Terre soit plus proche du Soleil au périhélie qu'à l'aphélie, et qu'elle en reçoive plus de chaleur, si l'on considère une moitié entière de l'orbite, par exemple, la moitié comprise entre l'équinoxe de septembre et l'équinoxe de mars, on constate que la quantité de chaleur solaire reçue est la même pour les deux moitiés; elle n'en reçoit pas davantage du 21 septembre au 20 mars que du 20 mars au 21 septembre.

Sans doute, il y aurait une différence, si les saisons étaient d'égale durée. Mais le mouvement de notre planète le long de son orbite n'est pas uniforme. La vitesse angulaire de la Terre sur son orbite varie en raison inverse du carré de la distance, *précisément comme la lumière et la chaleur*. Il en résulte que les mêmes quantités de chaleur sont reçues du Soleil pour les mêmes arcs parcourus, quelle que soit la section de l'ellipse que l'on considère.

Les durées des saisons sont inégales à cause de cette variation dans la vitesse de la Terre. Son mouvement est le plus rapide au périhélie, le plus lent à l'aphélie; si elle reçoit plus de chaleur dans la première position que dans la seconde, elle passe plus vite et reste moins longtemps sous l'action des rayons solaires. Voici la durée actuelle des saisons, en prenant notre hémisphère comme point de départ :

Durée des saisons terrestres
Hémisphère boréal.

Printemps	$92^j 21^h$	
Été	93 14	$\Big\}\ 186^j 11^h$
Automne	89 19	
Hiver	89 0	$\Big\}\ 178\ 19$

C'est le contraire pour l'autre hémisphère.

Le Soleil reste donc huit jours de plus sur l'hémisphère boréal que sur l'hémisphère austral. La Terre met huit jours de plus pour aller de l'équinoxe de mars à l'équinoxe de septembre que pour aller de l'équinoxe de septembre à celui de mars. Mais, si l'on examine le globe dans son ensemble, on trouve que la compensation est exacte : le Soleil, malgré ses variations de distance périhélique et aphélique, restant plus longtemps sur une section de l'orbite que sur l'autre, verse exactement sur chacune d'elles la même quantité de chaleur. ·

Ainsi, la quantité de chaleur que la Terre reçoit du Soleil dans chaque partie de l'année est proportionnelle à l'angle décrit, durant le même laps de temps, par le rayon vecteur du Soleil. Cette relation peut être comparée à la deuxième loi de Kepler, d'après laquelle les aires ou surfaces décrites par les rayons vecteurs des orbites sont proportionnelles aux temps employés à les parcourir, en remplaçant le temps par les angles. Ainsi, en allant de A en B (*fig.* 258), dans la section de l'orbite la plus proche du Soleil,

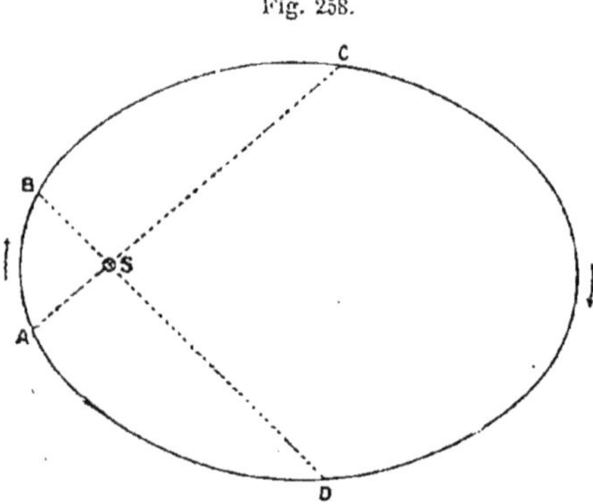

Fig. 258.

Égalité de chaleur reçue pour des arcs égaux.

la Terre ne reçoit pas plus de chaleur en parcourant cet arc de 90° qu'elle n'en reçoit dans l'autre section, en se rendant de C en D pour parcourir un même arc de 90°. Seulement, elle a mis plus de temps pour parcourir le second arc que le premier.

La quantité de chaleur reçue par une planète quelconque en chaque point de son orbite varie exactement comme sa longitude héliocentrique, de sorte que les mêmes quantités de chaleur sont reçues du Soleil pour des angles égaux, quelle que soit la position de l'orbite que l'on considère. Coupons, par exemple, l'orbite terrestre par un diamètre quelconque passant par le Soleil ; puisqu'il y aura 180° de longitude de part et d'autre de cette ligne, la même quantité de chaleur solaire sera reçue par chaque segment. Donc, en passant d'un équinoxe à l'autre, que ce soit de A en B par l'aphélie (*fig.* 259) ou de

B en A par le périhélie, toute planète reçoit du Soleil la même quantité de chaleur, que ce soit du côté du périhélie ou du côté de l'aphélie.

Il en résulte que, *durant l'année entière,* chaque hémisphère reçoit la même

Fig. 259.

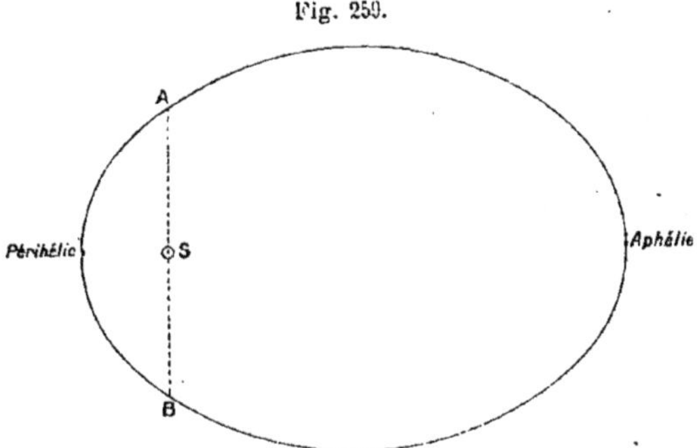

La Terre reçoit la même quantité de chaleur de A en B que de B (périhélie) en A, par l'aphélie.

quantité de chaleur solaire, quelle que soit la position des équinoxes sur l'orbite et quelle que soit l'excentricité.

Si nous considérons encore (*fig.* 260) des arcs parcourus en temps égaux,

Fig. 260.

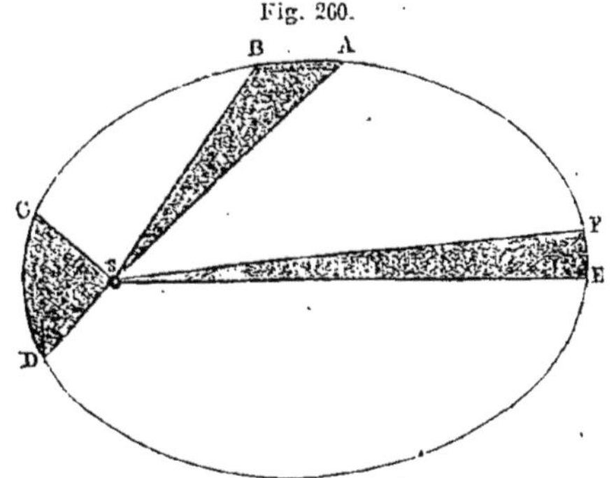

Les quantités de chaleur reçue sont proportionnelles aux arcs.

par exemple, en un mois de périhélie (CD) et un mois de l'aphélie (EF), la quantité de chaleur reçue sera proportionnelle à l'arc; dans le premier cas, l'arc est de 90° et, dans le second, de 6° : la proportion serait de 15, c'est-à-dire que, dans l'ellipse décrite, l'astre recevrait, en un mois, quinze fois moins de chaleur à l'aphélie qu'au périhélie.

L'égalité dont nous venons de parler, en vertu de laquelle chaque hémisphère reçoit dans le cours de l'année entière la même quantité de chaleur, n'empêche pas les contrastes causés par les différences de distances du périhélie et de l'aphélie.

La Terre reçoit plus de chaleur au périhélie qu'à l'aphélie, en raison inverse du carré de la distance.

L'hémisphère exposé au Soleil dans la section du périhélie est favorisé dans la même proportion. Nous avons vu que cette proportion est de $\frac{1}{15}$.

Elle pourrait être beaucoup plus grande. On peut imaginer des ellipses allongées de telle sorte que cette proportion y devienne $\frac{1}{10}$, $\frac{1}{4}$, $\frac{1}{2}$, 2, 5, 10, 20 et davantage. La comète de Halley, par exemple, a pour excentricité 0,9673 (*fig.* 261), son demi grand axe étant de 18,00, ce qui représente 17,41 pour cette excentricité; la distance aphélie est de 35,4112, la distance périhélie, 0,5889 : la comète est donc 60 fois plus proche du Soleil au périhélie qu'à

Fig. 261. — Excentricité de l'orbite de la comète de Halley.

l'aphélie, et par conséquent, reçoit alors 3600 fois plus de chaleur. Imaginons que ce soit là l'orbite d'une planète dont l'axe serait couché sur son écliptique et parallèle à la ligne du grand axe : jamais les neiges ne fondraient sur l'hémisphère aphélique passant dans l'ombre au périhélie. Sans doute, les planètes n'ont pas des excentricités pareilles. Cependant celle de la petite planète Æthra est de 0,38, plusieurs autres dépassent 0,30, celle de Mercure est de 0,2056, et celle de Mars est de 0,09326.

Examinons maintenant *chaque hémisphère séparément* pour sa saison d'été (d'un équinoxe à l'autre) et sa saison d'hiver.

L'inclinaison de l'axe du globe apporte un élément de différentiation entre l'hiver et l'été. (Nous appelons ici hiver les six mois compris de l'équinoxe d'automne à l'équinoxe du printemps, et été les six mois compris dans l'autre section de l'orbite.) L'excentricité et la position de la ligne des équinoxes ne causent aucun changement, mais il n'en est pas de même de l'inclinaison. Il est évident que si la Terre avait son axe perpendiculaire à l'orbite, comme Jupiter, il n'y aurait pas de saisons du tout.

L'inclinaison de l'équateur terrestre sur l'écliptique est de 23°27′ et varie dans le cours des siècles entre 21°58′36″ et 24°35′58″.

S'il est vrai de dire que la chaleur reçue *par la Terre entière* de l'équinoxe de printemps à l'équinoxe d'automne est égale à celle qui est reçue de l'équinoxe d'automne à l'équinoxe de printemps, il ne le serait pas d'ajouter que la chaleur reçue par chaque hémisphère pendant son hiver soit égale à celle qu'il reçoit pendant son été.

En fait, ce rapport est très inégal. Si l'on représente par 100 la quantité totale de chaleur solaire reçue par un hémisphère dans le cours de l'année, 63 pour 100 appartiennent à la saison d'été et 37 pour 100 à la saison d'hiver [1].

[1] Sir Robert Ball, *The cause of an ice age*, 1892; — Weiner, *Ueber die Stärke der Bestrahlung*, Zeitschrift der Œsterreichischein Gesellschaft für Meteorologie, 1879.

Soit $\dfrac{2\,\mathrm{H}}{a^2}$ la quantité de chaleur solaire tombant perpendiculairement sur une surface égale à la section de la Terre, à la distance moyenne a, dans l'unité de temps;

Soit δ la déclinaison boréale du Soleil.

La proportion reçue par l'hémisphère nord sera

$$\frac{\mathrm{H}}{a^2}\,(1 + \sin\delta)$$

et, par l'hémisphère sud,

$$\frac{\mathrm{H}}{a^2}\,(1 - \sin\delta).$$

A la distance r, et dans le temps dt, la chaleur reçue par l'hémisphère nord sera

$$\frac{\mathrm{H}}{r^2}\,(1 + \sin\delta)\,dt;$$

mais nous avons

$$r^2\,d\theta = h\,dt,$$

d'où l'expression devient

$$\frac{\mathrm{H}}{h} = (1 + \sin\delta)\,d\theta.$$

D'autre part,

$$\sin\delta = \sin\theta\sin\varepsilon,$$

ε étant l'obliquité de l'écliptique.

La chaleur totale reçue par l'hémisphère boréal de l'équinoxe de printemps à l'équinoxe d'automne est donc

$$\int_0^\pi \frac{\mathrm{H}}{h}\,(1 + \sin\varepsilon\sin\theta)\,d\theta = \frac{\mathrm{H}}{h}\,(\pi + 2\sin\varepsilon).$$

De ces formules résulte le théorème suivant :

Soit $2\mathrm{E}$, la quantité totale de chaleur solaire reçue en une année sur la Terre entière. Cette quantité se partage comme il suit :

$$\text{Hémisphère boréal.}\ \begin{cases} \text{Été :}\quad \mathrm{E}\,\dfrac{\pi + 2\sin\varepsilon}{2\pi}, \\[2ex] \text{Hiver :}\quad \mathrm{E}\,\dfrac{\pi - 2\sin\varepsilon}{2\pi}. \end{cases}$$

Les formules sont les mêmes pour l'été et l'hiver de l'hémisphère austral.

Pour $\varepsilon = 23°27'$, on trouve que la chaleur reçue pendant l'été (d'un équinoxe à l'autre) de chaque hémisphère est $0{,}627\,\mathrm{E}$, tandis que la chaleur correspondant à l'hiver est $0{,}373\,\mathrm{E}$ [*]. Le rapport est presque $\dfrac{5}{3}$. Si chaque hémisphère reçoit dans l'année une quantité de chaleur solaire représentée par 365 unités, l'été sera représenté par 229 et l'hiver par 136. Ces nombres sont indépendants de l'excentricité de l'orbite.

$$\frac{3{,}14159 + 2{.}39794}{6{,}2832}$$

$$\begin{aligned} \sin\varepsilon &= 9{,}59982 \\ &= 0{,}39794 \\ 2\sin\varepsilon &= 0{,}79588 \\ \pi &= 3{,}14159 \end{aligned} \ \Big\}\ \frac{3{,}93747}{6{,}2832} = 0{,}627$$

$$3{,}14159 - 0{,}79588 = 2{,}34571 : 6{,}2832 = 0{,}373.$$

On peut exprimer ce même rapport autrement. Si l'on prend pour unité la chaleur moyenne reçue chaque jour du Soleil par un hémisphère terrestre, la quantité annuelle sera représentée par le nombre 365. Sur cette quantité, 229 de ces unités sont appliquées à l'été et 136 à l'hiver.

Il en résulte un contraste sensible entre les climats des deux hémisphères.

Si nous considérons l'hémisphère boréal, nous trouvons que les 229 unités de son été sont répandues sur 186 jours, ce qui donne une moyenne diurne de 1,21; et que les 136 unités de chaleur de son hiver sont répandues sur 179 jours, ce qui donne une moyenne diurne de 0, 75.

Nous avons donc pour l'hémisphère boréal :

> Chaleur moyenne diurne reçue en été (186 jours)........ 1,24.
> Chaleur moyenne diurne reçue en hiver (179 jours)..... 0,75.

C'est le contraire dans l'hémisphère austral.

L'hémisphère boréal jouit donc actuellement d'une situation tempérée. L'hémisphère austral, au contraire, ayant des hivers plus longs et des étés plus courts, subit une condition plus rude.

D'après ce qui précède, nous pouvons maintenant nous rendre compte exactement de l'ordre des saisons de Mars dues à l'excentricité.

B. — Saisons et climats des deux hémisphères de Mars.

Cette excentricité est de 0,09326, le demi grand axe étant 1, 52369 ; elle est donc représentée dans l'orbite de Mars par le nombre 0,14209945.

Nous avons, pour les distances de Mars au Soleil :

		En kilomètres pour $\pi = 8^{r},82 = 149\,000\,000^{km}$.		
Distance périhélie...	1,3815929........	205 857 000	21 173	
Distance moyenne....... .	1,5236913........	227 030 000		42 346
Distance aphélie....	1,6657907........	248 203 000	21 173	

La différence entre le périhélie et l'aphélie est, comme on le voit, de 42 346 000 kilomètres, c'est-à-dire plus du cinquième de la distance moyenne, 5, 36. Ainsi l'excentricité (moitié de la distance entre les deux foyers) est de $\frac{1}{10,7}$ au lieu de $\frac{1}{60}$ comme pour la Terre, la différence entre le périhélie et l'aphélie est de $\frac{1}{5,36}$, et la différence entre la chaleur reçue dans les deux positions extrêmes est le carré de ce dernier nombre, soit presque un demi : $\frac{1}{2,3}$. Tandis que le Soleil ne verse qu'un quinzième de plus de chaleur sur la Terre au périhélie qu'à l'aphélie, sur Mars il en verse environ la moitié en plus.

Or l'axe de Mars est situé de telle sorte que, de même que pour la Terre , c'est l'hémisphère austral qui est tourné vers le Soleil au périhélie. Cet hémisphère austral doit donc, en une proportion beaucoup plus grande, avoir des étés plus chauds que ceux de l'hémisphère boréal et des hivers plus froids.

Par suite de cette plus grande excentricité, les différences entre la longueur des saisons sont beaucoup plus marquées sur Mars que sur la Terre. Nous avons vu plus haut que la Terre emploie 186 jours 11 heures pour aller de l'équinoxe de mars à l'équinoxe de septembre, et huit jours de moins, soit 178 jours 19 heures pour aller de l'équinoxe de septembre à celui de mars. Sur la planète qui nous occupe, la disproportion est beaucoup plus grande.

La saison chaude de l'hémisphère boréal compte 381 jours terrestres ou 370 jours martiens, tandis que la saison froide ne compte que 306 jours terrestres ou 298 jours martiens. Il y a 74 jours martiens de différence (sur 668) en faveur de cette section de l'orbite, de même que sur la Terre il y en a 8 (sur 365). La disproportion est donc très grande entre la Terre et Mars au point de vue de l'excentricité. Sur Mars, les deux moitiés de l'année, séparées par les équinoxes, sont dans le rapport de 19 à 15.

En appliquant à Mars la formule donnée plus haut pour les saisons terrestres (p. 531), nous trouvons des résultats analogues à ceux qui concernent la Terre, quant à la distribution de la chaleur relativement à chaque hémisphère (¹).

Si l'on représente par 100 la quantité de chaleur totale reçue par la planète Mars dans son cours annuel autour du Soleil, cette quantité est partagée en deux parties très inégales. Chacun de ses deux hémisphères reçoit pendant son été 63 pour 100 de la chaleur totale, et seulement 37 pendant son hiver. On voit que c'est la même proportion que pour la Terre. Il n'y a de différence que dans les millièmes. En effet, l'inclinaison de l'axe est à peine supérieure.

L'année martienne se compose de 687 jours. Si nous représentons par le

____

(¹) Pour l'hémisphère boréal :

$$\text{Été : } \quad E\,\frac{\pi + 2\sin 24°52'}{2\pi}.$$

$$\text{Hiver : } E\,\frac{\pi - 2\sin 24°52'}{2\pi}.$$

<table>
<tr><td>Été :</td><td>Hiver :</td></tr>
<tr><td>$\sin 24°52' = 9,62377$</td><td></td></tr>
<tr><td>$n = 0,42051$</td><td>$\pi - 2n = 2,30057$</td></tr>
<tr><td>$2n = 0,84102$</td><td></td></tr>
<tr><td>$\pi + 2n = 3,98261$</td><td>$\dfrac{\pi - 2n}{2\pi} = 0,366$</td></tr>
<tr><td>$2\pi = 6,28318$</td><td></td></tr>
<tr><td>$\dfrac{\pi + 2n}{2\pi} = 0,634$</td><td></td></tr>
</table>

nombre 687 les unités de chaleur reçues par chaque hémisphère pendant l'année entière, l'été de chaque hémisphère recevra 436 de ces unités et l'hiver 251.

Remarquons maintenant qu'il y a une grande inégalité de durée entre l'été et l'hiver de chaque hémisphère. Pour l'hémisphère austral, l'été dure 306 jours et l'hiver 381. La chaleur diurne moyenne reçue par cet hémisphère est donc de

436 unités de chaleur répandues sur 306 jours,

ce qui lui donne pour chaque jour : 1,42.

En hiver, cet hémisphère reçoit

251 unités de chaleur répandues sur 381 jours,

ce qui lui donne pour chaque jour : 0,66.

La différence est considérable. Si les conditions météorologiques de Mars étaient les mêmes que celles de la Terre, cet hémisphère subirait une époque glaciaire. Il est probable que la neige y est beaucoup moins épaisse : elle fond presque entièrement après le solstice d'été.

Chaque hémisphère ayant des saisons symétriquement opposées, l'hémisphère boréal de Mars a un été de 381 jours et un hiver de 306. La chaleur diurne reçue par cet hémisphère est donc pour son été de

436 unités de chaleur répandues sur 381 jours,

ce qui lui donne pour chaque jour : 1,14.

Et dans son hiver, cet hémisphère reçoit

251 unités de chaleur répandues sur 306 jours,

ce qui lui donne pour chaque jour : 0,82.

Les climats de cet hémisphère martien sont donc plus tempérés que ceux de l'hémisphère austral. Ceux-ci sont beaucoup plus rudes. C'est le même cas que sur la Terre, mais incomparablement plus accentué, car, au maximum d'excentricité de l'orbite terrestre, le plus grand contraste est 1,38 et 0,68.

Quant à la différence de distance périhélique et aphélique, l'hémisphère austral reçoit, à son solstice, environ une fois et demie plus de chaleur que l'hémisphère boréal. Il semble que les neiges australes devraient diminuer, en été, dans une proportion beaucoup plus grande que les neiges boréales, si les conditions géographiques étaient les mêmes. Mais, comme sur la Terre, il y a plus d'eau dans l'hémisphère austral martien que dans son hémisphère boréal.

Quelles indications les observations nous fournissent-elles sur ce point ?
C'est ce que nous allons examiner.

C. — Observations faites sur les neiges polaires de Mars.

Dès l'année 1781, William Herschel avait déjà remarqué les variations des neiges polaires, correspondant aux saisons de la planète. En mars, juin et juillet de cette année-là, la tache polaire australe se montra six fois plus large en diamètre qu'aux mois de septembre et d'octobre. Dans les premiers mois, « elle devait s'étendre jusqu'au 60ᵉ degré de latitude » et mesurer un arc de grand cercle égal à 60°.

Les années 1781 et 1783, des observations d'Herschel, étaient des années d'opposition périhélique, dans lesquelles Mars incline vers nous son pôle austral. Le pôle nord n'a pu être qu'imparfaitement observé.

Il en a été de même en 1798, pendant les observations de Schrœter, qui constata aussi que les neiges polaires australes diminuèrent considérablement d'étendue depuis le mois de juillet jusqu'à la fin d'octobre. Les dessins le montrent huit fois plus large à la première époque qu'à la dernière. On trouve à peu près les proportions suivantes dans les figures d'Herschel et de Schrœter :

Neige australe, 1781 (W. Herschel).

	Arc aréocentrique.
Juin......... ....:......	60°
Octobre..............	10

Neige australe, 1798 (Schrœter).

Juillet...............................:..............	50°
Novembre....:...............	6

Il faut arriver ensuite à l'opposition de 1830 pour trouver des documents d'une certaine, précision. C'est encore une opposition périhélique, et c'est encore le pôle austral qui est observé.

Neige australe, 1830 (Beer et Mädler)

Date des observations.	Latitude en supposant le pôle au centre.	Rayon de la tache.	Diamètre.
31 août..........	83°37′	6°23′	12°46′
10 septembre ...	84.15	5.45	11.30
15 » ...	86.25	3.35	7.10
2 octobre.......	86.50	3.10	6.20
5 »	87. 7	2.53	5.46
20 »	85.59	4. 1	8. 2

Le solstice austral de Mars a eu lieu, en 1830, le 18 septembre.

Ces observations ont été faites, comme on le voit, vers l'époque du solstice, et environ un mois après. Elles indiquent seulement le minimum de la tache polaire australe. Les observateurs prennent soin d'ajouter qu'elle est considérablement plus grande lorsqu'elle est éloignée de son solstice d'été.

La première *comparaison* que nous puissions faire des neiges *boréales* et *australes* est fournie par les observations de Beer et Mädler en 1837; ce sont des époques d'oppositions aphéliques, pendant lesquelles la planète nous présente son pôle boréal. Ces époques sont moins bonnes que les premières pour les observations, puisque la planète est alors beaucoup plus loin de la Terre; mais les observateurs avaient en partie suppléé à cet éloignement en se servant d'un instrument beaucoup plus puissant que le premier, supportant un grossissement double et ayant six fois plus de lumière.

« Dans toutes les observations, sans exception, écrit Mädler, du 12 janvier au 22 mars, la tache blanche du pôle boréal a été visible à un degré de clarté que nous ne nous rappelons pas avoir jamais vu dans celle du pôle austral; en même temps, elle était considérablement plus grande que l'australe de 1830, et elle était si brillante que l'on aurait pu croire que la planète était, à cet endroit-là, couverte par une autre planète. Une tache foncée l'entourait.

» On a pu reconnaître une trace certaine de la neige australe. En raison de l'inclinaison de ce pôle, alors invisible pour la Terre, il fallait que cette neige atteignît au moins le 55° degré de latitude pour être visible. Il en résulte qu'en février et mars 1837, la neige australe était beaucoup plus étendue qu'en septembre et octobre 1830. On a la proportion suivante :

		Diamètre.
Neige australe, 1830. Solstice d'été..........	6° ±
» 1837. Solstice d'hiver........	70 = ».

Mais les observateurs peuvent avoir pris les iles neigeuses australes pour le pôle.

Quant aux neiges boréales, les mêmes observateurs ont trouvé :

1837.	12 janvier,	0,27	du diamètre de la planète,
	ou	31°, 4	du globe de Mars,
	ou	74°, 3	de latitude pour sa limite

Ainsi, « la neige boréale, en 1837, à l'époque de son été, était beaucoup plus étendue que la neige australe en 1830, à l'époque également de son été; mais elle était beaucoup plus petite que la neige australe de 1837, à l'époque de son hiver » (en admettant que les observateurs aient vraiment vu la neige du pôle sud, ce qui n'est pas probable).

Ils concluent que « la neige du pôle sud varie en proportion beaucoup plus grande que celle du pôle nord ».

Mais ces observations ne sont pas suffisantes pour décider.

Nous aurions, provisoirement :

	Herschel.	Schrœter.	Mädler.
Pôle sud. Variation......	10° à 60°	6° à 50°	6° à 70°

Les maxima sont très incertains. Les observations continuèrent en 1839 pour la neige boréale.

Neige boréale, 1839.

			Rayon.	Diamètre.
26 février....... .	78°33' de latitude.		11°27'	22°54'
1ᵉʳ avril..	80.48	»	9.12	18.24
16 »	82.20	»	7.40	15.20
1ᵉʳ mai...........	81	»	9. 0	18. 0

« Tandis que la neige australe diminue jusqu'à 6° de diamètre, la boréale aurait encore à son maximum 15°, c'est-à-dire une surface cinq fois plus considérable. » Beer et Mädler estiment que le minimum de chaque tache arrive $\frac{1}{18}$ d'année après le solstice d'été de chaque pôle, ce qui correspond aux 12 juillet et 12 janvier de notre calendrier.

Pendant l'opposition de 1862, analogue, pour la présentation de la planète, à celles de 1783, 1798 et 1830, lord Rosse, Lockyer et Lassell ont observé, à leur tour, ces neiges polaires. Leurs observations donnent les résultats suivants :

Neige australe, 1862.

Solstice d'été : 9 septembre.

22 juillet.. ...	48 jours avant le solstice.	36ᵃ	(Lord Rosse).

Série de Lassell.

13 septembre.....	4 jours après.	20°0	21 octobre.......	43 jours après.	8°6
20 »	11	»	14,5	23 »	45	»	7,6
22 »	13	»	13,0	25 »	47	»	8,0
24 »	15	»	9,0	27 »	49	»	8,2
25 »	16	»	11,1	4 novembre....	57	»	8,0
27 »	18	»	9,3	5 »	58	»	9,3
29 »	20	»	10,4	15 »	68	»	7,1
11 octobre.	32	»	7,6	17 »	70	»	5,5
13 »	34	»	10,6	18 »	71	»	8,2
15 »	36	»	9,4	22 »	75	»	9,1
17 »	38	»	9,1	8 décembre....	91	»	7,5
18 »	39	»	9,3	11 »	94	»	9,5

Série de Lockyer.

17 septembre a...	8 jours après.	18°0	3 octobre a.....	24 jours après.	9°5
17 » b...	8	»	13,8	3 » b.....	24	»	8,8
23 » a...	14	»	10,0	3 » c.....	24	»	10,0
23 » b...	14	»	12,9	9 »	30	»	11,0
23 » c...	14	»	12,9	11 »	32	»	8,4
23 » d...	14	»	11,3	15 » a.....	36	»	7,3
25 » a...	16	»	10,0	15 » b.. ..	36	»	6,8
25 » b...	16	»	9,3	18 »	39	»	7,5

Les irrégularités des déterminations proviennent de la difficulté d'une appréciation précise de l'étendue exacte de la tache polaire, et aussi du fait qu'elle ne marque pas juste le pôle, mais lui est excentrique et tourne autour de lui, de sorte qu'elle se présente sous différents angles à l'observateur. On voit toutefois que les limites du diamètre de la neige polaire australe ont été, en 1862,

de 36° ±, 48 jours avant le solstice,
à   6° , 70 jours après.

En 1873, j'ai observé les neiges boréales, alors très blanches et très nettement terminées (juin 1873). Elles s'étendaient jusqu'au 80° degré de latitude et semblaient parfois dépasser le disque, par un effet d'irradiation. Quant aux neiges australes, voici ce que j'écrivais : « La région sud est visiblement marquée d'une traînée blanche près du bord. Est-ce la neige qui descendrait jusqu'au 40° degré de latitude sud ! Il est plus que probable que ce sont des nuages ». (*C. R.*, p, 278.)

L'opposition de 1877 a été analogue à celle de 1862 : périhélie et pôle austral. M. Schiaparelli, à Milan, a fait les observations suivantes :

Neige australe, 1877.

Solstice d'été : 26 septembre.

23 août	34 jours avant.	28°6	22 septembre	4 jours avant.	14°7
28 »	29 »	23,9	24 »	2 »	13,8
3 septembre	23 »	26,0	25 »	1 »	11,5
10 »	16 »	23,9	26 »	*jour du solstice.*	11,5
10 »	16 »	18,5	30 »	4 jours après.	12,5
11 »	15 »	20,2	1ᵉʳ octobre	5 »	13,7
12 »	14 »	17,4	2 »	6 »	11,8
13 »	13 »	16,9	4 »	8 »	12,7
14 »	12 »	17,4	10 »	14 »	10,4
15 »	11 »	14,1	12 »	16 »	9,5
15 »	11 »	16,1	13 »	17 »	9,3
16 »	10 »	16,1	14 »	18 »	7,6
18 »	8 »	19,1	27 »	31 »	7,0
20 »	6 »	18,5	4 novembre	39 »	7,0

On voit, par cette série, qu'en 1877 les limites du diamètre de la neige polaire australe ont été

de 29°, 34 jours avant le solstice,
à   7°, 39 jours après.

Lorsque la tache n'était pas ronde, l'observateur a substitué au diamètre de la neige celui d'un cercle de surface équivalente.

À la fin d'octobre et au commencement de novembre, le point blanc était devenu si exigu, que l'observateur s'attendait à le voir disparaître tout à fait un jour ou l'autre. Mais il n'en fut rien. Pendant les mois de novembre, décembre et une partie de janvier, on continua de le voir briller, et même, au milieu de décembre, il parut augmenter et atteindre 15°. Mais l'existence de ce cap polaire devenait de plus en plus difficile à constater, soit par l'obliquité croissante de la vision, soit par l'invasion de l'ombre, et aussi à cause des nuages qui commencèrent à paraître et à se confondre avec la calotte blanche, à mesure que le pôle avançait dans son automne. Le minimum de la tache polaire paraît avoir eu lieu à la fin de novembre, soit deux mois environ après le solstice.

Ce minimum de 7° est incomparablement plus petit que tout ce qui arrive dans nos étés aux pôles terrestres. Les glaces polaires ne fondent pas et empêchent d'aborder vers le pôle au delà du 84° degré de latitude vers le 70e degré de longitude ouest et au delà du 75° degré vers le 110° de longitude est.

En 1879, l'habile astronome de Milan a repris les mêmes observations, toujours pour ce pôle austral de Mars, aujourd'hui si bien connu de nous (beaucoup mieux, en vérité, que nos propres pôles terrestres), et a trouvé :

Neige australe, 1879.

Solstice d'été : 14 août.

12 octobre	59 jours après.	7°6	17 novembre	95 jours après.	6°1
17 »	64 »	11.5	18 »	96 »	11.5
18 »	·65 »	9.5	27 »	105 »	9.5
21 »	68 »	8.0	28 »	106 »	5.7
22 »	69 »	6.7	28 »	106 »	4.4
23 »	70 »	9.5	29 »	107 »	4.3
28 »	75 »	3.8	21 décembre	129 »	5.5
8 novembre	86 »	4.0	26 »	134 »	12.0
10 »	88 »	4.6	2 janvier	141 »	14.3
11 »	89 »	11.0			

Les observations n'ont pu commencer que 59 jours après le solstice et ont été faites en de mauvaises conditions, à cause de l'obliquité du pôle (très grande, notamment le 28 octobre). L'auteur croit néanmoins pouvoir conclure que le mi-

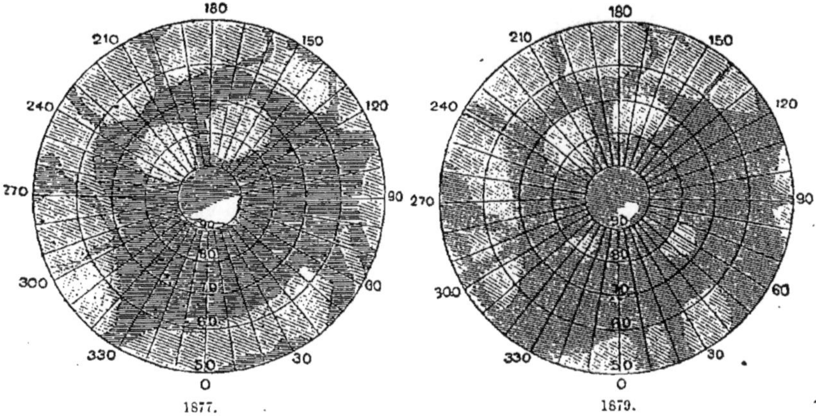

Fig. 262. — Le pôle sud de Mars à l'époque du minimum des neiges polaires.

nimum a eu lieu dans la seconde moitié de novembre, trois mois et demi après le solstice austral. Grandes fluctuations dans les dimensions estimées.

La dimension minimum a dû être de 4°. Plusieurs fois, cette tache blanche paraissait sortir du disque par irradiation, qui doit doubler la grandeur apparente. Le diamètre réel serait donc réduit à 2°, ou à 120 kilomètres.

D'après les observations de Bessel en 1830, Kaiser, Lockyer et Linsser en 1862, Hall et Schiaparelli en 1877, et ce dernier de nouveau en 1879, la position de la neige polaire australe, lorsqu'elle est réduite à sa plus petite dimension, est :

Distance au pôle géographique....... 5°,4

Longitude .... 30°

La double figure précédente (*fig.* 262) représente la neige polaire australe à ses minima de 1877 et 1879.

En 1881, le pôle austral se trouva juste au cercle terminateur, pendant l'été, jusqu'au 11 septembre, où il s'inclina tout à fait dans l'hémisphère invisible. Il fut donc impossible de l'observer pendant l'opposition d'octobre 1881 à avril 1882. On aperçut parfois des taches blanches; mais ce n'était pas lui : c'étaient les iles australes. En juin, il mesurait 25°, en juillet, 10°. Le solstice arriva le 25 juin. Sept mois après son solstice, en janvier et février, la neige polaire australe n'avait pas plus de 10° de diamètre, car on ne l'apercevait pas. Elle n'augmentait donc pas encore.

De 1881 à 1888, le pôle boréal a pu être étudié à son tour. Le pôle austral est resté à peu près caché aux observateurs terrestres.

Pendant ses observations du 30 septembre 1879 au 24 mars 1880, M. Schiaparelli avait remarqué cinq ramifications bien curieuses, paraissant émerger du pôle boréal invisible, et disposées en couronne entre 30° et 40° de distance polaire.

Pendant l'opposition suivante (1881-82), on put vérifier si ces taches blanches venaient bien du pôle, car ce pôle se présentait à la vue de l'observateur terrestre, exactement sur la limite de l'hémisphère visible. Depuis le 26 octobre 1881 jusqu'au 25 janvier 1882, aucune neige polaire permanente n'a pu être constatée dans l'endroit du pôle; mais des neiges éparses en émanaient, formant huit rameaux différents, dont plusieurs occupaient les positions observées en 1879. Ces rameaux se raccourcirent et augmentèrent de blancheur, pendant le mois de janvier, et se concentrèrent graduellement vers le pôle. Le 26 janvier (on n'avait pu observer les jours précédents, à cause du temps), le pôle était marqué par une immense calotte de neige, à peu près ronde, mesurant environ 45° de diamètre, provenant de la concentration, de la coagulation en une seule masse, des rameaux dont nous venons de parler. Cette condensation de rameaux de neiges en une seule masse polaire n'a rien d'analogue sur la Terre. Cette phase de concentration s'est produite vers le 25 janvier, c'est-à-dire cinq mois avant le solstice d'été boréal, qui est arrivé, en 1882, le 25 juin. L'auteur a trouvé ensuite, pour le diamètre de cette neige polaire boréale :

Neige boréale, 1882.

Solstice d'été boréal : 25 juin.

26 janvier..........	150 jours avant le solstice		45°
28 »	148	»	45
4 février..........	141	»	40
17 »	128	»	30
27 »	118	»	20
10 mars..	107	»	30
4 avril............	82	»	20
10 »	77	»	27

La précision n'est pas très grande, à cause de l'obliquité du pôle et parce que
les limites n'étaient pas toujours nettes. Cette calotte polaire n'a pas été seulement le résultat de la suppression des branches neigeuses signalées plus haut,

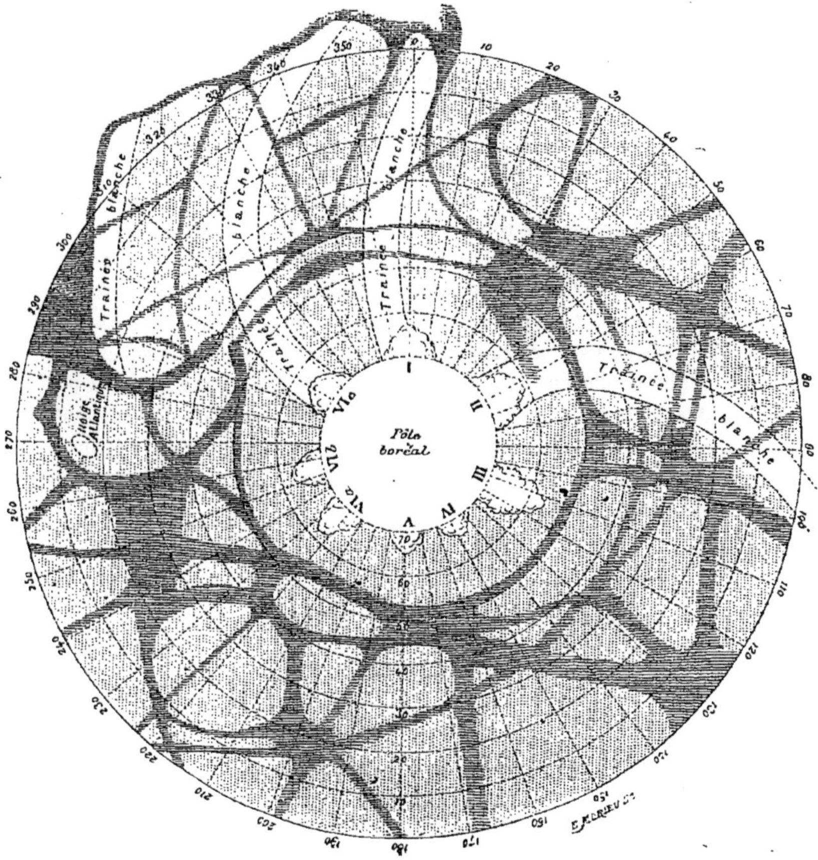

Fig. 263. — Le pôle nord et l'hémisphère boréal de Mars en 1879 et 1881. Traînées de neige.

mais plutôt de leur contraction vers un noyau central, de leur accroissement en
largeur en même temps que leur longueur diminuait, remplissant les intervalles,
qui pourtant restèrent parfois visibles en plusieurs points.

L'équinoxe de printemps de l'hémisphère boréal de Mars ayant eu lieu le
8 décembre 1881 et le solstice d'été boréal le 25 juin 1882, on voit que la plus
grande dispersion de la blancheur polaire sous forme de branches lancées vers
l'équateur, a eu lieu quelques mois après le solstice d'hiver; mais la plus grande
intensité de la neige, comme surface et comme éclat, n'a eu lieu qu'un mois et
plus après l'équinoxe de printemps, ou seulement cinq mois avant le solstice
d'été. Ce maximum a correspondu à une calotte régulière de 45° de diamètre en-

viron, concentrique au pôle nord, qui a ensuite diminué lentement en approchant de l'été.

L'astronome de Milan a essayé de représenter graphiquement (*fig.* 263) ces particularités de la neige polaire boréale, déduites de ses observations de novembre et décembre 1881. Les huit branches ressemblaient aux tracés esquissés ici autour de la région polaire.

De plus, trois stries blanchâtres, bien formées, et d'une largeur uniforme, allaient, en tournant, atteindre l'équateur aux longitudes 5°, 95° et 350°. On en apercevait encore une autre, moins sûre, traversant la mer du Sablier et longeant ses rivages. C'était comme une série de spirales, partant du pôle nord et se dirigeant obliquement vers le Sud-Ouest. On pense aussitôt que cette direction se rattache au mouvement de rotation de la planète et à la théorie des vents alisés. Ces traînées de neige produites pendant le printemps indiquent des courants réguliers, moins troublés que ceux de l'atmosphère terrestre par des circonstances accidentelles. Lorsque ces rubans de neige traversent des canaux, ils cessent d'être visibles sur ces canaux, comme de la neige qui, en tombant sur de l'eau, y fondrait, tandis qu'elle resterait sur les régions sèches. On peut penser que ces traînées blanchâtres, qui sont restées visibles pendant des semaines et des mois, n'étaient pas des nuages, mais de la neige, sans doute peu épaisse.

Nous arrivons maintenant à l'opposition de 1884, qui a donné au même observateur les mesures suivantes :

Neige boréale, 1884.

Solstice d'été boréal : 13 mai.

20 janvier	114 jours avant.	36°
15 février	89 »	31
23 mars	51 »	23
2 mai	11 »	15

On n'a pu suivre jusqu'au solstice.

Les séries de 1886 et 1888 offrent des résultats analogues :

Neige boréale, 1886.

Solstice d'été boréal : 31 mars.

1886.	18 janvier	62 jours avant le solstice.		25°
	26 février	33 »	»	10
	14 mars	17 »	»	6
	28 »	3 »	»	6
	21 mai	51 jours après.	»	5
	1er juin	62 »	»	9
1888.	7 mai	81 »	»	12
	2 juin	107 »	»	11
	Juillet	peu visible.		

La tache a diminué rapidement d'éclat en juillet 1888 par suite de l'énorme obliquité de l'illumination solaire, suivie bientôt par son immersion dans la nuit du pôle. Le pôle boréal est entré dans l'ombre le 15 août, jour de l'équinoxe.

D'après l'ensemble des observations, la neige polaire boréale est centrée sur le pôle, tandis que, comme nous l'avons vu, la neige australe est à côté.

L'opposition de 1890 nous a présenté la planète avec ses deux pôles visibles. En juin, juillet, août et septembre, on a pu voir en même temps les neiges polaires boréales et australes, mais juste au bord du disque, la tache boréale étant mieux marquée, plus inclinée vers nous d'ailleurs : je lui ai trouvé environ 20° le 30 juillet. La Terre est passée par le plan de l'équateur de Mars le 23 septembre. A partir de cette époque, on a mieux vu le cap polaire austral. J'ai trouvé :

Neige australe, 1890.

Solstice d'été austral : 26 novembre.

24 septembre	63 jours avant le solstice.	30°
2 octobre....	55 »	»	25
9 »	48 »	»	25
22 »	35 »	»	20
13 décembre...... .	17 jours après.	»	10
20 février..........	86 »	»	8

Récapitulons toutes ces observations :

VARIATIONS DE LA NEIGE POLAIRE AUSTRALE.

	Diamètre.	Diamètre.	
1781..........	Max. 60°	Min. 10°	W. Herschel.
1798.........	50	50	Schrœter.
1830.........	»	6	Beer et Mädler.
1837.........	70	»	Id.
1862.........	36	6	Rosse et Lassell.
1877.........	29	7	Schiaparelli.
1879.........	»	4	Id.
1890...	30	8	Flammarion.

VARIATIONS DE LA NEIGE POLAIRE BORÉALE.

1837-39... ..	Max. 31°	Min. 15°	Beer et Mädler.
1882...... . .	45	»	Schiaparelli.
1884...	36	»	Id.
1886.........	»	5	Id.

Si nous éliminons de la première série l'appréciation de 1837, fondée sur une tache blanche non identifiée avec le pôle alors invisible, les variations des deux pôles deviennent comparables entre elles, contrairement à la théorie et à l'opinion de Beer et de Mädler. En effet, M. Schiaparelli a mesuré en 1882, 150 jours avant le solstice, 45° à la neige boréale. Ce nombre peut ne pas coïncider avec le maximum absolu, qui peut atteindre 50° et même 60°. De plus, le même observateur a vu descendre en 1886, ce cap polaire boréal à 5°. Ces limites sont également celles des neiges polaires australes.

Il est fort possible que les années ne se ressemblent pas, sans doute, qu'il y en ait de froides et de chaudes pour chaque hémisphère. De plus, on assiste parfois, du jour au lendemain, à des transformations d'aspects considérables, que l'on peut attribuer à d'énormes chutes de neige. On se souvient des photographies prises par M. Pickering, les 9 et 10 avril 1890 (p. 464), dans lesquelles toutes celles du second jour montrent la tache polaire australe beaucoup plus vaste que celle du premier jour.

Il y a donc des variations météorologiques plus ou moins rapides sur Mars aussi bien qu'ici. Le temps change là comme ici — mais moins.

On le voit, l'ensemble des observations sur les neiges polaires ne nous conduit pas à conclure que l'excentricité de l'orbite ait pour résultat de faire subir aux neiges australes des variations annuelles plus considérables que celle du pôle boréal. Dans tous les cas, la différence est légère.

Très certainement, il fait plus chaud au pôle sud à son solstice d'été qu'au pôle nord à son solstice d'été également, puisque le premier passe alors au périhélie et le second à l'aphélie. La neige polaire australe devrait être plus complètement fondue. Elle l'est, en effet, tout à fait au pôle géographique : mais il reste toujours un résidu de 120 kilomètres de diamètre à 324 kilomètres du pôle, vers 28° de longitude, au milieu de la mer. Il y a probablement là une île, vaste et élevée, sans laquelle, peut-être, la glace fondrait entièrement. Au pôle géographique nord, au contraire, la glace reste centrée à ce point. Mais il n'y a là aucune grande mer.

Les hémisphères austral et boréal de Mars sont d'ailleurs bien différents au point de vue de la distribution des eaux et des mers. Comme sur la Terre, le premier est surtout maritime, le second surtout continental : *les mêmes lois géologiques ont sans doute dirigé le relief des deux surfaces planétaires*, élevant le sol boréal au-dessus du niveau moyen. Cette différence a un effet climatologique qui n'est pas sans importance. Cet effet est de rendre les saisons et les climats plus tempérés dans le premier, plus extrêmes dans le second, c'est-à-dire d'agir en un sens absolument contraire à celui qui résulterait de l'excentricité et qui, peut-être, le neutralise entièrement. Il faudrait aussi ajouter ici une influence indirecte sur la distribution des températures, celle des courants, maritimes et aériens.

En résumé, les saisons de Mars sont tout à fait comparables aux saisons terrestres, malgré la plus grande distance au Soleil et l'excentricité considérable de l'orbite. Les neiges polaires fondent en été, à chaque pôle, beaucoup plus complètement que les nôtres. Les hivers paraissent moins rudes : L'évaporation et la condensation s'y effectuent plus rapidement qu'ici. Le régime météorologique y semble très tempéré. A l'exception des brumes d'hiver, l'atmosphère y reste presque constamment pure.

D. — Conclusions.

Cette analyse comparée des saisons sur la Terre et sur Mars nous conduit aux conclusions suivantes :

Les saisons de Mars sont à peu près de même intensité que les nôtres, mais près de deux fois plus longues.

La saison chaude dure 381 jours sur l'hémisphère boréal, et la saison froide a la même durée sur l'hémisphère austral.

La saison froide dure 306 jours sur l'hémisphère boréal, et la saison chaude a la même durée sur l'hémisphère austral.

Chaque hémisphère reçoit pendant son été 63 pour 100 de la chaleur annuelle totale, et 37 pour 100 pendant son hiver.

Les saisons de l'hémisphère austral sont en plus grand contraste que celles de l'hémisphère boréal.

Les neiges polaires de la planète Mars varient suivant les saisons. Elles atteignent leur maximum de trois à six mois après le solstice d'hiver de chaque hémisphère et sont réduites à leur minimum également de trois à six mois après leur solstice d'été. De même que sur la Terre, les années ne se ressemblent pas.

Dans les deux hémisphères, la neige polaire paraît atteindre, en hiver, 45° à 50° de diamètre et se réduire, en été, à 4° ou 5°. Nous n'en pouvons rien conclure sur les effets de l'excentricité de l'orbite pour chaque hémisphère. Des observations plus complètes sont très désirables.

En dehors des glaces polaires, des chutes de neige ont été observées dans les régions tempérées, et parfois même jusqu'à l'équateur. On a vu dans l'hémisphère boréal des traînées en spirale venant du pôle, indiquant des courants atmosphériques influencés par le mouvement de rotation de la planète.

La calotte polaire boréale paraît centrée sur le pôle. L'australe en est éloignée à 5°,4, ou 340 kilomètres, à la longitude 30°, de sorte qu'aux époques de minimum le pôle sud est entièrement découvert : *la mer polaire est libre.*

La climatologie du monde de Mars offre les plus grandes analogies avec celle de la Terre : ses conditions paraissent plutôt meilleures. L'éloignement de Mars du Soleil et la légèreté de son atmosphère, due à l'infériorité de sa masse, sont compensés par des conditions physiques plus favorables que les nôtres.

La théorie de la variation séculaire des climats terrestres fondée sur l'excentricité de l'orbite, proposée par Adhémar, reprise par James Croll sur d'autres bases, n'est pas confirmée par l'examen de Mars. Cette planète a une excentricité cinq fois et demie supérieure à l'excentricité actuelle de la Terre, et celle-ci ne peut jamais atteindre celle de Mars. Cette planète est donc un excellent type à étudier comme contrôle. Justement, c'est aussi son hémisphère austral qui a son été au périhélie, et son hiver à l'aphélie qui a son été le plus chaud et le plus court, son hiver le plus long et le plus froid.

La théorie dont nous parlons admet que le pôle sud terrestre se refroidit d'année en année, parce qu'il a huit jours de moins de soleil par an. Pour Mars, la différence s'élève à 74 jours. On pourrait penser, en effet, que l'été plus court que l'hiver ne suffit pas pour fondre entièrement les glaces formées au pôle sud pendant l'hiver. Or, il n'en est rien, comme nous venons de le voir. La calotte polaire australe est aussi complètement fondue, après son été, que la boréale après le sien. Il n'en reste qu'un résidu de 120 kilomètres de large, excentriquement au pôle, et sans doute sur une île.

Comme sur la Terre, le solstice austral de Mars est voisin du périhélie.

La demi-révolution de la ligne des apsides terrestres s'effectue en 10 500 ans; le solstice d'été austral — et, par conséquent, le solstice d'hiver boréal, — est arrivé au périhélie en l'an 1248 de notre ère. Sur Mars, la demi-révolution de la ligne des apsides s'effectue en 9866 de ses années. Sur ce temps, il y a (en 1892), depuis la dernière position égale des saisons, 4235 années martiennes d'écoulées; il en reste 5631 jusqu'à la prochaine. Actuellement, le solstice d'été de l'hémisphère austral de Mars arrive 36 jours après le périhélie, à la longitude héliocentrique 357°, la longitude du périhélie étant 334°.

Le froid de l'hiver au pôle sud de Mars doit être de beaucoup supérieur à celui du pôle terrestre. La nuit polaire y est presque double de la nôtre; elle dure 338 jours, au lieu de 182, et l'air y est sans doute de moitié moins dense. Eh bien, en quelques mois, à la suite du solstice d'été, cette neige est fondue.

Cette fonte des glaces pourrait être attribuée, pour le pôle austral, aux eaux plus ou moins tièdes de la mer et à des courants marins analogues à notre Gulf-Stream; mais cette explication ne s'appliquerait pas au pôle nord, puisqu'il n'y a point là de vaste mer. Nous sommes autorisés à penser qu'il y a moins d'eau et moins de vapeur d'eau sur Mars que sur la Terre, moins de nuages, une moindre quantité de neiges, et que l'épaisseur des glaces y est beaucoup moindre qu'ici. Peut-être aussi, la durée de l'été, du double plus longue que sur la Terre, suffit-elle amplement pour fondre toutes les glaces. Il y a des limites à la production des neiges; tandis que le Soleil reste pendant près d'un an au-dessus de l'horizon de chaque pôle.

En résumé, l'analogie climatologique avec la Terre ressort de toutes les observations, et l'étude de la planète Mars apporte des lumières particulières à la connaissance générale de notre propre globe.

CHAPITRE VII.

CHANGEMENTS ACTUELLEMENT OBSERVÉS A LA SURFACE DE LA PLANÈTE MARS.

Le monde de Mars ressemble beaucoup à celui que nous habitons, et c'est même là ce qui nous intéresse le plus dans son étude, car, en général, nous sommes portés à croire que ce qui nous ressemble est plus intéressant que tout le reste. Mais, d'autre part, ce petit globe diffère assez du nôtre pour éviter la monotonie, et à ce titre son étude est peut-être plus suggestive encore. La question des changements qui s'opèrent incessamment à sa surface nous pose à ce point de vue l'un des plus curieux problèmes de l'Astronomie contemporaine. Nous signalons ce fait depuis l'année 1876 (*voy.* p. 241).

Les observations prouvent que des variations considérables se manifestent réellement dans les aspects géographiques de cette planète. Toutefois, nous ne devons admettre la réalité de ces variations qu'après les plus expresses réserves et lorsque nous avons la certitude que ces différences d'aspects ne sont pas dues à des différences de visibilité, d'observation, ou d'interprétation.

Tout observateur de Mars sait combien la perception sûre des détails de sa surface est difficile, et combien l'interprétation précise et absolue par le dessin est plus difficile encore. Chacun voit un peu à sa façon et dessine aussi à sa façon. Indépendamment des différences dues au pouvoir de définition, les yeux ne sont pas les mêmes. Tel observateur aperçoit mieux les petits détails; tel autre remarque une nébulosité qui passera inaperçue pour son voisin. Des 572 dessins télescopiques ou cartes aréographiques que nous venons de passer en revue, il n'y en a pas un seul qui représente complètement la réalité nue qui se révélerait à un observateur voisin, examinant la surface de Mars du haut d'un ballon.

L'analyse critique de tous ces dessins nous a convaincu de leur insuffisance. La distance est trop grande, notre atmosphère est trop épaisse, et nos instruments ne sont pas assez parfaits.

Est-ce à dire pour cela que ces représentations martiennes n'ont aucune valeur? Nullement, et la meilleure preuve qu'elles en ont une, c'est qu'on s'y retrouve, en définitive, et qu'elles nous donnent une idée générale de la planète.

Mais il ne faut en prendre aucune à la lettre.

Sans doute, il y a des heures de calme parfait et de pure transparence qui donnent d'excellentes images télescopiques, et même récemment nous venons d'être favorisés de quelques-unes de ces heures (nuits du 15 au 16 juillet 1892, du 31 au 1er août, du 5 au 6 août, et du 12 au 13); mais on est loin de *tout* voir, et même de voir *exactement* cette curieuse topographie.

Imaginons un papier de tapisserie dont le dessin serait formé d'un enchevêtrement de figures humaines, les unes riant, les autres pleurant, alternant avec des figures d'animaux, des plantes et des fleurs de toute espèce, le tout disposé par alignements entrecroisés et de divers tons, formant dans l'ensemble de grands dessins géométriques.

De très loin, on ne distinguera que ces grands dessins géométriques, cercles, carrés, losanges, étoiles, rectangles, triangles, polygones, etc.

De moins loin, on remarquera qu'au fond tout est aligné suivant des lignes droites entrecroisées sous divers angles.

De près, on distinguera des plantes, des animaux et des hommes.

De plus près encore, on reconnaîtra des figures humaines, des animaux, des plantes, des visages qui rient, des visages qui pleurent. Et alors l'aspect général de l'ensemble sera perdu pour l'œil de l'observateur.

C'est là l'histoire de ce qui arrive dans l'observation de la planète Mars.

Il importe donc que nous soyons d'abord convaincus des étonnantes divergences qui existent entre les dessins des meilleurs observateurs munis des meilleurs instruments. Nous les avons eues sous les yeux dans tout le cours de cet Ouvrage. Rappelons seulement quelques exemples bien démonstratifs à cet égard.

I. — DIFFÉRENCES DUES AUX OBSERVATEURS.

Voici (*fig.* 264 et 265) deux dessins faits le même jour et presque à la même heure, à l'aide d'excellents instruments parfaitement comparables, par deux observateurs compétents, soigneux et habiles (et précisément ce sont deux de leurs meilleurs dessins, obtenus dans les meilleures conditions). Ils représentent à peu près le même hémisphère de la planète, le 18 octobre 1862, à 8h13m pour le petit dessin, fait en Italie par Secchi; à 8h0m pour le grand, fait en Angleterre par Lockyer. La première heure est celle du méridien de Rome, et la seconde, celle de Greenwich. Par conséquent, en temps de Paris, le premier dessin représente la planète à 7h33m et le second à 8h9m. La différence de temps est de 36m : la tache ronde entourée de blanc, que l'on voit vers le centre du disque, est plus avancée de 36m vers la gauche dans le grand dessin que dans le petit.

Eh bien, ces deux dessins sont très caractéristiques par la tache circulaire dont nous parlons. L'observateur romain la voit allongée du Nord au Sud,

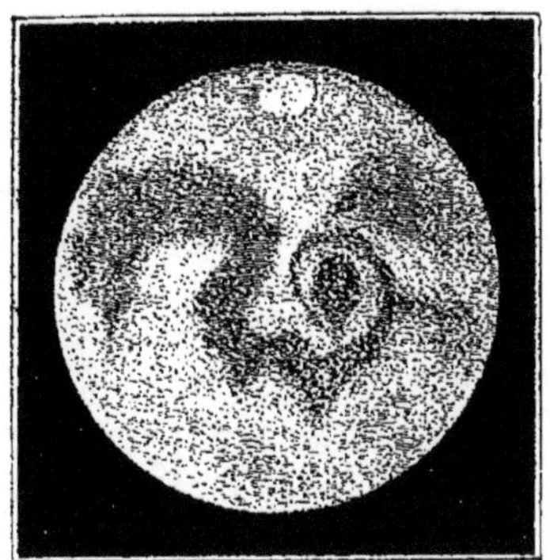

Fig. 264. — Dessin de Mars fait le 18 octobre 1862, à 7ʰ33ᵐ (heure de Paris), par Secchi.

et l'observateur anglais, allongée, au contraire, de l'Est à l'Ouest. De plus,

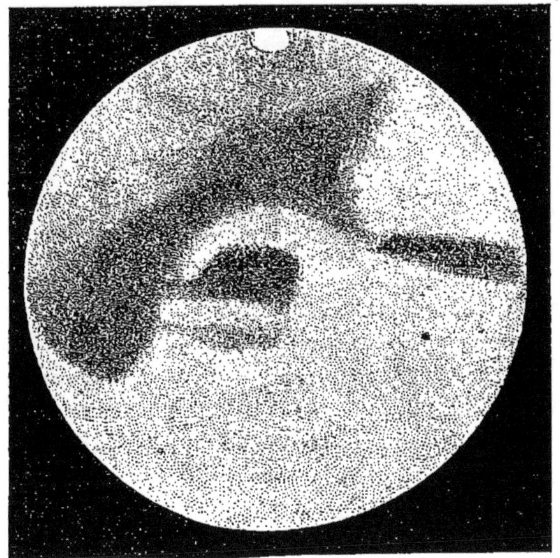

Fig. 265. — Dessin de Mars fait le même soir, à 8ʰ9ᵐ, par Lockyer.

le premier l'entoure d'une courbe ombrée donnant l'idée d'un cyclone, d'un tourbillon atmosphérique, et il dit, en effet : « La crederei una gran burrasca in Marte ». Le second y voit simplement une mer tranquille, qu'il appelle la Baltique. L'impression des deux observateurs est totalement différente. Comparez les détails des deux dessins, vous en recevrez la même impression.

Comparons aussi deux dessins faits également le même jour, et presque à la même heure, le 4 juin 1888, l'un par M. Schiaparelli, à Milan (*fig.* 266), l'autre par M. Perrotin, à Nice (*fig.* 267), et tous deux à l'aide d'excellents instruments. Sans contredit, ces deux dessins indépendants se confirment aussi l'un l'autre. On voit sur tous les deux : 1° la mer du Sablier (un peu plus avancée vers la gauche, par suite de la rotation de Mars, sur le second dessin

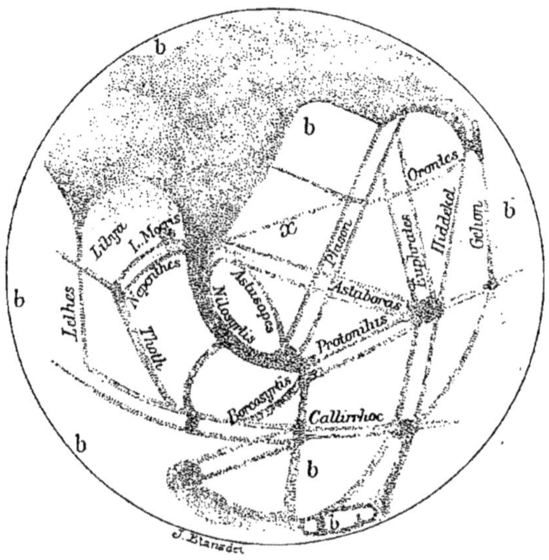

Fig. 266. — Dessin de Mars fait le 4 juin 1888, par M. Schiaparelli, à Milan.

que sur le premier); 2° son prolongement appelé Protonilus; 3° un golfe conduisant à Astaboras; 4° la petite ligne nommée Astusapes; 5° les deux canaux doubles du Phison et de l'Euphrate montant en ligne droite de Protonilus pour se joindre à la mer supérieure; 6° l'Hiddekel allant du lac Ismenius à la baie fourchue; 7° le Gehon partant d'un point assez éloigné de ce lac pour se rendre à la même baie; 8° la tache polaire inférieure; 9° l'Euphrate allant jusqu'à cette tache polaire; 10° une échancrure sombre dans cette tache à gauche. La concordance est assurément incontestable, ce qui nous prouve que ces lignes droites extraordinaires existent réellement.

Mais pourtant quelles différences dans les aspects! Le Gehon est incomparablement plus large dans le dessin de M. Perrotin que dans celui de M. Schiaparelli (il est vrai qu'il se rapproche du centre); la baie de la mer du Sablier, vers Astaboras, est plus marquée et plus importante; il en est de même du Protonilus, composé d'un seul estompage dans le dessin de Nice et d'un double canal dans celui de Milan. On pourrait croire à des changements réels si les dessins étaient de deux dates différentes. Ils nous montrent, au contraire, que dans les observations astronomiques, comme dans la vie habituelle, lorsqu'on en arrive aux nuances, chacun a un peu sa manière de voir.

Considérons encore, si vous le voulez bien, un troisième exemple du même ordre. Voici (*fig.* 268 et 269) deux dessins faits au même instrument, — et ce instrument, c'est le plus puissant du monde, le grand équatorial de 0^m,91 de l'Observatoire Lick, — par deux observateurs différents, le même jour, à un

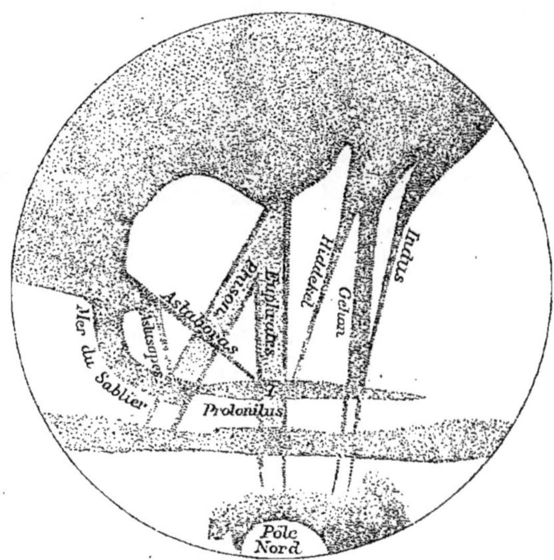

Fig. 267. — Dessin de Mars fait le même soir, par M. Perrotin, à Nice (une heure environ après le précédent).

quart d'heure d'intervalle. Ils sont tous deux du 27 juillet 1888. Le premier a été fait par M. Holden, le second par M. Keeler. Dans chacun de ces deux croquis, la mer du Sablier traverse le milieu du disque du haut en bas. Mais quelles différences dans les aspects! C'est à n'y pas croire! Ainsi, en même temps, au même instant, un observateur voit l'aspect de la *fig.* 268 et un autre voit celui de la *fig.* 269. Si l'on partait de là pour conclure à des changements réels arrivés sur la planète, on serait dans l'erreur la plus complète.

Les croquis des jours précédents et suivants montrent que M. Holden voyait bien réellement, à gauche de la mer du Sablier, les deux traînées grises verticales qui y sont dessinées, tandis que M. Keeler ne les voyait pas : il voyait autre chose.

Du reste, nous avons vu passer plus haut sous nos yeux, notamment p. 482, plusieurs cas analogues.

Ces exemples, qu'il est superflu de multiplier, prouvent à n'en plus pouvoir douter, que *chaque observateur voit selon sa rétine et dessine à sa façon,* et

Fig. 268.

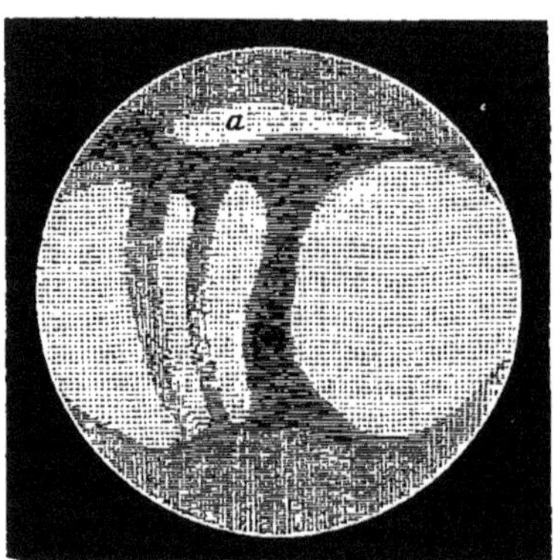

Dessin de Mars fait par M. Holden,
à l'Observatoire Lick, au grand équatorial,
le 27 juillet 1888, à 8ʰ0ᵐ (*a*, lle blanchâtre).

Fig. 269.

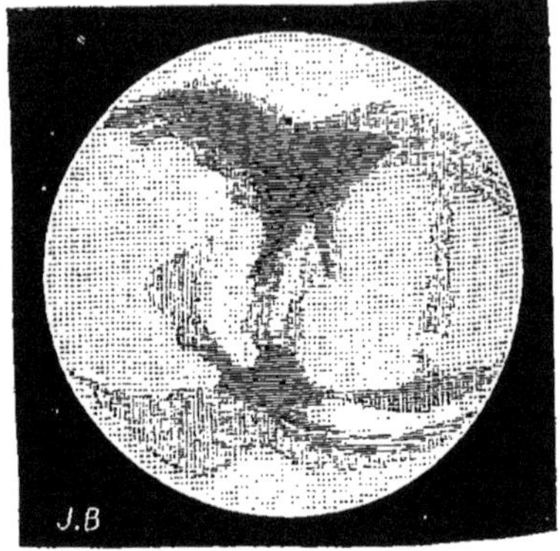

Dessin de Mars fait par M. Keeler,
au même Observatoire et au même instrument,
le même jour, un quart d'heure après.

que nous ne devons pas prendre leurs dissemblances de dessins pour des changements réels arrivés à la surface de la planète (¹).

A ces différences d'observations personnelles, il convient d'ajouter tout de suite ici celles qui peuvent être imputables aux instruments.

II. — DIFFÉRENCES INSTRUMENTALES.

Les instruments jouent, en effet, un rôle qui n'est pas sans importance.

Et d'abord, même avec nos instruments modernes, dont le pouvoir de définition est fort supérieur à celui des anciens, nous ne voyons presque jamais nettement les détails que nous avons le désir de représenter. Les contours ne sont pas précis, les images sont plus ou moins vagues. Nous essayons de dessiner aussi fidèlement que possible ce que nous voyons, mais les nuances, les tons, les contours, les détails ne peuvent être identiquement rendus. Comme cependant il faut que nous définissions notre dessin, il y a là une cause inévitable de divergences plus ou moins marquées.

(¹) *La vue de chaque observateur joue un grand rôle.* Pour moi, par exemple, qui lis parfaitement l'heure à minuit aux fines aiguilles de ma montre, à la seule clarté des étoiles, et qui suis un peu myope, je ne distingue rien nettement de loin, tandis que d'autres yeux sont dans un cas diamétralement contraire. Le meilleur observateur d'étoiles doubles que nous ayons, M. Burnham, qui a découvert tant de couples serrés à moins d'une seconde, n'a jamais pu voir les nébuleuses des Pléiades, etc.

Cette cause est évidemment réduite à son minimum lorsque l'observateur se préoccupe d'avance de ce qu'il doit trouver sur la planète, lorsqu'il connaît par les éphémérides quelle est la longitude du méridien central et quel est l'aspect qui doit se présenter à ses yeux. C'est ce qui est arrivé notamment dans les observations de M. Terby, de Louvain, pendant l'opposition de 1888. Cet astronome avait reçu les dessins de M. Schiaparelli et cherchait tout exprès à vérifier et confirmer les observations de Milan. Son instrument est un excellent équatorial de 8 pouces ou 0^m,20 construit par Grubb, de Dublin, tandis que celui de l'Observatoire de Milan est un 18 pouces (0^m,46) parfait, sortant des ateliers de Merz, de Munich. Eh bien, comparons au dessin publié plus haut (*fig.* 266) de M. Schiaparelli, celui de M. Terby (*fig.* 270),

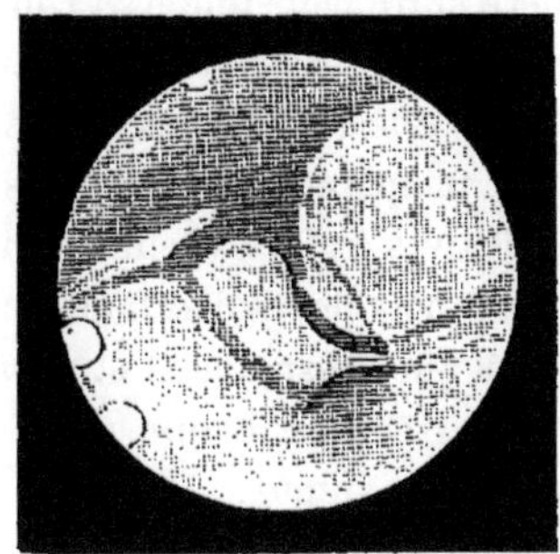

Fig. 270. — Dessin de Mars, fait par M. Terby, à l'aide d'un objectif de 0^m,20 (à comparer à la *fig.* 266, obtenue par M. Schiaparelli à l'aide d'un objectif de 0^m,46).

résultat de plusieurs soirées, et dans lequel il a réuni tout ce qu'il a pu voir, et, tout en tenant compte de ce que nous avons dit tout à l'heure sur les différences d'yeux et de méthodes, nous attribuerons une part notable aux instruments employés. Il y a beaucoup moins de détails dans le second dessin que dans le premier.

La dissemblance sera plus grande encore si l'observateur ne se met pas au courant d'avance de la face de la planète qui doit se présenter à lui et dessine simplement ce qu'il parvient à voir, sans aucune idée préconçue. Pour ma part, c'est un principe dont je ne me suis jamais départi, craignant les illusions.

La grandeur de l'objectif, mais surtout sa valeur comme puissance de définition, sont deux conditions importantes à considérer. Le pouvoir optique de l'appareil employé joue un grand rôle; le grossissement des oculaires en joue un autre : souvent un grossissement moindre donnera des images plus nettes et plus complètes à la fois qu'un grossissement plus fort. L'état de notre atmosphère ajoute encore une autre cause de dissemblance dans les images, précisément en rapport avec le grossissement employé.

Toutefois, la dimension des instruments n'a pas autant d'importance qu'on serait porté à le croire. Les plus puissantes lunettes des Observatoires actuels, celles du mont Hamilton, en Californie, celle de Nice, celle de Pulkowa, n'ont point donné d'images comparables à celles qu'a obtenues M. Schiaparelli à Milan, à l'aide de son objectif de $0^m,46$, et même à l'aide de celui dont il s'est servi jusqu'en 1886, et qui ne mesure que $0^m,21$. Sans doute, les vagues de l'air et les différences de température contrebalancent-elles les avantages du grossissement en diminuant la netteté des images. L'œil et la manière d'observer doivent donc être placés en première ligne.

III. — Conditions atmosphériques terrestres.

L'état de notre atmosphère entre pour une part considérable dans la netteté des images. Parfois elle semble parfaite, et cependant les images sont onduleuses et indécises, parce que les couches d'air superposées au-dessus de l'observateur sont à des températures différentes et glissent les unes dans les autres comme des fleuves d'air. La température du lieu de l'instrument joue également un rôle notable, et d'autant plus grave que l'objectif est plus puissant. Il faudrait que l'instrument et même l'œil de l'observateur fussent à la température extérieure, et que cette température fût homogène sur une grande étendue en hauteur.

Le clair de lune, les brumes même ne nuisent pas toujours. Parfois les images sont plus nettes, vues à travers des nuées légères passant devant l'astre et en tempérant l'éclat. J'ai remarqué que pour Mars, en particulier, les dessins sont souvent plus faciles à obtenir pendant le jour, même en plein soleil, une heure après son lever ou avant son coucher, et pendant la clarté du crépuscule que pendant la nuit complète.

La diversité de ces conditions, suivant les positions des Observatoires et leur altitude au-dessus du niveau de la mer, est donc une cause de variété pour les observations.

IV. — Présentations diverses du globe de Mars.

Voici maintenant une cause de différences d'aspect qui provient de la planète elle-même.

Le globe de Mars ne se présente pas toujours de la même façon. Sans compter sa distance à la Terre, perpétuellement variable par suite de son mouvement et du nôtre, sans compter la variation de grandeur qui en résulte pour son disque et pour tous ses aspects géographiques, remarquons qu'il vogue incliné de $24°52'$. Il ne se présente donc pas souvent avec son axe de rotation perpendiculaire à notre rayon visuel, pôle sud en haut, pôle nord en bas et ligne équatoriale le traversant horizontalement au milieu. Tantôt il incline vers nous son pôle supérieur, et nous dérobe son pôle inférieur ; dans ce cas, la ligne équatoriale est fort au-dessous d'une ligne horizontale médiane qui couperait son disque en deux parties égales. Tantôt, au contraire, il relève de notre côté son pôle inférieur et nous cache son pôle supérieur : alors l'équateur est fort au-dessus du centre. L'aspect de toutes les configurations varie, de ce chef, considérablement, à ce point que certaines figures deviennent absolument méconnaissables.

On s'en rendra compte par les trois globes publiés plus haut (p. 30, 32 et 53), ainsi que par les projections des pages 502 et 503.

Si nous considérons une tache caractéristique, par exemple la mer du Sablier, elle se présente dans l'inclinaison supérieure australe, comme une énorme tache en forme de V dont la pointe touche presque le bord inférieur du disque. Dans le cas contraire, cette même mer se présente comme un canal délié occupant le centre du disque et allant en s'élargissant vers le haut, comme un entonnoir, ou encore, à cause de la mer inférieure adjacente, comme un sablier. Les aspects ne se ressemblent pas du tout, et l'on pourrait croire qu'il ne s'agit pas de la même face de la planète.

Avant de comparer plusieurs dessins entre eux, il importe donc de se rendre compte de l'inclinaison de la planète à la date de l'observation et des effets de perspective qui en résultent pour la forme des taches. Autant que possible, les jugements doivent porter sur les taches voisines du centre du disque, vues presque de face et affranchies des variations dues aux raccourcis de la sphère dans les régions qui approchent des bords.

Une partie des variétés des nombreux dessins aréographiques que nous avons sous les yeux provient de cette cause, à laquelle nous devons adjoindre le mouvement de rotation, qui est du même ordre pour la question qui nous occupe ici.

L'étendue des configurations, leurs positions sur le disque, leurs distances respectives, surtout lorsqu'il s'agit de lignes minces comme les canaux, augmentent considérablement en largeur vers le centre, et diminuent de même en approchant des bords, par suite de cet effet de perspective.

Voici maintenant une cinquième cause de différences.

V. — Variations atmosphériques sur la planète Mars.

Cette cinquième cause n'est pas aussi importante que les quatre précécédentes, parce que l'atmosphère de Mars est généralement pure. Cependant elle est loin d'être négligeable, car il y a là comme ici des nuages et des brumes variables qui parfois masquent absolument de vastes contrées sous leur voile blanc et modifient entièrement l'aspect de la configuration géographique normale.

Que l'atmosphère de Mars donne naissance à des précipités analogues à nos neiges, c'est ce qui n'est douteux pour aucun observateur. Le ciel y est toutefois beaucoup moins couvert qu'ici, même en hiver, comme on peut facilement s'en convaincre par la comparaison des observations. Cependant, il l'est quelquefois, et nous avons des dessins sur lesquels plus de la moitié du disque de la planète est caché sous un voile blanchâtre. Parfois, ces nuages sont partiels et disparaissent assez vite. Nous ne citerons pas comme exemple la bourrasque apparente signalée par Secchi dans laquelle nous avons reconnu tout à l'heure, au contraire, une configuration fixe de la planète, un lac circulaire bien connu. Mais on peut citer comme observation de nuages celle de Lockyer du 3 octobre 1862, de $10^h 30^m$ du soir à $11^h 23^m$. Revoyez un instant les pages 156 et 157 de cet Ouvrage et la *fig.* 97, la région qui s'étend de x à y se montrait blanche ; dans le dessin de $11^h 23^m$ (*fig.* 98), au contraire, on voit en y une sorte de golfe gris se dessiner, à mesure que les nuées qui le recouvraient se dissolvent. Ce golfe est le golfe Main (ou lac Mœris). M. Lockyer considère cette observation comme démonstrative de la présence de la variation de nuages à la surface de Mars.

La même impression résulte de l'aspect d'un dessin de M. Phillips, fait à Oxford le 15 octobre 1862, et qui montre toute la ligne du rivage marquée par une bordure de nuages blancs (*voy.* p. 165, *fig.* 107).

Ces nuages de Mars ont été l'objet d'une étude spéciale de M. Trouvelot, qui, plusieurs fois, grâce à une grande persévérance, a eu la bonne fortune d'en voir se former graduellement sous ses yeux, dans l'intervalle de moins de deux heures, sur les points où il n'avait pu en reconnaître aucune trace auparavant — surtout sur le long des rivages (*voy.* notamment *fig.* 200, p. 373).

M. Schiaparelli écrivait, à la date du 14 octobre 1877, qu'une tempête venait, entre le 4 et le 10 octobre, de couvrir presque entièrement de nuages la mer Erythrée et la Noachide.

Du 21 au 25 mai 1886, M. Perrotin (*voy.* p. 394) avait l'impression de nuages ou brouillards étendus sur la mer du Sablier.

Nous avons eu la même impression en plusieurs observations, mais plus rarement qu'on ne serait porté à s'y attendre par les vicissitudes si fréquentes de notre propre atmosphère.

L'atmosphère de Mars est non seulement plus claire, mais encore plus calme, plus pacifique que la nôtre. Parlant des traînées d'apparence neigeuse qu'il a observées en novembre et décembre 1891, sous forme de bandes spirales partant du pôle nord, visibles sur les continents, invisibles sur les mers, M. Schiaparelli ajoute que cet aspect donne l'idée de courants aériens réguliers et moins troublés par des circonstances accidentelles que ceux de notre atmosphère (*Memoria terzo*, p. 88).

Il est sensible que, pour distinguer nettement ce qui existe à la surface du globe de Mars, il ne suffit pas qu'il fasse beau chez nous et que notre atmosphère soit transparente, mais évidemment il est nécessaire qu'il fasse également beau sur Mars, sur l'hémisphère tourné vers la Terre au moment de l'observation. L'absorption atmosphérique est manifeste sur cette planète, car elle éteint, elle efface toutes les taches vers les bords du disque; mais lorsque cette atmosphère est pure — et c'est le cas le plus fréquent — on distingue nettement les configurations géographiques. Qu'il y ait çà et là des brumes, des brouillards ou des nuages même très légers, cela suffit pour modifier l'aspect du disque, masquer des contrées plus ou moins vastes, empêcher de voir des mers ou des continents, mettre une tache claire blanche (nuage vu d'en haut, éclairé par le soleil), au lieu du ton foncé des mers et du ton jaune roux des continents.

Des nuages peuvent-ils paraître sombres, vus d'en haut? En général, on ne l'admet pas. Cependant le fait n'est pas impossible. De la vapeur noire, de la fumée, s'élevant au-dessus des terrains clairs, pourraient, me semble-t-il, paraître plus foncées. Il peut se faire que sur Mars il y ait des vapeurs noires. Le pouvoir réfléchissant dépend de l'état de la surface de ces brumes.

Quoi qu'il en soit, il y a là une cause certaine de variations apparentes d'aspects dans les configurations géographiques de la planète Mars.

Voilà donc une série de causes à éliminer tout d'abord si nous voulons savoir à quoi nous en tenir sur la valeur réelle des changements apparents observés à la surface du globe de Mars. Différences d'œil, de méthode, d'habileté dans l'observation et dans le dessin, d'instruments, de conditions atmosphériques, différences dans la manière dont le globe de Mars se présente à nous, suivant ses diverses inclinaisons et sa rotation, variations apportées dans son aspect par son atmosphère elle-même, différences que nous pouvons classer dans l'ordre suivant, selon leur importance :

1° L'œil de l'observateur;
2° Sa méthode d'observer;
3° L'interprétation par le dessin;
4° Les différences d'instruments;
5° Les conditions atmosphériques terrestres, heures;
6° Les variations de l'inclinaison de Mars;
7° L'atmosphère de Mars.

Ces diverses causes de variations apparentes dans les aspects des configurations géographiques de Mars suffisent-elles pour rendre compte de toutes les variations observées?

Non.

Des changements réels ont lieu à la surface de la planète, changements qui n'ont rien d'analogue dans ce qui passe à la surface de la Terre.

L'*étendue* des taches sombres, le *ton* de ces taches sombres varient incontestablement.

Nous ne parlons pas ici de la variation périodique des neiges polaires suivant les saisons : cette variation est connue, mesurée même depuis long-temps, et expliquée. Nous voulons parler de celle de l'étendue des taches sombres regardées comme mers, lacs ou cours d'eau.

Sans doute, il faut des preuves bien irrécusables pour admettre de telles variations. Ces preuves, nous les avons disséminées, pour ainsi dire, sur toute l'étendue de cet Ouvrage, et nous allons les résumer.

Il se passe là des phénomènes absolument étrangers au monde que nous habitons, et c'est ce qui fait que nous n'arrivons à les admettre qu'après de grandes perplexités, et parce que nous ne pouvons pas faire autrement.

Nous venons d'exposer et de discuter les causes de variations *apparentes* dans les aspects de Mars. Arrivons aux changements *réels*.

L'un des plus persévérants et des plus assidus observateurs de la planète Mars, Schrœter, de Lilienthal, dont les observations s'étendent de 1785 à 1803, concluait de ses études qu'il n'y a rien de stable à la surface de ce monde voisin et que toutes les taches que nous y observons sont de nature atmo-sphérique. L'un des plus anciens observateurs de Mars, Maraldi, exprimait la même opinion dès 1710 sur l'instabilité des taches de Mars. Leurs observations et leurs dessins justifient, jusqu'à un certain point, cette conclusion. Schrœter a fait 230 dessins de la planète : nous avons ces dessins sous les yeux, et nous en avons reproduit 65 ; on comprend fort bien qu'ils aient conduit l'auteur à l'idée de considérer les aspects de Mars comme analogues à ceux de Jupiter et de nature atmosphérique. (Il admettait que les nuages vus d'en haut peuvent paraître plus foncés que le sol ou les eaux.)

Commençons cette étude comparative par la mer la plus caractéristique de Mars, la mer du Sablier, dont nous possédons des dessins depuis l'an 1659. La région qui s'étend à gauche de la mer du Sablier, au-dessous de la mer Flammarion, et qui a reçu le nom de Libye, est particulièrement remarquable au point de vue de ses variations d'aspects, et il est désormais impossible de douter qu'elle ne paraisse tour à tour submergée et découverte. La largeur de la mer du Sablier varie incontestablement, et cette mer déborde souvent à sa gauche. En voici des témoignages certains et déjà sé-culaires.

A. — *Changements observés dans la mer du Sablier.*

Ainsi, par exemple, en 1659, dans les tout premiers dessins de la planète par Huygens, cette mer paraît si large qu'elle occupe une grande partie du disque. (*Voyez* p. 16, *fig.* 9).

Il en est de même en 1672, dans un croquis du même astronome (p. 32, *fig.* 19).

On a la même impression en examinant un croquis fait par Maraldi, en 1719 (p. 41, *fig.* 24 D). Ces trois époques (1659, 1672, 1719) sont des époques auxquelles Mars s'est présenté, vers son périhélie, en d'excellentes conditions d'observation et à peu près avec l'inclinaison de la *fig.* 20, page 32. Incontestablement, la mer du Sablier était alors très large, même en accordant aux incertitudes des observations et des croquis toutes les limites possibles.

Un dessin de William Herschel en 1777 (*voy.* p. 51, *fig.* 17) la montre, au contraire, très étroite et comme étranglée en *ef.* Cette année-là, Mars fut observé vers son aphélie, incliné comme *fig.* 28, page 53.

Nous la retrouvons, assez large, dans un dessin de Schrœter du 18 novembre 1785 (*voy.* p. 71, *fig.* 2) (en cette époque la planète se présente à peu près droite, comme la projection de la p. 30). On voit cette même mer très large dans un croquis du même astronome, du 9 septembre 1798 (p. 74), époque où la planète se présente également à peu près droite, légèrement inclinée du pôle supérieur; très étroite, au contraire, dans un dessin du 20 novembre 1798 du même observateur (p. 76), ainsi que dans un autre croquis du 24 octobre 1800. L'année 1798 est une année d'opposition périhélique, mais comme l'opposition a eu lieu le 1er septembre et que l'observation est du 20 novembre, la planète est déjà très relevée.

On voit sur le dessin du 24 octobre 1800 (p. 78, *fig.* 161), à environ 90° à droite de la mer du Sablier, un disque noir qui correspond à la baie du Méridien. Ce point était donc très foncé en 1800, comme Beer et Mädler l'ont vu en 1830.

Une observation faite par Schrœter, le 2 novembre de la même année, montre la mer du Sablier très large. L'axe de la planète se présente perpendiculairement au rayon visuel.

Cette grande variété de dessins, auxquels nous prions le lecteur de vouloir bien se reporter, et que nous ne reproduisons pas pour ne pas trop étendre ce volume, donne déjà l'impression de variations considérables dans la largeur de cette mer, et Schrœter en concluait que ce ne sont pas là des configurations géographiques appartenant à un sol stable, mais des produits atmosphériques, des nuages ou des brumes. Cependant il serait assez étrange de retrouver les mêmes formes après tant d'années d'intervalle, comme par exemple de 1719, dessin de Maraldi (p. 41, D) à 1798 (p. 74, *fig.* 56), Schrœter.

Les observations vont devenir plus précises, et, en nous rapprochant de notre époque, nous trouverons des exemples plus certains encore des changements observés.

Pendant la fameuse opposition de 1830, qui, entre les mains de Beer et Mädler, inaugura réellement l'aréographie, nous ne trouvons guère, relativement à la mer du Sablier, qu'un dessin intéressant : c'est celui qui porte le n° 6 dans la planche de ces auteurs (p. 105); il est du 19 septembre, à 10^h6^m. La mer dont nous nous occupons ici est assez large.

Cette même mer du Sablier apparaît fort étroite dans un excellent dessin fait par Warren de la Rue, le 20 avril 1856 (*voy.* p. 128).

On la retrouve sensiblement plus large dans les dessins du P. Secchi, de 1858 (*voy.* p. 139 et 140).

Elle se montre également très large dans les dessins de Lockyer et Kaiser, en 1862 (*fig.* 271). Au contraire, elle est très étroite en 1864, sur ceux de Dawes.

Ici intervient un autre facteur. Considérons un instant le dessin de Dawes,

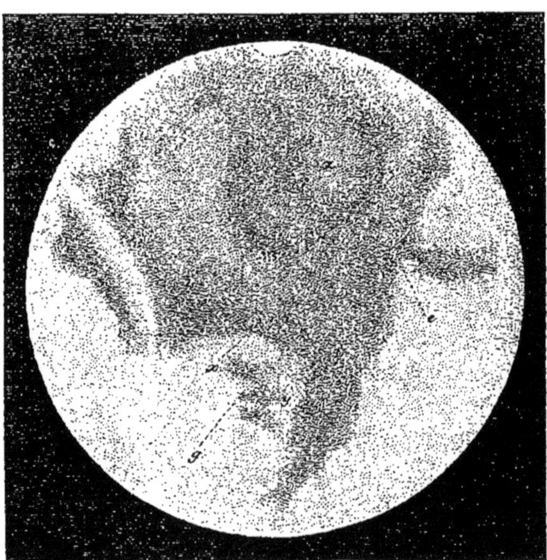

Fig. 271. — Dessin de Mars, par M. Lockyer, le 3 octobre 1862. De *x* à *y* : Libye.

du 26 novembre 1864 (*fig.* 272). Nous remarquons, pour la première fois, l'appendice qui s'élève comme une feuille tenue par son pédoncule sur la rive gauche de la mer du Sablier, et en même temps nous pouvons reconnaître que le rivage est indécis et comme brumeux. Eh bien ! il en est souvent demême dans les représentations de cette région. Ainsi, par exemple, l'obser-

Fig. 272. — Dessin de Mars, par Dawes, le 26 novembre 1864.

vation faite par Lockyer le 3 octobre 1862, à 11ʰ51ᵐ, donne la même impression, comme on peut le reconnaître sur la *fig.* 271.

Comparons aussi le dessin fait par M. Schiaparelli le 28 octobre 1879 et qui

Fig. 273. — Dessin de Mars, par M. Schiaparelli, le 28 octobre 1879.

offre une si remarquable similitude avec celui de Dawes. La région dont nous parlons s'y montre également voilée et brumeuse.

Dans ces deux dessins, qui correspondent comme position de la planète (1864-1879), la mer du Sablier est très étroite et sa région limitrophe à gauche est comme fumeuse ou marécageuse (c'est la Libye). Cette mer est encore plus étroite dans les dessins de 1877.

On remarque, à gauche de cette mer, le golfe Main, appelé aussi le lac Mœris. Ce petit lac se voit fort bien sur les dessins de Dawes en 1864. En 1877, les observations de M. Schiaparelli lui ont ajouté un prolongement curviligne qu'il a baptisé du nom de Népenthès. En 1888, ce Népenthès s'est présenté sous une forme toute différente, comme un canal courbe, double, surmonté du lac Mœris réduit à une dimension insignifiante et rapproché de la mer. A la même époque (2-4-6 juin), une légère teinte d'inondation couvrait le sud de la Libye jusqu'à la mer Flammarion, comme en 1882. D'après M. Perrotin, l'inondation aurait été beaucoup plus étendue

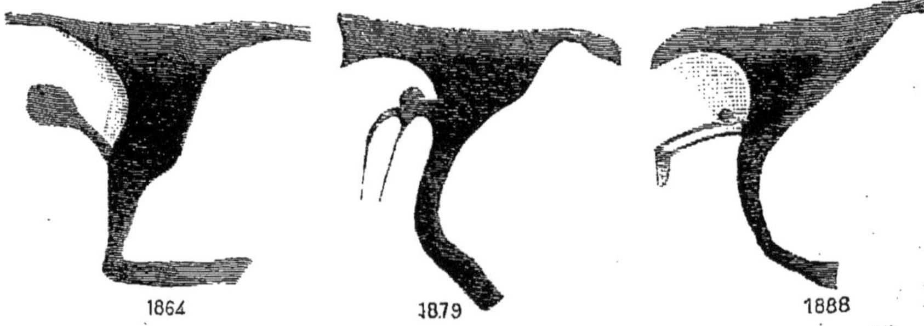

Fig. 274. — Changements sur Mars. Le lac Mœris en 1864 (Dawes), en 1879 et 1888 (Schiaparelli).

au mois de mai. Cette variabilité de teinte de la Libye est un fait connu depuis longtemps : il se passe là ce qui se passe dans la région de Deucalion ainsi que sur Pyrrhœ Regio, Protei Regio, laç Tithonius, etc. Mais les changements survenus au lac Mœris sont encore plus dignes d'attention peut-être : Comparez les trois dessins de 1864, 1879 et 1888 (*fig.* 274). En 1864 (26 novembre), Dawes a également tracé un ton gris le long de cette région.

M. Schiaparelli, du reste, a pu conclure de ses propres observations les variations de la mer du Sablier dont nous venons de parler (voy. *fig.* 230, p. 439).

Ainsi, il n'y a plus l'ombre d'un doute à conserver. Il se passe en ce moment même sur cette planète voisine des choses extraordinaires.

Voilà une série d'observations dues aux meilleurs astronomes; quelques-unes des dissemblances peuvent être attribuées aux causes énumérées plus haut, vague et incertitudes de la vision, difficultés des représentations par le dessin, etc.; mais ces grandes différences de largeur indiquent évidemment aussi des différences réelles dans l'aspect de la planète, car elles dépassent les limites des diversités d'appréciation possibles. D'ailleurs, la série des observations suivies d'année en année par M. Schiaparelli depuis 1877 confirme absolument cette variabilité d'étendue. Ces variations ne sont donc pas *apparentes*, mais doivent être considérées comme *réelles*.

Voici maintenant d'autres témoignages de variations non moins évidents.
Ils nous sont fournis par les excellents dessins de Schrœter.

B. — *Changements observés dans la baie Gruithuisen ou Syrtis Parva.*

Considérons d'abord ici (*fig.* 275) trois dessins faits par cet astronome
le 8 décembre 1800, à 5ʰ19ᵐ, 6ʰ45ᵐ et 9ʰ43ᵐ. Ces trois dessins en confirment
d'autres de la même époque, notamment ceux des 1ᵉʳ, 2 et 4 novembre précédents. Le premier de ces trois croquis a pour longitude du méridien central, ·

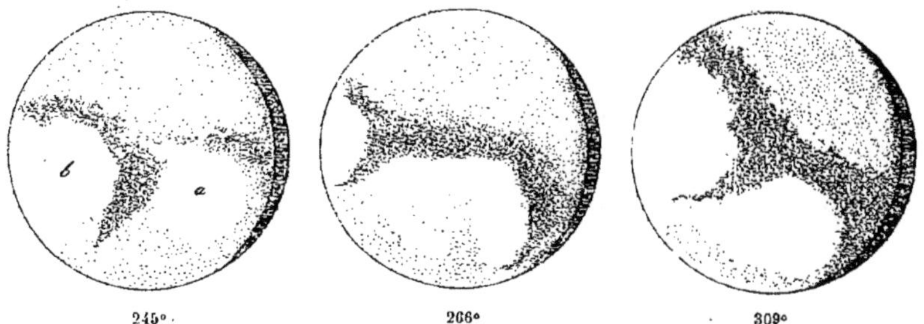

Fig. 275. — Trois dessins de Mars faits par Schrœter le 8 décembre 1800, montrant une mer
inconnue à gauche de la mer du Sablier (entre a et b).

d'après les calculs de M. Van de Sande Bakhuyzen, 245°. On y remarque une
traînée grise traversant la planète de l'Est à l'Ouest et une tache triangulaire
descendant en pointe vers le Nord, laquelle tache ressemble beaucoup à la
mer du Sablier. Or, ce n'est pas elle, et il n'y a pas de mer à cette position.
On trouve là, sur notre carte (*voir* plus haut, p. 69) une baie de la mer Flammarion, la baie Gruithuisen, descendant vers le 255ᵉ degré jusqu'à l'équateur.
Pour expliquer cet aspect, il faut admettre l'allongement et l'élargissement
de cette baie, que M. Schiaparelli a appelée Syrtis Parva.

Le croquis suivant, fait une heure 26 minutes après, confirme ce dessin,
lequel s'accorde d'ailleurs avec ceux des 1ᵉʳ, 2, 3 et 4 décembre : il montre
ladite mer avancée, par la rotation de la planète, près du bord gauche,
et la mer du Sablier arrivant par la droite. Le dessin qui vient après, fait
à 9ʰ43ᵐ, montre, en effet, cette mer du Sablier au milieu du disque, dont
la longitude centrale est 309°.

Cette mer inconnue, située vers 240° ou 250° est indiquée, avec une étendue
plus ou moins large, sur un grand nombre de dessins de Schrœter, notamment sur ses *fig.* 58, du 12 septembre 1798 ; 63, du 16 septembre ; 89, du
18 octobre ; 92, du 25 octobre ; 172, du 1ᵉʳ novembre 1800 ; 174, du 2 novembre ; 227, du 24 décembre 1802. Nous reproduisons ici (*fig.* 276) le croquis du 1ᵉʳ novembre : *b* est la mer du Sablier.

. L'un des dessins qui ressemblent le plus à la *fig.* 276 est celui qui a été fait par M. Schiaparelli le 28 octobre 1879. Nous venons de le reproduire (*fig.* 273). Il suffirait d'allonger la baie triangulaire que l'on remarque à gauche du centre pour reproduire la mer inconnue dessinée par Schrœter. Remarquons en même temps sur le premier dessin du 8 décembre 1800 (*fig.* 275) la région blanche, au-dessus de *a*, qui vient échancrer la mer et qui doit être due à des nuages. A ajouter à ce que nous avons dit plus haut sur les variations atmosphériques.

On ne peut pas douter que Schrœter ait observé cette mer avec l'étendue

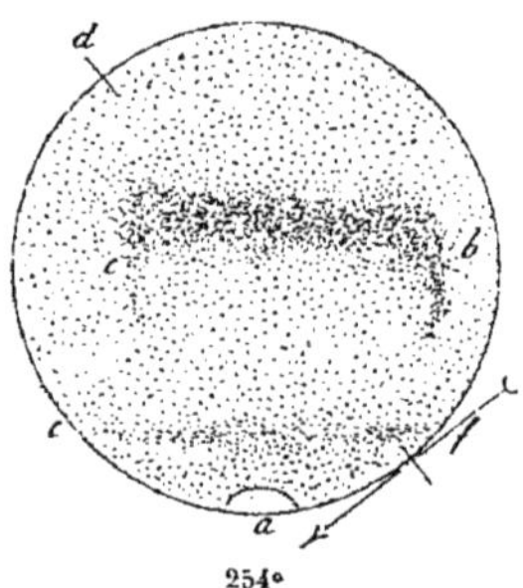

Fig. 276. — Dessin analogue, du 1ᵉʳ novembre 1800.

qu'il lui a donnée sur ses dessins. Nous devons donc considérer cette région de la planète Mars comme susceptible de présenter des variations d'aspects

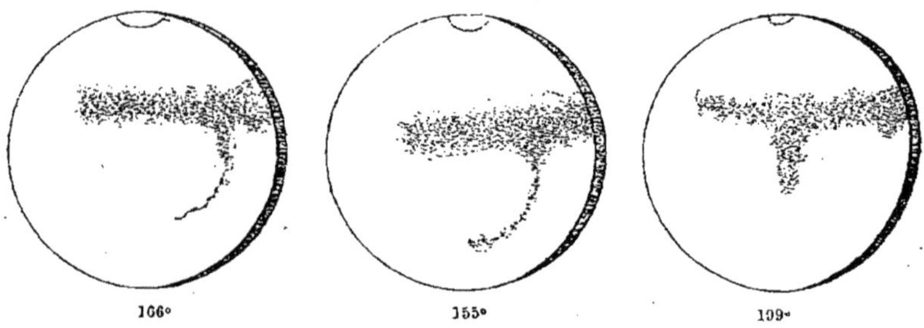

Fig. 277. — Dessins de Mars par Schrœter, en 1798, montrant une pointe de mer
en une région où nous n'en voyons plus.

plus ou moins considérables. Sans multiplier les dessins, de crainte d'en fatiguer nos lecteurs, nous constaterons simplement que la comparaison des cartes de Green et de Burton confirme d'autre part cette conclusion : cette contrée y est esquissée sous des formes indécises et variées.

Nous pouvons conclure avec certitude, de la comparaison des dessins anciens et modernes, que cette région aussi subit des variations d'aspects considérables. Ces variations peuvent être peu importantes en elles-mêmes, mais en apparence elles sont très étendues. Supposons, par exemple, qu'en certaines circonstances météorologiques elles se couvrent d'une fumée noire, cela suffirait pour expliquer ces changements d'aspects. Mais, comme toutes ces taches ont l'aspect et le ton des mers, il ne serait pas impossible que ce fussent là de véritables inondations. Quoi qu'il en soit, la variation d'aspect de cette région (Syrtis Parva et Léthé de Schiaparelli) est certaine.

Trois autres dessins de Schrœter, de 1798, 19 septembre, à 7^h31^m, 20 septembre, à 7^h27^m, et même soir, à 9^h48^m, montrent, par 190° de longitude, dans une région où nous ne voyons rien aujourd'hui, une pointe de mer descendant de la mer Maraldi. Nous les reproduisons également ici (*fig.* 277). Voir aussi le dessin de Secchi du 1er décembre 1864, p. 149.

C. — *Changements observés dans le détroit d'Herschel II et la baie du Méridien.*

D'après ce qui a été remarqué plus haut, l'un des moyens les plus sûrs de résoudre la question de ces changements problématiques est de comparer entre elles les observations faites en des oppositions analogues, pendant lesquelles le globe de Mars s'est présenté à nous avec la même inclinaison. En prenant cette précaution, nous éliminons les causes de différences dües aux variations d'inclinaison du globe.

Les oppositions de 1798 et 1800, 1815, 1830, 1845, 1862 et 1877 sont dans ce cas. En ces diverses époques, la planète est passée en opposition vers son périhélie, c'est-à-dire dans les meilleures conditions d'observation, et avec la même inclinaison relativement à la Terre. Ainsi, par exemple, le solstice austral de Mars est arrivé, en 1830, le 18 septembre et l'opposition a eu lieu le lendemain 19 ; en 1862, le solstice austral est arrivé le 9 septembre et l'opposition le 5 octobre ; en 1877, ce solstice est arrivé le 26 septembre et l'opposition avait eu lieu le 5 septembre. Dans ces diverses périodes donc, les observations ont été faites dans des conditions à peu près semblables, et la planète s'est présentée aux observateurs dans la même position.

En tenant compte de la différence des instruments employés ainsi que des différences d'acuité de vue et d'appréciation des observateurs, on devrait par conséquent s'attendre à des représentations analogues de la planète. Or, entrons maintenant dans des détails plus précis et comparons entre elles les excellentes observations faites en 1830, 1862 et 1877.

En 1830, Beer et Mädler firent, du 10 septembre au 20 octobre, 17 séries d'observations et 35 dessins. Ce qu'ils remarquèrent de plus caractéristique sur la planète, ce fut une petite tache ronde et noire, rattachée à une grande tache grise par un arc fortement recourbé et serpentant. Elle était le point le plus net du disque. Déjà nous l'avons signalée dans un dessin de Schrœter du 24 octobre 1800 (p. 78, *fig.* 161). On la voit aussi sur deux dessins de Kunowsky de 1821 et 1822 (p. 93).

Cette petite tache ronde et noire fut tout spécialement observée et dessinée par eux et choisie comme point normal pour déterminer la rotation. Six dessins, des 10 et 14 septembre et 14, 19 et 20 octobre, la représentent

Fig. 278.

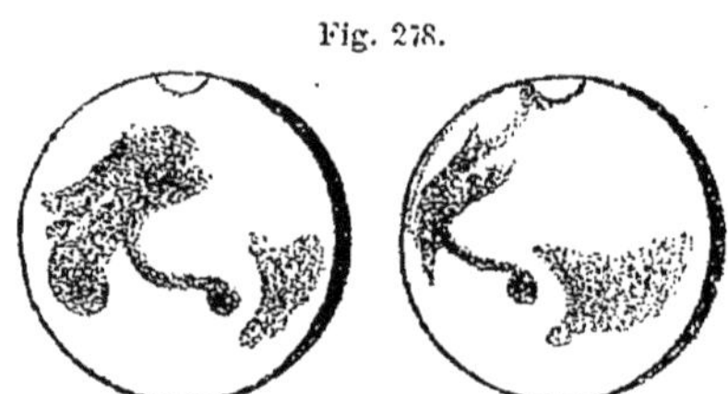

Le ruban ondulé dessiné en 1830 par Beer et Mädler.

avec une netteté parfaite, bien détachée, avec l'arc serpentant dont elle forme l'extrémité (*fig.* 278).

L'instrument employé pour ces observations était un équatorial de 4 pouces ou 108^{mm}, de Fraünhofer.

En 1862, M. Lockyer entreprit la même série d'observations à l'aide d'un

Fig. 279.

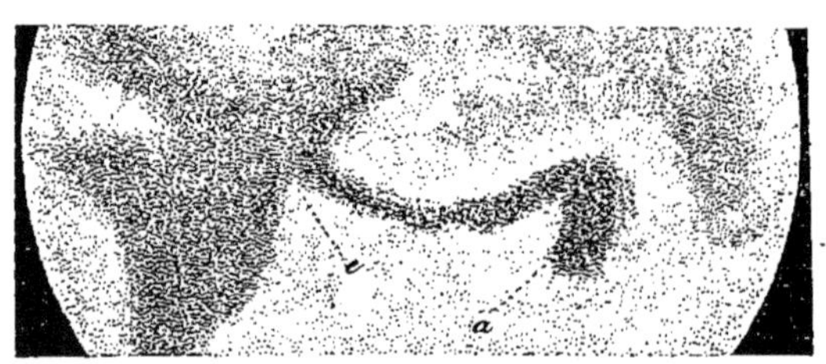

Le même ruban observé en 1862
(25 septembre), par Lockyer.

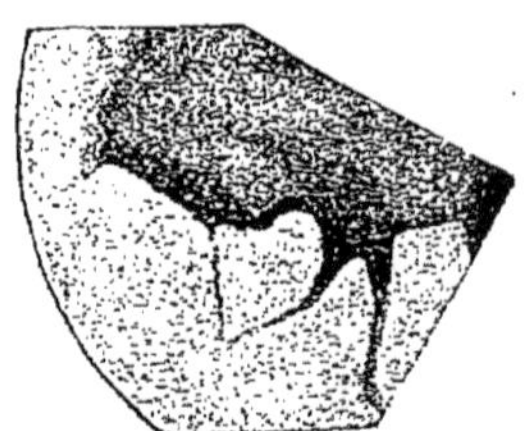

Le même, observé en 1879
(28 nov.), par M. Schiaparelli.

équatorial de 6 pouces ¼ ou 158^{mm}, de Cooke, et retrouva, comme on pouvait s'y attendre, le même aspect d'ensemble, avec un peu plus de détails, correspondant à la plus grande puissance de l'instrument. Mais on peut remarquer une différence notable entre les formes dont nous venons de nous occuper. Au lieu d'un disque rond et noir attaché à un arc serpentant, l'observateur a dessiné une tache rectangulaire continuant une sorte de ruban assez large (voy. *fig.* 279). Les dessins de Kaiser, faits pendant la même opposition, concordent avec ceux de Lockyer et confirment l'élargissement de l'arc de Beer et Mädler et la forme rectangulaire allongée dont il s'agit. Comparons, par exemple, celui du 31 octobre (p. 174).

Si maintenant nous continuons la comparaison de ce même point par les observations de 1877, nous constatons une différence encore plus frappante. A l'aide d'un équatorial de 218^{mm}, de Merz, plus puissant que les deux précédents, M. Schiaparelli obtient des détails jusqu'alors inconnus. Mais si nous considérons spécialement et simplement l'aspect dont nous nous occupons ici, nous ne retrouvons plus du tout le disque rond attaché à un mince ruban, de l'opposition de 1830, ni les aspects de 1862, mais une vaste traînée sombre, qui ne se détache pas de la tache supérieure et lui est associée par une teinte grise intermédiaire. Jamais, au grand jamais, cette configuration ne pourrait être prise pour un disque circulaire noir mieux approprié que tout autre, par son isolement et sa netteté, à servir de point normal pour la mesure de la rotation. De plus, dans les observations de 1830 et dans celles

Fig. 280.

Variations observées sur Mars (baie du Méridien).

de 1862, ce point se relie à une vaste mer triangulaire (la mer du Sablier), laquelle mer, en 1877, est réduite à presque rien par une langue de terre qui la pénètre et la détache presque de la mer supérieure. Toute cette contrée, que M. Schiaparelli a nommée Deucalionis Regio, Mare Erythræum et Japygie, est donc certainement variable, et avec elle cette tache normale de Beer et de Mädler, que nous appelons aujourd'hui la baie du Méridien. Comparons, par exemple, aux dessins précédents, celui du 20 octobre 1877 (p. 295). C'est, du reste ce que nous avons déjà mis en évidence dans notre *Astronomie populaire*, en 1879, par la figure comparative (*fig.* 280) que nous reproduisons ici et qui résume la variation dont il s'agit.

Tandis qu'en 1830 cette baie du Méridien se détachait nettement en noir d'un fond clair environnant, en 1877 elle se confondait avec les marais adjacents, et si l'on avait dû choisir un point noir, net, circulaire, caractéristique, comme en 1830, pour déterminer la rotation par son déplacement, ce n'est pas du tout ce point que l'on aurait alors choisi, mais le lac circulaire situé à 90 degrés de distance à l'Est aréographique, et *qui se détachait, en 1877, comme un disque noir et absolument net.*

L'observation de cette même baie du Méridien, en 1879, donne encore un résultat sensiblement différent : on y remarque un étranglement qui en modifie singulièrement l'aspect, comparativement surtout à celui de 1862.

Ainsi cette région, la baie du Méridien, subit, elle aussi, des variations évidentes. Ce n'est pas d'aujourd'hui que nous les avons remarquées.

Le ruban curviligne dont le disque circulaire forme l'extrémité aboutit à gauche, dans les six dessins de Mädler de l'année 1830, à une mer, presque à angle droit, et semble même s'y continuer par sa teinte plus sombre, sui-

Fig. 281.

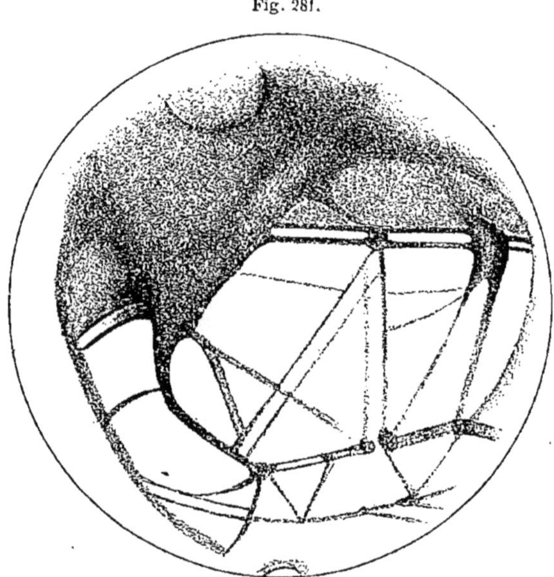

Le détroit d'Herschel II en 1830.

vant l'ondulation du rivage (*voy.* les deux dessins ci-dessus, *fig.* 278). Cette mer a reçu le nom d'océan Dawes dans les cartes de Proctor et Green. M. Schiaparelli l'appelle Mare Erythræum. Les dessins de 1862 concordent absolument avec cet aspect. Or, on ne trouve plus rien de pareil dans les observations de 1877 et 1879. Donc, ce que M. Schiaparelli a appelé la mer Erythrée paraît n'être, au-dessus même du ruban qui forme son rivage, qu'une plaine, laquelle sans doute était couverte d'eau (ou de quelque autre chose), en 1877 et 1879, depuis le 330e jusqu'au 5e méridien notamment, mais qui, en 1830, avait, dans cette région, absolument l'aspect des continents, ce qui est arrivé de nouveau en 1862, et s'est renouvelé presque identiquement en 1879.

Cette région, occupant environ 35 degrés de longueur de l'Est à l'Ouest, sur 20 du Nord au Sud (14° à 34°), c'est-à-dire environ deux mille kilomètres de longueur sur mille ou douze cents de largeur, paraît vraiment tour à tour découverte et submergée. Les variations observées ne peuvent être attribuées à des nuages, étant donnée la netteté des dessins de 1830 depuis le 10 septembre jusqu'au 20 octobre.

Examinons encore un instant cette région.

Voici (*fig.* 281) un disque de Mars dessiné en 1890, sur lequel on voit plusieurs canaux dédoublés. Le supérieur, horizontal, le détroit Herschel II, n'a jamais été, jusqu'à ce jour, considéré comme un canal double. Comme

Fig. 282.

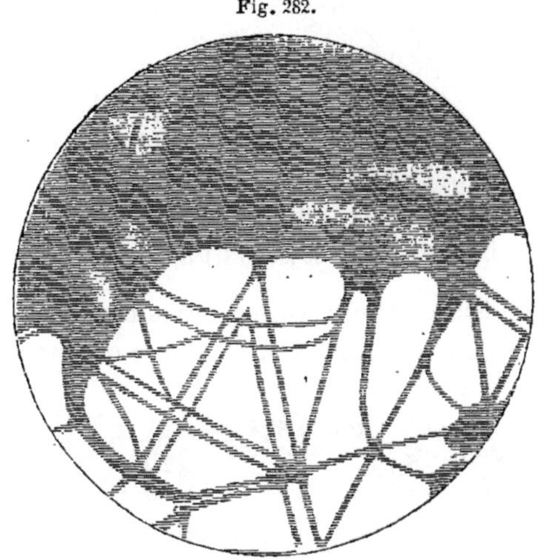

La même région en 1888.

comparaison, nous mettons encore en regard (*fig.* 282) le dessin fait en 1888 par M. Schiaparelli.

L'aspect topographique est entièrement transformé. Au lieu d'être sinueuse, la ligne du rivage est droite et double, partagée par un sillon blanc longitudinal. Double aussi, comme d'habitude d'ailleurs, la baie du Méridien. Double aussi également un petit lac inférieur.

Cette région est, comme la précédente, l'une de celles que nous signalons depuis 1879 pour les changements observés, et déjà, précédemment, nous avons montré un dédoublement analogue momentané observé en 1877.

C'est cette tendance au dédoublement qu'il s'agit surtout d'expliquer.

Si ces canaux dédoublés sont les deux côtés d'une bande d'eau, comme on serait porté à le croire par l'aspect comparatif du détroit, qui a déjà été vu maintes fois plus clair dans sa ligne médiane que le long des bords, il reste à expliquer comment cette transformation s'opère. Admettre qu'un banc de sable s'élève ainsi, nous semblerait un peu téméraire, et d'ailleurs ce soulèvement ferait écouler l'eau de part et d'autre, sans donner nécessairement naissance à des bords rectilignes.

D. — *Changements observés autour de la mer Terby.*

Dans les dessins de 1862, on remarque entre autres une tache ovale allongée de l'Est à l'Ouest et rattachée à gauche, par un filet étroit, mais toujours

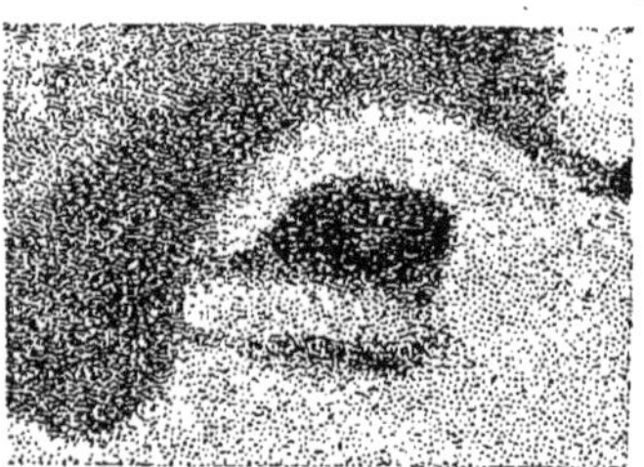

Fig. 283. — La mer Terby ou lac du Soleil en 1862 (Lockyer).

visible, à la mer voisine. Cette tache, en forme d'œil, se voit notamment dans les dessins de M. Lockyer des 17 septembre et 18 octobre de cette année-là,

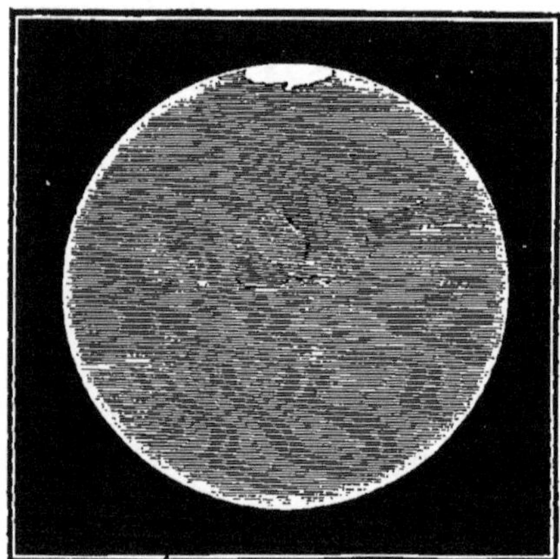

Fig. 284. — La même mer en 1877 (Green).

ainsi que dans ceux de Kaiser des 24 octobre et 23 novembre et des 10 et 18 décembre 1864, et dans ceux de Dawes de la même année. Il ne peut y avoir aucune incertitude sur l'existence du détroit reliant ce lac circulaire à la mer voisine. Les dessins des 18 octobre (Lockyer) et 23 novembre (Kaiser), suffisent amplement pour s'en rendre compte.

Comparons à ces aspects ceux de 1877, soit, par exemple, les dessins de

MM. Schiaparelli et Green (*fig.* 284), de septembre à décembre : ce détroit
a absolument disparu, quoique l'œil et tous ses environs soient bien visibles
et non voilés par des nuages. Sur mes dessins de cette année 1877, le lac
n'est, non plus, jamais rattaché à la mer. Voilà donc encore ici une variation
incontestable. Remarquons que l'observateur italien a fait tous ses efforts
pour retrouver l'émissaire dont il s'agit et n'a pu parvenir à en apercevoir
la moindre trace. Cependant ce tracé est déjà indiqué en 1830 sur la carte
aréographique de Beer et Mädler. Ainsi le changement est absolument prouvé.
Voir ci-dessous le dessin de Green conforme, d'ailleurs, à tous les autres de
la même année.

Ce détroit est redevenu visible en 1879, mais incomparablement plus mince
qu'il ne s'était montré en 1862.

Ce lac circulaire mesure 17 degrés de longueur sur 14 de largeur, soit
1020 kilomètres sur 840, c'est-à-dire que sa superficie est un peu supérieure
à celle de la France.

Cette étude conduit donc à la conclusion certaine que des changements
réels s'opèrent constamment à la surface de ce monde voisin.

D'après M. Schiaparelli, en 1877, ce lac est circulaire (*fig.* 285); un affluent

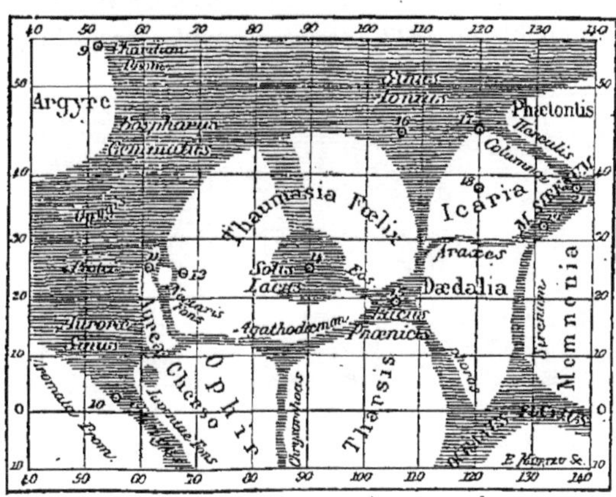

Fig. 285. — Le lac du Soleil en 1877.

le rattache à droite au petit lac du Phénix, et un second affluent, plus large,
mais plus pâle, le relie en haut de la mer australe. L'auteur a examiné cette
région avec un soin tout spécial, parce qu'elle différait déjà sensiblement
des dessins faits par Dawes, Lockyer et Kaiser en 1862 et 1864 : le lac était
alors ovale, allongé dans le sens Est-Ouest. Au contraire, en 1877, il était
« parfaitement circulaire, avec le bord légèrement ondulé », et quelquefois
même il paraissait plutôt allongé dans le sens vertical. De plus, en 1862

et 1863, on voyait un *large affluent* relier à gauche le lac à l'océan voisin. Au lieu de cela, l'observateur milanais vit la place tout à fait nette et découvrit en 1877 le petit cercle inscrit sous le nom de Fontaine du Nectar.

Mars revient vers la Terre en 1879, et on l'observe de nouveau. Des chan-

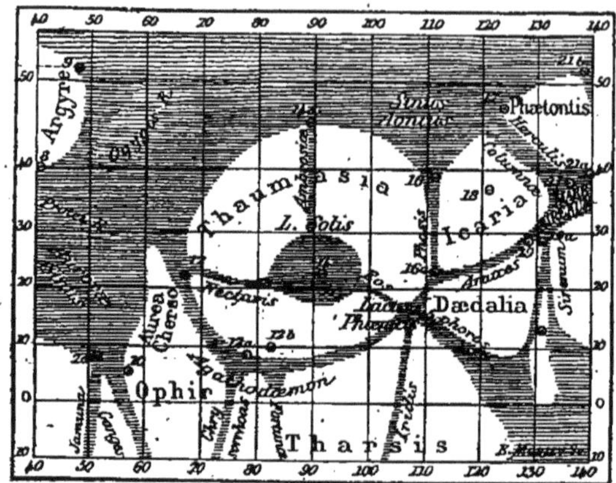

Fig. 286. — Le lac du Soleil en 1879.

gements évidents sont constatés. L'affluent dont nous venons de parler, qui était tout à fait invisible en 1877, est maintenant perceptible, quoique très

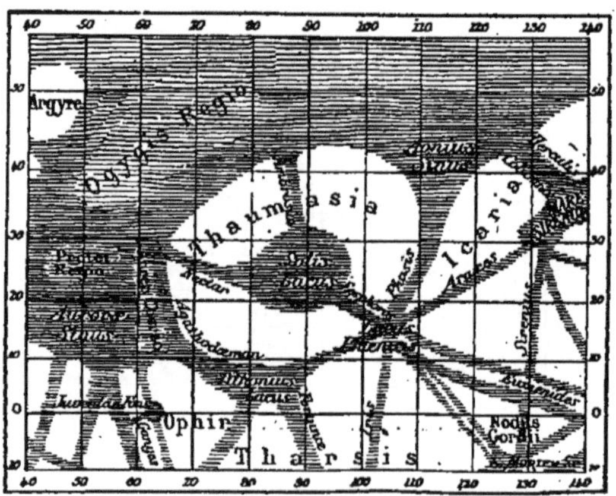

Fig. 287. — La même région en 1881.

mince, et reçoit le nom de canal du Nectar; l'Aurea Cherso est élargie, le Chrysorrhoas a changé de place : au lieu de descendre verticalement le long du 86e degré, il part du 78e pour aller rejoindre le 77e. Le lac est légèrement allongé vers le canal du Nectar, « ce qui lui donne la forme d'une poire » dont la queue monterait de 15° à 20°. L'affluent supérieur est incomparablement moins large qu'en 1877 et a reçu le nom d'Ambrosia. Le lac du Phénix est très diminué. On cherche en vain la *Fons Juventæ*.

Nouvelles études en 1881, et nouvelles transformations. Le lac se montre décidément allongé dans le sens Est-Ouest, concentrique avec le contour de la Thaumasia. Le lac du Phénix est devenu un centre d'affluents nombreux. L'Agathodæmon donne naissance à un lac déjà indiqué en 1877, mais aujourd'hui très développé, et qui reçoit le nom de lac Tithonius. Cette vue corres-

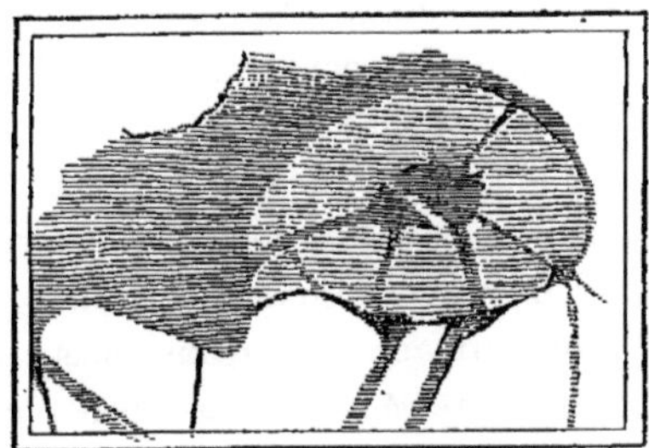

Fig. 288. — La même région en 1890.

pond à celles de 1862 et 1864. La *Fontaine de Jeunesse*, qui avait disparu en 1879, est revenue.

« Che il Lago del Sole cambi di forma e di grandezza, écrit l'éminent observateur, *e cosa indubitabile*. » Sa coloration a été très sombre, et plus sombre lorsque la rotation l'amenait au bord du disque que lorsqu'il passait au méridien central. C'est sans doute, comme dans plusieurs autres cas, parce que les régions environnantes deviennent alors plus blanches.

L'Araxes s'est montré net, allant droit de la mer Sirenum au lac du Phénix, et non plus tortueux comme en 1877.

Ainsi voilà un lac (ou tout au moins quelque chose qui y ressemble) qui était *ovalé* en 1862 et 1881, et *rond* en 1877, et tous ses environs changeant également.

Ces trois dessins suffisent pour établir sans contestation possible l'état de la planète pendant ces observations. Eh bien, voici maintenant 1890 (*fig*. 288).

Le lac est fendu en deux ; — le petit lac Tithonius inférieur est également partagé en deux ; — le grand affluent du lac, ce que nous avons appelé plus haut la queue de la poire, vient du Nord-Est au lieu de venir du Sud-Est (dans tous les dessins le Nord est en bas); — l'Ambrosia incline à droite du méridien au lieu d'incliner à gauche ; — le canal Chrysorrhoas est double, jusqu'au lac de la Lune, et au-delà, jusqu'à la mer Acidalium.

Du lac du Soleil descendent deux nouveaux affluents inconnus jusqu'ici.

Voilà l'état de la question. Il n'y a pas à le dissimuler, des changements réels, incontestables, et *considérables*, s'accomplissent à la surface de ce monde voisin.

La question ne manque pas d'intérêt. Outre qu'il est déjà curieux de savoir que nous pouvons voir d'ici ce qui se passe sur Mars, il ne l'est pas moins de constater que, tout en ressemblant beaucoup à notre planète par sa constitution générale, son atmosphère, ses eaux, ses neiges, ses continents, ses climats, ses saisons, ce globe voisin en diffère cependant de la manière la plus bizarre par sa configuration géographique, ses canaux dédoublés, et surtout par cette faculté de transformation superficielle et de dédoublement des lacs eux-mêmes, de lacs grands comme la France !

Comment expliquer ces variations ?

L'hypothèse la plus simple serait d'imaginer que la surface de Mars est plate et sablonneuse, que les lacs et les canaux n'ont pas de lits, pour ainsi dire, sont très peu profonds, et n'ont qu'une très faible épaisseur d'eau, et qu'ils peuvent facilement, suivant les circonstances atmosphériques, les pluies, les marées peut-être, se rétrécir, s'élargir, déborder, et même changer de place. L'atmosphère peut être légère, l'évaporation et la condensation des eaux faciles. Nous assisterions d'ici à des inondations plus ou moins vastes et plus ou moins durables. La séparation du lac du Soleil en 1890 serait due, par exemple, à une diminution ou à un déplacement de l'eau de ce lac, la ligne de séparation pouvant être considérée comme un banc de sable mis à découvert.

Cette explication peut rendre compte d'une partie des faits observés. Mais elle est insuffisante pour le caractère particulier de ces aspects : le dédoublement.

Remarquons d'abord qu'il ne semble pas qu'il y ait moins d'eau, puisque les affluents de ce lac sont plus nombreux, et que celui de gauche a la longueur d'un bras de mer.

Déplacements d'eaux dus à des marées ? Ce serait périodique, ne durerait que quelques heures, et ne caractériserait pas comme ici des saisons entières.

Devons-nous plutôt admettre que le banc de sable s'est élevé au-dessus du niveau des eaux et qu'en général, les déplacements d'eaux soient dus à des soulèvements du sol ?

Il est également difficile d'accepter cette interprétation, d'abord parce qu'une telle instabilité du sol serait bien extraordinaire, ensuite parce qu'il faudrait que ces boursouflements du sol fussent en général rectilignes ; enfin parce que les aspects reviennent, après plusieurs années, tels qu'on les a vus d'abord. Et puis, ces déplacements d'eaux n'expliquent pas le fait capital, on pourrait dire caractéristique, des changements observés sur Mars : la tendance au doublement.

Il est donc, reconnaissons-le, extrêmement difficile, pour ne pas dire impossible, d'expliquer ces transformations par les forces naturelles que nous
connaissons. Mais c'est peut-être ici le lieu de remarquer que nous ne connaissons pas toutes les forces de la nature, et que des choses très proches de
nous restent souvent ignorées. Les habitants des tropiques qui viennent à Paris
en hiver pour la première fois, et qui n'ont jamais vu d'arbres sans feuilles
ni de neige, sont stupéfaits de nos climats. C'est une curiosité toute nouvelle
pour eux de prendre dans leurs mains de l'eau solidifiée, de cette éclatante
blancheur, et ils doutent un instant que ces squelettes tout noirs des arbres
doivent, quelques mois plus tard, être couverts d'un luxuriant feuillage. Supposons un habitant de Vénus n'ayant jamais vu de neige. Arriverait-il, en
observant la Terre, à comprendre ce que sont les taches blanches qui recou-
vrent nos pôles? Certainement non. Nous le pouvons, nous, habitants de la
Terre, pour les neiges de Mars. Mais nous ne nous expliquons pas ces variations de rivages, ces déplacements d'eaux, ces canaux rectilignes et leurs
dédoublements, parce que nous n'avons ici-bas rien d'analogue.

E. — *Changements dans les canaux.*

Considérons encore les petites cartes ci-dessous (*fig.* 289 à 292). En 1877,

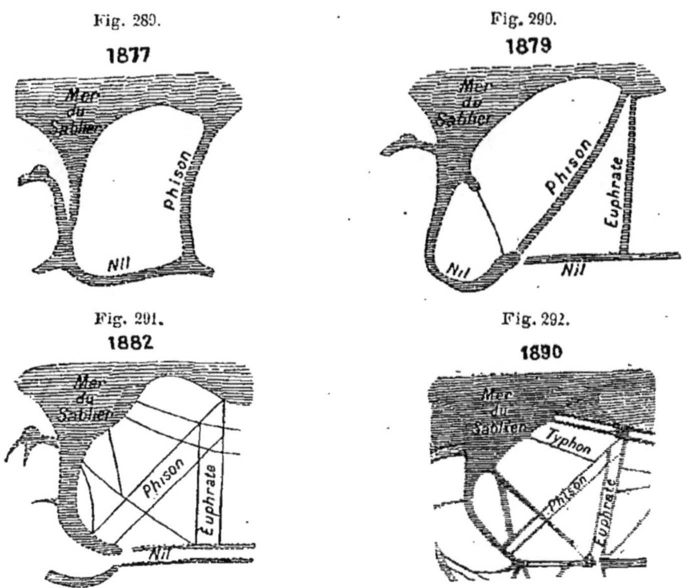

Changements dans le cours des fleuves ou canaux.

la mer du Sablier était très étroite, et aucun canal n'a été vu dédoublé. On en remarquait un, entre autres, auquel on a donné le nom de Phison. En 1879, mer plus large, le Nil semble avoir changé de cours, et l'on voit deux canaux au lieu d'un. En 1882, nouveau changement au cours du Nil et dédoublement; les deux canaux de 1879 se montrent également dédoublés, et l'on en découvre cinq autres. En 1888, l'Euphrate, le Phison, le Nil (appelé maintenant Protonilus), se montrent dédoublés comme en 1882, mais on voit un nouveau dédoublement, l'Astaboras, qui descend obliquement de la mer du Sablier au lac, et un autre canal voisin (voy. *fig.* 288). Ce sont encore là des changements. En 1890 (*fig.* 292) l'Euphrate et le Phison se montrent dédoublés, ainsi qu'une partie seulement du Protonilus, mais l'Astaboras ne l'est pas, le canal de 1888 a disparu, et, comme nous l'avons déjà remarqué, le détroit supérieur s'est partagé en deux dans le sens de sa longueur !

La même conclusion pourrait être tirée de l'examen des cours d'eau qui arrivent à la baie du Méridien (Hiddekel, Gehon, Oronte, Edom), ainsi que de celui de l'Hydaspe et de l'Indus, tels que les représentent les dessins de Secchi en 1858, de Kaiser en 1864 et de Schiaparelli depuis 1877. Nous ne multiplierons pas ces dessins, déjà trop nombreux pour l'attention du lecteur; mais nous ferons remarquer que l'Hiddekel, large et évident en 1877, était complètement invisible en 1879 et remplacé par un fleuve d'une autre forme (l'Oronte). Il a reparu en 1882, l'Oronte y aboutissant très loin de la mer, et s'est montré encore sous une autre forme en 1888, l'Oronte venant

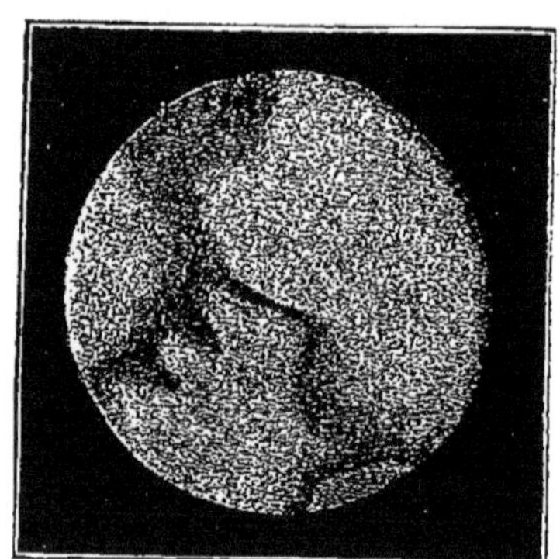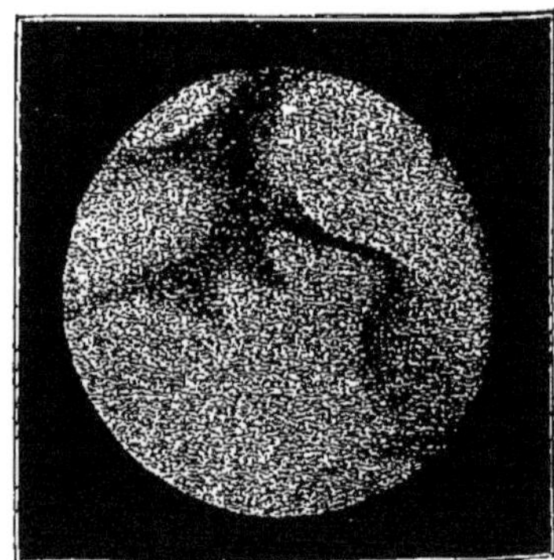

Fig. 293. — L'Hydaspe, observé par Secchi en 1858.

au contraire se jeter dans la baie du Méridien, à la même embouchure; Remarquons aussi que l'Hydaspe est très large sur les dessins de Secchi en 1858, comme on le voit sur ceux-ci, des 3 et 5 juin de cette année-là. L'Indus varie dans les mêmes proportions. Il y a même ici un fait particulièrement remarquable, c'est que, par suite de ces variations, la mer du Sablier paraît reproduite quelquefois exactement à 95° de distance à droite par l'embouchure de l'Indus, et également, d'autre part, à 40° de distance à gauche par l'allongement de Syrtis Parva, comme déjà nous l'avons vu par les dessins de Schrœter, de sorte que cette forme paraît répétée trois fois au moins, en certaines années.

Il est bien difficile de se refuser à admettre que les « canaux » qui varient

Fig. 294.

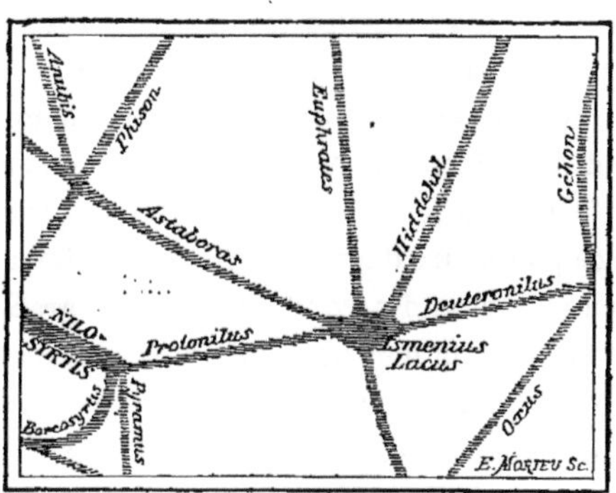

Lac formé par l'intersection de plusieurs canaux.

ainsi représentent quelque élément mobile. Ils aboutissent tous, sans exception, par leurs deux extrémités, à une mer, à un lac ou à un canal, et, par conséquent, l'eau ne doit pas y être étrangère. Aux points d'intersection où ils se rencontrent, on remarque souvent une tache qui donne absolument l'idée d'un lac, comme le montre la *fig.* 294. L'aspect de ces nœuds change d'une manière analogue à ceux des canaux, se dédoublant avec eux, et dans le même sens. De plus, on voit quelquefois pendant l'hiver de longues traînées de neige traverser ces lignes : or, ces neiges sont fondues là comme le ferait la neige en tombant sur de l'eau.

Auraient-ils pour origine des crevasses géométriques dues à quelque procédé naturel dans la formation du globe de Mars ? Peut-être ; mais des crevasses seules, même remplies d'eau, n'expliqueraient pas les variations observées.

Les canaux sont quelquefois complètement invisibles, dans les meilleures conditions d'observation. Cette disparition arrive de préférence vers le solstice austral de la planète.

Leur largeur est très différente. Ainsi le Nilosyrtis mesure quelquefois 5° ou 300 kilomètres de largeur, tandis que d'autres mesurent moins de 1° ou de 60 kilomètres.

Quelques-uns sont d'une immense longueur, plus du quart du méridien, plus de 5400 kilomètres.

Tous changent de largeur.

Tous, ou presque tous, se dédoublent.

Le lecteur est du reste au courant de tous les faits relatifs à ces étranges formations par la dissertation de M. Schiaparelli publiée plus haut (p. 442 à 458), et il serait superflu d'y revenir.

Ce sont là des faits vraiment bien extraordinaires et auxquels il est difficile d'adapter une même interprétation explicative.

En résumé, il est dificile d'admettre des changements de niveau dans le sol, des mouvements de bascule, de supposer que la surface du globe de Mars est mobile, se soulève et s'abaisse, que les mers peuvent facilement.et fréquemment prendre la place des terres et réciproquement. Une telle conclusion est bien difficile à accepter, d'abord parce que nous ne comprenons pas bien une surface planétaire d'une pareille instabilité, ensuite parce que nous retrouvons actuellement des configurations géographiques observées il y a plus de deux siècles. On ne s'imagine pas une planète se gonflant ou dégonflant même partiellement comme une sphère de gaz recouverte d'une mince pellicule. Sans doute, notre propre Terre ressemble de loin à cet état, puisque de siècle en siècle les mers ont pris la place des terres et réciproquement, et que tous les jours sans exception la surface terrestre remue en un point ou un autre. Mais que cette instabilité prenne les proportions indiquées par les phénomènes de Mars, que du jour au lendemain, par exemple, l'Océan arrive à Paris et retourne à Cherbourg, c'est ce qu'il est bien difficile d'admettre, étant donné surtout que l'ensemble de la géographie martienne reste en définitive sensiblement stable.

Examinons d'un peu plus près encore cette curieuse question des canaux de Mars.

CHAPITRE VIII.

LES CANAUX, LES FLEUVES, LE RÉSEAU GÉOMÉTRIQUE CONTINENTAL, LA CIRCULATION DES EAUX.

Nous arrivons ici au point le plus délicat de notre œuvre, et nous en ressentons toute la difficulté.

Devons-nous admettre cet immense réseau géométrique qui s'étendrait sur tous les continents? Si nous l'admettons, pouvons-nous en trouver l'explication ?

On conçoit sans peine tous les doutes qui ont accueilli les affirmations de M. Schiaparelli. D'abord, ces lignes droites menées d'une mer à l'autre et s'entrecoupant mutuellement ont paru si peu naturelles qu'il eût été difficile de les accepter sans vérification. Ensuite, la vérification s'est longuement fait attendre, et, lorsqu'elle est arrivée, on pouvait penser que l'on avait cherché ces lignes en en ayant la carte sous les yeux et qu'une idée préconçue prépare souvent une sorte d'auto-suggestion. Ces canaux ont été découverts en 1877 et surtout en 1879, et vus dédoublés en 1882. Quelques-uns d'entre eux se retrouvent, il est vrai, dans les dessins anciens. Le Nectar se voit en 1830 (p. 107) sur la carte de Beer et Mädler, l'Hydaspe sur les dessins de Secchi en 1858 (p. 138); nous en retrouvons aussi sur ceux de Dawes en 1864 (p. 186-187), Burton et Dreyer en 1879 (p. 317), Niesten en 1881 (p. 367), Knobel en 1884 (p. 379); mais il faut arriver jusqu'en 1886 et 1888 pour voir vérifié, au moins en majorité, le curieux réseau de M. Schiaparelli par MM. Perrotin et Thollon, à Nice, et Terby, à Louvain, puis, en 1890, par MM. Stanley Williams en Angleterre et Pickering aux États-Unis, etc. Un grand nombre d'observateurs les ont vainement cherchés, même avec les plus puissants instruments, et quant à nous, personnellement, nous n'avons pu apercevoir que les plus larges (Nilosyrtis, Gange, Indus), et en 1892 seulement, à notre équatorial de $0^m,24$ de l'Observatoire de Juvisy, qui en a montré un très grand nombre à un observateur doué d'une vue particulièrement perçante, M. Léon Guiot. Il est juste d'ajouter qu'en ces dernières oppositions, la planète est restée très basse au-dessus de l'horizon de Paris et ne s'est pas dégagée de l'épaisseur atmosphérique des couches inférieures.

Il nous paraît difficile de ne pas admettre l'exactitude des observations de M. Schiaparelli. D'une part, l'astronome de Milan est un excellent observateur ; d'autre part, elles sont en partie vérifiées aujourd'hui par un certain nombre d'observateurs différents. Nous croyons donc devoir considérer cet étrange réseau de lignes droites comme existant réellement, au moins dans son canevas essentiel. Certains détails restent douteux.

Pouvons-nous en trouver l'explication ?

Il n'y a rien d'analogue sur la Terre. Et nous n'avons malheureusement que nos idées terrestres pour raisonner.

Les hypothèses ne manquent pas, assurément ; mais c'est la véritable cause qu'il faudrait découvrir.

Celle que nous avons examinée plus haut, présentée par M. Fizeau à l'Académie des Sciences, et qui consiste à voir dans ces canaux des crevasses ouvertes en d'immenses champs de glace, ne nous paraît pas admissible, par la raison toute simple que nous observons d'ici les glaces de Mars et que nous les voyons limitées à quelque distance des pôles. Les mers et les continents présentent un tout autre aspect, les premières gris plus ou moins foncé, les seconds jaune d'ocre plus ou moins rouge, qui les distingue absolument des glaces blanches. Voudrait-on imaginer que les glaces des continents sont rougeâtres tandis que celles des pôles restent blanches ? Mais si la planète était à une époque glaciaire, pourquoi ses mers, encastrées dans des continents gelés, ne seraient-elles pas gelées aussi ? Ces mers sont, pour la plupart, toutes petites et n'ont presque pas d'eau. Si les continents de Mars étaient des glaciers profonds et crevassés, tout serait gelé là. Or, même en hiver, les mers sont foncées et non gelées. Mars n'est donc pas un glacier.

On a proposé aussi d'admettre (voy. *L'Astronomie*, 1888, p. 384, article de M. E. Penard) que ces lignes énigmatiques pourraient représenter des fissures, des cassures géologiques, produites par le refroidissement de la planète. La vallée du Rhin, entre les Vosges et la Forêt-Noire, résulte d'une action de ce genre. Le cours du Rhône paraîtrait également rectiligne vu de loin. L'hypothèse est plausible, sans doute, et plus acceptable que la précédente, mais elle a contre elle la régularité de ces immenses lignes droites et leurs entrecroisements non moins rectilignes. Il faudrait admettre que le globe de Mars soit entièrement fendillé sur toute sa surface continentale. Ce n'est pas impossible. Les eaux pénétreraient facilement dans toutes ces cassures. Mais il faut avouer que l'aspect de ces lignes (revoyez les cartes, p. 361 et 440) ne favorise pas cette hypothèse naturelle. La nature trace-t-elle sur un globe de pareilles lignes droites s'entrecoupant de cette façon ?

M. Schiaparelli s'est demandé (*voy.* p. 444), sans solution acceptable, s'il n'y aurait pas là un résultat géologique rappelant les formes géométriques cherchées dans l'orographie terrestre elle-même par Élie de Beaumont.

M. Daubrée a cherché (*voyez* Société Astronomique de France, séance du 7 mai 1890, et *L'Astronomie*, 1890, p. 213) à reproduire le réseau des canaux de Mars en comprimant un globe en caoutchouc dans le but de le déformer, de le rider, de briser son enveloppe sphéroïdale par l'effet d'une contraction, et n'a rien pu obtenir qui y ressemblât, quoiqu'il eût obtenu une imitation des chaînes de montagnes terrestres, des continents et des mers. Mais il a réussi à imiter le réseau martien par un procédé contraire, par la *dilatation* d'une croûte sphéroïdale et par les cassures qui en résultent. Un enduit de plâtre, de mastic à mouler ou de paraffine étant appliqué sur un ballon en caoutchouc que l'on dilate par l'introduction graduelle d'eau sous pression, finit par présenter des brisures rectilignes, souvent parallèles deux à deux et se coupant suivant diverses directions, ressemblant à ce que l'on voit sur Mars.

On pourrait encore supposer, comme l'a fait notamment M. Armelin à la Société Astronomique de France, que les continents de Mars sont des grèves, des plaines sablonneuses, et que l'eau des pluies ruisselle à la surface, donnant naissance à des cours d'eau qui peuvent changer de place d'une saison à l'autre. Mais la longueur de ces lignes, leur rectitude géométrique, et surtout leurs entrecroisements, sont d'insurmontables difficultés.

Vraiment, plus on regarde ces cartes, ces dessins, moins on y sent l'œuvre aveugle de la nature.

Un commencement d'explication du mystère des canaux de Mars ne pourrait-il être essayé en réduisant la question à sa plus simple expression et en considérant non plus l'ensemble de ce réseau énigmatique et peut-être incertain en plus d'une de ses parties, mais simplement d'abord une — ou quelques-unes seulement — de ces lignes foncées que leur aspect a conduit, dès l'origine, à assimiler à des cours d'eau?

Dans ce but, nous nous permettrons de reprendre la question antérieurement à la découverte des « canaux », faite par M. Schiaparelli en 1877. Antérieurement à cette époque, nous écrivions que « certains golfes des mers martiennes, certaines baies allongées en pointes dans l'intérieur des terres, donnent l'idée d'embouchures de grands fleuves. »

Il n'est peut-être pas hors de propos de revenir à cette idée.

Replaçons, par exemple, devant nos yeux, le dessin de Dawes du 20 novembre 1864 (p. 187, *fig.* 1). Nous y remarquons, dans la région marquée *a*, la baie fourchue découverte par Dawes lui-même, point adopté pour premier méridien de la géographie de Mars, et pour lequel nous avons proposé le nom de « baie du Méridien ».

L'observation de ce golfe a donné à l'éminent observateur « l'impression de deux très larges embouchures de fleuves » qu'il chercha à remonter, mais dont il « ne put découvrir la trace ».

Or, parmi les « canaux » de M. Schiaparelli, on peut en remarquer deux, l'Hiddekel et le Gehon, qui aboutissent précisément à ces embouchures (*voy.* la figure suivante, 296).

Pourquoi ces lignes foncées ne seraient-elles pas les *fleuves* indiqués par ces embouchures? Ne les suit-on pas, en quelque sorte, étalés en nappe pour former une mer sans doute peu profonde?

Continuons cette assimilation.

Sur ce dessin de Dawes nous remarquons, à droite de cette baie fourchue du Méridien, une autre embouchure, plus allongée encore.

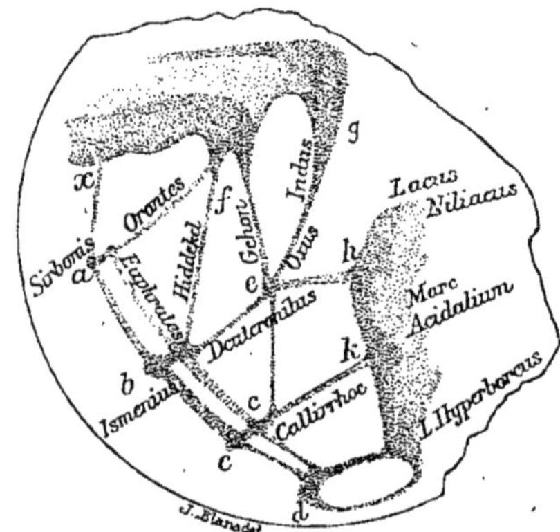

Fig. 296. — Fleuves de Mars. — Le Gehon, l'Hiddekel et l'Orontes aboutissant à la baie du Méridien. L'Oxus et l'Indus.

C'est l'embouchure de l'Indus, dans laquelle arrive l'Oxus.

Ici donc encore nul besoin d'imaginer des canaux ou des mystères. Voilà bien, et très naturellement, encore un fleuve, très large, dira-t-on, plus large que le Mississipi, le Saint-Laurent et l'Amazone, — mais ce n'est pas là une objection, surtout pour des terrains plats.

Ainsi, la discussion attentive des observations de Dawes et leur comparaison avec celles de M. Schiaparelli conduisent à proposer le commencement d'explication suivante :

L'Hiddekel, le Gehon, l'Indus et l'Oxus sont tout simplement des *fleuves*.

· Peuvent être également considérées comme des fleuves toutes les lignes foncées qui aboutissent à des golfes ou embouchures, telles que : le Léthé, qui se jette dans la mer Flammarion, à la baie Gruithuizen (carte de Green et p. 69); le Titan, qui se jette dans la mer Maraldi, à la baie Trouvelot; le Phison, qui se jette dans le détroit d'Herschel II, à la baie de Schmidt; le Gange ou la Manche, qui se jette dans la baie Christie; le Chrysorrhoas, qui se jette dans le lac variable de Tithonius; l'Araxes, le Sirenus et en général toutes celles qui aboutissent à des golfes et des embouchures.

Tous ces fleuves vont du Nord au Sud, comme s'ils arrivaient, par des transformations successives, des neiges polaires boréales et de continents plus élevés que les mers équatoriales dans lesquelles ils se jettent, ces mers équatoriales s'étendant d'ailleurs et se disséminant vers le pôle sud sans qu'on ne rencontre plus aucune grande terre.

Ces étendues d'eau sont sujettes à des *variations considérables*. Parfois l'Indus est beaucoup plus large que l'Hydaspe, parfois c'est le contraire. Ainsi, par exemple, dans ses observations de 1858, le P. Secchi a constamment observé et dessiné : 1° la baie du Méridien, golfe simple, allongé en pointe, 2° l'embouchure de l'Indus, 3° l'Hydaspe, sans jamais avoir figuré l'Indus lui-même; nous venons même de le rappeler à la fin du chapitre précédent. Les comparaisons faites sur les autres points conduisent à la même conclusion.

Ici, il y a un caractère important à signaler.

L'existence de nombreux cours d'eau rectilignes traversant en tous sens les continents de Mars indique que ces continents sont de vastes plaines.

Le fait d'inondations fréquentes sur d'immenses étendues, le long des rivages, conduit d'autre part à la même déduction.

Nous pouvons donc admettre que les continents sont presque absolument plats.

Mais le nom de fleuves n'en est pas moins applicable à ces cours d'eau, fleuves très larges, nappes d'eau sans profondeur.

Ainsi il peut et il doit exister des fleuves dans ces tracés, tout au moins des fleuves primitifs, qui d'abord, sans doute, prenaient naissance en terre ferme par des ramifications de rivières et de ruisseaux, et qui ensuite ont été allongés d'une mer jusqu'à l'autre, peut-être par suite d'une cause aréologique, donnant le même résultat que celle dont M. Daubrée parlait plus haut. Des brumes d'une nature spéciale peuvent s'étendre sur ces cours d'eau. Des phénomènes de réfraction peuvent les doubler en certaines circonstances. Ces brumes jouent peut-être un grand rôle dans les faits observés.

Sur la Terre, l'eau existe en *cinq* états différents : l'eau solidifiée en minéral, appelée *glace,* les flocons de *neige,* l'état *liquide,* l'état *nuageux* et l'état invisible de *vapeur transparente* répandue dans l'atmosphère. Peut-être pourrions-nous conclure des observations que sur Mars il existe en *six* états, et que l'état nuageux se partage là en deux autres.

Déjà ici, les nuages et les brouillards diffèrent sensiblement les uns des autres. Le brouillard est stationnaire; le nuage voyage. Le vent passe à travers le brouillard sans le déplacer sensiblement; le vent emporte le nuage. Nous avons donné dans *l'Atmosphère* et dans nos *Voyages en ballon* les preuves de cette distinction.

Le sixième état que nous imaginons ici pourrait offrir une certaine ressemblance avec nos brouillards et en être en quelque sorte l'exagération. Il peut exister là un état de vapeur très dense et très proche de l'état liquide. Supposons une nappe de brouillard épais, visqueux, sombre, foncé, continuant les mers le long des rivages, remplaçant même parfois les lacs partiellement ou totalement. C'est une transformation de l'eau que nous pouvons accepter. En certaines conditions atmosphériques, l'eau peut passer de l'état liquide à l'état visqueux, puis à l'état nuageux, puis à l'invisibilité de la vapeur.

Les choses se passent comme si l'eau n'était pas absolument liquide, condensée par la pesanteur en des bassins stables, comme si ses molécules étaient séparées, formant seulement un fluide visqueux, plus lourd que l'air, soumis à d'autres forces qu'à la gravité. Imaginons, un instant, que ces molécules aient une tendance à s'agréger, mais puissent néanmoins obéir à d'autres influences, telles, par exemple, que l'électricité, le magnétisme planétaire, et d'autres forces inconnues (car nous ne devons pas avoir la prétention de connaître toutes les forces de la nature). Ces eaux, liquides peut-être au centre des mers, mais fluides, à l'état de vapeur ou de gaz visqueux sur les bords et sur les hauts fonds, ainsi que dans les fleuves ou canaux, peuvent s'étendre ou se resserrer suivant les conditions atmosphériques de chaleur, d'électricité, etc., n'ont plus de limites précises. Ces traînées de vapeurs seraient essentiellement variables d'aspect, d'épaisseur, de densité. Si, en certaines conditions, ces molécules sont électrisées, elles peuvent se repousser, comme on le voit dans les phénomènes dits d'électricité positive et négative, et produire les dédoublements observés. Ces canaux, ces lacs, ces étendues aqueuses peuvent changer de place. Ce seraient des sortes de brumes assez denses, et obéissant docilement aux forces qui les régissent : le voisinage des mers, l'humidité du sol, l'état hygrométrique de l'air, la température, l'électricité, etc.

Il faut admettre, il est vrai, une atmosphère bien calme. Or, tel paraît être l'état de celle de Mars.

Une telle hypothèse expliquerait ces variations d'étendue et de tons, ces dédoublements, ces disparitions et ces renaissances suivant les saisons, et tous ces innombrables changements d'aspects assurément difficiles à expliquer par des eaux de même nature que les nôtres.

Ces eaux martiennes ne doivent être ni chimiquement ni physiquement les mêmes que les nôtres. Qu'elles leur ressemblent à certains égards, c'est rendu probable par l'aspect des neiges, blanches comme les nôtres, et qui fondent — en s'évaporant sous l'action de la chaleur solaire, — comme nous l'observons sur la Terre. Cette analogie est rendue plus probable encore par les raies d'absorption du spectre de l'atmosphère martienne, raies qui correspondent à celles de la vapeur d'eau. Mais il n'en est pas moins probable que ces eaux doivent différer des nôtres.

Qui sait si au lieu du chlorure de sodium, par exemple, associé à l'hydrogène et à l'oxygène, comme dans nos mers, il n'y a pas là toute une autre combinaison d'éléments?

La densité, d'une part, n'est pas la même qu'ici. Un mètre cube d'eau terrestre pèse 1000 kilogrammes; un mètre cube d'eau martienne a pour densité 0,711 et ne pèse que 711 kilogrammes, en admettant que la densité de cette eau soit la même que celle de l'eau terrestre proportionnellement à la densité moyenne de la planète. Si l'eau martienne avait la même densité absolue que la nôtre, les matériaux auraient pour densité spécifique 3,91 au lieu de 5,50. Mais, d'autre part, la différence de pesanteur est beaucoup plus grande encore, puisque 1000 kilogrammes terrestres transportés à la surface de Mars ne pèseraient plus que 376 grammes.

Les conditions sont donc entièrement différentes de ce qu'elles sont ici. Il en est de même de l'atmosphère dont la pression joue un rôle si important dans les transformations de l'eau. Si l'atmosphère terrestre disparaissait, l'eau des mers s'évaporerait immédiatement pour donner naissance à une nouvelle atmosphère aqueuse, jusqu'à ce que la pression devînt assez forte pour maintenir l'eau à l'état liquide. En continuant de faire disparaître l'atmosphère, on finirait par dessécher totalement toutes les mers.

Si Mars avait la même atmosphère que la Terre, cette atmosphère serait toutefois beaucoup moins dense que la nôtre, dans la proportion de 376 à 1000. Le baromètre, au lieu de marquer 760^{mm}, au niveau de la mer, n'en marquerait que 286. C'est la pression barométrique au sommet de nos plus hautes montagnes, à près de 8000 mètres d'altitude. Ce serait là une couche aérienne très raréfiée, même au niveau de la mer, et il semble bien que l'atmosphère de Mars ne soit pas très éloignée de cette condition.

Mais elle peut posséder des substances, des gaz, des vapeurs, qui n'existent pas dans la nôtre.

Ne nous dissimulons pas toutefois que la plus grosse difficulté reste : le tracé rectiligne et géométrique de ce réseau ne paraît pas naturel. Plus nous regardons ces dessins (ouvrons encore ce livre aux pages 361 et 440), et moins il semble que nous puissions les attribuer à des causes aveugles. Pourtant, n'oublions pas que nous sommes loin de connaître toutes les forces de la nature.

Toutefois, d'autre part, sommes-nous autorisés à rejeter de parti pris l'hypothèse d'une action intelligente de la part des habitants possibles de cette planète voisine?

Les conditions actuelles d'habitabilité de ce globe sont telles, comme nous l'avons vu plus haut, que nul n'est en droit de nier qu'il ne puisse être habité par une espèce humaine dont l'intelligence et les moyens d'action peuvent être fort supérieurs aux nôtres.

Nier qu'ils aient pu rectifier les fleuves primitifs, à mesure que les eaux devenaient plus rares, et exécuter un système de canaux conçus dans l'idée d'une répartition générale des eaux, nier la possibilité de cette action serait anti-scientifique, dans l'ignorance absolue où nous sommes à cet égard.

L'hypothèse d'une origine intelligente de ces tracés se présente d'elle-même à notre esprit, sans que nous puissions nous y opposer. Quelque téméraire qu'elle soit, nous sommes forcés de la prendre en considération. Tout aussitôt, il est vrai, les objections abondent. Est-il vraisemblable que les habitants d'une planète construisent des œuvres aussi gigantesques que celles-là? Des canaux de cent kilomètres de largeur? Y pense-t-on? Et dans quel but?

Eh bien (circonstance assez curieuse), dans *l'hypothèse* d'une origine humaine de ces tracés, on pourrait en trouver l'explication dans l'état de la planète elle-même. D'une part, nous avons vu que les matériaux y sont beaucoup moins lourds qu'ici. D'autre part, la théorie cosmogonique donne à ce monde voisin un âge beaucoup plus ancien que celui de la planète où nous vivons. Il est naturel d'en conclure qu'elle a été habitée plus tôt que la Terre, et que son humanité, quelle qu'elle soit, doit être plus avancée que la nôtre. Tandis que le percement des Alpes, l'isthme de Suez, l'isthme de Panama, le tunnel sous-marin entre la France et l'Angleterre paraissent des entreprises colossales à la science et à l'industrie de notre époque, ce ne seront plus là que des jeux d'enfants pour l'humanité de l'avenir. Lorsqu'on songe aux progrès réalisés dans notre seul xixe siècle : chemins de fer, télégraphes, applications de l'électricité, photographie, téléphone, etc., on se demande quel serait notre éblouissement si nous pouvions voir d'ici les progrès matériels et sociaux que le xxe, le xxie siècle et leurs successeurs réservent à l'humanité de l'avenir. L'esprit le moins optimiste prévoit le jour où la navigation aérienne sera le mode ordinaire de circulation; où les prétendues frontières des peuples seront effacées pour toujours; où l'hydre infâme de la guerre et l'inqualifiable folie des armées permanentes, ruine et opprobre d'un état social intellectuel, seront anéanties devant l'essor glorieux de l'humanité pensante dans la lumière et dans la liberté! N'est-il pas logique d'admettre que, plus ancienne que nous, l'humanité de Mars soit aussi plus perfectionnée, et que l'unité féconde des peuples, les travaux de la paix aient pu atteindre des développements considérables?

Nous ignorons ce que peuvent être ces longs tracés sombres à travers les continents, si toute leur épaisseur est homogène, et rien ne nous prouve assurément que ce soient là des canaux pleins d'eau. On peut faire là-dessus mille conjectures. On y peut voir des travaux de drainage des eaux devenues rares sur la planète; on y peut imaginer de préférence une sorte de cadastre de cultures collectives sur un globe « arrivé à la période d'harmonie »; on se souvient que Proctor, traitant ce sujet dans un intéressant article du *Times*, a suggéré l'idée que « les habitants de Mars peuvent être engagés en de vastes travaux d'ingénieurs, attendu que ces lignes sont tracées dans toutes les directions et gardent entre elles une distance constante et significative; et qu'à une séance de la Société Royale astronomique de Londres, M. Green, l'habile observateur de Mars, signalant cette interprétation, ajoutait qu'il n'a aucunement l'intention d'introduire un sujet de plaisanterie dans une matière scientifique aussi importante, mais que de tels aspects géographiques méritent la plus grave attention et qu'il est du plus haut intérêt de les vérifier; M. Maunder, de l'Observatoire de Greenwich, a fait remarquer que ce qu'il y a de plus étrange, c'est que ces canaux paraissent changer de place et sont tantôt visibles et tantôt invisibles; pour plusieurs observateurs, ce ne seraient pas des canaux proprement dits, mais plutôt des bordures de districts plus ou moins foncés. Quoi qu'il en soit, la nature peut avoir été corrigée; les inondations faciles, fréquentes et toujours menaçantes, sur des continents nivelés par l'usure du temps, peuvent avoir donné l'idée d'une régularisation rationnelle des eaux. Il semble bien qu'il ne nous soit pas plus possible d'arriver à expliquer ce réseau géométrique sans intervention intellectuelle qu'un habitant de Vénus qui prétendrait vouloir expliquer nos réseaux de chemins de fer par le seul jeu des forces géologiques naturelles.

Le globe de Mars doit être à peu près nivelé par les siècles, et l'eau n'y est plus qu'en faible quantité. Ce qui arrivera dans quelques millions d'années pour la Terre doit être arrivé pour Mars. Les pluies désagrègent lentement les montagnes, les fleuves en transportent les débris à la mer dont le fond s'exhausse graduellement; mais en même temps la quantité d'eau diminue en pénétrant dans l'intérieur du globe et en se fixant sur les roches à l'état d'hydrates. Tout globe terminé se nivèle lentement. Il n'y aurait rien de surprenant à ce que sur Mars les efforts de la civilisation eussent surtout tendu à une répartition féconde des eaux à la surface de ces vieux continents.

Ces tracés rectilignes mettant en communication toutes les mers martiennes les unes avec les autres paraissent intentionnels. Est-ce de l'eau qui coule là ? Oui, sans doute, en principe; mais il peut s'y associer une autre forme de l'eau, dont nous parlions tout à l'heure, des brumes allongées au-dessus de ces tracés, qui les élargissent à nos yeux et leur font subir des changements apparents considérables.

Peut-être aussi des phénomènes de végétation s'ajoutent-ils à cette circulation des eaux.

Quant aux dédoublements, il est difficile d'admettre que réellement de nouveaux canaux se forment du jour au lendemain, semblables et parallèles aux premiers : nous préférons imaginer qu'ils puissent être dus soit aux brumes dont nous avons parlé, soit plutôt à une double réfraction dans l'atmosphère martienne. Étant données les conditions de température (la chaleur solaire traversant facilement l'atmosphère martienne pour échauffer le sol), l'évaporation doit être très intense, et il doit y avoir constamment, au-dessus de ces cours d'eau, une grande quantité de vapeur rapidement refroidie, qui peut donner naissance à des phénomènes de réfraction spéciaux. (*Voy.* aussi *L'Astronomie*, 1889, p. 461, article de M. Meisel). Il nous paraît rationnel de ne pas oublier les effets de la réfraction, surtout à cause de cette particularité que parfois toute trace d'un canal disparaît pour faire place à deux nouvelles lignes seulement voisines.

M. A. de Boë a attribué ces dédoublements à des images secondaires qui se formeraient dans l'œil de l'observateur, comme il arrive, en effet, en regardant une ligne droite tracée à l'encre sur un carton blanc placé en deçà ou au delà de la vision précise. Mais peut-on admettre que les observateurs des canaux ne les voient que lorsque l'image n'est pas au point?

Quoi qu'il en soit des explications, qui sont assurément prématurées et que nous ne présentons qu'à titre de premières hypothèses, les variations considérables observées en ce réseau aquatique sont pour nous un témoignage que cette planète est le siège d'une énergique vitalité. Ces mouvements divers nous paraissent s'effectuer en silence, à cause de l'éloignement qui nous en sépare; mais, tandis que nous observons tranquillement ces continents et ces mers, lentement emportés devant notre regard par la rotation de la planète autour de son axe, tandis que nous nous demandons sur lequel de ces rivages il serait le plus agréable de vivre, peut-être y a-t-il là, en ce moment même, des orages, des volcans, des tempêtes, des tumultes sociaux et tous les combats de la lutte pour la vie. De même, les astronomes de Vénus, armés d'instruments d'optique analogues aux nôtres, contemplant la Terre et la voyant planer dans une calme tranquillité au milieu d'un ciel pur, ne se doutent pas assurément que sur ces campagnes dorées par le soleil et sur ces mers azurées qui se découpent en golfes si délicats, l'intérêt, l'ambition, la cupidité, la barbarie ajoutent souvent leurs orages volontaires aux intempéries fatales d'une planète imparfaite. Nous pouvons pourtant espérer que le monde de Mars étant plus ancien que le nôtre, son humanité est plus avancée et plus sage. Ce sont sans doute les travaux et les bruits de la paix qui animent depuis bien des siècles cette patrie voisine.

L'explication de fleuves modifiés par les habitants de Mars et d'un système rationnel de répartition des eaux devenues rares sur les continents aplanis par l'usure des siècles ne nous paraît pas absurde. Des brumes se formeraient facilement au-dessus de ces canaux, et quelque double réfraction atmosphérique, rappelant celle du spath d'Islande, pourrait expliquer les dédoublements. Après tout, nous sommes là devant un nouveau monde et nous ne devons rien nier de parti pris.

Soyons convaincus toutefois que la nature tient en réserve des causes inconnues de nous et sans doute plus simples que tout ce que nous pouvons imaginer. Notre savoir est insuffisant. C'est une erreur profonde de nous imaginer que les sciences aient dit leur dernier mot et que nous soyons en situation de tout connaître; c'est une erreur non moins puérile de nous imaginer que nous soyons au courant de toutes les forces de la nature. Au contraire, le connu n'est qu'une île minuscule au sein de l'océan de l'inconnu. Nos sens, d'ailleurs, sont fort limités, nos moyens de perception s'arrêtent encore au vestibule; notre science reste et restera toujours fatalement incomplète.

Assurément, ces bizarres phénomènes nous transportent sur un autre monde, bien différent de celui que nous habitons, quoique offrant avec lui de sympathiques analogies. Au point de vue de l'atmosphère, des saisons, des climats, des conditions météorologiques, Mars paraît habitable aussi bien et même mieux que la Terre, et peut fort bien être actuellement habité par une race humaine très supérieure à la nôtre, étant, selon toute probabilité, plus ancienne et plus avancée. L'industrie de ces êtres inconnus est-elle entrée pour quelque chose dans le tracé de ces canaux rectilignes qui se dédoublent en certaines saisons? Reste-t-elle étrangère à ces variations si soudaines et si énigmatiques que nous observons d'ici? Il faudra sans doute encore bien des années d'observation pour découvrir exactement ce qui se passe chez nos voisins du ciel.

C'est avancer de quelques pas la question que de préciser les faits et de les discuter méthodiquement. Tel a été le but de ce travail.

CHAPITRE IX.

RÉSUMÉ SUR LES CONDITIONS DE LA VIE A LA SURFACE
DE LA PLANÈTE MARS.

Comme conclusion générale de l'étude de la planète, nous n'en avons pas de meilleure à ajouter aux pages précédentes que les trois séries d'articles publiés dans cet Ouvrage même, à la fin de chacune denos périodes, pages 96, 242 et 485. Il serait superflu de les réimprimer ici, et *nous prions le lecteur de vouloir bien relire ces articles*, auxquels nous pouvons ajouter, en terminant, le résumé suivant :

43. Le monde de Mars paraît être, comme le remarquait déjà William Herschel, de toutes les planètes de notre système solaire, celle qui ressemble le plus à la nôtre. Nous pouvons répéter aujourd'hui, sur les habitants de Mars, ce que ce grand observateur écrivait, il y a plus d'un siècle, le 1ᵉʳ décembre 1783 : « Its inhabitants probably enjoy a situation in many respects similar to ours. »

Comme dimensions et densité, Vénus se rapproche tout à fait de la Terre, il est vrai, mais nous n'avons encore aucune notion certaine sur sa durée de rotation, ses saisons et sa géographie.

44. Les faits observés à la surface de Mars établissent que ce globe jouit d'une température moyenne, de climats et de saisons différant très peu des climats terrestres, d'ailleurs assez variés eux-mêmes. Du moins sa thermométrie y détermine-t-elle des effets analogues à ceux de la météorologie terrestre.

45. La durée du jour et de la nuit y est de $24^h 39^m 35^s$.

46. Ses années sont près de deux fois plus longues qu'ici et durent 687 de nos jours et 668 des siens. Il en résulte des saisons également près de deux fois plus longues que les nôtres. Mais l'inclinaison de l'axe est à peu près la même et l'intensité de ces saisons à peu près la même également.

47. L'atmosphère y est généralement beaucoup plus pure qu'ici. Elle y est plus raréfiée et sans doute plus élevée. Les nuages et les pluies y sont rares et l'on n'y observe jamais de violentes tempêtes.

48. Il y a à peu près autant de terres que de mers. Celles-ci sont finement découpées en méditerranées allongées. Les rivages sont des plages unies, en

général, exposées à des inondations ou à des bancs de brumes bordant les eaux. Il semble que les mers soient peu profondes.

49. Le diamètre de Mars est près de moitié plus petit que celui du globe terrestre et mesure 6753 kilomètres. Les eaux occupent environ 66 millions de kilomètres carrés et les terres 77 millions. La surface habitable paraît être cinq à six fois celle de l'Europe.

50. Le Soleil y est vu un peu plus petit que d'ici : 21' au lieu de 31'.

51. Deux lunes minuscules circulent rapidement dans son ciel.

52. Ce globe est plus ancien que la Terre et paraît presque complètement nivelé. L'hémisphère boréal est, toutefois, plus élevé que l'hémisphère austral. On n'y a pas reconnu de grandes chaînes de montagnes, mais seulement plusieurs plateaux assez élevés.

53. Les canaux doivent être dus à des fissures superficielles produites par les forces géologiques ou peut-être même à la rectification des anciens fleuves, par les habitants, ayant pour but la répartition générale des eaux à la surface des continents.

54. Il est possible que ce monde soit actuellement habité par une espèce humaine analogue à la nôtre, plus légère, sans doute, plus ancienne et qui pourrait être beaucoup plus avancée. Toutefois il doit exister entre les deux mondes des différences originaires essentielles. Quant à la forme organique des « humains » comme à celles des animaux, végétaux ou *autres* êtres qui peuvent peupler cette planète, nous ne possédons encore aucun élément suffisant pour faire à cet égard des conjectures plausibles scientifiquement fondées. Mais l'habitation actuelle de Mars par une race supérieure à la nôtre est très probable.

Il y a dans la vie des heures charmantes, des sensations fort agréables, des plaisirs délicieux, d'immenses joies, des bonheurs qui touchent au ciel et des voluptés exquises. Eh bien, parmi ces heures d'enchantement, il en est peu qui donnent à l'âme une satisfaction plus complète, une émotion plus noble et plus élevée, que l'observation des aspects de la planète Mars pendant une pure soirée d'été. C'est un regret que si peu d'humains connaissent cette impression. Voir devant soi un monde, un autre monde, avec ses continents, ses mers, ses rivages, ses golfes, ses caps, ses îles, ses embouchures de fleuves, ses neiges éblouissantes de blancheur, ses terres dorées, ses eaux sombres, placé là devant vous, au bout de votre télescope, tournant lentement sur lui-même, donnant le jour et la nuit à ses diverses contrées, faisant succéder le printemps à l'hiver, l'été au printemps, nous offrant en miniature la vue de la Terre dans l'espace... il y a là une contemplation qui nous transporte en face du plus grand des mystères, celui de la Vie universelle et éternelle, en face de la sublime Vérité, en face du but même de la création. La Terre devient une province de l'Univers et nous sentons des frères inconnus dans les autres patries de l'Infini !

Et puis, peut-être s'ajoute-t-il à ce sentiment celui de la beauté et de la grandeur des conquêtes de l'Astronomie moderne. La nouveauté a toujours pour nous un attrait particulier. C'est la première fois, depuis l'origine de l'humanité, que nous découvrons dans le Ciel un nouveau monde, assez semblable à la Terre pour éveiller nos sympathies, c'est la première fois qu'un Ouvrage tel que celui-ci a pu être conçu et réalisé, et bien des années se passeront sans doute avant que l'étude positive puisse acquérir sur notre autre voisine, la planète Vénus, des notions aussi complètes que celles que nous venons de passer en revue sur ce monde de Mars.

Mais quelles merveilles la Science de l'avenir ne réserve-t-elle pas à nos successeurs, et qui oserait même affirmer que l'humanité martienne et l'humanité terrestre n'entreront pas un jour en communication l'une avec l'autre ! Les générations passeront et le Progrès continuera longtemps encore sa marche ascendante.

Pour nous, dont les débuts, en notre adolescence, dans la carrière scientifique et littéraire, ont été précisément la défense de la doctrine de la Pluralité des Mondes, et qui avons consacré notre vie entière à montrer que le but de l'Astronomie ne s'arrête pas à la Mécanique céleste, mais doit s'élever jusqu'à la connaissance des *conditions de la vie*, actuelle, passée ou future, dans l'immense Univers, nous sommes heureux d'avoir assez vécu pour assister à la naissance et au développement de l'Astronomie physique, pour contempler de nos yeux un premier monde exploré dans les cieux, et pour avoir eu le privilège d'en écrire l'histoire. Puissent nos lecteurs avoir partagé la même satisfaction que nous, en assistant à cette évolution de la Science : les pages qui précèdent ne sont qu'un humble et grossier prélude des découvertes que le Progrès réserve à nos successeurs.

APPENDICE.

L'OPPOSITION DE 1892.

Au moment où nous mettons sous presse la dernière feuille de cet Ouvrage, un certain nombre d'observations intéressantes ont déjà été faites à l'Observatoire de Juvisy, caractéristiques de l'opposition actuelle. Nous sommes heureux de pouvoir ajouter encore ici quelques-uns de ces dessins, qui n'ont besoin d'aucune description pour les lecteurs de ce livre.

Ces dessins ont été faits, le n° 1 par M. Schmoll, le n° 2 par M. Mabire, les n°s 3 et 8 par M. Flammarion, les n°s 4, 5, 6, 7, 9, 10, 12, 14, 15 et 16 par M. Léon Guiot, les n°s 11 et 13 par M. Quénisset.

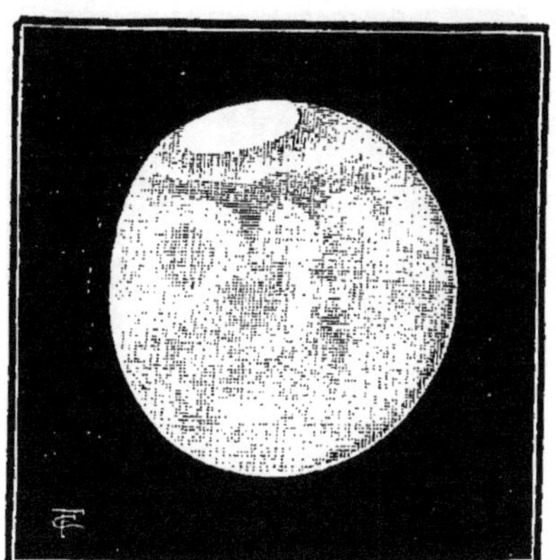

Fig. 1. — 27 juin, 2ʰ 6ᵐ du matin.

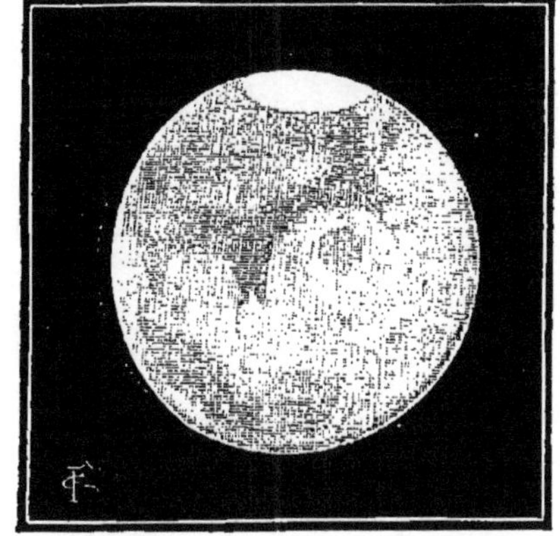

Fig. 2. — 5 juillet, 4ʰ du matin.

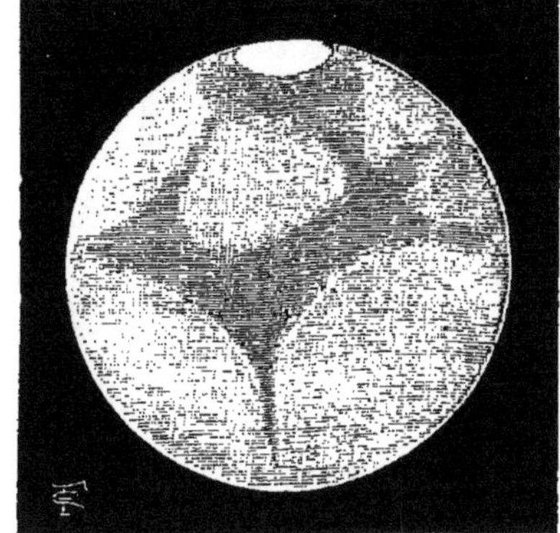

Fig. 3. — 16 juillet, 2ʰ 15ᵐ du matin.

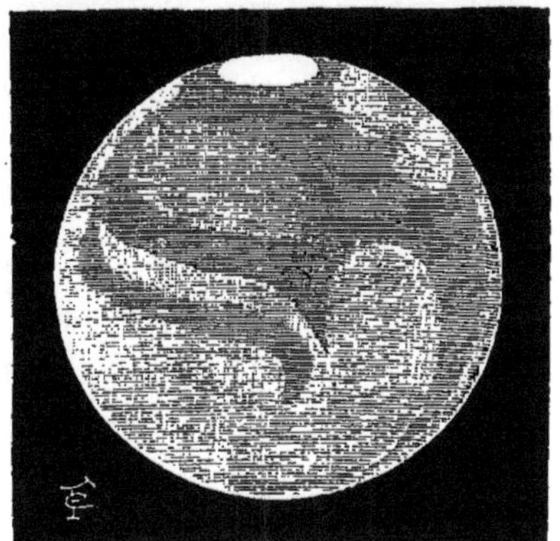

Fig. 4. — 22 juillet, 2ʰ 15ᵐ du matin.

DESSINS DE MARS FAITS EN 1892 A L'OBSERVATOIRE DE JUVISY.

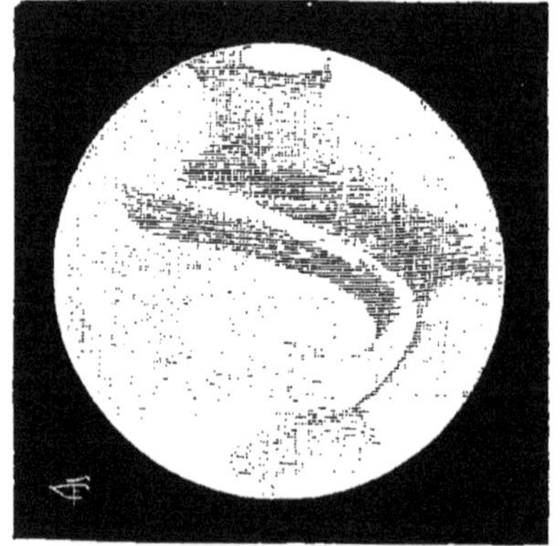

Fig. 5 — 23 juillet, 1ʰ 30ᵐ du matin.

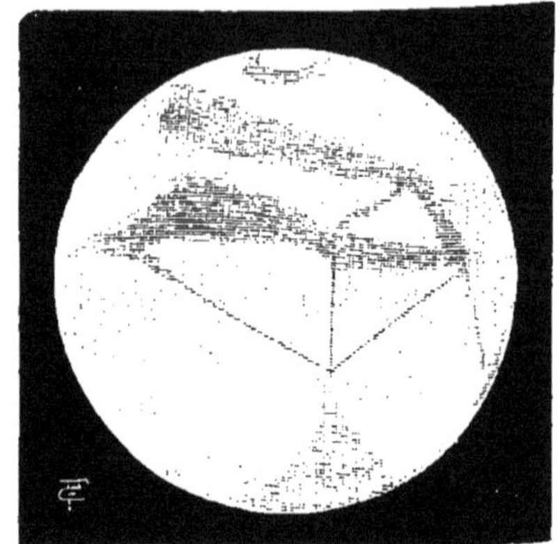

Fig. 6. — 31 juillet, 1ʰ 30ᵐ matin.

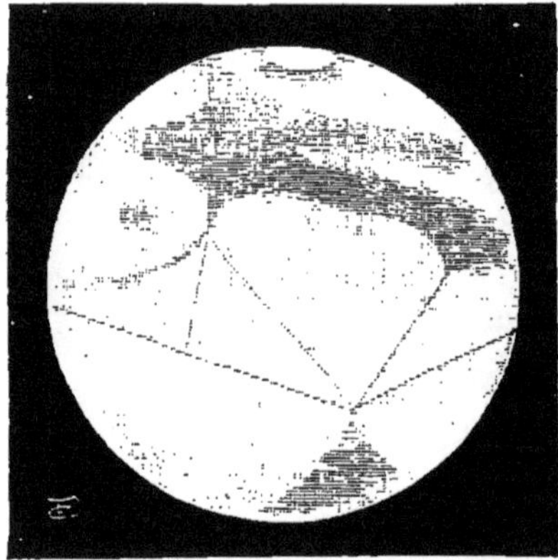

Fig. 7. — 1ᵉʳ août, 1ʰ 0ᵐ matin.

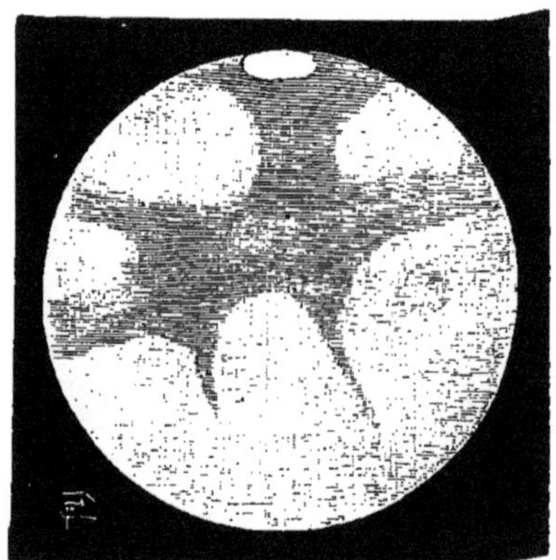

Fig. 8. — 6 août, 11ʰ du soir.

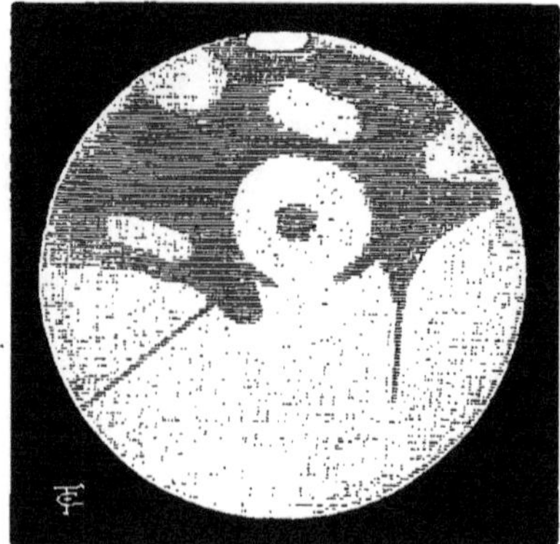

Fig. 9. — 7 août 0ʰ 30ᵐ du matin.

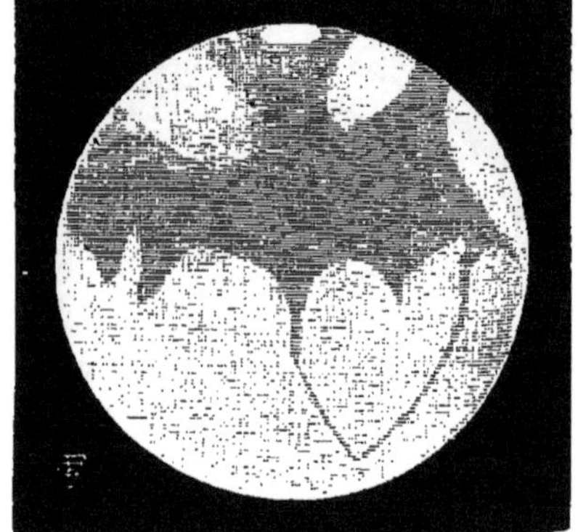

Fig. 10. — 7 août, 9ʰ 10ᵐ du soir.

DESSINS DE MARS FAITS EN 1892 A L'OBSERVATOIRE DE JUVISY.

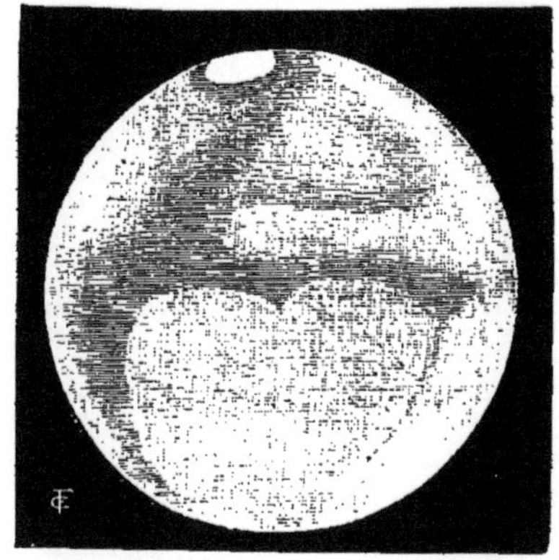

Fig. 11 — 11 août, 9ʰ 10ᵐ du soir.

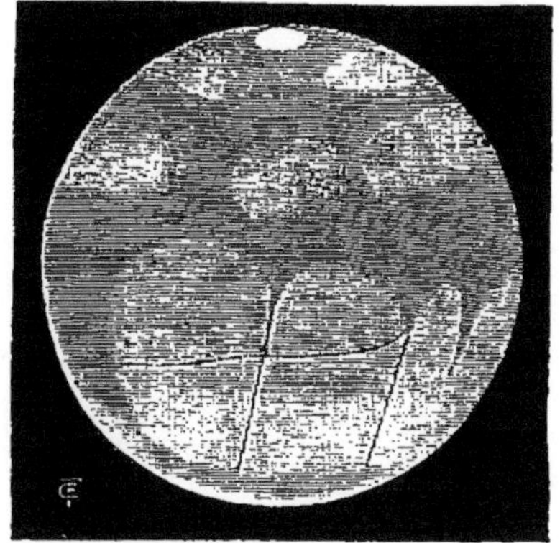

Fig. 12. — 11 août, 10ʰ du soir.

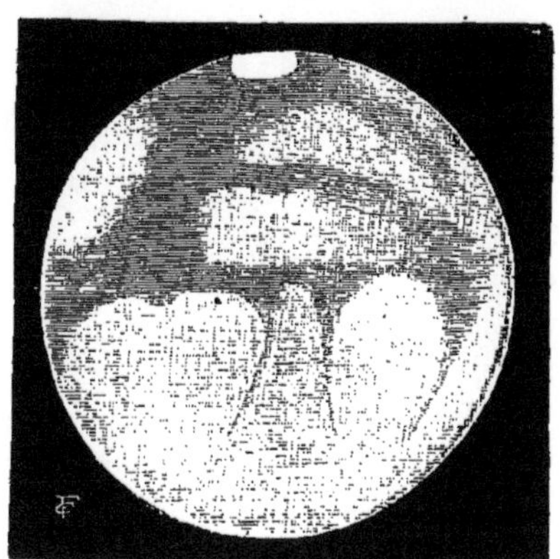

Fig. 13 — 13 août. 11ʰ du soir.

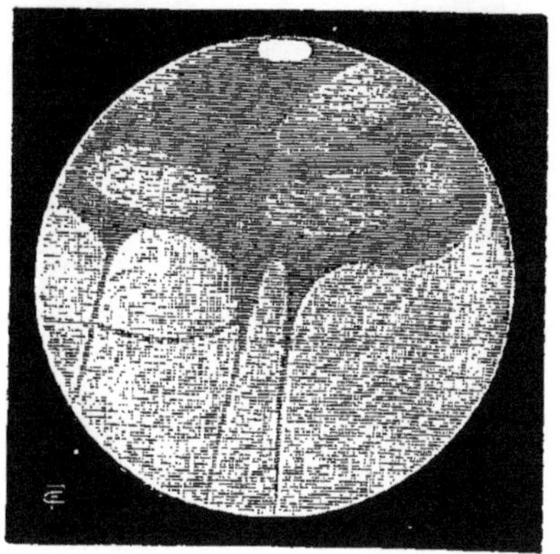

Fig. 14. — 13 août, 11ʰ 45ᵐ du soir.

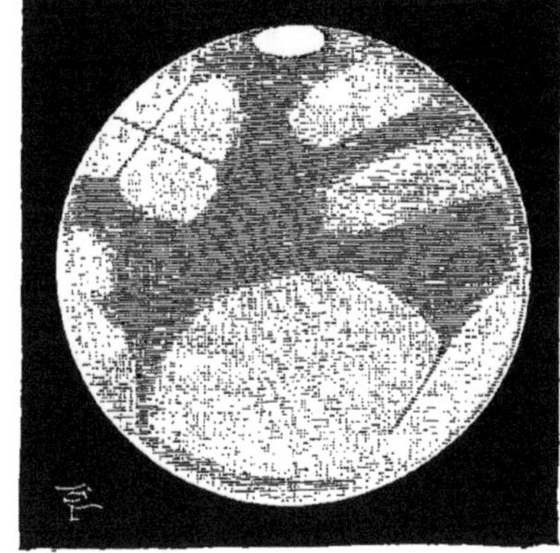

Fig. 15. — 16 août, 10ʰ du soir.

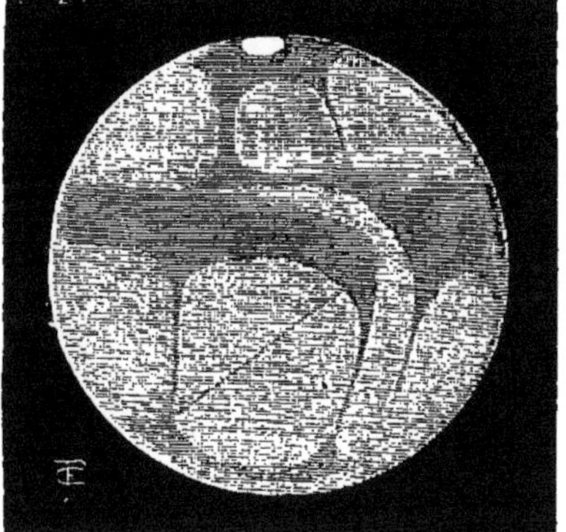

Fig. 16 — 23 août, 9ʰ 15ᵐ du soir.

DESSINS DE MARS FAITS EN 1892 A L'OBSERVATOIRE DE JUVISY.

TABLE DES MATIÈRES.

Deuxième Période. 1830-1877.

Troisième Période. — Le cycle martien de 1877 à 1892.

SECONDE PARTIE.

RÉSULTATS CONCLUS DE L'ÉTUDE GÉNÉRALE DE LA PLANÈTE.

FIN DES TABLES.

Paris. — Imp. Gauthier-Villars et fils, 55, quai des Grands-Augustins.

LIBRAIRIE GAUTHIER-VILLARS ET FILS.

QUAI DES GRANDS-AUGUSTINS, 55.

CASPARI (E.), Ingénieur hydrographe de la Marine. — **Cours d'Astronomie pratique.** *Application à la Géographie, à la Navigation.* 2 beaux volumes in-8. Ouvrage couronné par l'Académie des Sciences dans sa séance annuelle du 30 décembre 1890.

> Ire Partie : *Coordonnées vraies et apparentes. Théorie des instruments.* Avec figures; 1888.................................... 9 fr.
>
> IIe Partie : *Détermination des éléments géographiques. Applications pratiques.* Avec figures et 1 planche; 1889...................... 9 fr.

DIEN et FLAMMARION. — **Atlas céleste,** comprenant toutes les Cartes de l'ancien Atlas de **Ch. Dien,** rectifié, augmenté et enrichi de 5 Cartes nouvelles relatives aux principaux objets d'études astronomiques, par **C. Flammarion,** avec une *Instruction* détaillée pour les diverses Cartes de l'Atlas In-folio, cartonné avec luxe, de 31 planches gravées sur cuivre, dont 5 doubles. 9e édition; 1891.

> Prix { En feuilles, dans une couverture imprimée. 40 fr.
> { Cartonné avec luxe, toile pleine......... 45 fr.

> Pour recevoir franco, par poste, dans tous les pays de l'Union postale, l'Atlas *en feuilles,* soigneusement enroulé et enveloppé, ajouter.................................... 2 fr.

> Les dimensions (0^m,50 sur 0^m,35) de l'Atlas *cartonné* ne permettant pas de l'expédier par la poste, cet Atlas *cartonné,* dont le poids est de 2^{kg},9, sera envoyé, aux frais du destinataire, soit par messageries grande vitesse, soit par tout autre mode indiqué.

On vend séparément :

Fascicule contenant les 5 Cartes nouvelles de l'Atlas céleste. 15 fr.

> Ces Cartes sont renfermées dans une couverture imprimée, avec l'*Instruction* composée pour la nouvelle édition de l'Atlas : I. Mouvements propres séculaires des Étoiles (Carte double); — II. Carte générale des Étoiles multiples, montrant leur distribution dans le Ciel (Carte double); — III. Étoiles multiples en mouvement relatif certain; — IV. Orbites d'Étoiles doubles et groupes d'Étoiles les plus curieux du Ciel; — V. Les plus belles nébuleuses du Ciel.

FAYE (H.). — **Cours d'Astronomie de l'École Polytechnique.** 2 beaux volumes grand in-8, avec nombreuses figures et cartes.

On vend séparément :

Ire Partie. — *Astronomie sphérique.* — *Géodésie et Géographie mathématique;* 1881.................................... 12 fr. 50 c.

IIe Partie. — *Astronomie solaire.* — *Théorie de la Lune.* — *Navigation;* 1883.................................... 14 fr.

FAYE (H.), Membre de l'Institut et du Bureau des Longitudes. — **Cours d'Astronomie nautique.** In-8, avec figures dans le texte; 1880. 10 fr.

FAYE (H.), Membre de l'Institut et du Bureau des Longitudes. — **Sur l'origine du Monde,** *Études cosmogoniques des anciens et des modernes.* 2e édition. Un beau volume in-8, avec figures dans le texte; 1885. 6 fr.

FAYE (H.). — **Sur les Tempêtes.** *Théories et discussions nouvelles.* Grand in-8, avec figures; 1887.................................... 2 fr. 50 c.

TISSERAND (F.), Membre de l'Institut et du Bureau des Longitudes. — **Traité de Mécanique céleste.** 3 volumes in-4.

> Tome I : *Perturbations des planètes d'après la méthode des constantes arbitraires;* 1889.................................... 25 fr.
>
> Tome II : *Théorie de la figure des corps célestes et de leur mouvement de rotation;* 1891.................................... 28 fr.
>
> Tome III : *Perturbations des planètes d'après la méthode de Hansen. Théorie de la Lune*.................................... (Sous presse.)

www.ingramcontent.com/pod-product-compliance
Ingram Content Group UK Ltd.
Pitfield, Milton Keynes, MK11 3LW, UK
UKHW020958140726
13695UKWH00001B/24

9 782013 606004